Theorie de Galois

ガロア理論の頂を踏む

いただき

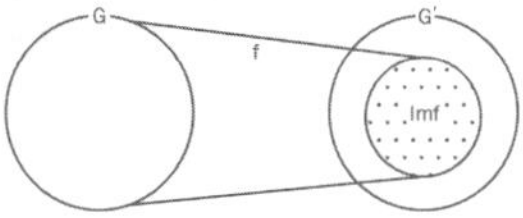

石井俊全
Toshiaki Ishii

ベレ出版

はじめに

○ ピークを目指そう

この本は，

「一般の5次方程式が根号で解けないことのガロア理論による証明を

いちばんやさしい筋道で理解し感得する」

ことを目指しています。

- ガロア理論の啓蒙書を読んだけれども，最後の方の5次方程式が根号で解けないところの説明・証明がクリアにはわからない。
- そこで，専門書を手に取ってみたが挫折した。
- でもやはり，5次方程式が根号で解けないことの証明が気になるので読んでみたい。

このような読者の方のために，この本を書かせていただきました。

ガロア理論で5次方程式が根号で解けないことを示すには，次の定理を証明しなければなりません。

ピークの定理

方程式$f(x)=0$の解が根号で表せる

$\Leftrightarrow$　方程式$f(x)=0$のガロア群が可解群である

この定理が証明されれば，5次方程式が根号で解けないことを示すことができるのです。ガロア群も可解群も説明していないのに，いきなり専門用語を出してしまって恐縮です。

この本では，この定理を「ピークの定理」と称し，本全体を通して目標とする定理としています。

ここでいう「目標とする」という意味は，単に定理の内容を理解するだけに留まりません。定理を証明して感得するという意味です。

この本のすべての記述，定義・定理の積み重ねは，「ピークの定理」を証明するためにあるといっても過言ではありません。ですから，啓蒙書でよくあるようなガロアの人物・伝記については一言も触れられていません。この手の解説は他書にお任せいたします。

「ピーク」とは山の頂の「ピーク」という意味で，この本だけの用語です。この本は，このピークの定理に登頂することを目指すアルピニストのための本なのです。

ロープウェイで途中の山小屋まで行って，頂上を眺めながらコーヒーを飲むだけでもそれは素晴らしい登山体験ですが，本書では，そのはるか先に仰ぎ見える頂上まで，一歩一歩，自分の力で登っていきます。

とはいえ，ハーケンを一本一本岩崖に打ちつけながらの本格的な登山スタイルで登るのでは負担が大きすぎます。そのためには資金も時間も普段からの専門的なトレーニングも必要になってきます。

そこで本書は，ピークを踏むために，もっとも体に負担の少ないルートを選びました。本書がとるルートでは，登山道には木の階段が整備してありますし，岩場には頑丈な鎖がつけてあります。必要とする装備も最小限に留めました。一歩一歩着実に登り続ければ，必ずやピークを踏み，ガロア理論の全貌を眼下に見ることができるでしょう。

ここで，本書の特徴について述べておきましょう。

○ 本書の特徴

1．証明がこの本に全部書いてある

啓蒙書の多くは，定理とその説明だけが書いてあり，証明は易しいものだけにつけてあります。

専門書には，定理の事実だけでなく証明まで記述されているのが建前です。が，専門書であっても，そこに載っている定理のすべてに証明が付けられているとは限りません。

専門書に扱われている定理の中には，定理の紹介はあっても証明は他書に譲るとしているものも多いのが現状です。これは，ピークの定理を証明するには広い範囲の分野における定理を積み重ねていかなくてはならないからだと考えられます。例えば，線形代数の基本的事項を用いるものに関しては線形代数の本を見よ，という姿勢をとっている場合が多いです。本書では，読者が線形代数の知識を知らないものとし，必要な線形代数の知識はその場で解説していきます。

また，専門書の中には，定理の証明を練習問題の形にして読者に委ねている箇所も多くあります。簡単な証明であれば読者が自力で証明を付けることができるでしょうが，初学者には無理であると思われるような命題でも練習問題にしている場合が多々あります。専門書は数学科の学生を読者として想定しているせいか，読者に要求するレベルが高すぎるわけです。

この本でも「問」を掲げて説明を進めることがありますが，それは読者に問題を解いてもらうことを想定して「問」を立てているのではありません。話を進めていく上で，テーマを明確に意識してもらうために「問」を立てているだけのことです。いわばレトリックです。本書に掲げられている「問」は，すぐそのあとに解説が続きます。解かずにそのまま読み進めていってもらうことを前提にしています。

この本の特徴は，定理が出てきた場合必ずそれをこの本の中で証明していることです。証明を他の本に投げるようなことはしていません。執念深

くすべての定理に証明が付けてあります。

正確にいうと実例をあげることで証明の代わりにしている場合も多いのですが，それは一般的な記号で書くよりも実例をあげたほうが，証明の内容を手にとるように伝えることができると考えているからです。多くは実例での数値を文字で置き換えれば，そのまま証明になります。

2．初めから終わりまで同じ丁寧さ

啓蒙書では1から5段階までを説明するとき，初めの1，2段階は丁寧に説明するものの，3段階になると少し論理が飛びがちになり，4段階になると言葉だけの説明になり，5段階になると結論だけを語るということになりがちです。啓蒙書を読んだ方で，後半の部分も同じ丁寧さで語ってくれたら理論全体がよく分かるのになあ，という感想を持った方も多くいらっしゃると思います。

この本では，初めのとっつきからピークの定理まで，同じ丁寧さで解説をすることを心がけました。特に，ガロア対応の証明や「ピークの定理」の証明は，他の啓蒙書にはない丁寧さになっていると思います。

3．例から説明している

多くの専門書では，定義・定理を述べてからその実例を示し理解を促します。実例を示してあればいい方で，示されない場合も多々あります。数学の専門書は抽象的で読みづらいのです。

本書では，まず例を示し，それから定義・定理を述べていく説明の順序をとっています。抽象的な専門書でつまづいた人でも，本書なら読み進めていくことができるはずです。

4．高校数学を履修した人であれば読める

本書では，高校で履修した数学こそ前提の知識としますが，それ以外の項目は習っていないものとして解説を進めます。

複素数についても定義から始めて解説してあります。複素数は文部科学省のカリキュラム変更によって，履修項目に含まれたり外されたりを繰り返した単元で，読者の年代により複素数に対する理解度がまちまちであると考えられるからです。

5．一番易しいルートを選択

この本は，高校数学を履修した人に向けて，ガロア理論に手を触れてもらい組み立ててもらうことで，5次方程式が根号で解けない原理を理解してもらう本です。やさしく読めますが本格派なのです。

やさしく読めるための工夫の一つが，ルートの選択です。ピークの定理にたどり着くには，いくつかのルートがあります。この本では，これらの中からつねに一番やさしいと思われるルートを選びました。ピークの定理を証明するのに必要な定理がある場合でも，それが抽象的過ぎたり，証明が煩雑になる場合は，あえて避けることにしました。他の定理を組み合わせることで，これを代用しています。

縦走して特定の峰を目指すとき，尾根道をルートにとるといくつも山を乗り越えアップダウンを繰り返さなければならないものですが，巻き道（頂上を迂回する道）をとることでゆるやかに目的のピークに達することができます。この本では，読者の負担を減らすために巻き道をとっているところがいくつかあります。

次頁のイメージ図を眺めていただいてから，実際にどのようなルートをとってピークの定理まで到達するのか，ルートを解説しておきましょう。

ピークまでのルート

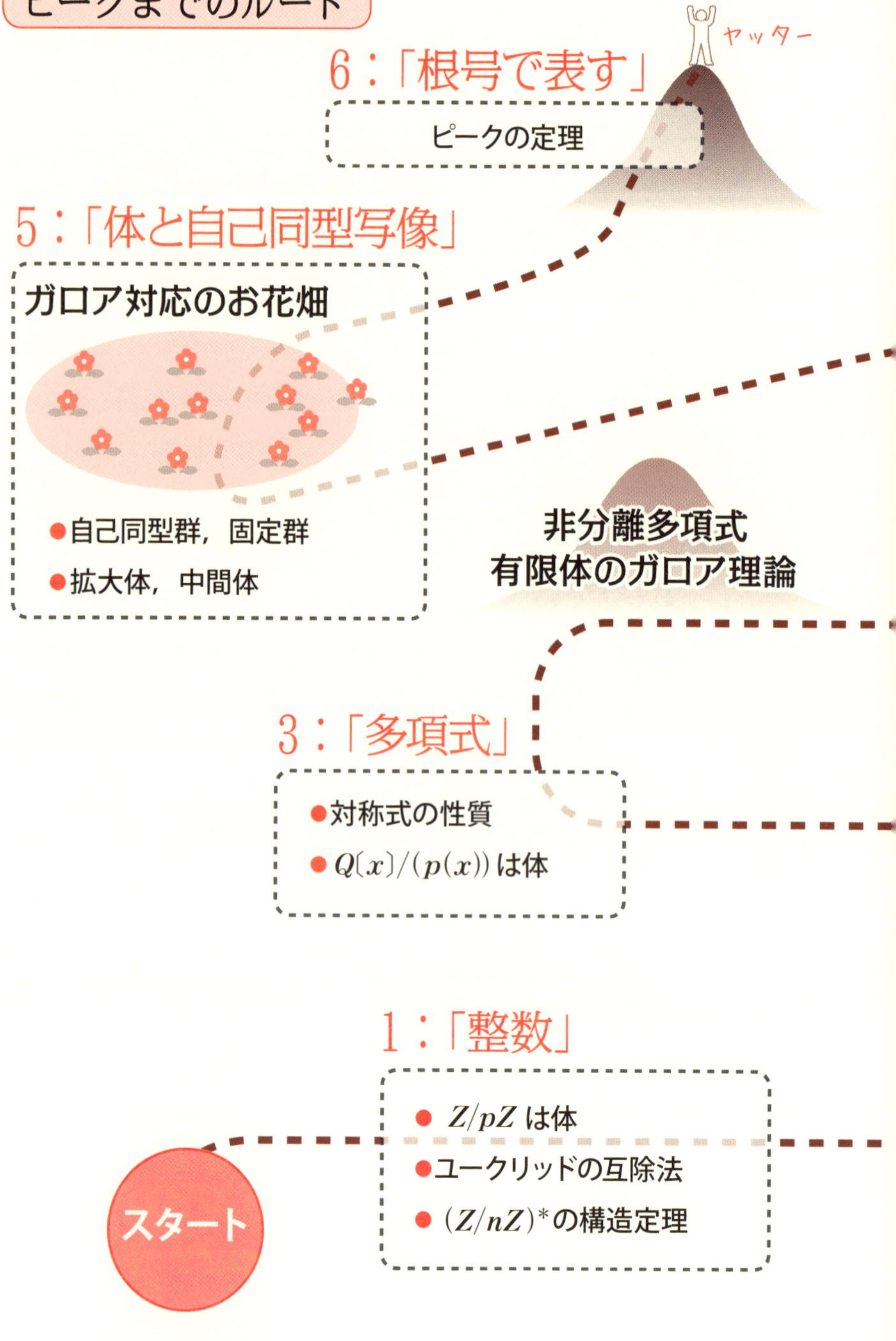
ヤッター
6：「根号で表す」
ピークの定理
5：「体と自己同型写像」
ガロア対応のお花畑
●自己同型群，固定群
●拡大体，中間体
非分離多項式
有限体のガロア理論
3：「多項式」
●対称式の性質
●$Q[x]/(p(x))$ は体
1：「整数」
● Z/pZ は体
●ユークリッドの互除法
● $(Z/nZ)^*$ の構造定理
スタート

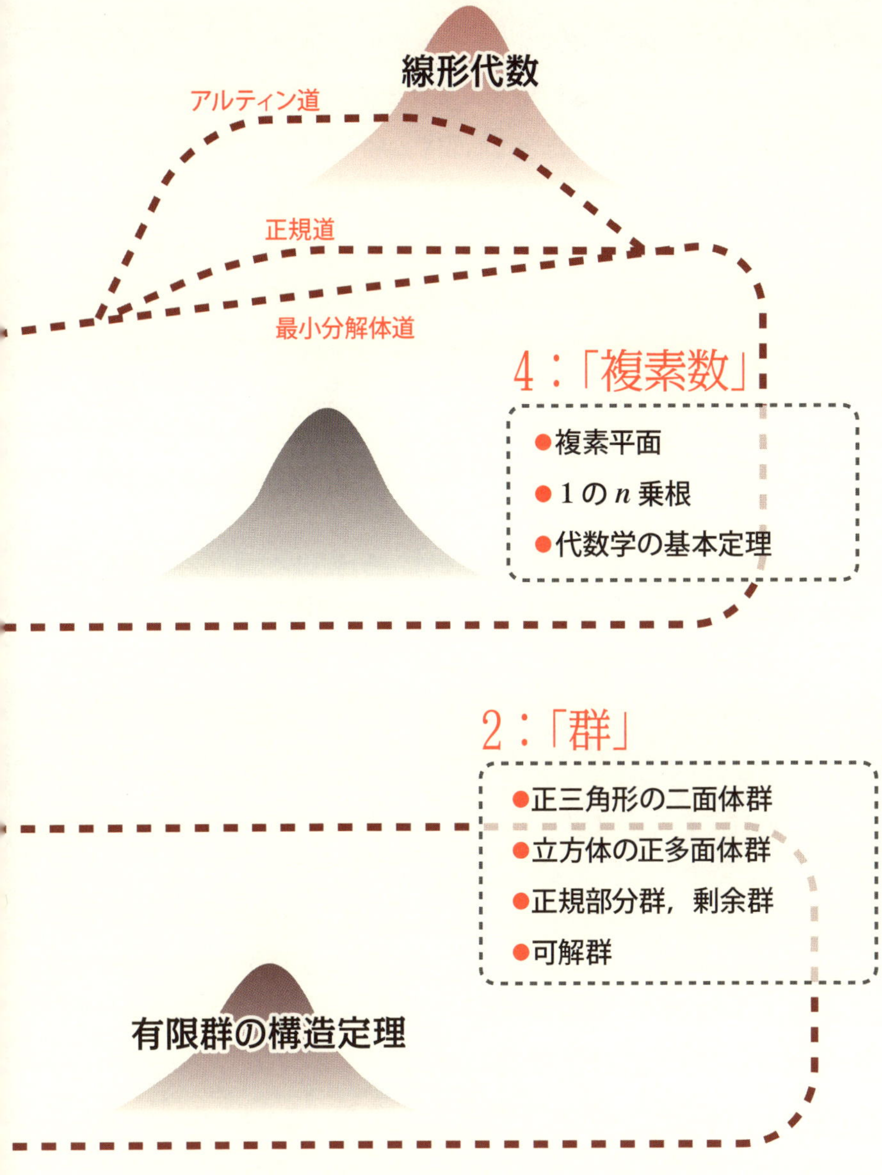
線形代数
アルティン道
正規道
最小分解体道
4：「複素数」
●複素平面
●1の n 乗根
●代数学の基本定理
2：「群」
●正三角形の二面体群
●立方体の正多面体群
●正規部分群，剰余群
●可解群
有限群の構造定理

○ ルートの説明

登り口は，第1章「整数」です。ユークリッドの互除法，余りの計算から始まります。ここで早くも群の定義を紹介します。第2章の群のところで定義をしようかとも考えたのですが，整数というとりつきやすい題材を通して群を実感してもらうのがよいだろうという判断から，ピークを目指すのに不可欠な「群」という装備を早めにお渡しすることにしました。

整数の章の最終目標は，既約剰余類群の構造の解明です。これはピークの定理の証明でも使われる事項で重要項目です。ピークの定理の証明のためには，有限生成アーベル群の基本定理を用意してもよいのですが，読みやすく証明を語るには線形代数の定理を積み重ねなければならないので避けました。巻き道をとったところです。

次に，第2章「群」へと進みます。正三角形の二面体群，立方体の正多面体群という具体的な群の例を通して，群についての重要な概念である剰余群，正規部分群を解説していきます。本書の特色の一つは，数学の概念を可視化していることですが，この章を読めば群を手にとるように実感することができるでしょう。しかも，この2つの例は3次方程式，4次方程式が根号で解けることの証明の伏線になっているのです。

群の章の後半は，あみだくじの群を扱います。数式（群の演算）を示すときは，図版での説明も入れましたから，演算を図上で確かめることができ読みやすくなっています。後半の目標定理は，「5本以上のあみだくじの群が可解群でない」という定理です。ここは，交換子群という概念を用意すると，数学的にはすっきりと証明することもできますが，なぜ4次以下と5次以上に決定的な違いがあるのかが，具体的に分かるようにあみだくじを使って証明してみました。ここも巻き道をとったところです。

第3章は，「多項式」です。この章の初めでは，「対称式が基本対称式で表せる」という定理とその証明のあらすじを紹介します。方程式の係数は，解の対称式になっていますから，この定理は方程式の理論を進めていく上で重要な定理です。第5章では当たり前のようにこの定理を使っていきます。

この章の後半は，整数における素数と多項式における既約多項式のアナロジーを推し進めて，整数で展開した理論を多項式にリフトアップしていきます。楽曲でいえば，整数で奏でられたメロディーが転調して多項式で出てくるような感じです。その展開の面白さににちょっとした感動を覚えるところでしょう。結論として得られる「既約多項式による体」は，第5章の基本的なフィールドとなります。

この第3章では，大きな選択をしました。それは方程式を考える多項式を有理数係数の多項式に限定したことです。専門書では，有理数係数の多項式以外も考え，平行して話を進めていくので，説明も煩雑になり，ただでさえ難しいガロア理論がより複雑になってしまうのです。専門書では，前々頁の図の「非分離多項式」「有限体のガロア理論」という尾根を進むルートをとるのが普通です。本書ではこの小峰を巻いていきます。

第4章は，「複素数」です。この本では，読者に複素数の知識を仮定しませんから，複素数の定義から始めて解説していきます。この章の前半では，1のn乗根を三角関数を作って書き下し，$x^n-1=0$，$x^n-a=0$の解を複素平面上で実感してもらいます。この方程式の解が根号の意味するところですから，これが第6章で展開する理論の舞台となります。

この章の後半では，「すべてのn次代数方程式は複素数の中に解を持つ」という「代数学の基本定理」を証明します。これは第5章で体の拡大を考えるとき，そもそも方程式に解が存在するのかということを肯定的に解決してくれます。代数学の基本定理は，第5章の内容が空理空論に陥らないためにも重要な定理です。

第5章は，「体の拡大と自己同型群」がテーマです。拡大体の例をあげていく中で，自己同型群，ガロア拡大の概念を紹介していきます。

ここでは，方程式のガロア群の部分群と拡大体の中間体が1対1に対応するといういわゆる「ガロア対応」を説明します。

ここはガロア理論の華とでもいうべき箇所で，雲の上に一面のお花畑が広がっているような景色を見ることができます。啓蒙書のツアーでは，ここを向かいの山の中腹の山小屋から遠望するだけですが，この本のツアーの参加者には，このお花畑に実際に降り立ち高山植物の写真を撮ってもらいます。

このガロア拡大体の概念を定義するには大きく分けて3つのルートがあります。

ガロア拡大体の定義

（1） 方程式の最小分解体

（2） 有限次正規拡大体

（3） （ガロア群の位数）＝（拡大体の次数）

この本がとったルートは，（1）（最小分解体道）です。方程式の問題を扱うのですから，それから離れてしまう定義ではガロア拡大体が実感できないと思ったからです。ここも具体例で実感してもらう本書のコンセプトにあったルート選択となっています。

（2）（正規道），（3）（アルティン道）は方程式から離れてガロア拡大体を定義しています。

（3）は，アルティン流といわれる数学的にはすっきりとしていて魅力的な定義です。等式ですから，あとあとの証明の記述がずいぶんとクリアになります。しかし，線形代数に慣れていないと扱えない上に自己同型群を抽象的なまま扱うのが難点です。

本書では，ガロア対応の実例を示した後で，ガロア対応の証明をします。啓蒙書ではなかなかフォローできていないところです。

第6章「根号で表す」では，いよいよピークの定理の証明に挑みます。章の冒頭では1のn乗根が根号で表されることを具体的に計算で示します。1のn乗根が根号で表されることは，ピークの定理から導かれる事実ですが，具体的な計算は他書ではなかなかお目にかかれないところです。

次に，3次方程式，4次方程式の解の対称性について調べます。第2章で手に入れた正三角形の二面体群，立方体の正多面体群という装備が大いに役立つところです。続いて，1のn乗根が作る体，$x^n-a=0$の解が作る体の構造を十分に調べます。根号で表される数とは，これらの方程式を繰り返し用いて得られる数のことだからです。

後半では，第1章の最後の定理，第2章の群の理論，第5章のガロア対応の合わせ技で，最後の岩場を登ります。この岩場を登り切ったところにピークの定理があります。これで初等ガロア理論を制覇したことになります。第5章のお花畑に立った時の感動とはまた異なった感慨を持つことでしょう。ピークの定理登頂の余韻を楽しんでもらったところで，根号で解けない5次方程式を紹介します。

以上が，この本でとったピークの定理までのルートです。

さあ，準備はよろしいでしょうか。道のりは長いですが，ゆっくりでけっこうですので，一歩一歩，踏みしめながら，一緒に頂を目指しましょう。

《 ガロア理論の頂を踏む ◎ 目次 》

第3章 「多項式」

第４章 「複素数」

第5章　「体と自己同型写像」

第6章　「根号で表す」

第1章「整数」

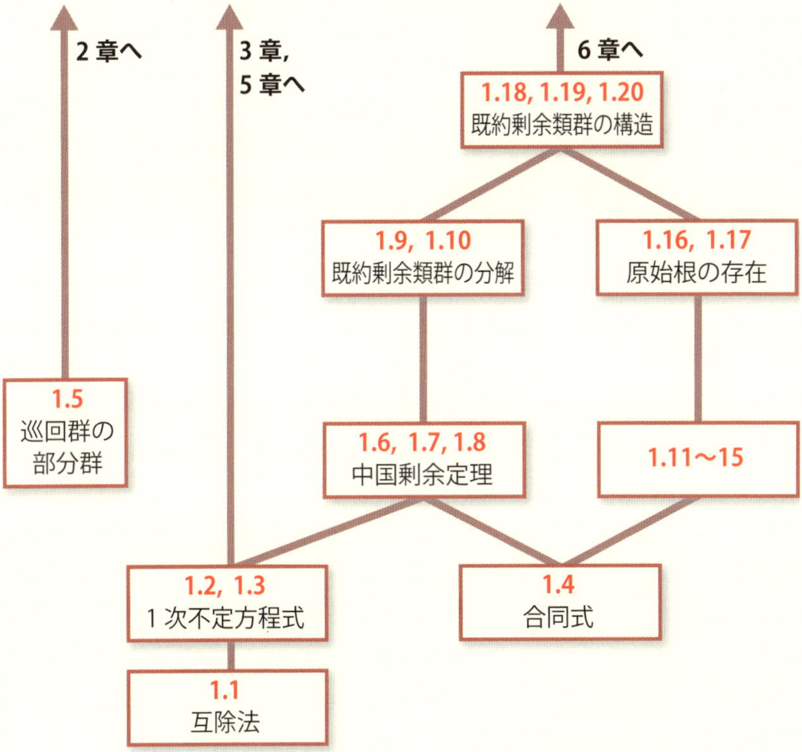

この章の目標は，既約剰余類群の構造（**定理1.20**）を理解することです。そこに至るまで，互除法，不定方程式，中国剰余定理などを積み上げていきます。**定理1.1**から**定理1.20**に至るまでの道順を意識してください。**定理1.11**から**定理1.15**までは原始根の存在（**定理1.16**）を示すために用意した定理です。

また，**定理1.18**，**定理1.19**では，パラレルな議論が展開されます。初めは片方だけでも十分かもしれません。

互除法，不定方程式は，第3章，第5章でも当たり前のように使います。十分に理解しておきましょう。

この章では，すでに群の定義が出てきます。整数の剰余類を通して群に慣れてください。

1　最大公約数を求める

ユークリッドの互除法

最大公約数を求めるとき，中学生までは2数を素因数分解して，共通な素因数を探すという手順を踏んでいたと思います。2数の最大公約数を求めるには次のような方法もあります。

問1.1　851，185の最大公約数を求めよ。

理由はあとで説明することにして，次のように割り算を繰り返すと最大公約数が求まります。

$851 \div 185 = 4$　余り　111

$185 \div 111 = 1$　余り　74

$111 \div 74 = 1$　余り　37

$74 \div 37 = 2$　余り　0

これによって，最後の割り算で，割る数であった37が，851と185の最大公約数となります。

2数の最大公約数は，上の計算のように1つ前の式の「割る数」を「余り」で割る割り算を繰り返していくことで求めることができます。今まで2数を素因数分解し共通な素因数を探していた人からすれば，割り算を繰り返すだけで最大公約数が求められることは驚きではないでしょうか。

このような計算法は，**ユークリッドの互除法**と呼ばれています。

なぜこのような計算で最大公約数が求まるかを，初めにイメージで説明してみましょう。

851と185の最大公約数を求めることは，次のような問題を解くことと同じです。

正方形のタイルを用いて，たて185，よこ851の長方形を作ります。正方形の大きさをなるべく大きくとったとき，正方形の1辺の長さはいくらですか。

正方形のタイルを並べて長方形を作るのですから，長方形のたての長さ，よこの長さは，正方形の1辺の長さの倍数になっています。

逆にいうと，正方形の1辺の長さは長方形のたて，よこの長さの約数になっています。このうち，一番大きいものをとろうというのですから，答えは851と185の最大公約数になります。

851と185の最大公約数をgとし，1辺がgの長さの正方形のタイル（単位正方形と呼びましょう）で，たて185，よこ851の長方形を作ることができたとします。

$$851 \div 185 = 4 \quad \text{余り} \quad 111$$

という割り算を，長方形に関する操作で表せば，次のようになります。

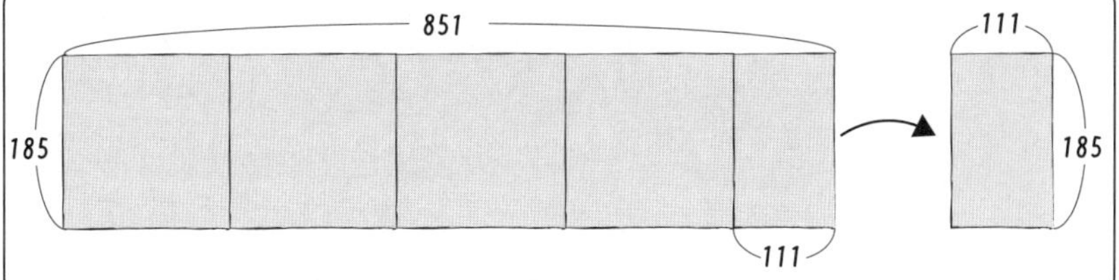

割り算は，たて185，よこ851の長方形から，1辺が185の正方形をとれるだけとることに対応します。たて185，よこ851の長方形も，1辺が185の正方形も，単位正方形でできていましたから，こういう操作ができることに注意しましょう。

このように長方形から，短い辺の長さを1辺とした正方形をとれるだけとっていく操作を繰り返すと，いつかは長方形の余りなくピッタリと正方形がとれるときがきます。このとき，最後にとる正方形は単位正方形になります。

数学の言葉でもしっかりと説明しておきましょう。

定理1.1　**互除法の原理**

$(x,\ y)$でxとyの最大公約数を表すことにする。

$a,\ b$を自然数とする。aをbで割った余りがrのとき，次が成り立つ。

$$(a,\ b)=(b,\ r)$$

aとbの最大公約数と，aとbの割り算をしたときの割る数bと余りrの最大公約数が等しくなるというのです。

この定理を上に示した具体的な計算に繰り返し用いると，

$$(851,\ 185)=(185,\ 111)=(111,\ 74)=(74,\ 37)$$

となります。851と185の最大公約数と74と37の最大公約数が等しくなるわけです。74は37の倍数ですから，74と37の最大公約数は，37と求めることができます。

割り算を繰り返し，最後に割り切れたときの割る数が最大公約数になっているのです。

割り算では，余りの数は割る数よりも小さくなりますから，余りは順次小さくなります。うまく割り切れず，最後には1になってしまう場合も考えられます。こういうときは，初めの2つの数の最大公約数が1です。aとbの最大公約数が1のとき，aとbは**互いに素**であるといいます。

証明　$(a,\ b)=g$，$(b,\ r)=h$とおいて，実は$g=h$であることを示しましょう。

$a,\ b$はgの倍数なので，自然数a'，b'を用いて，

$$a=a'g,\quad b=b'g \quad \cdots\cdots①$$

と書くことができます。

aをbで割った商をqとします。余りがrですから，

$$a=qb+r \quad \cdots\cdots② \qquad これより，\ r=a-qb$$

これに①を代入して，$r=a'g-qb'g=(a'-qb')g$

となりrもgを約数として持ちます。もともとbはgを約数として持ちますから，gはbとrの公約数です。公約数は最大公約数以下ですから，$g \leqq h$です。

また，b，rはhの倍数なので，自然数c'，r'を用いて，

$$b = c'h,\quad r = r'h$$

と書くことができます。②にこれを代入して，

$$a = qb + r = qc'h + r'h = (qc' + r')h$$

aはhを約数に持ちます。bはもともとhを約数に持ちますから，hはaとbの公約数です。公約数は最大公約数以下なので，$g \geqq h$です。

$g \leqq h$かつ$g \geqq h$が示されたので，$g = h$です。　（証明終わり）

互除法は，次のような方程式の整数解を求めるときにも応用されます。

問1.2　次のそれぞれの式を満たす整数x，yを1組求めよ。

（1）　$17x + 5y = 1$

（2）　$15x + 6y = 9$

（3）　$15x + 6y = 5$

実際のところ，答えを見つけるだけならxを1，2，3，…と順に代入して，それに対する整数yがあるかを調べた方が早いのですが，先につながる話がありますので，ここは互除法を用いて解いてみましょう。

ポイントは，互除法を用いて左辺の式を係数の小さい1次式に変形していくところです。このように$ax + by = d$の形をした式の整数解を求める問題を**1次不定方程式**といいます。

17を5で割ると商が3，余りが2なので，$17 = 5 \cdot 3 + 2$

$$17x + 5y = (5 \cdot 3 + 2)x + 5y = 5(3x + y) + 2x = 5z + 2x$$

5で括ると　　zとおく

ここで，$z = 3x + y$ ……①とおきました。

5割る2が商2，余り1なので，$5=2\cdot2+1$

これを用いて，

$$5z+2x=(2\cdot2+1)z+2x=2(2z+x)+z=2w+z$$

wとおく

ここで，$w=2z+x$……②とおきました。

もとの方程式は，変数を置き換えると，

$$2w+z=1$$

という方程式になりました。この式を満たす整数w，zを探すのは簡単ですね。$w=0$，$z=1$とすればよいのです。

あとは，$w=2z+x$，$z=3x+y$という置き換えを用いて，x，yを求めます。

$w=2z+x$で$w=0$，$z=1$として，$0=2\cdot1+x$　　$\therefore\quad x=-2$

$z=3x+y$で$z=1$，$x=-2$として，$1=3(-2)+y$　　$\therefore\quad y=7$

これより，$x=-2$，$y=7$という1組の整数解が求まりました。

うまくx，yの整数解を求めることができたのは，

A　置き換えの式（①，②）で，x，yの係数が1

B　最後の方程式 $2w+z=1$のzの係数が1

となっていたからです。

「置き換えの式で，x，yの係数が1」から，x，yを分数でなく，整数で求めることができます。x，yの係数が1でないと，w，zからx，yを求めたときに，分数になってしまうかもしれません。置き換えの式で，x，yの係数が1になるのは，置き換えの式の作り方を見ることで納得がいくでしょう。

$ax+by=d$で$a=qb+r$を代入すると，

$$(qb+r)x+by=d \qquad \therefore\quad b(qx+y)+rx=d$$

ここで，$z=qx+y$とおいているからです。

また，「最後の方程式$2w+z=1$のzの係数が1」なので，$2w+z=1$の整数解をすぐに思いつきます。

これは互除法の計算過程で，余りとして出てきた数です。

$17x+5y$	$17\div5=3\cdots2$
$5z+2x$	$5\div2=2\cdots1$
$2w+z$	$2\div1=2\cdots0$

互除法の余りの数が，変形してできた1次式の右側の係数になっていることに気づくと思います。

zの係数が1になったのも，17と5の最大公約数が1であったからなのです。最大公約数が1である17と5に互除法を適用したので，最後の余りが1になったのです。

(2)　互除法を用いて係数を小さくしていきます。

$$15x+6y=(6\cdot2+3)x+6y=6(2x+y)+3x$$

$z=2x+y$とおきます。6は3で割り切れますから，ここで互除法を止めておきます。

$$6z+3x=9$$

この方程式の一組の解が，$x=3$，$z=0$と見つかります。

$z=2x+y$で，$0=2\cdot3+y$より，$y=-6$です。

$x=3$，$y=-6$という整数解が見つかりました。

(3)　(2)と同じように変数を置き換えると，

$$6z+3x=5$$

となりますが，左辺は$6z+3x=3(2z+x)$となり3の倍数です。一方，右辺は3の倍数ではありませんから，整数z，xをどうとろうと式を満たすことはありません。つまり，この方程式の整数解はないことになります。

ここで，1次不定方程式$ax+by=d$の解き方をまとめておきましょう。左辺の$ax+by$を互除法を用いて係数を小さくしていき，最終的に

$$hX+gY=d$$

となったとします。h，gは互除法の計算に表れた数，X，Yは文字の置き換えを繰り返した末の変数です。このとき，$(a,\ b)=\cdots=(h,\ g)=g$より，

gはaとbの最大公約数になっています。hはgで割り切れるので，自然数jを用いて$h=jg$と書けます。

$d(\neq 0)$がgの倍数であれば，$d=eg$（eは自然数）と書けますから，$X=0$，$Y=e$とおけば，整数解が得られます。

しかし，dがgの倍数でなければ，この式を満たす整数X，Yはありません。左辺は$hX+gY=jgX+gY=(jX+Y)g$となり，左辺がgの倍数であるのに，右辺はgの倍数でないからです。この場合，どのようにX，Yをとっても等式が成り立つことはありません。

このことをまとめておきましょう。

定理1.2　1次不定方程式

a，b，dを整数とする（$a\neq 0$，$b\neq 0$）。gをaとbの最大公約数とする。

$$ax+by=d$$

この1次不定方程式は，dがgの倍数のとき整数解を持ち，dがgの倍数でないとき整数解を持たない。

定理1.1，**問1.2**の係数では，自然数について考えていましたが，この定理では扱う数の範囲を整数に拡張しています。拡張できることはすぐに分かるでしょう。

例えば，「$7x-3y=-5$……①」という不定方程式の解を求めるには，係数・定数として出てくる数を自然数にした式「$7X+3Y=5$……②」の解を考え，係数を調整すればよいのです。②の1組の解が$(X, Y)=(2, -3)$なので，①の1組の解は$(x, y)=(-X, Y)=(-2, -3)$です。

実は，この定理は変数を多くして次のように拡張することができます。

定理1.3 **1次不定方程式**

a，b，c，dを整数とする($a \neq 0$，$b \neq 0$，$c \neq 0$)。gをa，b，cの最大公約数とする。

$$ax+by+cz=d$$

dがgの倍数のとき，この方程式を満たす整数解x，y，zが存在し，dがgの倍数でないとき，整数解x，y，zは存在しない。

前の定理にczを加えただけです。さらに付け加えることもできます。次の証明を読めばそのことが分かるでしょう。前の定理では，方程式を満たす整数x，yの見つけ方（互除法）を示しましたが，次の証明では，存在性を示すだけです。

証明

$ax+by+cz$の形で表される整数の集合Sを考えましょう。

$$S=\{ax+by+cz \mid x,\ y,\ z \text{ は整数}\}$$

このSは，次のような性質を持っています。

Sの任意の要素u，v，整数kに対して，$u+v$，kuがSに含まれるという性質です。実際，u，vが

$$u=ax_1+by_1+cz_1,\quad v=ax_2+by_2+cz_2$$

と書ければ，

$$\text{(i)}\quad u+v=(ax_1+by_1+cz_1)+(ax_2+by_2+cz_2)$$
$$=a(x_1+x_2)+b(y_1+y_2)+c(z_1+z_2)\in S$$

$$\text{(ii)}\quad ku=k(ax_1+by_1+cz_1)=a(kx_1)+b(ky_1)+c(kz_1)\in S$$

となりますから，確かに$u+v$，kuはSに含まれます。

Sに含まれる正の整数のうち最小の数をhとします。

すると，Sの要素はすべてhの倍数になっています。というのも，もしもhの倍数で表されない数があったら，と仮定しましょう。それをmとします。mをhで割って，商がq，余りがrになったとすると，$m=qh+r$で

あり，割り切れないという仮定から$r \neq 0$です。

これより，$r = m - qh = m + (-q)h$であり，h, mがSに含まれるので，(ii)より$(-q)h \in S$，(i)より$r = m + (-q)h \in S$となり，rもSに含まれることになりますが，rは割り算の余りなので割る数のhより小さく，これはhがSに含まれる最小の正の数であることに反します。

よって，Sの要素はすべてhの倍数になっています。

$ax + by + cz$の式で，$x = 1$, $y = 0$, $z = 0$を代入すれば，aとなりますから，aはSに含まれます。同様にb, cもSに含まれます。ということは，a, b, cはhの倍数であり，hはa, b, cの公約数です。hは公約数ですから，a, b, cの最大公約数g以下です。$h \leqq g$……①。

また，a, b, cがgの倍数ですから，$a = a'g$, $b = b'g$, $c = c'g$（a'，b'，c'は整数）と書くことができます。

$$ax + by + cz = a'gx + b'gy + c'gz = (a'x + b'y + c'z)g$$

となり，Sの要素はgの倍数です。特にhもgの倍数ですから，$h \geqq g$……②。

①，②より，$h = g$となります。

$ax + by + cz = g$となる整数x, y, zの存在が証明されました。これをx_3，y_3，z_3とします。つまり，$ax_3 + by_3 + cz_3 = g$となっています。

dがgの倍数で，$d = ng$となっていれば，

$$ax + by + cz = d$$

の整数解の1つは，nx_3，ny_3，nz_3です。実際

$$a(nx_3) + b(ny_3) + c(nz_3) = n(ax_3 + by_3 + cz_3) = ng = d$$

となります。

Sの要素は，すべてgの倍数ですから，dがgの倍数でないとき，方程式を満たす整数解はありません。　（証明終わり）

2 余りの計算

剰余類

余りの問題から始めましょう。

問1.3　aを5で割ると3余り，bを5で割ると4余る。$a+b$，abを5で割るといくつ余るか。

aとなる数は,

$$\cdots,\ -12,\ -7,\ -2,\ 3,\ 8,\ 13,\ \cdots$$

-12 割る 5 は
$-12=(-3)\cdot 5+3$
より，商 -3，余り 3

bとなる数は,

$$\cdots,\ -11,\ -6,\ -1,\ 4,\ 9,\ 14,\ \cdots$$

とそれぞれ無数にあります。

例えば，aとして13を，bとして4をとって考えてみましょう。

$a+b=13+4=17$　　$17\div 5=3$　余り2

$ab=13\cdot 4=52$　　$52\div 5=10$　余り2

となります。$a+b$を5で割った余りは2, abを5で割った余りは2となりました。実は，a，bとして条件を満たすどのような整数をとっても，$a+b$を5で割った余りは2，abを5で割った余りは2となります。みなさんも実際に他の数で確かめてください。

$a+b$，abを5で割った余りは，それぞれ1つに決まるところが，この問題の面白いところです。

a，bとして，どんな数であっても答えは1通りに決まりますから，a，bとして5で割った余りをとってくるのが一番簡単です。このような余りを求める問題では，余りだけで計算して答えを求めることができるのです。

すなわち，$a+b$を5で割った余りを求めるのであれば,

aの余りの3とbの余りの4を足して7。

7を5で割って余り2。答えは2

abを5で割った余りを求めるのであれば，

　　　aの余りの3とbの余りの4を掛けて12。

　　　12を5で割って余り2。答えは2

といった具合です。

なぜ，$a+b$，abを5で割った余りがそれぞれ1つに決まるのかを，新しい記号“≡”を導入しながら説明していきましょう。

定義 1.1　合同式

mを自然数，a，bを整数とする。aをmで割った余りと，bをmで割った余りが等しいとき，

$$a \equiv b \pmod{m}$$

と書き，「aとbは法mに関して合同である」といいます。

例をあげてみましょう。27を7で割った余りが6，13を7で割った余りが6と等しくなりますから，

$$27 \equiv 13 \pmod{7}$$

と書きます。これは正しい式です。

“≡”の定義は，以下のようにしても同じことです。

定義 1.2　合同式

mを自然数，a，bを整数とする。$a-b$がmの倍数であるとき，

$$a \equiv b \pmod{m}$$

と書く。

例えば，$27-13=14$が7で割り切れるので，$27 \equiv 13 \pmod{7}$と書きます。

定義 1.1 と **1.2** が同値であることを，いちおう文字でも追いかけておきましょう。

証明 定義1.1と定義1.2が同値であることの証明

aをmで割った商をq，余りrとし，bをmで割った商をs，余りをtとします。すると，

$$a=qm+r \quad (0 \leqq r \leqq m-1),\quad b=sm+t \quad (0 \leqq t \leqq m-1)$$

と書くことができます。

$a-b$がmの倍数

$\Leftrightarrow$ $(qm+r)-(sm+t)=(q-s)m+r-t$がmの倍数

$\Leftrightarrow$ $r-t$がmの倍数

ここで，rとtの差は最大でも$m-1$ですから，$r-t$がmの倍数であるためには，$r-t=0$，つまり$r=t$となり，aとbをmで割った余りが等しくなければなりません。

逆に，$r=t$のとき，逆向きにたどって，$a-b$がmの倍数であることが分かります。（証明終わり）

このように"≡"を用いた式を合同式といいます。

合同式には，次のような性質があります。

定理1.4 **合同式の性質**

mを自然数，a，b，c，dを整数とする。

$a \equiv b \pmod{m}$，$c \equiv d \pmod{m}$のとき，次の(i)～(iii)が成り立つ。

(i) $a+c \equiv b+d \pmod{m}$

(ii) $a-c \equiv b-d \pmod{m}$

(iii) $ac \equiv bd \pmod{m}$

証明 この定理は，"≡"の記号が，和，差，積に関しては，普通の等号のように扱えるということを主張しています。

証明しておきましょう。a，b，c，dの条件から，

$$a \equiv b \pmod{m},\quad c \equiv d \pmod{m}$$

$$\Leftrightarrow \quad a-b=km,\ c-d=lm \quad (k,\ l\text{は整数})$$

$$\Leftrightarrow \quad a=b+km,\ c=d+lm \quad (k,\ l\text{は整数})$$

となります。

（i）$(a+c)-(b+d)=(b+km+d+lm)-(b+d)=(k+l)m$

なので，$a+c\equiv b+d \pmod{m}$が成り立ちます。

（ii）（i）でcを$-c$，dを$-d$と置き換えれば成り立ちます。

（iii）$ac-bd=(b+km)(d+lm)-bd=(bd+blm+kdm+klm^2)-bd$

$$=(bl+kd+klm)m$$

なので，$ac\equiv bd \pmod{m}$が成り立ちます。（証明終わり）

これを用いると，**問1.3**は次のように計算できます。

問題の条件は，$a\equiv 3,\ b\equiv 4 \pmod{5}$です。

$$a+b\equiv 3+4=7\equiv 2 \pmod{5}$$

$$ab\equiv 3\cdot 4=12\equiv 2 \pmod{5}$$

余りだけの計算が正当化されました。

この整数の余りについての計算をさらに深めていきましょう。

5で割った余りは0，1，2，3，4です。整数全体の集合は，5で割った余りによって，5つに分類されます。分類されてできたクラスを余り（剰余）によって分けられたクラスなので，**剰余類**と呼びます。余りが0の類を$\overline{0}$，余りが1の類を$\overline{1}$，余りが2の類を$\overline{2}$，…と表します。5の剰余類は，$\overline{0}$，$\overline{1}$，$\overline{2}$，$\overline{3}$，$\overline{4}$の5個です。

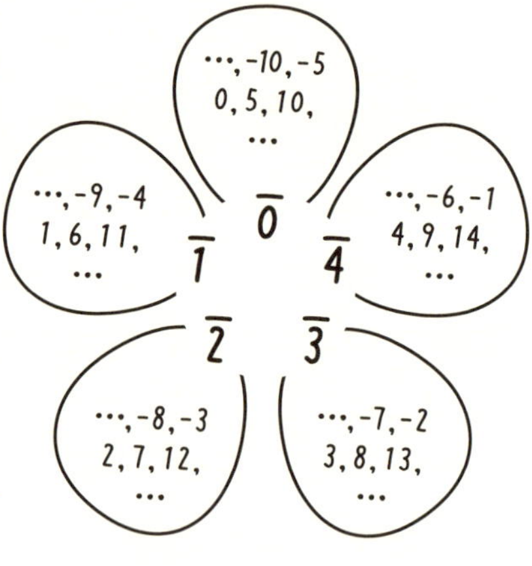

5の剰余類の集合を$Z/5Z$と表します。

「aを5で割ると3余り，bを5で割ると4余る数とすると，$a+b$は5で割って2余る」ということは，$\overline{3}$に含まれる数と$\overline{4}$に含まれる数を足すと$\overline{2}$に含まれる数になるということです。これを

$$\overline{3}+\overline{4}=\overline{2}$$

と書きましょう。

「aを5で割ると3余り，bを5で割ると4余る数とすると，abは5で割って2余る」ということは，$\overline{3}$に含まれる数と$\overline{4}$に含まれる数を掛けると$\overline{2}$に含まれる数になるということです。これを

$$\overline{3}\times\overline{4}=\overline{2}$$

と書きましょう。

これらの式は，剰余類に含まれる数どうしの計算がもとになっているのですが，あたかも剰余類を1つの数として扱っているかのような式になっています。つまり，剰余類は1つの“数”として捉えることができるわけです。

すると，**問1.3**は，剰余類の間の“足し算”“掛け算”をしていたことになります。

問1.4　5の剰余類の足し算，掛け算の表を作れ。

実際に計算してみると，次のようになります。

$+$	$\overline{0}$	$\overline{1}$	$\overline{2}$	$\overline{3}$	$\overline{4}$
$\overline{0}$	$\overline{0}$	$\overline{1}$	$\overline{2}$	$\overline{3}$	$\overline{4}$
$\overline{1}$	$\overline{1}$	$\overline{2}$	$\overline{3}$	$\overline{4}$	$\overline{0}$
$\overline{2}$	$\overline{2}$	$\overline{3}$	$\overline{4}$	$\overline{0}$	$\overline{1}$
$\overline{3}$	$\overline{3}$	$\overline{4}$	$\overline{0}$	$\overline{1}$	$\overline{2}$
$\overline{4}$	$\overline{4}$	$\overline{0}$	$\overline{1}$	$\overline{2}$	$\overline{3}$

$Z/5Z$の足し算

$\times$	$\overline{0}$	$\overline{1}$	$\overline{2}$	$\overline{3}$	$\overline{4}$
$\overline{0}$	$\overline{0}$	$\overline{0}$	$\overline{0}$	$\overline{0}$	$\overline{0}$
$\overline{1}$	$\overline{0}$	$\overline{1}$	$\overline{2}$	$\overline{3}$	$\overline{4}$
$\overline{2}$	$\overline{0}$	$\overline{2}$	$\overline{4}$	$\overline{1}$	$\overline{3}$
$\overline{3}$	$\overline{0}$	$\overline{3}$	$\overline{1}$	$\overline{4}$	$\overline{2}$
$\overline{4}$	$\overline{0}$	$\overline{4}$	$\overline{3}$	$\overline{2}$	$\overline{1}$

$Z/5Z$の掛け算

3　正六角形を回転させよう

巡回群

左右対称のデザインを見ると，なぜかうっとり見とれてしまうのはぼくだけでしょうか。そうでない人でも，万華鏡をのぞき見れば，鏡が作り出すその対称的な模様に眩暈(げんうん)を感じたことがある人も多いことでしょう。人それぞれ差はあるでしょうが，人間にはものが持っている対称性に美を感じる感性が生まれながら備わっているものと思われます。

これから，その数や形にひそむ対称性を探っていきます。そのときに，カギとなるのが「群」の概念です。

問1.5　1つの頂点に印をつけた正六角形が，その頂点を上にしておかれている。正六角形の中心（対角線の交点）を中心にして，0°度回転（動かさない）することをe，左回りに60°回転することをσ，120°$(=60°\times 2)$回転をσ^2，180°$(=60°\times 3)$回転をσ^3，240°$(=60°\times 4)$回転をσ^4，300°$(=60°\times 5)$回転をσ^5と表す。初めの状態にe，σ，σ^2，σ^3，σ^4，σ^5を施すと，それぞれ図1のようになる。

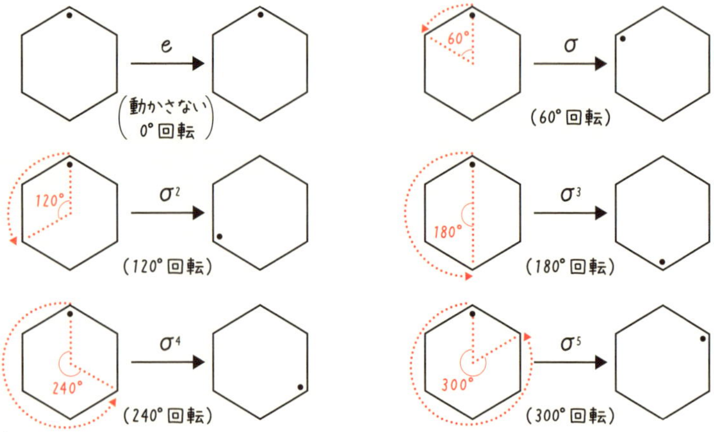

図1

σのあと，σ^2を施すことを$\sigma^2 \cdot \sigma$と表す（右側が先，左側があとに施すことに注意）。60°回転のあと120°回転することは，180°(＝60°＋120°)回転することと等しくなる。よって，$\sigma^2 \cdot \sigma = \sigma^3$と書くことにする(図2)。

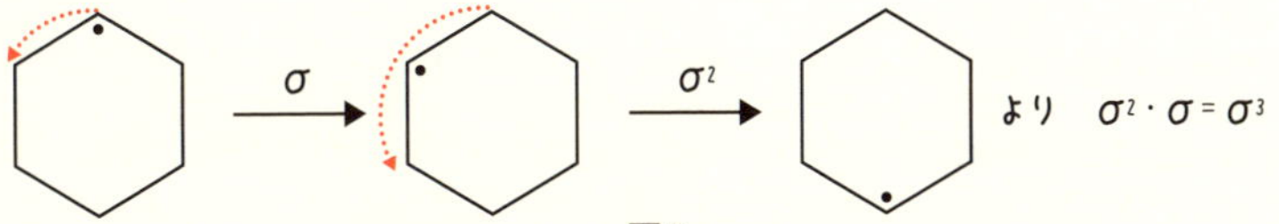

図2

$\sigma^3 \cdot \sigma^4$は，240°回転のあと，180°回転することなので，420°(＝240°＋180°)回転することである。360°で1周なので，60°(＝420°－360°)回転に等しくなる。これを，$\sigma^3 \cdot \sigma^4 = \sigma$と書くことにする（図3)。

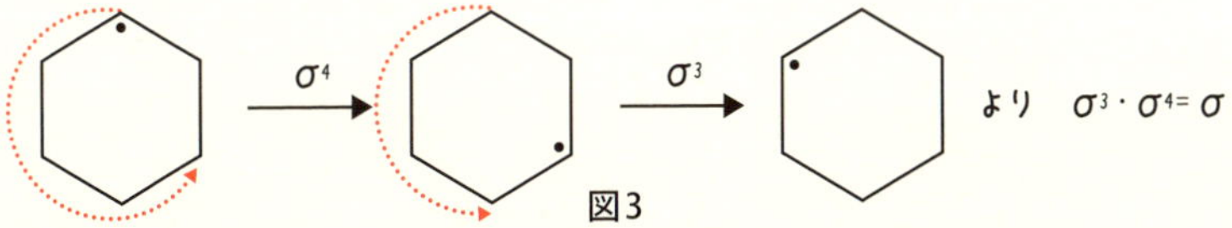

図3

よこ枠（上）回転をしたあと，たて枠（左）の回転をするとき，どの回転に等しくなるか，表を埋めよ。

先の回転 / あとの回転	e	σ	σ^2	σ^3	σ^4	σ^5
e						
σ						
σ^2						
σ^3						
σ^4						
σ^5						

実際に埋めてみると次のようになります。

先の回転 / あとの回転	e	σ	σ^2	σ^3	σ^4	σ^5
e	e	σ	σ^2	σ^3	σ^4	σ^5
σ	σ	σ^2	σ^3	σ^4	σ^5	e
σ^2	σ^2	σ^3	σ^4	σ^5	e	σ
σ^3	σ^3	σ^4	σ^5	e	σ	σ^2
σ^4	σ^4	σ^5	e	σ	σ^2	σ^3
σ^5	σ^5	e	σ	σ^2	σ^3	σ^4

この表を埋めるためには，回転の角度を考えなくとも，e，σ，σ^2，σ^3，σ^4，σ^5の6個のどの回転になるかを求めることができます。

$\sigma^i \cdot \sigma^j$で，$i+j$が5以下の場合は，回転は合わせても360°に満たないので，$\sigma^i \cdot \sigma^j = \sigma^{i+j}$

$i+j$が6の場合は，合わせた回転がちょうど360°になるので，動かさないことと同じで，$\sigma^i \cdot \sigma^j = e$。

σ^6は定義されていませんが，σ^6は360°回転，つまり0°回転に対応しているのでeに等しく，$\sigma^6 = e$と考えられます。同様に，$\sigma^7 = \sigma$，$\sigma^8 = \sigma^2$，…です。

これを用いると，$\sigma^3 \cdot \sigma^4 = \sigma^{3+4} = \sigma^7 = \sigma$と計算できます。

また，$\sigma^0 = e$です。

$i+j$が6より大きい場合は，合わせた回転は360°より大きくなるので，1回転分6を引いて，$\sigma^i \cdot \sigma^j = \sigma^{i+j-6}$となります。

$\sigma^i \cdot \sigma^j$は$i+j$を6で割った余りをkとすれば，$\sigma^i \cdot \sigma^j = \sigma^k$とまとまります。

6つの回転$\{e, \sigma, \sigma^2, \sigma^3, \sigma^4, \sigma^5\}$と，それらを続けて行なった結果どんな回転になるのか（回転の合成の規則，演算）を合わせると，「群」の例となっています。

「群」には**元**（げん，要素のこと）があり，任意の2つの元に対して元を決める法則（演算）が定められています。上の表は，この「群」の演算表です。

ここで，群の定義を述べてみましょう。

定義1.3 **群の定義**

集合Gが次の(i)〜(iv)を満たすとき，Gは群であるという。

(i) Gの任意の元x, yに対して演算（・で表す）があり，

$x \cdot y$がGに含まれる。

(ii) 演算について，結合法則が成り立つ。

$$(x \cdot y) \cdot z = x \cdot (y \cdot z)$$

(iii) Gの任意の元xに対して，

$$x \cdot e = e \cdot x = x$$

を満たすようなeが存在する。eを**単位元**という。

(iv) Gの任意の元yに対して，

$$y \cdot z = z \cdot y = e$$

を満たすようなzが存在する。このようなzをyの**逆元**といい，

y^{-1}と書く。

さあ，$\{e, \sigma, \sigma^2, \sigma^3, \sigma^4, \sigma^5\}$とそれらの間の演算が，群の定義を満たしているか確かめてみましょう。(i)〜(iv)の順に確かめます。

(i) **（演算が閉じている）**

Gの任意の元x, yに対して，$x \cdot y$がまたGに含まれることを，Gは演算（・）で閉じているといいます。演算表を見ると計算結果はすべて$\{e, \sigma, \sigma^2, \sigma^3, \sigma^4, \sigma^5\}$の中に入っていますから，この条件はO.K.ですね。

(ii) **（結合法則）**

これは，例で実感してみましょう。

例えば，$(\sigma^2 \cdot \sigma^4) \cdot \sigma^3$と$\sigma^2 \cdot (\sigma^4 \cdot \sigma^3)$では，

$$(\sigma^2 \cdot \sigma^4) \cdot \sigma^3 = \sigma^{2+4-6} \cdot \sigma^3 = \sigma^0 \cdot \sigma^3 = \sigma^3$$

$$\sigma^2 \cdot (\sigma^4 \cdot \sigma^3) = \sigma^2 \cdot \sigma^{4+3-6} = \sigma^2 \cdot \sigma = \sigma^3$$

ですから，$(\sigma^2 \cdot \sigma^4) \cdot \sigma^3 = \sigma^2 \cdot (\sigma^4 \cdot \sigma^3)$が成り立ちます。指数法則のように考えてどちらも$\sigma^{2+4+3} = \sigma^9 = \sigma^6 \cdot \sigma^3 = e \cdot \sigma^3 = \sigma^3$となります。結局，$\sigma$を何回使ったかが問題なわけです。右辺でも，左辺でも9回σを施したわけですから，結合法則は成り立ちます。

(iii)　**（単位元の存在）**

0°回転なら，他の回転の先に行なってもあとに行なっても，回転に影響を与えません。実際，演算表を見ると$\sigma^i \cdot e = e \cdot \sigma^i = \sigma^i$となっています。

0°回転が，群の定義の単位元eに相当します。これを見越して初めから同じ記号を使っていたのです。

(iv)　**（逆元の存在）**

演算表のどのよこの行にもちょうど1つeがあります。

これは任意の元yに対して$y \cdot z = e$となるようなzを選ぶことができるということです。

また，演算表のどのたての列にもちょうど1つeがあります。これは任意の元yに対して$z \cdot y = e$となるようなzを選ぶことができるということです。

あとの回転＼先の回転	e	σ	σ^2	σ^3	σ^4	σ^5
e	e	σ	σ^2	σ^3	σ^4	σ^5
σ	σ	σ^2	σ^3	σ^4	σ^5	e
σ^2	σ^2	σ^3	σ^4	σ^5	e	σ
σ^3	σ^3	σ^4	σ^5	e	σ	σ^2
σ^4	σ^4	σ^5	e	σ	σ^2	σ^3
σ^5	σ^5	e	σ	σ^2	σ^3	σ^4

……▶ より

$\sigma^2 \cdot \sigma^4 = e$，$\sigma^4 \cdot \sigma^2 = e$

よってσ^2の逆元はσ^4

実際に

	e	σ	σ^2	σ^3	σ^4	σ^5
逆元	e	σ^5	σ^4	σ^3	σ^2	σ

σ^i の逆元は σ^{6-i}

となります。確かにすべての元について逆元は存在します。

(i)〜(iv)のすべてを満たすので，$\{e, \sigma, \sigma^2, \sigma^3, \sigma^4, \sigma^5\}$は，・に関して群になっています。

このように，すべての元が１つの元 σ を用いて表すことができる群を**巡回群**といいます。群の中でも一番簡単な構造をしているものです。上の例からも分かるように，巡回群と呼ばれる理由は，$\sigma^n (n=1, 2, 3, \cdots)$を順に並べると途中から繰り返しになるからです。

ここから繰り返し

$$\sigma,\ \sigma^2,\ \sigma^3,\ \sigma^4,\ \sigma^5,\ \sigma^6,\ \sigma^7,\ \cdots$$

$\sigma^6 = e$, $\sigma^7 = \sigma$

一般には，群の元の個数は，有限個の場合もあれば，無限個の場合もあります。群の元の個数のことを**位数**といいます。位数が有限個の場合を**有限群**，無限個の場合を**無限群**といいます。

この正六角形の回転に関する群は位数6の巡回群で有限群です。位数6の巡回群をC_6と書きます。Cは「Cyclic」のCです。

4　群が同じということ

群の同型

勘のよい方はお気づきかもしれませんが，この群の演算は，6の剰余類における和の演算と似ています。この似ていると感じる感性は，数学を理解していく上で大切な感覚です。数学は一見異なったものの中に，同じ性質を持つもの，同じ形を持つものを見つけ出していく学問であるということもできるからです。「なんか似ているなあ」でもいいです。モヤモヤと感じた人は数学の才能があると思います。

C_6の演算表の右隣に6の剰余類の和（加法）の演算表を書いておきました。

C_6のσ^iと$\boldsymbol{Z}/6\boldsymbol{Z}$の$\overline{i}$が1対1に対応しています。$C_6$の演算が，$\boldsymbol{Z}/6\boldsymbol{Z}$の足し算（加法）に対応しています。左の演算表の$\sigma^i$を$\overline{i}$に書き換えると右の演算表になります。このように演算表がぴったり対応する群は同型であるといいます。C_6と6の剰余類$\boldsymbol{Z}/6\boldsymbol{Z}$の作る群は同型です。

あとの回転＼先の回転	e	σ	σ^2	σ^3	σ^4	σ^5
e	e	σ	σ^2	σ^3	σ^4	σ^5
σ	σ	σ^2	σ^3	σ^4	σ^5	e
σ^2	σ^2	σ^3	σ^4	σ^5	e	σ
σ^3	σ^3	σ^4	σ^5	e	σ	σ^2
σ^4	σ^4	σ^5	e	σ	σ^2	σ^3
σ^5	σ^5	e	σ	σ^2	σ^3	σ^4

C_6の演算表

$+$	$\overline{0}$	$\overline{1}$	$\overline{2}$	$\overline{3}$	$\overline{4}$	$\overline{5}$
$\overline{0}$	$\overline{0}$	$\overline{1}$	$\overline{2}$	$\overline{3}$	$\overline{4}$	$\overline{5}$
$\overline{1}$	$\overline{1}$	$\overline{2}$	$\overline{3}$	$\overline{4}$	$\overline{5}$	$\overline{0}$
$\overline{2}$	$\overline{2}$	$\overline{3}$	$\overline{4}$	$\overline{5}$	$\overline{0}$	$\overline{1}$
$\overline{3}$	$\overline{3}$	$\overline{4}$	$\overline{5}$	$\overline{0}$	$\overline{1}$	$\overline{2}$
$\overline{4}$	$\overline{4}$	$\overline{5}$	$\overline{0}$	$\overline{1}$	$\overline{2}$	$\overline{3}$
$\overline{5}$	$\overline{5}$	$\overline{0}$	$\overline{1}$	$\overline{2}$	$\overline{3}$	$\overline{4}$

$Z/6Z$の加法の演算表

C_6が群になっているのですから，6の剰余類$\boldsymbol{Z}/6\boldsymbol{Z}$も，“$+$”という演算について群になっています。

$\boldsymbol{Z}/6\boldsymbol{Z}$が$+$の演算で閉じていること，結合法則を満たすことはよいでしょう。$\overline{a}+\overline{0}=\overline{0}+\overline{a}=\overline{a}$ですから，$\boldsymbol{Z}/6\boldsymbol{Z}$の$+$の演算に関しては$\overline{0}$が

単位元です。

$\overline{1}+\overline{5}=\overline{0}$，$\overline{2}+\overline{4}=\overline{0}$，$\overline{3}+\overline{3}=\overline{0}$ですから，

	$\overline{0}$	$\overline{1}$	$\overline{2}$	$\overline{3}$	$\overline{4}$	$\overline{5}$
逆元	$\overline{0}$	$\overline{5}$	$\overline{4}$	$\overline{3}$	$\overline{2}$	$\overline{1}$

となっています。逆元も存在します。よって，$Z/6Z$ は + の演算に関して群になっています。

$Z/6Z$ は6の**剰余群**と呼ばれます。

この群の同型は分かり易かったですね。が，いつでも群の同型がこのように分かり易いとは限りません。他の場合でも使えるように，群の同型をきちんと定義しておきましょう。

前節では，群の演算を"・"で表しましたが，ここからは，x と y に群の演算を施すことを"xy"と書くことにします。

定義 1.4　群の同型

群 G，G' について，G から G' への写像 f が，全単射であり，次を満たすとき，G と G' は同型であるといい，$G \cong G'$ と表す。

G の任意の2つの元 x，y について，

$$f(xy)=f(x)f(y)$$

が成り立つ。

このとき，f を群の**同型写像**という。

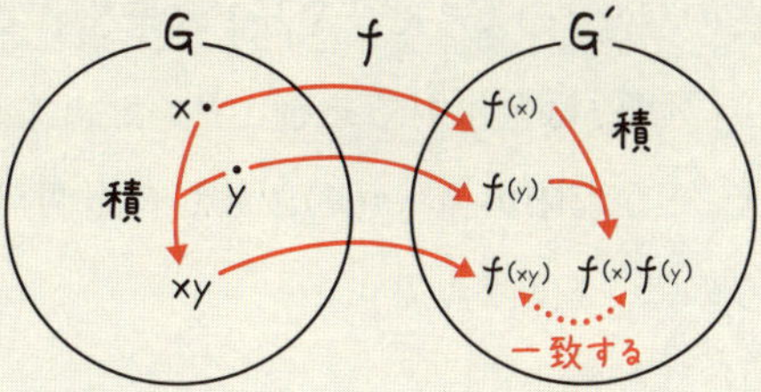

$f(xy)$ は，G の元 x と y の積をとり（演算して），それを f で移すことを表しています。$f(x)f(y)$ は，x，y を f で移し G' の元 $f(x)$，$f(y)$ とし，その積をとることを表しています。

文中の「全単射」の意味を説明するために，写像の意味から簡単におさらいすることにします。

集合Xから集合Yへの**写像**fとは，Xの元を１つ選ぶと，それに対応するYの元が１つ決まる“決め方”のことです。

具体的な写像を作ってみましょう。集合X，Yを$X=\{1, 2, 3, 4\}$，$Y=\{5, 6, 7, 8\}$とし，これに対し写像fを定めます。Xの元1，2，3，4に対して，それぞれYの元を適当に選んであげれば，それが写像になります。

$$f(1)=5,\quad f(2)=8,\quad f(3)=6,\quad f(4)=7$$

としましょう。$f(a)=b$であれば，**図1**のようにXの元aとそれに対応するYの元bを線で結んで写像fを模式的に表します。

図1

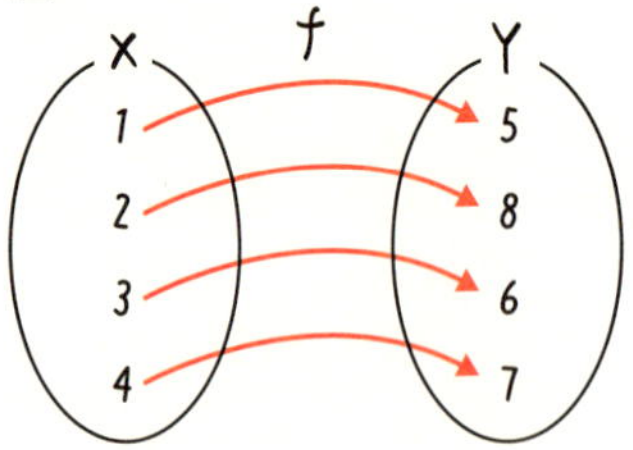

図2

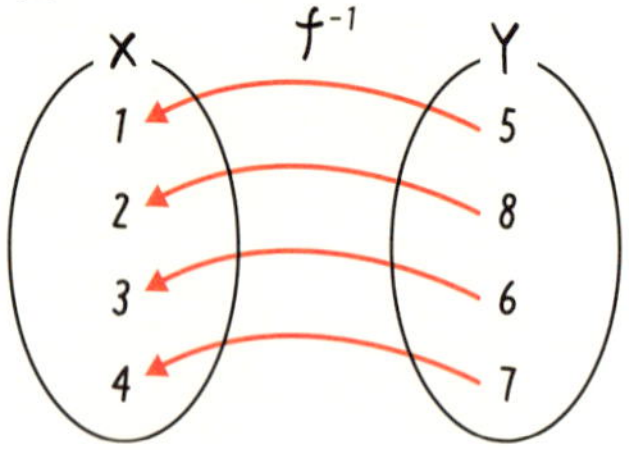

この写像fのように，XとYの元を１つずつ組にして対応させているとき，「写像fは全単射である」といいます。

X，Yが有限集合（元の個数が有限個）であるとき，全単射の性質で重要なのは，次の2点です。

(i)　$|X|=|Y|$

$|X|$で，集合Xの元の個数を表します。Xの元とYの元が1つずつ組になるのですから，Xの元の個数とYの元の個数は等しくなります。上の例では両方とも4個です。

(ii)　逆写像f^{-1}がある。

Xの元とYの元が1つずつ組になっているので，Yの元を1つ決めると対応するXの元が1つに決まります。この場合の逆写像は

$$f^{-1}(5)=1,\ f^{-1}(6)=3,\ f^{-1}(7)=4,\ f^{-1}(8)=2$$

となります。模式図でいえば，fの矢印を逆向きにたどればそれが逆写像になります（**図2**）。

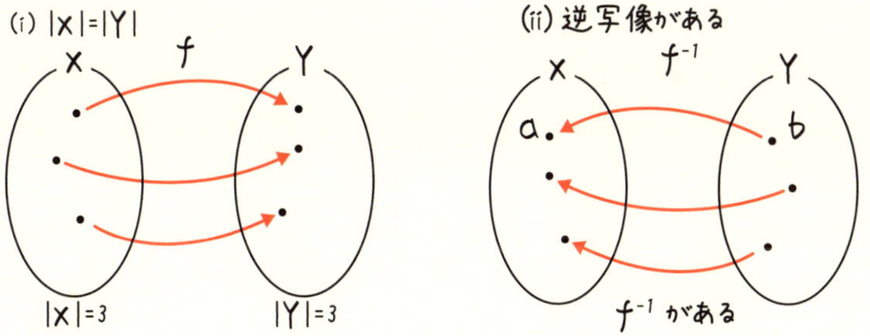

全単射とは，全射でありかつ単射であるという意味です。全射と単射は別の概念で，それを合わせ持ったものが全単射です。

群の同型を証明するときに，全単射であることを確認する必要があります。全射と単射を別々に確認していくことも多いですから，全射と単射についても説明しておきましょう。

全射とは，Yのすべての元が，Xの元のどれかの移り先になっている状態です。

次頁の**図3**のように，すべてのYの元がXの元と結ばれていれば全射です。5のように2つのXの元と結ばれているYの元があっても構いません。しかし，**図4**の11のように，Yの元でXの元と結ばれないものがあると，全射ではありません。全射とは，「Yの集合の元すべて（全）にXの元が写像されている」ということです。

図3

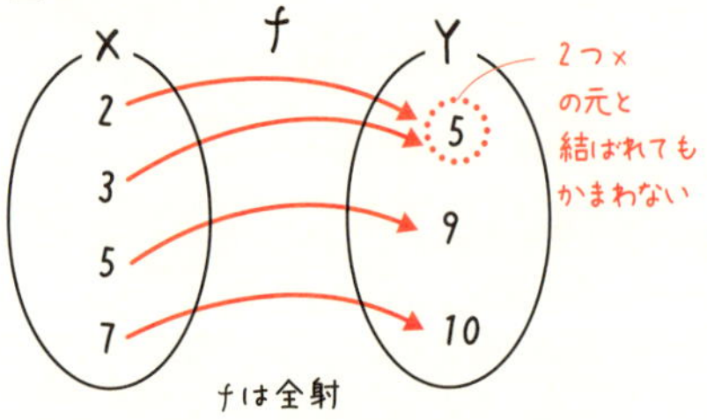

図4

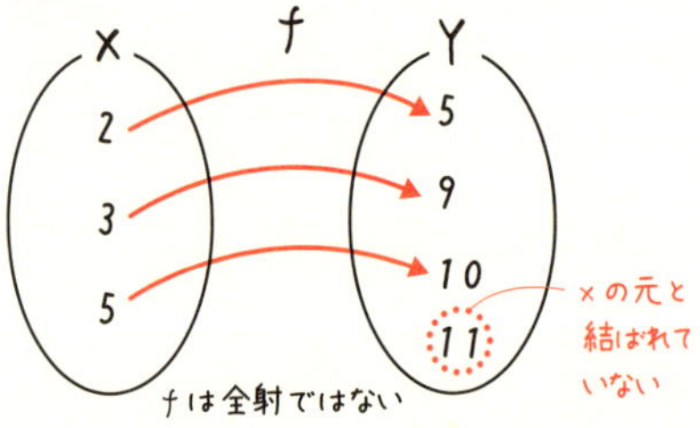

なお，Yの元と結ばれていないXの元があるとき，これは写像ですらありません。XからYへの写像というとき，どのXの元に対しても対応するYの元が存在する必要があります。

単射とは，Xの異なる元をYの異なる元に移す写像です。図で表すと**図5**のようになります。Yの元は１つのXの元にしか結ばれていません。9のようにXの元に結ばれていないYの元があっても構いません。**図6**は，5のようにYの元で2つのXの元に結ばれているものがあるので，単射ではありません。

図5

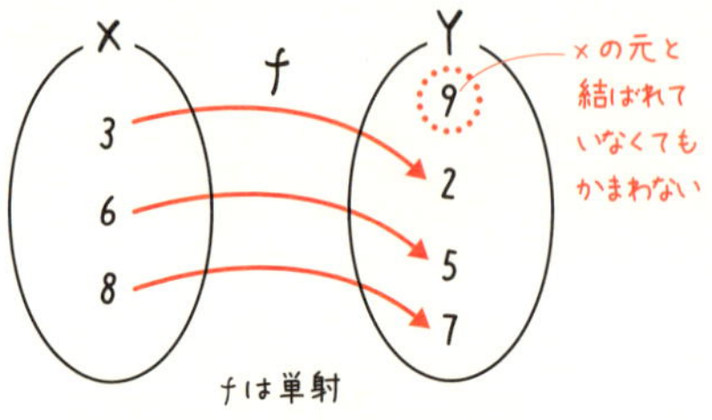

図6

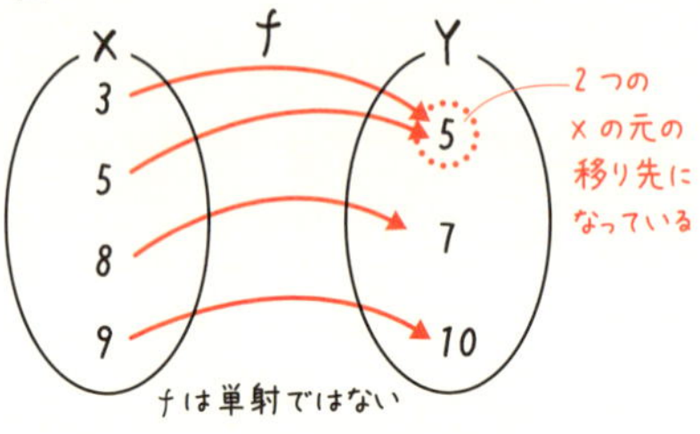

「全射かつ単射」のときは，Xの元とYの元が1つずつ組になることが図から納得できると思います。

C_6と$\boldsymbol{Z}/6\boldsymbol{Z}$が群として同型であることを，同型写像を作って確認してみましょう。

写像fを

$$
\begin{aligned}
f\ :\ C_6 &\longrightarrow \boldsymbol{Z}/6\boldsymbol{Z} \\
\sigma^i &\longmapsto \overline{i} \qquad (i=0,\ 1,\ 2,\ 3,\ 4,\ 5)
\end{aligned}
$$

と定めます。σ^0はeのことです。この写像fは全単射になっていますね。

C_6の演算は・，$\boldsymbol{Z}/6\boldsymbol{Z}$の演算は＋であることに注意して計算します。$\overline{i+j}$は，$i+j$を6で割った余りを$k$とするとき，$\overline{k}$を表すものとすると，

$$f(\sigma^i \cdot \sigma^j) = f(\sigma^{i+j}) = \overline{i+j},\ f(\sigma^i) + f(\sigma^j) = \overline{i} + \overline{j} = \overline{i+j}$$

σ^{i+j}は$i+j$を6で割った余りによって定まるので　　定理1.4(i)より

ですから，$f(\sigma^i \cdot \sigma^j) = f(\sigma^i) + f(\sigma^j)$が成り立ち，$C_6$と$\boldsymbol{Z}/6\boldsymbol{Z}$が同型であること，つまり$C_6 \cong \boldsymbol{Z}/6\boldsymbol{Z}$が示されました。

群を表現するには，群の元をすべて明記して，それらの演算表を示せば完璧です。上の例でいえば，$\{e, \sigma, \sigma^2, \sigma^3, \sigma^4, \sigma^5\}$とその演算表が与えられました。ただ，それぞれの群の持つ固有の特徴を捉えるには，その方法がベストとは限りません。

巡回群の中身を伝えるのであれば，次のように表す方が簡潔でしかも中身をよく伝えています。

σが生成する群を$\langle\sigma\rangle$と表します。「σが生成する群」という意味は，σを繰り返し掛けたものすべてを元とする群という意味です。σを繰り返し掛けたものを具体的に書けば，

$$\sigma,\ \sigma^2,\ \sigma^3,\ \sigma^4,\ \sigma^5,\ \underset{e}{\underset{\|}{\sigma^6}},\ \underset{\sigma}{\underset{\|}{\sigma^7}},\ \underset{\sigma^2}{\underset{\|}{\sigma^8}},\ \cdots$$

となります。C_6は，

$\sigma^6 = e$のもとで，$C_6 = \langle\sigma\rangle$

と書くことができます。

C_6はσで生成される位数6の巡回群でした，これに倣えば，$\boldsymbol{Z}/6\boldsymbol{Z}$は$\overline{1}$で生成される位数6の巡回群であるといえます。

5　一部の元でも群になる

部分群

これまでに，$C_6=\{e,\ \sigma,\ \sigma^2,\ \sigma^3,\ \sigma^4,\ \sigma^5\}$が群になっていることを確認しました。

問1.6　$C_6=\{e,\ \sigma,\ \sigma^2,\ \sigma^3,\ \sigma^4,\ \sigma^5\}$の6個の元の一部を用いて群を作ってみよう。

一般に，群Gの元の一部または全部を取り出して作った集合Hが群の定義を満たすとき，HはGの**部分群**であるといいます。この問題は，C_6の部分群を調べる問題です。

まず，eはそれだけで部分群$\{e\}$を作ります。eが単位元で，eの逆元はeです。

$\{e,\ \sigma^3\}$は部分群になっています。演算表を書くと次頁の左表のようになります。一般に，もとの群の単位元eは，部分群においても単位元になります。$\sigma^3\cdot\sigma^3=e$ですから，σ^3の逆元はそれ自身です。σ^3は180°回転でしたから，これは点対称移動を表していますね。つまり，0°回転と点対称移動は，セットで位数2の群になっているのです。

〈　〉の記号を使えば，

$$\sigma^6=e\text{のもとで，}\langle\sigma^3\rangle=\{e,\ \sigma^3\}$$

と表せます。

$\{e,\ \sigma^2,\ \sigma^4\}$も部分群になっています。演算表を書くと次頁の右表のようになります。これは，0°回転，120°回転，240°回転からなる群です。C_6は，正六角形を回転したとき自分自身と一致するような回転からなる群でしたが，その部分群の$\{e,\ \sigma^2,\ \sigma^4\}$は，正三角形を回転して自分自身と一致するような回転からなる群です。

〈　〉の記号を使えば，

$$\sigma^6 = e\text{のもとで，}\langle\sigma^2\rangle = \{e,\ \sigma^2,\ \sigma^4\}$$

と表せます。

先＼あと	e	σ^3
e	e	σ^3
σ^3	σ^3	e

部分群$\{e,\ \sigma^3\}$の演算表

先＼あと	e	σ^2	σ^4
e	e	σ^2	σ^4
σ^2	σ^2	σ^4	e
σ^4	σ^4	e	σ^2

部分群$\{e,\ \sigma^2,\ \sigma^4\}$の演算表

それとC_6自身も部分群として扱います。今のところ，C_6の部分群は，$\{e\}$，$\langle\sigma^2\rangle$，$\langle\sigma^3\rangle$，C_6です。これ以外に部分群はないのでしょうか。実は，次の定理から，C_6の部分群は，$\{e\}$，$\langle\sigma^2\rangle$，$\langle\sigma^3\rangle$，C_6の4つであることが分かります。

$\langle\sigma^2\rangle$，$\langle\sigma^3\rangle$と書けることから分かるように，これらは巡回群になっています。巡回群の部分群は巡回群なのです。

定理1.5　巡回群の部分群

Hを巡回群C_mの部分群とする。Hの位数はmの約数であり，巡回群の部分群は巡回群である。

証明　巡回群C_mは，$\sigma^m = e$のもとで，$\{e,\ \sigma,\ \sigma^2,\ \cdots,\ \sigma^{m-1}\}$と書くことができます。

C_mの部分群をHとします。Hに含まれている元のうち，e以外でσの指数の一番小さいものをσ^dとします。

m割るdを計算し，商がq，余りが$r(\geqq 1)$になったと仮定します。

$$m = qd + r \quad (1 \leqq r \leqq d-1)$$

ここで，$\sigma^d \in H$より，$(\sigma^d)^q = \sigma^{dq} \in H$です。

σ^{dq}の逆元もHに含まれて，$(\sigma^{dq})^{-1} \in H$。$\sigma^{dq}\sigma^r = \sigma^{dq+r} = \sigma^m = e$となるので，これに左から$(\sigma^{dq})^{-1}$を掛けて，

$$(\sigma^{dq})^{-1}(\sigma^{dq}\sigma^{r})=(\sigma^{dq})^{-1}e \qquad \therefore \ ((\sigma^{dq})^{-1}\sigma^{dq})\sigma^{r}=(\sigma^{dq})^{-1}$$

$$\therefore \ \sigma^{r}=(\sigma^{dq})^{-1}\in H$$

となりますが，rはdより小さいので，σ^dがHに含まれる元のうち指数が最小であるということに矛盾します。したがって，$r=0$です。つまり，mはdの倍数，dはmの約数です。

dがmの約数のとき，$qd=m$であるとすると，Hは，

$$H=\langle\sigma^d\rangle=\{e,\ \sigma^d,\ \sigma^{2d},\ \cdots,\ \sigma^{(q-1)d}\}$$

と位数qの巡回群になります。

$qd=m$ですから，Hの位数qはmの約数になります。　　　（証明終わり）

6　2つの群から群を作る

群の直積

2つの群を組み合わせて別の群を作る方法を紹介しましょう。これは具体的な群の構造を調べる上で基本となる概念の1つです。例を出して説明しましょう。

剰余群$\boldsymbol{Z}/3\boldsymbol{Z}$，$\boldsymbol{Z}/5\boldsymbol{Z}$の2つを組み合わせてみます。

$\boldsymbol{Z}/3\boldsymbol{Z}$と$\boldsymbol{Z}/5\boldsymbol{Z}$の元を並べて書いて，例えば$(\overline{2},\ \overline{4})$などとして，演算は成分ごとに足すものとします。ちょうど2次元ベクトルの和を成分計算するときの要領です。例えば，

$$(\overline{2},\ \overline{4})+(\overline{1},\ \overline{2})=(\overline{0},\ \overline{1})$$

第1成分は，$\boldsymbol{Z}/3\boldsymbol{Z}$の元ですから，$\overline{2}+\overline{1}=\overline{0}$

第2成分は，$\boldsymbol{Z}/5\boldsymbol{Z}$の元ですから，$\overline{4}+\overline{2}=\overline{1}$

$\overline{\ }$は$\boldsymbol{Z}/3\boldsymbol{Z}$の剰余類
$\overline{\ }$は$\boldsymbol{Z}/5\boldsymbol{Z}$の剰余類

となります。これらを並べて書いたわけです。成分ごとの計算は，もともとの剰余群$\boldsymbol{Z}/3\boldsymbol{Z}$，$\boldsymbol{Z}/5\boldsymbol{Z}$の計算をそのまま使うわけです。

$\boldsymbol{Z}/3\boldsymbol{Z}$と$\boldsymbol{Z}/5\boldsymbol{Z}$の元を並べて書いたものは，この演算に関して群になっています。この群を$\boldsymbol{Z}/3\boldsymbol{Z}$と$\boldsymbol{Z}/5\boldsymbol{Z}$の**直積**といい，$(\boldsymbol{Z}/3\boldsymbol{Z})\times(\boldsymbol{Z}/5\boldsymbol{Z})$と表します。集合の記号で書くと，

$$(\boldsymbol{Z}/3\boldsymbol{Z})\times(\boldsymbol{Z}/5\boldsymbol{Z})=\{(\overline{a},\ \overline{b})\mid \overline{a}\in\boldsymbol{Z}/3\boldsymbol{Z},\ \overline{b}\in\boldsymbol{Z}/5\boldsymbol{Z}\}$$

群になっていることを確かめてみましょう。

演算が閉じていることは見てとれます。

$$\{(\overline{a},\ \overline{b})+(\overline{c},\ \overline{d})\}+(\overline{e},\ \overline{f})\text{と}(\overline{a},\ \overline{b})+\{(\overline{c},\ \overline{d})+(\overline{e},\ \overline{f})\}$$

は両方とも$(\overline{a+c+e},\ \overline{b+d+f})$に等しいので，結合法則も満たします。

$$(\overline{a},\ \overline{b})+(\overline{0},\ \overline{0})=(\overline{0},\ \overline{0})+(\overline{a},\ \overline{b})=(\overline{a},\ \overline{b})$$

が成り立つので，$(\overline{0},\ \overline{0})$が単位元です。

$\boldsymbol{Z}/5\boldsymbol{Z}$の単位元
$\boldsymbol{Z}/3\boldsymbol{Z}$の単位元

$\boldsymbol{Z}/3\boldsymbol{Z}$で$\overline{a}$の逆元を$\overline{c}$，$\boldsymbol{Z}/5\boldsymbol{Z}$で$\overline{b}$の逆元を$\overline{d}$とすれば，

$$(\overline{a}, \overline{b})+(\overline{c}, \overline{d})=(\overline{a+c}, \overline{b+d})=(\overline{0}, \overline{0})$$
$$(\overline{c}, \overline{d})+(\overline{a}, \overline{b})=(\overline{c+a}, \overline{d+b})=(\overline{0}, \overline{0})$$

となるので，$(\overline{a}, \overline{b})$の逆元は$(\overline{c}, \overline{d})$です。

確かに，$(\boldsymbol{Z}/3\boldsymbol{Z})\times(\boldsymbol{Z}/5\boldsymbol{Z})$はカッコの足し算について群になります。

$(\boldsymbol{Z}/3\boldsymbol{Z})\times(\boldsymbol{Z}/5\boldsymbol{Z})$の位数は，$\boldsymbol{Z}/3\boldsymbol{Z}$の位数3，$\boldsymbol{Z}/5\boldsymbol{Z}$の位数5を掛けて，$3\times5=15$となります。

抽象的にまとめておきましょう。

定義1.5　群の直積

G，Hを群とする。

$$\{(g, h)\mid g\in G, h\in H\}$$

は，$(g_1, h_1)(g_2, h_2)=(g_1g_2, h_1h_2)$という演算に関して群になる。

これをGとHの直積といい，$G\times H$と表す。

また，GとHが有限群なら，$|G\times H|=|G|\times|H|$

演算記号「・」を省略して書いています。g_1g_2と並べて書いたものは，g_1とg_2に関する演算を表します。

直積が群になることを確認しておきましょう。

この演算で閉じていること，結合法則を満たすことはO.K.です。

Gの単位元をe_1，Hの単位元をe_2とすれば，

$$(e_1, e_2)(g, h)=(e_1g, e_2h)=(g, h)$$
$$(g, h)(e_1, e_2)=(ge_1, he_2)=(g, h)$$

となりますから，$G\times H$の単位元は(e_1, e_2)です。

また，(g, h)の逆元は

$$(g, h)(g^{-1}, h^{-1})=(gg^{-1}, hh^{-1})=(e_1, e_2)$$
$$(g^{-1}, h^{-1})(g, h)=(g^{-1}g, h^{-1}h)=(e_1, e_2)$$

となるので(g^{-1}, h^{-1})になります。

(g, h)は，gのとり方で$|G|$通り，hのとり方で$|H|$通りですから，

$G \times H$ の元は全部で $|G| \times |H|$ 個です。

上では，2つの群の直積しか示しませんでしたが，3個以上の群の直積も同様に定義することができます。

また余りの問題に戻ってみましょう。

問1.7（1） a は15で割ると7余る数である。a を3で割った余りと，5で割った余りを求めよ。
（2） b は，3で割ると2余り，5で割ると3余る数である。b を15で割るといくつ余るか。

(1)　$a = 15k + 7$ と書くことができます。

$$a = 15k + 7 \equiv 0 \cdot k + 7 = 7 \equiv 1 \pmod 3$$

$$a = 15k + 7 \equiv 0 \cdot k + 7 = 7 \equiv 2 \pmod 5$$

3で割った余りは1，5で割った余りは2です。

(2)　15で割った余りが x であるとして，

$b = 15k + x \quad (0 \leqq x \leqq 14)$ とします。

$b \equiv 2 \pmod 3$ より，$15k + x \equiv 2 \pmod 3 \qquad \therefore \ x \equiv 2 \pmod 3$

$b \equiv 3 \pmod 5$ より，$15k + x \equiv 3 \pmod 5 \qquad \therefore \ x \equiv 3 \pmod 5$

ですから，0から14までの数の中で，3で割ると2余り，5で割ると3余る数を探すことになります。

3で割って2余る数は，2，5，8，11，14です。この中で，5で割って3余る数は8です。0から14の整数の中で条件を満たす整数は8しかありません。$x = 8$ です。

b を15で割った余りは8です。

上の問題のあらすじをまとめるとこういうことになります。

「15で割った余りが分かると，3で割った余りと5で割った余りが分かる。3で割った余りと5で割った余りが分かると15で割った余りが分かる」ということです。

前半の部分は，15が3の倍数なので3で割った余りが定まり，15が5の倍数なので5で割った余りが定まるのです。

問題は，後半部分です。3で割った余りと5で割った余りを勝手に決めたとき，それを満たす数はつねに存在するのでしょうか。

実は，存在するんです。3で割った余りと5で割った余りを表にして，それを満たす数を表の中に書き込んでいきましょう。すると表の中には，0から14までが1個ずつ出てきます。

	0	1	2	3	4
0	0	6	12	3	9
1	10	1	7	13	4
2	5	11	2	8	14

←5で割った余り

3で割って1余り
5で割って3余る数 →13

↑
3で割った余り

3で割った余りと5で割った余りを勝手に決めても，それを満たす数が0から14までの中にただ1つあるのです。

これは群の用語を用いると，$\boldsymbol{Z}/15\boldsymbol{Z}$と$(\boldsymbol{Z}/3\boldsymbol{Z})\times(\boldsymbol{Z}/5\boldsymbol{Z})$の元が1対1に対応しているということです。対応表を書くと次のようになります。

$\boldsymbol{Z}/5\boldsymbol{Z}$の$\overline{2}$

$\boldsymbol{Z}/3\boldsymbol{Z}$ \ $\boldsymbol{Z}/5\boldsymbol{Z}$	$\overline{0}$	$\overline{1}$	$\overline{2}$	$\overline{3}$	$\overline{4}$
$\overline{0}$	$\overline{0}$	$\overline{6}$	$\overline{12}$	$\overline{3}$	$\overline{9}$
$\overline{1}$	$\overline{10}$	$\overline{1}$	$\overline{7}$	$\overline{13}$	$\overline{4}$
$\overline{2}$	$\overline{5}$	$\overline{11}$	$\overline{2}$	$\overline{8}$	$\overline{14}$

表の中は
$\boldsymbol{Z}/15\boldsymbol{Z}$の剰余類

$\boldsymbol{Z}/3\boldsymbol{Z}$の$\overline{2}$

このままでは元に対応がついているだけですから，これだけでは群の同型とはいえません。群が同型であることは，次のような計算から察しがつきます。

例えば，$\boldsymbol{Z}/15\boldsymbol{Z}$の$\overline{4}$，$\overline{8}$に対応する$(\boldsymbol{Z}/3\boldsymbol{Z})\times(\boldsymbol{Z}/5\boldsymbol{Z})$の元は，それぞれ$(\overline{1},\ \overline{4})$，$(\overline{2},\ \overline{3})$です。これに対し，

$$(\overline{1},\ \overline{4})+(\overline{2},\ \overline{3})=(\overline{0},\ \overline{2})$$

というように，成分ごとの和をとったものを考えます。

すると，答えの$(\overline{0},\ \overline{2})$に対応する$\boldsymbol{Z}/15\boldsymbol{Z}$の元は$\overline{12}$であり，これは$\overline{4}+\overline{8}=\overline{12}$の答えと一致します。$\boldsymbol{Z}/15\boldsymbol{Z}$と$(\boldsymbol{Z}/3\boldsymbol{Z})\times(\boldsymbol{Z}/5\boldsymbol{Z})$の組の元は＋の演算まで含めて，1対1に対応しています。

同型写像を作って，$\boldsymbol{Z}/15\boldsymbol{Z}$と$(\boldsymbol{Z}/3\boldsymbol{Z})\times(\boldsymbol{Z}/5\boldsymbol{Z})$が同型であること確かめましょう。$a$を3で割った余りを$a_3$，5で割った余りを$a_5$として，組を作ればよいのです。

$$\begin{array}{cccc} \phi: & \boldsymbol{Z}/15\boldsymbol{Z} & \longrightarrow & (\boldsymbol{Z}/3\boldsymbol{Z})\times(\boldsymbol{Z}/5\boldsymbol{Z}) \\ & \overline{a} & \longmapsto & (\overline{a_3},\ \overline{a_5}) \end{array}$$

bや$a+b$を3で割った余りをb_3，$(a+b)_3$と書くことにします。このϕについて，

$$\phi(\overline{a}+\overline{b})=\phi(\overline{a+b})=(\overline{(a+b)_3},\ \overline{(a+b)_5})$$

$$\phi(\overline{a})+\phi(\overline{b})=(\overline{a_3},\ \overline{a_5})+(\overline{b_3},\ \overline{b_5})=(\overline{a_3+b_3},\ \overline{a_5+b_5})$$

ここで，

$(a+b)_3\equiv a_3+b_3 \pmod 3$より，$\overline{(a+b)_3}=\overline{a_3+b_3}$，

$(a+b)_5\equiv a_5+b_5 \pmod 5$より，$\overline{(a+b)_5}=\overline{a_5+b_5}$

ですから，$\phi(\overline{a}+\overline{b})=\phi(\overline{a})+\phi(\overline{b})$が成り立ちます。$\phi$は全単射ですから，$\phi$は群の同型写像になっています。

$$\boldsymbol{Z}/15\boldsymbol{Z}\cong(\boldsymbol{Z}/3\boldsymbol{Z})\times(\boldsymbol{Z}/5\boldsymbol{Z})$$

であることが示されました。

3，5を，一般の互いに素な自然数p，qに対して，

$$\begin{array}{rccc}\phi: & \boldsymbol{Z}/pq\boldsymbol{Z} & \longrightarrow & (\boldsymbol{Z}/p\boldsymbol{Z})\times(\boldsymbol{Z}/q\boldsymbol{Z}) \\ & \overline{a} & \longmapsto & (\overline{a_p},\ \overline{a_q})\end{array}$$

で定めたϕが同型写像になることを証明しておきましょう。

$\phi(\overline{a}+\overline{b})=\phi(\overline{a})+\phi(\overline{b})$となることは上と同じです。$\phi$が全単射になることを示しましょう。そのためには，$\boldsymbol{Z}/pq\boldsymbol{Z}$の元と$(\boldsymbol{Z}/p\boldsymbol{Z})\times(\boldsymbol{Z}/q\boldsymbol{Z})$の元の間に1対1の対応があることを示します。

定理1.6　**中国剰余定理**

p，qを互いに素な自然数とする。

a，bを$0\leqq a\leqq p-1$，$0\leqq b\leqq q-1$を満たす整数とする。

pで割った余りがa，qで割った余りがbとなるような数が，0から$pq-1$までの数の中にちょうど1つ存在する。

証明　pで割った余りがa，qで割った余りがbとなるような数が0から$pq-1$までの中に2つあるとしてみましょう。これらをx，yとします。

x，yは，pで割った余りが等しいので，$x-y$はpで割り切れます。x，yは，qで割った余りが等しいので，$x-y$はqで割り切れます。$x-y$は，pでもqでも割り切れるので，pとqの最小公倍数で割り切れます。pとqが互いに素なので，pとqの最小公倍数はpqです。$x-y$は，pqで割り切れます。xとyは異なる数なので，xとyの差はpq以上です。ところが，xもyも0以上$pq-1$以下の数ですから，xとyの差がpq以上になることはありえません。矛盾です。よって，0から$pq-1$までのpq個の数のうち，pで割った余りとqで割った余りの両方が一致するような2数はありません。

つまり，pで割った余りがa，qで割った余りがbとなるような数は，0から$pq-1$までに1個以下しかないことが分かりました。

つまり，ϕは$\boldsymbol{Z}/pq\boldsymbol{Z}$の異なる元を$(\boldsymbol{Z}/p\boldsymbol{Z})\times(\boldsymbol{Z}/q\boldsymbol{Z})$の異なる元に移しますから，単射です。よって，$\phi$による$\boldsymbol{Z}/pq\boldsymbol{Z}$の移り先は$\boldsymbol{Z}/pq\boldsymbol{Z}$の位数に

等しくpq個です。一方，$\boldsymbol{Z}/p\boldsymbol{Z}$の位数が$p$，$\boldsymbol{Z}/q\boldsymbol{Z}$の位数が$q$なので$(\boldsymbol{Z}/p\boldsymbol{Z})\times(\boldsymbol{Z}/q\boldsymbol{Z})$の位数は$pq$になりますから，$\phi$は全射にもなっています。$\phi$は全単射です。

ですから，0から$pq-1$まで数の中には，すべての余りの組がちょうど1回ずつ出てきます。（証明終わり）

3つの直積になる例も上げてみましょう。

問1.8　aは，3で割ると1余り，5で割ると2余り，7で割ると3余る数である。aを105で割るといくつ余るか。

3つともなると探すのにも手間が掛かりますが，次のような巧妙な解法が知られています。それは70，21，15というマジックナンバーを用いる方法です。70，21，15に余りの1，2，3をそれぞれ掛けて足し，

$70\times1+21\times2+15\times3=157$

105を引いて，$157-105=52$

52が求める余りというわけです。この解法は，和算家の間でも知られていて，最後に105を引くことから百五減算（ひゃくごげんざん）と呼ばれています。もっとも最後の計算は，105で割った余りを求めるために105を引いたまでのことで，105以下であれば引けませんし，210以上であれば2回以上引かなくてはなりません。

なぜ，この解法で答えが求められるのか，種明かしをしましょう。

70，21，15をそれぞれ，3，5，7で割った余りを表にすると，次頁左表のようになります。ちょうど1つの割る数だけで余りが1となり，他では割り切れるような数になっているのです。ですから，これに余りを掛けて足すと次頁右表のようになり，3，5，7で割った余りの条件を満たすような数を求めることができるわけです。

$A=70\times1+21\times2+15\times3$

和

	70	21	15	70×1	21×2	15×3	A
3で割った余り	1	0	0	1	0	0	和 1
5で割った余り	0	1	0	0	2	0	和 2
7で割った余り	0	0	1	0	0	3	和 3

さて，このようなマジックナンバーはつねに存在するのでしょうか。

3で割って1余り，5でも7でも割り切れる数を求めるのであれば，$5\cdot7x\equiv1 \pmod 3$を満たすxを探すと，$5\cdot7x$が求めたい数になります。それには，$5\cdot7x=3y+1$より，

$$5\cdot7x-3y=1$$

という1次不定方程式の解を探します。

(a, b)でaとbの最大公約数を表す

係数の最大公約数は，$(5\cdot7,\ 3)=1$ですから，このようなx, yは存在します。例えば，$x=2$, $y=23$という一組の解から，

$5\cdot7x=70$がマジックナンバーになります。

他の，5で割って1余り，3でも7でも割り切れる数や，7で割って1余り，3でも5でも割り切れる数も同じように求めることができます。いつでもマジックナンバーはあるのです。

この問題で解が1つに定まる背景には，

$$\boldsymbol{Z}/105\boldsymbol{Z}\cong(\boldsymbol{Z}/3\boldsymbol{Z})\times(\boldsymbol{Z}/5\boldsymbol{Z})\times(\boldsymbol{Z}/7\boldsymbol{Z})$$

という同型があります。

これを一般論としてまとめると次のようになります。孫子の兵法書に類題が載っていたそうで，中国剰余定理と呼ばれています。除数が3個の場合で示しますが，いくつでも同様の議論ができます。

定理 1.7 中国剰余定理：3数

p，q，rをどの2つをとっても互いに素な自然数とする。a，b，cを任意の整数とする。このとき，

$$x \equiv a \pmod{p},\ x \equiv b \pmod{q},\ x \equiv c \pmod{r}$$

を満たす整数xが，0から$pqr-1$までの中にちょうど1つ存在する。

証明 マジックナンバーを見つけましょう。

$$(qr)s \equiv 1 \pmod{p},\ (rp)t \equiv 1 \pmod{q},\ (pq)u \equiv 1 \pmod{r}$$

を満たすs，t，uを求めます。sであれば，

$$(qr)s + py = 1$$

という1次不定方程式を解くことで得られます。q，rがpと互いに素であることから，qr，pが互いに素なので，**定理 1.2**より条件式を満たすs，yが存在します。同様にt，uを得ることができます。

$$x = a(qr)s + b(rp)t + c(pq)u$$

とおけば，xは条件式を満たします。実際

$$x = a(qr)s + b(rp)t + c(pq)u \equiv a \cdot 1 + 0 \quad + 0 \quad \equiv a \pmod{p}$$

$$x = a(qr)s + b(rp)t + c(pq)u \equiv \quad 0 \quad + b \cdot 1 + 0 \quad \equiv b \pmod{q}$$

$$x = a(qr)s + b(rp)t + c(pq)u \equiv \quad 0 \quad + 0 \quad + c \cdot 1 \equiv c \pmod{r}$$

となります。このxをpqrで割った余りも条件式を満たします。

もしも，解が0から$pqr-1$までの中に2個あると仮定します。それをx, $y(x > y)$としましょう。

$$x \equiv y \equiv a \pmod{p},\ x \equiv y \equiv b \pmod{q},\ x \equiv y \equiv c \pmod{r}$$

$\Leftrightarrow$ $x-y$はpの倍数，$x-y$はqの倍数，$x-y$はrの倍数

$\Leftrightarrow$ $x-y$はpqrの倍数

となりますが，$0 \leqq y < x \leqq pqr-1$なので，$0 < x-y < pqr$であり，0と$pqr$の間には$pqr$の倍数がないので矛盾します。よって，0から$pqr$までの中には条件を満たす$x$は1個しかありません。 （証明終わり）

定理1.6は，中国剰余定理の除数が2個の場合です。**定理1.6**の証明の仕方で，3個の場合も証明することができます。**定理1.6**で紹介した証明は解の存在を示すだけでしたが，**定理1.7**の証明では解の構成法まで言及した形になっています。もちろん**定理1.7**の証明法で**定理1.6**を証明することもできます。しかし，除数が2個の場合を示しても一般論が見えてこないので，除数が3個の場合で示しました。

中国剰余定理を群の言葉でまとめると次のようになります。

定理1.8　**$\boldsymbol{Z}/n\boldsymbol{Z}$の分解**

$n=pqr$（p，q，rはどの2つをとっても互いに素）のとき，

$$\boldsymbol{Z}/n\boldsymbol{Z} \cong (\boldsymbol{Z}/p\boldsymbol{Z})\times(\boldsymbol{Z}/q\boldsymbol{Z})\times(\boldsymbol{Z}/r\boldsymbol{Z})$$

証明　$\boldsymbol{Z}/n\boldsymbol{Z}$から$(\boldsymbol{Z}/p\boldsymbol{Z})\times(\boldsymbol{Z}/q\boldsymbol{Z})\times(\boldsymbol{Z}/r\boldsymbol{Z})$への写像$\phi$を

$$\begin{array}{cccc} \phi: & \boldsymbol{Z}/n\boldsymbol{Z} & \longrightarrow & (\boldsymbol{Z}/p\boldsymbol{Z})\times(\boldsymbol{Z}/q\boldsymbol{Z})\times(\boldsymbol{Z}/r\boldsymbol{Z}) \\ & \overline{a} & \longmapsto & (\overline{a_p},\ \overline{a_q},\ \overline{a_r}) \end{array}$$

と定めます。ここで，a_pはaをpで割った余りを表すものとします。定理1.7より$\overline{a}$の移り先$(\overline{a_p},\ \overline{a_q},\ \overline{a_r})$には，$\boldsymbol{Z}/n\boldsymbol{Z}$の$\overline{a}$以外の元から移ることはありません。$\phi$は単射です。よって，$\phi$は$\boldsymbol{Z}/n\boldsymbol{Z}$の$n$個の異なる元を$(\boldsymbol{Z}/p\boldsymbol{Z})\times(\boldsymbol{Z}/q\boldsymbol{Z})\times(\boldsymbol{Z}/r\boldsymbol{Z})$の$n$個の異なる元に移します。

一方，$(\boldsymbol{Z}/p\boldsymbol{Z})\times(\boldsymbol{Z}/q\boldsymbol{Z})\times(\boldsymbol{Z}/r\boldsymbol{Z})$の位数は$pqr=n$ですから，$\phi$は全射です。$\phi$は全単射になります。

$$\phi(\overline{a}+\overline{b})=\phi(\overline{a+b})=(\overline{(a+b)_p},\ \overline{(a+b)_q},\ \overline{(a+b)_r})$$

$$\begin{aligned}\phi(\overline{a})+\phi(\overline{b})&=(\overline{a_p},\ \overline{a_q},\ \overline{a_r})+(\overline{b_p},\ \overline{b_q},\ \overline{b_r})\\&=(\overline{(a+b)_p},\ \overline{(a+b)_q},\ \overline{(a+b)_r})\end{aligned}$$

よって，$\phi(\overline{a}+\overline{b})=\phi(\overline{a})+\phi(\overline{b})$が成り立ちます。

ϕは同型写像になりますから，

$$\boldsymbol{Z}/n\boldsymbol{Z} \cong (\boldsymbol{Z}/p\boldsymbol{Z})\times(\boldsymbol{Z}/q\boldsymbol{Z})\times(\boldsymbol{Z}/r\boldsymbol{Z})$$

（証明終わり）

p，q，rが素数の例しか出していませんでしたから他の例も出しましょう。例えば，$n = 2^3 \cdot 3^4 \cdot 5^2$であれば，素因数ごとに分けて，

$$\boldsymbol{Z}/(2^3 \cdot 3^4 \cdot 5^2)\boldsymbol{Z} \cong (\boldsymbol{Z}/2^3\boldsymbol{Z}) \times (\boldsymbol{Z}/3^4\boldsymbol{Z}) \times (\boldsymbol{Z}/5^2\boldsymbol{Z})$$

となります。

7　掛け算だって群になる！

既約剰余類群

剰余類$\boldsymbol{Z}/n\boldsymbol{Z}$の＋の演算に関する構造はずいぶんと明らかになりました。それでは，×の演算についてはどんな構造があるのでしょうか。$\boldsymbol{Z}/5\boldsymbol{Z}$から調べてみましょう。

初めに，$\boldsymbol{Z}/5\boldsymbol{Z}$から$\overline{0}$を取り除いた，$\overline{1}$，$\overline{2}$，$\overline{3}$，$\overline{4}$が×という演算に関して群になっていることから見ていきましょう。演算表を書いてみると，

×	$\overline{0}$	$\overline{1}$	$\overline{2}$	$\overline{3}$	$\overline{4}$
$\overline{0}$	$\overline{0}$	$\overline{0}$	$\overline{0}$	$\overline{0}$	$\overline{0}$
$\overline{1}$	$\overline{0}$	$\overline{1}$	$\overline{2}$	$\overline{3}$	$\overline{4}$
$\overline{2}$	$\overline{0}$	$\overline{2}$	$\overline{4}$	$\overline{1}$	$\overline{3}$
$\overline{3}$	$\overline{0}$	$\overline{3}$	$\overline{1}$	$\overline{4}$	$\overline{2}$
$\overline{4}$	$\overline{0}$	$\overline{4}$	$\overline{3}$	$\overline{2}$	$\overline{1}$

$\boldsymbol{Z}/5\boldsymbol{Z}$の乗法の演算表

$\overline{a}$	$\overline{1}$	$\overline{2}$	$\overline{3}$	$\overline{4}$
$\overline{a}^{-1}$	$\overline{1}$	$\overline{3}$	$\overline{2}$	$\overline{4}$

逆元

$\boldsymbol{Z}/5\boldsymbol{Z}-\{\overline{0}\}$が×に関して群になっていることを確かめてみます。

×に関して閉じていることは上の表から分かります。

整数で結合法則が成り立つので$(ab)c=a(bc)$，それをmod 5で見れば，$(\overline{a}\,\overline{b})\overline{c}=\overline{a}(\overline{b}\,\overline{c})$となり，$\boldsymbol{Z}/5\boldsymbol{Z}$でも，結合法則は成り立ちます。$\overline{1}\times\overline{a}=\overline{a}\times\overline{1}=\overline{a}$であり，$\overline{1}$が単位元になります。

上の右の表のように逆元も存在します。

$\boldsymbol{Z}/6\boldsymbol{Z}$の場合はどうでしょうか。$\boldsymbol{Z}/6\boldsymbol{Z}-\{\overline{0}\}$の演算表を見てみましょう。

$\times$	$\overline{0}$	$\overline{1}$	$\overline{2}$	$\overline{3}$	$\overline{4}$	$\overline{5}$
$\overline{0}$	$\overline{0}$	$\overline{0}$	$\overline{0}$	$\overline{0}$	$\overline{0}$	$\overline{0}$
$\overline{1}$	$\overline{0}$	$\overline{1}$	$\overline{2}$	$\overline{3}$	$\overline{4}$	$\overline{5}$
$\overline{2}$	$\overline{0}$	$\overline{2}$	$\overline{4}$	$\overline{0}$	$\overline{2}$	$\overline{4}$
$\overline{3}$	$\overline{0}$	$\overline{3}$	$\overline{0}$	$\overline{3}$	$\overline{0}$	$\overline{3}$
$\overline{4}$	$\overline{0}$	$\overline{4}$	$\overline{2}$	$\overline{0}$	$\overline{4}$	$\overline{2}$
$\overline{5}$	$\overline{0}$	$\overline{5}$	$\overline{4}$	$\overline{3}$	$\overline{2}$	$\overline{1}$

$\boldsymbol{Z}/6\boldsymbol{Z}$の乗法の演算表

$\overline{1}$，$\overline{5}$を取り出す

$\times$	$\overline{1}$	$\overline{5}$
$\overline{1}$	$\overline{1}$	$\overline{5}$
$\overline{5}$	$\overline{5}$	$\overline{1}$

$(\boldsymbol{Z}/6\boldsymbol{Z})^*$の乗法の演算表

単位元が$\overline{1}$であることはよいでしょう。逆元はあるでしょうか。

$\overline{2}$の逆元を求めようと，$\overline{2}$の行を見ても，$\overline{2}$，$\overline{4}$，$\overline{0}$，$\overline{2}$，$\overline{4}$となっていて$\overline{1}$が出てきません。$\overline{2}\times\overline{x}=\overline{1}$となる$x$は存在しないのです。$\boldsymbol{Z}/6\boldsymbol{Z}-\{\overline{0}\}$には，$\times$に関して逆元が存在しない元があるのです。これでは群にはなりません。

では，逆に，よこの行に$\overline{1}$が出てくるのはどれでしょう。$\overline{1}$と$\overline{5}$ですね。$\overline{2}$，$\overline{3}$，$\overline{4}$に逆元がないのは，これらがそれぞれ6と共通因数を持つからなのです。共通因数を持たない$\overline{1}$，$\overline{5}$であれば群になっています。$\overline{1}$，$\overline{5}$だけ演算表から取り出せば，上右表のようになります。確かに，$\overline{1}$が単位元で，$\overline{5}$の逆元は$\overline{5}$です。

このように，nが合成数の場合であっても，$\boldsymbol{Z}/n\boldsymbol{Z}$の剰余類のうち$n$と互いに素であるものだけを選べば，$\times$に関して群になります。これを$(\boldsymbol{Z}/n\boldsymbol{Z})^*$と書き，**既約剰余類群**と呼びます。$n$が素数である場合には，1，2，…，$n-1$がすべて$n$と互いに素になっているので，$\boldsymbol{Z}/n\boldsymbol{Z}-\{\overline{0}\}$としただけで$\times$について群になります。$\boldsymbol{Z}/5\boldsymbol{Z}-\{\overline{0}\}$が$\times$に関して群になったのは5が素数であったからなのです。

$(\boldsymbol{Z}/6\boldsymbol{Z})^*$は位数が2で感じがつかめないかもしれないので，次の問題を解いてみましょう。

問1.9　$(\boldsymbol{Z}/10\boldsymbol{Z})^*$の演算表を書け。

1から10までの数の中で10と互いに素である整数は1，3，7，9なので，$\boldsymbol{Z}/10\boldsymbol{Z}$のうちの$\overline{1}$，$\overline{3}$，$\overline{7}$，$\overline{9}$は×について群になっています。

×	$\overline{1}$	$\overline{3}$	$\overline{7}$	$\overline{9}$
$\overline{1}$	$\overline{1}$	$\overline{3}$	$\overline{7}$	$\overline{9}$
$\overline{3}$	$\overline{3}$	$\overline{9}$	$\overline{1}$	$\overline{7}$
$\overline{7}$	$\overline{7}$	$\overline{1}$	$\overline{9}$	$\overline{3}$
$\overline{9}$	$\overline{9}$	$\overline{7}$	$\overline{3}$	$\overline{1}$

$(\boldsymbol{Z}/10\boldsymbol{Z})^*$の演算表

$\overline{a}$	$\overline{1}$	$\overline{3}$	$\overline{7}$	$\overline{9}$
$\overline{a}^{-1}$	$\overline{1}$	$\overline{7}$	$\overline{3}$	$\overline{9}$

逆元

一般的にまとめて，証明をつけておきます。その前に記号の確認，$(a,\ b)$で，aとbの最大公約数を表すものとすると，

$$(k,\ n)=1 \iff k\text{と}n\text{の最大公約数が}1$$
$$\iff k\text{と}n\text{は互いに素}$$

定義1.6　**既約剰余類群**

$\boldsymbol{Z}/n\boldsymbol{Z}$の部分集合，$\{\overline{k}\mid(k,\ n)=1,\ 1\leqq k\leqq n-1\}$は×に関して群になっている。これを$(\boldsymbol{Z}/n\boldsymbol{Z})^*$と書き，既約剰余類群と呼ぶ。

証明

×に関して閉じていることを確認しましょう。

nと互いに素であるk，lがあるとき，その積klもnと互いに素になります。klをnで割った商をq，余りをmとすると，$kl=qn+m$と書くことができます。

$$kl\equiv qn+m \pmod{n} \qquad \therefore\ kl\equiv m \pmod{n}\text{より，}\ \overline{k}\times\overline{l}=\overline{m}$$

と計算できますが，**定理1.1**より$(m, n)=(kl, n)=1$となり，mもnと互いに素になります。ですから，×について閉じています。

整数の掛け算で結合法則が成り立っていますから，Z/nZでも×で結合法則が成り立ちます。

$\overline{1}\times\overline{a}=\overline{a}\times\overline{1}=\overline{a}$ですから，単位元は$\overline{1}$です。

逆元の存在は次のように示します。

kとnが互いに素なので，**定理1.2**より，

$$kx+ny=1$$

を満たすx，yが存在します。これをmod nで見ると，

$$kx\equiv 1 \pmod n$$

となります。xが属する剰余類が$\overline{k}$の逆元です。つまり，$\overline{x}=\overline{k}^{-1}$です。

よって，$\{\overline{k}\mid (k, n)=1, 1\leqq k\leqq n-1\}$が×に関して群になっていることが確かめられました。（証明終わり）

8 $(Z/p^nZ)^*$は直積で書けるか?
既約剰余類群の構造分析

さて，**定理1.8**により剰余類$Z/(2^3\cdot 3^4\cdot 5^2)Z$は，

$$Z/(2^3\cdot 3^4\cdot 5^2)Z \cong (Z/2^3Z)\times(Z/3^4Z)\times(Z/5^2Z)$$

のように分解して直積とすることができました。それでは，既約剰余類群の場合も直積で表されるのでしょうか。結論はYesです。

例えば，$(Z/(2^3\cdot 3^4\cdot 5^2)Z)^*$は，素因数ごとの既約剰余類群$(Z/2^3Z)^*$，$(Z/3^4Z)^*$，$(Z/5^2Z)^*$の直積で表されます。さらに，素因数ごとの既約剰余類群$(Z/2^3Z)^*$，$(Z/3^4Z)^*$，$(Z/5^2Z)^*$は，それぞれ巡回群の直積で表されるのです。つまり，

☆「既約剰余類群は，巡回群の直積と同型である」

ということがいえます。

このあと，第1章の記述は☆の性質を証明するために費やされます。道のりは長いですが，その結果を目指して，証明を積み重ねているのだと思って読み進めると，気が楽になるでしょう。

☆は，われわれの最終目標であるピークの定理の証明のときに，大きな役割を果たす定理の1つです。ですから，外すわけにはいきません。ただ，証明を最後の方まで読むと息切れしてしまう人もいるかもしれません。上の結論だけを理解して，⑪あたりは飛ばしてしばらく進んでおき，体勢を整えてからこの章の残りの部分を読んでもよいでしょう。

実は，☆の性質を証明するには，これから紹介する証明の道のり以外にも，いくつか証明法があります。その1つは，

＊「有限可換群は，巡回群の直積と同型である」

というもっと一般的な大定理を証明してしまう方法です。

ここで**可換群**とは，演算“・”について交換法則$(x\cdot y=y\cdot x)$の成り立つ群のことです。既約剰余類群は，位数が有限ですから有限群であり，×

という演算について交換法則が成り立ちますから可換群です。既約剰余類群は，有限可換群です。＊の定理を証明してしまえば，これを既約剰余類の場合に当てはめて，「既約剰余類群は，巡回群の直積と同型である」ことを証明したことになります。

しかし，＊の証明のコースをたどらなかった理由は，＊の証明はどうしても後半が抽象的になってしまうからなのです。前半は，中国剰余定理と似ている手法が使われているので具体例を見せながら紹介することもできるのですが，後半はそのようにできません。みなさんには，数学的対象の実例をあげて定理を実感してもらいたいと考えているので，既約剰余類群が具体的にどのようにして巡回群の直積で表されるのかを直接示すことにしました。

次の式から確認してみましょう。

問1.10

$(Z/(2^3\cdot 3^4\cdot 5^2)Z)^*\cong(Z/2^3Z)^*\times(Z/3^4Z)^*\times(Z/5^2Z)^*$を示せ。

既約剰余類群の定義より，

$$(Z/(2^3\cdot 3^4\cdot 5^2)Z)^*=\{\overline{k}\mid(k,\ 2^3\cdot 3^4\cdot 5^2)=1,\ 1\leqq k\leqq 2^3\cdot 3^4\cdot 5^2\}$$

です。

初めに$Z/(2^3\cdot 3^4\cdot 5^2)Z$から$(Z/2^3Z)\times(Z/3^4Z)\times(Z/5^2Z)$への写像$\phi$を考えましょう。

$$\begin{aligned}\phi:Z/(2^3\cdot 3^4\cdot 5^2)Z &\longrightarrow (Z/2^3Z)\times(Z/3^4Z)\times(Z/5^2Z)\\ \overline{a} &\longmapsto (\overline{a_2},\ \overline{a_3},\ \overline{a_5})\end{aligned}$$

ここで，a_2はaを2^3で割った余り，a_3はaを3^4で割った余り，a_5はaを5^2で割った余りを表すものとします。

$\overline{a}$が$(Z/(2^3\cdot 3^4\cdot 5^2)Z)^*$の元であるとすると，

$$(a,\ 2^3\cdot 3^4\cdot 5^2)=1$$

$$\Leftrightarrow\ (a,\ 2)=1\quad かつ\quad (a,\ 3)=1\quad かつ\quad (a,\ 5)=1\quad\cdots\cdots①$$

ですから，a_2は2^3と互いに素，a_3は3^4と互いに素，a_5は5^2と互いに素となり，$(\overline{a_2}, \overline{a_3}, \overline{a_5})$は$(\boldsymbol{Z}/2^3\boldsymbol{Z})^* \times (\boldsymbol{Z}/3^4\boldsymbol{Z})^* \times (\boldsymbol{Z}/5^2\boldsymbol{Z})^*$の元になります。

また，$(\boldsymbol{Z}/2^3\boldsymbol{Z})^* \times (\boldsymbol{Z}/3^4\boldsymbol{Z})^* \times (\boldsymbol{Z}/5^2\boldsymbol{Z})^*$の元を1つ定めると，**定理1.7**（中国剰余定理）により$\boldsymbol{Z}/(2^3 \cdot 3^4 \cdot 5^2)\boldsymbol{Z}$の元が1つ定まります。

これが$(\boldsymbol{Z}/(2^3 \cdot 3^4 \cdot 5^2)\boldsymbol{Z})^*$に含まれていることは，①を⇐向きにたどることから分かります。

ϕは$(\boldsymbol{Z}/(2^3 \cdot 3^4 \cdot 5^2)\boldsymbol{Z})^*$と$(\boldsymbol{Z}/2^3\boldsymbol{Z})^* \times (\boldsymbol{Z}/3^4\boldsymbol{Z})^* \times (\boldsymbol{Z}/5^2\boldsymbol{Z})^*$の元に1対1の対応を付けます。$\phi$は全単射です。

次に，$(\boldsymbol{Z}/2^3\boldsymbol{Z})^* \times (\boldsymbol{Z}/3^4\boldsymbol{Z})^* \times (\boldsymbol{Z}/5^2\boldsymbol{Z})^*$の2つの元$(\overline{a_2}, \overline{a_3}, \overline{a_5})$と$(\overline{b_2}, \overline{b_3}, \overline{b_5})$についての演算は，

$$(\overline{a_2}, \overline{a_3}, \overline{a_5})(\overline{b_2}, \overline{b_3}, \overline{b_5})$$
$$= (\overline{a_2}\,\overline{b_2}, \overline{a_3}\,\overline{b_3}, \overline{a_5}\,\overline{b_5}) = (\overline{a_2 b_2}, \overline{a_3 b_3}, \overline{a_5 b_5})$$

となります。すると，

$$\phi(\overline{a}\,\overline{b}) = \phi(\overline{ab}) = (\overline{(ab)_2}, \overline{(ab)_3}, \overline{(ab)_5})$$
$$\phi(\overline{a})\phi(\overline{b}) = (\overline{a_2}, \overline{a_3}, \overline{a_5})(\overline{b_2}, \overline{b_3}, \overline{b_5}) = (\overline{a_2}\,\overline{b_2}, \overline{a_3}\,\overline{b_3}, \overline{a_5}\,\overline{b_5})$$

であり，**定理1.4**（合同式の性質）より，

$a_2 b_2 \equiv (ab)_2 \pmod{2^3}$より，$\overline{a_2}\,\overline{b_2} = \overline{(ab)_2}$

などが成り立ちますから，$\phi(\overline{a}\,\overline{b}) = \phi(\overline{a})\phi(\overline{b})$となって，$\phi$は群の同型写像になっています。したがって，

$$(\boldsymbol{Z}/(2^3 \cdot 3^4 \cdot 5^2)\boldsymbol{Z})^* \cong (\boldsymbol{Z}/2^3\boldsymbol{Z})^* \times (\boldsymbol{Z}/3^4\boldsymbol{Z})^* \times (\boldsymbol{Z}/5^2\boldsymbol{Z})^*$$

が成り立ちます。

このように既約剰余類群$(\boldsymbol{Z}/n\boldsymbol{Z})^*$は，$n$を互いに素な因数に分解して，その既約剰余類群の直積として表されます。

定理1.9　既約剰余類群の分解

nの素因数分解が，$n = p^e q^f r^g$のとき，

$$(\boldsymbol{Z}/(p^e q^f r^g)\boldsymbol{Z})^* \cong (\boldsymbol{Z}/p^e\boldsymbol{Z})^* \times (\boldsymbol{Z}/q^f\boldsymbol{Z})^* \times (\boldsymbol{Z}/r^g\boldsymbol{Z})^*$$

ここで，既約剰余類群の位数を求める公式を求めておきましょう。

$(\boldsymbol{Z}/2^3\boldsymbol{Z})^*$の位数は，1から$2^3$までで，2の倍数でない整数の個数に等しく，$2^3-2^3\div 2=2^3-2^2=2^2(2-1)$。

$(\boldsymbol{Z}/3^4\boldsymbol{Z})^*$の位数は，1から$3^4$までで，3の倍数でない整数の個数に等しく，$3^4-3^4\div 3=3^4-3^3=3^3(3-1)$。

$(\boldsymbol{Z}/5^2\boldsymbol{Z})^*$の位数は，1から$5^2$までで，5の倍数でない整数の個数に等しく，$5^2-5^2\div 5=5^2-5=5(5-1)$。

よって，既約剰余類群$(\boldsymbol{Z}/(2^3\cdot 3^4\cdot 5^2)\boldsymbol{Z})^*$の位数は，

$$\begin{aligned}|(\boldsymbol{Z}/(2^3\cdot 3^4\cdot 5^2)\boldsymbol{Z})^*| &= |(\boldsymbol{Z}/2^3\boldsymbol{Z})^*\times(\boldsymbol{Z}/3^4\boldsymbol{Z})^*\times(\boldsymbol{Z}/5^2\boldsymbol{Z})^*| \\ &= |(\boldsymbol{Z}/2^3\boldsymbol{Z})^*|\times|(\boldsymbol{Z}/3^4\boldsymbol{Z})^*|\times|(\boldsymbol{Z}/5^2\boldsymbol{Z})^*| \qquad \textbf{（定義1.5）} \\ &= 2^2(2-1)\cdot 3^3(3-1)\cdot 5(5-1)\end{aligned}$$

となります。これで$(\boldsymbol{Z}/n\boldsymbol{Z})^*$の位数の求め方が分かりました。

既約剰余類群の位数は，次のオイラー関数を用いて表されます。

定義1.7　オイラー関数

nの素因数分解が，$n=p^e q^f r^g$のとき，φを

$$\varphi(n)=p^{e-1}(p-1)q^{f-1}(q-1)r^{g-1}(r-1)$$

と定める。これをオイラー関数という。

オイラー関数は，

$$\begin{aligned}\varphi(n) &= p^{e-1}(p-1)q^{f-1}(q-1)r^{g-1}(r-1) \\ &= p^e\left(1-\frac{1}{p}\right)q^f\left(1-\frac{1}{q}\right)r^g\left(1-\frac{1}{r}\right)=n\left(1-\frac{1}{p}\right)\left(1-\frac{1}{q}\right)\left(1-\frac{1}{r}\right)\end{aligned}$$

と表すこともできます。特にnが素数pのときは，$\varphi(p)=p-1$となります。

既約剰余類群$(\boldsymbol{Z}/(2^3\cdot 3^4\cdot 5^2)\boldsymbol{Z})^*$の位数は，オイラー関数を用いて，

$$\varphi(2^3\cdot 3^4\cdot 5^2)=2^2(2-1)\cdot 3^3(3-1)\cdot 5(5-1)$$

と計算できます。またこの結果から，1から$2^3\cdot 3^4\cdot 5^2$までの整数のうちで，$2^3\cdot 3^4\cdot 5^2$と互いに素であるものの個数が$2^5\cdot 3^3\cdot 5$個であることが分かります。

オイラー関数φが表すものは以下のようにまとまります。

定理1.10　**既約剰余類群の元の個数**

(i)　$|(\boldsymbol{Z}/n\boldsymbol{Z})^*| = \varphi(n)$

(ii)　1からnまでの数のうち，nと互いに素になる数の個数は$\varphi(n)$個である。

$(\boldsymbol{Z}/n\boldsymbol{Z})^*$の元は，$1 \leqq k \leqq n-1$，$(k, n)=1$を満たす$\overline{k}$です。$(\boldsymbol{Z}/n\boldsymbol{Z})^*$の位数が$\varphi(n)$であることと合わせて(ii)がいえます。

9 $(Z/pZ)^*$は，巡回群である

原始根で生成

nが$n=p^e q^f r^g$と素因数分解されるとき，$(Z/nZ)^*$は，

$$(Z/(p^e q^f r^g)Z)^* \cong (Z/p^e Z)^* \times (Z/q^f Z)^* \times (Z/r^g Z)^*$$

と直積の形で表されましたから，あとは$(Z/p^e Z)^*$が巡回群，あるいは巡回群の直積になっていることを示せば，すべてのnについて$(Z/nZ)^*$が巡回群の直積に同型であることを示したことになります。

ところでZ/nZは，＋の演算に関しては，$\overline{1}$を生成元とする巡回群$\langle\overline{1}\rangle$でした。これは，

$$\overline{1},\ \overline{1}+\overline{1}=\overline{2},\ \overline{1}+\overline{1}+\overline{1}=\overline{3},\ \cdots\cdots,$$

$$\underbrace{\overline{1}+\overline{1}+\cdots+\overline{1}}_{n-1\text{コ}}=\overline{n-1},\ \underbrace{\overline{1}+\overline{1}+\cdots+\overline{1}}_{n\text{コ}}=\overline{n}=\overline{0}$$

というように，$\overline{1}$を繰り返して足すことでZ/nZのすべての元を表すことができるということです。

既約剰余類群$(Z/nZ)^*$は，巡回群でしょうか。

まずは，nが素数の場合について調べてみましょう。

$(Z/5Z)^*$については，2のベキ乗を計算すると，

$$\overline{2}^1=\overline{2},\ \overline{2}^2=\overline{4},\ \overline{2}^3=\overline{3},\ \overline{2}^4=\overline{1},\ \overline{2}^5=\overline{2},\ \cdots$$

となり，イロ枠までで$(Z/5Z)^*$のすべての元が現われ，以下繰り返しになります。

$(Z/5Z)^*$は×に関して位数4の巡回群になっているわけです。

$(Z/5Z)^*$から，$Z/4Z$（＋について群）への写像ϕを，

$$\begin{array}{cccc} \phi: & (Z/5Z)^* & \longrightarrow & Z/4Z \\ & \overline{2}^i & \longmapsto & \overline{i} \end{array}$$

と定めると，ϕは全単射であり，

$$\phi(\overline{2}^i\times\overline{2}^j)=\phi(\overline{2}^{i+j})=\overline{i+j}\quad \phi(\overline{2}^i)+\phi(\overline{2}^j)=\overline{i}+\overline{j}=\overline{i+j}$$

ですから，$\phi(\overline{2}^i \times \overline{2}^j) = \phi(\overline{2}^i) + \phi(\overline{2}^j)$が成り立ちます。

ϕは群の同型写像になっています。

$(\boldsymbol{Z}/5\boldsymbol{Z})^*$での$\overline{2}$のように，ベキ乗を計算すると，すべての$(\boldsymbol{Z}/n\boldsymbol{Z})^*$の元を表すことができるような元を$n$の**原始根**といいます。

2の代わりに3でも，

$$\overline{3}^1 = \overline{3},\ \overline{3}^2 = \overline{4},\ \overline{3}^3 = \overline{2},\ \overline{3}^4 = \overline{1}$$

とすべての元が現われます。$\overline{1}$は明らかに原始根ではありません。

4は，$\overline{4}^1 = \overline{4}$，$\overline{4}^2 = \overline{1}$，$\overline{4}^3 = \overline{4}$，…となり，$\overline{1}$と$\overline{4}$しか現われませんから，$\overline{4}$は原始根ではありません。5の原始根は$\overline{2}$，$\overline{3}$です。

$(\boldsymbol{Z}/7\boldsymbol{Z})^*$ではどうでしょうか。3のベキ乗を計算すると，

$$\overline{3}^1 = \overline{3},\ \overline{3}^2 = \overline{2},\ \overline{3}^3 = \overline{6},\ \overline{3}^4 = \overline{4},\ \overline{3}^5 = \overline{5},\ \overline{3}^6 = \overline{1}$$

と$(\boldsymbol{Z}/7\boldsymbol{Z})^*$のすべての元が現われます。7には，原始根$\overline{3}$があります。実は，素数$p$のとき，$p$には原始根があるのです。

これを示すのは意外に手間が掛かります。いくつか準備をしてから証明に取り掛かることにします。

また，合同式に話は戻ります。xの入った合同式で，次の式を満たすxの値を求めてみましょう。

問1.11

$4x+3 \equiv 0 \pmod 5$を解け。

普通の方程式の解き方と比べながら，以下を追いかけましょう。

$4x+3 \equiv 0$の定数項を左辺に移動して，

$$4x \equiv -3 \equiv 2 \pmod 5 \qquad \cdots①$$

これを満たすxを求めるには，$\overline{2} \div \overline{4}$に相当する演算を行ないたいですね。$\overline{2} \div \overline{4}$が表すのは，$\overline{4}$と掛けて$\overline{2}$になるような数です。これは剰余類$\boldsymbol{Z}/5\boldsymbol{Z}$の×に関する表で$\overline{4}$の行を見て，$\overline{4} \times \overline{3} = \overline{2}$が見つかります。

これから，

$$x \equiv 3 \pmod 5$$

となります。このように掛け算の表でも間に合いますが，下のようにあらかじめ割り算の表を作っておけば早いですね。

a ＼ b	$\overline{0}$	$\overline{1}$	$\overline{2}$	$\overline{3}$	$\overline{4}$
$\overline{0}$	×	$\overline{0}$	$\overline{0}$	$\overline{0}$	$\overline{0}$
$\overline{1}$	×	$\overline{1}$	$\overline{3}$	$\overline{2}$	$\overline{4}$
$\overline{2}$	×	$\overline{2}$	$\overline{1}$	$\overline{4}$	$\overline{3}$
$\overline{3}$	×	$\overline{3}$	$\overline{4}$	$\overline{1}$	$\overline{2}$
$\overline{4}$	×	$\overline{4}$	$\overline{2}$	$\overline{3}$	$\overline{1}$

$\overline{2}\div\overline{4}=\overline{3}$

$\overline{3}\times\overline{4}=\overline{2}$

$\boldsymbol{Z}/5\boldsymbol{Z}$での$a\div b$の演算表

$\boldsymbol{Z}/5\boldsymbol{Z}$の場合，割る数が$\overline{0}$でなければ，割り算をすることができます。割り算ができることは，$(\boldsymbol{Z}/5\boldsymbol{Z})^*$が群であることと関係しています。$\overline{2}\div\overline{4}$と書きましたが，$\div\overline{4}$の代わりに$\overline{4}$の逆元を掛けるとしてもよいのです。ここらへんは，普通の数の割り算のことを思い出してもらえると，納得がいくと思います。÷3とは3の逆数である3分の1を掛けることでした。

$\boldsymbol{Z}/5\boldsymbol{Z}$で乗法に関する$\overline{4}$の逆元は$\overline{4}$ですから，①の式に「$\times\overline{4}$」を施しても$\boldsymbol{Z}/5\boldsymbol{Z}$の方程式を解くことができます。4×①は，

$$4\times 4x \equiv 4\times 2 \pmod 5 \quad 4\times 4\equiv 1 \pmod 5 \text{より} \quad \therefore\ x \equiv 3 \pmod 5$$

$(\boldsymbol{Z}/5\boldsymbol{Z})^*$では逆元が存在するので，$\boldsymbol{Z}/5\boldsymbol{Z}$で割り算ができるのです。$\boldsymbol{Z}/5\boldsymbol{Z}$は，加減乗除ができる集合であることが分かります。

加減乗除ができて，分配法則が成り立つ数の集合のことを「体」といいます。$\boldsymbol{Z}/5\boldsymbol{Z}$は体の性質を持っています。

$\boldsymbol{Z}/5\boldsymbol{Z}$を体として見るとき，$\boldsymbol{Z}/5\boldsymbol{Z}$のことを$\boldsymbol{F}_5$と書きます。

「加減乗除ができて」のところをもう少し正確にいうと，「加減乗除で閉じていて」となります。「閉じている」とは次のようなことです。

$\boldsymbol{K}$を数の集合であるとします。$\boldsymbol{K}$から任意の元x, yをとります。このとき，加減乗除，$x+y$, $x-y$, xy, x/y（ただし，$y \neq 0$）がすべて$\boldsymbol{K}$の中に含まれるとき，「$\boldsymbol{K}$は加減乗除で閉じている」といいます。

例えば，有理数の集合は体になっています。

有理数とは$\dfrac{整数}{整数}$の形の分数で表される数のことでした。分数の計算のことを思い出してください。分数どうしの加減乗除はすべて分数になりましたね。分配法則も成り立ちました。ですから，有理数の集合は体になります。

有理数を体として見たとき，有理数体と呼び，$\boldsymbol{Q}$で表します。

実数の集合も体になっています。実数どうしの加減乗除を計算しても実数になります。分配法則も成り立ちます。よって，実数の集合は体です。実数の集合を体として見たとき，実数体と呼び，$\boldsymbol{R}$で表します。

3の倍数の集合を$3\boldsymbol{Z}$で表すとします。$3\boldsymbol{Z}$は，体ではありません。なぜなら，$3\boldsymbol{Z}$は$3+6=9$, $3-6=-3$, $3\times6=18$というように加減乗では閉じていますが，$6\div3=2$のように，割り算では閉じていません。

pが素数のとき，$\boldsymbol{Z}/p\boldsymbol{Z}-\{\overline{0}\}$は$\times$に関して群になりますから，$\boldsymbol{Z}/p\boldsymbol{Z}$は加減乗除ができる集合です。$\boldsymbol{Z}/p\boldsymbol{Z}$を体として見るとき，$\boldsymbol{F}_p$と書きます。**問1.11**から，次のようにまとめられます。

定理1.11　**$\boldsymbol{F}_p$上の1次方程式**

pが素数，$a \not\equiv 0 \pmod p$のとき，

$$ax+b \equiv 0 \pmod p$$

は，mod pで見てただ1つの解を持つ。

すなわち，$\boldsymbol{F}_p$上の1次方程式は，ただ1つの解を持つ。

$\boldsymbol{F}_p$係数の1次方程式は，解が$\boldsymbol{F}_p$の中にただ1つ存在します。

次に2次以上の方程式に進みましょう。実数を係数とした2次以上の方程式の解き方の基本は因数分解です。多項式が1次式に因数分解できると

解が求まるわけです。その因数分解から解を導くときのもとになっている定理が，因数定理，剰余の定理です。その剰余の定理は，多項式の割り算にさかのぼることができます。

ですから，2次以上のF_5係数の方程式を考えるときも，F_5係数の多項式の割り算から考えてみましょう。F_5係数の多項式の割り算なんてできるんでしょうか。できるんです。なぜなら，多項式の割り算では，係数の四則演算しか使っていないからです。F_5では四則演算ができますから，多項式の割り算ができそうですね。

> **問1.12** F_5係数の多項式
> $$f(x)=x^3+2x^2+3x+1,\ g(x)=x+3,\ h(x)=2x+3$$
> がある。$f(x)$を$g(x)$で割り算せよ。また$f(x)$を$h(x)$で割り算せよ。

係数はF_5の数です。$Z/5Z$の元にはバーをつけましたが，これを体として見たときのF_5の元にはバーをつけないで表記することにします。

それぞれ，筆算してみましょう。

$$\begin{array}{r} x^2+4x+1 \\ x+3\ \overline{)\ x^3+2x^2+3x+1\ } \\ \underline{x^3+3x^2} \\ 4x^2+3x \\ \underline{4x^2+2x} \\ x+1 \\ \underline{x+3} \\ 3 \end{array} \qquad \begin{array}{r} 3x^2+4x+3 \\ 2x+3\ \overline{)\ x^3+2x^2+3x+1\ } \\ \underline{x^3+4x^2} \\ 3x^2+3x \\ \underline{3x^2+2x} \\ x+1 \\ \underline{x+4} \\ 2 \end{array}$$

$\overline{2}-\overline{3}=\overline{4}$　　$\overline{3}\times\overline{4}=\overline{2}$　　　　　$\overline{2}\times\overline{4}=\overline{3}$

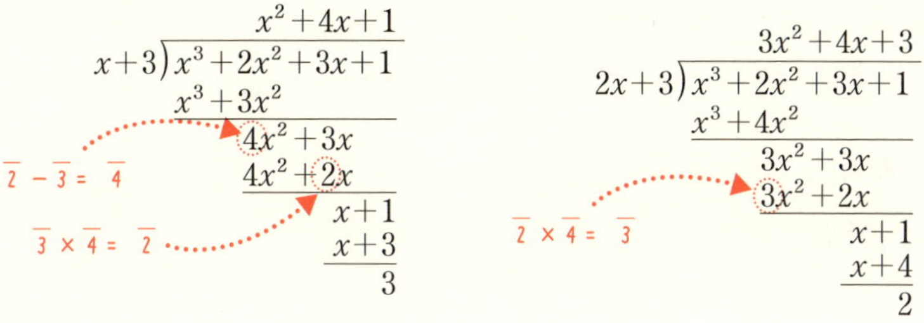

これにより，

　　$f(x)$割る$g(x)$は，商x^2+4x+1，余り3

　　$f(x)$割る$h(x)$は，商$3x^2+4x+3$，余り2

となります。

pが素数のとき，F_pは加減乗除ができますから，F_p係数の多項式は割り算をすることができます。

定理 1.12　**F_p上での剰余の定理**

F_p係数で考える。$f(x)$を$x-a$で割ると余りは$f(a)$である。

証明　証明は，実数係数のときと同じです。

$f(x)$を$x-a$で割って，商を$g(x)$，余りをbとすると，

$$f(x)=(x-a)g(x)+b$$

これに$x=a$を代入して，

$$f(a)=(a-a)g(a)+b=0\cdot g(a)+b=b$$

（証明終わり）

前にした割り算で確かめてみましょう。

$f(x)=x^3+2x^2+3x+1$を$g(x)=x+3=x-2$で割った余りは，

$$f(2)=2^3+2\cdot 2^2+3\cdot 2+1=3$$ ←F_5上の計算　$23\equiv 3 \pmod 5$

$f(x)=x^3+2x^2+3x+1$を$h(x)=2x+3=2(x+4)=2(x-1)$で割った余りは，

$$f(1)=1^3+2\cdot 1^2+3\cdot 1+1=2$$

確かに筆算での結果と一致しています。

この剰余の定理を用いると，因数定理を得ます。

定理 1.13　**F_p上での因数定理**

F_p係数で考える。

$f(x)$が$x-a$で割り切れる

$\Leftrightarrow$　$f(a)=0$　$\Leftrightarrow$　aが$f(x)=0$の解である

この因数定理がいえると，方程式の次数と解の個数に関して次のことがいえます。

定理 1.14　**F_p上の方程式の解の個数**

F_p係数のn次方程式$f(x)=0$の解はn個以下である。

証明 次数に関する帰納法で証明します。

定理1.11より，$\boldsymbol{F}_p$係数の1次方程式の解は1個です。

n次方程式の解の個数がn個以下であるとします。

このもとで，$n+1$次方程式$f(x)=0$の個数を考えます。

$f(x)=0$の解がなければ，0個ですから成立しています。

$f(x)=0$の解があるときはそれをaとすると，**定理1.13**より，$f(x)$は因数分解できて，$f(x)=(x-a)g(x)$となります。

$$f(x)=0 \quad \Leftrightarrow \quad x-a=0 \quad \text{or} \quad g(x)=0$$

$g(x)$はn次なので，$g(x)=0$の解はn個以下です。よって，$f(x)=0$の解は$n+1$個以下になります。

帰納法によって題意が証明されました。（証明終わり）

10 素数 p の原始根は確かにある

原始根の存在証明

前節の準備のもとで，素数 p の原始根の存在について証明します。

のちのちよく使う定理から紹介しましょう。

$a^x \equiv 1 \pmod{p}$ となる x のうち，最小となる正の整数を m とします。このような m を **a の位数**といいます。$a \not\equiv 0 \pmod{p}$ である a について，$a^x \equiv 1 \pmod{p}$ となる x は必ずあります。

なぜなら，$(\boldsymbol{Z}/p\boldsymbol{Z})^*$ の元の個数は有限ですから，a, a^2, a^3, …の中には一致するものがあり，それが a^i と $a^j (i<j)$ であるとすれば，

$a^i \equiv a^j \pmod{p}$ より，$a^j - a^i \equiv 0 \pmod{p}$，$(a^{j-i}-1)a^i \equiv 0 \pmod{p}$

$a^i \not\equiv 0 \pmod{p}$ より，$a^{j-i}-1 \equiv 0 \pmod{p}$　∴　$a^{j-i} \equiv 1 \pmod{p}$

となるからです。

定理 1.15 　a が生成する巡回群

m を mod p における a の位数とする。

(i)　$1(=a^0)$, a, a^2, …, a^{m-1} は mod p で見てすべて異なる。

(ii)　$a^x \equiv 1 \pmod{p}$ となる x は m の倍数である。

証明

(i)　$1(=a^0)$, a, a^2, …, a^{m-1}　……①

の中に等しいものがあるものと仮定します。

もしも，a^i と $a^j (0 \leqq i < j < m)$ が等しいと仮定すると，

$$a^i \equiv a^j \pmod{p} \text{ より，} a^{j-i} \equiv 1 \pmod{p}$$

となりますが，i も j も m より小さい数ですから，差 $j-i$ は m より小さくなります。$a^x \equiv 1 \pmod{p}$ を満たす x で，m より小さい数があることになり，位数 m の最小性に矛盾します。よって，①は mod p で見てすべて

異なります。

(ii) $a^x \equiv 1 \pmod p$を満たすxが，もしもmの倍数でないと仮定すると，xをmで割り算すると余りが出るので，$x=qm+r \quad (1 \leqq r \leqq m-1)$と表すことができます。

$$a^x = a^{qm+r} = (a^m)^q a^r \equiv a^r \pmod p \quad \therefore \quad a^r \equiv 1 \pmod p$$

ここでrがmより小さいので，$a^x \equiv 1 \pmod p$を満たすxで，mより小さい数があることになり，位数mの最小性に矛盾します。

よって，xはmの倍数になります。

実際，xがmの倍数であれば，$x=qm$とおき，

$$a^x = a^{qm} = (a^m)^q \equiv 1^q = 1 \pmod p$$

となります。（証明終わり）

定理1.16 原始根の存在

pが素数のとき，pには原始根が存在する。

証明 原始根を探すアルゴリズムを紹介することで，原始根の存在の証明とします。

まず，$\boldsymbol{F}_p$の中から任意の元をとってきてaとします。

aの位数をmとします。

$$1(=a^0),\ a,\ a^2,\ \cdots,\ a^{m-1} \cdots\cdots ①$$

は，$x^m \equiv 1 \pmod p$の解になっています。実際，$i=0$，…，$m-1$において，$(a^i)^m = (a^m)^i \equiv 1^i = 1 \pmod p$となります。

定理1.14より，$\boldsymbol{F}_p$上のm次方程式の解は多くともm個でした。また，**定理1.15**(i)より，①に並べられているm個はすべて異なっていましたから，$x^m \equiv 1 \pmod p$の解は①ですべてです。

mが$p-1$未満のとき，位数がmより大きい数を作ることができることを示していきます。

$\boldsymbol{F}_p$の中から，1, a, a^2, …, a^{m-1}以外の数bをとります。bの位数をnと

します。$b^n \equiv 1 \pmod{p}$です。

このとき，nはmの約数ではないことを示しましょう。

もしも，$m=nd$であるとすれば，$b^m = b^{nd} = (b^n)^d \equiv 1^d = 1 \pmod{p}$となり，$b$が$x^m \equiv 1 \pmod{p}$の解であることになり，1, a, a^2, …, a^{m-1}の中に含まれることになってしまうからです。

以下，nがmの約数でないときを，次の2つの場合に分けて考えます。

(i)　mとnが互いに素なとき

(ii)　mとnが互いに素でないとき

（mとnが1より大きい最大公約数を持つとき）

いずれの場合も，位数がmより大きくなる元をa, bから作り出せることを示します。

(i)　mとnが互いに素なとき

abの位数がmnであることを示します。

$$(ab)^x \equiv 1 \pmod{p} \quad \cdots\cdots②$$

となるxについて考えましょう。これの左辺をm乗して，

$$\{(ab)^x\}^m = a^{xm} b^{xm} = (a^m)^x b^{mx} \equiv 1^x b^{mx} = b^{mx} \pmod{p}$$

となりますから，②の両辺をm乗すると，

$$b^{mx} \equiv 1 \pmod{p}$$

となります。**定理1.15**(ii)より，mxはbの位数nの倍数ですが，mとnが互いに素ですから，xはnで割り切れることになります。xはnの倍数です。

同様に②の両辺をn乗した式について考察すると，xはmの倍数になります。xはnの倍数でもあり，mの倍数でもあるので，nとmの最小公倍数の倍数となります。nとmが互いに素なので，nとmの最小公倍数はmnですから，xはmnの倍数になります。mnの倍数のうち，正の最小のものmnをとって，実際，

$$(ab)^{mn} = (a^m)^n (b^n)^m \equiv 1^n 1^m = 1 \pmod{p}$$

となるので，$(ab)^x \equiv 1 \pmod{p}$となる最小の正の数xはmnです。つま

り，abの位数はmnです。abの位数はmより大きくなります。

(ii) mとnが互いに素でないとき

（mとnが1より大きい最大公約数を持つとき）

具体例で示していきましょう。mとnが，

$$m=2^3\cdot 3^2\cdot 5^2\cdot 7,\quad n=2^2\cdot 3^4\cdot 5^2\cdot 7^2$$

と素因数分解されているものとします。これから数を組み替えていきます。m，nで，同じ素因数の指数を比べて，相手より勝っているものと，そうでないものに分けていきます。

mの2^3，3^2，5^2，7のうち，2^3は勝ち組，3^2，7は負け組，5^2は引き分けですが，mでは引き分けのとき勝ち組に入れると決めます。

勝ち組の積を$q=2^3\cdot 5^2$，負け組の積を$r=3^2\cdot 7$とおきます。

nの2^2，3^4，5^2，7^2のうち，3^4，7^2は勝ち組，2^2は負け組，5^2は引き分けですが，nでは引き分けのとき負け組に入れると決めます。

勝ち組の積を$s=3^4\cdot 7^2$，負け組の積を$t=2^2\cdot 5^2$とおきます。

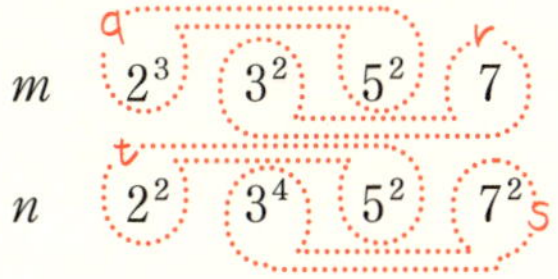

こうしてm，nから，q，r，s，tを作ると，

$$m=qr,\quad n=st,\quad (q,\ s)=1$$

が成り立つことが分かります。また，qsはm，nの最小公倍数になります。これはm，nが一般の場合でも成り立つことが作り方から分かるでしょう。

さて，こうしてq，r，s，tを作っておくと，a^r，b^tの位数がそれぞれq，sになることが次のように分かります。

$(a^r)^x\equiv 1 \pmod p$となるxについて考えましょう。$a^{rx}\equiv 1 \pmod p$ですから，**定理1.15(ii)**より，rxは$m=qr$の倍数です。よって，xはqの倍数となります。qの倍数のうち，正の最小のものqをとって，

$$(a^r)^q=a^m\equiv 1 \pmod p$$

となりますから，a^rの位数はqです。

同様に，$(b^t)^y \equiv 1 \pmod{p}$となる$y$について考えると，$b^t$の位数は$s$であることが分かります。

a^rの位数がq，b^tの位数がsで，qとsが互いに素ですから，(i)の「2数が互いに素な場合」の議論が適用でき，$a^r b^t$の位数がqsであることになります。nがmの約数でないとき，mとnの最小公倍数qsはmより大きいですから，$a^r b^t$の位数は，aの位数mより大きくなります。

このようにして，aの位数mが$p-1$未満であれば，1，a，a^2，…，a^{m-1}以外からbをとることで，より位数の大きい元を作り出すことができます。位数が$p-1$になるまでこの操作を繰り返していけば原始根が見つかるわけです。　　　　　　　　　　　　　　　　　　（証明終わり）

上の証明で用いたアルゴリズムで原始根を求めてみましょう。

問1.13　$p=41$の原始根を1つ求めよ。

初めに$a=2$をとります。2のベキ乗を41で割った余りを計算していくと，

2，4，8，16，32，23，5，10，20，40，

39，37，33，25，9，18，36，31，21，1

$23\times 2 \equiv 46 \equiv 5 \pmod{41}$と求める

となりますから，2の位数は 20$(=2^2 \cdot 5 = m)$です。

次に，ここに出てこない数で適当な数を選びます。$b=3$を選ぶことにします。3のベキ乗を41で割った余りを計算していくと，

3，9，27，40，38，32，14，1

となりますから，3の位数は$8(=2^3=n)$です。

$q=5$，$r=2^2=4$，$s=2^3$，$t=1$ですから，次に

$a^r b^t = 2^4 \cdot 3^1 \equiv 7 \pmod{41}$を考えます。

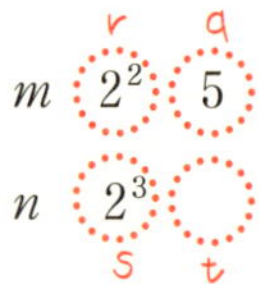

7のベキ乗を41で割った余りを計算していくと，

7，8，15，23，38，20，17，37，13，9，

22, 31, 12, 2, 14, 16, 30, 5, 35, 40,

34, 33, 26, 18, 3, 21, 24, 4, 28, 32,

19, 10, 29, 39, 27, 25, 11, 36, 6, 1

と，7^1から7^{40}までで，1から40までが1回ずつ出てきますから，41の原始根が7であることが分かります。

原始根の存在の証明には，上に述べたように原始根を見つけるアルゴリズムを示す以外にも，オイラー関数φを用いる証明があります。オイラー関数φを用いる証明では，背理法（原始根がないとして矛盾を示す）を用いているため，存在が間接的にしか実感できないと考え，アルゴリズムによる証明を紹介しました。

定理1.16から，次がいえます。

定理1.17 $(Z/pZ)^*$は巡回群

pが素数のとき，$(\boldsymbol{Z}/p\boldsymbol{Z})^*$は，位数$p-1$の巡回群に同型である。

$$(\boldsymbol{Z}/p\boldsymbol{Z})^* \cong \boldsymbol{Z}/(p-1)\boldsymbol{Z}$$

証明

$\{\overline{0}, \overline{1}, \cdots, \overline{p-1}\}$の$\overline{0}$以外の元は$p$と互いに素ですから，$(\boldsymbol{Z}/p\boldsymbol{Z})^*$の元は，$\{\overline{1}, \overline{2}, \cdots, \overline{p-1}\}$と$p-1$個あります。これらは，$r$を$p$の原始根とすると，$r$のベキ乗で表すことができ，

$$(\boldsymbol{Z}/p\boldsymbol{Z})^* = \{\overline{1}(=\overline{r}^0), \overline{r}(=\overline{r}^1), \overline{r}^2, \cdots, \overline{r}^{p-2}\}$$

となります。$(\boldsymbol{Z}/p\boldsymbol{Z})^*$から$\boldsymbol{Z}/(p-1)\boldsymbol{Z}$への写像$\phi$を

$$\begin{array}{rccc} \phi : (\boldsymbol{Z}/p\boldsymbol{Z})^* & \longrightarrow & \boldsymbol{Z}/(p-1)\boldsymbol{Z} & \\ \overline{r}^i & \longmapsto & \overline{i} & (0 \leqq i \leqq p-2) \end{array}$$

とします。$(\boldsymbol{Z}/p\boldsymbol{Z})^*$を原始根のベキ乗で表したときの指数は$0 \sim p-2$の$p-1$個，$\boldsymbol{Z}/(p-1)\boldsymbol{Z}$の元は$\overline{0} \sim \overline{p-2}$の$p-1$個ですから，$\phi$は全単射になっています。

$$\phi(\overline{r}^{i}\times\overline{r}^{j})=\phi(\overline{r}^{i+j})=\overline{i+j},\ \phi(\overline{r}^{i})+\phi(\overline{r}^{j})=\overline{i}+\overline{j}=\overline{i+j}$$

となるので，$\phi(\overline{r}^{i}\times\overline{r}^{j})=\phi(\overline{r}^{i})+\phi(\overline{r}^{j})$が成り立ち，$\phi$は群の同型写像となっています。　（証明終わり）

11 既約剰余類群を解剖する

$(Z/pZ)^*$の構造

原始根の存在から$(Z/pZ)^*$は巡回群であることが分かりました。次に，素数のベキ乗の既約剰余類群$(Z/p^n Z)^*$の構造を調べてみましょう。

素数pが2の場合と奇素数の場合で様子が異なります。先に$p=2$の場合を紹介しましょう。

例えば，$(Z/2^4 Z)^*$の場合について考えてみましょう。

まず，5のベキ乗をとってみましょう。

$$5^0 \equiv 1,\ 5^1 \equiv 5,\ 5^2 \equiv 9,\ 5^3 \equiv 13,\ 5^4 \equiv 1,\ \cdots,\quad (\mathrm{mod}\ 2^4) \cdots\cdots ①$$

イロ枠には，1から15までの整数のうち，4で割って1余る整数がちょうど1回ずつ出てきて，以下巡回します。

イロ枠の数に(-1)を掛けた数を書いてみましょう。

$$\left.\begin{array}{l} 1\times(-1)=-1\equiv 15 \quad (\mathrm{mod}\, 2^4),\ 5\times(-1)=-5\equiv 11 \quad (\mathrm{mod}\, 2^4) \\ 9\times(-1)=-9\equiv 7 \quad (\mathrm{mod}\, 2^4),\ 13\times(-1)=-13\equiv 3 \quad (\mathrm{mod}\, 2^4) \end{array}\right\} \cdots\cdots ②$$

ここには，1から15までの整数のうち，4で割って3余る整数がちょうど1回ずつ出てきています。

①と②を合わせると，1から15までの奇数が全部そろったことになります。つまり，$(Z/2^4 Z)^*$の元がすべて出そろったのです。

$$5^i(-1)^j \qquad (0 \leqq i \leqq 2^2-1,\ j=0,\ 1)$$

の形は全部で$2^2\times 2=8$個作ることができますが，それらをmod16で見ると，$(Z/2^4 Z)^*$の8個の元を表しているのです。

このように表された$(Z/2^4 Z)^*$の元と$(Z/4Z)\times(Z/2Z)$の元を対応させる写像を，次のように決めます。

$$\begin{array}{cccc} \phi : & (Z/2^4 Z)^* & \longrightarrow & (Z/4Z)\times(Z/2Z) \\ & \overline{5^i(-1)^j} & \longmapsto & (\bar{i},\ \bar{j}) \end{array}$$

$$(0 \leqq i \leqq 2^2-1,\ j=0,\ 1)$$

これが全単射になっていることは，上の計算から分かります。念のため$(\boldsymbol{Z}/16\boldsymbol{Z})^*$の元$\overline{1}$，$\overline{3}$，…，$\overline{15}$との対応にして書き下すと，

$$5^0(-1)^0 \equiv 1 \to (\overline{0},\ \overline{0}) \qquad 5^1(-1)^0 \equiv 5 \to (\overline{1},\ \overline{0})$$

$$5^2(-1)^0 \equiv 9 \to (\overline{2},\ \overline{0}) \qquad 5^3(-1)^0 \equiv 13 \to (\overline{3},\ \overline{0})$$

$$5^0(-1)^1 \equiv 15 \to (\overline{0},\ \overline{1}) \qquad 5^1(-1)^1 \equiv 11 \to (\overline{1},\ \overline{1})$$

$$5^2(-1)^1 \equiv 7 \to (\overline{2},\ \overline{1}) \qquad 5^3(-1)^1 \equiv 3 \to (\overline{3},\ \overline{1})$$

≡はmod 2^4

これに対して

$$\phi\left(\overline{5^i(-1)^j} \cdot \overline{5^k(-1)^l}\right) = \phi\left(\overline{5^{i+k}(-1)^{j+l}}\right) = (\overline{i+k},\ \overline{j+l})$$

$$\phi\left(\overline{5^i(-1)^j}\right) + \phi\left(\overline{5^k(-1)^l}\right) = (\overline{i},\ \overline{j}) + (\overline{k},\ \overline{l}) = (\overline{i+k},\ \overline{j+l})$$

が成り立ちます。ここで，$(\boldsymbol{Z}/2^4\boldsymbol{Z})^*$の元の積は，5の指数についてはmod 4で，$-1$の指数についてはmod 2で計算します。例えば，

$$\overline{5^3(-1)^1} \cdot \overline{5^2(-1)^1} = \overline{5^1(-1)^0}$$

[5の指数は$3+2 \equiv 1 \pmod 4$，(-1)の指数は$1+1 \equiv 0 \pmod 2$]

というような具合です。これは，$5^4 \equiv 1$，$(-1)^2 \equiv 1 \pmod{2^4}$が成り立っているからです。結局，

$$\phi\left(\overline{5^i(-1)^j} \cdot \overline{5^k(-1)^l}\right) = \phi\left(\overline{5^i(-1)^j}\right) + \phi\left(\overline{5^k(-1)^l}\right)$$

となり，ϕは同型写像です。

次に，2^4を2^nにした一般の場合に証明してみましょう。

定理1.18　$(\boldsymbol{Z}/2^n\boldsymbol{Z})^*$の構造

$$(\boldsymbol{Z}/2^n\boldsymbol{Z})^* \cong (\boldsymbol{Z}/2^{n-2}\boldsymbol{Z}) \times (\boldsymbol{Z}/2\boldsymbol{Z}) \quad (n \geqq 2)$$

証明

$$5^i(-1)^j \quad (0 \leqq i \leqq 2^{n-2}-1,\ j = 0,\ 1)$$

の形で表される$2^{n-2} \times 2 = 2^{n-1}$個の数をmod 2^nで見ると，

$(\boldsymbol{Z}/2^n\boldsymbol{Z})^*$の元$\left\{\overline{1},\ \overline{3},\ \overline{5},\ \cdots,\ \overline{2^n-1}\right\}$（全部で$2^{n-1}$個）がちょうど1回ずつすべて出てくることを示すのが最初の目標です。

ここで演算の表記法を導入しておきます。

$3^{2\wedge 4}$と書いた場合は，3の2^4乗を表すことにします。つまり，指数で書かれた$2\wedge 4$は，2^4と計算するのです。本当は3^{2^4}と書くべきところなのですが，指数の指数が小さくなって見難いので，このように表記することにします。

定理1.18の証明の前に次のことを示しておきましょう。

補題　$n \geqq 2$のとき，

(i)　5の$\bmod 2^n$での位数は2^{n-2}である。

(ii)　$5^{2\wedge(n-2)} \equiv 1+2^n \pmod{2^{n+1}}$

(i)，(ii)を一緒にして数学的帰納法で示します。

$n=2$のとき，

(i)　5の$\bmod 2^2$での位数は$2^{2-2}=1$でO.K.です。

(ii)　$5^{2\wedge(2-2)} \equiv 1+2^2 \pmod{2^{2+1}}$が成り立ちO.K.です。

nのとき成り立つとします。

(i)　5の$\bmod 2^n$での位数は2^{n-2}である。

(ii)　$5^{2\wedge(n-2)} \equiv 1+2^n \pmod{2^{n+1}}$

} 帰納法の仮定

$n+1$のときを考えます。

$$5^x \equiv 1 \pmod{2^{n+1}} \quad \cdots\cdots ①$$

を満たすxについて考えます。①が成り立つとき，$5^x \equiv 1 \pmod{2^n}$が成り立ちます。帰納法の仮定(i)より，5の$\bmod 2^n$での位数は2^{n-2}ですから，**定理1.15**(ii)により，xは2^{n-2}の倍数です。

そこで，2^{n-2}の倍数を小さい方からxに代入して①を満たすものを探してみます。小さい方から，2^{n-2}，$2\times 2^{n-2}=2^{n-1}$，$3\times 2^{n-2}$，……

$x=2^{n-2}$のとき，帰納法の仮定(ii)を用いて，$5^{2\wedge(n-2)} \equiv 1+2^n \pmod{2^{n+1}}$となるので不適です。

$x=2^{n-1}$のとき，

$$5^{2\wedge(n-1)} = (5^{2\wedge(n-2)})^2 \equiv (1+2^n)^2 = 1+2^{n+1}+2^{2n} \equiv 1 \pmod{2^{n+1}}$$

これより，5の$\bmod 2^{n+1}$での位数は2^{n-1}です。

帰納法の仮定(ii)　$5^{2\wedge(n-2)} \equiv 1+2^n \pmod{2^{n+1}}$を，ある整数$j$を用いて等式にすると，

$$5^{2\wedge(n-2)}+j2^{n+1}=1+2^n \quad 2乗して，(5^{2\wedge(n-2)}+j2^{n+1})^2=(1+2^n)^2$$

$$\therefore \quad 5^{2\wedge(n-1)}+5^{2\wedge(n-2)}\cdot j2^{n+2}+j^2 2^{2n+2}=1+2^{n+1}+2^{2n}$$

これを$\bmod 2^{n+2}$で見ると，　n≧2のとき，2n≧n+2

$$5^{2\wedge(n-1)} \equiv 1+2^{n+1} \pmod{2^{n+2}}$$

となります。

よって，帰納法により題意が示されました。　　　（補題の証明終わり）

(i)より5の$\bmod 2^n$における位数は2^{n-2}ですから，

定理1.15(i)より，

$$1,\ 5,\ 5^2,\ \cdots,\ 5^{2\wedge(n-2)-1}$$

は$\bmod 2^n$で見てすべて異なり，全部で2^{n-2}個あります。

$5^k \equiv 1^k = 1 \pmod 4$であり，$1 \sim 2^n$には4で割って1余る数は$2^{n-2}$個ありますから，1，5，$5^2$，…，$5^{2\wedge(n-2)-1}$を$\bmod 2^n$で見ると4で割って1余る数がすべて出てきます。

同様に，

$$-1,\ -5,\ -5^2,\ \cdots,\ -5^{2\wedge(n-2)-1}$$

は$\bmod 2^n$で見てすべて異なり，全部で2^{n-2}個あります。

$-5^k \equiv -1^k = 3 \pmod 4$であり，$1 \sim 2^n$には4で割って3余る数は$2^{n-2}$個ありますから，$-1$，$-5$，$-5^2$，…，$-5^{2\wedge(n-2)-1}$を$\bmod 2^n$で見ると4で割って3余る数がすべて出てきます。

結局，

$$5^i(-1)^j \quad (0 \leqq i \leqq 2^{n-2}-1,\ j=0,\ 1)$$

で表される$2^{n-2}\times 2=2^{n-1}$個の数を$\bmod 2^n$で見ると，$(\boldsymbol{Z}/2^n\boldsymbol{Z})^*$の元がちょうど1回ずつすべて出てきています。

同型写像を作っておきましょう。

$(\boldsymbol{Z}/2^n\boldsymbol{Z})^*$から$(\boldsymbol{Z}/2^{n-2}\boldsymbol{Z})\times(\boldsymbol{Z}/2\boldsymbol{Z})$への写像$\phi$を以下のように決めましょう。$\overline{5^i(-1)^j}$の形で表された$(\boldsymbol{Z}/2^n\boldsymbol{Z})^*$の元からの移り先を次のように決めます。

$$\begin{array}{rccc} \phi: & (\boldsymbol{Z}/2^n\boldsymbol{Z})^* & \longrightarrow & (\boldsymbol{Z}/2^{n-2}\boldsymbol{Z})\times(\boldsymbol{Z}/2\boldsymbol{Z}) \\ & \overline{5^i(-1)^j} & \longmapsto & (\overline{i},\ \overline{j}) \end{array}$$

$$(0\leqq i\leqq 2^{n-2}-1,\ j=0,\ 1)$$

で定めます。すると，ϕは全単射であり，

$$\phi\left(\overline{5^i(-1)^j}\cdot\overline{5^k(-1)^l}\right)=\phi\left(\overline{5^{i+k}(-1)^{j+l}}\right)=\left(\overline{i+k},\ \overline{j+l}\right)$$

$$\phi\left(\overline{5^i(-1)^j}\right)+\phi\left(\overline{5^k(-1)^l}\right)=\left(\overline{i},\ \overline{j}\right)+\left(\overline{k},\ \overline{l}\right)=\left(\overline{i+k},\ \overline{j+l}\right)$$

が成り立ちます。ここで，5の指数は$\mathrm{mod}\,2^{n-2}$で，(-1)の指数は$\mathrm{mod}\,2$で計算します。

結局，$\phi\left(\overline{5^i(-1)^j}\cdot\overline{5^k(-1)^l}\right)=\phi\left(\overline{5^i(-1)^j}\right)+\phi\left(\overline{5^k(-1)^l}\right)$となり，$\phi$は同型写像です。　（定理1.18の証明終わり）

pが奇素数の場合も，$(\boldsymbol{Z}/p^n\boldsymbol{Z})^*$の構造を考えましょう。

例えば，$(\boldsymbol{Z}/27\boldsymbol{Z})^*$について考えましょう。

まず，4のベキ乗をとってみましょう。

$$4^0\equiv1,\ 4^1\equiv4,\ 4^2\equiv16,\ 4^3\equiv10,\ 4^4\equiv13,\ 4^5\equiv25,$$

$$4^6\equiv19,\ 4^7\equiv22,\ 4^8\equiv7,\ (4^9\equiv1)\pmod{27}\ \cdots☆$$

これに，-1を掛けたものを書いてみます。

$$26(\equiv-1),\ 23(\equiv-4),\ 11,\ 17,\ 14,\ 2,\ 8,\ 5,\ 20\pmod{27}\quad\cdots★$$

☆と★を合わせると，

$$(\boldsymbol{Z}/27\boldsymbol{Z})^*=\{\overline{1},\ \overline{2},\ \overline{4},\ \overline{5},\ \overline{7},\ \overline{8},\ \cdots,\ \overline{23},\ \overline{25},\ \overline{26}\}$$

1から27までの数で3の倍数を除いたもの

の元がすべて現われます。つまり，$(\boldsymbol{Z}/27\boldsymbol{Z})^*$の元は，4と$-1$を用いて，

$$\overline{4^i(-1)^j}\quad(0\leqq i\leqq 3^2-1,\ j=0,\ 1)$$

の形でただ1通りに表すことができました。

$(\boldsymbol{Z}/27\boldsymbol{Z})^*$から$(\boldsymbol{Z}/9\boldsymbol{Z})\times(\boldsymbol{Z}/2\boldsymbol{Z})$への写像$\phi$を

$$\begin{array}{rccc}\phi: & (\boldsymbol{Z}/27\boldsymbol{Z})^* & \longrightarrow & (\boldsymbol{Z}/9\boldsymbol{Z})\times(\boldsymbol{Z}/2\boldsymbol{Z}) \\ & \overline{4^i(-1)^j} & \longmapsto & (\overline{i},\ \overline{j})\end{array}$$

$$(0\leqq i\leqq 3^2-1,\ j=0,\ 1)$$

とすれば，ϕは群の同型写像となっています。

定理1.19 **$(\boldsymbol{Z}/p^n\boldsymbol{Z})^*$の構造**

pが$p\neq 2$を満たす素数のとき，

$$(\boldsymbol{Z}/p^n\boldsymbol{Z})^*\cong(\boldsymbol{Z}/p^{n-1}\boldsymbol{Z})\times(\boldsymbol{Z}/(p-1)\boldsymbol{Z})\quad(n\geqq 1)$$

また，$(\boldsymbol{Z}/p^n\boldsymbol{Z})^*$は巡回群である。

証明　gをうまく選ぶと，

$$(\boldsymbol{Z}/p^n\boldsymbol{Z})^*=\{\overline{1},\ \overline{2},\ \cdots\overline{p-1},\ \overline{p+1},\ \cdots,\ \overline{p^n-1}\}$$

1からp^nまでの数でpの倍数を除いたもの

の元は，

$$\overline{(1+p)^i g^j}\quad(0\leqq i\leqq p^{n-1}-1,\ 0\leqq j\leqq p-2)$$

の形にただ1通りに表されることを示しましょう。そのためにいくつか準備をします。

補題　(i)　mod p^nで見て，$(1+p)$の位数はp^{n-1}である。

(ii)　$(1+p)^{p\wedge(n-1)}\equiv 1+p^n\pmod{p^{n+1}}$

(i), (ii)をまとめて数学的帰納法で証明します。

$n=1$のとき，

(i)　mod p^1で見て，$(1+p)$の位数は$1(=p^{1-1})$でありO.K.

(ii)　$(1+p)^{p\wedge(1-1)}=(1+p)^{p\wedge 0}=(1+p)^1\equiv 1+p^1\pmod{p^{1+1}}$

が成り立つのでO.K.です。

nのとき，成り立つと仮定します。

(i) $\bmod p^n$で見て，$(1+p)$の位数はp^{n-1}である
(ii) $(1+p)^{p\wedge(n-1)} \equiv 1+p^n \pmod{p^{n+1}}$ ……①
帰納法の仮定

$n+1$のときを考えます。

$(1+p)^x \equiv 1 \pmod{p^{n+1}}$ ……②を満たすxについて考えます。

②より，$(1+p)^x \equiv 1 \pmod{p^n}$です。帰納法の仮定より，$1+p$の$\bmod p^n$での位数は$p^{n-1}$であり，**定理1.15**(ii)より$x$は$p^{n-1}$の倍数になります。そこで，$x=kp^{n-1}$とおきます。

$$(1+p)^x=(1+p)^{kp\wedge(n-1)}=\{(1+p)^{p\wedge(n-1)}\}^k$$
$$\equiv(1+p^n)^k \pmod{p^{n+1}} \quad (\because \ ①)$$
$$=1+{}_kC_1p^n+{}_kC_2p^{2n}+\cdots+{}_kC_{k-1}p^{(k-1)n}+p^{kn}$$

3項目以降はすべてp^{n+1}で割り切れるので

$$\equiv 1+kp^n \pmod{p^{n+1}}$$

これが$1+kp^n \equiv 1 \pmod{p^{n+1}}$となるのは$k$が$p$の倍数のときなので，$(1+p)^{kp\wedge(n-1)} \equiv 1 \pmod{p^{n+1}}$となる最小の正の数$k$は$p$です。

ですから，$1+p$の$\bmod p^{n+1}$での位数は$p \cdot p^{n-1}=p^n$です。

①を，ある整数jを用いて等式にして，

$$(1+p)^{p\wedge(n-1)}+jp^{n+1}=1+p^n$$

${}_pC_1=p$

これをp乗して，$\{(1+p)^{p\wedge(n-1)}+jp^{n+1}\}^p=(1+p^n)^p$

$$\therefore \ (1+p)^{p\wedge n}+{}_pC_1\{(1+p)^{p\wedge(n-1)}\}^{p-1}(jp^{n+1})$$
$$+{}_pC_2\{(1+p)^{p\wedge(n-1)}\}^{p-2}(jp^{n+1})^2+\cdots+(jp^{n+1})^p$$
$$=1+{}_pC_1p^n+{}_pC_2p^{2n}+\cdots+p^{pn}$$

p^{n+2}で割り切れる

p^{2n+1}で割り切れる

ここで，左辺の第2項以降，右辺の第3項以降はp^{n+2}で割り切れるので，$\bmod p^{n+2}$で見ると，

$$(1+p)^{p\wedge n} \equiv 1+p^{n+1} \pmod{p^{n+2}}$$

となります。

よって，帰納法により題意は示されました。（補題の証明終わり）

補題より，$\bmod p^n$で見たときの$(1+p)$の位数がp^{n-1}なので，**定理1.15**(i)より，p^{n-1}個の

$$1,\ 1+p,\ (1+p)^2,\ (1+p)^3,\ \cdots\cdots,\ (1+p)^{p\wedge(n-1)-1} \quad \cdots\cdots③$$

は$\bmod p^n$で見てすべて異なります。

また，$(1+p)^j \equiv 1 \pmod p$であり，$1 \sim p^n$には，pで割って1余る数はp^{n-1}個ありますから，③を$\bmod p^n$で見ると，pで割って1余る数がすべて出てきます。

$(\boldsymbol{Z}/p^n\boldsymbol{Z})^*$の位数は，1から$p^n$の数のうち，$p$で割り切れないものを数えて，$p^n-p^{n-1}=p^{n-1}(p-1)$個です。

hを$(\boldsymbol{Z}/p\boldsymbol{Z})^*$の原始根とします。このとき，$h$の$\bmod p^n$での位数を$m$とします。

$h^m \equiv 1 \pmod{p^n}$より，$h^m \equiv 1 \pmod p$で，hの$\bmod p$での位数が$p-1$ですから，mは$p-1$で割り切れます。

また，$\{\overline{1},\ \overline{h},\ \cdots,\ \overline{h^{m-1}}\} \pmod{p^n}$は位数$m$の巡回群であり，$(\boldsymbol{Z}/p^n\boldsymbol{Z})^*$の部分群ですから，$m$は定理2.4より$(\boldsymbol{Z}/p^n\boldsymbol{Z})^*$の位数$p^{n-1}(p-1)$の約数です。ですから，$m$は，$m=s(p-1)$，$s=p^a\ (a \leqq n-1)$とおくことができます。$g=h^s$ とおくと$s=p^a$ は$p-1$で割って1余りますから，$\overline{g}$は$\bmod p$の原始根となります。

さて，初めにもどって，$(\boldsymbol{Z}/p^n\boldsymbol{Z})^*$の元が，

$$\overline{(1+p)^i g^j} \quad (0 \leqq i \leqq p^{n-1}-1,\ 0 \leqq j \leqq p-2)$$

の形にただ1通りに表されることを示しましょう。

$(1+p)^i g^j$は$\bmod p^n$で見てすべて異なる数を表していることを背理法で示しましょう。

$$\overline{(1+p)^i g^j} \quad (0 \leqq i \leqq p^{n-1}-1,\ 0 \leqq j \leqq p-2) \quad \cdots\cdots④$$

の形の数（全部で$p^{n-1}\times(p-1)$個）のうち，$(\bmod p^n)$で見て等しいものがあると仮定し，それを$(1+p)^i g^j$ と $(1+p)^k g^l \quad ((i,\ j) \neq (k,\ l))$とします。

$(1+p)^i g^j \equiv (1+p)^k g^l \pmod{p^n}$　∴　$(1+p)^i g^j \equiv (1+p)^k g^l \pmod{p}$

ここで，$(1+p)^i \equiv 1$，$(1+p)^k \equiv 1 \pmod{p}$より，$g^j \equiv g^l \pmod{p}$

よって，$j=l$となります。さらに，

$$(1+p)^i g^j \equiv (1+p)^k g^j \pmod{p^n} \quad \therefore \quad (1+p)^i \equiv (1+p)^k \pmod{p^n}$$

ですから，③より$i=k$となります。$(i,\ j)=(k,\ l)$となり矛盾します。

よって，④に表れる数は$\bmod p^n$で見てすべて異なります。

④で表される数は$p^{n-1}(p-1)$個あり，これらはすべて

$(1+p)^i g^j \not\equiv 0 \pmod{p}$ですから，④には$(\boldsymbol{Z}/p^n\boldsymbol{Z})^*$の元がちょうど1回ずつすべて出てくるわけです。

$(\boldsymbol{Z}/p^n\boldsymbol{Z})^*$から$(\boldsymbol{Z}/p^{n-1}\boldsymbol{Z})\times(\boldsymbol{Z}/(p-1)\boldsymbol{Z})$への写像$\phi$を，

$$\phi : (\boldsymbol{Z}/p^n\boldsymbol{Z})^* \longrightarrow (\boldsymbol{Z}/p^{n-1}\boldsymbol{Z})\times(\boldsymbol{Z}/(p-1)\boldsymbol{Z})$$
$$\overline{(1+p)^i g^j} \longmapsto (\overline{i},\ \overline{j})$$
$$(0 \leqq i \leqq p^{n-1}-1,\ 0 \leqq j \leqq p-2)$$

で定めます，すると，ϕは全単射になり，

$$\phi\left(\overline{(1+p)^i g^j}\cdot\overline{(1+p)^k g^l}\right)=\phi\left(\overline{(1+p)^{i+k} g^{j+l}}\right)=\left(\overline{i+k},\ \overline{j+l}\right)$$
$$\phi\left(\overline{(1+p)^i g^j}\right)+\phi\left(\overline{(1+p)^k g^l}\right)=(\overline{i},\ \overline{j})+(\overline{k},\ \overline{l})=\left(\overline{i+k},\ \overline{j+l}\right)$$

ここで，$1+p$の指数は$\bmod p^{n-1}$で，gの指数は$\bmod (p-1)$で計算しています。ϕは同型写像です。

$1+p$の$\bmod p^n$での位数がp^{n-1}で，p^{n-1}と$p-1$が互いに素ですから，**定理1.16**の証明中の(i)位数が互いに素である場合にあたり，$(1+p)g$の位数が$p^{n-1}(p-1)$になります。$(1+p)g$は$(\boldsymbol{Z}/p^n\boldsymbol{Z})^*$の原始根であり，$(\boldsymbol{Z}/p^n\boldsymbol{Z})^*$は巡回群になります。よって，題意が示されました。

（定理1.19　証明終わり）

$(\boldsymbol{Z}/2^n\boldsymbol{Z})^*$，$(\boldsymbol{Z}/p^n\boldsymbol{Z})^*$の構造を調べるには，ほとんど同じ議論を経ていることがお分かりいただけたと思います。

$(\boldsymbol{Z}/2^n\boldsymbol{Z})^*$は5の位数が$2^{n-2}$に対して，$(-1)$の位数が2であり，互いに

素ではないので，$(-1)5$が$(\boldsymbol{Z}/2^n\boldsymbol{Z})^*$の原始根になるということはありません。$(\boldsymbol{Z}/2^n\boldsymbol{Z})^*$は巡回群と同型にはなりません。

ここまで定理を積み重ねてきたので，次の定理が証明できたことになります。

定理 1.20 既約剰余類群の構造

既約剰余類群は，巡回群の直積と同型である

証明

定理 1.9 より，$(\boldsymbol{Z}/(p^e q^f r^g)\boldsymbol{Z})^*$は，

$$(\boldsymbol{Z}/(p^e q^f r^g)\boldsymbol{Z})^* \cong (\boldsymbol{Z}/p^e\boldsymbol{Z})^* \times (\boldsymbol{Z}/q^f\boldsymbol{Z})^* \times (\boldsymbol{Z}/r^g\boldsymbol{Z})^*$$

が成り立ち，素数のベキ乗の既約剰余類群$(\boldsymbol{Z}/p^e\boldsymbol{Z})^*$，$(\boldsymbol{Z}/q^f\boldsymbol{Z})^*$，$(\boldsymbol{Z}/r^g\boldsymbol{Z})^*$の直積と同型です。

$(\boldsymbol{Z}/p^e\boldsymbol{Z})^*$は，$p=2$のときは**定理 1.18** により，

$$(\boldsymbol{Z}/2^n\boldsymbol{Z})^* \cong (\boldsymbol{Z}/2^{n-2}\boldsymbol{Z}) \times (\boldsymbol{Z}/2\boldsymbol{Z})$$

となりますが，$\boldsymbol{Z}/2^{n-2}\boldsymbol{Z}$も$\boldsymbol{Z}/2\boldsymbol{Z}$も巡回群ですから，$(\boldsymbol{Z}/2^n\boldsymbol{Z})^*$は巡回群の直積に同型です。

pが奇素数のときは**定理 1.19** により，

$$(\boldsymbol{Z}/p^n\boldsymbol{Z})^* \cong (\boldsymbol{Z}/p^{n-1}\boldsymbol{Z}) \times (\boldsymbol{Z}/(p-1)\boldsymbol{Z})$$

となりますが，$\boldsymbol{Z}/p^{n-1}\boldsymbol{Z}$も$\boldsymbol{Z}/(p-1)\boldsymbol{Z}$も巡回群ですから，$(\boldsymbol{Z}/p^n\boldsymbol{Z})^*$は巡回群の直積に同型です。

結局，既約剰余類群は巡回群の直積に同型になります。　（証明終わり）

この定理は最後のピークの定理を証明するときに大活躍します。

第2章 「群」

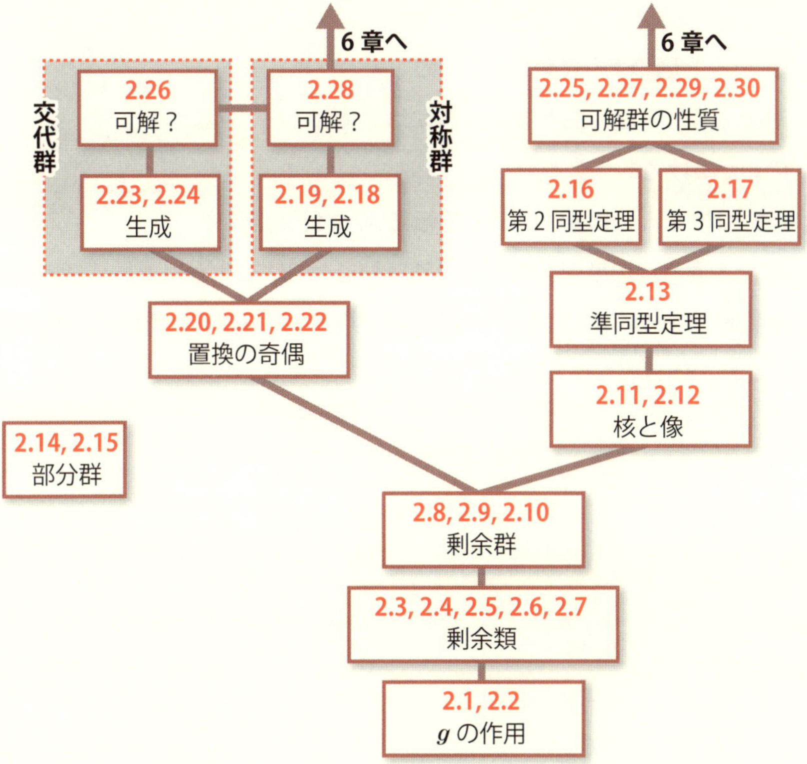

この章の目標は，対称群の構造を理解することです。具体的にいえば，4次以下の対称群が可解群であり，5次以上の対称群が非可解群であるということです。

まず前半では，図形の置き換えに関する群を例にして，剰余群，準同型定理など，群の一般的な性質を紹介していきます。これが上図の剰余群から右へ進む筋道です。

後半では，あみだくじの群，置換群を通して対称群を紹介します。第6章で，対称群が可解群であるか否かと，方程式の解の根号表現が可能であるか否かと結びついてきます。

1 正三角形の対称性を調べる
二面体群

また図形の変換に関する群を調べてみましょう。

問2.1　右図のように角に・，×の印をつけた正三角形の紙片を平面におきます。角には裏側にも・，×の印がつけてあります。

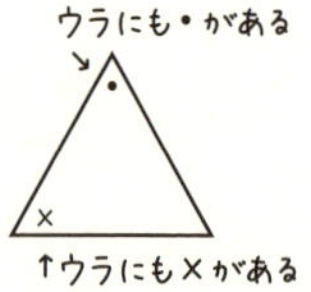

　0°回転をe，左回りに120°回転をσ，240°回転をσ^2，鉛直方向の直線に関する対称移動をτ，30°右上がり直線に関する対称移動を$\tau\sigma$，30°右下がり直線に関する対称移動を$\tau\sigma^2$と表します。この群の演算表を作りましょう。

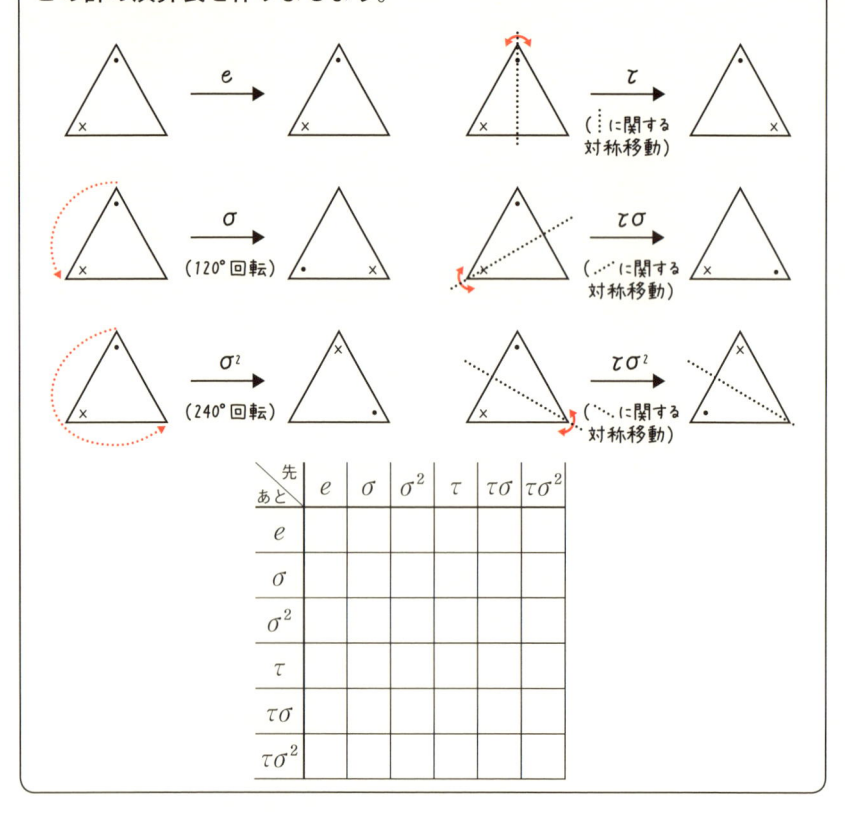

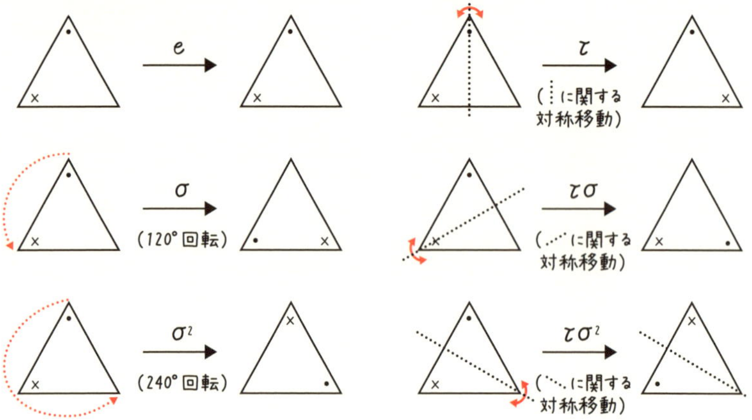

先 / あと	e	σ	σ^2	τ	$\tau\sigma$	$\tau\sigma^2$
e						
σ						
σ^2						
τ						
$\tau\sigma$						
$\tau\sigma^2$						

演算表を作る前に確認しておきたいのは，$\tau\sigma$，$\tau\sigma^2$の表記です。σは120°回転，τは鉛直方向の直線に関する対称移動と決めてありましたから，これと辻つまがあっていなければなりません。

$\tau\sigma$とは，σを施したあと，τを施すという意味です。

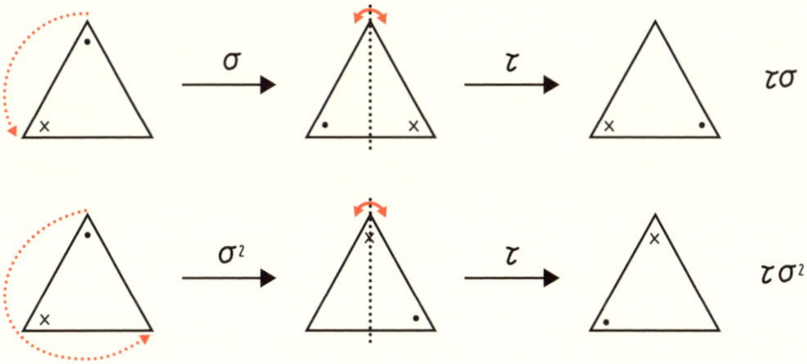

どちらも，問題で与えた対称移動の結果と矛盾はありません。

さて，演算表を埋めてみると次の通りです。

先 / あと	e	σ	σ^2	τ	$\tau\sigma$	$\tau\sigma^2$
e	e	σ	σ^2	τ	$\tau\sigma$	$\tau\sigma^2$
σ	σ	σ^2	e	$\tau\sigma^2$	τ	$\tau\sigma$
σ^2	σ^2	e	σ	$\tau\sigma$	$\tau\sigma^2$	τ
τ	τ	$\tau\sigma$	$\tau\sigma^2$	e	σ	σ^2
$\tau\sigma$	$\tau\sigma$	$\tau\sigma^2$	τ	σ^2	e	σ
$\tau\sigma^2$	$\tau\sigma^2$	τ	$\tau\sigma$	σ	σ^2	e

念のため，この6個の回転移動＆対称移動（まとめて移動ということにする）が群をなしていることを吟味します。

結合法則が成り立つのは，こう考えられます。

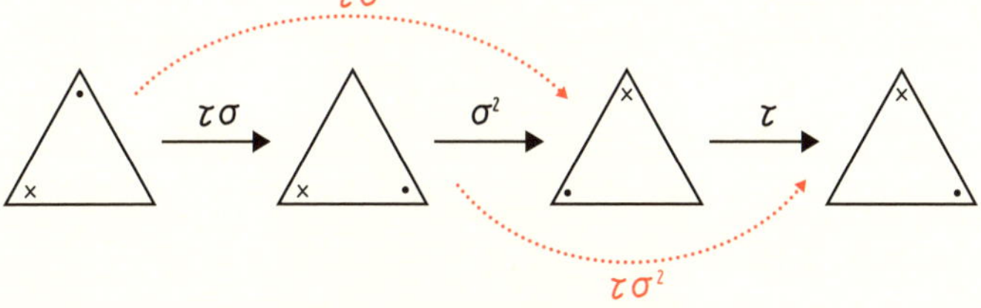

$$\tau\cdot\sigma^2\cdot\tau\sigma$$

$$(\tau\cdot\sigma^2)\tau\sigma = \tau\cdot\sigma^2\cdot\tau\sigma = \tau(\sigma^2\cdot\tau\sigma)$$

$(\tau\cdot\sigma^2) = \tau\sigma^2$，$(\sigma^2\cdot\tau\sigma) = \tau\sigma^2$

左辺と右辺の違いは，$\tau\sigma$，σ^2，τの3個の移動をこの順にするとき，右辺では初めの2つをまとめて1つにした移動を考え，左辺では後ろの2つをまとめて1つにした移動を考えているかの違いです。3個の移動をこの順序ですることには変わりありません。

単位元の存在は，何も動かさない移動がありますからクリアです。

逆元の存在も，回転には逆回転がありますし，対称移動はそれ自身が逆元ですから，クリアです。

したがって，$\{e, \sigma, \sigma^2, \tau, \tau\sigma, \tau\sigma^2\}$は群になります。

これに限らず，“移動”は群になることが多いのです。

この群の元は正三角形を回転移動と対称移動で正三角形に移します。この群は，正三角形の二面体群と呼ばれ，D_3と表します。

二面体というのは正三角形の紙片を立体図形として見ているということです。紙片には表と裏の2面がありますから。

C_6とD_3はいずれも位数6の群です。同型になっているでしょうか。同型にはなっていませんね。演算表の一番大きな違いは，C_6の演算表が右下がりの対角線について対称になっているのに対し，D_3の演算表は対称になっていません。

先 \ あと	e	σ	σ^2	σ^3	σ^4	σ^5
e	e	σ	σ^2	σ^3	σ^4	σ^5
σ	σ	σ^2	σ^3	σ^4	σ^5	e
σ^2	σ^2	σ^3	σ^4	σ^5	e	σ
σ^3	σ^3	σ^4	σ^5	e	σ	σ^2
σ^4	σ^4	σ^5	e	σ	σ^2	σ^3
σ^5	σ^5	e	σ	σ^2	σ^3	σ^4

C_6の演算表

演算表が対称になっているということは，元の順序を交換しても結果が変わらないということです。つまり，演算が交換可能であるということです。任意の2つの元に関する演算が交換可能であるような群を**可換群**(かかんぐん)または，**アーベル群**といいます。そうでない群を非可換群(ひかかんぐん)といいます。

C_6は可換群で，D_3は非可換群です。

2つの群の演算表に共通していることもあげておきましょう。

演算表のどのよこの1行，どのたての1列をとっても，群のすべての元がちょうど1回だけ出ているということです。

例えば，C_6の上から3段目の行に書かれている元を左から読むと，σ^2, σ^3, σ^4, σ^5, e, σと並んでいます。また，D_3の左から5番目の列に書かれている元を上から読むと，$\tau\sigma$，τ，$\tau\sigma^2$，σ，e，σ^2と並んでいます。群の元がちょうど一回ずつ出ています。

これは一般にいえることです。

定理2.1 **gによる入れ替え**

有限群Gのすべての元を並べたものがg_1, g_2, …, g_nであるとする。これらに左からGの任意の元gを掛けたgg_1, gg_2, …, gg_nは，g_1, g_2, …, g_nを入れ替えたものである。集合の記号を用いて書くと，

$$\{gg_1,\ gg_2,\ \cdots,\ gg_n\}=\{g_1,\ g_2,\ \cdots,\ g_n\}$$

つまり，左辺をgGと書くと，$gG=G$が成り立つ。

また，右から任意の元gを掛けても事情は同じで，

$$\{g_1g,\ g_2g,\ \cdots,\ g_ng\}=\{g_1,\ g_2,\ \cdots,\ g_n\}$$

左辺をGgと書くと，$Gg=G$が成り立つ。

また，Gの部分群Hとその任意の元hに対しても，$hH=H=Hh$が成り立つ。

証明 gg_1, gg_2, …, gg_nのうちで，等しい元があったと仮定します。$gg_i=gg_j\ (i\neq j)$として，これに左からg^{-1}を掛けて，

$$g^{-1}(gg_i)=g^{-1}(gg_j)\qquad\therefore\ (g^{-1}g)g_i=(g^{-1}g)g_j\qquad\therefore\ eg_i=eg_j$$

結合法則

$\therefore\ g_i=g_j$ つまり，$i=j$になるので矛盾。

n 個の gg_1, gg_2, …, gg_n の中で等しいものはなく，G の位数が n なので，gg_1, gg_2, …, gg_n は，g_1, g_2, …, g_n を入れ替えたものです。後半も同様です。

部分群 H は演算で閉じているので，H とその任意の元 h について，$hH \subset H$，$Hh \subset H$ が成り立ちます。G のときと同様に，$hH = H = Hh$ です。（証明終わり）

同様に次もいえます。

定理2.2　g が部分集合に作用

群 G の部分集合 $A = \{g_1, g_2, \cdots, g_m\}$ の各元に左から g を掛けてできる元の集合を $gA = \{gg_1, gg_2, \cdots, gg_m\}$ と書く。このとき，

$$|gA| = |A|$$

ただし，$A = gA$ とは限らない。

証明

定理2.1 の証明のように，gg_1, gg_2, …, gg_m はすべて異なります。したがって，$|A|$ も $|gA|$ も m に等しくなります。（証明終わり）

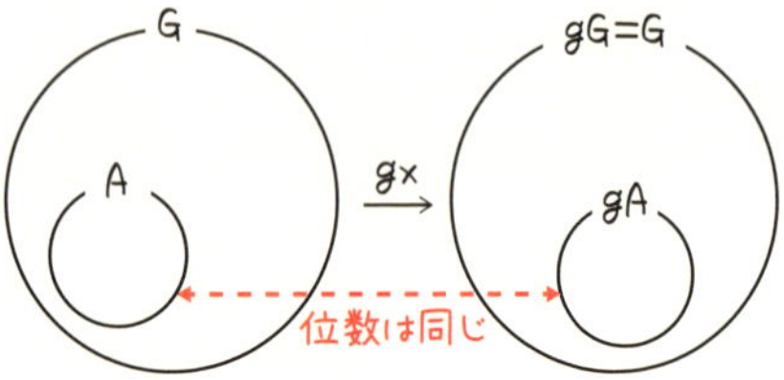

D_3 の元は，σ と τ を組み合わせて表されるので，

$$\sigma^3 = e,\ \tau^2 = e,\ \tau\sigma = \sigma^2\tau \text{のもとで，} \langle\sigma,\ \tau\rangle$$

と書くこともできます。$\langle\sigma, \tau\rangle$ は，σ と τ を組み合わせてできる元すべてを表します。このようにしてできる群を σ と τ で生成される群といい，$\langle\sigma, \tau\rangle$ で表します。$\langle\sigma, \tau\rangle$ は，$\sigma^3 = e$，$\tau^2 = e$，$\tau\sigma = \sigma^2\tau$ という条件のもとでは，$\{e, \sigma, \sigma^2, \tau, \tau\sigma, \tau\sigma^2\}$ の6個になってしまうのです。$\tau\sigma = \sigma^2\tau$ という式はちょっと唐突ですが，この条件を付け加えておくと，σ, τ がそれ

それ回転移動・対称移動であることとは無関係に，$\sigma^3=\tau^2=e$，$\tau\sigma=\sigma^2\tau$の関係だけから，演算表を再現することができ，群を決定することができます。ただ，この話は抽象的になるのでここまでにしておきます。

D_3では，元を$\{e, \sigma, \sigma^2, \tau, \tau\sigma, \tau\sigma^2\}$と表しましたが，$\tau\sigma=\sigma^2\tau$，$\tau\sigma^2=\sigma\tau$という関係がありましたから，$\tau\sigma$と$\tau\sigma^2$は，それぞれ$\sigma^2\tau$と$\sigma\tau$で表しても構いません。$\sigma$と$\tau$を使って表すとき，1つの元でも表し方は複数あるのです。

上では，正三角形での例を出しましたが，一般に，正n角形であっても，正n角形を正n角形自身に移す回転移動と対称移動は群の構造を持っています。

定義 2.1　二面体群

正n角形の中心に関して左回りに$\dfrac{360°}{n}$回転する移動をσ，鉛直方向の対称移動をτとすると，それらで生成される群は，

$$D_n=\{e, \sigma, \sigma^2, \cdots, \sigma^{n-1}, \tau, \tau\sigma, \tau\sigma^2, \cdots, \tau\sigma^{n-1}\}$$

と書けます。

また，$\sigma^n=e$，$\tau^2=e$，$\tau\sigma=\sigma^{n-1}\tau$のもとで，$D_n=\langle\sigma, \tau\rangle$とも表されます。位数は$2n$です。

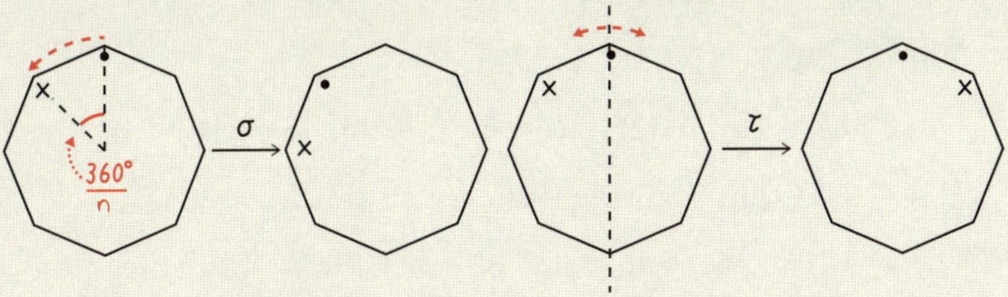

2　部分群から剰余類を作る

―一般の剰余類

ここでは，整数の章で紹介した剰余群$Z/5Z$を別の角度から眺めてみましょう。

整数の集合は加法（＋足し算）について群になっています。

整数と整数を足すと整数になりますから，加法について閉じています。任意の整数x, y, zについて，

$$(x+y)+z=x+(y+z)$$

と結合法則が成り立ちます。

$$x+0=0+x=x$$

ですから，加法に関する単位元は0です。また，

$$x+(-x)=(-x)+x=0$$

となりますから，xの逆元は$-x$です。

このとき，5の倍数の集合$5Z$は，整数の集合Zの部分群になっています。5の倍数と5の倍数を足しても5の倍数になりますから，加法について閉じています。単位元は0で，xの逆元は$-x$です。

Zの元と部分群$5Z$の足し算を考えましょう。

例えば，$3+5Z$とは，

$$5Z=\{\cdots,\ -15,\ -10,\ -5,\ 0,\ 5,\ 10,\ 15,\ \cdots\}$$

に3を足すことです。つまり，

$$3+5Z=\{\cdots,\ -12,\ -7,\ -2,\ 3,\ 8,\ 13,\ 18,\ \cdots\}$$

となります。この調子でZのすべての元

$$Z=\{\cdots,\ -5,\ -4,\ -3,\ -2,\ -1,\ 0,\ 1,\ 2,\ 3,\ 4,\ \cdots\}$$

と$5Z$を足してみましょう。といってもZの要素の個数は無限ですから，上に書いた要素について，$5Z$との和を書き下してみましょう。

$$-5+5Z=\{\cdots,\ -20,\ -15,\ -10,\ -5,\ 0,\ 5,\ 10,\ \cdots\}$$

$-4+5\mathbb{Z} = \{\cdots, -19, -14, -9, -4, 1, 6, 11, \cdots\}$
$-3+5\mathbb{Z} = \{\cdots, -18, -13, -8, -3, 2, 7, 12, \cdots\}$ ← 5で割って2余る数の集合
$-2+5\mathbb{Z} = \{\cdots, -17, -12, -7, -2, 3, 8, 13, \cdots\}$
$-1+5\mathbb{Z} = \{\cdots, -16, -11, -6, -1, 4, 9, 14, \cdots\}$
$0+5\mathbb{Z} = \{\cdots, -15, -10, -5, 0, 5, 10, 15, \cdots\}$
$1+5\mathbb{Z} = \{\cdots, -14, -9, -4, 1, 6, 11, 16, \cdots\}$
$2+5\mathbb{Z} = \{\cdots, -13, -8, -3, 2, 7, 12, 17, \cdots\}$ ← 5で割って2余る数の集合
$3+5\mathbb{Z} = \{\cdots, -12, -7, -2, 3, 8, 13, 18, \cdots\}$
$4+5\mathbb{Z} = \{\cdots, -11, -6, -1, 4, 9, 14, 19, \cdots\}$

となります。10個の計算をしましたが，計算結果は，5通りです。

$-5+5\mathbb{Z}$と$0+5\mathbb{Z}$はどちらも5の倍数の集合となり，集合としては一致しています。$-4+5\mathbb{Z}$と$1+5\mathbb{Z}$はどちらも5で割って余りが1になる整数の集合です。同様に，

$$-3+5\mathbb{Z} = 2+5\mathbb{Z}, \quad -2+5\mathbb{Z} = 3+5\mathbb{Z}, \quad -1+5\mathbb{Z} = 4+5\mathbb{Z}$$

となります。$\mathbb{Z}$の各元と$5\mathbb{Z}$の和は5通りの結果を持ち，次のように5つに分類されます。5の剰余類$\overline{2}$は5で割って2余る整数の集合であり，$-8+5\mathbb{Z}$，$-3+5\mathbb{Z}$，…はすべて$\overline{2}$を表しています。

$\overline{0}$を表す集合	$\overline{1}$を表す集合	$\overline{2}$を表す集合	$\overline{3}$を表す集合	$\overline{4}$を表す集合
⋮	⋮	⋮	⋮	⋮
$-10+5\mathbb{Z}$	$-9+5\mathbb{Z}$	$-8+5\mathbb{Z}$	$-7+5\mathbb{Z}$	$-6+5\mathbb{Z}$
=	=	=	=	=
$-5+5\mathbb{Z}$	$-4+5\mathbb{Z}$	$-3+5\mathbb{Z}$	$-2+5\mathbb{Z}$	$-1+5\mathbb{Z}$
=	=	=	=	=
$0+5\mathbb{Z}$	$1+5\mathbb{Z}$	$2+5\mathbb{Z}$	$3+5\mathbb{Z}$	$4+5\mathbb{Z}$
=	=	=	=	=
$5+5\mathbb{Z}$	$6+5\mathbb{Z}$	$7+5\mathbb{Z}$	$8+5\mathbb{Z}$	$9+5\mathbb{Z}$
=	=	=	=	=
$10+5\mathbb{Z}$	$11+5\mathbb{Z}$	$12+5\mathbb{Z}$	$13+5\mathbb{Z}$	$14+5\mathbb{Z}$
⋮	⋮	⋮	⋮	⋮

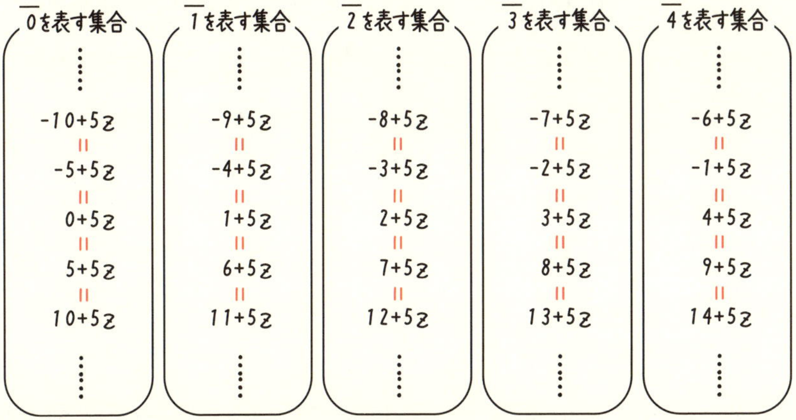

整数の章では，$\overline{0}, \overline{1}, \overline{2}, \overline{3}, \overline{4}$を1つの数のように扱うことに慣れてし

まったかもしれませんが，$\overline{2}$は5で割って2余る整数の集合を表していましたから，剰余類はもともと集合なのです。

剰余類の特徴を3つほど確認しておきましょう。

1つ目は，異なる剰余類は，共通の元がないということです。例えば，$\overline{3}=3+5\boldsymbol{Z}$と$\overline{4}=4+5\boldsymbol{Z}$に共通な元はありません。$3+5\boldsymbol{Z}$に含まれる数は5で割って3余る数，$4+5\boldsymbol{Z}$に含まれる数は5で割って4余る数で，5で割ったときの余りの数が異なることから分かります。

2つ目は，もとの群の元は，必ずどこかの剰余類に分類されているということです。つまり，

$$\boldsymbol{Z}=\overline{0}\cup\overline{1}\cup\overline{2}\cup\overline{3}\cup\overline{4}$$

という式が成り立ちます。

$\overline{0}$，…，$\overline{4}$という表記がなければ，

$$\boldsymbol{Z}=(0+5\boldsymbol{Z})\cup(1+5\boldsymbol{Z})\cup(2+5\boldsymbol{Z})\cup(3+5\boldsymbol{Z})\cup(4+5\boldsymbol{Z})$$

と書くところです。$0+5\boldsymbol{Z}$，$1+5\boldsymbol{Z}$，$2+5\boldsymbol{Z}$，$3+5\boldsymbol{Z}$，$4+5\boldsymbol{Z}$を「剰余類を表す集合」と呼ぶことにします。ここで使われている$1+5\boldsymbol{Z}$は，$\overline{1}$を表す他の$-4+5\boldsymbol{Z}$や$6+5\boldsymbol{Z}$でも構いません。「剰余類を表す集合の選び方」は何通りもあります。

3つ目の特徴。前頁の表は，同じ剰余類を表す集合どうしを集めた図です。しかし，この表を見ると剰余類に含まれる要素も分かる仕掛けになっています。

例えば，$\overline{2}$でその様子を観察してみましょう。

$\overline{2}$を表す集合は，

$$\cdots=-8+5\boldsymbol{Z}=-3+5\boldsymbol{Z}=2+5\boldsymbol{Z}=7+5\boldsymbol{Z}=12+5\boldsymbol{Z}=\cdots \quad ☆$$

ですが，集合 $-8+5\boldsymbol{Z}$ に含まれる要素は，

$$\{\cdots,\ -8,\ -3,\ 2,\ 7,\ 12,\ \cdots\}$$

であり，☆の行から$5\boldsymbol{Z}$を省いたものになっています。このような見方ができるのは，$5\boldsymbol{Z}$の中に単位元0が含まれているからです。

これら3つの特徴は，整数の剰余類だけでなく，一般に群とその部分群から剰余類を作ったときにも現われる特徴です。

整数の剰余類の作り方を一般的な群にも応用できるようにまとめておくと次のようになります。

剰余類の作り方は，群Gとその部分群Hがあったとき，群Gの各元とHとの積を計算し，それを分類するという手順です。

前の章で紹介した二面体群D_3についても，剰余類を作ってみましょう。まずは，部分群$\langle\tau\rangle=\{e, \tau\}$で実行しましょう。

$\langle\tau\rangle$が部分群であることを確認しておきましょう。演算表は右のようになり，演算で閉じています。

単位元eが存在し，$\tau^2=e$から，τの逆元はτです。$\langle\tau\rangle$は部分群ですね。

先 / あと	e	τ
e	e	τ
τ	τ	e

部分群$\langle\tau\rangle$にD_3の元を掛けていきます。

$\langle\tau\rangle$の元は$\{e, \tau\}$の2つですが，これらに左から$\tau\sigma$を掛けてみましょう。

$$\tau\sigma\cdot e=\tau\sigma,\quad \tau\sigma\cdot\tau=\sigma^2$$

となりますから，$\tau\sigma\langle\tau\rangle=\{\tau\sigma, \sigma^2\}$と書けます。$\langle\tau\rangle$に左からすべての元$e, \sigma, \sigma^2, \tau, \tau\sigma, \tau\sigma^2$を掛けたものを並べてみます。

$$e\langle\tau\rangle=\{e, \tau\}$$
$$\sigma\langle\tau\rangle=\{\sigma, \tau\sigma^2\}$$
$$\sigma^2\langle\tau\rangle=\{\sigma^2, \tau\sigma\}$$
$$\tau\langle\tau\rangle=\{\tau, e\}$$
$$\tau\sigma\langle\tau\rangle=\{\tau\sigma, \sigma^2\}$$
$$\tau\sigma^2\langle\tau\rangle=\{\tau\sigma^2, \sigma\}$$

先 / あと	e	σ	σ^2	τ	$\tau\sigma$	$\tau\sigma^2$
e	e	σ	σ^2	τ	$\tau\sigma$	$\tau\sigma^2$
σ	σ	σ^2	e	$\tau\sigma^2$	τ	$\tau\sigma$
σ^2	σ^2	e	σ	$\tau\sigma$	$\tau\sigma^2$	τ
τ	τ	$\tau\sigma$	$\tau\sigma^2$	e	σ	σ^2
$\tau\sigma$	$\tau\sigma$	$\tau\sigma^2$	τ	σ^2	e	σ
$\tau\sigma^2$	$\tau\sigma^2$	τ	$\tau\sigma$	σ	σ^2	e

$\{\underline{e}, \tau\}$，$\{\underline{\sigma}, \tau\sigma^2\}$，$\{\underline{\sigma^2}, \tau\sigma\}$の3通りの集合が出てきました。それぞれ

の集合に含まれる元の1つをとり，バーを付けて，

$$\overline{e}=\{e,\ \tau\},\ \overline{\sigma}=\{\sigma,\ \tau\sigma^2\},\ \overline{\sigma^2}=\{\sigma^2,\ \tau\sigma\}$$

と名前を付けます。これらがD_3の$\langle\tau\rangle$による剰余類です。

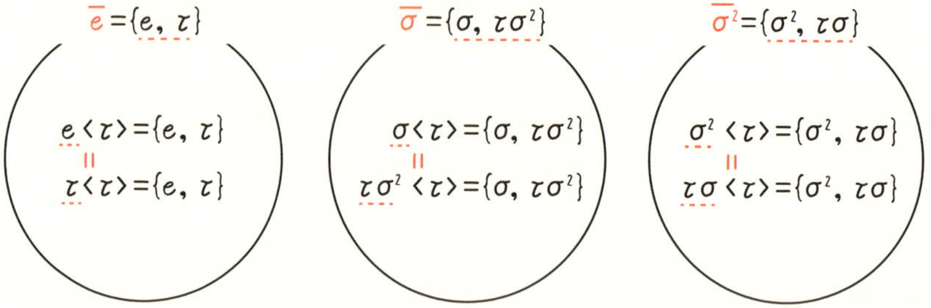

$\overline{e}$，$\overline{\sigma}$，$\overline{\sigma^2}$を合わせると，すべての元e, σ, σ^2，τ，$\tau\sigma$，$\tau\sigma^2$が1回ずつ出てきていることになります。どの元も異なる2つの剰余類に含まれることはありません。また，異なる剰余類は，共通な元を持ちません。

$\overline{e}$，$\overline{\sigma}$，$\overline{\sigma^2}$の表し方として，集合$e\langle\tau\rangle$，$\sigma\langle\tau\rangle$，$\sigma^2\langle\tau\rangle$をとることにして，集合の記号で表現すれば，

$$D_3=e\langle\tau\rangle\cup\sigma\langle\tau\rangle\cup\sigma^2\langle\tau\rangle$$

A ∩ B ＝ ϕ は，集合Aと集合Bに共通元がないことを表す

$$(e\langle\tau\rangle\cap\sigma\langle\tau\rangle=\phi,\ \ \sigma\langle\tau\rangle\cap\sigma^2\langle\tau\rangle=\phi,\ \ e\langle\tau\rangle\cap\sigma^2\langle\tau\rangle=\phi)$$

↑ 空集合を表す記号 ϕ（ファイ）

となっているわけです。

つまり，D_3は，部分群$\langle\tau\rangle$をもとにして，うまく3つの集合に分けられたわけです。

$\overline{e}$の元e, τは，$\overline{e}$を表す2つの集合$e\langle\tau\rangle$，$\tau\langle\tau\rangle$のイロ下線部に一致しています。

$\overline{\sigma}$の元σ, $\tau\sigma^2$は，$\overline{\sigma}$を表す2つの集合$\sigma\langle\tau\rangle$，$\tau\sigma^2\langle\tau\rangle$のイロ下線部に一致しています。

$\overline{\sigma^2}$の元σ^2，$\tau\sigma$は，σ^2を表す2つの集合$\sigma^2\langle\tau\rangle$，$\tau\sigma\langle\tau\rangle$のイロ下線部に一致しています。

$\langle\tau\rangle$にeが含まれているので，$\langle\tau\rangle$の左から掛けた元が剰余類の元になるわけです。

ですから，1つの剰余類に含まれる元の個数（2個）と，剰余類を表す集合の個数（2個）は一致します。

$\langle\tau\rangle$の代わりに部分群$\langle\sigma\rangle=\{e,\ \sigma,\ \sigma^2\}$を用いて，同じようなことをしてみましょう。$\sigma$については，$\sigma^3=e$が成り立ちますから，$\langle\sigma\rangle$は位数3の巡回群になっています。

$\langle\sigma\rangle$に左からD_3のすべての元e，σ，σ^2，τ，$\tau\sigma$，$\tau\sigma^2$を掛けてできた集合を分類してみましょう。

今度は，$\{\underline{e},\ \sigma,\ \sigma^2\}$，$\{\underline{\tau},\ \tau\sigma,\ \tau\sigma^2\}$の2通りの集合が出てきます。これに$\overline{e}=\{e,\ \sigma,\ \sigma^2\}$，$\overline{\tau}=\{\tau,\ \tau\sigma,\ \tau\sigma^2\}$と名前を付けます。これが$D_3$の$\langle\sigma\rangle$による剰余類です。

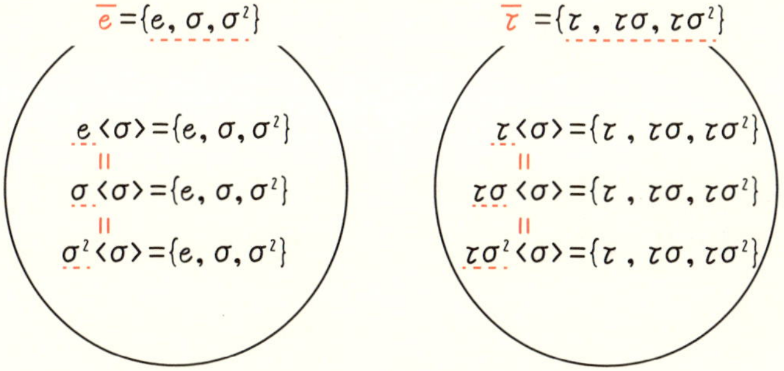

$\overline{e}$，$\overline{\tau}$の表し方として，それぞれ$e\langle\sigma\rangle$，$\tau\langle\sigma\rangle$をとると，

$$D_3=e\langle\sigma\rangle\cup\tau\langle\sigma\rangle\quad(e\langle\sigma\rangle\cap\tau\langle\sigma\rangle=\phi)$$

となります。

$\overline{e}$の元は$\underline{e}$，$\underline{\sigma}$，$\underline{\sigma^2}$で，$\overline{e}$を表す3つの集合$\underline{e}\langle\sigma\rangle$，$\underline{\sigma}\langle\sigma\rangle$，$\underline{\sigma^2}\langle\sigma\rangle$のイロ下線部に一致しています。

$\overline{\tau}$の元は$\underline{\tau}$，$\underline{\tau\sigma}$，$\underline{\tau\sigma^2}$で，$\overline{\tau}$を表す3つの集合$\underline{\tau}\langle\sigma\rangle$，$\underline{\tau\sigma}\langle\sigma\rangle$，$\underline{\tau\sigma^2}\langle\sigma\rangle$のイロ下線部に一致しています。

ですから，1つの剰余類に含まれる元の個数（3個）と，剰余類を表す集合の個数（3個）は一致します。

ここでの観察を一般論としてまとめておきましょう。

定理2.3 **剰余類**

有限群Gの部分群Hがある。Gの位数をnとする。Hに左からGのすべての元g_1, g_2, …, g_nを掛けて集合g_1H, g_2H, …, g_nHを作り，同じになる集合どうしでクラスを作ると，クラスの個数は$\frac{|G|}{|H|}$個である。$\frac{|G|}{|H|}=d$とおく。

各クラスについて，それを代表する集合を1つずつ選び，それらをg'_1H, g'_2H, …, g'_dHとすると，

$$G=g'_1H\cup g'_2H\cup\cdots\cup g'_dH$$

g'_1H, g'_2H, …, g'_dHのどの2つも共通部分を持たない。

g'_1H, g'_2H, …, g'_dHを**左剰余類**という。同じことがGの元を右から掛けたときも成り立ち， Hg''_1, Hg''_2, …, Hg''_dを**右剰余類**という。

証明 まず，キーとなるのは，g_1H, g_2H, …, g_nHから勝手な2つをとってきたとき，集合として一致する（図1）か共通な元を持たない（図2）かいずれの場合しかないということです。図3のような場合はありえないのです。

図1

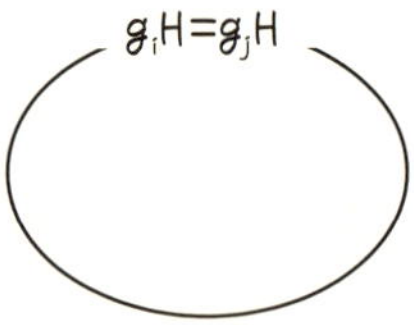

図2

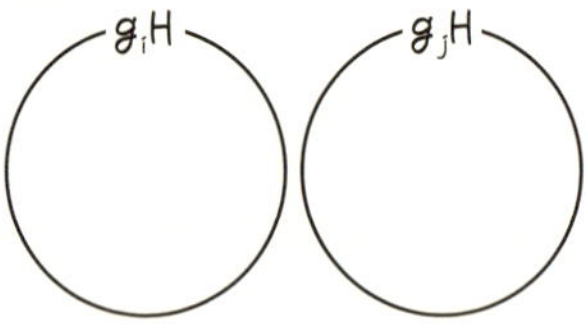

図3

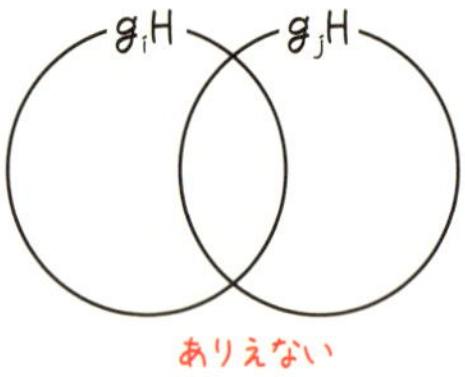

g_1Hとg_2Hには，共通な元がないかあるかのどちらかです。ある場合には，$g_1H=g_2H$となることを示してみましょう。

もしも，g_1Hとg_2Hで共通な元があるとします。それが，g_1Hではg_1h_i, g_2Hではg_2h_jと表されているとします。

$g_1h_i=g_2h_j$　左からg_2^{-1}，右からh_i^{-1}を掛けて，

$$g_2^{-1}g_1h_ih_i^{-1} = g_2^{-1}g_2h_jh_i^{-1} \qquad \therefore \quad g_2^{-1}g_1 = h_jh_i^{-1} \in H$$

定理2.1をHとその元$g_2^{-1}g_1$に適用して，$g_2^{-1}g_1H = H$

左からg_2を掛けて，$g_2g_2^{-1}g_1H = g_2H \qquad \therefore \quad g_1H = g_2H$

これによって，g_1H, g_2H, …, g_nHから勝手な2つ，たとえばg_1Hとg_2Hをとってきたとき，$g_1H \cap g_2H = \phi$または$g_1H = g_2H$のどちらかになります。

したがって，g_1H, g_2H, …, g_nHを同じになる集合どうしのクラスにすると，異なるクラスに属している集合には共通の元がないことが分かります。

ここで，g_1H, g_2H, …, g_nHを同じものどうしまとめてクラスに分けましょう。k個のクラスができたとします。それぞれのクラスを代表する集合として，g'_1H, g'_2H, …, g'_kHを選びます。

Hは単位元eを含みますから，$g_1H \cup g_2H \cup \cdots \cup g_nH$は，$G$のすべての元を含み，

$$G = g_1H \cup g_2H \cup \cdots \cup g_nH \qquad \cdots\cdots ①$$

です。さらに，同じクラスに属する集合を，クラスを表す集合として選んだものでまとめて1つに表すことにすれば，右辺は，

$$g_1H \cup g_2H \cup \cdots \cup g_nH = g'_1H \cup g'_2H \cup \cdots \cup g'_kH \qquad \cdots\cdots ②$$

と表すことができます。結局，①，②より，

$$G = g'_1H \cup g'_2H \cup \cdots \cup g'_kH \qquad \cdots\cdots ③$$

g'_1H, g'_2H, …, g'_kHはそれぞれ異なるクラスに属しているので，どの2つをとっても共通な元がありません。③の式の位数を左右で数えると，

$$|G| = |g'_1H| + |g'_2H| + \cdots + |g'_kH| \qquad \cdots\cdots ④$$

定理2.2のAをH，gをg_iとして適用して，$|g_iH| = |H|$。合わせて，

$$|g'_1H| = |g'_2H| = \cdots = |g'_kH| = |H|$$

でしたから，④は，

$$|G|=k|H| \qquad \therefore \ k=\frac{|G|}{|H|}=d$$ （証明終わり）

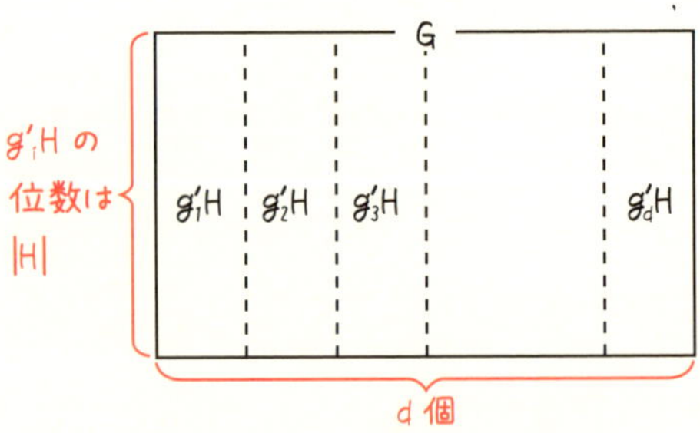

証明の終わりのところから，

HをGの部分群とすると，$|H|$は$|G|$の約数である。

ということがいえます。

また，クラスと上で呼んでいたものは，正式には**剰余類**といいます。上の証明では，剰余類は全部でd個あります。剰余類の個数dは，GのHによる指数と呼ばれ，$[G:H]$で表します。この記号を使うと，次のようにまとまります。

定理2.4 ラグランジュの定理

Hが有限群Gの部分群のとき，

$$|G|=[G:H]|H|$$

が成り立つ。

この定理は，**定理1.5**「巡回群C_mの部分群の位数はmの約数である」の拡張になっていますね。

この定理は，群論の基本にして，鑑賞に値する美しい定理だと思います。ただの集合とその部分集合であれば，そのサイズの間には大小関係しか導けません。が，集合に群の構造が入るやいなや，集合のサイズ（位数）の間には倍数関係が生まれるというのです。大きな金庫の鍵を番号通りに回していって，カチッと鍵穴が揃った瞬間に感じる機械仕掛けの巧妙さにも通じる快感ですね。

定理2.4を用いて，D_3の部分群を決定してみましょう。

問2.2　D_3の部分群は，$\{e\}$，$\langle\tau\rangle=\{e, \tau\}$，$\langle\tau\sigma\rangle=\{e, \tau\sigma\}$，$\langle\tau\sigma^2\rangle=\{e, \tau\sigma^2\}$，$\langle\sigma\rangle=\{e, \sigma, \sigma^2\}$，$D_3$ですべてであることを示せ。

D_3の位数は6です。部分群の位数は6の約数ですから，**定理2.4**より，1，2，3，6のいずれかです。

位数1の部分群は$\{e\}$です。

位数2の部分群を考えましょう。部分群にも単位元eは含まれますから，位数2の部分群の2つある元のうち一方は単位元eです。

もう一方は，σ，σ^2，τ，$\tau\sigma$，$\tau\sigma^2$の5通りが考えられますが，これらを2乗すると，

$$\sigma^2,\ (\sigma^2)^2=\sigma,\ \tau^2=e,\ (\tau\sigma)^2=e,\ (\tau\sigma^2)^2=e$$

となりますから，σでは，e，σ以外のものが出てきて元が3個になってしまいます。σ^2の場合でも同じです。よって，位数2の元は，

$$\langle\tau\rangle=\{e, \tau\}, \langle\tau\sigma\rangle=\{e, \tau\sigma\}, \langle\tau\sigma^2\rangle=\{e, \tau\sigma^2\}$$

の3個です。これらは，正三角形の対称軸（3本）に関するそれぞれの対称移動が作る群になっています。

位数3の部分群を考えましょう。元の中にσがあるとします。すると，これを2乗してσ^2，3乗して$\sigma^3=e$ですから，

$$\langle\sigma\rangle=\{e, \sigma, \sigma^2\}$$

と群になります。元の中にσ^2があるとしましょう。すると，$(\sigma^2)^2=\sigma$，$(\sigma^2)^3=e$ですから，上と同じ群ができます。

元の中にτがあるとすると，群には，e，τが含まれます。もう1つの選び方は，σ，σ^2，$\tau\sigma$，$\tau\sigma^2$ですが，いずれを選んでも，τを左から掛けて，

$$\tau\sigma,\ \tau\sigma^2,\ \tau\tau\sigma=\sigma,\ \tau\tau\sigma^2=\sigma^2$$

と4番目の元ができてしまうので，位数が3に収まりません。

結局，位数3の部分群は，$\langle\sigma\rangle$だけです。これは正三角形の紙片を表にしたままの移動を表していて，位数3の巡回群C_3と同型です。

位数6の部分群はD_3自身です。これでD_3の部分群はすべてです。

（問2.2　終わり）

群の元σについて，$\sigma^m = e$となる最小の自然数mを**位数**といいます。

以前，Gの元の個数を位数といいました。それは群の位数です。今度の位数は，元の位数です。同じ単語を用いますが，文脈から判断できるので混乱することはないでしょう。

この定理の簡単な応用を紹介しましょう。

定理2.5　**位数乗は単位元**

Gを有限群とする。$g \in G$，$n = |G|$のとき，$g^n = e$

群の任意の元は，群の位数だけ掛けると単位元になるという定理です。ラグランジュの定理も構造あるものの摂理を感じさせて美しいですが，群の定義だけからこんなことが求まるなんてワクワクしますね。証明は次のようにします。

証明　gの位数をdとすると，$g^d = e$です。gが生成する巡回群$\langle g\rangle$の位数もdとなります。これはnの約数になりますから，$dh = n$となる整数hがあります。$g^n = g^{dh} = (g^d)^h = e^h = e$　（証明終わり）

これを既約剰余類群に応用すると次のようになります。

定理2.6 フェルマーの小定理，オイラーの定理

(1) pが素数のとき，$(a, p)=1$となるaに対して，

$a^{p-1} \equiv 1 \pmod p$ （フェルマーの小定理）

(2) $(a, m)=1$となるaに対して，

$a^{\varphi(m)} \equiv 1 \pmod m$ （オイラーの定理）

（φはオイラー関数，**定義1.7**）

証明

(2) から示します。**定理2.5**で$G=(Z/mZ)^*$として適用しましょう。$(a, m)=1$を満たす$\overline{a}$は，$(Z/mZ)^*$の元です。$(Z/mZ)^*$の単位元は$\overline{1}$であり，$(Z/mZ)^*$の位数は，1からmまでの数のうちmと互いに素になる数の個数に等しく，**定理1.10**(i)より，$|(Z/mZ)^*|=\varphi(m)$です。

定理2.5で，$G \to (Z/mZ)^*$, $g \to a$, $e \to 1$, $n \to \varphi(m)$として適用すれば，$a^{\varphi(m)} \equiv 1 \pmod m$が成り立ちます。

(1) は (2) のmが素数pになった場合です。

$|(Z/pZ)^*|=p-1$から導かれます。（証明終わり）

また，**定理2.3**から分かる小ネタですが，今後よく使うので，以下の事実を確認しておきましょう。

定理2.7 剰余群の単位元

Hを群Gの部分群とするとき，

$gH=H \iff g \in H$

証明

$\Rightarrow$ Hには単位元eが含まれていますから，$g=ge \in gH=H$

$\Leftarrow$ $g \in H$, $g=ge \in gH$であり，HとgHは共通の元を含むので一致して，$gH=H$ （証明終わり）

3　立方体の対称性を調べよう

$S(P_6)$

ここまで，対称性のある平面図形の移動について群を調べてきました。今度は立体図形の置き換えについての群を調べてみましょう。

われわれにとって一番なじみ深い立体である立方体を調べてみましょう。

これから調べる群は，のちのち4次方程式の解法とも結びつく重要な群です。この群の演算の様子を実感してもらうことで，群の構造をしっかり把握してもらいたいと思います。ここでぼくがちょっと心配しているのは，あつかう題材が立体である点です。立体感覚に自信のある方は，本に書かれている図だけを見て，頭の中で立体を想像し説明を追いかけていくことができるでしょう。しかし，立体に不慣れな人は，本に書いてある図の説明を追いかけていくのが辛くなるかもしれません。そんなときは，ぜひ実際の立方体を本の傍らに置き，手を動かしてみることをお奨めします。さいわい立方体は，生活の中によくある立体図形です。適当なものを見つけて教材としましょう。たぶん角砂糖やふつうのダイスでは小さすぎます。明治製菓のサイコロキャラメルなら，入手しやすく，大きさも手ごろで，糖分も摂取できます。キャラメルの箱にマジックで頂点を書き込めば教材のできあがりです。

問2.3　立方体の置き換えからなる群を調べよ。

初めに立方体の頂点に名前をつけましょう。**図1**のように，対角線の頂点どうしを組にして，1，2，3，4と番号を振ります。

図1

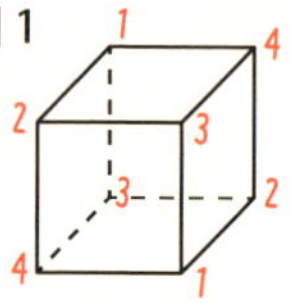

ふつうに面の方に名前を付けてもよいのですが，あとの説明のためにこうしています。このように名前を付けても，立方体のすべての面は区別することができ

ます。それは，**図2**のように各面を1が左上にあるように見ると，6通りの2，3，4の入れ替えのパターンがすべて出てくるからです。区別がつくということは，立方体の面をすべて異なる色で塗っているのと同じことです。

この立方体は上面の4頂点に書かれた数字を見れば，残りの（下面の）4頂点に書かれた数字を復元することができますから，この立方体の置き方は上面の頂点の数字だけで決まります。

図2

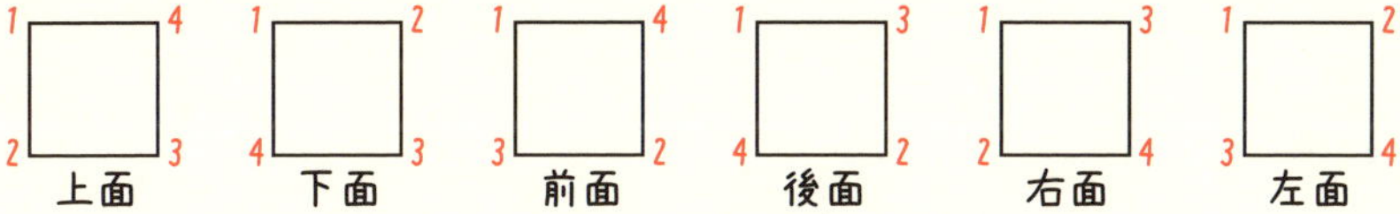

面の中心どうしを結ぶ軸に関する置き換えから名前を付けていきます。

前後をつらぬく軸に関する180°回転をα

上下をつらぬく軸に関する180°回転をβ

左右をつらぬく軸に関する180°回転をγ

とします。

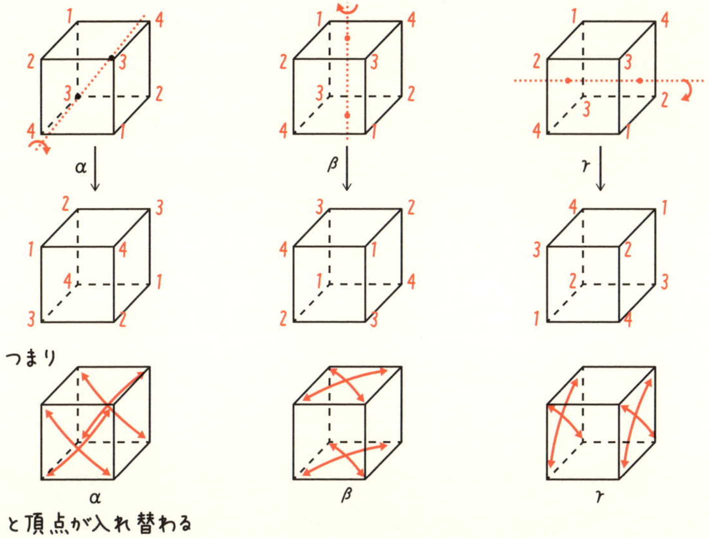

実は，恒等変換eとこれらα，β，γで群になっているのです。

$\beta\alpha$を求めてみましょう。

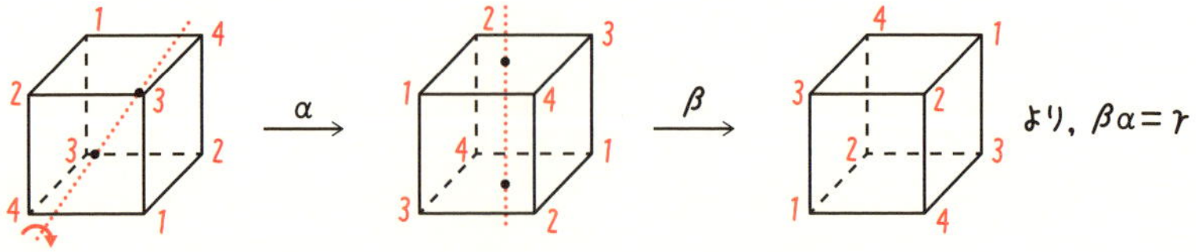

$\beta\alpha=\gamma$であることが分かりました。演算表を書くと次のようになります。

あと＼先	e	α	β	γ
e	e	α	β	γ
α	α	e	γ	β
β	β	γ	e	α
γ	γ	β	α	e

Vの演算表

	$(\bar{0},\bar{0})$	$(\bar{1},\bar{0})$	$(\bar{0},\bar{1})$	$(\bar{1},\bar{1})$
$(\bar{0},\bar{0})$	$(\bar{0},\bar{0})$	$(\bar{1},\bar{0})$	$(\bar{0},\bar{1})$	$(\bar{1},\bar{1})$
$(\bar{1},\bar{0})$	$(\bar{1},\bar{0})$	$(\bar{0},\bar{0})$	$(\bar{1},\bar{1})$	$(\bar{0},\bar{1})$
$(\bar{0},\bar{1})$	$(\bar{0},\bar{1})$	$(\bar{1},\bar{1})$	$(\bar{0},\bar{0})$	$(\bar{1},\bar{0})$
$(\bar{1},\bar{1})$	$(\bar{1},\bar{1})$	$(\bar{0},\bar{1})$	$(\bar{1},\bar{0})$	$(\bar{0},\bar{0})$

$(\boldsymbol{Z}/2\boldsymbol{Z})\times(\boldsymbol{Z}/2\boldsymbol{Z})$の演算表

位数4のこの群は，**クラインの4元群**と呼ばれ，Vで表します。

位数4の巡回群とは，同型ではありません。C_4は，位数4の元σがありましたが，Vのe以外の元α，β，γは，すべて位数が2です。

実は，Vは，$(\boldsymbol{Z}/2\boldsymbol{Z})\times(\boldsymbol{Z}/2\boldsymbol{Z})$（位数2の巡回群$\boldsymbol{Z}/2\boldsymbol{Z}$，2個の直積）に同型になります。

$(\boldsymbol{Z}/2\boldsymbol{Z})\times(\boldsymbol{Z}/2\boldsymbol{Z})$は，次のような群です。成分が，

$$(\boldsymbol{Z}/2\boldsymbol{Z})\times(\boldsymbol{Z}/2\boldsymbol{Z})=\{(\bar{0},\ \bar{0}),\ (\bar{1},\ \bar{0}),\ (\bar{0},\ \bar{1}),\ (\bar{1},\ \bar{1})\}$$

で，＋の演算は成分ごとの和をとります。例えば，

$$(\bar{1},\ \bar{0})+(\bar{1},\ \bar{1})=(\bar{0},\ \bar{1})$$

Vの元は，$(\boldsymbol{Z}/2\boldsymbol{Z})\times(\boldsymbol{Z}/2\boldsymbol{Z})$の元と，例えば次のように対応します。

$$e \leftrightarrow (\overline{0},\ \overline{0}) \qquad \alpha \leftrightarrow (\overline{1},\ \overline{0})$$

$$\beta \leftrightarrow (\overline{0},\ \overline{1}) \qquad \gamma \leftrightarrow (\overline{1},\ \overline{1})$$

Vの演算表のe，α，β，γを，これでそっくり置き換えると$(\boldsymbol{Z}/2\boldsymbol{Z})\times(\boldsymbol{Z}/2\boldsymbol{Z})$の演算表になります。上の表で確認してください。$V$と$(\boldsymbol{Z}/2\boldsymbol{Z})\times(\boldsymbol{Z}/2\boldsymbol{Z})$は同型です。

次に，**図3**のように，左上奥と右下前の頂点を結ぶ対称軸に関して左回りの120°回転をσ，上面の右辺の中点と下面の左辺の中点を結ぶ軸に関する180°回転をτとします。

σは，移動の様子が分かりづらいかもしれませんね。立方体を1を結ぶ対角線方向から見ると，**図4**のように正六角形に見えて，1と辺で結ばれる2，3，4が120°の角の間隔で並んでいます。ですから，対角線に関する120°回転は立方体の置き換えになっているのです。

図3の下に書いてある矢印は，数字に関して見たとき，数字をどう入れ替えているかに着目して矢印を書き込んであります。τはすべての頂点を移動させますが，頂点の数字に着目すれば，3と4だけを入れ替えていて，1と2は入れ替えていません。

図3

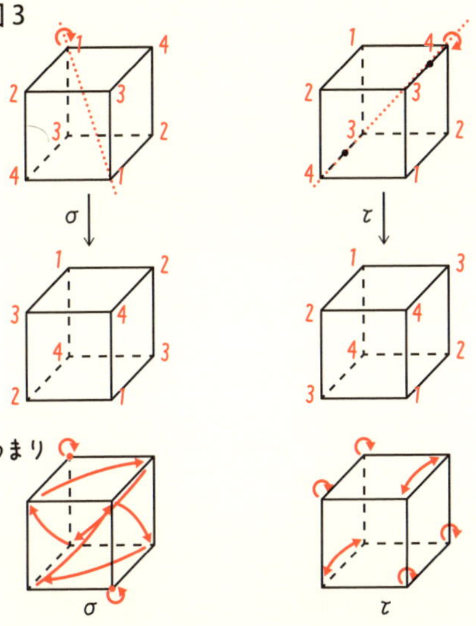

図4

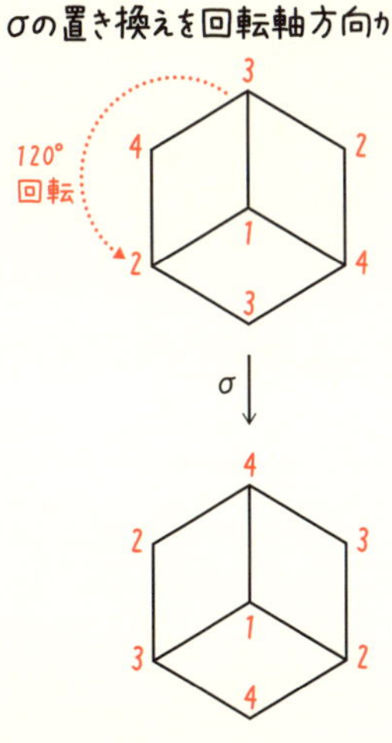

今度は，σとτだけを用いて立方体の置き換えの群を作りましょう。数学的な言葉でいえば，「σとτが生成する群$\langle\sigma, \tau\rangle$を求めよ」ということです。

σは120°回転ですから，$\sigma^3 = e$です。まず，元としてe，σ，σ^2があります。これらにτを掛けた，τ，$\tau\sigma$，$\tau\sigma^2$が元に加わります。これらの中に同じ移動がないことを下図で直接確かめてください。

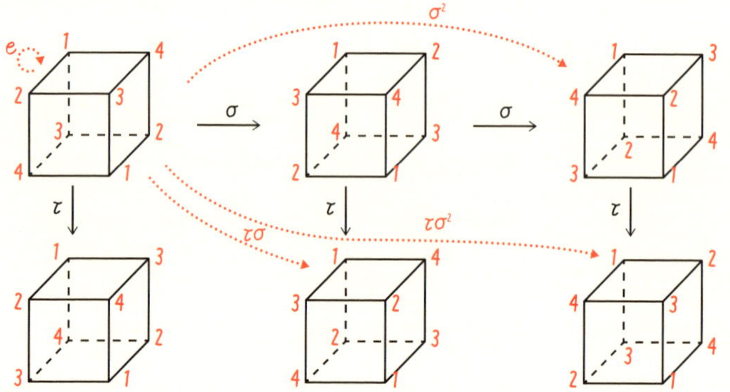

$\langle\sigma, \tau\rangle$には，これだけの元しか出てきません。というのも，$\sigma$も$\tau$も，1を結ぶ対角線の位置を動かしません（$\tau$では向きが逆になるけど）。1を固定したとき，2，3，4の書き込み方は$3! = 6$通りです。上ですでに6通りの元があることが分かりましたから，これで$\langle\sigma, \tau\rangle$の元をすべてあげたことになります。

$\langle\sigma, \tau\rangle$の演算表を作ってみましょう。

$\sigma^2 \cdot \sigma^2$や$\tau\sigma \cdot \sigma^2$は，$\sigma^3 = e$を使って，$\sigma^2 \cdot \sigma^2 = \sigma$，$\tau\sigma \cdot \sigma^2 = \tau$です。$\sigma^2 \cdot \tau\sigma$は立体を使って計算してみましょう。

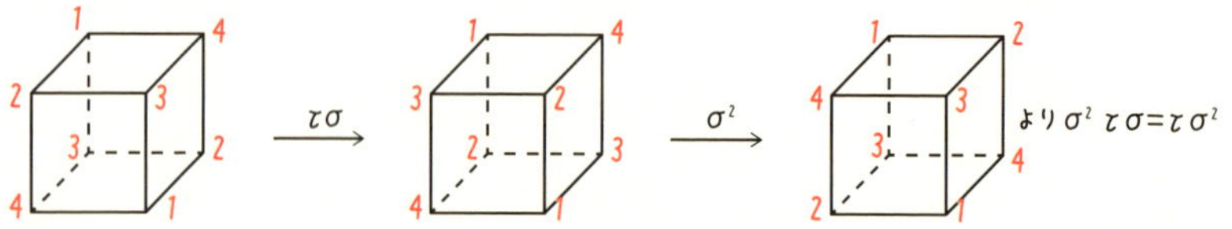

$\sigma^2 \cdot \tau\sigma = \tau\sigma^2$となります。演算表を作ると次のようになります。

先＼あと	e	σ	σ^2	τ	$\tau\sigma$	$\tau\sigma^2$
e	e	σ	σ^2	τ	$\tau\sigma$	$\tau\sigma^2$
σ	σ	σ^2	e	$\tau\sigma^2$	τ	$\tau\sigma$
σ^2	σ^2	e	σ	$\tau\sigma$	$\tau\sigma^2$	τ
τ	τ	$\tau\sigma$	$\tau\sigma^2$	e	σ	σ^2
$\tau\sigma$	$\tau\sigma$	$\tau\sigma^2$	τ	σ^2	e	σ
$\tau\sigma^2$	$\tau\sigma^2$	τ	$\tau\sigma$	σ	σ^2	e

よく見ると，p.99の演算表と同じです。D_3と同型だということです。

次に，Vとσ, τで表される元を組み合わせてみましょう。

$\langle\sigma, \tau\rangle$の元$e$，$\sigma$，$\sigma^2$，$\tau$，$\tau\sigma$，$\tau\sigma^2$を$V$に左から掛けてみます。すると，$V$，$\sigma V$，$\sigma^2 V$，$\tau V$，$\tau\sigma V$，$\tau\sigma^2 V$は，次頁の図のようになります。

Vの元の4つは，左上奥の頂点と右下前の頂点を結ぶ対角線がそれぞれeは1，αは2，βは3，γは4と異なっていました。

これにe，σ，σ^2，τ，$\tau\sigma$，$\tau\sigma^2$を左から掛けると，6個の異なるパターンが出てきます。$\langle\sigma, \tau\rangle$の元は，1を結ぶ対角線の位置を動かしませんから（左頁図上で確認），例えば，β, $\sigma\beta$, $\sigma^2\beta$, $\tau\beta$, $\tau\sigma\beta$, $\tau\sigma^2\beta$であれば，左上奥の頂点と右下前の頂点を結ぶ対角線が3のままで，1，2，4を入れ替えた6つのパターンがすべて出てきます。ですから，V，σV，$\sigma^2 V$，τV，$\tau\sigma V$，$\tau\sigma^2 V$に現われる，$4\times6=24$個の元は，すべて異なることが分かります。図で確かめてください。

ここで，立方体の置き換えは全部で何個あるか数えてみましょう。それには，置き換えしたあとの立方体の置き方を数えてみます。立方体の6つの面のどの面を上面に持ってくるかで6通りあります。上面が決まっても，4つの側面のうちどれを正面に持ってくるかで4通りの置き方があります。立方体の置き方は全部で$4\times6=24$通りで，立方体の置き換えは24個あることが分かります。

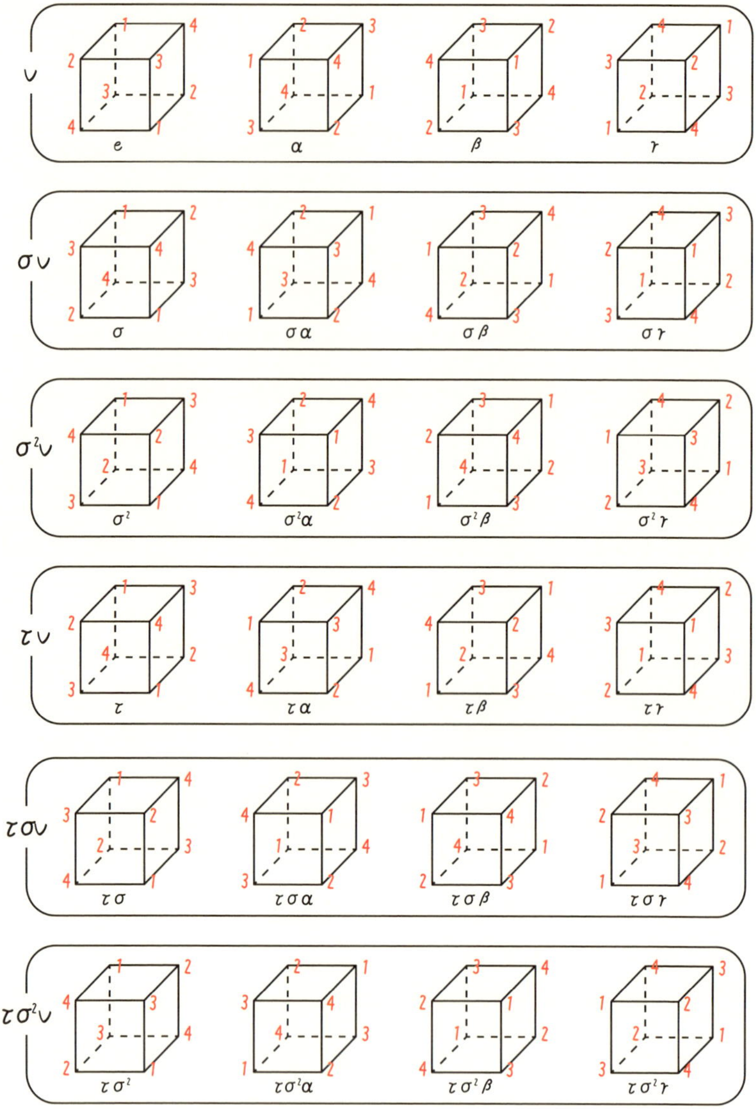

これは，V，σV，$\sigma^2 V$，τV，$\tau\sigma V$，$\tau\sigma^2 V$に現われる24個の置き換えがちょうど立方体の置き換え群のすべての元を表しているということです。

立方体は正6面体なので，P_6と表します。立方体の置き換えに関する群のことを正6面体群といい$S(P_6)$で表します。

上の議論より，$V, \sigma V, \sigma^2 V, \tau V, \tau\sigma V, \tau\sigma^2 V$は，$S(P_6)$の$V$による左剰余類になっています。

$$S(P_6) = V \cup \sigma V \cup \sigma^2 V \cup \tau V \cup \tau\sigma V \cup \tau\sigma^2 V$$

さて，上の式でVの手前についていたe，σ，σ^2，τ，$\tau\sigma$，$\tau\sigma^2$は，$\langle\sigma, \tau\rangle$の元で群になっていました。では，剰余類どうしは群になっていないのでしょうか。例えば，$\langle\sigma, \tau\rangle$の群の演算と同じように，$V$がついても

$$\sigma^2 V \cdot \tau\sigma V = \tau\sigma^2 V \qquad \cdots\cdots ①$$

なんて式は成り立たないのでしょうか。成り立てば面白いじゃないですか。

剰余群$Z/5Z$で，$\overline{3} + \overline{4} = \overline{2}$と書けば，5で割って3余る数（例えば8）と5で割って4余る数（例えば14）を足すと，5で割って2余る数（$8+14=22$）になるということを示していました。

①の式もこのように考えてみましょう。

$\sigma^2 V$に含まれる$\sigma^2\alpha$と，$\tau\sigma V$に含まれる$\tau\sigma\beta$の積をとると，

$$\sigma^2\alpha \cdot \tau\sigma\beta = \tau\sigma^2$$

となります。$\tau\sigma^2$は$\tau\sigma^2 V$に含まれる元です。成り立っていそうですね。

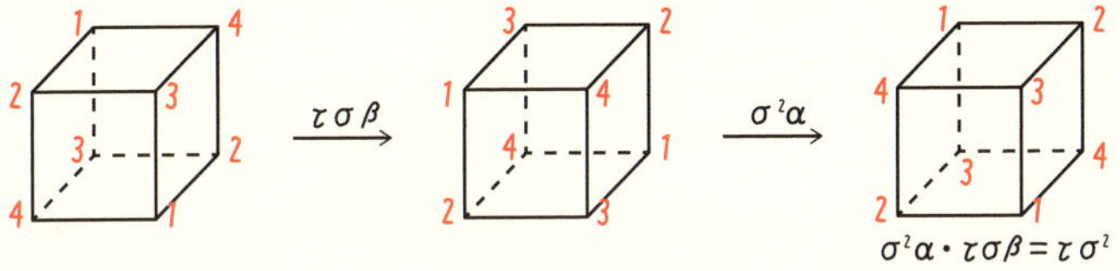

①はこのように解釈できる剰余類どうしの積とその結果を表した式です。この式が成り立っていることを証明するには，この式を集合どうしの掛け算の式として見て変形していきます。

①の式を，**定理2.2**のような元と集合の積，それを拡張した集合と集合の演算を表していると見ると次のようになります。

「$\sigma^2 V$から元をとってきてxとし，$\tau\sigma V$から元をとってきてyとするすべての組み合わせについてxyを計算したとき，その結果の集合が$\tau\sigma^2 V$

になる」

①の式が成り立つことを示すには，次のような集合の演算についての式変形が成り立ってくれればよいのです。

$$\sigma^2 V \cdot \tau\sigma V \overset{\text{ア}}{=} \sigma^2(\underline{V\tau\sigma})V \overset{\text{イ}}{=} \sigma^2(\underline{\tau\sigma V})V$$
$$\overset{\text{ウ}}{=} (\sigma^2 \cdot \tau\sigma)(VV) \overset{\text{エ}}{=} \tau\sigma^2 V \qquad \cdots\cdots②$$

アのイコールは単に結合法則を用いているように見えますが，剰余類をこのように崩してよいのは集合の演算だからです。

イのイコールについてはあとで説明します。

ウのイコールは結合法則ですから成り立ちます。

エのイコールは，$\sigma^2 \cdot \tau\sigma$は演算表から$\tau\sigma^2$に等しく，$V$は部分群であり，演算で閉じていることから$VV = V$となり導けます。

Vは4個の元からなる群ですから，VVは全部で$4 \times 4 = 16$個の積を考えていることになりますが，これらの結果は，Vの演算表を見て分かる通り，e，α，β，γが4個ずつとなり，集合としてはVに等しくなります。

イのイコールのイロの部分の確認が残りました。

$$V\tau\sigma = \tau\sigma V \qquad \cdots\cdots③$$

これが成り立てば，上の式変形が正しいことになります。この群は可換群ではありませんから③が成り立つ保証はないのですが，Vが集合であるところがミソです。実は，両辺の集合の要素が等しいという意味で，成り立っている式なのです。

左辺の$V\tau\sigma$を計算してみましょう。$\tau\sigma$に左から$\{e, \alpha, \beta, \gamma\}$を掛けてみます。

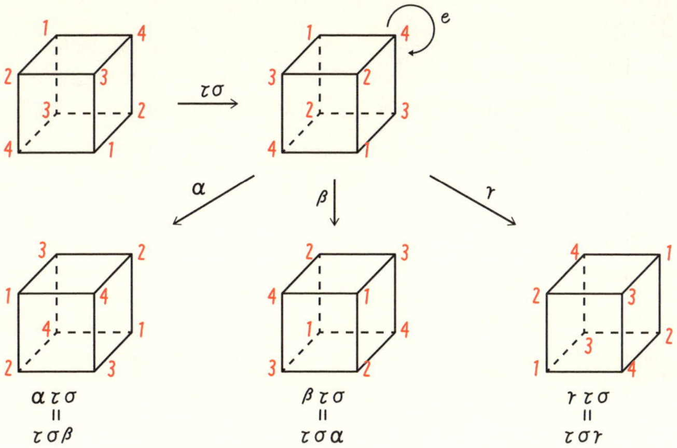

結果をp.122の図と見比べると，

$$e\tau\sigma = \tau\sigma e,\quad \alpha\tau\sigma = \tau\sigma\beta,\quad \beta\tau\sigma = \tau\sigma\alpha,\quad \gamma\tau\sigma = \tau\sigma\gamma$$

となりますから，③が成り立ちます。

実は，$\langle\sigma, \tau\rangle$のすべての元$e$，$\sigma$，$\sigma^2$，$\tau$，$\tau\sigma$，$\tau\sigma^2$について同様の式が成り立っています。

$$eV = Ve \qquad \sigma V = V\sigma \qquad \sigma^2 V = V\sigma^2$$

$$\tau V = V\tau \qquad \tau\sigma V = V\tau\sigma \qquad \tau\sigma^2 V = V\tau\sigma^2$$

ですから，$S(P_6)$のVによる剰余類は，剰余類どうしで群の演算をすることができるのです。

そういえばまだ，$S(P_6)$の演算表を書いていませんでした。でも，$24\times 24 = 576$個のマス目を全部埋めるのは大変ですね。ですから，V以外のところは剰余類の演算で表してみましょう。この方が，576個すべての結果を書くよりも，$S(P_6)$の演算の仕組みが分かった気がしませんか。

τσβを表しています

	V $e\ \alpha\ \beta\ \gamma$	σV $\sigma\ \sigma\alpha\ \sigma\beta\ \sigma\gamma$	$\sigma^2 V$ $\sigma^2\ \sigma^2\alpha\ \sigma^2\beta\ \sigma^2\gamma$	τV $\tau\ \tau\alpha\ \tau\beta\ \tau\gamma$	$\tau\sigma V$ $\tau\sigma\ \tau\sigma\alpha\ \tau\sigma\beta\ \tau\sigma\gamma$	$\tau\sigma^2 V$ $\tau\sigma^2\ \tau\sigma^2\alpha\ \tau\sigma^2\beta\ \tau\sigma^2\gamma$
V (e, α, β, γ)	$e\ \alpha\ \beta\ \gamma$ $\alpha\ e\ \gamma\ \beta$ $\beta\ \gamma\ e\ \alpha$ $\gamma\ \beta\ \alpha\ e$	σV	$\sigma^2 V$	τV	$\tau\sigma V$	$\tau\sigma^2 V$
σV ($\sigma, \sigma\alpha, \sigma\beta, \sigma\gamma$)	σV	$\sigma^2 V$	V	$\tau\sigma^2 V$	τV	$\tau\sigma V$
$\sigma^2 V$ ($\sigma^2, \sigma^2\alpha, \sigma^2\beta, \sigma^2\gamma$)	$\sigma^2 V$	V	σV	$\tau\sigma V$	$\tau\sigma^2 V$	τV
τV ($\tau, \tau\alpha, \tau\beta, \tau\gamma$)	τV	$\tau\sigma V$	$\tau\sigma^2 V$	V	σV	$\sigma^2 V$
$\tau\sigma V$ ($\tau\sigma, \tau\sigma\alpha, \tau\sigma\beta, \tau\sigma\gamma$)	$\tau\sigma V$	$\tau\sigma^2 V$	τV	$\sigma^2 V$	V	σV
$\tau\sigma^2 V$ ($\tau\sigma^2, \tau\sigma^2\alpha, \tau\sigma^2\beta, \tau\sigma^2\gamma$)	$\tau\sigma^2 V$	τV	$\tau\sigma V$	σV	$\sigma^2 V$	V

$S(P_6)$の演算表

$S(P_6)$の群で考察したことを用語の定義とともにまとめておきましょう。

定理2.8 **剰余群**

Hを有限群Gの部分群とする。Gのすべての元aについて

$$aH = Ha$$

が成り立つとき，HをGの**正規部分群**という。

HがGの正規部分群であるとき，

GのHによる剰余類g_1H，g_2H，…，g_dH　($d=[G:H]$)は，

$$(g_iH)(g_jH) = g_ig_jH$$

という演算について群になる。

この群をGのHによる**剰余群**といいG/Hで表す。

証明 $S(P_6)$のVによる剰余類では，Vの左から掛けられていた元は，初めから群になっていました。いつもこのようにうまい具合に行くとは限りません。$\{g_1H,\ g_2H,\ \cdots,\ g_dH\}$で左から掛けられている$\{g_1,\ g_2,\cdots,g_d\}$が群になっている保証はありません。それでも，剰余類$\{g_1H,\ g_2H,\ \cdots,\ g_dH\}$が群になることを説明しておきましょう。

剰余類どうしの積の演算が群の定義を満たしていることを確認してみましょう。

Gは，正規部分群Hによる剰余類で，

$$G=g_1H\cup g_2H\cup\cdots\cup g_dH \qquad (i\neq j\text{のとき，}g_iH\cap g_jH=\phi)$$

と分類されているものとします。

ここで，g_iHとg_jHの積を集合どうしの掛け算として計算すると、

↓Hが正規部分群だから

$$(g_iH)(g_jH)=g_iHg_jH=g_i(Hg_j)H=g_i(g_jH)H$$
$$=g_ig_jHH=g_ig_j(HH)=g_ig_jH$$

↑Hが部分群だから

と計算できますから，積は，

$$(g_iH)(g_jH)=g_ig_jH$$

となります。

$g_1H,\ g_2H,\ \cdots,\ g_dH$の左側の$g_1,\ g_2,\ \cdots,\ g_d$の中に$g_ig_j$はないかもしれませんが，もともと剰余類は，$G$のすべての元を左から$H$に掛けたものをまとめ直したものなのですから，$g_1H,\ g_2H,\ \cdots,\ g_dH$の中には$g_ig_jH$と一致するものがあります。

結合法則が成り立っていることは，

$$(g_iH\cdot g_jH)\cdot g_kH=g_ig_jH\cdot g_kH=g_ig_jg_kH$$
$$g_iH\cdot(g_jH\cdot g_kH)=g_iH\cdot g_jg_kH=g_ig_jg_kH$$

より成り立ちます。

$H\cdot gH=eH\cdot gH=(eg)H=gH,\ gH\cdot H=gH\cdot eH=(ge)H=gH$

から剰余類Hが単位元になります。

また，

$$gH \cdot g^{-1}H = (gg^{-1})H = eH = H,\ g^{-1}H \cdot gH = (g^{-1}g)H = eH = H$$

となるので，gHに対して$g^{-1}H$が逆元になります。

g^{-1}はg_1，g_2，…，g_dの中にはないかもしれませんが，$g^{-1}H$はg_1H，g_2H，…，g_dHの中に一致するものがあります。

剰余類が群になることが確かめられました。　（証明終わり）

上の証明で，結合法則の成立，単位元の存在，逆元の存在の確認では，$(g_iH)(g_jH) = g_ig_jH$という計算法則しか用いていないので，Hが正規部分群でなくとも，g_iHとg_jHの積をこの式で定めれば，剰余類が群になることが示せるような錯覚に陥ります。

g_iHとg_jHの積を形式的にg_ig_jHで定める場合は，この式によって積が矛盾なく定義できていることから確かめなくてはいけません。

実際に確かめてみましょう。

g_iH，g_jHのg_i，g_jは剰余類を表すためにたまたまとったものですから，他の表示をしても上の計算で表された剰余類g_ig_jHと同じ剰余類にならなければ，積の計算自体が矛盾してしまいます。積が矛盾なく定義されていることから確かめてみましょう。

剰余類を表す集合g_iH，g_jHの代わりに，他のg'_iH，g'_jHで表現をされたときであっても，積の結果が同じ剰余類を表すことを示しましょう。つまり，$g_iH = g'_iH$，$g_jH = g'_jH$のもとで，g_iHとg_jHから計算された積g_ig_jHとg'_iHとg'_jHから計算された積$g'_ig'_jH$が等しいことを示します。

定理2.7を用いて，

(⇒) 左から$g_i'^{-1}$を掛ける。$g_i'^{-1}g_iH = g_i'^{-1}g'_iH$

↓　右辺は$(g_i'^{-1}g_i)H = eH = H$

$$g_iH = g'_iH \quad \Leftrightarrow \quad g_i'^{-1}g_iH = H \quad \Leftrightarrow \quad g_i'^{-1}g_i \in H \quad \cdots\cdots①$$

↑ (⇐) 左からg'_iを掛ける　↑

定理2.7

①に左から$g_j'^{-1}$，右からg_jを掛けて，

$$g_j'^{-1}g'_i{}^{-1}g_ig_j \in g'_j{}^{-1}Hg_j = g'_j{}^{-1}(Hg_j)$$
$$= g'_j{}^{-1}(g_jH) = (g'_j{}^{-1}g_j)H = H$$

↑ Hが正規部分群　　↑ ①

定理2.7 ↓

$$\Leftrightarrow \quad g_j'^{-1}g'_i{}^{-1}g_ig_jH = H \quad \Leftrightarrow \quad g_i'^{-1}g_ig_jH = g'_jH$$

↑(⇒)左からg'_j

$$\Leftrightarrow \quad g_ig_jH = g'_ig'_jH$$

(⇒)左からg'_i

確かに上の積の定義式は「剰余類を表す集合」のとり方によらず，積の剰余類をただ1通りに決めていることが確認されました。

この定理によれば，Vが$S(P_6)$の正規部分群であることを示すには，$S(P_6)$の任意の元gについて，

$$gV = Vg$$

が成り立つことを示さなければなりません。上では，gが$\langle \sigma, \tau \rangle$の元についてのみ成り立つことに言及しただけで，証明はまだでした。

問2.4　Vが$S(P_6)$の正規部分群であることを示せ。

$S(P_6)$の任意の元gについて，$gV = Vg$が成り立つことを確認して，Vが$S(P_6)$の正規部分群であることを示します。

まず，σとVの元α，β，γについて，

$$\sigma\alpha = \gamma\sigma, \ \sigma\beta = \alpha\sigma, \ \sigma\gamma = \beta\sigma$$

が成り立っていることを確認しましょう。

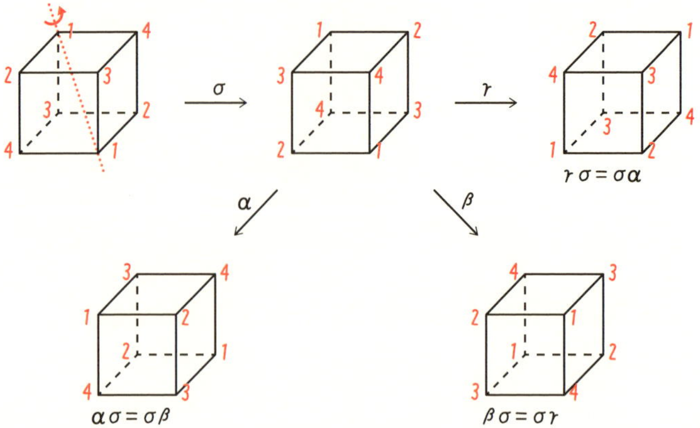

つまり，σはVの元に左から掛けると，あるVの元に右からσを掛けたものに等しいというのです。ですから，

$$\sigma V = \{\sigma,\ \sigma\alpha,\ \sigma\beta,\ \sigma\gamma\}$$

$$V\sigma = \{\sigma,\ \alpha\sigma,\ \beta\sigma,\ \gamma\sigma\} = \{\sigma,\ \sigma\beta,\ \sigma\gamma,\ \sigma\alpha\}$$

より，$\sigma V = V\sigma$となります。

τとVの元α，β，γに関しては，

$$\tau\alpha = \alpha\tau,\quad \tau\beta = \gamma\tau,\quad \tau\gamma = \beta\tau$$

が成り立つので，同様に$\tau V = V\tau$が成り立ちます。

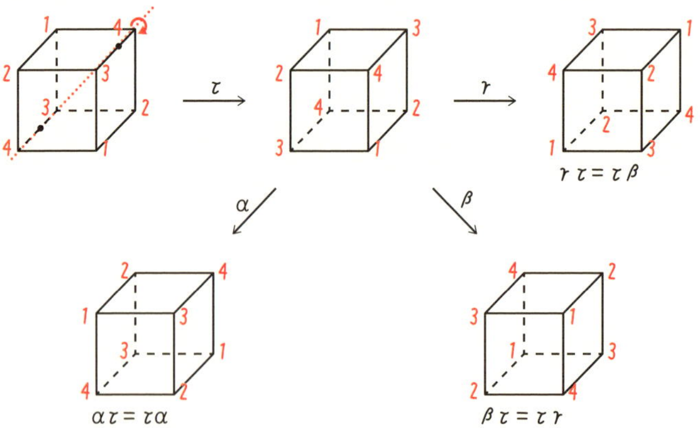

例えば，$g = \tau\sigma^2\beta$で$gV = Vg$を示してみましょう。

示すべき式を，

$$\tau\sigma^2\beta V = V\tau\sigma^2\beta$$
$$\Leftrightarrow \quad \tau\sigma^2\beta V\beta^{-1} = V\tau\sigma^2$$
$$\Leftrightarrow \quad \tau\sigma^2(\beta V\beta^{-1}) = V\tau\sigma^2$$

右からβ^{-1}を掛けた。右辺は
$V\tau\sigma^2\beta\beta^{-1}=V\tau\sigma^2(\beta\beta^{-1})=V\tau\sigma^2$

と変形しておきます。ここで，β, β^{-1}はVの元でしたから，**定理2.1**より$\beta V\beta^{-1} = V$です。示すべき式は，$\tau\sigma^2 V = V\tau\sigma^2$になりました。これは結合法則と，$\sigma$, τとVの交換法則を用いて式変形していきます。

$$\tau\sigma^2 V = \tau\sigma(\sigma V) = \tau\sigma(V\sigma) = \tau(\sigma V)\sigma = \tau(V\sigma)\sigma$$
$$= (\tau V)\sigma\sigma = (V\tau)\sigma\sigma = V\tau\sigma^2$$

と式変形できるので，結局，$\tau\sigma^2\beta V = V\tau\sigma^2\beta$を示すことができました。

$S(P_6)$の任意の元gは，(σ, τの積)・(Vの元)という形をしていますから，これと同じようにして$S(P_6)$の任意の元gについて，$gV=Vg$が成り立つことを示すことができます。（問2.4終わり）

ここでは，$S(P_6)$よりも簡単なC_6，D_3について，その正規部分群を調べておきましょう。

一般に群Gがあると，その単位元だけからなる群$\{e\}$と元の群Gはいずれも正規部分群になります。Gの任意の元gに対して，$ge = eg(=g)$, $gG = Gg(=G)$が成り立つからです。

問2.5　$C_6 = \{e, \sigma, \sigma^2, \sigma^3, \sigma^4, \sigma^5\}$で表される巡回群の正規部分群は，$\{e\}$, $\langle\sigma^2\rangle$, $\langle\sigma^3\rangle$, C_6であることを示せ。

問1.6，**定理1.5**より，C_6の部分群は，$\{e\}$, $\langle\sigma^2\rangle$, $\langle\sigma^3\rangle$, C_6でした。巡回群は，可換群です。任意の2つの元が交換可能なのですから，C_6の任意の元xについて，

$$x\langle\sigma^2\rangle = \langle\sigma^2\rangle x, \ x\langle\sigma^3\rangle = \langle\sigma^3\rangle x$$

が成り立ちます。C_6の正規部分群は$\{e\}$, $\langle\sigma^2\rangle$, $\langle\sigma^3\rangle$, C_6になります。

（問2.5　終わり）

一般に，巡回群の部分群はすべて正規部分群になります。これは，巡回群が可換群であるからです。

さらに巡回群の剰余群が巡回群になることを示しておきましょう。

例えば，σで生成されるC_{12}の$\langle\sigma^3\rangle$による剰余類は，

$$\langle\sigma^3\rangle=\{e,\ \sigma^3,\ \sigma^6,\ \sigma^9\},\ \sigma\langle\sigma^3\rangle=\{\sigma,\ \sigma^4,\ \sigma^7,\ \sigma^{10}\},$$

$$\sigma^2\langle\sigma^3\rangle=\{\sigma^2,\ \sigma^5,\ \sigma^8,\ \sigma^{11}\}$$

となります。C_{12}の$\langle\sigma^3\rangle$による剰余群は，

$$C_{12}/\langle\sigma^3\rangle=\{\langle\sigma^3\rangle,\ \sigma\langle\sigma^3\rangle,\ \sigma^2\langle\sigma^3\rangle\}$$

となります。$(\sigma\langle\sigma^3\rangle)^2=\sigma^2\langle\sigma^3\rangle$, $(\sigma\langle\sigma^3\rangle)^3=\sigma^3\langle\sigma^3\rangle=\langle\sigma^3\rangle$ですから，$C_{12}/\langle\sigma^3\rangle$は，$\sigma\langle\sigma^3\rangle$を生成元とする位数3の巡回群になっています。

定理2.9　巡回群の剰余群は巡回群

巡回群C_mの剰余群は巡回群である。

証明　巡回群C_mの元は，$\{e,\ \sigma,\ \sigma^2,\ \cdots,\ \sigma^{m-1}\}$です。

C_mの部分群をHとします。**定理1.5**の証明で見たように，巡回群の部分群Hのe以外の元で，σの指数が最小になるものをσ^dとします。すると，dはmの約数であり，$H=\langle\sigma^d\rangle$と表されます。

$m=ad$となる自然数aを用いれば，Hの元は，

$$H=\{e,\ \sigma^d,\ \sigma^{2d},\ \cdots,\ \sigma^{(a-1)d}\}$$

となります。ここで剰余類，H, σH，$\sigma^2 H$，$\cdots$，$\sigma^{d-1}H$を考えます。

$\sigma^i H$の元を書き並べると，

$$\sigma^i H=\{\sigma^i,\ \sigma^{d+i},\ \sigma^{2d+i},\ \cdots,\ \sigma^{(a-1)d+i}\}$$

となります。$\sigma^i H$はC_mの元σ^xで指数xをdで割った余りがiになるようなσ^xの集合になっています。

C_mの任意の元σ^xで，xをdで割った商がr，余りがiであれば，

$x=rd+i$と書くことができます。このとき，σ^xは，

$$\sigma^x=\sigma^{rd+i}=\sigma^i\sigma^{rd}\in\sigma^i H$$

とC_mのHによる剰余類$\sigma^i H$に含まれます。

C_mの元σ^xは，H，σH，…，$\sigma^{d-1}H$のうちのどれかに含まれ，$\sigma^i H\cap\sigma^j H=\phi\ (i\neq j)$ですから，$C_m$は，

$$C_m=H\cup\sigma H\cup\cdots\cup\sigma^{d-1}H,\ \sigma^i H\cap\sigma^j H=\phi\ (i\neq j)$$

と分解できます。HはC_mの正規部分群ですから，**定理2.8**より剰余類は群になります。剰余群の元は，

$$C_m/H=\{H,\ \sigma H,\ \cdots,\ \sigma^{d-1}H\}$$

となります。ここで単位元はHです。また，σHについて，

$$(\sigma H)^j=\underbrace{(\sigma H)(\sigma H)\cdots(\sigma H)}_{j\text{コ}}=(\sigma^2 H)\underbrace{(\sigma H)\cdots(\sigma H)}_{j-2\text{コ}}=\cdots=\sigma^j H$$

$(\sigma H)^d=\sigma^d H$，**定理2.7**より，$\sigma^d H=H$。

$(\sigma H)^d=H$ですから，C_m/Hは，

$$C_m/H=\{\underset{(\sigma H)^d}{\underset{\shortparallel}{H}},\ \sigma H,\ (\sigma H)^2,\ \cdots,\ (\sigma H)^{d-1}\}$$

となり，σHを生成元とする巡回群$\langle\sigma H\rangle$になります。（証明終わり）

問2.6　$D_3=\{e,\ \sigma,\ \sigma^2,\ \tau,\ \tau\sigma,\ \tau\sigma^2\}$の正規部分群は，$\{e\}$，$\langle\sigma\rangle=\{e,\ \sigma,\ \sigma^2\}$，$D_3$であることを示せ。

問2.2より，D_3の部分群は，

$$\{e\},\ \langle\tau\rangle=\{e,\ \tau\},\ \langle\tau\sigma\rangle=\{e,\ \tau\sigma\}$$
$$\langle\tau\sigma^2\rangle=\{e,\ \tau\sigma^2\},\ \langle\sigma\rangle=\{e,\ \sigma,\ \sigma^2\},\ D_3$$

です。$\{e\}$，D_3は正規部分群です。他の部分群について調べる前に，一般に次が成り立つことを説明しておきましょう。

定理2.10 半分の部分群は正規部分群

HがGの部分群で，$[G:H]=2$のとき，Hは正規部分群。

証明 Gの元でHに属さない元をaとします。すると，

Hの左剰余類によるGの分割は，$G=H\cup aH$

Hの右剰余類によるGの分割は，$G=H\cup Ha$

となります。よって，$aH=Ha$です。

Hに属する元bについては，$bH=H$，$Hb=H$ですから，Gの任意の元xについて，$xH=Hx$が成り立つことになります。Hは正規部分群です。

（証明終わり）

$[D_3:\langle\sigma\rangle]=2$ですから，$\langle\sigma\rangle$は正規部分群です。

部分群$\langle\tau\rangle$については，

$$\sigma\langle\tau\rangle=\{\sigma,\ \sigma\tau(=\tau\sigma^2)\},\ \langle\tau\rangle\sigma=\{\sigma,\ \tau\sigma\}$$

となり，$\tau\sigma^2\neq\tau\sigma$ですから，$\sigma\langle\tau\rangle\neq\langle\tau\rangle\sigma$です。$\langle\tau\rangle$は正規部分群ではありません。同様に，$\langle\tau\sigma\rangle$, $\langle\tau\sigma^2\rangle$も直接，正規部分群でないことが確かめられます。

よって，D_3の正規部分群は，$\{e\}$，$\langle\sigma\rangle$，D_3です。

（問2.6　終わり）

4 同型写像じゃなくたって

準同型写像

定義1.4で同型写像を定義しました。同型写像は全単射であることが条件でした。少し条件を弱めた準同型写像を紹介しましょう。

定義2.2 群の準同型写像

群G，G'について，GからG'への写像fがある。

Gの任意の2つの元x，yについて，

$$f(xy)=f(x)f(y)$$

が成り立つとき，fをGからG'への**準同型写像**という。

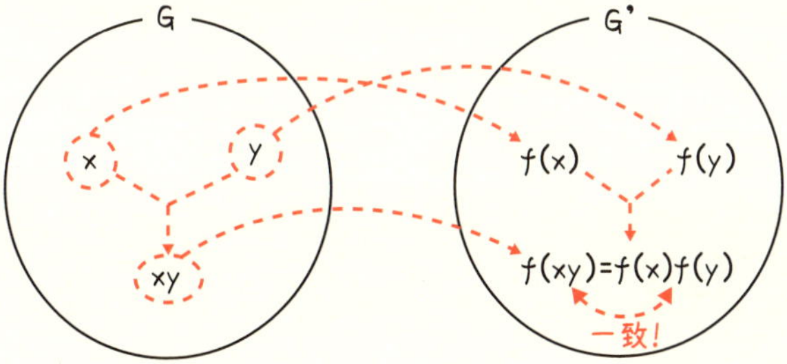

例えば，$G=D_3$，$G'=C_2$とします。

$$D_3=\{e,\ \sigma,\ \sigma^2,\ \tau,\ \tau\sigma,\ \tau\sigma^2\},\ C_2=\{e',\ \rho\}$$

e'はC_2の単位元です。D_3の単位元と区別するためにダッシュを付けました。$\rho^2=e'$が成り立ちます。

D_3の移動は，大きく"表系"と"裏系"に分かれていました。紙を表のまま回転するだけのe，σ，σ^2と，対称軸で裏返す移動のτ，$\tau\sigma$，$\tau\sigma^2$です。

写像fで，表系の移動をe'に，裏系の移動をρに対応させます。つまり，

$$f(e)=e',\quad f(\sigma)=e',\quad f(\sigma^2)=e',$$

$$f(\tau)=\rho,\quad f(\tau\sigma)=\rho,\quad f(\tau\sigma^2)=\rho$$

これがD_3からC_2への準同型写像になっています。

$$f(xy)=f(x)f(y)$$

がすべてのx, yの組について成り立っていることを確かめれば，fが準同型写像であることがいえます。この場合は，$6\times6=36$通りを調べればO.K.です。ここでは意味を考えることで，この式が成り立つことを示してみましょう。

操作の，表裏だけに着目して移動を考えてみましょう。例えば，表系の移動に続けて，裏系の移動をすると，裏系の操作になります。裏系の移動に続けて，裏系の移動をすると，表系の操作になります。裏返しを2回すると，表になるわけです。

x, yが表系か裏系かが分かれば，xyが表系か裏系かが分かるのです。x, yが表系か裏系かの4通りの場合を調べれば，事足りるわけです。

表にして調べてみると次のようになります。

x	y	xy	$f(x)$	$f(y)$	$f(x)f(y)$	$f(xy)$
表	表	表	e'	e'	e'	e'
表	ウラ	ウラ	e'	ρ	ρ	ρ
ウラ	表	ウラ	ρ	e'	ρ	ρ
ウラ	ウラ	表	ρ	ρ	e'	e'

	e'	ρ
e'	e'	ρ
ρ	ρ	e'

C_2の演算表

4通りのすべての場合において，$f(xy)$と$f(x)f(y)$が等しいですから，fが準同型写像であることが確かめられました。

ところで，表系，裏系というのは，ちょうど剰余類$\langle\sigma\rangle$と$\tau\langle\sigma\rangle$に対応していました。

表系：$\langle\sigma\rangle=\{e,\ \sigma,\ \sigma^2\}$，裏系：$\tau\langle\sigma\rangle=\{\tau,\ \tau\sigma,\ \tau\sigma^2\}$

それならば，fを初めから$D_3/\langle\sigma\rangle$の元とC_2の元を対応させる写像であると思えばいいじゃないですか。すると，準同型どころかぴったり同型になります。この同型を与える写像をfと区別するために$\widetilde{f}$としましょう。

$\widetilde{f}$は,

$$\widetilde{f}(\langle\sigma\rangle)=e',\ \widetilde{f}(\tau\langle\sigma\rangle)=\rho$$

と与えられます。

つまり，準同型写像fから同型写像$\widetilde{f}$を作ることができたわけです。これは何もこの例に限った話ではなく，準同型写像があれば，つねに同型写像を作ることができるんです。すばらしいことじゃないですか。

ぼくは，数学という学問のひとつの目的は，世の中にある同型を探ることだと思っているんです。一見異なる2つの対象の中に対応が付き，実は2つの対象が同じ形をしていると思える瞬間に，人は物事を分かったと実感できると思うんです。同型のコレクションが増えていき，ということは同型でないものと同型であるものに世界を分節化して，そこに真理を導き出すことができるわけです。準同型よりも同型の方が断然美しい。

これから，準同型写像から同型写像を作る作り方を，一般の場合で説明します。その前にちょっと用語の解説を。

上の準同型の定義では，$f:G \longrightarrow G'$は必ずしも全射ではありませんでした。さすがにこれでは，G'との同型写像は作ることができません。G'の元で，Gの元を写像fで移したものと関係ない元があったら話になりません。

そこで，G'の元の中でも，Gの元をfで移した元だけに限定して話を進めましょう。Gの元をfで移した元の集合を$\mathrm{Im}f$と書きます。記号を使って書くと，

$$\mathrm{Im}f=\{f(g)\mid g\in G\}$$

Imは，英語のImageからとっています。日本語では$\mathrm{Im}f$を「fの像」といいます。次頁の図を見ても，Gから光がさして，G'の中にGの像が映し出されている感じがしますね。その像です。

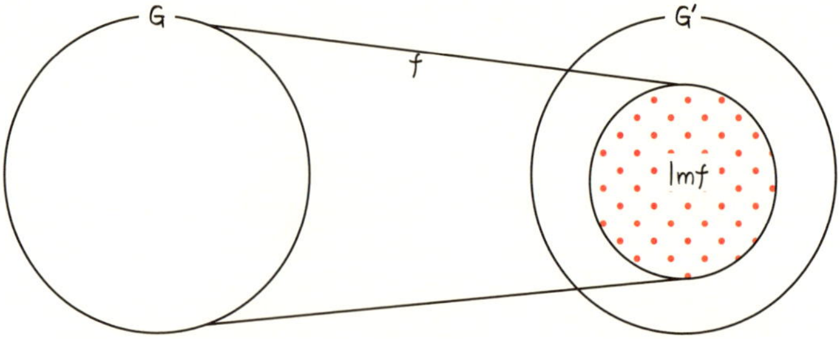

先ほどの例でいえば，$\mathrm{Im}f = C_2$となっていました。fは初めから全射だったのでした。$\mathrm{Im}f$について，次の定理がすぐに分かります。

定理 2.11　**$\mathrm{Im}f$は群**

fを群Gから群G'への準同型写像とする。$\mathrm{Im}f$は群である。

証明　群の定義(i)〜(iv)が成り立つことを確認していきましょう。

(i)（演算が閉じている）

$\mathrm{Im}f$の任意の2つの元$f(x)$，$f(y)$の積は，$f(x)f(y)=f(xy)$となりますから，やはり$\mathrm{Im}f$の元となり，閉じています。

(ii)（結合法則）

任意の$f(x)$，$f(y)$，$f(z)$に対して，

$$(f(x)f(y))f(z)=f(xy)f(z)=f((xy)z),$$

$$f(x)(f(y)f(z))=f(x)f(yz)=f(x(yz))$$

となりますから，結合法則が成り立っています。

(iii)（単位元の存在）

うまい具合に，eをGの単位元とすると，$f(e)$がG'の単位元になっています。なぜなら，任意の$f(x)$に対して，

$$f(e)f(x)=f(ex)=f(x),\ f(x)f(e)=f(xe)=f(x)$$

となるからです。G'の単位元をe'と書きましょう。$e'=f(e)$となっています。

(iv)（逆元の存在）

Gは群なので，任意の元xに対してその逆元x^{-1}が存在します。

$f(x)$の逆元は，$f(x^{-1})$になっています。なぜなら，

$$f(x)f(x^{-1})=f(xx^{-1})=f(e)=e',\ f(x^{-1})f(x)=f(x^{-1}x)=f(e)=e'$$

となるからです。Imfの元$f(x)$の逆元について，

$$\{f(x)\}^{-1}=f(x^{-1})$$ ←準同型写像fについての逆元の公式

とまとまります。（証明終わり）

これともう1つ用語を。fで，G'の単位元e'に移るGの元の集合をKer$f$で表します。

$$\mathrm{Ker}f=\{g \mid f(g)=e',\ g\in G\}$$

Kerは，英語で中核を意味するkernelからとっています。日本語ではKer$f$を，「fの核」といいます。

先ほどの例でいえば，Ker$f=\{e,\ \sigma,\ \sigma^2\}$でした。Ker$f$も群になっています。

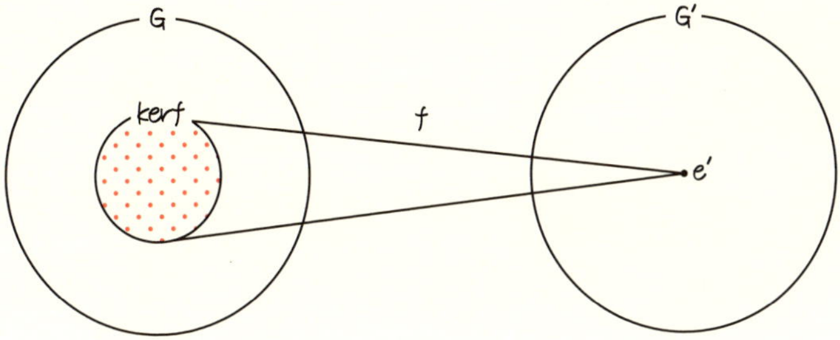

定理2.12 **Ker$f$は群**

fを群Gから群G'の準同型写像とする。Ker$f$は群である。

証明 これらも，群の定義 (i)〜(iv) を確認していきましょう。

(i)（演算が閉じている）

$\mathrm{Ker}f$の任意の2つの元x, yをとります。$f(x)=e'$, $f(y)=e'$です。

$f(xy)=f(x)f(y)=e'e'=e'$ですから，xyは$\mathrm{Ker}f$の元となり，演算が閉じています。

(ii)　(結合法則)

$\mathrm{Ker}f$の元は，もともとGの元なので，結合法則が成り立っています。

(iii)　(単位元の存在)

定理2.11の証明中(iii)

$f(e)=e'$でしたから，$\mathrm{Ker}f$の元の中には，Gの単位元eが含まれています。当然，$\mathrm{Ker}f$の任意の元xとeの積をとってもxとなります。$\mathrm{Ker}f$の単位元はGの単位元eに一致しています。

(iv)　(逆元の存在)

xが$\mathrm{Ker}f$に含まれるとします。Gは群なので，任意の元xに対してその逆元x^{-1}が存在します。これが$\mathrm{Ker}f$に含まれることを示しましょう。$f(x)=e'$から，$f(x^{-1})=e'$を示します。

$$f(x^{-1})=f(x^{-1})e'=f(x^{-1})f(x)=f(x^{-1}x)=f(e)=e'$$

となりますから，x^{-1}は$\mathrm{Ker}f$に含まれています。　(証明終わり)

$\mathrm{Im}f$や$\mathrm{Ker}f$といった用語を用いると，準同型写像fから群の同型を作ることができる話は次のような定理にまとまります。

定理2.13　準同型定理

fが群Gから群G'への準同型写像であるとする。$N=\mathrm{Ker}f$とすると，

$$G/N\cong \mathrm{Im}f$$

先ほどの$f: D_3 \longrightarrow C_2$に適用すると，$G=D_3$, $\mathrm{Im}f=C_2$, $N=\mathrm{Ker}f=\{e, \sigma, \sigma^2\}=\langle\sigma\rangle$ですから，$D_3/\langle\sigma\rangle\cong C_2$となるわけです。

証明　$\mathrm{Im}f$，$N=\mathrm{Ker}f$が群になることは確認してあります。GのNによる剰余類は群になるでしょうか。これは**定理2.8**によって，Nが正規部分群であるか否かをチェックすればよいのでした。さいわい，Nは正規部

分群になるのです。まず，このことを確認してみましょう。

証明すべきことはGの任意の元xについて$xN=Nx$となることですが，両辺に右からx^{-1}を掛けて，$(xN)x^{-1}=(Nx)x^{-1}=N(xx^{-1})=Ne=N$となります。また$xNx^{-1}=N$の両辺に右から$x$を掛ければ，$(xNx^{-1})x=Nx$で左辺は，$(xNx^{-1})x=xN(x^{-1}x)=xNe=xN$ですから，$xN=Nx$となります。よって，

$$xN=Nx \quad \Leftrightarrow \quad xNx^{-1}=N$$

これを正規部分群の定義にしている本もあります。

といい換えられます。$xNx^{-1}=N$を示すことを目標にしましょう。

それにはまず，yを$\mathrm{Ker}f$の任意の元としたとき，xyx^{-1}が$\mathrm{Ker}f$に含まれることを示します。

$$\begin{aligned} f(xyx^{-1}) &= f(x)f(y)f(x^{-1}) = f(x)e'f(x^{-1}) \\ &= f(x)f(x^{-1}) = f(xx^{-1}) = f(e) = e' \end{aligned}$$

ですから，xyx^{-1}は$\mathrm{Ker}f$に含まれます。つまり，$xNx^{-1}\subset N$であることが分かります。xは任意にとることができましたから，xをx^{-1}に置き換えて，$x^{-1}N(x^{-1})^{-1}=x^{-1}Nx\subset N$となります。これに左から$x$，右から$x^{-1}$を掛けて，$N\subset xNx^{-1}$となります。よって，$xNx^{-1}=N$です。

Nが正規部分群であることが分かりました。よって，GのNによる剰余類は，群になります。

剰余群G/Nから$\mathrm{Im}f$への写像$\widetilde{f}$を次のように定めます。

$$\begin{aligned} \widetilde{f} : G/N &\longrightarrow \mathrm{Im}f \\ xN &\longmapsto f(x) \end{aligned}$$

これが，まずは準同型写像になっていることを確かめます。

まず，剰余類を表す集合のとり方によらず，$\widetilde{f}$の移り先が決まることを確認しておきましょう。

つまり，$xN=yN$のときに，$f(x)=f(y)$であることを示しておきましょう。

定理2.7

$$xN = yN \Leftrightarrow y^{-1}xN = y^{-1}yN \Leftrightarrow y^{-1}xN = N \Leftrightarrow y^{-1}x \in N$$
$$\Leftrightarrow f(y^{-1}x) = e' \Leftrightarrow f(y^{-1})f(x) = e' \Leftrightarrow \{f(y)\}^{-1}f(x) = e'$$
$$\Leftrightarrow f(y)\{f(y)\}^{-1}f(x) = f(y)e' \Leftrightarrow f(x) = f(y)$$

定理2.11の証明中の(iv)

確かに，この$\tilde{f}$は矛盾なく定義されています。また，逆からもたどることができ，$f(x)=f(y)$のとき，$xN = yN$ということは$\tilde{f}$は単射です。$\mathrm{Im}f$に限定しているので，$\tilde{f}$は全射です。$\tilde{f}$は全単射です。

次に，$\tilde{f}((xN)(yN)) = \tilde{f}(xN)\tilde{f}(yN)$を確認します。

$$\tilde{f}((xN)(yN)) = \tilde{f}(x(Ny)N) = \tilde{f}(x(yN)N) = \tilde{f}(xyN) = f(xy)$$
$$= f(x)f(y) = \tilde{f}(xN)\tilde{f}(yN)$$

よって，$\tilde{f}$は同型写像です。　　　　（証明終わり）

整数の例で，準同型写像から同型写像を作る練習をしてみましょう。

問2.7　$2\boldsymbol{Z}$から$\boldsymbol{Z}/6\boldsymbol{Z}$への写像$f$を

$$f : 2\boldsymbol{Z} \longrightarrow \boldsymbol{Z}/6\boldsymbol{Z}$$
$$2x \longmapsto \overline{x}$$

で定める。これに準同型定理を適用し，同型な群を作れ。

$2\boldsymbol{Z}$は2の倍数の集合，$\boldsymbol{Z}/6\boldsymbol{Z}$は6の剰余類です。どちらも加法（＋）の演算について群になっています。

$G = 2\boldsymbol{Z}$，$G' = \boldsymbol{Z}/6\boldsymbol{Z}$として準同型定理を適用します。

fが準同型写像であることから確かめましょう。

$2\boldsymbol{Z}$の任意の元$2x$，$2y$について，

$$f(2x+2y) = f(2(x+y)) = \overline{x+y} = \overline{x} + \overline{y} = f(2x)+f(2y)$$

ですから，fは準同型写像です。

$\boldsymbol{Z}/6\boldsymbol{Z}$の元$\overline{x}$について，$2\boldsymbol{Z}$の元を$2x$とすると，$f(2x) = \overline{x}$となるので，$f$は全射になっていて，$\mathrm{Im}f = \boldsymbol{Z}/6\boldsymbol{Z}$です。

$N = \mathrm{Ker}f$を考えます。$\overline{x} = \overline{0}$となる$x$は6の倍数です。このとき$2x$は12の倍数ですから，$N = \mathrm{Ker}f = 12\boldsymbol{Z}$です。準同型定理より，

$$2\boldsymbol{Z}/12\boldsymbol{Z} \cong \boldsymbol{Z}/6\boldsymbol{Z}$$

$$G/N \cong \mathrm{Im}f = G'$$

です。$2\boldsymbol{Z}/12\boldsymbol{Z}$の元を具体的に書いてみましょう。

$2\boldsymbol{Z}/12\boldsymbol{Z}$の元は，$2x+12\boldsymbol{Z}$の形をしています。$2x+12\boldsymbol{Z}$と$2y+12\boldsymbol{Z}$で，$2x \equiv 2y \pmod{12}$のときは $2x+12\boldsymbol{Z} = 2y+12\boldsymbol{Z}$ですから，

$$2\boldsymbol{Z}/12\boldsymbol{Z} = \{12\boldsymbol{Z},\ 2+12\boldsymbol{Z},\ 4+12\boldsymbol{Z},\ 6+12\boldsymbol{Z},\ 8+12\boldsymbol{Z},\ 10+12\boldsymbol{Z}\}$$

となります。$4+12\boldsymbol{Z}$を$\overline{4}$などと表すことにします。

この同型は，$2\boldsymbol{Z}/12\boldsymbol{Z}$の元と$\boldsymbol{Z}/6\boldsymbol{Z}$の元の間に，

$$\begin{array}{rl} 2\boldsymbol{Z}/12\boldsymbol{Z} = & \{\overline{0},\ \overline{2},\ \overline{4},\ \overline{6},\ \overline{8},\ \overline{10}\} \\ & \ \ \updownarrow\ \ \updownarrow\ \ \updownarrow\ \ \updownarrow\ \ \updownarrow\ \ \updownarrow \\ \boldsymbol{Z}/6\boldsymbol{Z} = & \{\overline{0},\ \overline{1},\ \overline{2},\ \overline{3},\ \overline{4},\ \overline{5}\} \end{array}$$

という対応をつけています。

$2\boldsymbol{Z}/12\boldsymbol{Z}$から$\boldsymbol{Z}/6\boldsymbol{Z}$への写像$\widetilde{f}$を

$$\begin{array}{rccc} \widetilde{f}\ : & 2\boldsymbol{Z}/12\boldsymbol{Z} & \longrightarrow & \boldsymbol{Z}/6\boldsymbol{Z} \\ & \overline{2x} & \longmapsto & \overline{x} \end{array}$$

とすれば，$\widetilde{f}$は上の対応をつけていて，全単射です。さらに

$$\widetilde{f}(\overline{2x} + \overline{2y}) = \widetilde{f}(\overline{2x+2y}) = \widetilde{f}(\overline{2(x+y)}) = \overline{x+y} = \overline{x} + \overline{y}$$
$$= \widetilde{f}(\overline{2x}) + \widetilde{f}(\overline{2y})$$

を満たすので，$\widetilde{f}$は同型写像です。　（問2.7　終わり）

この例から分かるように，a，bが自然数のとき，

$$a\boldsymbol{Z}/ab\boldsymbol{Z} \cong \boldsymbol{Z}/b\boldsymbol{Z}$$

という同型が成り立ちます。

5 同型を作ろう

第2同型定理，第3同型定理

数学の研究においては，同型な対象を見つけることが大切だといいました。準同型写像があるとそれを用いて同型な群を作ることができました。さらに，同型な群の作り方を紹介していきましょう。

まず，2つの部分群から同型な群を作り出す方法を紹介します。

$S(P_6)$の部分群で考えてみましょう。集合HとNを

$$H = V \cup \tau V,\ N = V \cup \sigma V \cup \sigma^2 V$$

とおきます。

これが$S(P_6)$の部分群になっていることから確かめてみましょう。

p.126の演算表を剰余群$S(P_6)/V$の演算表として見て，ここからHに関してV，τVを，Nに関してV，σV，$\sigma^2 V$を取り出して剰余類の演算を示すと，次のようになります。

H

あと＼先	V	τV
V	V	τV
τV	τV	V

N

あと＼先	V	σV	$\sigma^2 V$
V	V	σV	$\sigma^2 V$
σV	σV	$\sigma^2 V$	V
$\sigma^2 V$	$\sigma^2 V$	V	σV

Nが群であることを確認しましょう。

上の表から，Nに含まれる任意の元x，yがあると，xyはNに含まれます。なぜなら例えば，$x \in \sigma V \subset N$，$y \in \sigma^2 V \subset N$であれば，

$xy \in (\sigma V)(\sigma^2 V) = V \subset N$となるからです。

Vの中には単位元eがありますから，Nは単位元を持ちます。

Nの任意の元xの逆元がNに含まれることは次のようにいえます。

例えば，$x \in \sigma V \subset N$ であるとします。σVの剰余群の逆元$\sigma^2 V$との

積$x\sigma^2V$をとります。$x\sigma^2V\subset(\sigma V)(\sigma^2V)=V$ですが，$x\sigma^2V$の元の個数と$V$の元の個数が等しいですから，$x\sigma^2V=V$となります。$V$の中には単位元がありますから，$\sigma^2V$に含まれる$y$で，$xy=e$となるものが存在します。$y$が逆元です。$N$の中に逆元が見つかりました。

よって，Nは群になります。

Hも同様に考えて$S(P_6)$の部分群です。

また，$|S(P_6)|=24$，$|N|=|V|\times3=4\times3=12$ですから，

$$[S(P_6):N]=|S(P_6)|/|N|=24/12=2$$ 定理2.4

であり，**定理2.10**によりNは$S(P_6)$の正規部分群です。

一般に，与えられた群が部分群であることを確かめるには，次のようにすればよいのです。

定理2.14 部分群であるための条件

Hが群Gの部分群である

$\Leftrightarrow$ Hの任意の元x，yについて，xy，x^{-1}がHに含まれる。

証明 上の定理の条件では，Hについて演算が閉じていること，逆元の存在はクリアしています。$y=x^{-1}$としてとれば，$xx^{-1}=e$もHに含まれることになり，単位元の存在もいえます。HはGの部分集合ですから，結合法則も成り立ちます。Hが部分群であることがいえます。

（証明終わり）

ここで，$H\cap N$，HNが$S(P_6)$の部分群であることを確認しましょう。

HNは，Hのすべての元とNのすべての元を掛けてできる元からなる集合のことです。直積$H\times N$に似ていますが，直積のような成分ごとの演算をするわけではなく，HNの元はGに含まれています。

きちんと書くと，

$$HN=\{hn\mid h\in H,\ n\in N\}$$

となります。$H = V \cup \tau V$, $N = V \cup \sigma V \cup \sigma^2 V$という例では,

$$H \cap N = V,\ HN = S(P_6)$$

となります。$HN = S(P_6)$は，p.126の演算表を見れば分かるでしょう。

一般に次がいえます。

定理2.15　部分群の演算

H, Nが群Gの部分群であるとき,

（ア）　$H \cap N$はGの部分群である。

（イ）　特にNがGの正規部分群であれば，HNはGの部分群である。

証明

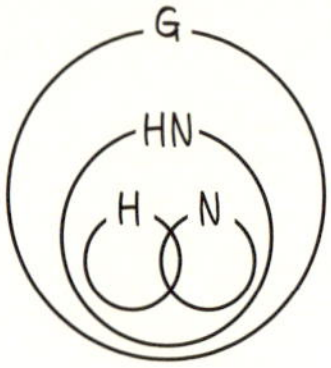

（ア）　$H \cap N$の任意の元x, yについて,

$$x,\ y \in H \quad かつ \quad x,\ y \in N \quad \cdots\cdots ①$$

H, NはGの部分群なので，①を満たすとき,

$$xy,\ x^{-1} \in H \quad かつ \quad xy,\ x^{-1} \in N \quad \Leftrightarrow \quad xy,\ x^{-1} \in H \cap N$$

$H \cap N$は**定理2.14**の条件を満たすので，Gの部分群です。

（イ）　HNの任意の元xn, yn' (x, $y \in H$; n, $n' \in N$)について,

$xn \in xN$, $yn' \in yN$より,

↓ Nが正規部分群なので

$$(xn)(yn') \in (xN)(yN) = xyN \subset HN$$

また，一般にxyの逆元$(xy)^{-1}$は$y^{-1}x^{-1}$と表すことができます。なぜなら,

$$(xy)(y^{-1}x^{-1}) = x(yy^{-1})x^{-1} = xex^{-1} = xx^{-1} = e$$

$$(y^{-1}x^{-1})(xy) = y^{-1}(x^{-1}x)y = y^{-1}ey = y^{-1}y = e$$

$(xy)^{-1} = y^{-1}x^{-1}$

となるからです。

$x \in H$, $n \in N$のとき，$x^{-1} \in H$, $n^{-1} \in N$なので,

$$(xn)^{-1} = n^{-1}x^{-1} \in Nx^{-1} = x^{-1}N \subset HN$$

（Nが正規部分群なので）

HNは**定理2.14**の条件を満たすので，Gの部分群です。

（証明終わり）

（イ）では，Nは正規部分群でした。2つある部分群のうち一方は正規部分群でなければ（イ）は成り立ちません。証明を見ても，Nが正規部分群であることをうまく使っていることが分かるでしょう。

例に戻ります。

$$H = V \cup \tau V,\ N = V \cup \sigma V \cup \sigma^2 V$$

位数 4×2=8　　位数 4×3=12

のとき，$H \cap N = V$はHの正規部分群であり，Nは$HN = S(P_6)$の正規部分群なので，剰余群$H/(H \cap N)$，HN/Nを考えることができます。

$$H/(H \cap N) = (V \cup \tau V)/V$$ 位数 8/4=2

位数 24/12=2

$$HN/N = (V \cup \sigma V \cup \sigma^2 V \cup \tau V \cup \tau\sigma V \cup \tau\sigma^2 V)/(V \cup \sigma V \cup \sigma^2 V)$$

ですから，どちらも剰余群の位数は2で，C_2に同型になっています。

$H/(H \cap N) \cong HN/N$という同型が成り立っています。

これは一般にいえることで，次の定理が成り立ちます。

定理2.16 **第2同型定理**

Hが群Gの部分群，NがGの正規部分群であるとき，

$$H/(H \cap N) \cong HN/N$$

が成り立つ。また，NがHの正規部分群であるときでも成り立つ。

証明

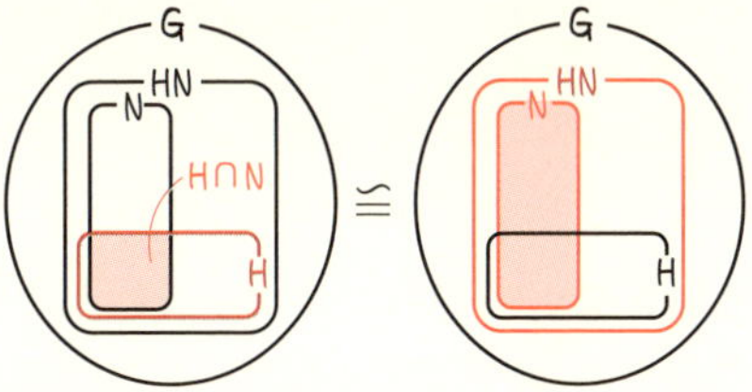

証明には準同型定理を用います。

GからG/Nへの写像fを

$$f : G \longrightarrow G/N$$
$$x \longmapsto xN$$

で定めます。この写像は，$f(xy) = xyN = (xN)(yN) = f(x)f(y)$を満たしますから，準同型写像になっています。$G$とその正規部分群$N$があるとき，上のようにして定めた$G$から$G/N$への写像$f$を自然準同型と呼びます。

fの定義域はGですが，これを部分群Hに制限してみましょう。このときの写像をf'とします。

$$f' : H \to G/N$$

f'の像$\mathrm{Im}f'$を考えてみましょう。xがHのすべてを動くとき，$f'(x) = xN$として出てくるGの元をまとめるとHNになります。もともとfは，Gの元を剰余群G/Nの元に対応させる写像ですから，f'の場合もHNのNによる剰余群を考えて，$f'(H) = HN/N$となります。f'はHからHN/Nへの全射になっています。$\mathrm{Im}f' = HN/N$です。

一方，$\mathrm{Ker}f'$はどうなっているでしょうか。

G/Nの単位元は，$xN \cdot N = xN$，$N \cdot xN = xN$から，Nです。

$x \in \mathrm{Ker}f \iff xN = N \iff x \in N$ですから，$\mathrm{Ker}f$は$N$です。

f'では定義域がHに制限されていますから，$\mathrm{Ker}f'$は$\mathrm{Ker}f = N$のうちHに含まれるものです。$\mathrm{Ker}f' = H \cap N$となります。

これより，$f' : H \longrightarrow G/N$に**準同型定理**（**定理2.13**）を用いると，

$$H/\underbrace{(H \cap N)}_{\mathrm{Ker}f'} \cong \underbrace{HN/N}_{\mathrm{Im}f'}$$

という同型が得られます。

これまでの証明を見ても分かるように，Nが正規部分群であるとGの任意の元xに対して$xN = Nx$が成り立ちますが，xをHに制限してxをHの任意の元xとしても$xN = Nx$が成り立ちます。使っているのはこのことだけですから，NがHに含まれているときは，NがHの正規部分群であると条件を弱めても，同型が成り立ちます。なお，具体的な同型写像$\widetilde{f'}$は，

$$\begin{aligned} \widetilde{f'} : H/(H \cap N) &\longrightarrow HN/N \\ x(H \cap N) &\longmapsto xN \end{aligned}$$

です。　　　　　　　　　　　　　　　　　　　　　　（証明終わり）

整数の問題で，上の定理を適用してみましょう。

問2.8　$\boldsymbol{G=Z,\ H=6Z,\ N=10Z}$ **のとき，**

$$\boldsymbol{H/(H\cap N)\cong HN/N}$$

を確認せよ。

$6\boldsymbol{Z}$，$10\boldsymbol{Z}$も加法（＋）について，群になっています。加法（＋）の演算は交換可能ですから，どちらも$\boldsymbol{Z}$の正規部分群です。

$H=6\boldsymbol{Z}$，$N=10\boldsymbol{Z}$のとき，$H\cap N=6\boldsymbol{Z}\cap 10\boldsymbol{Z}$の要素は，6の倍数でもあり，10の倍数でもある整数ですから，30（6と10の最小公倍数）の倍数となります。$H\cap N=6\boldsymbol{Z}\cap 10\boldsymbol{Z}=30\boldsymbol{Z}$。

HNは掛け算のように見えますが，演算は足し算であることに注意しましょう。$HN=6\boldsymbol{Z}+10\boldsymbol{Z}$を考えることになります。6の倍数と10の倍数を足すと何になるかということです。集合の記号で書くと，

$$HN=\{6x+10y\mid x,\ y\in\boldsymbol{Z}\}$$

となります。6と10の最大公約数は2ですから，**定理1.3**の証明よりHNは2の倍数の集合$2\boldsymbol{Z}$になります。よって，

$$H/(H\cap N)=6\boldsymbol{Z}/30\boldsymbol{Z}=\{\overline{0},\ \overline{6},\ \overline{12},\ \overline{18},\ \overline{24}\}$$

$$HN/N=2\boldsymbol{Z}/10\boldsymbol{Z}=\{\overline{0},\ \overline{2},\ \overline{4},\ \overline{6},\ \overline{8}\}$$

問2.7のようにして，どちらも$\boldsymbol{Z}/5\boldsymbol{Z}$に同型になります。さらに，$6\boldsymbol{Z}/30\boldsymbol{Z}$から$2\boldsymbol{Z}/10\boldsymbol{Z}$への写像$f$を

$$\begin{array}{cccc} f: & 6\boldsymbol{Z}/30\boldsymbol{Z} & \longrightarrow & 2\boldsymbol{Z}/10\boldsymbol{Z} \\ & \overline{6x} & \longmapsto & \overline{2x} \end{array}$$

と定めれば，fは全単射であり，$f(\overline{6x}+\overline{6y})=f(\overline{6x})+f(\overline{6y})$を満たすので，同型写像になります。

$H/(H\cap N)\cong HN/N$であることが確かめられました。

これにより，a，bの最小公倍数をl，最大公約数をmとするとき，

$$a\boldsymbol{Z}/l\boldsymbol{Z}\cong m\boldsymbol{Z}/b\boldsymbol{Z}$$

が成り立つことが分かります。　　　　　　　　　　（問2.8　終わり）

第2同型定理では，群どうしの掛け算のような群HNを作りました。次の第3同型定理では，剰余群どうしの割り算を考えます。

また，$S(P_6)$の例で同型な群を見てみましょう。

$$N = V \cup \sigma V \cup \sigma^2 V$$

とします。Vで剰余群を作ると，

$$S(P_6)/V = \{V,\ \sigma V,\ \sigma^2 V,\ \tau V,\ \tau\sigma V,\ \tau\sigma^2 V\}$$
$$N/V = \{V,\ \sigma V,\ \sigma^2 V\}$$

となります。$S(P_6)/V$の演算表（p.126のイロ文字）からVを取り除くと，$D_3 = \{e,\ \sigma,\ \sigma^2,\ \tau,\ \tau\sigma,\ \tau\sigma^2\}$の演算表と同じになります。

$\{e,\ \sigma,\ \sigma^2\}$が$D_3$の正規部分群であったように，$N/V$も$S(P_6)/V$の正規部分群になっていると考えることができます。よって，この剰余群どうしの剰余群$(S(P_6)/V)/(N/V)$を考えると，

$$(S(P_6)/V)/(N/V) \cong S(P_6)/N$$

という同型が成り立ちます。どちらも位数2の群になります。

実際，$|S(P_6)/V| = 6$, $|N/V| = 3$ですから，

$$|(S(P_6)/V)/(N/V)| = |S(P_6)/V|/|(N/V)| = 6/3 = 2$$

また，$|S(P_6)/N| = |S(P_6)|/|N| = 24/12 = 2$です。

ちょうど分数式でVを約分しているかのように見えるところが面白いですね。第2同型定理よりも，ピンとくるのではないでしょうか。

これは次の定理の適用例になっています。

定理2.17　第3同型定理

N，Mを群Gの正規部分群とし，$N \supset M$を満たすものとする。このとき，次が成り立つ。

$$(G/M)/(N/M) \cong G/N$$

証明

G/MからG/Nへの写像fを

$$f:G/M \longrightarrow G/N$$
$$xM \longmapsto xN$$

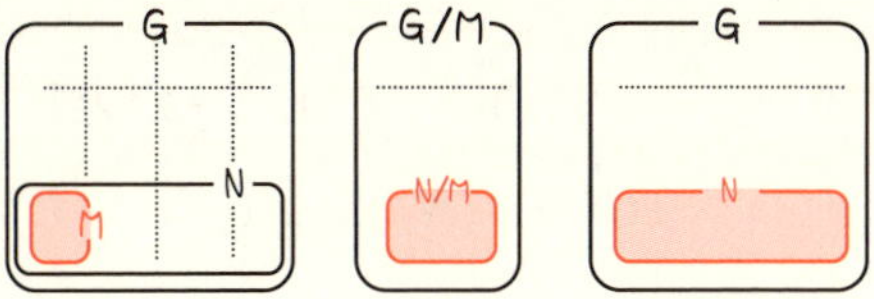

で定めます。剰余群G/Mからの写像ですから，剰余群の表し方によって，G/Nの異なる元に移るようではいけません。ここからチェックしていきましょう。

$$xM = yM \Leftrightarrow y^{-1}xM = M \overset{\text{定理2.7}}{\Leftrightarrow} y^{-1}x \in M$$
$$\overset{M\subset N\text{なので}}{\Rightarrow} y^{-1}x \in N \Leftrightarrow y^{-1}xN = N \Leftrightarrow xN = yN$$

となるので，G/Mの元を1つ決めれば，G/Nの元が1つに定まります。上の変形で，一方方向の矢印「⇒」が一箇所だけあることに注意してください。ここで$M \subset N$という条件を用いています。ここは逆向きの矢印は成り立ちません。

fは，

$$f((xM)(yM)) = f(xyM) = xyN = (xN)(yN) = f(xM)f(yM)$$

を満たすので準同型写像です。

準同型定理を用いるために，$\mathrm{Ker}f$を求めましょう。

G/Nの単位元はNです。

$$f(xM) = N \Leftrightarrow xN = N \overset{\text{定理2.7}}{\Leftrightarrow} x \in N$$

ですから，$\mathrm{Ker}f = NM/M = N/M$になります。

また，fは全射なので，$\mathrm{Im}f = G/N$です。

fに**定理2.13（準同型定理）**を適用すると，

$$(G/M)/\underbrace{(N/M)}_{\mathrm{Ker}f} \cong \underbrace{G/N}_{\mathrm{Im}f}$$

という同型が導かれます。（証明終わり）

整数の問題に**定理2.17**を適用してみましょう。

問2.9　$G=\boldsymbol{Z},\ N=3\boldsymbol{Z},\ M=12\boldsymbol{Z}$**として，**

$$(G/M)/(N/M)\cong G/N$$

を確認せよ。

$$G/M=\boldsymbol{Z}/12\boldsymbol{Z}=\{\overline{0},\ \overline{1},\ \overline{2},\ \overline{3},\ \overline{4},\ \overline{5},\ \overline{6},\ \overline{7},\ \overline{8},\ \overline{9},\ \overline{10},\ \overline{11}\}$$

$$N/M=3\boldsymbol{Z}/12\boldsymbol{Z}=\{\overline{0},\ \overline{3},\ \overline{6},\ \overline{9}\}$$

$$G/N=\boldsymbol{Z}/3\boldsymbol{Z}=\{\overline{0},\ \overline{1},\ \overline{2}\}$$

この2つはどちらも
12Zによる剰余類なので
—をつけている
N/MはG/Mの部分群

3Zによる剰余類なので
上2つと区別するために
上に—をつけている

ですから，示すべき式は，

$$(\boldsymbol{Z}/12\boldsymbol{Z})/(3\boldsymbol{Z}/12\boldsymbol{Z})\cong\boldsymbol{Z}/3\boldsymbol{Z}$$

です。$(\boldsymbol{Z}/12\boldsymbol{Z})$の$(3\boldsymbol{Z}/12\boldsymbol{Z})$による剰余類は，

$$(3\boldsymbol{Z}/12\boldsymbol{Z})=\{\overline{0},\ \overline{3},\ \overline{6},\ \overline{9}\},\quad \overline{1}+(3\boldsymbol{Z}/12\boldsymbol{Z})=\{\overline{1},\ \overline{4},\ \overline{7},\ \overline{10}\},$$

$$\overline{2}+(3\boldsymbol{Z}/12\boldsymbol{Z})=\{\overline{2},\ \overline{5},\ \overline{8},\ \overline{11}\}$$

となります。

$(\boldsymbol{Z}/12\boldsymbol{Z})/(3\boldsymbol{Z}/12\boldsymbol{Z})$から$\boldsymbol{Z}/3\boldsymbol{Z}$への写像$f$を

$$\begin{array}{rcl} f:(\boldsymbol{Z}/12\boldsymbol{Z})/(3\boldsymbol{Z}/12\boldsymbol{Z}) & \longrightarrow & \boldsymbol{Z}/3\boldsymbol{Z} \\ \overline{x}+(3\boldsymbol{Z}/12\boldsymbol{Z}) & \longmapsto & \overline{x} \end{array}$$

と定めると，これが同型写像になっています。

これから，a，bが自然数でbがaの倍数であるとき，

$$(\boldsymbol{Z}/b\boldsymbol{Z})/(a\boldsymbol{Z}/b\boldsymbol{Z})\cong\boldsymbol{Z}/a\boldsymbol{Z}$$

が成り立ちます。　　　　（問2.9　終わり）

6 あみだくじのなす群

対称群S_n

ここまでは，群の例として図形の置き換えを扱ってきました。次にあみだくじが作り出す群を紹介しましょう。

問2.10 3本のたての線に，横棒を書き込んだ6個のあみだくじがあります。あみだくじの上には左から1, 2, 3が振られています。1から下にたどったとき，たどり着いたところに1を振っています。他も同じです。

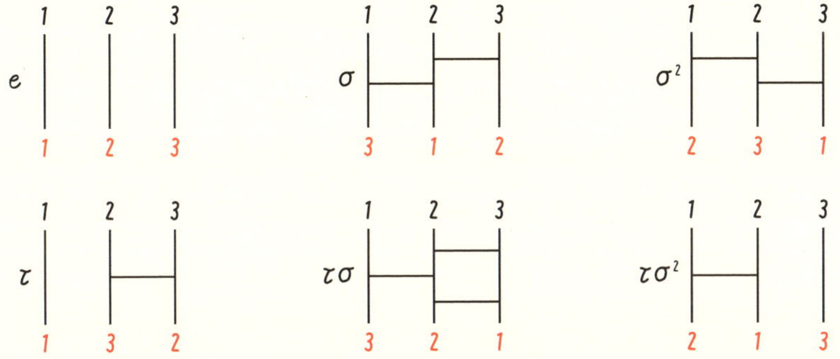

2つのあみだくじをつなげてできるあみだくじと同じ働きをするあみだくじを，“あみだくじの積”の結果とします。

例えば，$\tau\sigma$の下にσ^2をつなげてできるあみだくじを考えましょう。1と2のところだけが入れ替わっていますから，これは$\tau\sigma^2$が施す文字の移動に等しくなります。このことを$\sigma^2 \cdot \tau\sigma = \tau\sigma^2$と書きます。

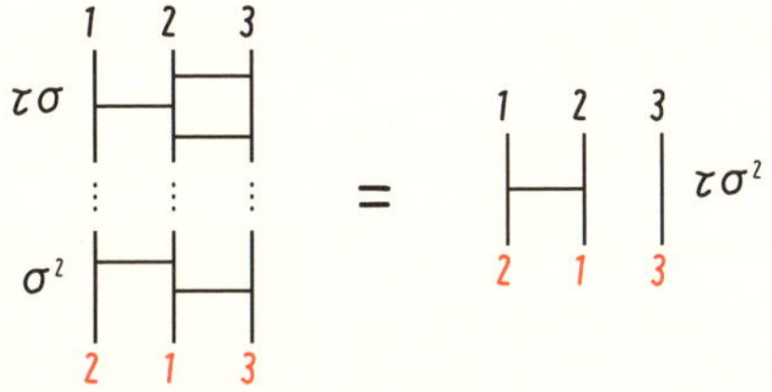

この群の演算表を作りましょう。

演算表を作る前に，この群について解説しておきましょう。

あみだくじの働きとは，文字を移動して“入れ替える”ことだと考えます。横棒の引き方の異なるあみだくじでも，文字の“入れ替え”の結果が同じであれば同じあみだくじと見なすのです。たて線が3本のあみだくじについて，横棒の引き方（どこに何本引いてもよい）は無数にありますが，その“入れ替え”の働きに注目すると，3文字の入れ替えは$3!=6$通りですから，たて線が3本のあみだくじは6通りしかないのです。上にあげた6通りですべてだということです。

σ^2，$\tau\sigma$，$\tau\sigma^2$と書かれているのは，σ，τを上のように定めたとき，これらの積の形で書くことができるのでこのような表記にしたのです。

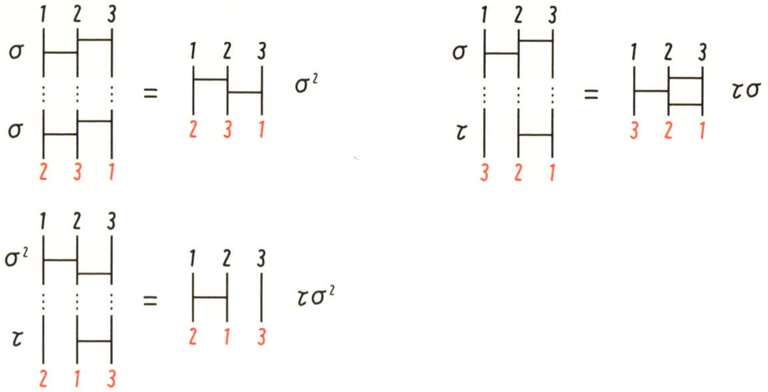

さっそく，演算表を作ってみましょう。と，いいたいところですが，その都度あみだくじを2つ描いて，つなげて調べるというのでは手間がかかります。あみだくじの文字の“入れ替え”だけに着目して調べるのですから，実際のあみだくじの代わりに数字の入れ替えに対応する表を作って，それを用いて積を計算できるようにすれば手間も省けるでしょう。

上の6個のあみだくじが表すそれぞれの文字の“入れ替え”について，対応する表を書くと次のようになります。この表のことを単に**置換**と呼ぶことにします。

$$e \leftrightarrow \begin{pmatrix} 1 & 2 & 3 \\ 1 & 2 & 3 \end{pmatrix}$$

$$\sigma \leftrightarrow \begin{pmatrix} 1 & 2 & 3 \\ 2 & 3 & 1 \end{pmatrix}$$

$$\sigma^2 \leftrightarrow \begin{pmatrix} 1 & 2 & 3 \\ 3 & 1 & 2 \end{pmatrix}$$

$$\tau \leftrightarrow \begin{pmatrix} 1 & 2 & 3 \\ 1 & 3 & 2 \end{pmatrix}$$

$$\tau\sigma \leftrightarrow \begin{pmatrix} 1 & 2 & 3 \\ 3 & 2 & 1 \end{pmatrix}$$

$$\tau\sigma^2 \leftrightarrow \begin{pmatrix} 1 & 2 & 3 \\ 2 & 1 & 3 \end{pmatrix}$$

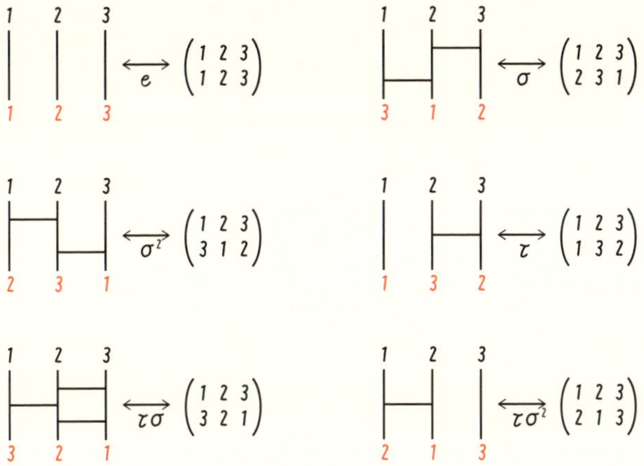

　注意しなければならないのは，あみだくじの下に表れている数字の並びと，置換の下に並べられた数字の並びは異なっているものがあることです。例えば，σのあみだくじの下の数は312で，それに対応する置換の下の数は231です。σ, σ^2については数字の並びが異なっています。

　σを例にとって，あみだくじの数字の並び方から置換を作るときの説明をしてみましょう。置換を作るには，あみだくじの下段に書かれた数字をその真上にある数字に"置き換える"と解釈します。σのあみだくじで，

　　　　3の上は1，1の上は2，2の上は3

です。ですから，置換を作るには，

　　　　3の下を1，1の下を2，2の下を3

とするのです。つまり，あみだくじの表記から，置換を作るのであれば，あみだくじの列ごとに下から上に数字を読んで($3\to1$, $1\to2$, $2\to3$)，上段に左から1, 2, …と並べて($1\to2$, $2\to3$, $3\to1$)いけばよいのです。e, τ, $\tau\sigma$, $\tau\sigma^2$もこうして作っているのですが，あみだくじの下段と置換の下段で数字の並びが同じになってしまっただけのことなのです。

　あみだくじが文字の"入れ替え"を表しているのに対し，置換は文字の"変換"を表しています。"入れ替え"とはどの文字をどの文字がある場所に移動するかという文字と場所についての情報を表していました。それに

対し“変換”とはどの文字をどの文字に写像するかということを表していて，文字のみに関係し，場所とは関係ありません。

あみだくじで，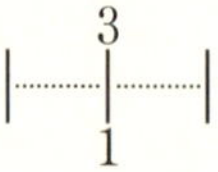とあれば，3のある場所に1を入れ替えたことを表し，置換で，$\begin{pmatrix} \cdots 3 \cdots \\ \cdots 1 \cdots \end{pmatrix}$ とあれば，3を1に変換したことを表します。

この表記での積を練習してみましょう。

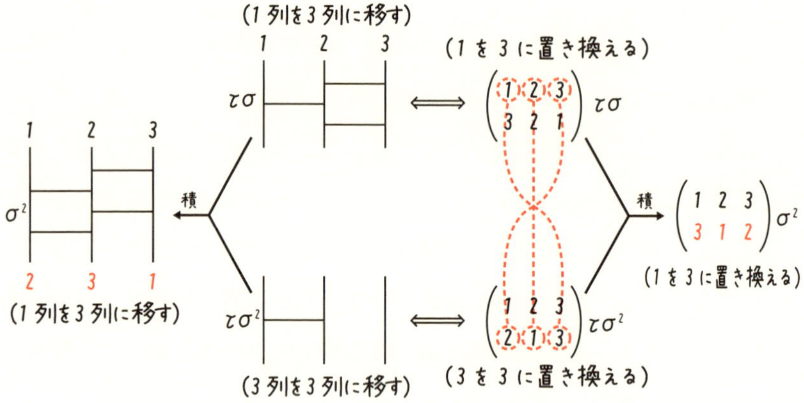

あみだくじの積は2つのあみだくじをつなげたものが積になります。置換の積はどうでしょうか。

例えば$\tau\sigma$であれば，左から上下，上下と読んでいき，1を3に，2を2に，3を1に文字を変換することを意味しています。ですから，$\tau\sigma^2 \cdot \tau\sigma$を置換で考えると，1は$\tau\sigma$で3に変換され，その3は$\tau\sigma^2$で3に変換される。

2は，$2 \xrightarrow{\tau\sigma} 2 \xrightarrow{\tau\sigma^2} 1$　　　3は，$3 \xrightarrow{\tau\sigma} 1 \xrightarrow{\tau\sigma^2} 2$

と変換されるわけです。ちょうど図のイロ破線のように数字をたどることになります。

置換の積を式で表せば，次のようになります。上に書いていた置換を右に書くことに注意しましょう。ここのところは，あみだくじのときと同じです。慣れれば数の四則演算より簡単でしょう。

$$\begin{pmatrix} 1 & 2 & 3 \\ 2 & 1 & 3 \end{pmatrix} \cdot \begin{pmatrix} 1 & 2 & 3 \\ 3 & 2 & 1 \end{pmatrix} = \begin{pmatrix} 1 & 2 & 3 \\ 3 & 1 & 2 \end{pmatrix}$$

$\tau\sigma^2$　　　　$\tau\sigma$　　　　σ^2

なぜもっと素直にあみだくじの数字の入れ替えの様子をそのまま置換の表記にしないのかと思われる方も多いかと思います。実際，ガロア理論の啓蒙書では，あみだくじの下段の数字の並びと置換の数字の並びを同じにして，置換を定義してしまっているものも見受けられます。しかし，これは数学で定義する置換とは異なっています。みなさんが他の数学書を読んで置換の定義とその表記を知ったときに戸惑うことになるでしょう。そうならないために，あみだくじをさかさまに読んで置換を作るなどという煩雑なことをしています。

線形代数では行列式の定義に置換を用います。もしもあみだくじと置換の数字の並びを同じであると思っていると，置換の具体的な計算が理解できないことになります。本書のあと正統な群論の本を読まないにしても，線形代数を学ぶ段階で混乱が生じてしまいます。

あみだくじの結果と置換が1対1に対応づけられることは分かったと思います。上で1例を示しましたが，それでもあみだくじの積と置換の積がうまく対応しているのは不思議な気がします。対応する積が矛盾しないのかをチェックしておきましょう。

σとτの積をあみだくじ表現と置換表現で計算し，出てきた結果が同じものであるかを確認しましょう。

σを1がkの下に出るあみだくじ，τをkがlの下に出るあみだくじとします。あみだくじσに対応する置換は1をkに置き換えます。あみだくじτに対応する置換はkをlに置き換えます。

あみだくじ$\tau\sigma$は，1をlの下に出します。置換$\tau\sigma$は，1を$1 \to k \to l$と置

き換えることになります。

他の文字についても同じですから，あみだくじの積$\tau\sigma$と置換の積$\tau\sigma$が対応していることが分かります。

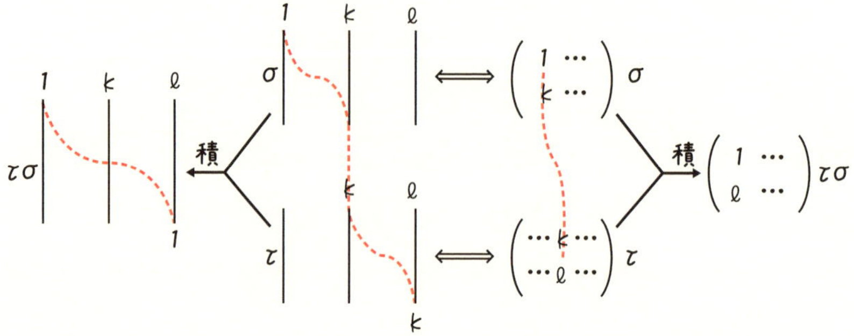

右から左に読むところが難ですが，この計算方法に慣れると，あみだくじを描いて計算するより，ずいぶん楽に演算表を埋めることができるでしょう。

実際に，演算表を作ってみると下のようになります。

あと＼先	e	σ	σ^2	τ	$\tau\sigma$	$\tau\sigma^2$
e	e	σ	σ^2	τ	$\tau\sigma$	$\tau\sigma^2$
σ	σ	σ^2	e	$\tau\sigma^2$	τ	$\tau\sigma$
σ^2	σ^2	e	σ	$\tau\sigma$	$\tau\sigma^2$	τ
τ	τ	$\tau\sigma$	$\tau\sigma^2$	e	σ	σ^2
$\tau\sigma$	$\tau\sigma$	$\tau\sigma^2$	τ	σ^2	e	σ
$\tau\sigma^2$	$\tau\sigma^2$	τ	$\tau\sigma$	σ	σ^2	e

ここで一般に，あみだくじ，置換が群になることもチェックしておきましょう。あみだくじは列がn本，置換は1からnまでの数字を変換するものと考えます。

(i)（閉じている）

［あみだくじ］ n文字の“入れ替え”を続けて行なっても，n文字の“入れ替え”になっていますから，あみだくじの積は閉じています。

［置換］　1からnまでの数字を，それぞれ1からnまでの数字に変換（1つの文字は1回ずつしか出てこない）することを続けて行なっても，変換された1からnまでの数字が出てきますから，置換の積は閉じています。

(ii)（結合法則）

［あみだくじ］　3個のあみだくじをσ，τ，ηとします。$(\eta\tau)\sigma$も$\eta(\tau\sigma)$も，下図のように上からσ，τ，ηというあみだくじをつなげたときの数字の"入れ替え"を表していますから，$(\eta\tau)\sigma$も$\eta(\tau\sigma)$も同じあみだくじを表しています。

［置換］　例えばσが1を3に，τが3を4に，ηが4を2に変換するとします。このことは下の図を見ながら理解するとよいでしょう。

σは1を3に，$\eta\tau$は$(3 \to 4 \to 2)$と3を2に変換しますから，$(\eta\tau)\sigma$は$(1 \to 3 \to 2)$と1を2に変換します。

$\tau\sigma$は$(1 \to 3 \to 4)$と1を4に変換し，ηは4を2に変換しますから，$\eta(\tau\sigma)$は$(1 \to 4 \to 2)$と1を2に変換します。

$(\eta\tau)\sigma$も$\eta(\tau\sigma)$も1を2に変換します。他の数字の場合も同じなので，$(\eta\tau)\sigma = \eta(\tau\sigma)$です。

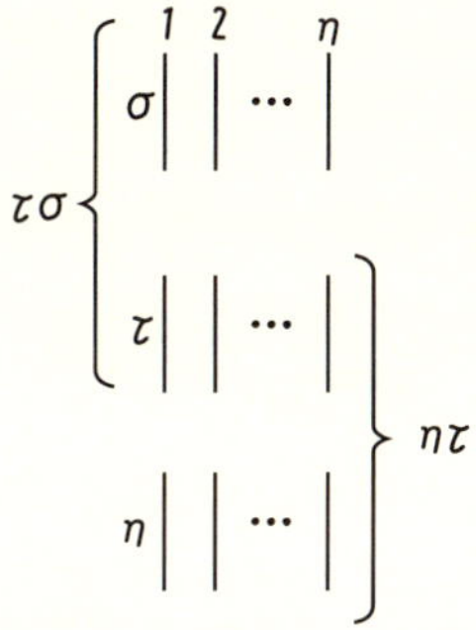

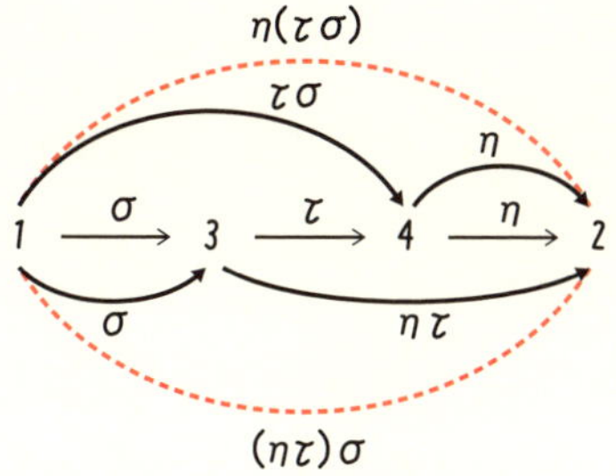

(iii)（単位元）

［あみだくじ］　次頁図のように，n本のたて棒に横棒が何もない図が単位元eになります。文字の"移動"に影響を与えませんから，任意のあみだくじσについて，$e\sigma = \sigma$，$\sigma e = \sigma$です。

[**置換**] 下図のように，数字を変えない置換が単位元 e です。任意の置換 σ に対して，$e\sigma = \sigma$, $\sigma e = \sigma$ が成り立ちます。

$$e \;\Biggl|\;\Biggl|\;\Biggl|\;\cdots\;\Biggl| \iff e \begin{pmatrix} 1 & 2 & 3 & \cdots & n \\ 1 & 2 & 3 & \cdots & n \end{pmatrix}$$

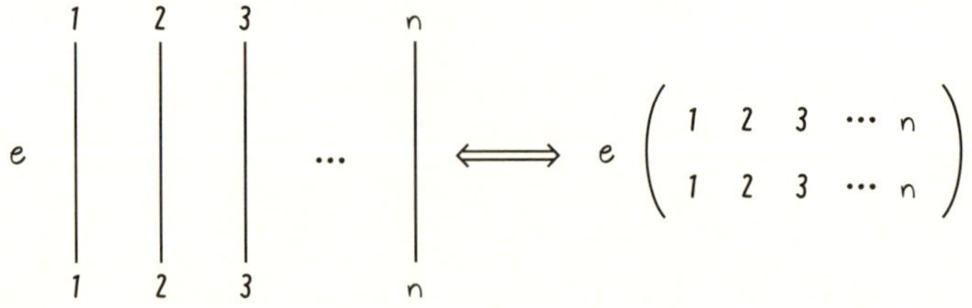

(iv) （逆元）

[**あみだくじ**] 上下さかさまにした図が逆元となります。例えば，下図の左上のあみだくじが σ であれば，その下のあみだくじが逆元 σ^{-1} を表すあみだくじとなります。

$\sigma^{-1}\sigma$ が表すあみだくじを考えてみましょう。σ で1は3の下に移動しますが，σ^{-1} は3の場所の数字を1の場所に移動させます。結局1は1の下に移動します。σ^{-1} が表す数字の移動は σ を下からたどるのと同じことなので，1は元の場所に戻るのです。

上下さかさまにしたあみだくじをつなげると横棒のないあみだくじと同じことになります。σ のあみだくじに対して，上下さかさまにしたあみだくじを σ^{-1} と定めれば，$\sigma\sigma^{-1} = \sigma^{-1}\sigma = e$ が成り立ちます。

$$\sigma \begin{pmatrix} 1 & 2 & 3 & 4 \\ 3 & 1 & 4 & 2 \end{pmatrix}$$
$$\downarrow \quad \text{上段と下段の数字を入れ替えた}$$
$$\begin{pmatrix} 3 & 1 & 4 & 2 \\ 1 & 2 & 3 & 4 \end{pmatrix}$$
$$\downarrow \quad \text{たての並びを崩さず上段に左から 1, 2, 3, 4 と整列した}$$
$$\sigma^{-1} \begin{pmatrix} 1 & 2 & 3 & 4 \\ 2 & 4 & 1 & 3 \end{pmatrix}$$

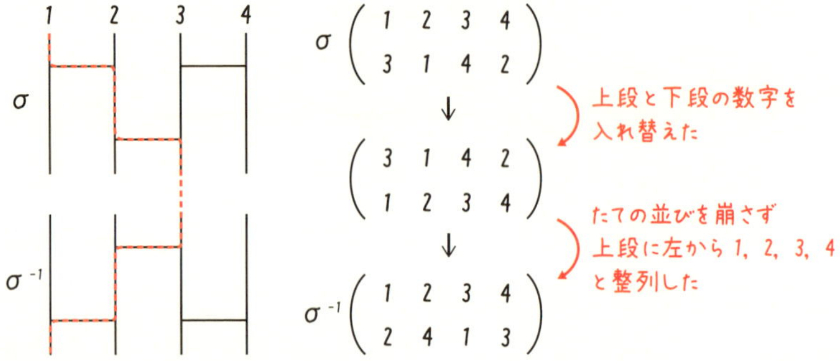

[**置換**] σ を表す置換のよこの数字の並びを崩さないように上段の数字と下段の数字を入れ替えたあと，たての数字の並びを崩さないように上段の

数字が左から1，2，3，4と並ぶように入れ替えます。これがσ^{-1}です。σとすぐその下にある表で考えれば，$\sigma^{-1}\sigma$がどの数字も元の数字に変換することは分かるでしょう。このようにσ^{-1}を決めれば，$\sigma\sigma^{-1}=\sigma^{-1}\sigma=e$が成り立ちます。

(i)～(iv)についてチェックできたので，あみだくじ，置換が群になることが確認できました。

文字数を固定したとき，そのすべての置換を考えた群を対称群といいます。n個の数字の置換についての群を，n次の**対称群**といい，S_nで表します。n個の文字の置換は全部で$n!$個ありますから，S_nの位数は$n!$です。

n本のあみだくじの群と，群S_nは同型です。

あみだくじの積と置換の積が矛盾しないことを示したところは，写像を使っていえば，次のようになります。

あみだくじ$\sigma_{あ}$に対応する置換σを用いて，n本のあみだくじの群L_nから対称群S_nへの写像fを

$$
\begin{aligned}
f\ :\ L_n &\longrightarrow S_n \\
\sigma_{あ} &\longmapsto \sigma
\end{aligned}
$$

すると，あみだくじの積$\sigma_{あ}\cdot\tau_{あ}$に対応する置換と$\sigma\tau$が一致していましたから，$f(\sigma_{あ}\cdot\tau_{あ})=f(\sigma_{あ})f(\tau_{あ})$が成り立っています。

ところで，p.158の演算表を見ると，p.99の演算表とそっくりそのまま同じであることが分かります。つまり，$D_3\cong S_3$だったのです。

これは，D_3の元が頂点1，2，3をどう移動するかに着目したものが，あみだくじに対応し，それがS_3の元にも対応しているからです。ですから，D_3の元の積を考えるときでも，初めから頂点1，2，3の移動だけに着目してもよかったのです。

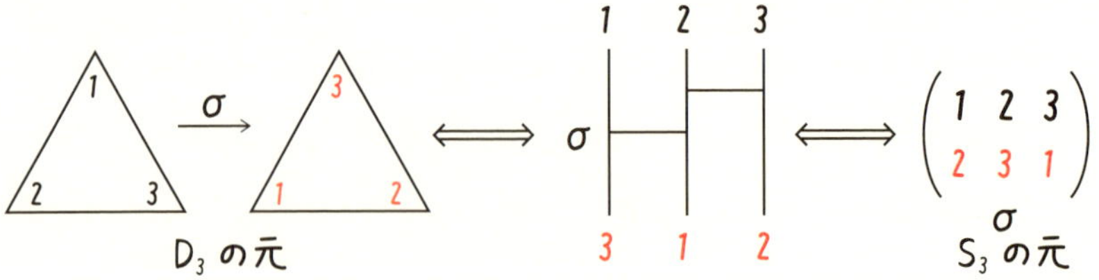

3次の対称群S_3についてはよく分かりました。次に，4次の対称群S_4を調べてみましょう。S_4の元は，例えば次のように表されます。

$$\begin{pmatrix}1 & 2 & 3 & 4\\ 2 & 1 & 4 & 3\end{pmatrix},\ \begin{pmatrix}1 & 2 & 3 & 4\\ 2 & 4 & 3 & 1\end{pmatrix}$$

実は，これももうすでにみなさんが知っている群なんです。

問2.11　$S(P_6)\cong S_4$であること示せ。

$S(P_6)$は，立方体の置き換えによる群でした。$S(P_6)$の元が，立方体の頂点をどう移動しているかに着目すれば，S_4の元と対応付けることができます。立方体の置き換えの群$S(P_6)$は“入れ替え”の群，対称群S_4は“変換”の群であることに注意しましょう。

$S(P_6)$の元が表す立方体の移動の図で，初めの位置にある立方体の上面に並んでいる1，2，3，4が，置き換え後にどう入れ替わったかを見て，それに対応するS_4の元を作ることができます。間に“入れ替え”の群としてあみだくじを入れると，なお分かりやすいです。

次頁左図のように，立方体の頂点1，2，3，4が，置き換え後に3，1，4，2になります。これと同じ“入れ替え”を表すあみだくじは図のようになります。これを列ごとに下から読んで，上段を1，2，3，4の順に整列させると置換の表記になります。

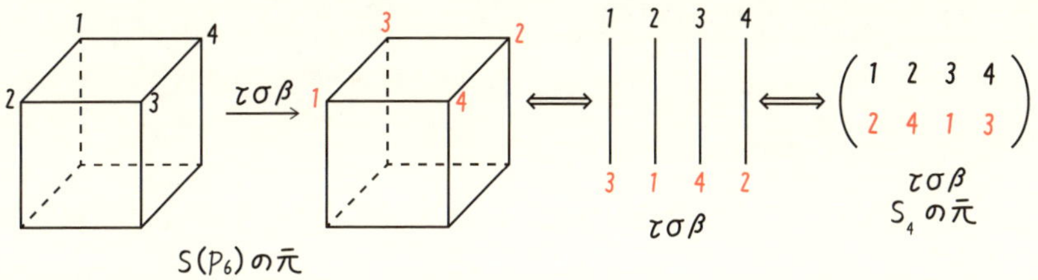

4文字の置換は4! = 24個ですから，S_4の位数は24, $S(P_6)$の位数も24で上面の1，2，3，4の並び方はすべて異なっています。$S(P_6)$の元とS_4の元は1対1に対応していて，あみだくじの群と対称群が同型であるように，群として同型です。（問2.11　終わり）

なお，上の図ではあみだくじの中身を書いていませんが，この“入れ替え”を実現するあみだくじは作ることができます。$S(P_6)$の元が表す24通りのすべての“入れ替え”について，それを実現するあみだくじが存在します。それは，次の定理で証明しましょう。

さて，これから対称群S_nの性質を調べるにあたって，あみだくじとS_nの元の関係について，振り返ってみましょう。

あみだくじは，たての直線に横棒を加えることで作られます。S_3の例では隣り合うたての直線を横棒で結ぶことしかしませんでしたが，下図のように隣り合わないたての線を結んでもよいものとします。ただし，下図右のように横棒を斜めに掛けて上に戻ることはなしにします。

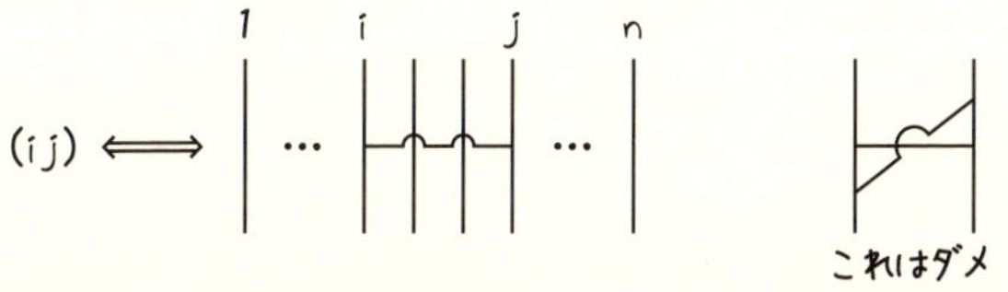

このような横棒1本で表されるあみだくじに対応する置換を**互換**といい

ます。i列とj列を横棒で結んで，i列とj列を入れ替えるあみだくじ，すなわちiをjに変換する互換を(ij)で表します。つまり，

$$(ij)=\begin{pmatrix} 1 & \cdots & i & \cdots & j & \cdots & n \\ 1 & \cdots & j & \cdots & i & \cdots & n \end{pmatrix}$$ （iとjだけ入れ替え）

ということです。この用語を使うと，あみだくじがたての直線に横棒を加えて作られるということは，「置換は互換の積で表される」といい換えられます。

確かに，S_3のとき，任意の置換（あみだくじ）は互換（横棒）の積で表されました。n次の対称群S_nでも置換は，互換の積で表されるのでしょうか。

定理2.18　**置換は互換の積**

n次の対称群S_nの元は互換の積で表される。

互換の積で表されることを例で示しましょう。まずは，任意の置換は，隣り合う直線どうしを横棒で結ぶ互換だけで表されることを示しましょう。

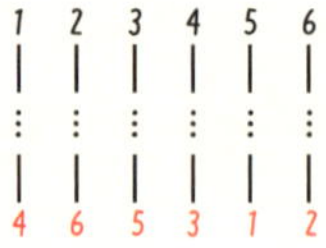

$$\Longleftrightarrow \begin{pmatrix} 1 & 2 & 3 & 4 & 5 & 6 \\ 5 & 6 & 4 & 1 & 3 & 2 \end{pmatrix}$$

を互換の積で表してみましょう。

あみだくじの下段を左の数字からそろえるという方針で作ってみます。

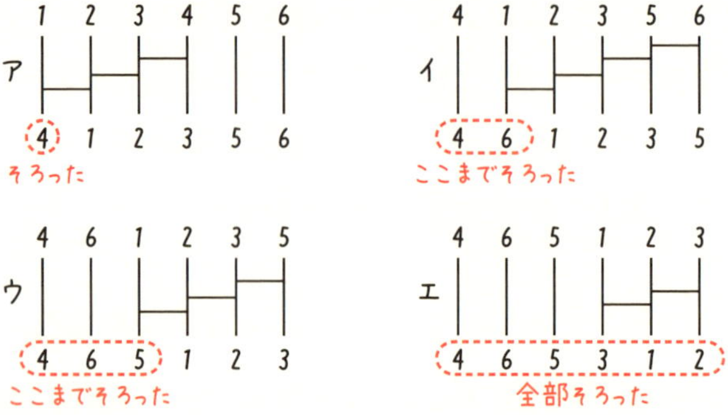

初めは，右上がりの階段のように横棒をつけて，4を左側に持ってきます。次に，また右上がりの階段をつけて6を左から2番目に持ってきます。…というように左から数をそろえていけば，最後には所望の置換を得ることができます。上のア，イ，ウ，エを上からつなげていけばよいのです。下図のように上の置換は12個の互換の積で表すことができました。

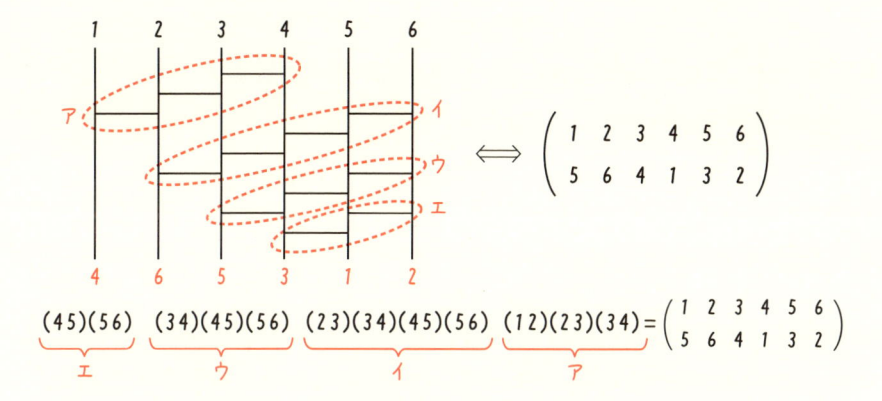

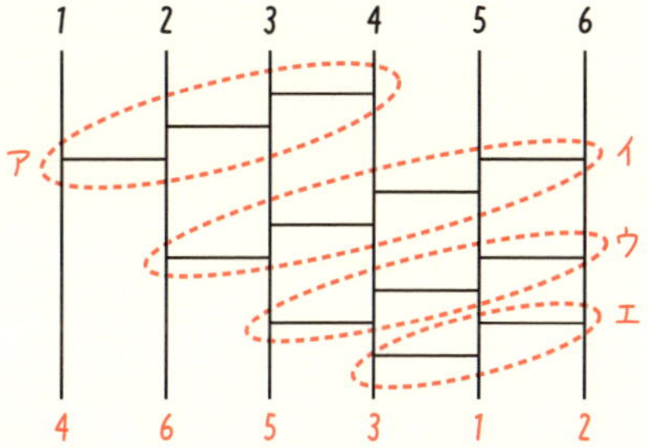

$$\Longleftrightarrow \begin{pmatrix} 1 & 2 & 3 & 4 & 5 & 6 \\ 5 & 6 & 4 & 1 & 3 & 2 \end{pmatrix}$$

$$\underbrace{(45)(56)}_{\text{エ}}\ \underbrace{(34)(45)(56)}_{\text{ウ}}\ \underbrace{(23)(34)(45)(56)}_{\text{イ}}\ \underbrace{(12)(23)(34)}_{\text{ア}} = \begin{pmatrix} 1 & 2 & 3 & 4 & 5 & 6 \\ 5 & 6 & 4 & 1 & 3 & 2 \end{pmatrix}$$

ただ，この方法では，互換の積で表すことができるということを示しているだけで，効率はよくありません。隣り合わないたての直線どうしも結ぶことも許されているのですから，もっと用いる互換の個数を少なくしても置換を実現することができます。

まず，2と6は入れ替わっていますから，2番目のたての直線と6番目のたての直線をよこで結びます（**図1**）。あとはもう，この2本の直線には触れないことにします。

残りは，4が1の下に出るように，1番目と4番目のたての直線を横棒で結びます（**図2**）。1はこのままだと4の下に出てしまうので，3が4の下に出るように，1番目と3番目のたての直線を結ぶ横棒をさっきの横棒より上に引きます（**図3**）。次に5が3の下に出るように，1番目と5番目のたての直線を結ぶ横棒をさらに上に引きます（**図4**）。こうすると，最後の1は自動的に残りの5の下の位置に行くことになります。

図1
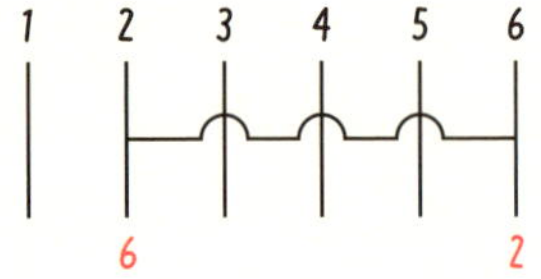

図2
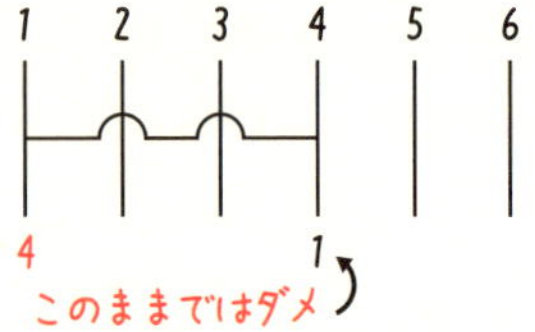

図3
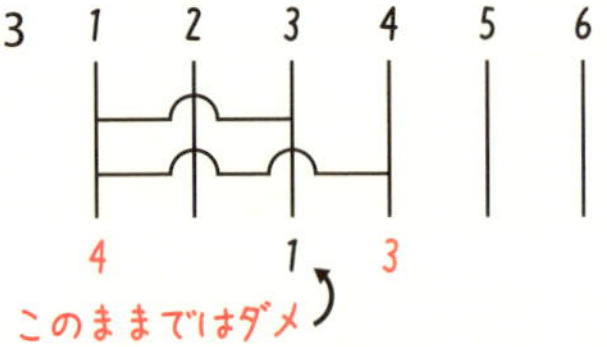

図4
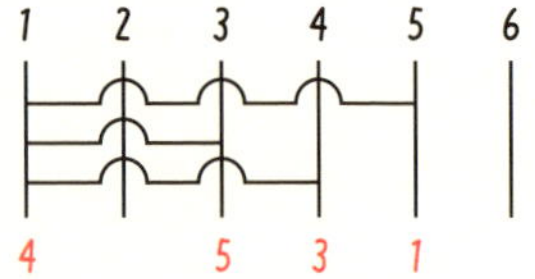

結局，これらを合わせると，下図のようになります。

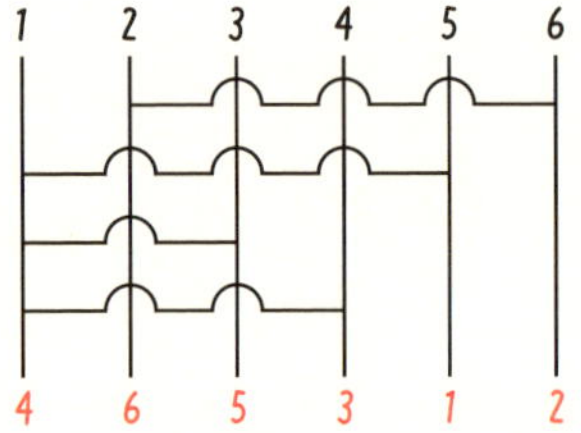

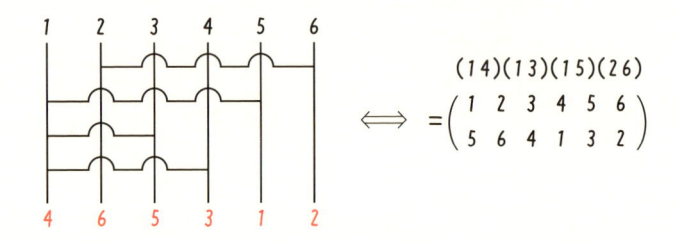

$$\Longleftrightarrow \quad (14)(13)(15)(26) = \begin{pmatrix} 1 & 2 & 3 & 4 & 5 & 6 \\ 5 & 6 & 4 & 1 & 3 & 2 \end{pmatrix}$$

用いる互換の種類を制限しても，S_nの任意の元を互換の積で表すことができます。S_nの任意の元は，$n-1$個の互換(12), (13), $\cdots$, $(1n)$を組み合わせた積で表されるのです。

定理2.19　対称群の生成元

$$S_n = \langle (12),\ (13),\ \cdots,\ (1n) \rangle$$

証明　任意の互換(ij)は次頁の図のように，(12), (13), $\cdots$, $(1n)$を用いて作り出すことができ，$(ij)=(1i)(1j)(1i)$です。S_nの元が(12), (13), $\cdots$, $(1n)$以外の互換の積で表されていたとしても，それぞれの互換を(12), (13), $\cdots$, $(1n)$の積で表すことができるので，結局S_nのすべての元を(12), (13), $\cdots$, $(1n)$の積で表すことができることになります。

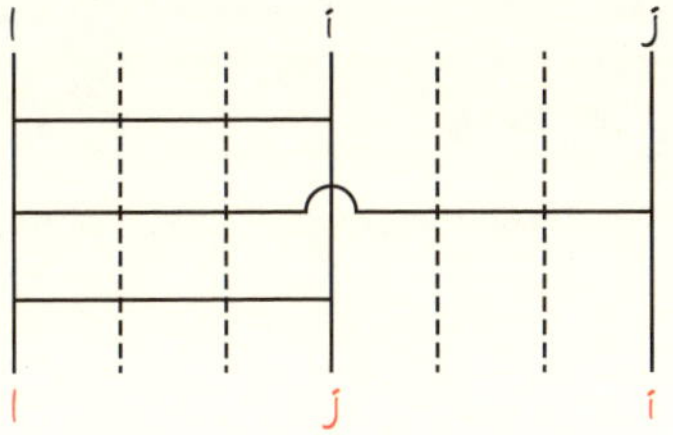

より　$(i\ j)=(l\ i)(l\ j)(l\ i)$

（証明終わり）

このように，置換を互換の積で表すといっても，**定理2.18**の例で見たように表し方は1通りではありません。表し方は無数にあります。

しかし，そのような無数にある互換の積での表現に共通した性質があるんです。

定理2.20　置換の奇偶性

ある置換を互換の積で表すとき，用いる互換の個数の奇偶は決定される。

証明　これを説明するために転倒数という指標を導入しましょう。**転倒数**とは，置換が文字をどれだけ入れ替えるかを表す数のことです。

例えば，上の例であげた置換

$$\begin{pmatrix} 1 & 2 & 3 & 4 & 5 & 6 \\ 5 & 6 & 4 & 1 & 3 & 2 \end{pmatrix}$$

下段に着目して転倒数を計算

の転倒数であれば，下段で1より左にあって1より大きい数(5, 6, 4)が3個，2より左にあって2より大きい数(5, 6, 4, 3)が4個，3の場合は(5, 6, 4)の3個，4の場合は(5, 6)の2個，5の場合は0個なので，これらを足して，$3+4+3+2+0=12$となります。

つまり，置換の表示の下段で，各数字について，それより左側にあって，それより大きい数が何個あるかを数え，それらの和をとればよいのです。この「それより左側にあって，それより大きい数」というのがいちいち面倒なので,「左大数」と呼ぶことにします。この本だけの用語です。

　この転倒数と互換の間には面白い関係があります。

　任意の置換に1つの互換を施すと，転倒数の奇偶が奇から偶へ，偶から奇へと変化するのです。このことを示してみましょう。

　まず初めに，隣り合う文字a, bを置き換えたときの転倒数の変化を捉えてみましょう。

$$\begin{array}{c}
\overbrace{*\cdots\cdots*}^{\text{ア}}ab\overbrace{*\cdots\cdots*}^{\text{イ}} \quad\quad \text{転倒数} \\
\Downarrow \quad\quad\quad\quad\quad S \\
*\cdots\cdots*ba*\cdots\cdots* \quad\quad \Downarrow \\
\quad\quad\quad\quad\quad\quad\quad\quad\quad\quad T=S+t
\end{array}$$

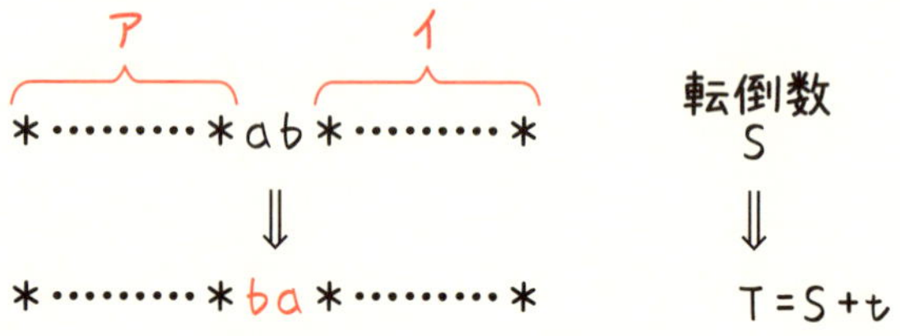

　初めの状態の転倒数をS，互換後の転倒数をT，互換による増減をtとします。このとき，$S+t=T$が成り立ちます。

　a, bを入れ替えたとき，アの位置にある各数字についての「左大数」は変化しません。イの位置にある各数字についての「左大数」も変化しません。変化するとしたら，入れ替えたaとbの「左大数」だけです。これについて調べます。

　$a<b$のとき，互換後には，aより大きいbがaの左側に来ますから，aの「左大数」の個数は1個増えています。bの「左大数」の個数は変わりありません。ですから，$t=1$。

　$b<a$のとき，互換後には，bより大きいaがbの右側に来ますから，bの「左大数」の個数は1個減っています。aの「左大数」の個数は変わりありません。ですから，$t=-1$。

　ここで注意しなければならないことは，$1\equiv-1\pmod{2}$となることです。転倒数の奇偶を問題にするということは，mod 2の世界で考えるということです。mod 2の世界では，1と-1が等しいことになってしまうのです。

$S+1=T$であろうと，$S-1=T$であろうと，mod2で見れば，

$$S+1\equiv T \pmod 2$$

となります。つまり，隣り合う数字を入れ替える互換を施すと転倒数の奇偶が入れ替わります。

次に，一般の互換を施したときの転倒数の変化を捉えましょう。

例えば，$(\cdots\ a\ b\ c\ d\ e\ \cdots)$と並んでいる順列に$(ae)$という$a$と$e$を入れ替える互換を施して$(\cdots\ e\ b\ c\ d\ a\ \cdots)$とするときのことを考えます。

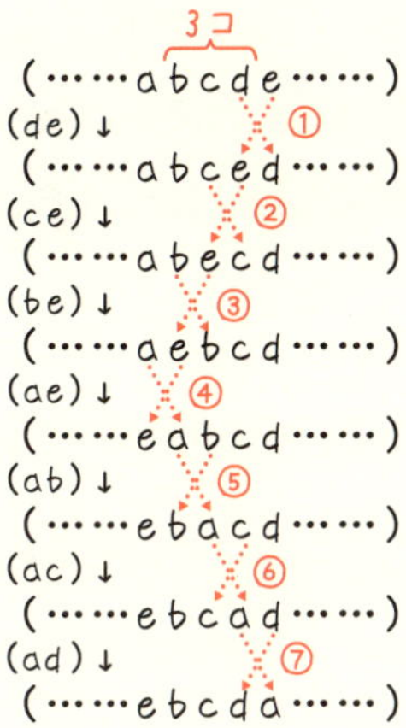

aとeの入れ替えは，右図のように，隣り合う文字を入れ替える互換を7回施すことによって実現できます。この7回という回数は，aとeの間にある文字の個数，3個から，$3\times2+1=7$と求められます。

aとbの間にk個の文字がある順列でaとbを入れ替えたときの転倒数の変化を考えます。これは隣り合う文字を入れ替える互換を$2k+1$回施すことで実現できます。i番目の互換による転倒数の変化をt_iとします。$t_i=1$ or -1であり，$t_i\equiv1 \pmod 2$が成り立ちます。すると，

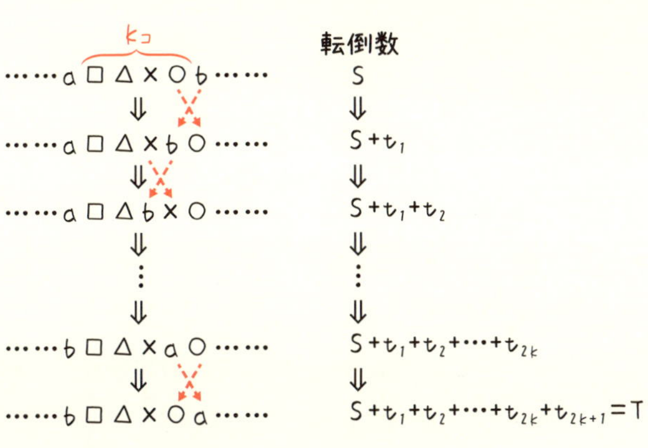

より，$S+t_1+t_2+\cdots+t_{2k+1}=T$　これをmod2で見て，

$$\underbrace{S+1+1+\cdots+1}_{2k+1\text{個}} \equiv T \pmod 2$$

$$S+2k+1 \equiv T \pmod 2 \qquad S+1 \equiv T \pmod 2$$

これより，一般の互換の場合でも，互換を施すと転倒数の奇偶が入れ替わることが分かりました。

転倒数Tのある置換σが2通りの互換の積で表されたとします。1つは，k個の互換σ_1，σ_2，…，σ_kの積$\sigma=\sigma_k\sigma_{k-1}\ \cdots\ \sigma_2\sigma_1$，もう1つは$l$個の互換$\tau_1\ \tau_2\ \cdots\ \tau_l$の積$\sigma=\tau_l\tau_{l-1}\ \cdots\ \tau_2\tau_1$で表されたとします。

σが対称群S_nの元であるとすると，$\sigma=\sigma_k\sigma_{k-1}\ \cdots\ \sigma_2\sigma_1$から，$\sigma$の下段の順列は，正順の順列$(1\ \ 2\ \ 3\ \cdots\ n)$に，順に互換$\sigma_1$，$\sigma_2$，…，$\sigma_k$を施した順列になります。$i$番目の互換$\sigma_i$による転倒数の変化を$s_i$とします。

すると，初めの$(1\ \ 2\ \ 3\ \cdots\ n)$の転倒数は0なので，

$$0+s_1+s_2+\cdots+s_k=T \quad \underbrace{1+1+\cdots+1}_{k\text{個}} \equiv T \pmod 2 \quad k \equiv T \pmod 2$$

また，$\sigma=\tau_l\ \tau_{l-1}\cdots\ \tau_2\tau_1$でも同様に考え，$i$番目の互換$\tau_i$による転倒数の変化を$t_i$とします。同様に

$$0+t_1+t_2+\cdots+t_l=T \quad \underbrace{1+1+\cdots+1}_{l\text{個}} \equiv T \pmod 2 \quad l \equiv T \pmod 2$$

よって，$k \equiv l \pmod 2$

ある置換を互換の積で表したとき，互換の個数の奇偶が定まることが分かりました。　（証明終わり）

S_nのうち，奇数個の互換の積で表される置換を**奇置換**，偶数個の互換の積で表される置換を**偶置換**といいます。偶置換と偶置換の積は，偶置換になります。偶数足す偶数は偶数ですから，「偶数個の互換の積で表される偶置換」と「偶数個の互換の積で表される偶置換」との積は，偶数個の

互換の積で表され，偶置換となるのです。

同様に考えて，偶置換と奇置換の積は奇置換になります。

定理2.21 交代群

対称群S_nのうち，偶置換の集合は群となる。これを，n次の交代群といい，A_nで表す。

証明 群の定義を確かめてみます。

（閉じている） 偶置換と偶置換の積は偶置換ですからO.K.

（結合法則） 通常の置換と同様に成り立ちます。

（単位元の存在） 恒等置換は，0個の互換の積と考えられるので，恒等置換は偶置換です。

（逆元の存在） 置換σの逆元σ^{-1}を表すあみだくじは，σを表すあみだくじを上下逆さまにしたものですから，横棒の本数（互換の個数）は変わりません。σが偶置換であれば，σ^{-1}も偶置換です。 （証明終わり）

定理2.22 交代群と対称群

σをS_nの互換とすると，

$$S_n = A_n \cup \sigma A_n,\ [S_n : A_n] = 2,\ \text{剰余群}S_n/A_n\text{は巡回群}$$

証明 B_nをS_nに含まれる奇置換の集合とします。A_nの元は偶置換で，これに互換を作用させた置換は，すべて奇置換になりますから，

$$\sigma A_n \subset B_n \cdots\cdots ①$$

また，σB_nの元は偶置換になりますから，$\sigma B_n \subset A_n$。

これにσを作用させて，$\sigma \cdot \sigma B_n \subset \sigma A_n$となりますが，

$\sigma \cdot \sigma B_n = (\sigma)^2 B_n = B_n$ですから，$B_n \subset \sigma A_n \cdots\cdots ②$

①，②より，$B_n = \sigma A_n$となります。

$$S_n = A_n \cup B_n = A_n \cup \sigma A_n \qquad \text{よって，}[S_n : A_n] = 2$$

剰余群S_n/A_nの元σA_nは，$(\sigma A_n)^2 = (\sigma A_n)(\sigma A_n) = \sigma^2 A_n = A_n$を満た

し，剰余群 S_n/A_n は巡回群です。　　　　　　　　　　（証明終わり）

S_n の $n!$ 個の元のうち，偶置換と奇置換は同じ個数ずつあり，偶置換の個数は $\frac{1}{2}n!$ 個です。つまり，$|A_n| = \frac{1}{2}n!$ です。

定理2.19のように，A_n を生成する元の例をあげてみましょう。

$$\Longleftrightarrow \begin{pmatrix} \cdots i \cdots j \cdots k \cdots \\ \cdots j \cdots k \cdots i \cdots \end{pmatrix} = (ijk)$$

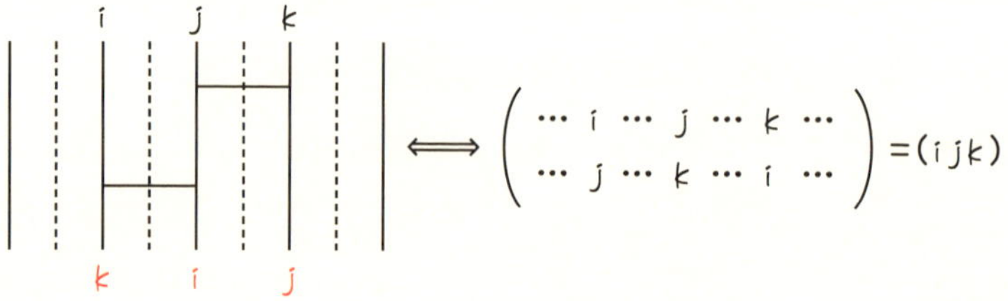

のように，$i \to j, j \to k, k \to i$ と置き換える置換を考えます。これは，i, j, k の3つの文字を $i \to j \to k \to i$ と入れ替える置換です。これを (ijk) と表すことにします。このように3個の文字を置換することを三換と呼びましょう。この本だけの用語です。

> **定理2.23**　**交代群は三換の積**
>
> A_n の任意の元は三換の積で表される。

証明　A_n の元は偶数個の互換の積で表されています。表示に使われている互換を2個ずつに分解して考えます。任意の2個の互換の積が三換の積で表されれば A_n のすべての元が三換の積で表されたことになります。

2個の互換の積は，次の2通りを考えればよいでしょう。

　　　（ア）　$(ij)(kl)$　　　　（イ）　$(ij)(jk)$

これは2個の互換の扱う文字が4個の場合と3個（1個重複）の場合です。2個の場合は，$(ij)(ij) = e$ と恒等置換になってしまいますから省いているわけです。

これらの場合を実際に三換の積で表してみると，次のようになります。（イ）はそのまま三換になります。確かに任意の互換の積は，三換の積で表されることが分かりました。

（ア）

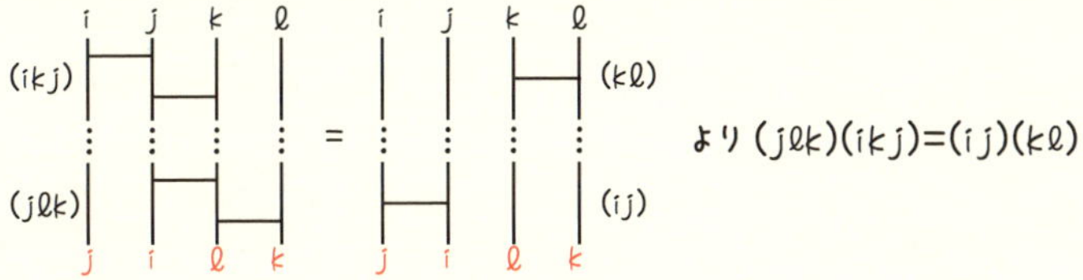

（イ）

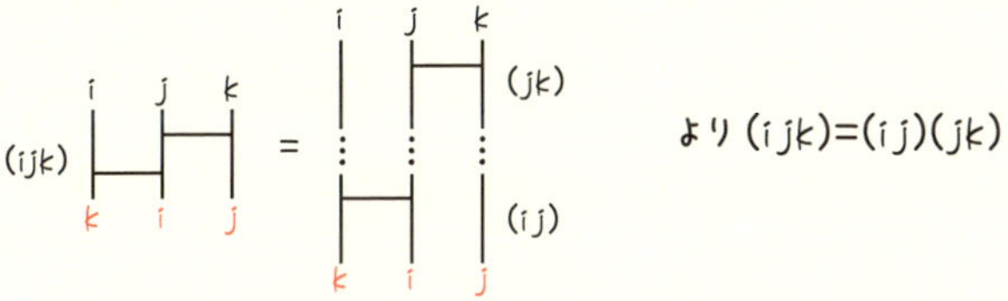

（ア）　$(ij)(kl)=(jlk)(ikj)$　　　　（イ）　$(ij)(jk)=(ijk)$

（証明終わり）

S_nのとき用いる互換に制限を加えたのと同じように，A_nのときも用いる三換を制限することができます。A_nの任意の元は，$n-2$個の元(123)，(124)，…，$(12n)$を組み合わせた積で表されるのです。

定理2.24　**交代群の生成元**

$$A_n=\langle(123),\ (124),\ \cdots,\ (12n)\rangle$$

証明　S_nの任意の元は，$n-1$個の互換(12)，(13)，…，$(1n)$を組み合わせた積で表されました。A_nの元は(12)，(13)，…，$(1n)$の$n-1$の互換を偶数個組み合わせた積として表されます。(12)，(13)，…，$(1n)$のうちの2個の元の積が(123)，(124)，…，$(12n)$の積で表されることを示しましょう。次の3つの場合を確かめればよいでしょう。

（ア）　$(1j)(12)$　$(j\geqq 3)$　　　　（イ）　$(12)(1j)$　$(j\geqq 3)$

（ウ）　$(1j)(1i)$　$(i,\ j \geqq 3)$

（ア）

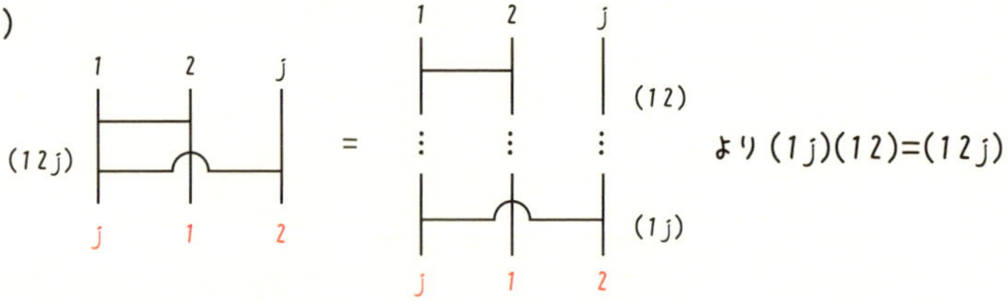

（イ）

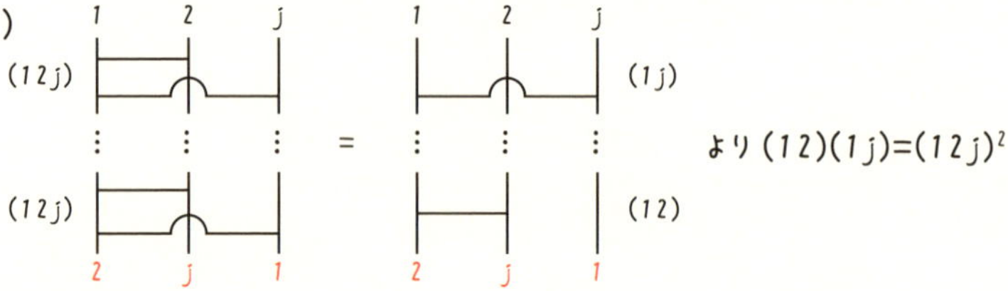

（ウ）

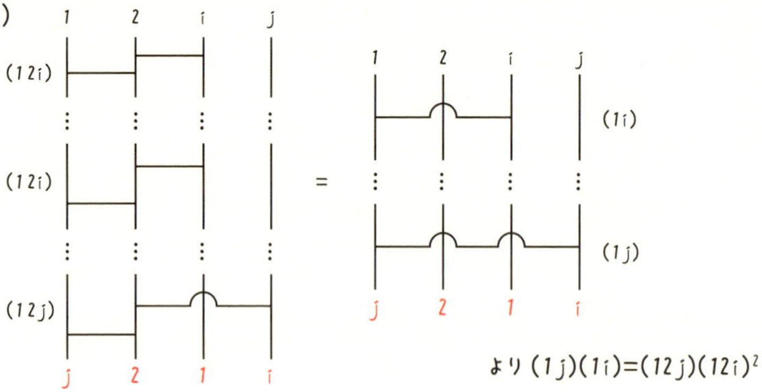

となり，

（ア）　$(1j)(12)=(12j)$　　　（イ）　$(12)(1j)=(12j)^2$

（ウ）　$(1j)(1i)=(12j)(12i)^2$

と表されますから，A_nの元は，(123), (124), …, $(12n)$の積で表されます。

（証明終わり）

7 巡回群の入れ子構造

可解群

さて，対称群S_3，S_4に対して交代群A_3，A_4を見てみましょう。

問2.12　対称群$S_3=\{e, \sigma, \sigma^2, \tau, \tau\sigma, \tau\sigma^2\}$に対して，交代群$A_3=\{e, \sigma, \sigma^2\}$であることを確認せよ。

これは，p.153であげたあみだくじの図を見ると一目瞭然です。$\{e, \sigma, \sigma^2\}$を表すあみだくじは，横棒が偶数本です。

A_3は$\langle\sigma\rangle$であり，巡回群になっています。また，S_3のA_3による剰余群S_3/A_3は，$\{A_3, \tau A_3\}$で位数2ですからやはり巡回群になっています。一般に，S_nのA_nによる剰余群S_n/A_nは位数2の巡回群でした。

つまり，S_3という群は，部分群A_3を考えることにより，

$$\{e\}\subset A_3\subset S_3$$

巡回群の入れ子構造になっているといえます。

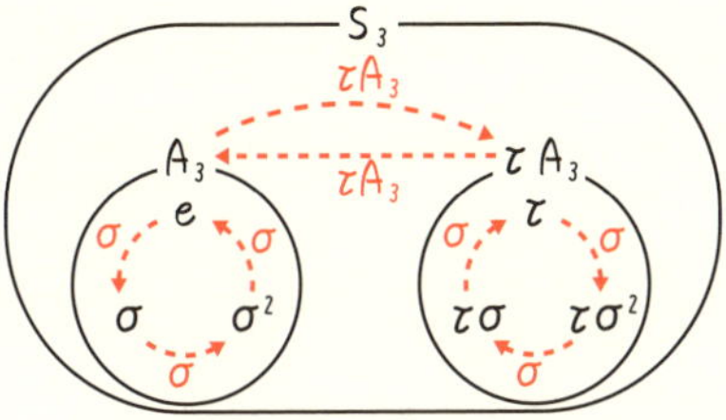

問2.13　対称群$S_4=V\cup\sigma V\cup\sigma^2V\cup\tau V\cup\tau\sigma V\cup\tau\sigma^2V$に対して，交代群$A_4=V\cup\sigma V\cup\sigma^2V$であることを確認せよ。

Vの元，e，α，β，γとσが，すべて偶置換であることを確かめてみましょう。p.122の立方体の頂点の置換をあみだくじに置き換えると，

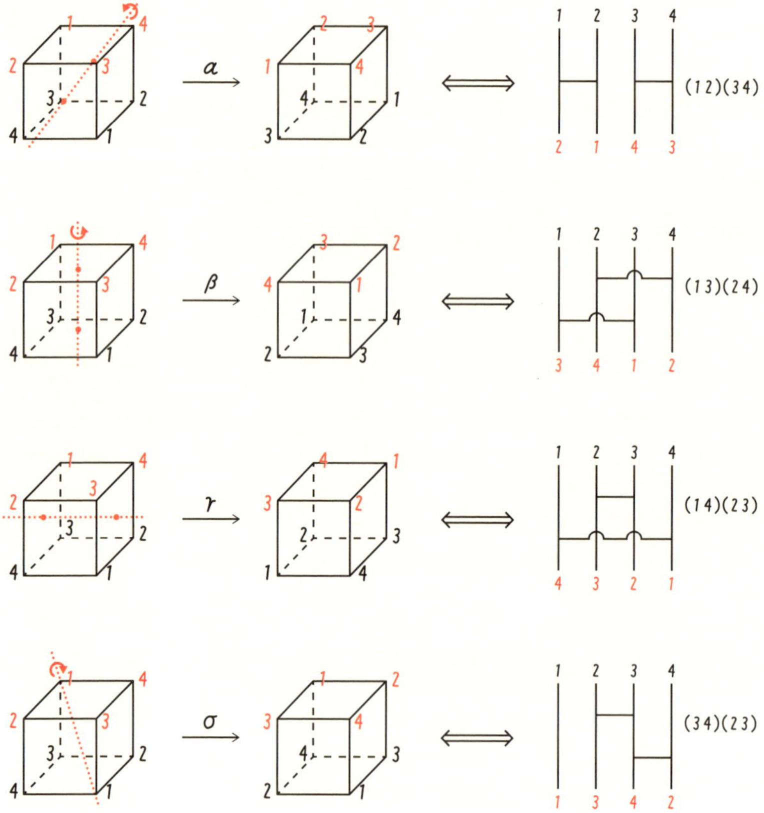

となります。横棒は0本(e)か2本（α, β, γ）ですから，偶置換です。これらの積からなる元は，偶置換です。σも横棒が2本で偶置換ですから，$V\cup\sigma V\cup\sigma^2 V$の元はすべて偶置換です。元の個数は12個で，これがS_4の偶置換すべてであることが分かります。$A_4=V\cup\sigma V\cup\sigma^2 V$です。

VはもともとS_4の正規部分群になっていたのですから，A_4の正規部分群にもなっています。よって，A_4のVによる剰余群A_4/Vが考えられて，これは次頁の演算表から分かるように，σVを生成元とする位数3の巡回群です。

	V	σV	$\sigma^2 V$
V	V	σV	$\sigma^2 V$
σV	σV	$\sigma^2 V$	V
$\sigma^2 V$	$\sigma^2 V$	V	σV

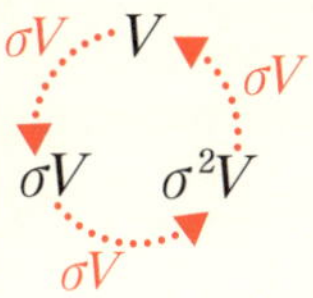

剰余群A_4/Vの演算表

	$\langle\alpha\rangle$	$\beta\langle\alpha\rangle$
$\langle\alpha\rangle$	$\langle\alpha\rangle$	$\beta\langle\alpha\rangle$
$\beta\langle\alpha\rangle$	$\beta\langle\alpha\rangle$	$\langle\alpha\rangle$

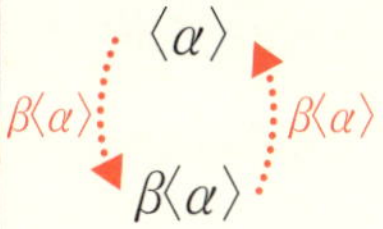

剰余群$V/\langle\alpha\rangle$の演算表

S_4でもS_3のように剰余群が巡回群になるような部分群の列が存在するでしょうか。分析してみましょう。

Vは巡回群ではありませんから，まずは巡回群の入れ子で表してみましょう。Vの部分群として$\langle\alpha\rangle=\{e, \alpha\}$を考えましょう。

$V=\langle\alpha\rangle\cup\beta\langle\alpha\rangle$ですから，$V$の$\langle\alpha\rangle$による剰余群$V/\langle\alpha\rangle$の位数は2であり，巡回群です。すると，

$$S_4 \supset A_4 \supset V \supset \langle\alpha\rangle \supset \{e\}$$

という部分群の列が考えられます。A_4はS_4の正規部分群，VはA_4の正規部分群，$\langle\alpha\rangle$はVの正規部分群となっています。そして，S_4/A_4, A_4/V, $V/\langle\alpha\rangle$, $\langle\alpha\rangle$はすべて巡回群になっています。S_4が巡回群の入れ子構造になっていることを図に示すと次のようになります。

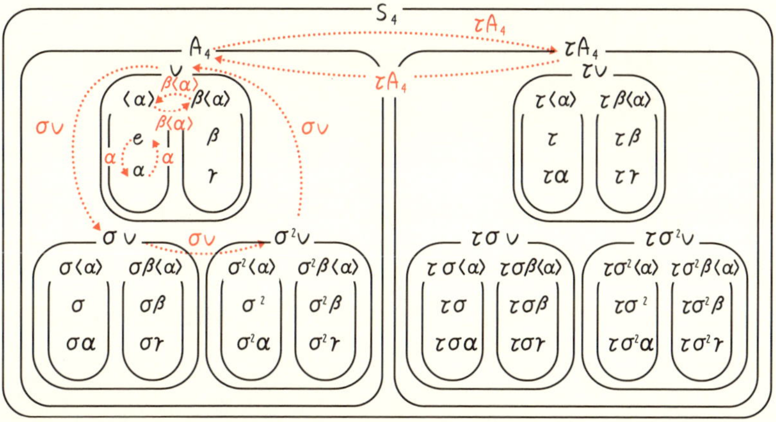

この性質は方程式がベキ根で解けることと関係してくる重要な性質です。次のように定義されます。

定義2.3 **可解群**

Gに対する，

$$G=H_0 \supset H_1 \supset H_2 \supset \cdots \supset H_{s-1} \supset H_s=\{e\}$$

という部分群の列において，H_iがH_{i-1}の正規部分群となっていて，剰余群$H_{i-1}/H_i\ (i=1,\ \cdots,\ s)$が巡回群となるとき，$G$を可解群という。

H_iがH_{i-1}の正規部分群となっている部分群の列を**正規列**という。さらに，H_{i-1}/H_iが巡回群となるとき，**可解列**という。

上で解説したようにS_3，S_4は可解群になっています。可解群とは，方程式を解くことが可能な群という意味です。まだ，方程式と群の関係を説明していませんから，何がなんだか分からないかもしれません。が，第6章で方程式と群の関係を理解すると，この言葉の意味がはっきりと分かるようになります。この可解群こそが，方程式の解を根号で表すことができる条件になるのです。そう思うと，なんだかわくわくしてきましたね。

3次方程式，4次方程式に解の公式があり，方程式の解を根号によって表すことができるのは，S_3，S_4が可解群だからなのです。

5次以上の対称群S_nは可解群でないので，5次以上の方程式には根号による解の公式がないのです。

第6章では，方程式が根号で解けることと可解群を結びつけることがテーマになってきます。

次で紹介する可解群の例は，$x^n-1=0$が根号で解けることの証明に使われます。

定理2.25 巡回群の直積は可解群

（1） 巡回群は可解群である。

（2） 巡回群の直積は可解群である。

証明

（1） $C_n = H_0 \supset H_1 = \{e\}$とします。$C_n$は可換群なので$\{e\}$は$C_n$の正規部分群であり，$H_0/H_1 \cong C_n$は巡回群です。$C_n$は可解群になります。

（2） 例で示しましょう。

巡回群の直積として，$G = C_3 \times C_5 \times C_7$を考えます。$G$を

$$G = \{(\bar{a}, \bar{b}, \tilde{c}) \mid \bar{a} \in \boldsymbol{Z}/3\boldsymbol{Z}, \bar{b} \in \boldsymbol{Z}/5\boldsymbol{Z}, \tilde{c} \in \boldsymbol{Z}/7\boldsymbol{Z}\}$$

と表しましょう。このとき，

$$H_1 = \{(\bar{a}, \bar{b}, \tilde{0}) \mid \bar{a} \in \boldsymbol{Z}/3\boldsymbol{Z}, \bar{b} \in \boldsymbol{Z}/5\boldsymbol{Z}\}$$

$$H_2 = \{(\bar{a}, \bar{0}, \tilde{0}) \mid \bar{a} \in \boldsymbol{Z}/3\boldsymbol{Z}\}$$

$$\{e\} = \{(\bar{0}, \bar{0}, \tilde{0})\}$$

とおくと，

$$G \supset H_1 \supset H_2 \supset \{e\}$$

Gは可換群ですから，H_1はGの正規部分群，H_2はH_1の正規部分群になっています。この列は正規列です。また，剰余群については，

$$\begin{aligned} G/H_1 = \{&(\bar{0}, \bar{0}, \tilde{0}) + H_1, (\bar{0}, \bar{0}, \tilde{1}) + H_1, (\bar{0}, \bar{0}, \tilde{2}) + H_1, \\ &(\bar{0}, \bar{0}, \tilde{3}) + H_1, (\bar{0}, \bar{0}, \tilde{4}) + H_1, \\ &(\bar{0}, \bar{0}, \tilde{5}) + H_1, (\bar{0}, \bar{0}, \tilde{6}) + H_1\} \cong C_7 \end{aligned}$$

$$\begin{aligned} H_1/H_2 = \{&(\bar{0}, \bar{0}, \tilde{0}) + H_2, (\bar{0}, \bar{1}, \tilde{0}) + H_2, \\ &(\bar{0}, \bar{2}, \tilde{0}) + H_2, (\bar{0}, \bar{3}, \tilde{0}) + H_2, (\bar{0}, \bar{4}, \tilde{0}) + H_2\} \cong C_5 \end{aligned}$$

です。G/H_1は$(\bar{0}, \bar{0}, \tilde{1}) + H_1$を生成元とする位数7の巡回群，$H_1/H_2$は$(\bar{0}, \bar{1}, \tilde{0}) + H_2$を生成元とする位数5の巡回群，$H_2$は$(\bar{1}, \bar{0}, \tilde{0})$を生成元とする位数3の巡回群になります。

$G = C_3 \times C_5 \times C_7$は可解群です。　　（証明終わり）

次の可解群でない群の例は，5次方程式が根号で解けないことの証明に使われます。

定理2.26 交代群の非可解性

5次以上の交代群A_nは可解群ではない。

証明 5次以上の交代群A_nは可解群ではないことを示すには，$n \geqq 5$のとき，A_n/Nが巡回群となるようなA_nの正規部分群$N\,(\neq A_n)$が存在しないことを示せばよいのです。

存在しないことを示したいので，背理法を用います。存在するとして矛盾を導きましょう。

A_n/Nが巡回群となるようなA_nの正規部分群$N\,(\neq A_n)$が存在するとします。A_nの任意の元をx, yとします。これに対して，剰余類xN, yNを考えます。A_n/Nが巡回群であり，可換群ですから，$xNyN = yNxN$が成り立ちます。これを変形していきましょう。

Nが正規部分群だから

$$xNyN = yNxN \iff xyN = yxN \iff y^{-1}xyN = xN$$
$$\iff x^{-1}y^{-1}xyN = N \iff x^{-1}y^{-1}xy \in N$$

定理2.7

ここで用語を紹介します。式変形の最後に出てきた$x^{-1}y^{-1}xy$を交換子といいます。Nは，A_nの任意の元x, yから作った交換子$x^{-1}y^{-1}xy$を含んでしまうんです。A_nの任意の元ということは，Nに含まれていない元x, yに関しても，交換子$x^{-1}y^{-1}xy$を作るとNに含まれてしまうということです。

今から，A_nの任意の元は交換子$x^{-1}y^{-1}xy$によって表されることを示しましょう。これが示されれば，$A_n = N$となって矛盾が導けます。

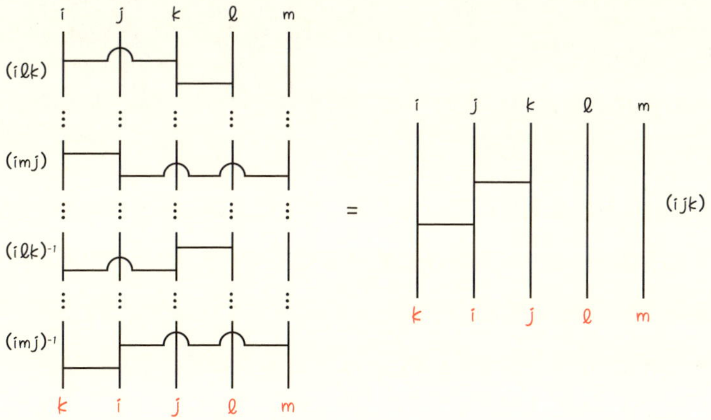

となりますから，

$$(ijk)=(imj)^{-1}(ilk)^{-1}(imj)(ilk)$$

が成り立ちます。つまり，三換(ijk)を考えたとき，これに出てきていない数m，lを持ってきて，(ijk)は(imj)と(ilk)の交換子として表されるというのです。交換子はNに含まれましたから，任意の三換(ijk)はNに含まれるのです。**定理2.23**によって，A_nは三換で生成されましたから，$A_n \subset N$となり，$A_n=N$。

$A_n(n \geqq 5)$が可解群でないことが示されました。　（証明終わり）

「nが5以上のとき」という条件は(ijk)で用いたi，j，kの3数以外にm，lを用いるところで使われています。nが4以下の場合には，このようなm，lをとることができませんから，上のような証明はできません。

可解群の一般的な性質についてまとめておきましょう。

定理2.27　**可解群の部分群も可解群**

Gが可解群ならば，Gの部分群Hは可解群である。

証明　Gが可解群なので，

$$G=H_0 \supset H_1 \supset H_2 \supset \cdots \supset H_{s-1} \supset H_s=\{e\}$$

H_iがH_{i-1}の正規部分群になっている列があり，剰余群H_{i-1}/H_i $(i=1, \cdots s)$が巡回群になっています。このとき，

$H=H\cap H_0 \supset H\cap H_1 \supset H\cap H_2 \supset \cdots \supset H\cap H_{s-1} \supset H\cap H_s=\{e\}$…①

が，可解列であることを示しましょう。

まず，①がHの正規列になっていることを示しましょう。

定理2.15（ア）より，$H\cap H_{i-1}$は群になっています。

H_iは，H_{i-1}の正規部分群なので，H_{i-1}の任意の元xについて，$xH_i=H_ix$が成り立ちます。$H_{i-1}\cap H$の任意の元yは，$y\in H_{i-1}$かつ$y\in H$なので，

定理2.1より
$yH=H=Hy$

$$y(H_i\cap H)=yH_i\cap yH=H_iy\cap Hy=(H_i\cap H)y$$

となり，$H_i\cap H$は$H_{i-1}\cap H$の正規部分群になります。よって①は正規列です。

次に，**定理2.16（第2同型定理）**で，Hを$H\cap H_{i-1}$に，NをH_iにして適用すると，

$$(H\cap H_{i-1})/((H\cap H_{i-1})\cap H_i)\cong(H\cap H_{i-1})H_i/H_i \quad \cdots\cdots②$$

$H/(H\cap N)\cong HN/N$　（第2同型定理）

ここで，$(H\cap H_{i-1})\cap H_i=H\cap H_i$

また，$(H\cap H_{i-1})\subset H_{i-1}$，$H_i\subset H_{i-1}$ですから，$(H\cap H_{i-1})H_i\subset H_{i-1}$。

よって②の式は，

$$(H\cap H_{i-1})/(H\cap H_i)\cong(H\cap H_{i-1})H_i/H_i\subset H_{i-1}/H_i$$

です。$(H\cap H_{i-1})/(H\cap H_i)$は$H_{i-1}/H_i$の部分群と同型ですが，$H_{i-1}/H_i$は巡回群であり，**定理1.5**より巡回群の部分群は巡回群なので，

$$(H\cap H_{i-1})/(H\cap H_i)$$

も巡回群です。

よって，Hは可解群です。　（証明終わり）

これを用いると次がいえます。

定理2.28 対称群の非可解性

5次以上の対称群S_nは可解群ではない。

証明

定理2.26より，$n \geqq 5$のとき，対称群S_nの部分群である交代群A_nが可解群でないので，**定理2.27**の対偶「可解群でない部分群を持つ群は可解群でない」により，S_nも可解群でない。

（証明終わり）

次の定理も，最後の“ピークの定理”の証明で活躍する定理です。

定理2.29 準同型写像の像でも可解群

Gが可解群で，fがGからG'への準同型写像であるとすると，$f(G)$は可解群である。

証明

Gが可解群ですから，

$$G = H_0 \supset H_1 \supset H_2 \supset \cdots \supset H_{s-1} \supset H_s = \{e\}$$

でH_iがH_{i-1}の正規部分群になっている列があり，剰余群$H_{i-1}/H_i (i = 1, \cdots, s)$が巡回群になっています。そのまま$f$で移した列

$$f(G) \supset f(H_1) \supset f(H_2) \supset \cdots \supset f(H_{s-1}) \supset f(H_s) \quad \cdots\cdots①$$

が，可解列であることを示しましょう。

まず，①が正規列になっていることを示します。

$f(H_i)$が$f(H_{i-1})$の正規部分群であることを示しましょう。

fをH_{i-1}から$f(H_{i-1})$の写像と考えれば全射ですから，H_{i-1}の元hを選ぶことによって$f(h)$で$f(H_{i-1})$のすべての元を表すことができます。

$f(H_{i-1})$の任意の元$f(h)$に関して，

$$f(h)f(H_i) = f(hH_i) = f(H_ih) = f(H_i)f(h)$$

となりますから，$f(H_i)$は$f(H_{i-1})$の正規部分群です。したがって，①は正規列です。

次に，$f(H_{i-1})/f(H_i)$が巡回群であることを示します。

H_{i-1}/H_iから$f(H_{i-1})/f(H_i)$への写像gを

$$\begin{array}{rccc} g: & H_{i-1}/H_i & \longrightarrow & f(H_{i-1})/f(H_i) \\ & aH_i & \longmapsto & f(a)f(H_i) \end{array}$$

と定めます。まず，H_{i-1}/H_iの元がaH_i，bH_iと異なる表現をしているときでも，移り先が同じであることを確かめましょう。

$$aH_i = bH_i \quad \therefore \quad f(aH_i)=f(bH_i) \quad \therefore \quad f(a)f(H_i)=f(b)f(H_i)$$

なので確かに一致します。また，gは，

$$\begin{aligned} g(aH_ibH_i) &= g(abH_i) = f(ab)f(H_i) = f(a)f(b)f(H_i) = f(a)f(b)f(H_i{}^2) \\ &= f(a)f(bH_i{}^2) = f(a)f(H_ibH_i) = f(a)f(H_i)f(bH_i) \\ &= f(a)f(H_i)f(b)f(H_i) = g(aH_i)g(bH_i) \end{aligned}$$

を満たしますから準同型写像です。また，元の決め方からgは全射になっています。準同型定理により，

$$(H_{i-1}/H_i)/\mathrm{Ker}g \cong f(H_{i-1})/f(H_i)$$

H_{i-1}/H_iが巡回群なので，**定理2.9**により，その剰余群，$(H_{i-1}/H_i)/\mathrm{Ker}g$も巡回群です。結局，$f(H_{i-1})/f(H_i)$は巡回群になります。①が正規列で，$f(H_{i-1})/f(H_i)$が巡回群であることが示されましたから，$f(G)$は可解群です。　（証明終わり）

定理2.30　**剰余群も可解群**

Nが群Gの正規部分群であるとき，

Gが可解群　⇔　N，G/Nは可解群である。

証明　⇒を示します。

Gが可解群のとき，**定理2.27**よりNは可解群です。

G/Nが可解群であることを示すには，自然準同型を用います。

GからG/Nへの写像fを

$$\begin{aligned} f : G &\longrightarrow G/N \\ a &\longmapsto aN \end{aligned}$$

と定めます。これは，$f(ab)=abN=(aN)(bN)=f(a)f(b)$が成り立ちますから，準同型写像になっています。また，fは元の決め方から全射になっています。

定理2.29より，$f(G)=G/N$は可解群です。

⇐を示します。

G/Nが可解群なので，

G/Nの元としてのN

$$G/N=K_0\supset K_1\supset K_2\supset\cdots\supset K_{s-1}\supset K_s=\{N\}$$

という正規列で，K_{i-1}/K_iが巡回群になるものが存在します。

G/Nは剰余群ですから，元は剰余類でありgNの形をしています。K_iは，G/Nの部分群ですから，K_iの元もgNの形をしています。K_iの元を書き並べて表すと，

$$K_i=\{g_1N,\ g_2N,\ \cdots,\ g_tN\} \quad \cdots\cdots①$$

となっているものとします。これに対して，H_iを

$$H_i=g_1N\cup g_2N\cup\cdots\cup g_tN \quad \cdots\cdots②$$

と定めます。K_iの元は剰余類ですが，H_iの元はGの元です。K_iの包含関係から，

Gの部分群としてのN

$$G=H_0\supset H_1\supset H_2\supset\cdots\supset H_{s-1}\supset H_s=N \quad \cdots\cdots③$$

が成り立ちます。これが正規列であることを示しましょう。

まず，H_iがGの部分群になっていることを確かめましょう。

H_iの任意の元a，bに対して，$a\in g_jN$，$b\in g_kN$となりますが，$g_jN\subset H_i$，$g_kN\subset H_i$であり，$ab\in(g_jN)(g_kN)=g_jg_kN\subset H_i$となり

ます。

また，$a \in g_j N$に対して，$a^{-1} \in g_j^{-1} N \subset H_i$となりますから，**定理2.14**により$H_i$は$G$の部分群です。

次に，H_iがH_{i-1}の正規部分群であることを示します。

K_iがK_{i-1}の正規部分群であることから，K_{i-1}の任意の元$g_j N$について，$(g_j N)K_i = K_i(g_j N)$が成り立ちます。

これは，$K_i = \{h_1 N,\ h_2 N \cdots,\ h_s N\}$とすれば，

$$\{(g_j N)(h_1 N),\ (g_j N)(h_2 N)\cdots,\ (g_j N)(h_s N)\}$$
$$= \{(h_1 N)(g_j N),\ (h_2 N)(g_j N)\cdots,\ (h_s N)(g_j N)\} \quad \cdots\cdots ④$$

となることを意味しています。

H_iは，$H_i = h_1 N \cup h_2 N \cup \cdots \cup h_s N$ですから，

$$\left.\begin{array}{l}(g_j N)H_i = (g_j N)(h_1 N) \cup (g_j N)(h_2 N) \cup \cdots \cup (g_j N)(h_s N) \\ H_i(g_j N) = (h_1 N)(g_j N) \cup (h_2 N)(g_j N) \cup \cdots \cup (h_s N)(g_j N)\end{array}\right\} \cdots\cdots ⑤$$

であり，④，⑤より，$(g_j N)H_i = H_i(g_j N)$ ……⑥

いま，H_{i-1}の任意の元が，剰余類$g_j N$に含まれ，$g_j n$と表されているものとします。すると，$(g_j n)(h_k N) \subset (g_j N)(h_k N) = g_j h_k N$となりますが，$|(g_j n)(h_k N)| = |g_j h_k N|$ですから，$(g_j n)(h_k N) = (g_j N)(h_k N)$となります。これを用いると，

$$\begin{aligned}(g_j n)H_i &= (g_j n)(h_1 N) \cup (g_j n)(h_2 N) \cup \cdots \cup (g_j n)(h_s N) \\ &= (g_j N)(h_1 N) \cup (g_j N)(h_2 N) \cup \cdots \cup (g_j N)(h_s N) \\ &= (g_j N)H_i\end{aligned}$$

であり，$(g_j n)H_i = (g_j N)H_i$……⑦

同様に，$H_i(g_j n) = H_i(g_j N)$……⑧を示すこともできます。

⑥，⑦，⑧より，H_{i-1}の任意の元$g_j n$について，

$$(g_j n)H_i = H_i(g_j n)$$

が成り立ち，H_iはH_{i-1}の正規部分群になります。

①，②より，$K_i = H_i/N$を満たします。

定理2.17（第3同型定理）を，$G=H_{i-1}$，$N=H_i$，$M=N$として適用して，

$$K_{i-1}/K_i=(H_{i-1}/N)/(H_i/N)\cong H_{i-1}/H_i$$

$(G/M)/(N/M)\cong G/N$　（第3同型定理）

が成り立ちます。K_{i-1}/K_iが巡回群ですから，H_{i-1}/H_iも巡回群になります。

③が正規列で，H_{i-1}/H_iが巡回群であることが示されました。

また，Nは可解群なので，

$$N=H_s\supset H_{s+1}\supset\cdots\supset H_r\supset\{e\}\quad\cdots\cdots⑨$$

という正規列で，H_{i-1}/H_iが巡回群になるものが存在します。

③，⑨を合わせて

$$G=H_0\supset H_1\supset H_2\supset\cdots\supset H_s=N\supset H_{s+1}\supset H_{s+2}\supset\cdots\supset H_r\supset\{e\}$$

という列を作ります。H_iがH_{i-1}の正規部分群で，H_{i-1}/H_iが巡回群ですから，Gは可解群となります。　（証明終わり）

定理2.27，2.29，2.30を読んで，どう思われましたか。可解群ってしつこい性質ですよね。もとが可解群の性質を持っていれば，部分群にしても，準同型写像で移しても，剰余群にしても可解群の性質が生き続けるわけです。

しっぽを切っても生き続けるトカゲといいますか，とにかくしぶとい。可解群があると，そこから派生するそれより小さい群は可解群になってしまうわけですから。これは，可解群の定義から分かるように，分解したものについての性質で可解群を定義しているからです。

そして極めつけは，可解群Nの上に可解群G/Nを乗っけるとGが新たな可解群になってしまう。まるでゾンビです。

まあとにかく強力な性質であることはお分かりいただけたと思います。

なお，他の本でも勉強される方のために申し上げておきますと，この本では可解群の定義を，正規列において「剰余群H_{i-1}/H_iが巡回群」としましたが，可解群の定義には，

ア　剰余群H_{i-1}/H_iが素数次の巡回群

イ　剰余群H_{i-1}/H_iが巡回群

ウ　剰余群H_{i-1}/H_iが可換群

エ　Gの交換子群を作っていくと単位元になる

という4通りの流儀があります。

「有限可換群は巡回群の直積と同型である」という有限可換群の構造定理を用いれば，イとウの2つの定義が同値であることがすぐに導かれます。群の話だけに留まっているのであればこれで済みますが，あとで出てくる体の拡大のことを考えると，ア，イのように「剰余群H_{i-1}/H_iが巡回群」とした方が，体の巡回拡大とも結び付けやすく，根号で解を求める話との相性がよいのです。

エの定義の仕方は，**定理2.27**，**2.29**，**2.30**の証明が簡単になりますが，アルゴリズムで定義するわけですから，可解群の構造が見えないのが難点です。可解群を実感するには，ア，イの定義がよいのです。

ただ，アのように「巡回群の位数が素数」という定義を採用すると，今度は具体的な群が可解群であることを示すのに手間がかかります。ということで，この本ではイの定義を採用しました。

アとイが同値であることを示しておきましょう。

ア⇒イはあたりまえですね。イ⇒アもすぐにいえます。イ⇒アを示すには，巡回群には剰余群が素数次になるような部分群の列があることを示せばよいのです。巡回群の例として$\boldsymbol{Z}/45\boldsymbol{Z}$をとり，示してみましょう。

問2.14　$Z/45Z$の加法に関する群が，アの定義で可解群であることを示せ。

$45=3^2\cdot5$と素因数分解できますから，0～44までの数のうち，5の倍数をH_1，15の倍数をH_2とすればよいのです。具体的には，

$$H_1=\{\overline{0},\ \overline{5},\ \overline{10},\ \overline{15},\ \overline{20},\ \overline{25},\ \overline{30},\ \overline{35},\ \overline{40}\}$$

$$H_2=\{\overline{0},\ \overline{15},\ \overline{30}\}$$

となります。これらは$G=Z/45Z$の部分群であり，

$$G\supset H_1\supset H_2\supset\{\overline{0}\}$$

となります。

$$G/H_1=\{\overline{0}+H_1,\ \overline{1}+H_1,\ \overline{2}+H_1,\ \overline{3}+H_1,\ \overline{4}+H_1\}$$

これは$\overline{1}+H_1$を生成元とする位数5の巡回群です。

$$H_1/H_2=\{\overline{0}+H_2,\ \overline{5}+H_2,\ \overline{10}+H_2\}$$

これは$\overline{5}+H_2$を生成元とする位数3の巡回群です。

H_2は$\overline{15}$を生成元とする位数3の巡回群です。

よって，$Z/45Z$はアの定義の意味で可解群です。

このように巡回群は，剰余群が素数次になるように部分群の列で刻んでいくことができます。ですから，アとイは同値の定義なのです。

第3章 「多項式」

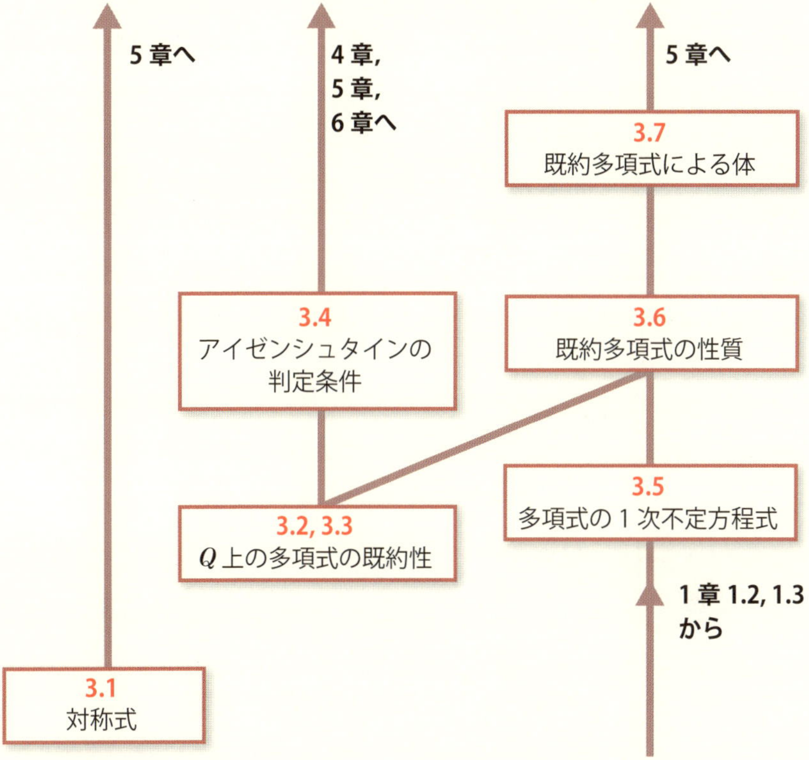

この章のテーマは3つあります。

1つ目は，対称式が基本対称式で表せるという対称式の性質です。方程式の係数は解の基本対称式になっており（解と係数の関係），第5章の定理の証明で使われます。

2つ目は，既約多項式の判定法です。**定理3.4**は，後の章で具体的な多項式が既約であるかを判定するときに多用される定理です。

3つ目は，既約多項式の剰余類が体になること（**定理3.7**）を理解することです。これは，第1章のZ/pZが体であることの多項式バージョンの定理になっています。アナロジーの妙味を味わってほしいところです。これが第5章の単拡大体の理論につながっていきます。

1 基本対称式で表そう

対称式

文系の人でも，方程式の解で表された式を，方程式の係数で表すという問題を解いたことがあるでしょう。この章は，この種の問題から始めましょう。

問3.1　$x^3+px+q=0$ の解を α，β，γ とする。このとき，次の式を p と q を用いて表せ。

（1）$\alpha^2+\beta^2+\gamma^2$

（2）$\alpha^2\beta^2+\beta^2\gamma^2+\gamma^2\alpha^2$

（3）$(\alpha-\beta)^2(\beta-\gamma)^2(\gamma-\alpha)^2$

α，β，γ を解として持つ方程式を作ると，

$$(x-\alpha)(x-\beta)(x-\gamma)=0$$

左辺を展開すると，

$$x^3-(\alpha+\beta+\gamma)x^2+(\alpha\beta+\beta\gamma+\gamma\alpha)x-\alpha\beta\gamma=0$$

となりますから，$x^3+px+q=0$ と各項の係数を比べて，

$$\alpha+\beta+\gamma=0,\ \alpha\beta+\beta\gamma+\gamma\alpha=p,\ \alpha\beta\gamma=-q$$ （解と係数の関係）

（1）$\alpha^2+\beta^2+\gamma^2=(\alpha+\beta+\gamma)^2-2(\alpha\beta+\beta\gamma+\gamma\alpha)$

$$=0-2p=-2p$$

（2）$\alpha^2\beta^2+\beta^2\gamma^2+\gamma^2\alpha^2$

$$=(\alpha\beta+\beta\gamma+\gamma\alpha)^2-2\alpha\beta\gamma(\alpha+\beta+\gamma)$$

$$=p^2-2(-q)\cdot 0=p^2$$

（3）式を展開してから表そうとすると面倒です。少し工夫します。

$$f(x)=(x-\alpha)(x-\beta)(x-\gamma)$$

とおき，これを微分します。すると，

$$f'(x)=(x-\alpha)(x-\beta)+(x-\beta)(x-\gamma)+(x-\gamma)(x-\alpha)$$

(fgh)′=fgh′+fg′h+f′gh

このxにα，β，γを代入すると，

$$f'(\alpha)=(\alpha-\beta)(\alpha-\gamma),\ f'(\beta)=(\beta-\gamma)(\beta-\alpha)$$

$$f'(\gamma)=(\gamma-\alpha)(\gamma-\beta)$$

となります。一方，$f(x)=x^3+px+q$でしたから，$f'(x)=3x^2+p$

$$\begin{aligned}&(\alpha-\beta)^2(\beta-\gamma)^2(\gamma-\alpha)^2\\&=-(\alpha-\beta)(\alpha-\gamma)\cdot(\beta-\gamma)(\beta-\alpha)\cdot(\gamma-\alpha)(\gamma-\beta)\\&=-f'(\alpha)f'(\beta)f'(\gamma)\\&=-(3\alpha^2+p)(3\beta^2+p)(3\gamma^2+p)\\&=-27(\alpha\beta\gamma)^2-9\underset{(2)}{(\alpha^2\beta^2+\beta^2\gamma^2+\gamma^2\alpha^2)}p-3\underset{(1)}{(\alpha^2+\beta^2+\gamma^2)}p^2-p^3\\&=-27q^2-9\cdot p^2\cdot p-3(-2p)p^2-p^3=-27q^2-4p^3\end{aligned}$$

この問題の背景にあるのは対称式の性質です。

対称式という用語から説明していきましょう。

α，βの**対称式**とは，αとβを入れ替えても変わらない多項式のことです。例えば，

$$\alpha+\beta,\ 2\alpha\beta,\ 3\alpha^5\beta^2+3\alpha^2\beta^5,\ 4\alpha^4\beta^4$$

などがそうです。たとえば$3\alpha^5\beta^2+3\alpha^2\beta^5$で$\alpha$と$\beta$を入れ替えると，$3\beta^5\alpha^2+3\beta^2\alpha^5$となりますが，これは

$$3\alpha^5\beta^2+3\alpha^2\beta^5=3\beta^5\alpha^2+3\beta^2\alpha^5$$

と，式として等しくなります。

対称式は，基本対称式の加減乗で書くことができるという性質があります。α，βの2文字の場合，**基本対称式**とは，$\alpha+\beta$，$\alpha\beta$の2つです。例えば，$3\alpha^5\beta^2+3\alpha^2\beta^5$であれば，

$$\begin{aligned}3\alpha^5\beta^2+3\alpha^2\beta^5&=3\alpha^2\beta^2(\alpha^3+\beta^3)=3\alpha^2\beta^2(\alpha+\beta)(\alpha^2-\alpha\beta+\beta^2)\\&=3(\alpha\beta)^2(\alpha+\beta)\{(\alpha+\beta)^2-3\alpha\beta\}\end{aligned}$$

となります。

α，β，γの**対称式**とは，文字をどのように入れ替えても式が変わらない式のことです。例えば，$\alpha \to \beta$, $\beta \to \gamma$, $\gamma \to \alpha$と入れ替えて変わらないということです。

$\alpha\beta^2\gamma^3$に，この文字の入れ替えを施すと$\beta\gamma^2\alpha^3$となります。

多項式として考えたとき，$\alpha\beta^2\gamma^3 \neq \beta\gamma^2\alpha^3$ですから，この式は対称式ではありません。

α，β，γの3文字の場合，**基本対称式**とは，$\alpha+\beta+\gamma$, $\alpha\beta+\beta\gamma+\gamma\alpha$, $\alpha\beta\gamma$の3式になります。

先の問題で計算したのは，(1)～(3)のどの場合でもα，β，γの対称式だったのです。対称式なので，基本対称式で書くことができ，解と係数の関係から基本対称式の値が与えられていたので，求値問題として成立していたわけです。

文字がn個，α_1, α_2, …, α_nの場合でも同様です。対称式は，基本対称式の組み合わせで書くことができます。

n文字の場合の基本対称式とは，α_1, α_2, …, α_nを解に持つ方程式の係数（符号は正にする）となっている式のことです。

α，β，2つの文字に関する基本対称式は，

$$(t-\alpha)(t-\beta)=t^2-(\alpha+\beta)t+\alpha\beta$$

から，$\alpha+\beta$, $\alpha\beta$

α，β，γ，3つの文字に関する基本対称式は，

$$(t-\alpha)(t-\beta)(t-\gamma)=t^3-(\alpha+\beta+\gamma)t^2+(\alpha\beta+\beta\gamma+\gamma\alpha)t-\alpha\beta\gamma$$

から，$\alpha+\beta+\gamma$, $\alpha\beta+\beta\gamma+\gamma\alpha$, $\alpha\beta\gamma$

α，β，γ，δ，4つの文字に関する基本対称式は，

$$\begin{aligned}&(t-\alpha)(t-\beta)(t-\gamma)(t-\delta)\\&=t^4-(\alpha+\beta+\gamma+\delta)t^3+(\alpha\beta+\alpha\gamma+\alpha\delta+\beta\gamma+\beta\delta+\gamma\delta)t^2\\&\qquad-(\alpha\beta\gamma+\alpha\beta\delta+\alpha\gamma\delta+\beta\gamma\delta)t+\alpha\beta\gamma\delta\end{aligned}$$

から，$\alpha+\beta+\gamma+\delta$, $\alpha\beta+\alpha\gamma+\alpha\delta+\beta\gamma+\beta\delta+\gamma\delta$, $\alpha\beta\gamma+\alpha\beta\delta+\alpha\gamma\delta+\beta\gamma\delta$, $\alpha\beta\gamma\delta$

α_1, α_2, …, α_nの基本対称式は,

$$(t-\alpha_1)(t-\alpha_2)\cdots(t-\alpha_n)$$
$$=t^n-(\alpha_1+\alpha_2+\cdots+\alpha_n)t^{n-1}+(\alpha_1\alpha_2+\cdots+\alpha_{n-1}\alpha_n)t^{n-2}$$
$$\cdots$$
$$+(-1)^k\underline{(\alpha_1\alpha_2\cdots\alpha_k+\cdots+\alpha_{n-k+1}\cdots\alpha_{n-1}\alpha_n)}t^{n-k}$$
$$+\cdots+(-1)^n\alpha_1\alpha_2\cdots\alpha_n$$

の係数から,

$$\alpha_1+\alpha_2+\cdots+\alpha_n,\quad \alpha_1\alpha_2+\cdots+\alpha_{n-1}\alpha_n,$$
$$\cdots,\quad \underline{\alpha_1\alpha_2\cdots\alpha_k+\cdots\cdots+\alpha_{n-k+1}\cdots\alpha_{n-1}\alpha_n,}$$
$$\cdots,\quad \alpha_1\alpha_2\cdots\alpha_n$$

イロ線部は, α_1, α_2, …, α_nからk個取り出すすべての組合せ（${}_n\mathrm{C}_k$個ある）の和になります。

αとβの対称式の中には, $\dfrac{\alpha+\beta}{\alpha\beta}$というように, 分数の形をしたものも含まれますが, これから先は多項式の対称式だけを考えていきましょう。

定理 3.1　対称式の基本定理

多項式の対称式は, 基本対称式で表すことができる。

x, y, z, wの4文字の場合で, 証明のあらすじを紹介しましょう。

まず, 多項式の対称式の観察から始めたいと思います。

対称式をSとします。Sの中に, $5x^6y^4z^3w$という項があったとしましょう。対称式は, x, y, z, wを入れ替えても式が変わらないのですから, $5x^6y^4z^3w$があれば, $5y^6x^4z^3w$, $5z^6y^4x^3w$といったx, y, z, wを入れた項があるということです。4文字の入れ替えなので, $5x^6y^4z^3w$のx, y, z, wを入れ替えた項は, 自身も含めて$4!=24$個あります。

Sの中に$4x^3y$があれば, $4z^3x$, $4w^3y$などもあるはずです。3乗する文

字を選ぶのに4通り，1乗の文字を選ぶのに3通りですから，$4x^3y$があれば，x, yを他の文字で置き換えた項が全部で$4\times3=12$個あることになります。

このように，Sはx, y, z, wを入れ替えて等しくなる項どうしは係数が等しくなっています。そこで，

$x^6y^4z^3w$で，x, y, z, wを入れ替えてできるすべての項の和，

$$x^6y^4z^3w+x^6y^4w^3z+x^6z^4y^3w+x^6z^4w^3y+\cdots+w^6z^4y^3x$$

を，$[x^6y^4z^3w]$で表すことにします。24個の項の中でも，x, y, z, wの指数が左側ほど大きくなっている項を代表としてとり，[　]を付けることで項の和を表します。x^3yで，x, y, z, wを入れ替えて等しくなる項の和は，4文字であることを忘れないように$[x^3y^1z^0w^0]$と表します。

すると対称式Sは，例えば，$S=5[x^6y^4z^3w]+4[x^3y^1z^0w^0]$というように，[　]で表されている「文字を入れ替えた項の和」に係数を掛けたものの和の形，すなわち“[　]の1次結合”の形で表されます。対称式Sのイメージはつかめたでしょうか。

ですから，対称式Sが基本対称式で表されることを示すには，それぞれの[　]が，基本対称式$x+y+z+w$, $xy+xz+xw+yz+yw+zw$, $xyz+xyw+xzw+yzw$, $xyzw$で表せることを示せばよいのです。

$[x^6y^4z^3w]$を例にとって，基本対称式で表す手順を示してみます。

まず，$x^6y^4z^3w$を，各基本対称式の先頭の項$xyzw$, xyz, xy, xの積で表します。w, z, y, xの順に指数を合わせて，

$$x^6y^4z^3w=(xyzw)(xyz)^2(xy)x^2$$

と表すことができます。そこで，

$$[x^6y^4z^3w]-\underline{(xyzw)(xyz+xyw+xzw+yzw)^2}$$
$$\underline{\times(xy+xz+xw+yz+yw+zw)(x+y+z+w)^2}\cdots\cdots ①$$

を考えます。イロ線部は基本対称式を掛けたものですから対称式であり，イロ線部を展開したときの$x^6y^4z^3w$の係数と，$x^6y^4z^3w$のx, y, z, wを

入れ替えた項の係数は等しくなります。この場合は1です。ですから，①を計算すると$x^6y^4z^3w$はキャンセルされます。

①の式全体は対称式ですから，"[　]の1次結合"の形で表されているはずです。[　]の中身がどんな式になっているか考えてみましょう。基本対称式を展開した項の中には，例えば

$$xyzw \times xyz \times xyw \times yz \times y \times y = x^3y^6z^3w^2$$

という項が出てきます。この項があるということは，①のイロ線部を[　]の1次結合で表すと，$[x^6y^3z^3w^2]$という項が出てくるということです。

展開した項の中で，[　]の中に入る条件を満たすような項は，他には例えば，

$$xyzw \times xyz \times yzw \times xy \times x \times w = x^4y^4z^3w^3$$

などもそうです。

ここで，指数を並べて4ケタの数を作ります。$x^6y^4z^3w$からは，6431，$x^6y^3z^3w^2$からは6332，$x^4y^4z^3w^3$からは4433となります。

各ケタの和をとると，$6+4+3+1=14, 6+3+3+2=14, 4+4+3+3=14$とすべて14に等しくなります。

これらの間には，6431 > 6332 > 4433という大小関係が見られます。イロ線部のカッコの1番初めにある項どうしを掛けた項（$x^6y^4z^3w$）に対応する数が1番大きくなります。

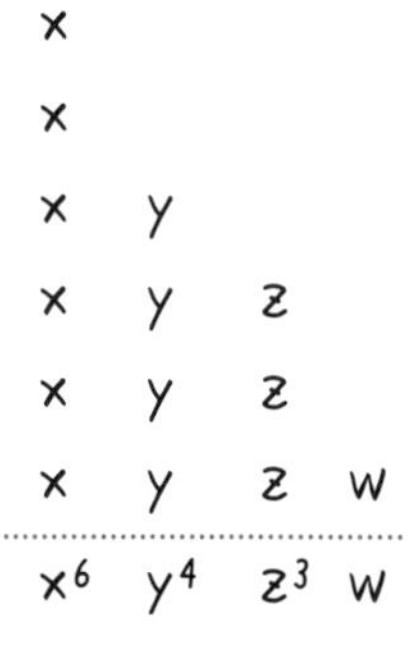

x, y, z, wの指数がこの順に大きければ大きいほど，指数を並べて作る数はより大きくなります。①の式のカッコの初めには，$xyzw, xyz, xy, x$というように，x, y, z, wの順に多く使っている項が並んでいるので，これらを掛けた項に対応する数が1番大きい数になるのです。

x			
x			
x	y		
x	y	z	
x	y	z	
x	y	z	w
x^6	y^4	z^3	w

①の式を計算すると，$[x^6y^4z^3w]$に表れる項はすべてキャンセルされますから，残りの[　]に対応する数はどれも6431より小さくなります。そ

こで，この中で[　]に対応する数が1番大きいものを選びます。この場合は$[x^6y^4z^2w^2]$になっています。実際計算してみると，$[x^6y^4z^2w^2]$の各項の係数は-2です。

$$x^6y^4z^2w^2=(xyzw)^2(xy)^2x^2$$

そこで，①を計算して残った$[x^6y^4z^2w^2]$の項をキャンセルするように，

$$(①式)+2(xyzw)^2(xy+xz+xw+yz+yw+zw)^2(x+y+z+w)^2 \quad \cdots\cdots②$$

とします。この式も対称式ですから，[　]の1次結合で表されますが，[　]に対応する数はどれも6422よりも小さくなります。

次に②の[　]の中で一番大きい数に対応する[　]をキャンセルするように基本対称式を掛け合わせたものを足し引きしていきます。

これを繰り返していくと，式に現われる[　]に対応する数が順次小さくなっていきます。[　]に対応する数は，各桁の数の和が14ですから，考えられる数は有限個しかありません。一番小さい数は4433です。この操作を繰り返していくと，最後には式が0になります。つまり，$[x^6y^4z^3w]$を基本対称式で表すことができます。

最後は，

$$[x^4y^4z^3w^3]=(xyzw)^3(xy+xz+xw+yz+yw+zw)$$

の定数倍となって，ぴったりと対称式で表されてこのアルゴリズムが終わるのです。

2 多項式における素数

既約多項式

方程式を解くときには因数分解を用いました。方程式の解法と因数分解は切っても切れない関係にあります。簡単な因数分解の問題から始めてみましょう。

問3.2　x^4+x^2-6を因数分解せよ。

この問題はちょっと曖昧なところがあります。というのは，因数分解をするときに用いる係数の範囲を定めなければ，因数分解の形は決まらないからです。

$x^2=X$とおいて，整数係数の範囲では，

$$x^4+x^2-6=X^2+X-6=(X+3)(X-2)=(x^2-2)(x^2+3)$$

実数係数の範囲では，x^2-2の部分がまだ因数分解できて，

$$x^4+x^2-6=(x^2-2)(x^2+3)=(x-\sqrt{2})(x+\sqrt{2})(x^2+3)$$

複素数係数の範囲では，さらにx^2+3の部分が因数分解できて，

$$\begin{aligned}x^4+x^2-6&=(x-\sqrt{2})(x+\sqrt{2})(x^2+3)\\&=(x-\sqrt{2})(x+\sqrt{2})(x-\sqrt{3}\,i)(x+\sqrt{3}\,i)\end{aligned}$$

複素数を知らない人は次章で

となります。

係数の範囲を指定すれば，多項式の因数分解は答えが1つに定まります。逆に，係数の範囲が異なれば，因数分解の答えが異なってくることもありうるのです。中学校での因数分解では，暗黙の裡(うち)に整数係数の範囲で解くことを前提にしていたといえます。高校の因数分解の問題では，出題者が注意深ければ，係数の範囲の指定があったことでしょう。

ここで，そもそも因数分解とは数学的にどういうことかを確認しておき

たいと思います。

因数分解に似ている言葉で，素因数分解という言葉があります。

素因数分解とは，整数を素数の積で表すことでした。素数とは，1と自分自身以外に正の約数を持たない正の整数（ただし，1は除く），つまりこれ以上，素因数分解できない数のことでした。

これに対して，因数分解とは，多項式を既約多項式の積で表すことです。**既約多項式**とは，これ以上因数分解できない多項式のことです。上の例でいえば，

整数係数の範囲では，x^2-2，x^2+3

実数係数の範囲では，$x-\sqrt{2}$，$x+\sqrt{2}$，x^2+3

複素数係数の範囲では，$x-\sqrt{2}$，$x+\sqrt{2}$，$x-\sqrt{3}\,i$，$x+\sqrt{3}\,i$

です。

なお，定数は多項式として見ることができ，これ以上因数分解できませんが，既約多項式ではありません。これは1を素数から外すのに似ています。

素因数分解は整数での，因数分解は多項式での話でした。

整数の素因数分解での素数に当たるものが，多項式の因数分解での既約多項式なのです。ただ，既約多項式といっても，上のように係数の範囲の指定をしなければ，それが既約であるか否かは決まりません。

ある自然数aが素数であるか否かを判定するには，aより小さいすべての数で割ってみて，割り切れるものがなければ，素数と判定することができました。

多項式が既約多項式であるか否かを判定するにはどうしたらよいのでしょうか。あとの章で，有理数係数の方程式を扱いますから，有理数係数の多項式に関する既約多項式の判定法を紹介していきましょう。

なお，複素数係数の因数分解に関しては，代数学の基本定理（任意の複素数係数多項式は1次式に因数分解できるという定理，次章で説明）があ

るので，複素数係数で考えたときの既約多項式は1次式しかありません。

この本では，主に有理数係数の既約多項式を出発点としてガロア理論を展開していきます。ですから，この章では有理数係数の既約多項式について理解してもらいたいと思います。

x^3-3x+1，x^3-2，$x^4+x^3+x^2+x+1$は既約多項式ですが，既約多項式であることを確かめるにはどうしたらよいでしょうか。これらは後の節で，実際に既約多項式であることが示されます。

x^3-3x+1の既約性を示すのであれば，$x^3-3x+1=(x+a)(x^2+bx+c)$とおいて，これを満たすような整数a，b，cがないことを示します。しかし，それが示せたとしても$(2x+d)\left(\frac{1}{2}x^2+ex+f\right)$のように分解できるかもしれないと考えると，証明できていないような気がします。

実は，整数係数の多項式が有理数係数で既約であることを示すには，整数係数で因数分解できないことを示すだけでよいのです。上でいえば，整数a，b，cが存在しないことだけを示せばよいのです。このことを保証してくれる定理を紹介しましょう。その前に次の定理を証明しておきます。

定理3.2 **F_p上の多項式は整域**

整数係数の多項式$f(x)$の係数がすべて素数pで割り切れるものとする。整数係数の範囲で$f(x)=g(x)h(x)$と因数分解されているとき，$g(x)$，$h(x)$のいずれか一方は，すべての係数がpで割り切れる。

証明 それぞれの多項式の係数を次のようにおきます。

$$f(x)=f_0+f_1x+f_2x^2+\cdots,\quad g(x)=g_0+g_1x+g_2x^2+\cdots$$

$$h(x)=h_0+h_1x+h_2x^2+\cdots$$

背理法で証明します。

$g(x)$，$h(x)$のいずれも，pで割り切れない係数を持つものとします。このうち，それぞれ一番次数の低い係数に着目します。

例えば，$g(x)$ではそれがg_2，$h(x)$ではそれがh_3であるものとします。

すると，最小性より，g_0，g_1，h_0，h_1，h_2はpで割り切れることになります。このとき，$f(x)=g(x)h(x)$の5次の係数について比較してみましょう。

$$f_5=g_0h_5+g_1h_4+g_2h_3+g_3h_2+g_4h_1+g_5h_0 \quad \cdots\cdots①$$

右辺のg_2h_3は，g_2もh_3もpの倍数ではありませんから，pの倍数ではありません。しかし，それ以外の項では，g_iかh_jのいずれか一方がpの倍数ですから，pの倍数となります。g_2h_3がpの倍数でなく，それ以外の項がpの倍数なので，①の右辺はpの倍数ではありません。一方，左辺のf_5はpの倍数になっていて矛盾します。

背理法によって証明されました。（証明終わり）

定理3.3　**有理数係数多項式の既約性**

整数係数の多項式$f(x)$が，整数係数で既約多項式ならば，有理数係数でも既約多項式である。

これの対偶

整数係数の多項式$f(x)$が，有理数係数で因数分解できれば，整数係数でも因数分解できる。

証明　対偶の方で証明します。

整数係数の多項式$f(x)$が有理数係数で$f(x)=g(x)h(x)$と因数分解することができたとします。

今，$f(x)$の係数の最大公約数aを用いて，$f(x)=af_1(x)$　…①

と表します。例えば，$f(x)=2x^2+6x-4$であれば，$a=2$，

$f_1(x)=x^2+3x-2$となります。すると，$f_1(x)$の各係数の最大公約数は1です。この表し方は，$f(x)$の係数が具体的に与えられれば1通りであることを強調しておきましょう。

今，$g(x)$，$h(x)$の係数には分数がある状態です。もしも分数がなく，すべて整数係数であるとすれば証明は終わります。$g(x)$，$h(x)$に適当な

数を掛けて整数係数にしましょう。これを$bg(x)$，$ch(x)$とします。

次に，$bg(x)$の係数の最大公約数をb_1として，

$$bg(x)=b_1 g_1(x) \qquad \therefore \quad g(x)=\frac{b_1}{b}\cdot g_1(x) \quad \cdots\cdots ②$$

と表します。$ch(x)$も同様に，$h(x)=\dfrac{c_1}{c}\cdot h_1(x) \quad \cdots\cdots ③$

と表します。

$f(x)=g(x)h(x)$を，①，②，③を用いて書き換えると，

$$af_1(x)=\frac{b_1}{b}\cdot g_1(x)\cdot\frac{c_1}{c}\cdot h_1(x)=\frac{b_1c_1}{bc}\cdot g_1(x)h_1(x)\cdots\cdots ④$$

となります。ここで，右辺の$g_1(x)h_1(x)$の係数の最大公約数が1になっていることに注意しましょう。なぜなら，もしも最大公約数が1でなく，ある素数pで割り切れるとすると，**定理3.2**により$g_1(x)$か$h_1(x)$のいずれか一方は係数がすべてpで割り切れることになり，$g_1(x)$か$h_1(x)$の作り方に矛盾するからです。

整数係数の多項式を，①のように（整数）×（係数の最大公約数が1となるような多項式）で表す方法は1通りなので，④の式の両辺で，（整数），（係数の最大公約数が1である多項式）の部分は等しくなり，

$$a=\frac{b_1c_1}{bc},\ f_1(x)=g_1(x)h_1(x)$$

よって，$f(x)$は，$f(x)=af_1(x)=(ag_1(x))h_1(x)$と整数係数の範囲で因数分解できることになります。　（証明終わり）

整数係数の多項式が，有理数係数の範囲で既約多項式であるか否かを考えるときは，整数係数の範囲で考えてよいことが分かりました。

次に，整数係数の多項式が既約多項式であるかの判定をするときに便利な定理を紹介しましょう。

定理3.4　Eisensteinの判定条件

整数係数の多項式

$$f(x)=a_nx^n+a_{n-1}x^{n-1}+\cdots+a_1x+a_0$$

において，次の条件を満たす素数pが存在すれば，$f(x)$は整数係数の範囲で既約多項式である。

(i)　a_0はpで割り切れるが，p^2で割り切れない。

(ii)　a_i　$(i=1,\ \cdots,\ n-1)$は，pで割り切れる。

(iii)　a_nはpで割り切れない。

証明

背理法で証明しましょう。

$f(x)=g(x)h(x)$と因数分解できると仮定します。多項式の係数を次のようにおきます。

$$g(x)=g_0+g_1x+g_2x^2+\cdots,\ h(x)=h_0+h_1x+h_2x^2+\cdots$$

$f(x)=g(x)h(x)$の係数を比べると，

$$a_0=g_0h_0$$

$$a_1=g_0h_1+g_1h_0$$

$$a_2=g_0h_2+g_1h_1+g_2h_0$$

$$a_3=g_0h_3+g_1h_2+g_2h_1+g_3h_0$$

$$\cdots$$

となります。「(i)　a_0はpで割り切れるが，p^2で割り切れない。」

より，g_0かh_0のどちらか一方のみがpの倍数になります。g_0がpの倍数であるとしましょう。するとh_0の方はpの倍数ではないことになります。

(ii)より，$a_1=g_0h_1+g_1h_0$はpの倍数であり，g_0h_1もpの倍数なので，g_1h_0はpの倍数です。ところが，h_0はpの倍数ではないですから，g_1がpの倍数であることになります。

(ii)より，$a_2=g_0h_2+g_1h_1+g_2h_0$はpの倍数であり，g_0h_2もg_1h_1もpの

倍数なので，g_2h_0はpの倍数です。ところが，h_0はpの倍数ではないですから，g_2がpの倍数であることになります。

というように，いったんg_0がpの倍数であり，h_0がpの倍数ではないことを仮定すると，$g(x)$の係数のすべてがpの倍数であることになるのです。よって，$g(x)h(x)=f(x)$のすべての係数もpの倍数であることになり，最高次の係数a_nもpで割り切れることになりますが，(iii)で「a_nはpで割り切れない」とありますから，矛盾します。よって，背理法により証明されました。（証明終わり）

この判定条件を適用するときに留意しておかなければならない点は，この条件が，多項式が既約であるための十分条件であり，必要条件ではないという点です。$f(x)$が既約多項式であっても，必ずしもこの判定条件に合うような素数pが存在するとは限らないのです。このようなpが存在しなくとも$f(x)$が既約多項式であることは大いにありうるのです。

この判定条件がピッタリとはまり，かつピークの定理の証明にも不可欠な既約多項式の例を紹介しましょう。

問3.3　pを素数とする。

$$\boldsymbol{x^{p-1}+x^{p-2}+\cdots+x+1}$$

は，整数係数の範囲で既約多項式であることを示せ。

$f(x)=x^{p-1}+x^{p-2}+\cdots+x+1$とおきます。

$$f(x)=g(x)h(x) \quad \Leftrightarrow \quad f(x+1)=g(x+1)h(x+1)$$

ですから，$f(x)$の既約性を判定するとき，これの代わりに$f(x+1)$の既約性を考えても構いません。

$f(x)=x^{p-1}+x^{p-2}+\cdots+x+1=\dfrac{x^p-1}{x-1}$ですから，

$$
\begin{aligned}
f(x+1) &= \frac{(x+1)^p-1}{(x+1)-1} \\
&= \frac{x^p + {}_pC_1 x^{p-1} + {}_pC_2 x^{p-2} + \cdots + {}_pC_{p-2} x^2 + {}_pC_{p-1} x + 1 - 1}{x} \\
&= x^{p-1} + {}_p\mathrm{C}_1 x^{p-2} + {}_p\mathrm{C}_2 x^{p-3} + \cdots + {}_p\mathrm{C}_{p-2} x + {}_p\mathrm{C}_{p-1} \\
&= x^{p-1} + p x^{p-2} + {}_p\mathrm{C}_2 x^{p-3} + \cdots + {}_p\mathrm{C}_{p-2} x + p
\end{aligned}
$$

ここで二項係数${}_p\mathrm{C}_i(1 \leqq i \leqq p-1)$は，

$$
{}_p\mathrm{C}_i = \frac{p!}{i!(p-i)!} = \frac{p\cdot(p-1)\cdot\cdots\cdot(p-i+1)}{i\cdot(i-1)\cdot\cdots\cdot 2\cdot 1} \quad (1 \leqq i \leqq p-1)
$$

と計算されます。分母にある1，2，…，iはどれもpより小さい数で，pが素数ですから，pの約数ではありません。この計算で分子のpは約分されずに残りますから，${}_p\mathrm{C}_i$はpの倍数です。

係数に表れる，pに関する二項係数 ${}_p\mathrm{C}_2$，${}_p\mathrm{C}_3$，…，${}_p\mathrm{C}_{p-2}$は，すべてpの倍数です。

定理3.4のEisensteinの判定条件をpのときでチェックしてみましょう。

定数項がpであることから条件(i)を満たし，${}_p\mathrm{C}_i$がpの倍数であることから条件(ii)を満たし，最高次の係数が1であることから(iii)を満たします。よって，**定理3.4のEisenstein**の判定条件より，$f(x+1)$は既約多項式になります。$f(x)$が既約多項式であることが示されました。

3 整数と多項式のアナロジー

多項式の合同式

前の節では，整数の素因数分解と多項式の因数分解の類似の話から始めて，そのパーツとなる既約多項式の判定法を紹介しました。

さらに，整数と多項式の類似について話を進めます。

整数では，aがbで割り切れる場合に，

「bはaの約数である」「aはbの倍数である」

といいました。多項式の場合も同じです。

$f(x)$が$g(x)$で割り切れる場合，すなわち$f(x)=g(x)h(x)$となる多項式$h(x)$がある場合に，

「$g(x)$は $f(x)$の約数である」「$f(x)$は $g(x)$の倍数である」

といいます。約多項式，倍多項式といってもよさそうですが，聞いたことがありません。

ここで注意しておかなければならないのは，因数分解$f(x)=g(x)h(x)$の係数の範囲を，有理数で考えているということです。

$x^2-4=(x+2)(x-2)$ですから，「$x+2$はx^2-4の約数」「x^2-4は$x+2$の倍数」といえます。

有理数の範囲では，$x^2-4=(2x+4)\left(\frac{1}{2}x-1\right)$とも因数分解できますから，「$2x+4$は$x^2-4$の約数」「$x^2-4$は$2x+4$の倍数」ともいえます。

つまり，多項式において「約数，倍数」というときは，有理数倍については無視をするということなのです。

この定数倍を無視するという流儀は，そのまま最大公約数，最小公倍数にも受け継がれます。

問3.4　有理数係数の多項式x^2+x-6とx^2-x-12の最大公約数，最小公倍数を求めよ。

整数のとき，最大公約数・最小公倍数を求める基本は各数の素因数分解でした。多項式の場合も，与えられた多項式を因数分解します。

$$x^2+x-6=(x+3)(x-2) \qquad x^2-x-12=(x+3)(x-4)$$

有理数係数の多項式とあえてことわり書きしたということは，有理数の範囲の因数分解で考えよということです。

因数分解の式で，共通因数が$(x+3)$なので，

最大公約数は，$c(x+3)$　（cは0でない有理数）

因数分解の式に出てくるすべての因数を書き上げると，$(x+3)$，$(x-2)$，$(x-4)$なので，

最小公倍数は，$c(x+3)(x-2)(x-4)$　（cは0でない有理数）

この本では，多項式の約数・倍数の仕組みを理解してもらうために上のようにcを用いて書きましたが，通常はcを省略して書きます。

次に整数の割り算と多項式の割り算を比べてみましょう。どちらも余りのある割り算です。

整数の割り算では，aを自然数bで割って，商がq，余りがrのとき，

$$a=qb+r \qquad (0 \leqq r < b)$$

となります。余りrは割る数bよりも小さくなります。

多項式の割り算では，$a(x)$を$b(x)$で割って，商が$q(x)$，余りが$r(x)$のとき，

$$a(x)=q(x)b(x)+r(x) \quad ([r(x)\text{の次数}] < [b(x)\text{の次数}])$$

となります。

割られる数，割る数，商，余りについての関係式は，整数でも多項式でも同じです。整数と多項式では，余りの条件が異なります。

整数では，「余りの大きさ」は「割る数の大きさ」よりも小さくなります。

多項式では，「余りの次数」が「割る数の次数」よりも小さくなります。

どちらの場合でも，「余りの○○」が「割る数の○○」よりも小さくなるわけです。

ここで，ユークリッドの互除法を思い出してください。互除法の手順を進めると，余りが小さくなっていき，しまいには最大公約数が求まるのでした。余りのある割り算の仕組みが似ているのですから，多項式の場合でも互除法を用いて最大公約数が求まりそうですね。

整数の場合，aとbが互いに素であれば，互除法を実行していくと余りが順次小さくなり，最後は1になります。一方，多項式の場合でも，$a(x)$と$b(x)$が互いに素（$a(x)$も$b(x)$も割り切るような1次以上の多項式が存在しない）であれば，互除法を実行していくと余りの次数が順次小さくなるので，最後には0次式，すなわち定数項だけの多項式となります。

問3.5　x^2+x-6とx^2-x-12の最大公約数を互除法で求めよ。

x^2+x-6をx^2-x-12で割ると，商が1，余りが$2x+6$です。

$$x^2+x-6=1\cdot(x^2-x-12)+2x+6$$

次に，x^2-x-12を$2x+6$で割ると，商が$\left(\frac{1}{2}x-2\right)$で割り切れます。

$$x^2-x-12=(2x+6)\left(\frac{1}{2}x-2\right)$$

よって，$2x+6$が最大公約数です。正確にいうと，$2x+6=2(x+3)$の定数倍，$c(x+3)$（cは0でない有理数）が最大公約数です。

多項式で互除法が使えるということは，次のような問題も整数のときと同じようにして解くことができるということです。

問3.6　次の式を満たす多項式$X(x)$，$Y(x)$を見つけよ。

$$(4x^3-1)X(x)+(2x^2-x)Y(x)=1$$

整数の1次不定方程式の解き方を真似してみましょう。

係数について互除法を実行して，係数の次数を下げていきます。

$4x^3-1$割る$2x^2-x$は，商が$2x+1$，余りが$x-1$なので，

$$\begin{aligned}&(4x^3-1)X(x)+(2x^2-x)Y(x)\\&=\{(2x^2-x)(2x+1)+(x-1)\}X(x)+(2x^2-x)Y(x)\\&=(2x^2-x)\{(2x+1)X(x)+Y(x)\}+(x-1)X(x)\\&=(2x^2-x)Z(x)+(x-1)X(x)\end{aligned}$$

Z(x)

ここで，$Z(x)=(2x+1)X(x)+Y(x)$とおきました。

$2x^2-x$割る$x-1$は，商が$2x+1$，余りが1なので，

$$\begin{aligned}&(2x^2-x)Z(x)+(x-1)X(x)\\&=\{(x-1)(2x+1)+1\}Z(x)+(x-1)X(x)\\&=(x-1)\{(2x+1)Z(x)+X(x)\}+Z(x)\\&=(x-1)W(x)+Z(x)\end{aligned}$$

W(x)

ここで，$W(x)=(2x+1)Z(x)+X(x)$とおきました。

$$(x-1)W(x)+Z(x)=1$$

を満たす$W(x)$，$Z(x)$の1つは，$Z(x)$の係数が定数になっていますから簡単に見つかります。$W(x)=0$，$Z(x)=1$でO.K.です。

$W(x)=(2x+1)Z(x)+X(x)$に代入して，

$$0=(2x+1)\cdot 1+X(x)\qquad\therefore\qquad X(x)=-2x-1$$

$Z(x)=(2x+1)X(x)+Y(x)$に代入して，

$$1=(2x+1)(-2x-1)+Y(x)\qquad\therefore\qquad Y(x)=4x^2+4x+2$$

$X(x)=-2x-1$，$Y(x)=4x^2+4x+2$のとき，与式を満たします。もちろんこれは上の式を満たす$X(x)$，$Y(x)$の1例です。他にもこのような$X(x)$，$Y(x)$は無数にあります。

この問題では，$4x^3-1$と$2x^2-x$が互いに素であったので，互除法を実行したときの最後の余りが定数になりました。上の問題で余りがちょうど1になったのは，計算しやすいように初めの多項式を，$4x^3-1$と$2x^2-x$に選んだだけの話で，初めの2つの多項式が互いに素であれば，互除法の最後の余りは少なくとも定数にはなります。つまり，互除法による置き換えで，最終的には，

$$h(x)X(x)+cY(x)=1$$

の形になり，$h(x)$，cが与えられたとき，$X(x)$，$Y(x)$を求める問題にまで還元できるわけです。ここまでくれば，$X(x)=0$，$Y(x)=1/c$がすぐに見つかります。あとは置き換えを逆にたどって満たすべき式を求めます。

整数のときと同じですがまとめておきましょう。

定理3.5 **多項式の1次不定方程式**

$a(x)$，$b(x)$が互いに素な多項式であるとき，

(1)　$a(x)f(x)+b(x)g(x)=1$

を満たす多項式の組$(f(x), g(x))$で，$g(x)$が$a(x)$の次数よりも低くなるような組が存在する。

(2)　任意の多項式$H(x)$に対して，

$$a(x)F(x)+b(x)G(x)=H(x)$$

を満たす多項式の組$(F(x), G(x))$で，$G(x)$が$a(x)$の次数よりも低くなるような組が存在する。

証明

(1)　$a(x)f(x)+b(x)g(x)=1$……①

を満たす$f(x)$，$g(x)$が存在することは，上の計算例から納得できたでしょう。$g(x)$が$a(x)$の次数よりも低くなるように選べることを示します。

もしも，①を満たす$(f(x), g(x))$の組で，$g(x)$が$a(x)$の次数以上であるとします。

このときは，$g(x)$を$a(x)$で割って次数下げをします。

$g(x)$を$a(x)$で割って，商が$q(x)$，余りが$r(x)$であるとします。

$$g(x)=q(x)a(x)+r(x) \qquad \therefore \qquad r(x)=g(x)-q(x)a(x)$$

このとき，

$$\begin{aligned} & a(x)\{f(x)+b(x)q(x)\}+b(x)r(x) \\ &= a(x)f(x)+a(x)b(x)q(x)+b(x)\{g(x)-q(x)a(x)\} \\ &= a(x)f(x)+a(x)b(x)q(x)+b(x)g(x)-b(x)q(x)a(x) \\ &= a(x)f(x)+b(x)g(x)=1 \end{aligned}$$

となります。1次不定方程式

$$a(x)X(x)+b(x)Y(x)=1$$

の解の1つが$(X(x),\ Y(x))=(f(x),\ g(x))$のとき，

$(X(x),\ Y(x))=(f(x)+b(x)q(x),\ r(x))$も解になっています。

$r(x)$は$a(x)$より次数が低いですから，$(f(x)+b(x)q(x),\ r(x))$は，題意を満たす多項式の組になっています。

(2)　(1) のような$f(x)$，$g(x)$が存在しますから，(1) の式に$H(x)$を掛けて，

$$a(x)f(x)H(x)+b(x)g(x)H(x)=H(x)$$

となりますから，$F(x)=f(x)H(x)$，$G(x)=g(x)H(x)$とおけば，(2) の式を満たす$F(x)$，$G(x)$の存在が確かめられます。

$G(x)$が$a(x)$の次数以上である場合には，(1) と同じようにして$a(x)$で割って次数下げします。$G(x)$の次数が$a(x)$の次数より低くなるように選べます。

（証明終わり）

Q：有理数体「有理数係数を考えて」の意

さて，この定理を用いて，既約多項式の性質を究めていきましょう。

Q上の既約多項式$p(x)$は有理数の範囲で因数分解できませんから，方程式$p(x)=0$は有理数の解を持ちません。しかし，無理数解や複素数解なら

持ちえます。x^2-2はQ上の既約多項式ですが，$x^2-2=0$は$x=\pm\sqrt{2}$という解を持ちます。

定理3.6 **既約多項式の性質**

$p(x)$を$\boldsymbol{Q}$上の既約多項式とする。$f(x)$，$g(x)$は$\boldsymbol{Q}$上の多項式とする。

(1)　$f(x)$が$p(x)$で割り切れないとき，$f(x)$と$p(x)$は$\boldsymbol{Q}$上で互いに素である。

(2)　$f(x)g(x)$が$p(x)$で割り切れるとき，$f(x)$が$p(x)$で割り切れるか，$g(x)$が$p(x)$で割り切れるか，どちらかである。

(3)　方程式$p(x)=0$と$f(x)=0$が共通の解を1つでも持てば，$f(x)$は$p(x)$で割り切れる。

(4)　$f(x)$の次数が1次以上，$p(x)$の次数未満のとき，方程式$p(x)=0$ $f(x)=0$は共通の解を持たない。

(5)　方程式$p(x)=0$は重解を持たない。

(3)，(4)，(5) でいう解とは，複素数解まで含めてのことです。

証明

(1)　もしも最大公約数が1でないとすると，1次以上の式$h(x)$があって，

$$f(x)=f_1(x)h(x),\quad p(x)=p_1(x)h(x)$$

となります。$p_1(x)$の最高次の係数を1にしておきます。$p(x)$が既約多項式であることから，$p_1(x)=1$であり，$p(x)=h(x)$となるので，$f(x)=f_1(x)p(x)$から，結局$f(x)$が$p(x)$の倍数であることになり矛盾します。よって，$f(x)$と$p(x)$は$\boldsymbol{Q}$上で互いに素です。

(2)　$f(x)$が$p(x)$で割り切れれば題意を満たすので，$f(x)$が$p(x)$で割り切れないものとします。このとき，(1) から$f(x)$と$p(x)$の最大公約数は1になります。$f(x)$と$p(x)$が互いに素なので，**定理3.5**より，

$$f(x)A(x)+p(x)B(x)=1$$

を満たす$A(x)$，$B(x)$が存在します。これに$g(x)$を掛けます。

$$f(x)g(x)A(x)+p(x)g(x)B(x)=g(x)$$

$f(x)g(x)$は$p(x)$で割り切れますから，$f(x)g(x)=p(x)h(x)$と書け，これを代入します。

$$g(x)=p(x)h(x)A(x)+p(x)g(x)B(x)$$
$$=\{h(x)A(x)+g(x)B(x)\}p(x)$$

となりますから，$g(x)$は$p(x)$で割り切れることになります。

結局，$f(x)$か$g(x)$のどちらか一方は$p(x)$で割り切れることになります。

(3)　背理法で示します。$f(x)$が$p(x)$で割り切れないものと仮定します。

すると，(1) で示したように$f(x)$と$p(x)$は互いに素になり，

$$f(x)A(x)+p(x)B(x)=1 \quad \cdots\cdots①$$

を満たす$A(x)$, $B(x)$が存在します。

有理数ではありません

共通の解をαとしましょう。①に$x=\alpha$を代入します。

すると，$f(\alpha)=0$, $p(\alpha)=0$ですから，①の左辺は，

$$f(\alpha)A(\alpha)+p(\alpha)B(\alpha)=0\cdot A(\alpha)+0\cdot B(\alpha)=0$$

となり，矛盾します。

したがって，$f(x)$は$p(x)$で割り切れることになります。

(4)　対偶である「方程式$p(x)=0$, $f(x)=0$が共通の解を1つでも持てば，$f(x)$は$p(x)$の次数以上である」を示します。

(3) より方程式$p(x)=0$, $f(x)=0$が共通の解を1つでも持てば，$f(x)$は$p(x)$で割り切れるので，多項式$h(x)$を用いて，$f(x)=h(x)p(x)$となります。このとき，

$$[f(x)の次数]=[h(x)の次数]+[p(x)の次数]\geqq[p(x)の次数]$$

ですから，$f(x)$の次数は$p(x)$の次数以上になります。

(5)　$p(x)=0$がαを重解として持つものとします。すると，

$$p(x)=(x-\alpha)^2q(x)$$

q(x)はQ上の多項式とは限りません

と表すことができます。これを微分すると，

$$\begin{aligned} p'(x) &= \{(x-\alpha)^2 q(x)\}' \\ &= \{(x-\alpha)^2\}' q(x) + (x-\alpha)^2 q'(x) \\ &= 2(x-\alpha)q(x) + (x-\alpha)^2 q'(x) \end{aligned}$$

$(fg)'=f'g+fg'$

$\{(x-\alpha)^n\}'=n(x-\alpha)^{n-1}$

となります。これに$x=\alpha$を代入して，$p'(\alpha)=0$です。$p(\alpha)=0$，$p'(\alpha)=0$ですから，$p(x)=0$と$p'(x)=0$は共通の解αを持ちます。ここで$p(x)$の次数は2以上ですから，$p'(x)$は次数は1次以上です。$p'(x)$の次数は，1次以上で$p(x)$の次数未満ですから，(4)より$p(x)=0$，$p'(x)=0$は共通の解を持たないことになり矛盾します。

したがって，$p(x)=0$は重解を持ちません。（証明終わり）

この定理は，$\boldsymbol{Q}$上の既約多項式（有理数を係数として持つ多項式で，有理数係数の多項式に因数分解できないもの）について述べていますが，$\boldsymbol{Q}$を他の体に置き換えても成り立つ定理です。他の体についてなじみがない段階なので$\boldsymbol{Q}$について述べたまでです。実際，この定理は，$\boldsymbol{Q}$を他の体に置き換えた形で引用されます。

$p(x)=0$が重解を持たないということは，解がすべて異なるということです。このことは，方程式の理論を考えていく上でずいぶんと議論を簡単にしてくれます。実は，$\boldsymbol{Q}$上でなく，$\boldsymbol{F}_p$上の方程式を考えるときは，既約多項式による方程式であっても重解を持ちうるのです。その場合まで含めて議論をしようとすると，本格的になり説明も複雑になります。脇道で迷ってはいけないので，本書では$\boldsymbol{Q}$上の方程式のみに絞ってガロア理論を展開することにしました。

4　既約多項式で割っても体

$\mathbf{Q}[x]/(p(x))$

整数と多項式のアナロジーを進めましょう。

素数pに対して，$\mathbf{Z}/p\mathbf{Z}$は体になり，$\mathbf{F}_p$と表しました。多項式の場合であっても，既約多項式$p(x)$について，これと同じようなことを考えることができます。

多項式の係数は有理数で考えます。有理数係数の多項式の集合を$\mathbf{Q}[x]$で表します。これから進める話は，有理数以外の体を係数として拡張できますが，ここでは有理数係数としておきます。

$\mathbf{F}_p$は，整数をpで割った余りについて四則演算を定めたものです。多項式の場合も，$p(x)$で割った余りどうしの演算を考えましょう。

多項式$f(x)$を$p(x)$で割った余りと$g(x)$を割った余りが等しいとき，

$$f(x) \equiv g(x) \pmod{p(x)}$$

と表すことにします。

この合同式に関しては，整数のときと同じように，

$a(x) \equiv b(x)$, $c(x) \equiv d(x) \pmod{p(x)}$のとき，

$$a(x)+c(x) \equiv b(x)+d(x) \pmod{p(x)}$$

$$a(x)-c(x) \equiv b(x)-d(x) \pmod{p(x)}$$

$$a(x)c(x) \equiv b(x)d(x) \pmod{p(x)}$$

が成り立ちます。このことは，**定理1.4**の証明の式で，整数を多項式に置き換えてみれば，そのまま通用することから分かるでしょう。

$\mathbf{Q}[x]$に含まれる多項式を$p(x)$で割った余りで多項式を分類した剰余類の集合を$\mathbf{Q}[x]/(p(x))$と書くことにします。

例えば，$p(x)=x^3-2$のとき，x^4-x+3と$2x^3+x-1$はx^3-2で割った余りがいずれも$x+3$ですから，$p(x)$で割った余りが$x+3$となる$\mathbf{Q}$上の多

項式の集合を$\overline{x+3}$で表すことにすると，x^4-x+3と$2x^3+x-1$は，剰余類$\overline{x+3}$に含まれます。このように剰余類を$p(x)$で割った余りで表すことにします。$\boldsymbol{Q}[x]/(p(x))$の元は剰余類ですから本来“－”（バー）を付けるものですが，以後“－”を付けずに表記することにします。

$\boldsymbol{Q}[x]/(x^3-2)$の元は，3次式$x^3-2$で割った余りですから，2次以下の有理数係数の多項式すべてになります。

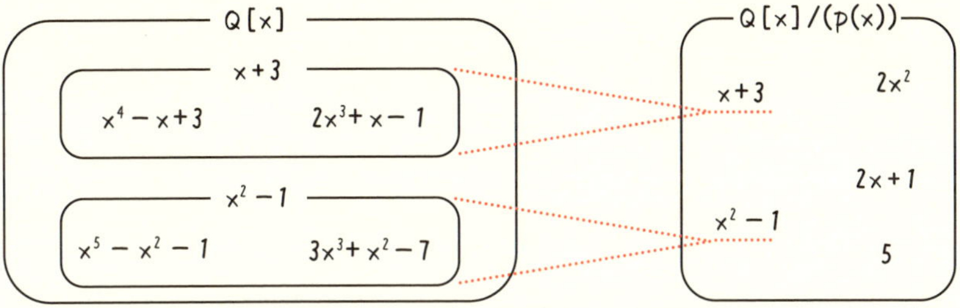

$a+c\equiv b+d \pmod{n}$，$a-c\equiv b-d \pmod{n}$，$ac\equiv bd \pmod{n}$から，$\boldsymbol{Z}/n\boldsymbol{Z}$の加減乗の計算が保証されたように，$(\bmod\, p(x))$の合同式が成り立つことから，$\boldsymbol{Q}[x]/(p(x))$の元どうし，つまり多項式を$p(x)$で割った余りどうしで加減乗の演算ができることが分かります。加減乗の演算までは$p(x)$が既約多項式でなくとも成り立つ話です。$p(x)$が既約多項式のときは，除の演算も可能なのです。

既約多項式$p(x)$の例としてx^3-2をとって，$\boldsymbol{Q}[x]/(x^3-2)$において割り算ができ，四則演算すべてができることを確認してみましょう。

その前に，x^3-2が有理数上で既約多項式であることを確認しておきます。

$p=2$として，Eisensteinの判定条件（**定理3.4**）を適用します。

定数項は2で割り切れますが，4で割り切れず，x^3の係数は2で割り切れず，他の係数は2で割り切れます。よって，x^3-2は整数係数の範囲で既約多項式です。**定理3.3**より，x^3-2は$\boldsymbol{Q}$上の既約多項式です。

問3.7　$\boldsymbol{Q}[x]/(x^3-2)$としての計算をせよ。

(1) $(x+2)+(x^2+x+1)$

(2) $(x+2)-(x^2+x+1)$

(3) $(x+2)\times(x^2+x+1)$

(4) $\dfrac{x+2}{x^2+x+1}$

和と差に関しては，普通の多項式の計算で済みます。

(1)　$(x+2)+(x^2+x+1)=x^2+2x+3$

(2)　$(x+2)-(x^2+x+1)=-x^2+1$

(3)　積を計算して次数が，3次以上になったときには，x^3-2で割って余りをとります。

$$(x+2)(x^2+x+1)=x^3+3x^2+3x+2$$

これをx^3-2で割ると，商が1，余りが$3x^2+3x+4$なので，

$$(x+2)(x^2+x+1)\equiv 3x^2+3x+4 \pmod{x^3-2}$$

$\boldsymbol{Q}[x]/(x^3-2)$の元としての計算は，

$$(x+2)(x^2+x+1)=3x^2+3x+4$$

となります。

(4)　$\dfrac{x+2}{x^2+x+1}$の答えを$X(x)$としましょう。

$\dfrac{x+2}{x^2+x+1}$が$X(x)$になったということは，割り算が掛け算の逆算であることを考慮して，(x^2+x+1)と$X(x)$を掛けると$x+2$になるということです。つまり，

$$x+2\equiv(x^2+x+1)X(x) \pmod{x^3-2}$$

さらに，合同式を等式に直せば，ある多項式$Y(x)$があって，

$$(x^2+x+1)X(x)+(x^3-2)Y(x)=x+2 \quad \cdots\cdots①$$

と書くことができるということです。この問題の割り算は，上の式を満たすような$X(x)$，$Y(x)$を求める問題に還元されました。

$X(x)$，$Y(x)$を互除法で求めてみましょう。

x^3-2をx^2+x+1で割ると，商が$x-1$，余りが-1ですから，

$$x^3-2=(x-1)(x^2+x+1)-1$$

これを①の左辺に代入すると，

$$(x^2+x+1)X(x)+\{(x^2+x+1)(x-1)-1\}Y(x)$$
$$=(x^2+x+1)\{X(x)+(x-1)Y(x)\}-Y(x)$$

これが$x+2$に等しくなるためには，

$$X(x)+(x-1)Y(x)=0,\ -Y(x)=x+2$$

であればO.K.です。これを解いて，

$$Y(x)=-x-2,\ X(x)=-(x-1)Y(x)=(x-1)(x+2)=x^2+x-2$$

となります。よって，$\boldsymbol{Q}[x]/(x^3-2)$の元としての計算は，

$$\frac{x+2}{x^2+x+1}=x^2+x-2$$

ここで効いてくるのは，x^3-2が既約多項式であるという事実です。x^3-2が既約多項式であり，x^2+x+1がx^3-2で割り切れないので，**定理3.6(3)** の対偶より，$x^3-2=0$と$x^2+x+1=0$には共通の解がないことが分かります。つまり，x^3-2とx^2+x+1に共通因数はなく，x^3-2とx^2+x+1は互いに素な多項式になります。

すると，**定理3.5(2)** より，

$$(x^2+x+1)X(x)+(x^3-2)Y(x)=x+2$$

を満たす多項式$X(x)$，$Y(x)$が存在することになり，それを互除法によって求めることができたのです。$X(x)$がうまく2次以下の式になりましたが，もしも$X(x)$が3次以上になった場合には，**定理3.5**のようにx^3-2で割って余りをとることによって，次数を2次以下に下げればよいのです。

また，$\dfrac{x+2}{x^2+x+1}$は，$x+2$に，$\bmod x^3-2$におけるx^2+x+1の逆数を掛けたものだと考えてもよいでしょう。x^2+x+1の逆数を$X(x)$とすれば，

$$(x^2+x+1)X(x)\equiv 1 \pmod{x^3-2}$$

が成り立ちます。ここから上で行なったように互除法によって$X(x)$を求めてもよいのですが，$(x^2+x+1)(x-1)=x^3-1$であることに気づけば，$(x^3-1)-1$はx^3-2で割り切れますから，

$$(x^3-1)-1\equiv 0 \qquad \therefore \quad x^3-1\equiv 1$$

$$\therefore \quad (x^2+x+1)(x-1)\equiv 1 \pmod{x^3-2}$$

これより，$X(x)\equiv x-1 \pmod{x^3-2}$であることが分かります。

よって，$\boldsymbol{Q}[x]/x^3-2$の元として，

$$\frac{x+2}{x^2+x+1}=(x+2)(x-1)=x^2+x-2$$

この例から分かるように，$\boldsymbol{Q}[x]$を既約多項式$p(x)$の余りで分類した剰余類では，加減乗除をすることができます。

特に，$g(x)$が$\boldsymbol{Q}[x]/(p(x))$において0でないとき，すなわち$g(x)$が$p(x)$の倍数でないとき，割り算$\dfrac{f(x)}{g(x)}$ができる仕組みは面白いと思います。

$g(x)$は$p(x)$の倍数ではなく，$p(x)$が既約多項式なので，**定理3.6(1)** より$p(x)$と互いに素であることになります。割り算の式を変形して，1次不定方程式にします。

$$\frac{f(x)}{g(x)}=X(x) \quad (\boldsymbol{Q}[x]/(p(x))\text{での式})$$

$$\Leftrightarrow \quad f(x)\equiv g(x)X(x) \pmod{p(x)}$$

これを等式で書いて，

$$g(x)X(x)+p(x)Y(x)=f(x)$$

$p(x)$が既約多項式なので，**定理3.5**より，$(X(x),\ Y(x))$が存在し，割り

算ができるのでした。$p(x)$の既約性がうまく効いています。

分配法則についても確認しておきます。

剰余類$\boldsymbol{Z}/n\boldsymbol{Z}$の加減乗に関して，分配法則が成り立つのは，整数の計算で分配法則が成り立っているからです。普通の整数の計算を，余りの計算として読み換えたものが剰余類の計算だからです。

$\boldsymbol{Q}[x]/(p(x))$の加減乗に関する演算も分配法則が成り立ちます。それは，$\boldsymbol{Q}[x]$に含まれる多項式の計算で，分配法則が成り立つからです。

これまでの観察をまとめると，次の定理のようになります。

定理3.7 既約多項式による体

$p(x)$を$\boldsymbol{Q}$上の既約多項式とすると，$\boldsymbol{Q}[x]/(p(x))$は体である。

pを素数とします。整数の集合$\boldsymbol{Z}$を$\bmod p$で見ると，$\boldsymbol{Z}/p\boldsymbol{Z}$という体ができます。

$p(x)$を既約多項式とします。多項式の集合$\boldsymbol{Q}[x]$を$\bmod p(x)$で見ると，$\boldsymbol{Q}[x]/(p(x))$という体ができます。

整数で素数pが果たしていた役割を，多項式では既約多項式$p(x)$が果たして，同様の性質が成り立つのです。

整数と多項式の興味深いアナロジーですね。

第4章「複素数」

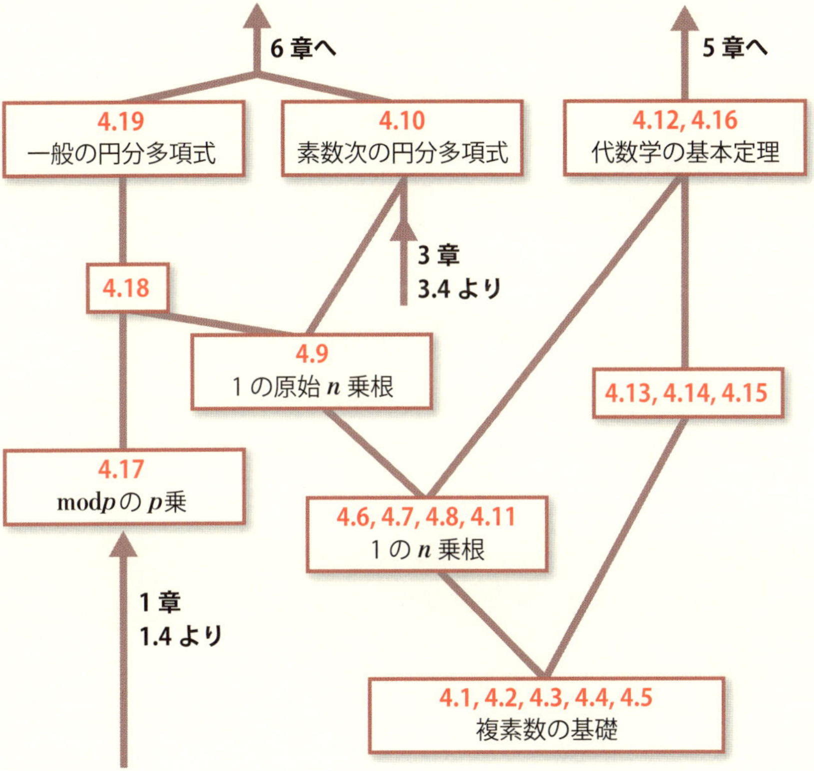

この章は，複素数の紹介から始まります。複素数の概念が初めての人に向けて説明してあります。

これを踏まえて，この章のテーマは2つ。

1つ目は1の n 乗根，1の原始 n 乗根です。これは第6章で根号表現を扱う際の基盤となっています。

2つ目は「代数方程式は複素数の中に解を持つ」ことを主張する代数学の基本定理です。これが第5章の拡大体の論理を展開する上でのプラットフォームになります。代数的証明と幾何的証明の2つを用意しました。

1　2次方程式から複素数が出てくる

複素数

この本では，5次以上の方程式には解の公式がないことを説明するのが目標です。しかし，5次以上の方程式にも，解は存在するのです。このことは，

代数学の基本定理

n次方程式は，n個の解（重複度を含めて）を持つ。

から保証されています。

この章は，みなさんが複素数を知らないものとして話を進めます。

複素数は，高校の教育課程が変わるごとに，教科書に入ったり省かれたりを繰り返してきた分野です。ですから，みなさんの中には，高校で複素平面の概略を学んだ方もいらっしゃるでしょうし，2次方程式の解を記述するために虚数単位のiだけを学んだという方もいらっしゃるでしょう。この章の記述は，複素平面までご存知な方は少し退屈かもしれませんが，最後には「代数学の基本定理」の証明の概略まで述べるつもりですから，よろしくお付き合いを願えればと思います。

順当に1次方程式から見ていきましょう。

問4.1　$ax+b=0\quad(a\neq 0)$**を解け。**

$$ax+b=0 \qquad \therefore\quad ax=-b \qquad \therefore\quad x=-\frac{b}{a}$$

このように，1次方程式はいつでも解ける方程式です。

上の解答では，a，bがどういう数であるか言及されていませんでしたが，a，bが有理数であれば解も有理数になり，a，bが実数であれば解も実数

になります。つまり，1次方程式の解は，係数に使われた数の範囲と同じ範囲の数なのです。新しい数が芽生えることはありません。これが，2次方程式になると話は違ってきます。

例えば，$x^2-2=0$という2次方程式の解は$\pm\sqrt{2}$です。x^2-2の係数は，2次の係数が1，1次の係数が0，定数項が-2ですから，$x^2-2=0$は有理数係数の2次方程式です。しかし，解は有理数ではなく無理数です。係数に使われた数の範囲以外の数が解として表れるのです。

問4.2　$x^2=-2$の解を求めよ。

どんな数についても$x^2 \geqq 0$となるので，方程式を満たす解は存在しない。と，考えた方もいらっしゃるでしょう。確かに，“実数”の範囲では，この方程式に解はありません。それでも，この方程式は複素数まで数の範囲を広げると，解が存在します。複素数を説明する前に，“実数”について直感的におさらいします。

実数とは，数直線上で表される数のことで，整数や小数・分数のことです。-3, 2.5, $\frac{2}{7}$はもちろん実数です。$\sqrt{2}$やπは最後まで小数表示することはできませんが，数直線上に点をとることができるので実数です。

これに対して，複素数は，$i^2=-1$を満たす“i”という新しい数を導入して表されます。$i^2=-1$となる数（記号）iを**虚数単位**といいます。これを用いた

$$a+bi \quad (a,\ b\text{は実数})$$

という形をした数を**複素数**といいます。biのところは，$b\times i$を表しています。aを「$a+bi$」の**実部**（Real part），bを「$a+bi$」の**虚部**（Imaginary part）といいます。

複素数まで数の範囲を広げると，方程式$x^2=-2$も解を持ちます。この方程式の解は，$x=\pm\sqrt{2}\,i$です。実際，

$$(\sqrt{2}\,i)\times(\sqrt{2}\,i)=(\sqrt{2})^2\times i^2=2\times(-1)=-2$$

$$(-\sqrt{2}\,i)\times(-\sqrt{2}\,i)=(-\sqrt{2})^2\times i^2=2\times(-1)=-2$$

となり，$x=\pm\sqrt{2}\,i$は，方程式$x^2=-2$の解になっています。

$x^2=2$の解は，$x=\pm\sqrt{2}$でしたから，$x^2=-2$の解は，形式的に書けば$\pm\sqrt{-2}$のことでしょう。複素数を導入する以前は，$\sqrt{}$の中身が負の数の場合を扱うことができませんでしたが，複素数を用いるとそんな場合でも扱うことができるようになるのです。

$x^2=-2$の解を求めるのであれば，

$$x=\pm\sqrt{-2}=\pm\sqrt{2\times(-1)}=\pm\sqrt{2}\times\sqrt{-1}=\pm\sqrt{2}\,i$$

となります。これは$\sqrt{}$の中身が正の数のとき，$\sqrt{}$の中に2乗が入っていたら，$\sqrt{}$の外に出していいという計算法則($\sqrt{a^2b}=a\sqrt{b}$)をそのまま使っています。

複素数を用いると，上の2次方程式だけでなく，どんな2次方程式でも解があることになります。

問4.3　$x^2+x+1=0$の解を求めよ。

2次方程式の解の公式を用いて，

$$x=\frac{-1\pm\sqrt{1^2-4\cdot1}}{2}=\frac{-1\pm\sqrt{-3}}{2}=\frac{-1\pm\sqrt{3}\,i}{2}$$

となります。2次方程式の公式で，$\sqrt{}$の中身が負になる場合でも，iを用いることで解けてしまうわけです。

ただ，これだけではiを導入しても，それほどありがたさは実感できませんね。方程式が解けたといっても，形式的にむりやり解いたという感が否めません。そもそも複素数が数直線上にない数なので実感がわかないのです。

確かに複素数はこのように2次方程式を解くために形式的に編み出された数なのですが，複素平面という考え方を用いると複素数も実数と同じように実感することができるようになります。

そのまえに，複素数の計算練習をしておきましょう。

問4.4　次の計算をせよ。

(1) $(-2+5i)+(3-2i)$

(2) $(-2+5i)-(3-2i)$

(3) $(-2+5i)(3-2i)$

(4) $\dfrac{-2+5i}{3-2i}$

(1)(2)　複素数の和・差は，実部どうしの和・差，虚部どうしの和・差をとります。和，差に関しては，1次の多項式のように同類項をまとめればよいのです。

$$(-2+5i)+(3-2i)=(-2+3)+(5-2)i=1+3i$$

$$(-2+5i)-(3-2i)=(-2-3)+\{5-(-2)\}i=-5+7i$$

(3) 積は，i^2 が出てきたところで，　$i^2=-1$ と置き換えます。

$$\begin{aligned}&(-2+5i)(3-2i)\\&=(-2)\cdot 3+(-2)\cdot(-2i)+5i\cdot 3+5i\cdot(-2i)\\&=-6+4i+15i-10i^2=-6+19i+10=4+19i\end{aligned}$$

(4)　高校生のとき，分母に無理数が入ってきている分数を有理化したときのことを思い出してください。i は $i=\sqrt{-1}$ とルートの形をしていますから，同じ要領が使えます。分母分子に $3+2i$ を掛けます。

$$\begin{aligned}\frac{-2+5i}{3-2i}&=\frac{(-2+5i)(3+2i)}{(3-2i)(3+2i)}=\frac{-6-4i+15i+(5i)(2i)}{3^2-(2i)^2}\\&=\frac{-6+11i-10}{9-(-4)}=\frac{-16+11i}{13}=-\frac{16}{13}+\frac{11}{13}i\end{aligned}$$

このように複素数全体の集合は，四則演算で閉じていて分配法則が成り立ちますから体になります。複素数全体の集合を体として見るとき，これを**複素数体**といい $\boldsymbol{C}$ で表します。

複素数の四則演算については，実例でお分かりいただけたと思います。

上の割り算のところで，分母分子に$3+2i$を掛けました。これは$3-2i$に対して，虚部の符号を反転した数です。このように虚部の符号を替えた複素数を**共役複素数**といいます。$3-2i$は，$3+2i$の共役複素数です。

複素数zに対して，その共役複素数をzの上にバーをつけて$\overline{z}$と表します。$z=a+bi$であれば，$\overline{z}=a-bi$です。

共役という言葉には，あとあと深い意味があることが分かってくるでしょう。ここでは共役複素数についての簡単な計算法則を紹介しておきます。

定理4.1　共役複素数の計算法則

z，wを複素数とすると，

(i)　$\overline{\overline{z}}=z$

(ii)　$\overline{z+w}=\overline{z}+\overline{w}$

(iii)　$\overline{zw}=\overline{z}\,\overline{w}$　　特にaが実数のとき，$\overline{az}=a\overline{z}$

(iv)　$\overline{\left(\dfrac{z}{w}\right)}=\dfrac{\overline{z}}{\overline{w}}$　$(w\neq 0)$

(ii)から(iv)は，計算（四則演算）結果の共役複素数は，初めに共役複素数をとってから計算をしたものに等しいということです。

この他，zと$\overline{z}$の和，積をとると実数になることも重要です。

定理4.2　共役と組み合わせると実数

$z+\overline{z}$，$z\overline{z}$は実数である。

証明　**定理4.2**から証明していきましょう。

$z=a+bi$（a，bは実数）のとき，$\overline{z}=a-bi$であり，

$$z+\overline{z}=(a+bi)+(a-bi)=2a, \quad \leftarrow\text{実数}$$

$$z\overline{z}=(a+bi)(a-bi)=a^2-(bi)^2=a^2+b^2 \quad \leftarrow\text{実数}$$

次に**定理4.1**を証明してみましょう。

$z=a+bi$, $w=c+di$として，確認してみましょう。

$$\overline{\overline{z}}=\overline{\overline{a+bi}}=\overline{a-bi}=a+bi=z$$

(i)が成り立ちます。

$$\overline{z+w}=\overline{(a+bi)+(c+di)}=\overline{(a+c)+(b+d)i}=(a+c)-(b+d)i$$

$$\overline{z}+\overline{w}=(a-bi)+(c-di)=(a+c)-(b+d)i$$

よって，$\overline{z+w}=\overline{z}+\overline{w}$となり，(ii)が成り立ちます。

$$\overline{zw}=\overline{(a+bi)(c+di)}=\overline{(ac-bd)+(ad+bc)i}$$

$(bi)(di)=bdi^2=-bd$

$$=(ac-bd)-(ad+bc)i$$

$$\overline{z}\,\overline{w}=(a-bi)(c-di)=(ac-bd)-(ad+bc)i$$

$(-bi)(-di)=bdi^2=-bd$

よって，$\overline{zw}=\overline{z}\,\overline{w}$となり，(iii)が成り立ちます。

(iv)は，$w\neq0$のとき，(iii)でzをuとおいて，

$$\overline{uw}=\overline{u}\,\overline{w}\qquad\therefore\quad\overline{u}=\frac{\overline{uw}}{\overline{w}}$$

$uw=\frac{z}{w}\cdot w=z$

これに$u=\frac{z}{w}$を代入して，$\overline{\left(\frac{z}{w}\right)}=\frac{\overline{z}}{\overline{w}}$

もちろん，$z=a+bi$, $w=c+di$を代入して具体的に確かめることもできます。

$$\overline{\left(\frac{z}{w}\right)}=\overline{\left(\frac{a+bi}{c+di}\right)}=\overline{\left(\frac{(a+bi)(c-di)}{(c+di)(c-di)}\right)}=\overline{\left(\frac{(ac+bd)-(ad-bc)i}{c^2+d^2}\right)}$$

実数

定理4.1(iii)の実数のとき

$$=\frac{1}{c^2+d^2}\times\{\overline{(ac+bd)-(ad-bc)i}\}=\frac{(ac+bd)+(ad-bc)i}{c^2+d^2}$$

$$\frac{\overline{z}}{\overline{w}}=\frac{\overline{a+bi}}{\overline{c+di}}=\frac{a-bi}{c-di}=\frac{(a-bi)(c+di)}{(c-di)(c+di)}=\frac{(ac+bd)+(ad-bc)i}{c^2+d^2}$$

よって，$\overline{\left(\frac{z}{w}\right)}=\frac{\overline{z}}{\overline{w}}$が成り立ちます。

さて，この簡単な計算法則を用いると，有理数係数の方程式が複素数zを解に持つとき，その共役複素数$\overline{z}$も方程式の解になっているということ

を示すことができます。

2次方程式のときに，このことがいえることは解の公式から実感できると思います。実数係数の3次以上の方程式でも上のことが成り立つところが，この定理の面白いところです。

定理4.3　共役複素数はまた解

実数ではないzが実数係数の方程式$f(x)=0$の解であるとき，$\overline{z}$もこの方程式の解である。

証明　$f(x)=a_nx^n+a_{n-1}x^{n-1}+\cdots+a_1x+a_0$（$a_i$は実数）とおきます。

zが解なので，

$$a_nz^n+a_{n-1}z^{n-1}+\cdots+a_1z+a_0=0$$

が成り立ちます。この式の全体にバーをつけると，

$$\overline{a_nz^n+a_{n-1}z^{n-1}+\cdots+a_1z+a_0}=\overline{0}$$

定理4.1(ii)

$$\overline{a_nz^n}+\overline{a_{n-1}z^{n-1}}+\cdots+\overline{a_1z}+\overline{a_0}=0$$

定理4.1(iii) 実数の場合

$$a_n\,\overline{z^n}+a_{n-1}\,\overline{z^{n-1}}+\cdots+a_1\overline{z}+a_0=0$$

定理4.1(iii)

$$a_n(\overline{z})^n+a_{n-1}(\overline{z})^{n-1}+\cdots+a_1(\overline{z})+a_0=0$$

となります。これは$f(\overline{z})=0$と書くことができますから，$\overline{z}$も解であることが確かめられました。（証明終わり）

これは，実数係数の方程式だから成り立つことであって，一般に複素数係数では成り立ちません。

なお，この**定理4.3**はのちに一般化され（**定理5.7**），第5章の理論を展開する上での基本となります。

2 複素数が活躍する舞台

複素平面

さっそく，複素平面のことを紹介しましょう。

複素平面とは，平面の点を複素数と対応付けたもののことです。

$a+bi$に対して，下の図のように対応付けます。

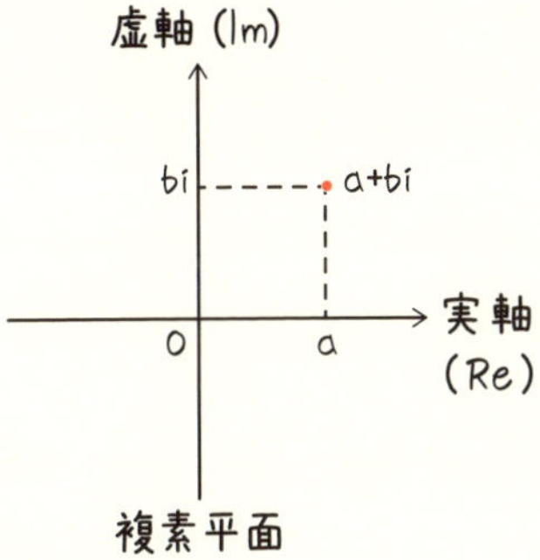

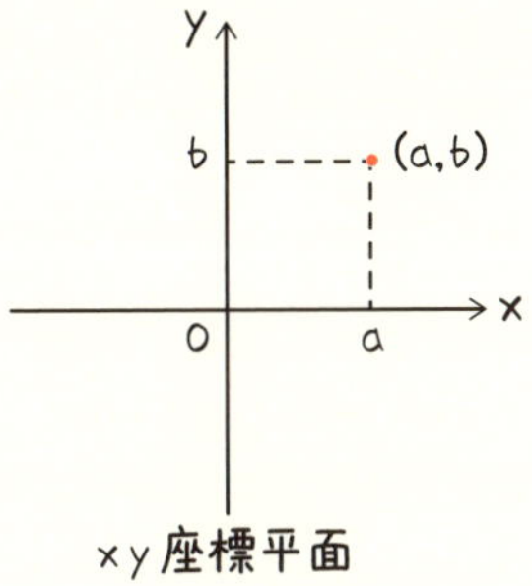

Oで直交する直線のうち，よこの直線はxy座標平面ではx軸でしたが複素平面では実軸（Reで表す），たての直線はxy座標平面ではy軸でしたが複素平面では虚軸（Imで表す）といいます。

$a+bi$が与えられたとき，それに対応する複素平面上の点を求めるには，xy座標平面で座標(a, b)に対応する点をとるときと同じにすればよいのです。

と，複素平面の定義はこれだけのことなのですが，複素数の計算を複素平面上で考えるといろいろ面白いことが分かってきて，応用も広がっていくのです。上でした計算が複素平面ではどのようなことを意味していたのか考えていきましょう。

まず，複素数の足し算，引き算に関しては，平面ベクトルと関連づけると解釈しやすいでしょう。

$$-2+5i\text{であれば}\begin{pmatrix}-2\\5\end{pmatrix},\quad 3-2i\text{であれば}\begin{pmatrix}3\\-2\end{pmatrix}$$

という平面ベクトルだと考えましょう。

複素数の和・差は，実部どうしの和・差，虚部どうしの和・差をとります。一方，ベクトルの和・差を計算するときも，成分どうしの和・差をとります。複素数の和・差を複素平面で考えるには，複素数をベクトルのように扱えばよいのです。

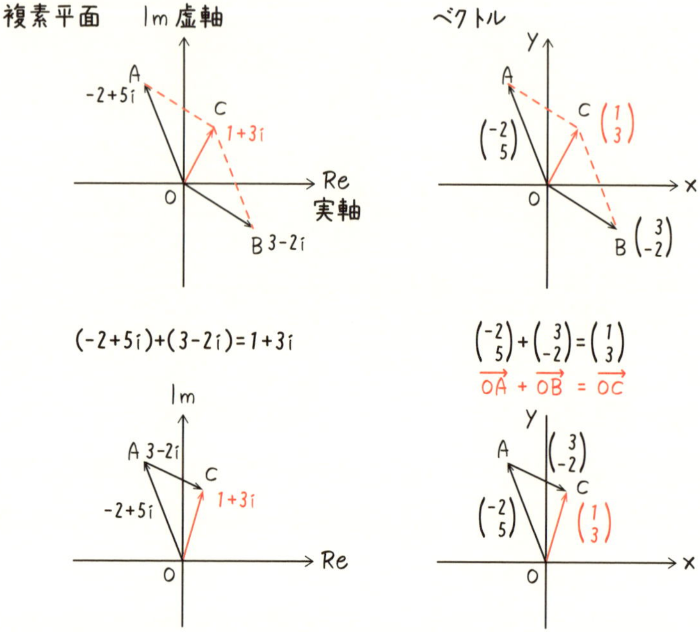

さて，次に複素数の積・商について，複素平面上での解釈を与えてみましょう。そのためには，次のような複素数の極形式という見方が必要です。

極形式とは，下図のように捉えて複素数 $a+bi$ を $r(\cos\theta+i\sin\theta)$ の形に表すことです。

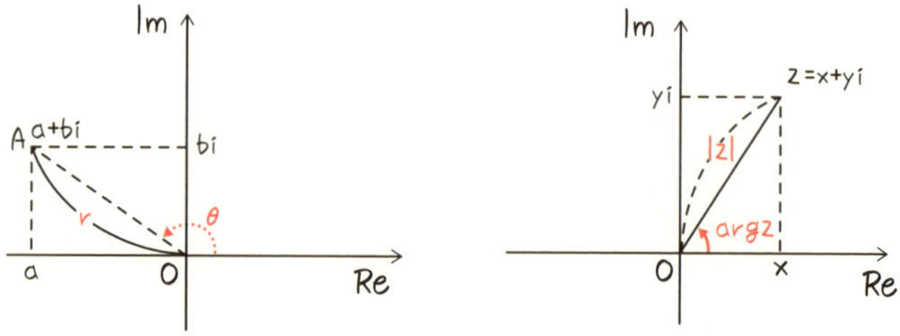

複素数$a+bi$を極形式にするには，次のようにします。

$a+bi$に対応する複素平面上の点Aをとり，OAの長さをrとし，OAと実軸のなす角をθとします。θに関して正確にいえば，実軸の正方向のベクトルを反時計回り方向を正としてθ度回転するとOAの向きになるということです。すると，三角関数の定義から，$a=r\cos\theta$，$b=r\sin\theta$となります。これから，複素数$a+bi$は，

$$a+bi=r\cos\theta+(r\sin\theta)i=r(\cos\theta+i\sin\theta)$$

と極形式で表されます。

rのことを**絶対値**，θのことを**偏角**といいます。

複素数zに対して，zの絶対値を$|z|$で，zの偏角を$\arg z$で表します（前頁，下右図）。

"$|\ \ |$"という記号は，実数のときの記号と矛盾してはいません。実数aに対して，$|a|$はaが表す実数直線上の点と原点との距離を表していました。複素数の場合も同じで，$|z|$はzが表す複素平面上の点と原点との距離を表しているのです。zについて$z=x+yi$というように表示が与えられれば，$|z|=\sqrt{x^2+y^2}$と計算できます。

問4.5　$z=-3+3i$を極形式で表せ。

$|z|=\sqrt{(-3)^2+3^2}=3\sqrt{2}$，図より$\arg z=135°$であり，

$$z=3\sqrt{2}(\cos 135°+i\sin 135°)$$

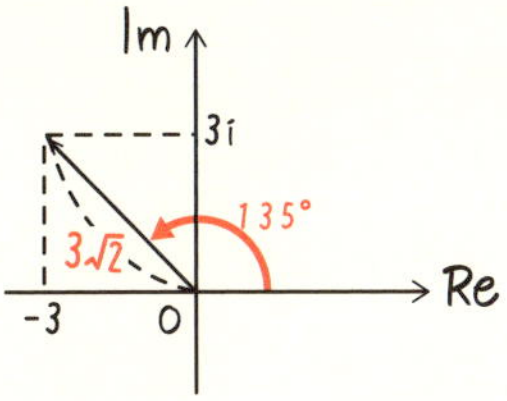

または，図を使わずに，

$$z=-3+3i$$
$$=\sqrt{(-3)^2+3^2}\left(\frac{-3}{\sqrt{(-3)^2+3^2}}+\frac{3}{\sqrt{(-3)^2+3^2}}i\right)$$
$$=3\sqrt{2}\left(-\frac{1}{\sqrt{2}}+\frac{1}{\sqrt{2}}i\right)=3\sqrt{2}(\cos 135°+i\sin 135°)$$

$a+bi$という表示で表された場合，複素数が等しいことは，実部と虚部

がともに等しいことと定義します。

$$a+bi=c+di \iff a=c \quad かつ \quad b=d$$

しかし，極形式表示の場合には少し注意が必要です。極表示の場合も，複素数（0は除く）が等しいということは，絶対値が等しく，偏角に対するcos, sinの値が等しいということです。ただ，いわゆる一般角の考え方を用いると，偏角そのものは360°の整数倍ずれていても同じcos, sinの値を持ちますから，偏角は360°の整数倍ずれても構いません。つまり，偏角はmod 360°で見るということです。

さて，極形式表示された複素数の積，商を計算してみましょう。

問4.6　$z_1=r_1(\cos\alpha+i\sin\alpha)$，$z_2=r_2(\cos\beta+i\sin\beta)$**のとき，**

z_1z_2，$\dfrac{z_1}{z_2}$**を計算して極形式表示で求めよ。**

計算には，途中，三角関数の加法定理を用います。

$$\begin{aligned}
z_1z_2&=r_1(\cos\alpha+i\sin\alpha)r_2(\cos\beta+i\sin\beta)\\
&=r_1r_2(\cos\alpha+i\sin\alpha)(\cos\beta+i\sin\beta)\\
&=r_1r_2\{\cos\alpha\cos\beta+\cos\alpha(i\sin\beta)+(i\sin\alpha)\cos\beta+(i\sin\alpha)(i\sin\beta)\}\\
&=r_1r_2\{\underline{\cos\alpha\cos\beta-\sin\alpha\sin\beta}+\underline{(\cos\alpha\sin\beta+\sin\alpha\cos\beta)}i\}\\
&=r_1r_2\{\underline{\cos(\alpha+\beta)}+\underline{i\sin(\alpha+\beta)}\}
\end{aligned}$$

加法定理

となります。答えもうまく極形式表示になっています。

z_1とz_2の積は，絶対値部分はz_1とz_2の絶対値の積r_1r_2，偏角部分はz_1とz_2の偏角の和$\alpha+\beta$になっています。

これらは記号を用いてまとめれば，

定理4.4　**複素数の積における絶対値と偏角**

$$|z_1z_2|=|z_1||z_2| \qquad \arg(z_1z_2)\equiv\arg z_1+\arg z_2 \quad (\mathrm{mod}\,360^\circ)$$

となります。偏角の方で，三角関数の加法定理がピッタリとはまるところが美しいですね。

$$\frac{z_1}{z_2}=\frac{r_1(\cos\alpha+i\sin\alpha)}{r_2(\cos\beta+i\sin\beta)}=\frac{r_1(\cos\alpha+i\sin\alpha)(\cos\beta-i\sin\beta)}{r_2(\cos\beta+i\sin\beta)(\cos\beta-i\sin\beta)}$$

$$=\frac{r_1}{r_2}\cdot\frac{\{\cos\alpha\cos\beta-(i\sin\alpha)(i\sin\beta)+(-\cos\alpha\sin\beta+\sin\alpha\cos\beta)i\}}{\{\cos^2\beta-(i\sin\beta)^2\}}$$

$$=\frac{r_1}{r_2}\cdot\frac{(\cos\alpha\cos\beta+\sin\alpha\sin\beta)+(\sin\alpha\cos\beta-\cos\alpha\sin\beta)i}{\underbrace{\cos^2\beta+\sin^2\beta}_{1}}$$

加法定理

$$=\frac{r_1}{r_2}\{\cos(\alpha-\beta)+i\sin(\alpha-\beta)\}$$

z_1とz_2の商は，絶対値部分はz_1とz_2の絶対値の商$\frac{r_1}{r_2}$，偏角部分はz_1とz_2の偏角の差$\alpha-\beta$になっています。

これらは記号を用いてまとめれば，

定理4.5　複素数の商における絶対値と偏角

$$\left|\frac{z_1}{z_2}\right|=\frac{|z_1|}{|z_2|}\qquad \arg\frac{z_1}{z_2}\equiv\arg z_1-\arg z_2\quad(\mathrm{mod}\,360^\circ)$$

となります。

$(\sqrt{3}+i)(-1+\sqrt{3}i)$で積の法則を確認してみましょう。

計算すると，$(\sqrt{3}+i)(-1+\sqrt{3}i)=-2\sqrt{3}+2i$となります。

それぞれを図示して，絶対値・偏角を計算します。

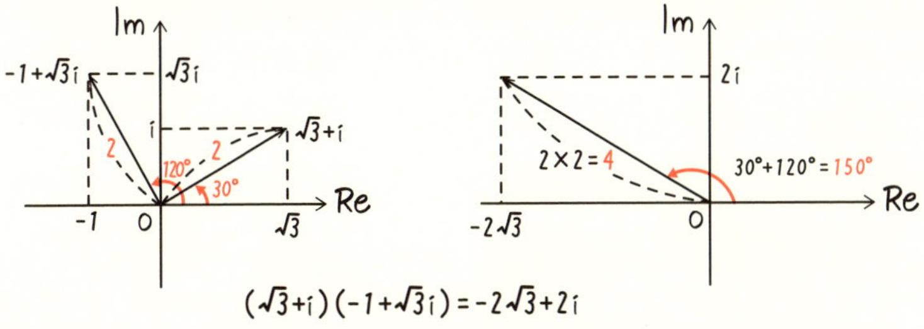

$|\sqrt{3}+i|=2$，$|-1+\sqrt{3}i|=2$，$|-2\sqrt{3}+2i|=4$ですから，

$2\cdot2=4$が成り立ちます。

$$\arg(\sqrt{3}+i)=30^\circ+360^\circ k,\quad \arg(-1+\sqrt{3}\,i)=120^\circ+360^\circ l,$$
$$\arg(-2\sqrt{3}+2i)=150^\circ+360^\circ m \qquad (k,\ l,\ m \text{は整数})$$

ですから，

$$\arg(\sqrt{3}+i)+\arg(-1+\sqrt{3}\,i)\equiv\arg(-2\sqrt{3}+2i)\pmod{360^\circ}$$

が成り立ちます。確かに積の法則が成り立っています。

極形式を用いると，次のような計算も簡単にできるようになります。

問4.7　$(1+i)^{10}$を計算しなさい。

$1+i$を極形式表示に直します。すると，

$$1+i=\sqrt{2}(\cos 45^\circ+i\sin 45^\circ)$$

よって，

$$(1+i)^{10}=(\sqrt{2})^{10}(\cos 45^\circ+i\sin 45^\circ)^{10}$$

となります。

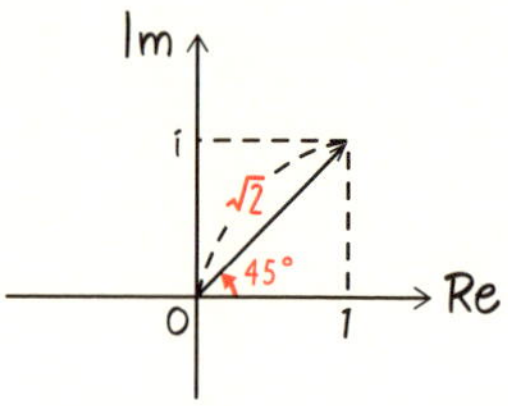

絶対値部分は，$(\sqrt{2})^{10}=((\sqrt{2})^2)^5=2^5=32$

偏角部分は，複素数の積の偏角が各複素数の偏角の和で表されましたから，$(\cos 45^\circ+i\sin 45^\circ)^{10}$の偏角は，10個の45°を足すこと，つまり45度の10倍になります。偏角部分は，

$$\underbrace{45^\circ+45^\circ+\cdots+45^\circ}_{10コ}=45^\circ\times 10=450^\circ\equiv 90^\circ\pmod{360^\circ}$$

になります。よって，

$$\begin{aligned}(1+i)^{10}&=\{\sqrt{2}(\cos 45^\circ+i\sin 45^\circ)\}^{10}\\&=(\sqrt{2})^{10}\{\cos(45^\circ\times 10)+i\sin(45^\circ\times 10)\}\\&=32(\cos 450^\circ+i\sin 450^\circ)\\&=32(\cos 90^\circ+i\sin 90^\circ)=32i\end{aligned}$$

となります。

複素数の積の計算法則を繰り返し用いることで以下のことが分かるわけ

です。

定理4.6 複素数のn乗

$$\{r(\cos\theta+i\sin\theta)\}^n=r^n(\cos n\theta+i\sin n\theta)$$

この公式で，$r=1$とした，

$$(\cos\theta+i\sin\theta)^n=\cos n\theta+i\sin n\theta$$

は，特にド・モアブルの公式と呼ばれています。

3　円をn等分する点

1のn乗根

複素数が極表示されたときのn乗の形が分かりました。これを用いると，次のような方程式を解くことが可能になります。

問4.8　$x^5-1=0$の解を求めよ。

$x=r(\cos\theta+i\sin\theta)$として，$x^5-1=0$に代入します。

$$\{r(\cos\theta+i\sin\theta)\}^5-1=0 \qquad \therefore \quad r^5(\cos 5\theta+i\sin 5\theta)=1$$

ここで右辺の極表示は，$1(\cos 0^\circ+i\sin 0^\circ)$ですから，絶対値どうし，偏角どうしを比べて，

$$r^5=1,\ 5\theta=0^\circ+360^\circ\times k \quad (k\text{は整数})$$

よって，$r=1,\ \theta=72^\circ\times k$　(kは整数)

kのとり方は無数にあるので，条件を満たすθの値は無数にあります。kが0以上の場合を書くと，

$$0^\circ,\ 72^\circ,\ 144^\circ,\ 216^\circ,\ 288^\circ,\ 360^\circ,\ 432^\circ,\ 504^\circ,\ \cdots\cdots$$

と続きますが，$(\cos\theta,\ \sin\theta)$の値に関しては，360°以降は繰り返しになります。kと$k+5$のときのθを比べてみると，

$$\theta=72^\circ\times k,\ \theta=72^\circ\times(k+5)=72^\circ\times k+360^\circ$$

とθの値が360°ずれますから，$(\cos\theta,\ \sin\theta)$の値に関しては，周期5で巡回します。

ですから，これらのときの$\cos\theta+i\sin\theta$を複素平面上にとると結局5個になり，それらは図のように複素平面上の単位円を5等分した点になります。

$x^5-1=0$の解は，

$$x=1(=\cos 0^\circ+i\sin 0^\circ),\ \cos 72^\circ+i\sin 72^\circ, \cos 144^\circ+i\sin 144^\circ,$$

$\cos 216^\circ + i\sin 216^\circ$, $\cos 288^\circ + i\sin 288^\circ$

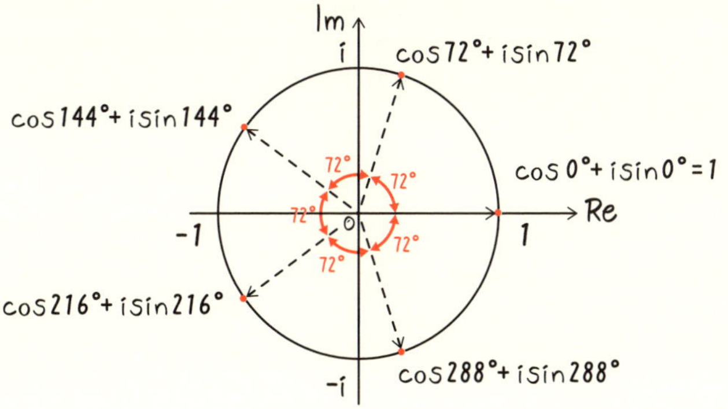

の5個になります。

これは，$\zeta = \cos 72^\circ + i\sin 72^\circ$ とおけば，

$$x = 1,\ \zeta,\ \zeta^2,\ \zeta^3,\ \zeta^4$$

$\zeta^3 = (\cos 72^\circ + i\sin 72^\circ)^3$
$= \cos 216^\circ + i\sin 216^\circ$

と表されます。一般に，$x^n - 1 = 0$ の解を**1のn乗根**といいます。これらは，1の5乗根です。

$x^5 - 1 = 0$の解が1, ζ, ζ^2, ζ^3, ζ^4なので，因数定理により，$x^5 - 1$は$(x-1)$, $(x-\zeta)$, $(x-\zeta^2)$, $(x-\zeta^3)$, $(x-\zeta^4)$で割り切れます。結局，$x^5 - 1$は1の5乗根を使って，複素数の範囲で

$$x^5 - 1 = (x-1)(x-\zeta)(x-\zeta^2)(x-\zeta^3)(x-\zeta^4)$$

と因数分解されます。

5をnに置き換えると次のようにまとまります。

定理4.7 **1のn乗根**

$\zeta = \cos\dfrac{360^\circ}{n} + i\sin\dfrac{360^\circ}{n}$ とおくとき，1のn乗根は，

$$\zeta^0(=1),\ \zeta^1,\ \zeta^2,\ \cdots,\ \zeta^{n-1}$$

のn個である。1のn乗根を用いると，

$$x^n - 1 = (x-1)(x-\zeta)(x-\zeta^2)\cdots(x-\zeta^{n-1})$$

と因数分解できる。

1のn乗根のことが分かったので，一般の数のn乗根についても考えてみましょう。

問4.9　$x^3=-1+\sqrt{3}\,i$を満たすxを求めよ。

求める複素数を，$x=r(\cos\theta+i\sin\theta)$とします。**定理4.6**より，

$$x^3=\{r(\cos\theta+i\sin\theta)\}^3=r^3(\cos 3\theta+i\sin 3\theta)$$

$-1+\sqrt{3}\,i$を極表示すると，

$$-1+\sqrt{3}\,i=2(\cos 120^\circ+i\sin 120^\circ)$$

よって，方程式は，

$$r^3(\cos 3\theta+i\sin 3\theta)=2(\cos 120^\circ+i\sin 120^\circ)$$

となります。両辺で絶対値，偏角を比べて，

$$\begin{cases} r^3=2 \qquad \therefore\ r=\sqrt[3]{2} \\ 3\theta=120^\circ+360^\circ\times k\ \ (k\text{は整数}) \qquad \therefore\ \theta=40^\circ+120^\circ\times k \end{cases}$$

よって，答えは，

$$x=\sqrt[3]{2}(\cos 40^\circ+i\sin 40^\circ),\ \sqrt[3]{2}(\cos 160^\circ+i\sin 160^\circ),$$
$$\sqrt[3]{2}(\cos 280^\circ+i\sin 280^\circ)$$

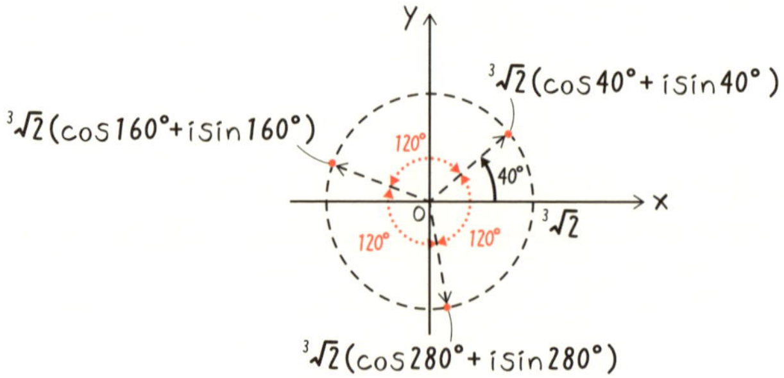

これらを表す複素平面上の点は，原点を中心とした半径$\sqrt[3]{2}$の円周上にあり，円周を3等分する点になっています。

解が3個あるのは，もとの方程式が3次方程式だからです。

この例から次の定理が分かるでしょう。

定理4.8 複素数のn乗根

nを正の整数，rを正の実数とする。

方程式　$x^n = r(\cos\theta + i\sin\theta)$を満たす$x$は，

$$x = \sqrt[n]{r}\left\{\cos\left(\frac{\theta}{n} + \frac{360^\circ}{n}\times k\right) + i\sin\left(\frac{\theta}{n} + \frac{360^\circ}{n}\times k\right)\right\}$$

$(k = 0,\ 1,\ \cdots,\ n-1)$

$u = \sqrt[n]{r}\left(\cos\dfrac{\theta}{n} + i\sin\dfrac{\theta}{n}\right)$，$\zeta = \cos\dfrac{360^\circ}{n} + i\sin\dfrac{360^\circ}{n}$とおくと，

$$x = u,\ u\zeta,\ u\zeta^2,\ \cdots,\ u\zeta^{n-1}$$

証明　$x = s(\cos\alpha + i\sin\alpha)$とおくと，**定理4.6**より，

$$x^n = \{s(\cos\alpha + i\sin\alpha)\}^n = s^n(\cos n\alpha + i\sin n\alpha)$$

すると，方程式は，

$$s^n(\cos n\alpha + i\sin n\alpha) = r(\cos\theta + i\sin\theta)$$

両辺の絶対値と偏角を比べて，

$$\begin{cases} s^n = r & \therefore\ s = \sqrt[n]{r} \\ n\alpha = \theta + 360^\circ\times k\ \ (k\text{は整数}) & \therefore\ \alpha = \dfrac{\theta}{n} + \dfrac{360^\circ}{n}\times k \end{cases}$$

よって，$x^n = r(\cos\theta + i\sin\theta)$の解は，

$$x = s(\cos\alpha + i\sin\alpha) = \sqrt[n]{r}\left\{\cos\left(\frac{\theta}{n} + \frac{360^\circ}{n}\times k\right) + i\sin\left(\frac{\theta}{n} + \frac{360^\circ}{n}\times k\right)\right\}$$

$(k = 0,\ 1,\ \cdots,\ n-1)$

また，右辺は偏角部分を分解して，

$$\sqrt[n]{r}\left(\cos\frac{\theta}{n} + i\sin\frac{\theta}{n}\right)\left(\cos\frac{360^\circ}{n}\times k + i\sin\frac{360^\circ}{n}\times k\right)$$

$$= \sqrt[n]{r}\left(\cos\frac{\theta}{n} + i\sin\frac{\theta}{n}\right)\left(\cos\frac{360^\circ}{n} + i\sin\frac{360^\circ}{n}\right)^k = u\zeta^k$$

これらは原点を中心とする半径$\sqrt[n]{r}$の円周をn等分する点になっていま

す。**定理4.8**は，1のn乗根のときの拡張になっています。（証明終わり）

ここで根号，n乗根の記号$\sqrt[n]{\ }$，について少し説明しましょう。

定理4.8から分かるように$x^n-a=0$の解はn個ありますが，aが正の実数のとき，$\sqrt[n]{a}$はこの方程式の解のうちで正の実数解を表します。「正の」とあえて断るのは，nが偶数のときは，例えば「$x^6=64$　の実数解は$x=\pm 2$」と，必ず負の実数解も持つからです。

上の定理では，rが正の実数ですから，$\sqrt[n]{r}$の記号は上の意味で用いています。

aが正の実数でない場合，つまり「aが負の実数である場合やもっと一般にaが複素数」である場合には，$\sqrt[n]{a}$で表す数は1つに決められません。n通りの場合が考えられます。

3次方程式，4次方程式には解の公式があります。この公式の中で使われる根号($\sqrt[n]{a}$)は，根号の中身が正の実数であっても，値を1つに決めることをせず，n乗してaになる数という意味で解釈していきます。

1のn乗根のときの話に戻ります。

nが合成数のとき，dをその約数とすると，1のn乗根には，1のd乗根が混ざります。

例えば，1の6乗根は，$\zeta=\cos 60^\circ+i\sin 60^\circ$とすると，1，$\zeta$，$\zeta^2$，$\zeta^3$，$\zeta^4$，$\zeta^5$の6個です。

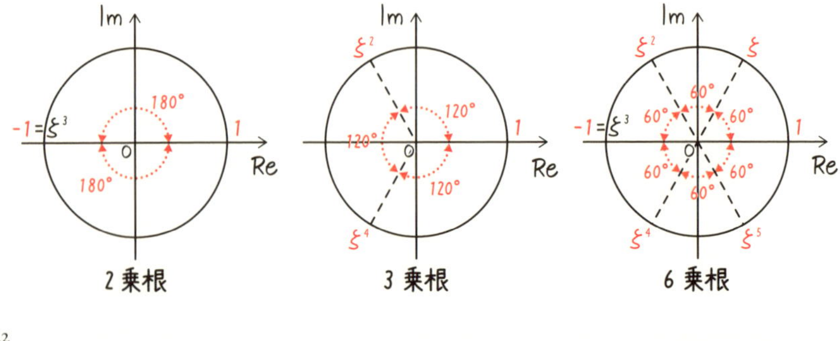

このうち，$\zeta^3(=-1)$は2乗すると

$$(\zeta^3)^2=\zeta^6=1$$

となるので1の2乗根でもありますし，ζ^2, ζ^4は3乗すると

$$(\zeta^2)^3=\zeta^6=1,\ (\zeta^4)^3=\zeta^{12}=(\zeta^6)^2=1$$

となるので1の3乗根でもあります。

また，1は，任意のnについてn乗根になっています。ζ, ζ^5については，

$$\zeta,\ \zeta^2,\ \zeta^3,\ \zeta^4,\ \zeta^5,\ \zeta^6=1$$

$$\zeta^5,\ (\zeta^5)^2=\zeta^4,\ (\zeta^5)^3=\zeta^3,\ (\zeta^5)^4=\zeta^2,\ (\zeta^5)^5=\zeta,\ (\zeta^5)^6=1$$

と，6乗して初めて1になります。

結局，生粋の1の6乗根は，ζ, ζ^5だけということになります。

このように1の6乗根から，1のd乗根（dは6の約数）になっている数を除いたものを，1の原始6乗根といいます。1の原始6乗根は，6乗して初めて1になる数ということもできます。一般に，n乗して初めて1になる数を**1の原始n乗根**といいます。

上の計算から分かるように，ζ^iが6乗より小さい乗数で1になるのは，iが6と共通な素因数を持つときです。

一方，1の原始6乗根ζの指数1は，6と互いに素な数であり，1の原始6乗根ζ^5の指数5も，6と互いに素な数です。1の原始6乗根の個数は2個です。1から6までの数のうちで，6と互いに素となる整数の個数は，オイラーの記号φを用いて，$\varphi(6)$と表されました。**定義1.7**の要領で計算してみると，確かに，$\varphi(6)=(3-1)(2-1)=2$と一致します。

1の5乗根についても，1の原始5乗根を考えましょう。

5が素数ですから，1以外のすべての5乗根が原始5乗根となり，$\varphi(5)=5-1=4$個になります。

一般論で証明しておきましょう。

定理4.9　**1の原始n乗根**

$\zeta=\cos\dfrac{360^\circ}{n}+i\sin\dfrac{360^\circ}{n}$とおく。$1\leqq k\leqq n$に対して，

ζ^kは1の原始n乗根である　$\Leftrightarrow$　$(k,\ n)=1$

1の原始n乗根は$\varphi(n)$個ある。　(a,b)でaとbの最大公約数を表す

証明　（ア）$\Rightarrow$を対偶で示します。$(k,\ n)=d\neq1$とします。すると，$k=k'd,\ n=n'd$（$k',\ n'$は正の整数）と表されます。

$$(\zeta^k)^{n'}=\zeta^{kn'}=\zeta^{k'dn'}=\zeta^{(n'd)k'}=(\zeta^n)^{k'}=1^{k'}=1$$

ですから，ζ^kは1のn'乗根になっています。$n'<n$ですから，$(k,\ n)=d\neq1$のとき，ζ^kは1の原始n乗根ではありません。

（イ）　$\Leftarrow$を示します。$(k,\ n)=1$のとき，ζ^kが$(\zeta^k)^j=1$となったとします。
kとnは互いに素

$$(\zeta^k)^j=\zeta^{kj}=\left(\cos\frac{360^\circ}{n}+i\sin\frac{360^\circ}{n}\right)^{kj}=\cos\frac{360^\circ\times kj}{n}+i\sin\frac{360^\circ\times kj}{n}$$

が1に等しいということですから，

$$\cos\frac{360^\circ\times kj}{n}=1,\ \sin\frac{360^\circ\times kj}{n}=0\quad\Leftrightarrow\quad\frac{kj}{n}\text{が整数}$$

といい換えられ，kjはnの倍数でなければなりません。

ところが，$(k,\ n)=1$ですから，jがnの倍数でなければなりません。nの倍数のうち最小の正のものはnですから，$(\zeta^k)^j=1$を満たすjのうち，最小の数はnです。$(k,\ n)=1$のとき，ζ^kは1の原始n乗根になります。

（ア），（イ）より，題意が示されました。

1の原始n乗根の個数は，1からnまでの数でnと互いに素になる数の個数に等しくなります。それが$\varphi(n)$個であることは，**定理1.10**によります。

（証明終わり）

4 1の原始n乗根を解に持つ方程式

円分多項式

1の原始n乗根が分かったところで，円分多項式を紹介しましょう。円分多項式$\Phi_n(x)$とは，$\Phi_n(x)=0$の解がちょうどすべての1の原始n乗根となるような多項式のことです。

定義4.1 円分多項式

$$\zeta=\cos\frac{360^\circ}{n}+i\sin\frac{360^\circ}{n}\text{のとき,}$$

$$\Phi_n(x)=\prod_{\substack{(k,n)=1\\1\leqq k\leqq n}}(x-\zeta^k)$$

を円分多項式という。

$\prod$ の記号は，$\sum$ の掛け算版であり，右辺は，

「$(k,\ n)=1$, $1\leqq k\leqq n$を満たすkについて，

kとnは互いに素

$(x-\zeta^k)$をすべて掛けたもの」

を表します。

さっそく具体的に求めてみましょう。

$n=1$のとき，

1の原始1乗根は1であり，$\Phi_1(x)=x-1$

$n=2$のとき，

1の2乗根は1と-1で，このうち1の原始2乗根は-1です。

よって，$\Phi_2(x)=x+1$

$n=3$のとき，

$$\zeta=\cos\frac{360^\circ}{3}+i\sin\frac{360^\circ}{3}=\cos120^\circ+i\sin120^\circ$$

とおくと，1の3乗根は1, ζ, ζ^2で，このうち1の原始3乗根はζ, ζ^2ですから，

$$\Phi_3(x)=(x-\zeta)(x-\zeta^2)$$

$x^3-1=(x-1)(x-\zeta)(x-\zeta^2)$でしたから，

$$\Phi_3(x)=(x-\zeta)(x-\zeta^2)=\frac{x^3-1}{x-1}=x^2+x+1$$

$n=4$のとき，1の4乗根はi，-1，$-i$，1で，このうち1の原始4乗根はi，$-i$ですから，

$$\Phi_4(x)=(x-i)(x+i)=x^2+1$$

$n=5$のとき，$\zeta=\cos 72^\circ+i\sin 72^\circ$とおくと，1の原始5乗根は$\zeta$，$\zeta^2$，$\zeta^3$，$\zeta^4$ですから，

$$\Phi_5(x)=(x-\zeta)(x-\zeta^2)(x-\zeta^3)(x-\zeta^4)$$

$x^5-1=(x-1)(x-\zeta)(x-\zeta^2)(x-\zeta^3)(x-\zeta^4)$でしたから，

$$\Phi_5(x)=\frac{x^5-1}{x-1}=x^4+x^3+x^2+x+1$$

$n=3,\ 5$の場合から，nが素数のときの円分多項式は形の予想ができましたか。

定理4.10　素数次の円分多項式

nが素数のとき，円分多項式$\Phi_n(x)$は，

$$\Phi_n(x)=x^{n-1}+x^{n-2}+\cdots+x+1$$

証明

$\zeta=\cos\dfrac{360^\circ}{n}+i\sin\dfrac{360^\circ}{n}$とおくと，1の原始$n$乗根は，

$$\zeta^k\quad ただし，(k,\ n)=1,\ 1\leqq k\leqq n$$

と表されました。nが素数なので，kは1から$n-1$までのすべての整数をとります。円分多項式は，

$$\Phi_n(x)=(x-\zeta)(x-\zeta^2)\cdots(x-\zeta^{n-1})$$

となります。

$$x^n-1=(x-1)(x-\zeta)(x-\zeta^2)\cdots(x-\zeta^{n-1})$$

でしたから，

$$\Phi_n(x)=(x-\zeta)(x-\zeta^2)\cdots(x-\zeta^{n-1})=\frac{x^n-1}{x-1}$$
$$=x^{n-1}+x^{n-2}+\cdots+x+1 \quad \cdots\cdots①$$

（証明終わり）

なお，nが素数でなくとも，①の等式は成り立ちます。

定理4.11 **1のn乗根の和の公式**

$\zeta=\cos\dfrac{360°}{n}+i\sin\dfrac{360°}{n}$，$1\leqq j\leqq n-1$のとき，

$$\sum_{k=0}^{n-1}\zeta^{kj}=1+\zeta^j+\zeta^{2j}+\cdots+\zeta^{(n-1)j}=0$$

証明

定理4.10の証明中の①から，

$$x^{n-1}+x^{n-2}+\cdots+x+1=(x-\zeta)(x-\zeta^2)\cdots(x-\zeta^{n-1})$$

が成り立ちます。これは，nが素数でなくとも成り立つ式です。

この式で，$x=\zeta^j(1\leqq j\leqq n-1)$とおけば，右辺は0になり，等式が示されます。（証明終わり）

nが合成数のときの円分多項式$\Phi_n(x)$の求め方を，具体例を通して紹介しましょう。

問4.10　$\Phi_{15}(x)$を求めよ。

$\zeta=\cos\dfrac{360°}{15}+i\sin\dfrac{360°}{15}=\cos 24°+i\sin 24°$とします。すると，

$$\Phi_{15}(x)=\prod_{\substack{(k,15)=1\\1\leqq k\leqq 15}}(x-\zeta^k)$$

$(k,\ 15)=1$となるkは，3の倍数でも，5の倍数でもない数です。

このような数を捉えるには，ベン図を用いるのが便利です。

次のベン図のイロ網部のところに含まれるζ^kについて$(x-\zeta^k)$を作り，掛け合わせればよいのです。

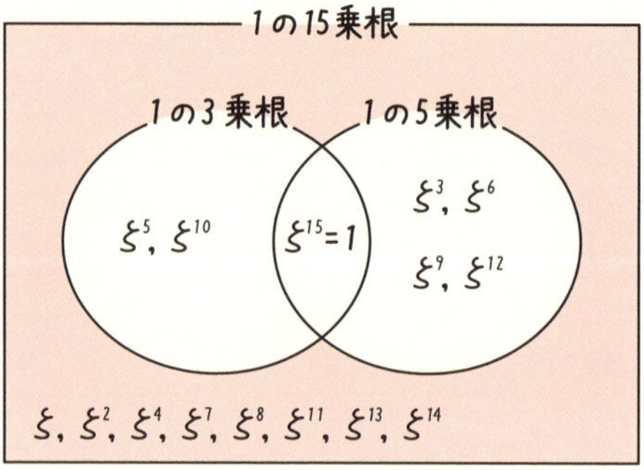

「kが3の倍数」のときの，ζ^kを作ると，ζ^3，ζ^6，ζ^9，ζ^{12}，ζ^{15}になります。これらはちょうど1の5乗根になっています。そこで，$(x-\zeta^k)$を作って掛け合わせると，

$$(x-\zeta^3)(x-\zeta^6)(x-\zeta^9)(x-\zeta^{12})(x-\zeta^{15})=x^5-1$$

となります。「kが5の倍数」のときのζ^kを作ると，ζ^5，ζ^{10}，ζ^{15}とちょうど1の3乗根になっています。これも$(x-\zeta^k)$を作って掛け合わせると，

$$(x-\zeta^5)(x-\zeta^{10})(x-\zeta^{15})=x^3-1$$

となります。四角の中に書かれた数はkが1から15までで，$(x-\zeta^k)$を作って掛け合わせると，$x^{15}-1$になります。

1から15までの数のうち3の倍数でも5の倍数でもない数の個数を求めるには，3の倍数の個数と，5の倍数の個数を15から引き，2重に取り除いてしまった15の倍数の個数をあとで加えればよいのです。これがベン図を用いたときの集合算の要領でした。

$x^{15}-1=(x-\zeta)(x-\zeta^2)\cdots(x-\zeta^{15})$を$x^3-1$と$x^5-1$で割ると，$x-\zeta^{15}$に関しては2回割っているので，$x-\zeta^{15}$を1回掛ければ，イロ網部のところに含まれる数について$(x-\zeta^k)$を1回ずつ，掛け合わせたことになります。

$$\Phi_{15}(x)=\frac{(x^{15}-1)(x-1)}{(x^5-1)(x^3-1)}=x^8-x^7+x^5-x^4+x^3-x+1$$

となります。

nが3つの素因数を持つ場合でもできそうですね。

問4.11 $\Phi_{105}(x)$を求めよ。

$\zeta=\cos\frac{360^\circ}{105}+i\sin\frac{360^\circ}{105}$とします。すると，

$$\Phi_{105}(x)=\prod_{\substack{(k,105)=1\\1\leqq k\leqq 105}}(x-\zeta^k)$$

次のようなベン図を描きましょう。

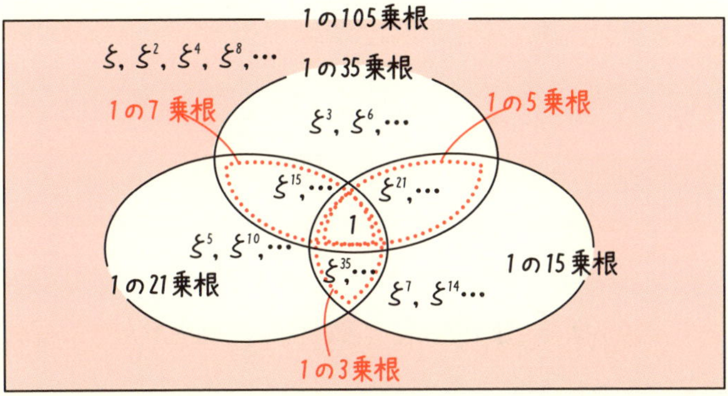

「kが3でも5でも7でも割り切れないとき」のζ^k（図のイロ網部）について$(x-\zeta^k)$を作り掛け合わせればよいのです。

「kが3の倍数」のときの，ζ^kは1の35乗根になっています。これは，$k=3m$であれば，$\zeta^k=\zeta^{3m}=(\zeta^3)^m$であり

$$\zeta^3=\left(\cos\frac{360^\circ}{105}+i\sin\frac{360^\circ}{105}\right)^3=\cos\frac{360^\circ}{35}+i\sin\frac{360^\circ}{35}$$

は1の原始35乗根になっているからです。

$(x-\zeta^k)$を作って掛け合わせると，$x^{35}-1$。

「kが5の倍数」のときζ^kは，1の21乗根ですから，$(x-\zeta^k)$を掛け合わせて$x^{21}-1$。

「kが7の倍数」のときζ^kは，1の15乗根ですから，$(x-\zeta^k)$を掛け合わ

せて$x^{15}-1$。

1の35乗根と1の21乗根の交わりは，「kが3の倍数」かつ「kが5の倍数」のとき，つまり「kが15の倍数」のときのζ^kであり，1の7乗根になっています。$(x-\zeta^k)$を作って掛け合わせると，x^7-1。

1の21乗根と1の15乗根の交わりの部分は1の3乗根ですから，$(x-\zeta^k)$を掛け合わせてx^3-1。

1の15乗根と1の35乗根の交わりの部分は，1の5乗根ですから，$(x-\zeta^k)$を掛け合わせてx^5-1。

四角の中に書かれた数はkが1から105までで，$(x-\zeta^k)$を作って掛け合わせると，$x^{105}-1$になります。

$\Phi_{105}(x)$は，イロ網部のところに含まれる数について$(x-\zeta^k)$を作り，掛け合わせればよいのですから，集合算の要領で

$$\Phi_{105}(x)=\frac{(x^{105}-1)(x^3-1)(x^5-1)(x^7-1)}{(x^{35}-1)(x^{21}-1)(x^{15}-1)(x-1)}$$

となります。結果は書きませんが，これを計算すると整数係数多項式になります。

なぜなら，一般に整数係数の多項式を最高次が1である整数係数の多項式で割ると，商も余りも整数係数の多項式になります。このことは多項式の割り算をしたことがある人であれば実感していることでしょう。上の分数式では割る式は$(x^{35}-1)(x^{21}-1)(x^{15}-1)(x-1)$であり，最高次の係数は1ですから，商は整数係数の多項式になります。多項式はそもそも$(x-\zeta^k)$を掛けた多項式ですから，上の分数式は割り切れて整数係数の多項式になります。

よって，nがいくつの場合であっても，円分多項式は整数係数の多項式になるのです。

nが素数のベキ乗の場合も計算してみましょう。

問4.12 $\Phi_{27}(x)$を求めよ。

$(k,\ 27)=1$となるkは3の倍数ではない数です。1から27までの数から3の倍数を取り除くことを考えます。

簡単ですがベン図を描くと次のようになります。

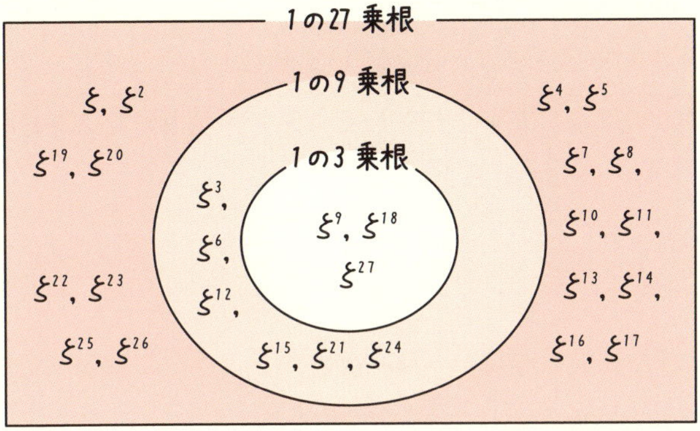

「kが3の倍数」のときのζ^kは1の9乗根になっています。$(x-\zeta^k)$を作って掛け合わせると，x^9-1になります。

四角の中に書かれた数は1から27までで，$(x-\zeta^k)$を作って掛け合わせると，$x^{27}-1$になります。よって，

$$\Phi_{27}(x)=\frac{x^{27}-1}{x^9-1}=x^{18}+x^9+1$$

です。

なお，円分多項式$\Phi_n(x)$の次数だけを求めるには，オイラー関数φを用いれば計算できます。円分多項式$\Phi_n(x)$の次数は定義より$\varphi(n)$次です。

5　n次方程式には必ず解がある

代数学の基本定理

「代数学の基本定理」の証明の概略を説明してみましょう。

代数学の基本定理の証明を述べておくには理由があります。

その1つは，「方程式に解があること」と「方程式に解の公式があること」とは別の主張であることを意識して欲しいからです。5次以上の方程式でも解は必ず存在します。存在しても，それが根号では表されないような5次以上の方程式がありうるのです。

2つ目の理由は，方程式の解が根号で表されるか否かを論じようというのに，そもそも解が存在していないかもしれないという懸念を抱えたままでは，みなさんも雲を掴むような話を聴かされることになってしまうからです。この本では扱いませんが，$\boldsymbol{F}_p$を係数とした方程式では，解の形が分からないまま，理論を進めていくこともあります。ちょうど，折り紙を机の上で折るのではなく，空中で折っているような感じですかね。しかし，有理数係数の方程式を扱うときには，解が複素数体$\boldsymbol{C}$の中にあるという確固たる土台がありますから，できるならそのまな板の上で話をしたいと考えたからです。

代数学の基本定理とは，平たくいうと，

「n次方程式は，複素数の中にn個の解を持つ」

という定理です。

証明は2つ用意しました。式を中心とした証明と複素平面を用いた証明です。お好きな方をお読みください。

定理4.12 **代数学の基本定理**

複素数係数のn次方程式

$$x^n+a_{n-1}x^{n-1}+a_{n-2}x^{n-2}+\cdots+a_1x+a_0=0$$

は，複素数の中にn個の解を持つ。

ここで，解の個数を数えるときは，重複度を込めて数えています。例えば，$(x-1)^2(x-2)=0$という3次方程式であれば，異なる解は$x=1$，2の2通りですが，1は重解なので，重複度をこめて2個と数え，解は3個あると考えます。

ですから，この定理は，複素数係数のn次多項式が，

$$x^n+a_{n-1}x^{n-1}+a_{n-2}x^{n-2}+\cdots+a_1x+a_0$$
$$=(x-z_1)(x-z_2)\cdots(x-z_n)\quad(z_i\in\boldsymbol{C})$$

と，複素数の範囲で1次式に因数分解できることを主張しています。

式を中心とした証明

定理4.12の$n=2$の場合は解の公式で直接示すことができます。

定理4.13 **複素数係数2次方程式の解の存在**

複素数係数の2次方程式は，複素数の範囲で解を持つ。

証明 $z^2+az+b=0\quad(a,\ b\in\boldsymbol{C})$

であれば，解の公式により，

$$z=\frac{-a\pm\sqrt{a^2-4b}}{2}\cdots\cdots①$$

となります。

$\sqrt{\ }$の部分は，2乗してa^2-4bになる数の1つを表していると考えましょう。a^2-4bを極形式表示して，$a^2-4b=r(\cos\theta+i\sin\theta)$としておけ

ば，

$$\sqrt{r}\left(\cos\frac{\theta}{2}+i\sin\frac{\theta}{2}\right),\quad -\sqrt{r}\left(\cos\frac{\theta}{2}+i\sin\frac{\theta}{2}\right)$$

と表される2つの複素数が2乗してa^2-4bになる数です。実際，

$$\left(\pm\sqrt{r}\left(\cos\frac{\theta}{2}+i\sin\frac{\theta}{2}\right)\right)^2=(\pm\sqrt{r})^2\left(\cos2\frac{\theta}{2}+i\sin2\frac{\theta}{2}\right)$$
$$=r(\cos\theta+i\sin\theta)$$

となります。**定理4.8**を使っても同じことです。

$\sqrt{\quad}$の部分が複素数なので，①は式全体で複素数になります。

（定理4.13　証明終わり）

証明すべきことは，複素数係数のn次方程式がn個の複素数解を持つことですが，初めに実数係数のn次方程式が少なくとも1つ複素数解を持つことを示します。

定理4.14　**実数係数方程式の解の存在**

実数係数のn次方程式$f(x)=0$は少なくとも1つ複素数解を持つ。

証明　$f(x)=x^n+a_{n-1}x^{n-1}+a_{n-2}x^{n-2}+\cdots+a_1x+a_0$（$a_i$は実数）とおきます。

証明には帰納法を用いますが，nを$n=2^kl$（lは奇数）の形に直して，kについての帰納法で証明します。つまり，2のベキ数が小さい次数の多項式に帰着させていきます。

$k=0$のとき，nは奇数になります。

nが奇数のとき，$y=f(x)$のグラフを考えると，x軸で少なくとも1回は交わるので，実数解が少なくとも1つあります。3次関数のグラフを思い出してもらえばよいでしょう。正確にいえば，

$$\lim_{x\to\infty}f(x)=\infty,\quad \lim_{x\to-\infty}f(x)=-\infty$$

なので中間値の定理により，$f(x)=0$となる実数が少なくとも1つ存在する，となります。

$k-1$のとき，題意が成り立っているものとします。

ここで，$n=2^k l$のとき，

$$x^n+a_{n-1}x^{n-1}+a_{n-2}x^{n-2}+\cdots+a_1x+a_0$$
$$=(x-\alpha_1)(x-\alpha_2)\cdots(x-\alpha_n)\qquad (a_i\text{は実数})$$

を満たすα_1，α_2，…，α_nが複素数の範囲に存在するか考えてみましょう。

解と係数の関係より，

$$\begin{cases} a_{n-1}=-(\alpha_1+\alpha_2+\cdots+\alpha_n) \\ a_{n-2}=\alpha_1\alpha_2+\alpha_1\alpha_3+\cdots+\alpha_{n-1}\alpha_n \\ \cdots\cdots \\ a_0=(-1)^n\alpha_1\alpha_2\cdots\alpha_n \end{cases}$$

今のところα_1，α_2，…，α_nが複素数の範囲に存在するかどうかは分かりませんが，帰納法の仮定が使えるような方程式に帰着させて，α_1，α_2，…，α_nのうちの少なくとも1つが複素数の範囲に存在することを示してみましょう。ここで，

$$F_t(x)=\prod_{1\leqq i<j\leqq n}(x-\alpha_i-\alpha_j-t\alpha_i\alpha_j)$$

という多項式を考えます。右辺は，α_1，α_2，…，α_nのn個の中から2個を取り出したものについて，$(x-\alpha_i-\alpha_j-t\alpha_i\alpha_j)$を作り，それらを掛けています。ですから，$F_t(x)$の次数は，

$${}_n\mathrm{C}_2=\frac{n(n-1)}{2}=\frac{2^k l(2^k l-1)}{2}=2^{k-1}l(2^k l-1)$$

です。$2^k l-1$は奇数ですから，$2^{k-1}l(2^k l-1)$の2のベキ数は$k-1$です。

$F_t(x)$は，α_1，α_2，…，α_nをどのように入れ替えても式の値は変わりませんから，α_1，α_2，…，α_nの対称式です。特に，xの多項式として見たとき，xの係数はそれぞれα_1，α_2，…，α_nの対称式です。ですから，**定理3.1**より$F_t(x)$の各係数は，α_1，α_2，…，α_nの基本対称式で表されま

す。α_1，α_2，…，α_nの基本対称式は，上の解と係数の関係より実数ですから，tが実数であれば，$F_t(x)$の各係数は実数になります。

$F_t(x)$は次数の2のベキ数が$k-1$である実数係数の多項式になりますから，帰納法の仮定より，$F_t(x)=0$は複素数の解を少なくとも1つ持ちます。その1つの解は，

$$\alpha_i+\alpha_j+t\alpha_i\alpha_j \quad (1\leqq i<j\leqq n)$$

という形をしています。この式で$\{i, j\}$の組は，1，2，…，n のn個の中から2個を取り出した${}_nC_2$通りのうちの1つです。

ここで，異なる${}_nC_2+1(=m$とおく$)$個のtの値を，t_1，t_2，…，t_mととって，${}_nC_2+1(=m)$本の方程式$F_t(x)=0$を作ります。そして，それらの方程式が持つ複素数解$\alpha_i+\alpha_j+t\alpha_i\alpha_j$の添え字の組$\{i, j\}$を考えます。考えられる$\{i, j\}$の組は全部で${}_nC_2$通りですから，${}_nC_2+1(=m)$個の解の中には，添え字の組$\{i, j\}$が重複しているものがあります。これを$\{1, 2\}$としましょう。また，解の添え字の組が同じ$\{1, 2\}$となるような$t$の値を$t_1$と$t_2$としましょう。つまり，

$F_{t_1}(x)=0$の複素数解は，$\alpha_1+\alpha_2+t_1\alpha_1\alpha_2\in \boldsymbol{C}$

$F_{t_2}(x)=0$の複素数解は，$\alpha_1+\alpha_2+t_2\alpha_1\alpha_2\in \boldsymbol{C}$

となっています。これから，

$$\alpha_1\alpha_2=\frac{(\alpha_1+\alpha_2+t_1\alpha_1\alpha_2)-(\alpha_1+\alpha_2+t_2\alpha_1\alpha_2)}{t_1-t_2}\in \boldsymbol{C}$$

$$\alpha_1+\alpha_2=(\alpha_1+\alpha_2+t_1\alpha_1\alpha_2)-t_1\alpha_1\alpha_2\in \boldsymbol{C}$$

となります。$\alpha_1\alpha_2$，$\alpha_1+\alpha_2$が複素数であることが分かりました。

と，さらっと書きましたが，${}_nC_2+1=m$個の複素数解のうち，どの解とどの解が同じ添え字の組になっているかのかは分かりませんから，実際の計算は膨大になります。m個から2個取り出した複素数の組（全部で${}_mC_2$組）に対して，添え字が同じだと仮定してα_i，α_jを求め，それがもとの方程式の解になっているかを確かめていくわけです。実際に計算しろと

言われたらできませんが，存在の証明なので許してください。

無事，$\alpha_1\alpha_2$，$\alpha_1+\alpha_2$が求まったものとします。これからα_1，α_2を求めるには，2次方程式

$$z^2-(\alpha_1+\alpha_2)z+\alpha_1\alpha_2=0$$

を解きます。$\alpha_1\alpha_2$と$\alpha_1+\alpha_2$が複素数なので，これは複素数係数の2次方程式になります。

$\alpha_1\alpha_2$と$\alpha_1+\alpha_2$が複素数なので，**定理4.13**によりα_1，α_2が複素数で求まり，結局，α_1，α_2が複素数であることが分かりました。

よって，帰納法により，題意が証明されたことになります。

（定理4.14　証明終わり）

$n=2^k l$のkについての帰納法という，あまり見かけないタイプの帰納法を用いている点が面白いですね。

$n=4$の場合が何に帰着されて証明されるのかを追いかけてみましょう。4次方程式の解を吟味するのに，${}_4C_2=6$次方程式を作り，その6次方程式の解を吟味するのに，${}_6C_2=15$次方程式を作るわけです。15次方程式が，奇数次方程式なので実数解を1つ持つことが分かり，6次方程式，4次方程式も複素数解をもつことが分かるのです。$4=2^2$，$6=2\cdot 3$，$15=3\cdot 5$と確かに2の指数は1つずつ少なくなっています。nは大きくなっても，2の指数は小さくなっていくので，奇数の場合に帰着することができ，帰納法が完了するのです。

実数係数のn次方程式で得た結果を複素数係数のn次方程式に使えるようにしましょう。

定理4.15　**複素数係数方程式の解の存在**

複素数係数のn次方程式$f(x)=0$は少なくとも1つ複素数解を持つ。

証明　$f(x)=x^n+a_{n-1}x^{n-1}+a_{n-2}x^{n-2}+\cdots+a_1x+a_0$　（a_iは複素数）

とおきます。ここで，$f(x)$の係数を共役複素数にした多項式を$\overline{f}(x)$と表すことにします。すると，

$$\overline{f}(x)=x^n+\overline{a_{n-1}}x^{n-1}+\overline{a_{n-2}}x^{n-2}+\cdots+\overline{a_1}x+\overline{a_0}$$

となります。ここで，$F(x)=f(x)\overline{f}(x)$とおきます。

$F(x)$の係数の共役をとると，

$$\overline{F}(x)=\overline{f(x)\overline{f}(x)}=\overline{f}(x)\overline{\overline{f}}(x)=\overline{f}(x)f(x)=F(x)$$

よって，$F(x)$の係数は実数になります。複素数の共役についての公式を多項式に使ってもよいの？　と思う人は，係数を実際に計算してみると感じがつかめます。

$$\begin{aligned}&f(x)\overline{f}(x)\\&=x^{2n}+(a_{n-1}+\overline{a}_{n-1})x^{2n-1}+(a_{n-2}+a_{n-1}\overline{a}_{n-1}+\overline{a}_{n-2})x^{2n-2}\\&\quad+(a_{n-3}+a_{n-2}\overline{a}_{n-1}+a_{n-1}\overline{a}_{n-2}+\overline{a}_{n-3})x^{2n-3}+\cdots\end{aligned}$$

（$a_{n-1}\overline{a}_{n-1}$：実数）（$a_{n-2}\overline{a}_{n-1}+a_{n-1}\overline{a}_{n-2}$：実数）

となります。$z+\overline{z}$や$z\overline{z}$が実数となることを用いれば，$F(x)$の各係数が実数になることが分かるでしょう。

定理4.14より，$F(x)=0$は，複素数の解を少なくとも1つ持ちます。それをαとします。

$F(\alpha)=f(\alpha)\overline{f}(\alpha)=0$より，$f(\alpha)=0$あるいは$\overline{f}(\alpha)=0$となります。$f(\alpha)=0$のときは$f(x)=0$が$\alpha$を解として持つことになります。

$\overline{f}(\alpha)=0$のときは，式全体の共役をとって，

$$\overline{\overline{f}(\alpha)}=0\qquad\therefore\quad f(\overline{\alpha})=0$$

となるので，$f(x)=0$が$\overline{\alpha}$を解として持つことになります。いずれにしろ，$f(x)=0$は複素数解を少なくとも1つ持ちます。　　（証明終わり）

定理4.15を繰り返し用いれば，代数学の基本定理が証明できます。

定理4.16 **代数学の基本定理：因数分解バージョン**

複素数係数のn次多項式$f(x)$（最高次の係数は1）は，

$$f(x)=(x-z_1)(x-z_2)\cdots(x-z_n) \quad (z_i \in \boldsymbol{C})$$

と因数分解できる。

証明

定理4.15により，複素数係数の方程式$f(x)=0$には少なくとも1つ複素数の解があるので，それをz_1とします。因数定理から，$f(x)$は，$f(x)=(x-z_1)f_1(x)$と因数分解できます。

次に，複素数係数の$n-1$次方程式$f_1(x)=0$に定理を用いると，$f_1(x)=(x-z_2)f_2(x)$と因数分解できます。これを繰り返していくと商の次数が下がっていくので，$f(x)$が

$$f(x)=(x-z_1)(x-z_2)\cdots(x-z_n) \qquad (z_i \in \boldsymbol{C})$$

と因数分解できることが分かります。（証明終わり）

複素平面を用いた証明

図形的な証明に入る前に，ちょっとした事実の確認をしましょう。

問4.13　$z=\cos\theta+i\sin\theta$**とおく。**θ**が** $0^\circ \leqq \theta \leqq 360^\circ$ **を動くとき，次の式の表す点の軌跡を求めよ。**

(1) z

(2) z^3

(3) $(4+9i)z^3$

(1)　zの絶対値は，$|z|=1$で一定です。偏角が0°から360°まで変化するわけですから，zが表す点を複素平面にプロットすると原点を中心とし

た半径1の円（単位円）になります。

（2）　$z^3=(\cos\theta+i\sin\theta)^3=\cos 3\theta+i\sin 3\theta$

絶対値は，$|z^3|=1$で一定です。偏角については，θが0°から120°まで変化しただけで，z^3の偏角3θは0°から360°まで変化します。これだけですでに円（単位円）を1周します。120°から240°まででもう1周，240°から360°まででもう1周します。z^3の表す点は，単位円を計3周します。

(1)

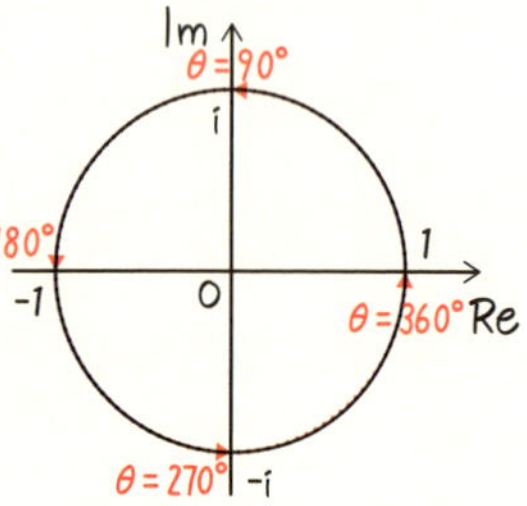

(2)

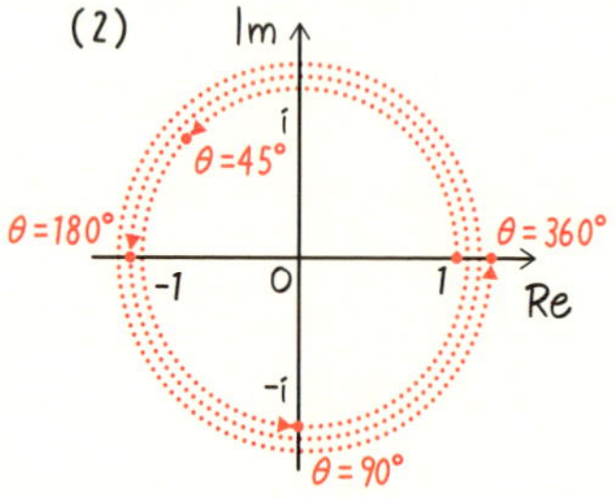

（3）$4+9i$の極形式は，偏角をαとすれば，$4+9i=\sqrt{97}(\cos\alpha+i\sin\alpha)$ですから，

$$\begin{aligned}(4+9i)z^3&=\sqrt{97}(\cos\alpha+i\sin\alpha)(\cos 3\theta+i\sin 3\theta)\\&=\sqrt{97}(\cos(\alpha+3\theta)+i\sin(\alpha+3\theta))\end{aligned}$$

この複素数が表す点は，原点を中心とした半径$\sqrt{97}$の円周上にあり，偏角が$\alpha+3\theta$です。$4+9i$の偏角はαですから，$(4+9i)z^3$が表す点は，$4+9i$が表す点を，原点を中心に3θ回転した点になります。（2）と同じようにθが0°から120°まで動くとき，$(4+9i)z^3$が表す点は円周上を1周しますから，θが0°から360°まで動くときは円周上を3周します。

(3)

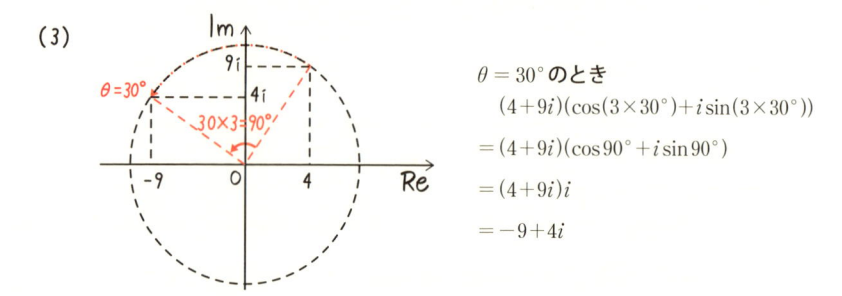

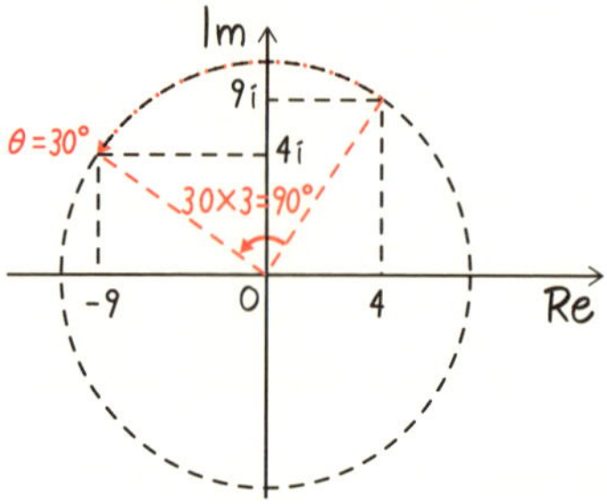

$\theta=30^\circ$ **のとき**

$$\begin{aligned}&(4+9i)(\cos(3\times30^\circ)+i\sin(3\times30^\circ))\\&=(4+9i)(\cos 90^\circ+i\sin 90^\circ)\\&=(4+9i)i\\&=-9+4i\end{aligned}$$

ここから，定理の証明に入ります。

$$f(x)=x^n+a_{n-1}x^{n-1}+a_{n-2}x^{n-2}+\cdots+a_1x+a_0$$

とおきましょう。

定数項a_0を，$a_0\neq 0$と仮定しましょう。もしも$a_0=0$であれば，$f(x)$を適当なx^iで割ることにより，定数項が0でない多項式に帰着させることができるからです。例えば，$x^5+2x^4-x^3$であれば，

$x^5+2x^4-x^3=x^3(x^2+2x-1)$ですから，$x^2+2x-1=0$の場合に帰着させます。

上の問題を参考にして，$z=r(\cos\theta+i\sin\theta)$で$\theta$を$0^\circ$から$360^\circ$まで動かしたときの$f(z)$の軌跡について考察することで，$f(z)=0$となるような$z$が存在することを示します。

$f(r(\cos\theta+i\sin\theta))$が表す点をPとして，$\theta$が$0^\circ$から$360^\circ$まで動くときのPの軌跡を考えましょう。この軌跡を$C_r$とします。

zの極形式を代入します。

$$\begin{aligned}
&f(z)=f(r(\cos\theta+i\sin\theta))\\
&=(r(\cos\theta+i\sin\theta))^n+a_{n-1}(r(\cos\theta+i\sin\theta))^{n-1}\\
&\qquad+a_{n-2}(r(\cos\theta+i\sin\theta))^{n-2}+\cdots+a_1r(\cos\theta+i\sin\theta)+a_0\\
&=r^n(\cos n\theta+i\sin n\theta)+a_{n-1}r^{n-1}(\cos(n-1)\theta+i\sin(n-1)\theta)\\
&\qquad+a_{n-2}r^{n-2}(\cos(n-2)\theta+i\sin(n-2)\theta)+\cdots+a_1r(\cos\theta+i\sin\theta)+a_0
\end{aligned}$$

ここで，あらたに，

$$g(r)=r^n-|a_{n-1}|r^{n-1}-|a_{n-2}|r^{n-2}-\cdots-|a_1|r$$

というrの関数を考えます。この関数はn次の実数値関数です。最高次の係数が正なので，rを大きくすると，$g(r)$の値をいくらでも大きくすることができます。ですから，$g(r)>|a_0|$を満たすようなrが存在します。このようなrを1つ固定してRとしましょう。

$$f(R(\cos\theta+i\sin\theta))$$
$$=R^n(\cos n\theta+i\sin n\theta)+a_{n-1}R^{n-1}(\cos(n-1)\theta+i\sin(n-1)\theta)$$
$$+a_{n-2}R^{n-2}(\cos(n-2)\theta+i\sin(n-2)\theta)+\cdots+a_1R(\cos\theta+i\sin\theta)+a_0$$

この計算の様子を図示してみましょう。

$f(R(\cos\theta+i\sin\theta))$の計算は，$a_0$に対応する点Aに，

$R^n(\cos n\theta+i\sin n\theta)$，$a_{n-1}R^{n-1}(\cos(n-1)\theta+i\sin(n-1)\theta)$，…，

$a_1R(\cos\theta+i\sin\theta)$と対応するベクトルを足していくと考えましょう。

$a_0+R^n(\cos n\theta+i\sin n\theta)$に対応する点をQとします。Qに

$$a_{n-1}R^{n-1}(\cos(n-1)\theta+i\sin(n-1)\theta),\ \cdots,\ a_1R(\cos\theta+i\sin\theta)$$

に対応するベクトルを足すとPになります。

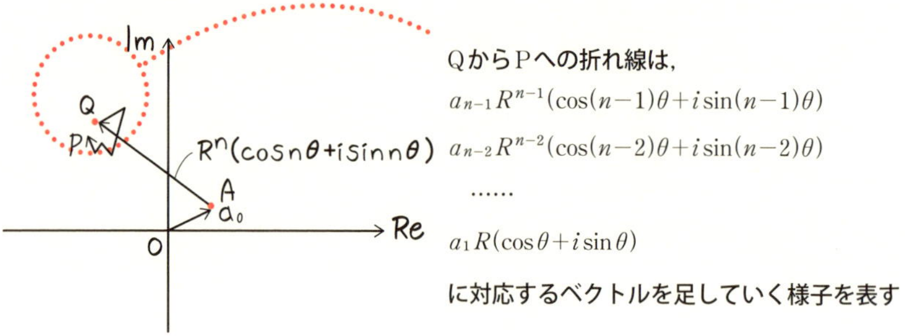

各項の絶対値の大きさがR^n，$|a_{n-1}|R^{n-1}$，…，$|a_1|R$となりますから，この大きさを持った棒が端でつながっているイメージです。Rが十分大きいので，R^n，$|a_{n-1}|R^{n-1}$，…，$|a_1|R$の中ではR^nが飛びぬけて大きいと思ってください。

ここで，QPの長さは，$|a_{n-1}|R^{n-1}$，…，$|a_1|R$の長さの折れ線が一直線になったときが最大ですから，

$$\mathrm{QP}\leqq|a_{n-1}|R^{n-1}+|a_{n-2}|R^{n-2}+\cdots+|a_1|R\cdots\cdots①$$

が成り立ちます。

また，APが一番短くなるのは，$R^n(\cos n\theta+i\sin n\theta)$が表すベクトルに対して，$a_{n-1}R^{n-1}(\cos(n-1)\theta+i\sin(n-1)\theta)$，…，$a_1R(\cos\theta+i\sin\theta)$が

反対の向きを向いているときです。

APが一番長くなるのは，$R^n(\cos n\theta+i\sin n\theta)$が表すベクトルに対して，$a_{n-1}R^{n-1}(\cos(n-1)\theta+i\sin(n-1)\theta)$，…，$a_1R(\cos\theta+i\sin\theta)$が同じ向きを向いているときです。

まあ，実際にこういう場合があるかどうかまでは分かりませんが。あるかどうかは，a_{n-1}，a_{n-2}，…，a_1次第です。

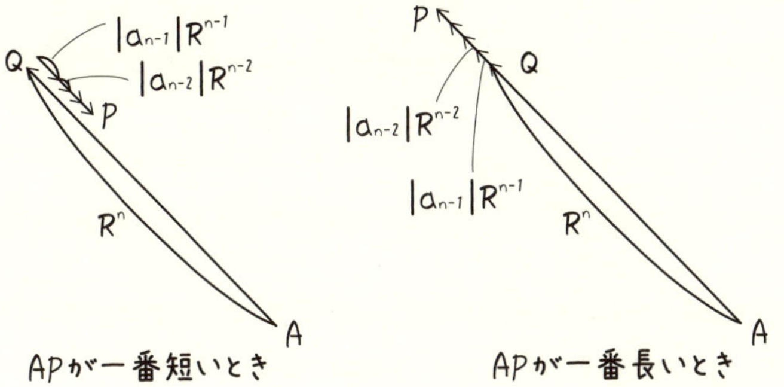

これらのことを考えると，APの長さは次のような範囲に収まります。

$$|a_0|<R^n-|a_{n-1}|R^{n-1}-|a_{n-2}|R^{n-2}-\cdots-|a_1|R$$
$$\leqq \mathrm{AP} \leqq R^n+|a_{n-1}|R^{n-1}+|a_{n-2}|R^{n-2}+\cdots+|a_1|R\cdots\cdots ②$$

ここで，$w=|a_{n-1}|R^{n-1}+|a_{n-2}|R^{n-2}+\cdots+|a_1|R$とおくと，①，②の式は，

$$\mathrm{QP}\leqq w$$

$$|a_0|\underset{ア}{\underline{<}}R^n-w\leqq \mathrm{AP}\underset{イ}{\underline{\leqq}}R^n+w$$

このことから，Pは，Qを中心とする半径wの円の中にあり，この円は，a_0を中心とする半径R^n-wの円周と半径R^n+wの円周の間，ちょうどドーナツの型の中に存在することになります。

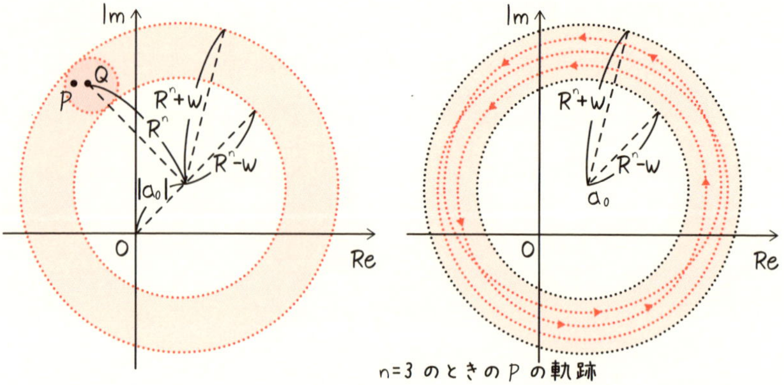

アが成り立ちますから，このドーナツの内側に原点があることに注意してください。

θが0°から360°まで動くとき，$R^n(\cos n\theta+i\sin n\theta)+a_0$が表す点Qは，$a_0$が表す点を中心として半径$R^n$の円を$n$周します。Qが$n$周するにつれて，Pもこのドーナツ盤の内部をくるくるとn周します。

次に，$r=R$の状態から，rを小さくしていくとき，Pの軌跡C_rがどのように変化するかを考えましょう。rが小さくなるにつれ，Pが存在する範囲のドーナツの半径は小さくなっていきます。

rが小さくなると，前頁の不等式（のRをrに変えたもの）のアのところは成り立たなくなるかもしれませんが，イの方は成り立ちます。

つまり，Pがa_0を中心にして，

半径$r^n+|a_{n-1}|r^{n-1}+|a_{n-2}|r^{n-2}+\cdots+|a_1|r$の円周の内側に存在することは変わりません。

rが非常に小さいところでは，$r^n+|a_{n-1}|r^{n-1}+|a_{n-2}|r^{n-2}+\cdots+|a_1|r$も小さくなり，Pは$a_0$のごく近いところを動くに過ぎません。$r=0$にいたっては，$C_r$は$f(0)=a_0$とAの1点になってしまいます。

C_rは連続的に変化すると考えられます。rをRから0に小さくしていくとき，原点がドーナツの内側にあるので，C_rが原点の上を通るようなrが存在します。これはa_0を中心としたn重巻きの糸がa_0に収縮していく様子を思い浮かべればよいでしょう。

このときのrと，原点を通るときのθの値の組を(r_1, θ_1)とし，$z_1 = r_1(\cos\theta_1 + i\sin\theta_1)$とおくと，

$$f(z_1) = f(r_1(\cos\theta_1 + i\sin\theta_1)) = 0$$

となりますから，z_1は$f(x) = 0$の解になります。$f(x)$は

$$f(x) = (x - z_1)f_1(x)$$

と因数分解されたとします。

次に，$n-1$次式$f_1(x)$に関して同様の議論を重ねれば，複素数z_2があり，

$$f_1(x) = (x - z_2)f_2(x)$$

と因数分解されることになり，

$$f(x) = (x - z_1)f_1(x) = (x - z_1)(x - z_2)f_2(x)$$

次に$n-2$次式$f_2(x)$について同様の議論を重ねて…，ということを繰り返していって，結局

$$f(x) = (x - z_1)(x - z_2)\cdots(x - z_n)$$

と因数分解できます。（証明終わり）

「原点の上を通る」としている箇所が，準備不足で正確に述べられていないところです。ここは，読者のみなさんの感覚的理解を促しているだけになっています。正確に論じるには，実数の連続性から定義して，中間値の定理を証明して取り掛かることが必要です。

ぼく個人としては，こちらの複素平面を用いた証明のほうが，解の存在が実感できて好きです。式を用いた解法では，$n = 2^k l$のkについての帰納法であり，nが小さくなっていくわけではないので，ピンと来ませんね。

代数学の基本定理には，いろいろな証明がありますが，どれも連続の概念を用いて証明がなされているようです。純粋に代数的な定理なのに，解析的手法を用いなければ証明できないのは不思議な気がします。

6　nが合成数でも円分多項式は既約

$\Phi(x)$の既約性の証明

nが素数のとき，円分多項式$\Phi_n(x)$がQ上で既約であることは**定理4.10**と**問3.3**と**定理3.3**から分かります。ここではnが合成数の場合でも，円分多項式がQ上で既約であることを証明しましょう。

次を準備しておきます。

定理4.17　mod$p$ でのp乗

a，a_1，a_2，…，a_nを整数，pを素数とするとき，

（1）　$a^p \equiv a \pmod{p}$

（2）　$(a_1+a_2+\cdots+a_n)^p \equiv a_1{}^p+a_2{}^p+\cdots+a_n{}^p \pmod{p}$

（1）　**定理2.6**のフェルマーの小定理より，$a \not\equiv 0$のときは，$a^{p-1} \equiv 1$が成り立ちます。よって，aを掛けて，$a^p \equiv a$が成り立ちます。$a \equiv 0$のときも成り立ちますから，任意のaについて，$a^p \equiv a$が成り立ちます。

（2）　左辺を多項定理で展開すると，$a_1{}^{q_1}a^{q_2}\cdots a_n{}^{q_n}$の係数は，多項係数$\dfrac{p!}{q_1!q_2!\cdots q_n!}$になります。$q_1$，$q_2$，...，$q_n$のすべてが$p$未満のとき，多項係数は$p$で割り切れますから，mod$p$で見て右辺の項だけが残ります。

次の事実がΦ_nの既約性の要です。

定理4.18　解から解を作る

ζを1の原始n乗根とする。$f(x)$をQ上の既約多項式として，$f(\zeta)=0$であるとする。このとき，nと互いに素な素数pについて，$f(\zeta^p)=0$となる。

ζは$x^n-1=0$，$f(x)=0$の共通解で，$f(x)$はQ上で既約ですから，**定**

理3.6（3）より，x^n-1は$f(x)$で割り切れます。

$$x^n-1=f(x)g(x)$$

と因数分解されるとします。

$g(x)=a_m x^m+a_{m-1}x^{m-1}+\cdots+a_1 x+a_0$とします。$x^n-1$は$\boldsymbol{Q}$上で2式に因数分解されているので，**定理3.3**の対偶より$f(x)$，$g(x)$は整数係数としてかまいません。$f(x)$，$g(x)$も整数係数の場合を考えます。

ζ^pも，$x^n-1=0$の解ですから，$f(\zeta^p)=0$または$g(\zeta^p)=0$となります。$g(\zeta^p)=0$となると仮定して矛盾を導きましょう。

この仮定のもと，ζは$g(x^p)=0$の解になります。ζは$g(x^p)=0$，$f(x)=0$の共通解で，$f(x)$は既約ですから，**定理3.6（3）**より，$g(x^p)$は$f(x)$で割り切れます。商を$h(x)$とおくと，

$$g(x^p)=f(x)h(x)\cdots\cdots ①$$

と因数分解できます。

$g(x^p)$を$\boldsymbol{F}_p$上の多項式と見ると，つまり係数を$\mathrm{mod}\,p$で見ると，**定理4.17**より，

$$\begin{aligned}
g(x^p)&=a_m(x^p)^m+a_{m-1}(x^p)^{m-1}+\cdots+a_1(x^p)+a_0\\
&={a_m}^p(x^p)^m+{a_{m-1}}^p(x^p)^{m-1}+\cdots+{a_1}^p(x^p)+{a_0}^p \quad \text{定理4.17(1)}\\
&=(a_m x^m)^p+(a_{m-1}x^{m-1})^p+\cdots+(a_1 x)^p+{a_0}^p \quad \text{定理4.17(2)の証明と同様}\\
&=(a_m x^m+a_{m-1}x^{m-1}+\cdots+a_1 x+a_0)^p\\
&=\{g(x)\}^p \qquad (\leftarrow \boldsymbol{F}_p\text{上の多項式として})
\end{aligned}$$

と因数分解できます。ですから①を$\boldsymbol{F}_p$上の多項式と見ると，左辺は因数分解できて，

$$\{g(x)\}^p=f(x)h(x)$$ ←①をFp上の多項式として見た等式

となります。

ここで，$f(x)$を割り切る$\boldsymbol{F}_p$上の既約多項式を$\mu(x)$とします。すると，右辺は$\mu(x)$で割り切れますから，左辺の$\{g(x)\}^p$も$\mu(x)$で割り切れ，**定理3.6（2）**（の$\boldsymbol{F}_p$バージョン）を用いて，$g(x)$も$\mu(x)$で割り切れます。$g(x)$

と$f(x)$はF_p上の多項式$\mu(x)$を共通因数として持つことが分かります。

$x^n-1=f(x)g(x)$で，$f(x)$，$g(x)$に共通因数$\mu(x)$があるので，x^n-1は$\mu(x)$で2回割り切れます。この商を$\rho(x)$とすると，x^n-1は$\boldsymbol{F}_p$上の多項式として，

$$x^n-1=\{\mu(x)\}^2\rho(x)$$

と表すことができます。これをxに関して微分すると，

$$\begin{aligned} nx^{n-1} &= (\{\mu(x)\}^2\rho(x))' \\ &= (\{\mu(x)\}^2)'\rho(x)+\{\mu(x)\}^2\rho'(x) \\ &= \mu(x)\{2\mu'(x)\rho(x)+\mu(x)\rho'(x)\} \end{aligned}$$

$(fg)'=f'g+fg'$

$(f^2)'=2ff'$

となります。2式の右辺を見ると，$\boldsymbol{F}_p$上の多項式として，x^n-1とnx^{n-1}に共通因数$\mu(x)$があります。

ところが，x^n-1とnx^{n-1}は，互除法を施せば分かるように，x^n-1とnx^{n-1}は互いに素になるのです。

例えば，$n=10$，$p=7$であれば，$x^{10}-1$を$10x^9$で割ると，

$$x^{10}-1=5x\cdot 10x^9+6 \quad (\text{係数を}\bmod 7\text{で見た等式})$$

となり，余りが6(mod 7)と定数になるので，$x^{10}-1$と$10x^9$は$\boldsymbol{F}_7$上の多項式として互いに素です。商の$5x$が選べるところで，$(n,\ p)=1$の条件を用いています。x^n-1割るnx^{n-1}の余りは定数です。

結局，$g(\zeta^p)=0$であると仮定すると矛盾が生じるので，$g(\zeta^p)\neq 0$であり，$f(\zeta^p)=0$となります。　（証明終わり）

3点ほどフォローしておきます。

(1) ここで考えている微分は形式的微分と呼ばれるものです。$\boldsymbol{F}_p$上の多項式について極限を考えたり，接線を考えているわけではありません。微分の計算法則を用いて計算しているだけです。

(2)「$f(x)$を割り切る$\boldsymbol{F}_p$上の既約多項式を$\mu(x)$」のくだりで，$f(x)$は$\boldsymbol{Q}$

上の既約多項式でしたから，$f(x)=\mu(x)$なのではないかと思った人もいるでしょう。$\boldsymbol{Q}$上で既約であっても$\boldsymbol{F}_p$上で既約とは限りません。例えば，$f(x)=x^2+2$は$\boldsymbol{Q}$上の既約多項式ですが，$\boldsymbol{F}_3$上では

$$f(x)=x^2+2=(x+1)(x+2)$$

と因数分解されますから，既約多項式ではありません。

(3)「**定理3.6（2）（の$\boldsymbol{F}_p$バージョン）**」とありますが，$\boldsymbol{F}_p$上の多項式においても**定理3.6**が成り立ちます。**定理3.5**が成り立つのは，もとはといえば，「多項式$f(x)$を$g(x)$で割る」という余りのある割り算ができたからです。余りのある割り算ができるので，ユークリッドの互除法ができ，1次不定方程式が解け，**定理3.6**が証明できたのでした。$\boldsymbol{F}_p$上の多項式であっても，**問1.12**のように余りのある割り算ができますから，**定理3.6**は$\boldsymbol{F}_p$上の多項式に関しても成り立つのです。

定理4.19 円分多項式の既約性

$\Phi_n(x)$は$\boldsymbol{Q}$上で既約である。

ζを1の原始n乗根$\zeta=\cos\dfrac{360^\circ}{n}+i\sin\dfrac{360^\circ}{n}$とします。

$$\Phi_n(x)=\prod_{\substack{(k,n)=1\\1\leqq k\leqq n}}(x-\zeta^k)$$

です。$f(x)$を，ζを解に持つ$\boldsymbol{Q}$上の既約多項式とします。$\Phi_n(x)=0$はζを解に持ちますから，**定理3.6（3）**により，$\Phi_n(x)$は$f(x)$で割り切れます。

$$\Phi_n(x)=f(x)g(x)$$

と因数分解されるものとします。

ここで，$1\leqq k\leqq n$, $(k,\ n)=1$を満たす任意のkに対して，$f(\zeta^k)=0$となることを示しましょう。

kとnが互いに素であるとき，kを素因数分解すると，そこに現われる

素数は，nと互いに素になります。例えば，$n=91$，$k=60$であれば，素因数分解すると，$k=2\cdot 2\cdot 3\cdot 5$ですが，2，3，5はそれぞれ91と互いに素です。

kが，$k=p_1 p_2 \cdots p_m$と素因数分解されるものとします。ここで，p_1，p_2，…，p_mは，それぞれnと互いに素です。

$f(x)$は$\boldsymbol{Q}$上の既約多項式で1の原始n乗根ζを解に持ち$f(\zeta)=0$となりますから，前の**定理4.18**を用いると，$f(\zeta^{p_1})=0$です。$(p_1, n)=1$ですから**定理4.9**より，ζ^{p_1}も1の原始n乗根になります。

$f(\zeta^{p_1})=0$に，もう一度，**定理4.18**を用いると，

$$f((\zeta^{p_1})^{p_2})=f(\zeta^{p_1 p_2})=0$$

です。$(p_1 p_2, n)=1$ですから，$\zeta^{p_1 p_2}$も1の原始n乗根になり，……，と繰り返していくと，$f(\zeta^{p_1 p_2 \cdots p_m})=0$，つまり$f(\zeta^k)=0$になります。

$f(x)=0$は，$1 \leqq k \leqq n$，$(k, n)=1$を満たすすべてのkについて，ζ^kを解として持つことになります。よって，$\Phi_n(x)=f(x)$となり，$\Phi_n(x)$は$\boldsymbol{Q}$上で既約な多項式になります。

第5章 「体と自己同型写像」

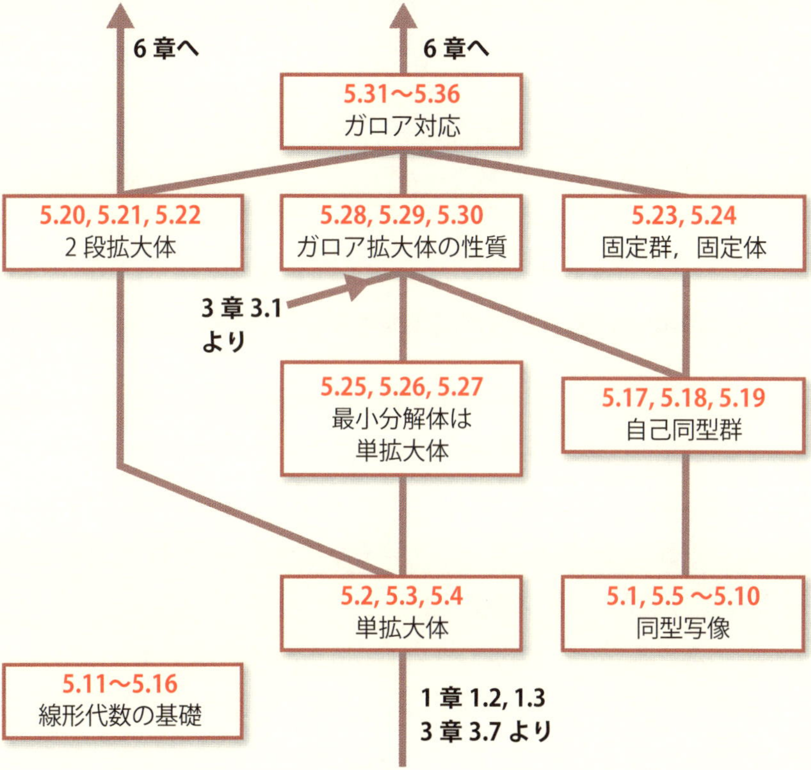

この章の目標は，ガロア対応を理解することです。簡単な例をあげながら，単拡大体，自己同型写像，固定群，固定体などのガロア理論のコアとなる概念を説明していきます。

具体例，一般論において，ガロア対応（固定体と固定群との対応関係）の美しさを堪能してほしいと思います。

章の最後では，ガロア対応が存在することを，単拡大体を発展させた2段拡大の理論に乗せて証明します。

この章を読んだ後には，ガロア拡大体の特徴を実感できるようになっておきましょう。

1　無理数の計算を簡単にしよう

$Q(\sqrt{3})$の対称性

中学生のとき，無理数の入った式の計算練習を積んだことと思います。$\sqrt{}$の入った式の計算ですね。この章は，その計算から始めたいと思います。

問5.1　（ア）　$(2+\sqrt{3})^3=26+15\sqrt{3}$

（イ）　$\dfrac{5+2\sqrt{3}}{7+4\sqrt{3}}+3-4\sqrt{3}=14-10\sqrt{3}$

が分かっているとき，次の計算をしなさい。

(1)　$(2-\sqrt{3})^3$

(2)　$\dfrac{5-2\sqrt{3}}{7-4\sqrt{3}}+3+4\sqrt{3}$

いきなり計算をし始めてしまうのはもったいないですね。（ア），（イ）の式をヒントとして使ってみましょう。

(1) の式では，（ア）の式の$\sqrt{3}$の前にある＋（プラス）が－（マイナス）になっています。さて，答えはどうなるでしょうか。実は，答えも＋（プラス）を－（マイナス）に変えればよいだけなのです。答えは，$26-15\sqrt{3}$です。確かめてみてください。

(2) の式では，（イ）の式の$\sqrt{3}$の前にある符号を反転させてあります。(2) の答えは，やはり（イ）の答えの$\sqrt{3}$の前の符号を反転させたものになります。答えは，$14+10\sqrt{3}$です。

ちょっと，面白い現象ですね。これについて，体とその写像の立場から説明を加えていきたいと思います。体とは，

加減乗除で閉じていて，分配法則が成り立つ数の集合

のことでした。

実は，$a+b\sqrt{3}$（a, bは有理数）の形をした数の集合は，体になっているのです。実際に，$a+b\sqrt{3}$と$c+d\sqrt{3}$の加減乗除をしてみましょう。

（加）　$(a+b\sqrt{3})+(c+d\sqrt{3})=(a+c)+(b+d)\sqrt{3}$

（減）　$(a+b\sqrt{3})-(c+d\sqrt{3})=(a-c)+(b-d)\sqrt{3}$

（乗）　$(a+b\sqrt{3})(c+d\sqrt{3})=(ac+3bd)+(ad+bc)\sqrt{3}$

（除）　$$\frac{a+b\sqrt{3}}{c+d\sqrt{3}}=\frac{(a+b\sqrt{3})(c-d\sqrt{3})}{(c+d\sqrt{3})(c-d\sqrt{3})}=\frac{(ac-3bd)+(bc-ad)\sqrt{3}}{c^2-3d^2}$$
$$=\frac{ac-3bd}{c^2-3d^2}+\frac{bc-ad}{c^2-3d^2}\sqrt{3}$$

加減乗で$a+b\sqrt{3}$の形が保たれるのは見やすいですね。

除については形が保たれないのかと思った人がいるかもしれませんが，有理化することで$a+b\sqrt{3}$の形が保たれます。高校で習った有理化が役に立ちました。$\dfrac{ac-3bd}{c^2-3d^2}$も$\dfrac{bc-ad}{c^2-3d^2}$も複雑な形をしていますが，有理数a, b, c, dの加減乗除で作られる数ですから有理数です。

$a+b\sqrt{3}$は，そもそも実数ですから，分配法則は成り立ちます。

ということで，$a+b\sqrt{3}$（a, bは有理数）の形をした数の集合は，体になります。この体を$\boldsymbol{Q}(\sqrt{3})$と表します。集合の記号で書けば，

$$\boldsymbol{Q}(\sqrt{3})=\{a+b\sqrt{3}\mid a,\ b\in\boldsymbol{Q}\}$$

となります。ここで，体の正確な定義も確認しておきましょう。

定義5.1　**体の定義**

集合$\boldsymbol{K}$の任意の元x, yについて，加法$x+y$と乗法$x\times y$が定義されていて，

(1) $\boldsymbol{K}$が加法に関して可換群である。

(2) $\boldsymbol{K}-\{0\}$が乗法に関して可換群である。

(3) 分配法則　$x\times(y+z)=x\times y+x\times z$が成り立つ。

このとき，$\boldsymbol{K}$を体という。

$\boldsymbol{Q}(\sqrt{3})$で確認してみます。

任意の元に対して，

$$\text{加法}\quad (a+b\sqrt{3})+(c+d\sqrt{3}),\quad \text{乗法}\quad (a+b\sqrt{3})(c+d\sqrt{3})$$

が定義され閉じています。

(1) 加法について，結合法則，交換法則が成り立ちます。

加法の単位元は0で，$a+b\sqrt{3}$の逆元は$-a-b\sqrt{3}$です。加法に関して可換群になっています。

(2) 乗法について，結合法則，交換法則が成り立ちます。

乗法の単位元は1で，0でない$a+b\sqrt{3}$の逆元は，

$$\frac{1}{a+b\sqrt{3}}=\frac{a-b\sqrt{3}}{(a+b\sqrt{3})(a-b\sqrt{3})}=\frac{a-b\sqrt{3}}{a^2-3b^2}$$
$$=\frac{a}{a^2-3b^2}+\frac{-b}{a^2-3b^2}\sqrt{3}$$

です。乗法に関して可換群になっています。

(3) $\boldsymbol{Q}(\sqrt{3})$は実数体$\boldsymbol{R}$に含まれますから，分配法則が成り立ちます。

したがって，定義に照らし合わせて$\boldsymbol{Q}(\sqrt{3})$が体であることが確かめられました。

これから考えていくのはすべて$\boldsymbol{C}$に含まれる体ですから，分配法則は常に成り立ちます。以後，特に確認はしません。

減法とは加法の逆元を足すこと，除法とは乗法の逆元を掛けることです。

$$x-y=x+(-y)\cdots\cdots①,\quad x/y=x\times y^{-1}\cdots\cdots②$$

体の定義が成り立てば，(1) より加法の逆元，(2) より乗法の逆元が存在し，①，②より減除も閉じていて，加減乗除が閉じていることになります。加減乗除で閉じていることは，体の定義の (1)，(2) が成り立つことが保証してくれるわけです。

「$\boldsymbol{Q}(\sqrt{3})$は，有理数と$\sqrt{3}$から加減乗除を繰り返し用いて作られ

る数のすべてである」

という捉え方も大切です。

例えば，1と$\sqrt{3}$の和で，$1+\sqrt{3}$が作られる。2と$\sqrt{3}$の積で$2\sqrt{3}$。-3からこれを引いて，$-3-2\sqrt{3}$。$1+\sqrt{3}$と$-3-2\sqrt{3}$を掛けてというように，際限なく数を作り続けていくわけです。

一見とらえどころがないように思いますが，上での計算が功を奏します。

有理数rは，$r+0\cdot\sqrt{3}$と書けますから，$a+b\sqrt{3}$の形をしています。$\sqrt{3}$は，$0+1\cdot\sqrt{3}$と書けますから，$a+b\sqrt{3}$の形をしています。$a+b\sqrt{3}$の形の数どうしを加減乗除しても，$a+b\sqrt{3}$の形を保ったままですから，有理数と$\sqrt{3}$から加減乗除を繰り返し用いて作られる数は，$a+b\sqrt{3}$の形をしています。

一方，$a+b\sqrt{3}$のa，bがどんな有理数であっても，$a+b\sqrt{3}$は，$\sqrt{3}$をb倍してaを足すことですぐに作ることができます。

有理数と$\sqrt{3}$から加減乗除を繰り返し用いて作られる数は，$a+b\sqrt{3}$の形で表されるすべての数，つまり$\boldsymbol{Q}(\sqrt{3})$です。

一般に，$\boldsymbol{Q}(\alpha)$は$\boldsymbol{Q}$にαを加えて加減乗除を繰り返して得られる数からなる体を表しています。$\boldsymbol{Q}(\alpha)$は，$\boldsymbol{Q}$にαを付け加えて$\boldsymbol{Q}$を大きくした体なので，$\boldsymbol{Q}(\alpha)$は$\boldsymbol{Q}$の拡大体と呼ばれます。加える数がαひとつなので，**単拡大体**といいます。この本では，付け加えるαはつねに方程式の解であるものとします。方程式の解ですから，複素数です。方程式の解になっている数のことを代数的数といいます。ひとつとは限らず，代数的数を複数個加えて作られる体を**代数拡大体**といいます。αが代数的数であれば，$\boldsymbol{Q}(\alpha)$は代数拡大体です。

体$\boldsymbol{Q}(\alpha)$の元としては，

有理数とαから加減乗除で作られる数全体の集合

をイメージしましょう。

もう少し突っ込むと，

「$\boldsymbol{Q}(\alpha)$は，有理数とαを含む最小の体である」

というふうにいい方もできます。最小というのはこういうことです。

体$\boldsymbol{L}$が，有理数とαを含むものとします。体は，加減乗除で閉じていましたから，有理数とαから加減乗除を繰り返して作ることができる数は$\boldsymbol{L}$に含まれていなければなりません。有理数とαから加減乗除を繰り返して作ることができる数全体は$\boldsymbol{Q}(\alpha)$でしたから，

$\boldsymbol{Q}(\alpha)\subset\boldsymbol{L}$ということです。つまり，有理数と$\alpha$を含むどんな体$\boldsymbol{L}_1$，$\boldsymbol{L}_2$，$\boldsymbol{L}_3$であっても，その体は$\boldsymbol{Q}(\alpha)$を含むのです。$\boldsymbol{Q}(\alpha)$の部分をコアとして持っているというニュアンスでしょうか。図示するとこんな感じです。有理数とαを含む体の共通部分になっているともいえます。

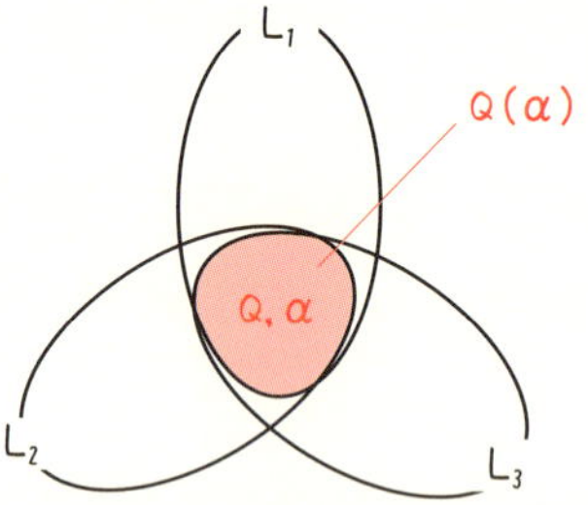

数学では「最小」という言葉をこのような意味で使うことがよくあります。これは，日常語の「最低限」なんて言葉に近いですかね。

「人が生きていく上では，どんな人でも“最低限”，衣食住は欠かすことができない」

こういうとき，衣食住は万人に共通な要素となります。集合の要素について「最小」という言葉を使うと，これが指し示すものは大小ではなく，共通なものとなるのです。

さて，**問5.1**の不思議に迫るために，$\boldsymbol{Q}(\sqrt{3})$の元$a+b\sqrt{3}$に$a-b\sqrt{3}$を対応させる写像σを考えます。つまり，$\boldsymbol{Q}(\sqrt{3})$の元について，$\sqrt{3}$の符号を反転させる写像です。

$$\sigma : \boldsymbol{Q}(\sqrt{3}) \longrightarrow \boldsymbol{Q}(\sqrt{3})$$
$$a+b\sqrt{3} \longmapsto a-b\sqrt{3} \qquad \sigma(a+b\sqrt{3})=a-b\sqrt{3}$$

例えば，$\sigma(3-4\sqrt{3})=3+4\sqrt{3}$となります。

問5.1の計算ができる根拠は，$\boldsymbol{Q}(\sqrt{3})$の任意の元x, yと写像σに関して，次のような性質が成り立っているからなのです。

$$\sigma(x+y)=\sigma(x)+\sigma(y), \quad \sigma(x-y)=\sigma(x)-\sigma(y)$$

$$\sigma(xy)=\sigma(x)\sigma(y), \quad \sigma\left(\frac{x}{y}\right)=\frac{\sigma(x)}{\sigma(y)} \quad (y \neq 0)$$

これらの式は，演算＋，－，×，÷と写像σの順序は変わっても，計算結果は変わらないということを示しています。図解をするとこうなります。

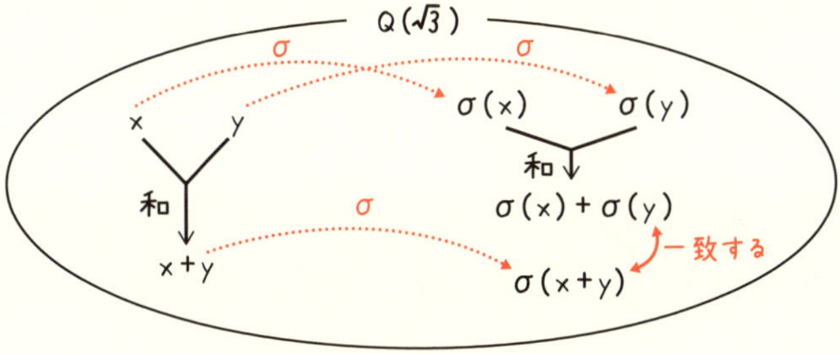

これが成り立っていることを，確かめてみます。

$x=a+b\sqrt{3}$，$y=c+d\sqrt{3}$とおきましょう。

$$\sigma((a+b\sqrt{3})+(c+d\sqrt{3}))=\sigma((a+c)+(b+d)\sqrt{3})$$
$$=(a+c)-(b+d)\sqrt{3}$$
$$\sigma(a+b\sqrt{3})+\sigma(c+d\sqrt{3})=(a-b\sqrt{3})+(c-d\sqrt{3})$$
$$=(a+c)-(b+d)\sqrt{3}$$

確かに，$\sigma(x+y)=\sigma(x)+\sigma(y)$が成り立ちます。

$\sigma(x-y)=\sigma(x)-\sigma(y)$も同様に成り立ちます。

$$\sigma((a+b\sqrt{3})(c+d\sqrt{3}))=\sigma((ac+3bd)+(ad+bc)\sqrt{3})$$
$$=(ac+3bd)-(ad+bc)\sqrt{3}$$

$$\sigma((a+b\sqrt{3}))\sigma((c+d\sqrt{3}))=(a-b\sqrt{3})(c-d\sqrt{3})$$
$$=(ac+3bd)-(ad+bc)\sqrt{3}$$

確かに，$\sigma(xy)=\sigma(x)\sigma(y)$が成り立ちます。

$\sigma\left(\dfrac{x}{y}\right)=\dfrac{\sigma(x)}{\sigma(y)}$についても，上のように直接確かめることができます。ここでは，体の性質を用いて，$\sigma(xy)=\sigma(x)\sigma(y)$から導いてみましょう。

$$\sigma(y)\sigma\left(\frac{1}{y}\right)=\sigma\left(y\cdot\frac{1}{y}\right)=\sigma(1)=1\text{より，}\quad\sigma\left(\frac{1}{y}\right)=\frac{1}{\sigma(y)}$$

$$\sigma\left(\frac{x}{y}\right)=\sigma\left(x\cdot\frac{1}{y}\right)=\sigma(x)\sigma\left(\frac{1}{y}\right)=\sigma(x)\cdot\frac{1}{\sigma(y)}=\frac{\sigma(x)}{\sigma(y)}$$

σの計算法則を用いて，**問5.1**で計算が簡単にできたカラクリを明かしてみると次のようになります。(1) は，

σ(xyz)
=σ(xy)σ(z)
=σ(x)σ(y)σ(z)

$$\sigma((2+\sqrt{3})^3)=\sigma((2+\sqrt{3})(2+\sqrt{3})(2+\sqrt{3}))$$
$$=\sigma(2+\sqrt{3})\sigma(2+\sqrt{3})\sigma(2+\sqrt{3})$$
$$=(2-\sqrt{3})(2-\sqrt{3})(2-\sqrt{3})=(2-\sqrt{3})^3\cdots\cdots①$$

一方，(ア) のヒントから，

$$\sigma((2+\sqrt{3})^3)=\sigma(26+15\sqrt{3})=26-15\sqrt{3}\qquad\cdots\cdots②$$

①，②より，$(2-\sqrt{3})^3=26-15\sqrt{3}$

(2) は，

$$\sigma\left(\frac{5+2\sqrt{3}}{7+4\sqrt{3}}+3-4\sqrt{3}\right)=\sigma\left(\frac{5+2\sqrt{3}}{7+4\sqrt{3}}\right)+\sigma(3-4\sqrt{3})$$
$$=\frac{\sigma(5+2\sqrt{3})}{\sigma(7+4\sqrt{3})}+\sigma(3-4\sqrt{3})$$
$$=\frac{5-2\sqrt{3}}{7-4\sqrt{3}}+3+4\sqrt{3}\quad\cdots\cdots③$$

一方，(イ) のヒントより，

$$\sigma\left(\frac{5+2\sqrt{3}}{7+4\sqrt{3}}+3-4\sqrt{3}\right)=\sigma(14-10\sqrt{3})=14+10\sqrt{3}\quad\cdots\cdots④$$

③，④より，$\dfrac{5-2\sqrt{3}}{7-4\sqrt{3}}+3+4\sqrt{3}=14+10\sqrt{3}$

$\sqrt{3}$の符号を反転させるだけで，問題の答えが求まることの根拠が分かったと思います。σは面白い性質を持っていますね。

σという写像は，体$\boldsymbol{Q}(\sqrt{3})$の対称性を浮き彫りにしているといえます。図で描くとこんな感じです。

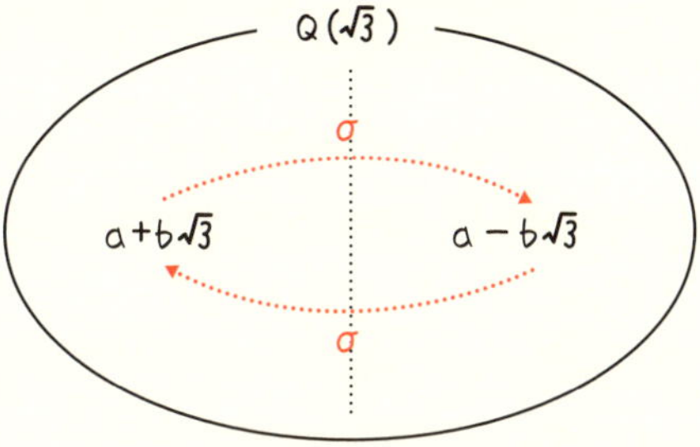

σという写像で，$a+b\sqrt{3}$と$a-b\sqrt{3}$が，1対1に対応しています。ただ，対応させるだけでなく演算結果も保存されているのです。そこがこの写像の優れているところです。

いわば$a+b\sqrt{3}$が表の世界であるならば，$a-b\sqrt{3}$は裏の世界。σはその橋渡しする鏡のような役割をしています。上の図では，表の世界と裏の世界を別々の世界のように書きましたが，実は同一の$\boldsymbol{Q}(\sqrt{3})$です。表と裏というのは，いわば$\boldsymbol{Q}(\sqrt{3})$という世界を解釈する見方とでも例えたらよいでしょうか。表，裏といっても，元自身に表の元，裏の元の区別があるわけではありません。

σには，「2回施すと元に戻る」という重要な性質があります。

$$\sigma(\sigma(a+b\sqrt{3}))=\sigma(a-b\sqrt{3})=a+b\sqrt{3}$$

ここで，$\boldsymbol{Q}(\sqrt{3})$から$\boldsymbol{Q}(\sqrt{3})$への何も変えない写像をeと表しましょう。

$$e(a+b\sqrt{3})=a+b\sqrt{3}$$

このような写像を**恒等写像**といいます。このeという記号はこれからも恒等写像の意味で使います。

この記号を用いて，「σを2回施すと元に戻る」ことを表せば，$\sigma \cdot \sigma = e$となります。これを$\sigma^2 = e$と表します。これはのちのち重要なこととなりますが，他の例を出したところでまとめましょう。

σのような写像を体の同型写像といいます。体の同型写像を数学的にきちんと定義しておきましょう。

定義5.2 体の同型写像

fが体Kから体K'への全単射であり，

K,K'は加法の単位元以外の元を含むものとします

Kの任意の元x，yに対して，

$$f(x+y)=f(x)+f(y) \qquad f(xy)=f(x)f(y)$$

を満たすとき，fを（体の）同型写像という。特に，KからK自身への同型写像を**自己同型写像**という。

また，K，K'に対して同型写像が存在するとき，KとK'は同型であるといい，$K \cong K'$で表す。

Kの加法，乗法の単位元をそれぞれ0_K，1_Kとし，K'の加法，乗法の単位元をそれぞれ$0_{K'}$，$1_{K'}$とすると，

$$f(0_K)=0_{K'},\ f(1_K)=1_{K'}$$

が成り立つことを示しておきましょう。

$f(x)+f(y)=f(x+y)$で，$x=0_K$，$y=0_K$とすると、

$$f(0_K)+f(0_K)=f(0_K+0_K)=f(0_K)$$

両辺から$f(0_K)$を引いて，

$$f(0_K)+f(0_K)-f(0_K)=f(0_K)-f(0_K) \qquad \therefore\ f(0_K)=0_{K'}$$

$f(x)f(y)=f(xy)$で，$x=1_K$，$y=1_K$とすると，

$$f(1_K)f(1_K)=f(1_K1_K)=f(1_K) \qquad \therefore\ f(1_K)f(1_K)-f(1_K)=0_{K'}$$

$$\therefore\ f(1_K)(f(1_K)-1_{K'})=0_{K'}$$

ここで$f(1_K)=0_{K'}$と仮定すると，$f(0_K)=0_{K'}$であることとfが単射であることから，$1_K=0_K$となり矛盾するので，$f(1_K)\neq 0_{K'}$です。

$f(1_K)\neq 0_{K'}$なので，両辺を$f(1_K)$で割り，

$$f(1_K)-1_{K'}=0_{K'} \qquad \therefore \quad f(1_K)=1_{K'}$$

σは，加減乗除の演算を保存しました。この定義では，体の同型写像は加法と乗法を保存するとしていますが，減法と除法には言及していません。体の同型写像は，減法と除法も保存します。このことは，体の性質と同型写像の定義から導くことができます。

[減法を保存すること]

減法は，$x-y=x+(-y)$であることを用います。

$\boldsymbol{K}$は加法について群になっていますから，加法の単位元0_Kと任意の元xについて加法の逆元$-x$があります。

$f(-x)+f(x)=f((-x)+x)=f(0_K)=0_{K'}$ですから，両辺に$f(x)$の逆元$(-f(x))$を足して，

$$\{f(-x)+f(x)\}+(-f(x))=0_{K'}+(-f(x))$$

$$\therefore \quad f(-x)+\{f(x)+(-f(x))\}=-f(x) \qquad \therefore \quad f(-x)=-f(x)$$

任意のx，yについて，

$$f(x-y)=f(x+(-y))=f(x)+f(-y)=f(x)+(-f(y))=f(x)-f(y)$$

確かに減法も保存しています。

[除法を保存すること]

除法は$x/y=xy^{-1}\,(=x\times y^{-1})$であることを用います。

$\boldsymbol{K}$は乗法について群になっていますから，乗法の単位元1_Kと任意の元$x(\neq 0)$について乗法の逆元x^{-1}があります。

$f(x^{-1})f(x)=f(x^{-1}x)=f(1_K)=1_{K'}$ですから，両辺に$f(x)$の逆元$(f(x))^{-1}$を掛けて，

$$\{f(x^{-1})f(x)\}(f(x))^{-1} = 1_{K'}(f(x))^{-1}$$

左辺に結合法則

$$\therefore \quad f(x^{-1})\{\underbrace{f(x)(f(x))^{-1}}_{1_{K'}}\} = (f(x))^{-1} \qquad \therefore \quad f(x^{-1}) = (f(x))^{-1}$$

任意のx, $y(\neq 0)$について，

xをyにして

$$f(x/y) = f(xy^{-1}) = f(x)f(y^{-1}) = f(x)(f(y))^{-1} = f(x)/f(y)$$

確かに除法も保存しています。

つまり，体の同型写像fでは，任意のx, yについて，

$$\begin{cases} f(x+y) = f(x)+f(y) & f(x-y) = f(x)-f(y) \\ f(xy) = f(x)f(y) & f(x/y) = f(x)/f(y) \quad (y \neq 0) \end{cases}$$

が成り立ちます。

σは，体$\boldsymbol{Q}(\sqrt{3})$から体$\boldsymbol{Q}(\sqrt{3})$への同型写像になっています。σは，$\boldsymbol{Q}(\sqrt{3})$からそれ自身への同型写像なので，自己同型写像です。

実は，体の自己同型写像を調べることで，体の対称性が分かるのです。

これから，体の自己同型写像の計算をしていく上で，基本となることを確認しておきましょう。実は，体の同型写像には，有理数を不変にするという性質があります。

定理5.1　有理数は同型写像で不変

σが体Kから体K'への同型写像であり，K，K'が$\boldsymbol{Q}$を含むとき，$q \in \boldsymbol{Q}$に対して，次が成り立つ。

$$\sigma(q) = q$$

証明　σは同型写像なので，$\sigma(0)=0$，$\sigma(1)=1$を満たします。

nを自然数として，

$$n\sigma\left(\frac{1}{n}\right) = \underbrace{\sigma\left(\frac{1}{n}\right)+\sigma\left(\frac{1}{n}\right)+\cdots+\sigma\left(\frac{1}{n}\right)}_{n\text{個}} = \sigma\Big(\underbrace{\frac{1}{n}+\frac{1}{n}+\cdots+\frac{1}{n}}_{n\text{個}}\Big)$$

$$=\sigma\left(n\cdot\frac{1}{n}\right)=\sigma(1)=1 \text{より，} \sigma\left(\frac{1}{n}\right)=\frac{1}{n}$$

また，正の有理数rを，$r=\dfrac{m}{n}$（n, mは自然数）とおきます。

$$\sigma(r)=\sigma\left(\frac{m}{n}\right)=\sigma\left(m\cdot\frac{1}{n}\right)=\sigma\Bigl(\underbrace{\frac{1}{n}+\frac{1}{n}+\cdots+\frac{1}{n}}_{m\text{個}}\Bigr)$$

$$=\underbrace{\sigma\left(\frac{1}{n}\right)+\sigma\left(\frac{1}{n}\right)+\cdots+\sigma\left(\frac{1}{n}\right)}_{m\text{個}}=m\sigma\left(\frac{1}{n}\right)=\frac{m}{n}=r$$

正の有理数で与式が成立

負の有理数$-r$については，

$$\sigma(r)+\sigma(-r)=\sigma(r+(-r))=\sigma(0)=0$$

より，$\sigma(-r)=-\sigma(r)=-r$　　負の有理数で与式が成立

よって，任意の有理数qについて，$\sigma(q)=q$が成り立ちます。

（証明終わり）

この本は有理数係数の方程式についてのガロア理論を論じていきますので，この章で，体といえばすべて$\boldsymbol{Q}$を含んでいるものとして考えてください。**定理5.1**が適用できるわけです。

2　この計算どこかで見たぞ

$\boldsymbol{Q}[x]/(f(x)) \cong \boldsymbol{Q}(\alpha)$

前節の例では，$\alpha=\sqrt{3}$ であったので，$\boldsymbol{Q}(\alpha)$に含まれるすべての数が $a+b\sqrt{3}$ の形で表されました。集合の記号を用いると，

$$\boldsymbol{Q}(\sqrt{3})=\{a+b\sqrt{3} \mid a,\ b\in \boldsymbol{Q}\}$$

となります。それでは一般のαについて，$\boldsymbol{Q}(\alpha)$の元はどのような形で表されるのでしょうか。それを明らかにするのがこの節の目標です。

$\alpha=\sqrt[3]{2}$ のときの例で考えてみましょう。

問5.2　$\alpha=\sqrt[3]{2}$ のとき，次を$a\alpha^2+b\alpha+c$(a, b, $c\in \boldsymbol{Q}$)の形で表せ。

(1)　$(\alpha+2)+(\alpha^2+\alpha+1)$

(2)　$(\alpha+2)-(\alpha^2+\alpha+1)$

(3)　$(\alpha+2)\times(\alpha^2+\alpha+1)$

(4)　$\dfrac{\alpha+2}{\alpha^2+\alpha+1}$

和と差に関しては，同類項をまとめれば済みます。

(1)　$(\alpha+2)+(\alpha^2+\alpha+1)=\alpha^2+2\alpha+3$

(2)　$(\alpha+2)-(\alpha^2+\alpha+1)=-\alpha^2+1$

(3)　$(\alpha+2)(\alpha^2+\alpha+1)=\alpha^3+3\alpha^2+3\alpha+2$

積を計算して，次数が3次以上になってしまいました。$\alpha=\sqrt[3]{2}$ が$\boldsymbol{Q}$上の方程式$x^3-2=0$の解であることを用いて次数を下げましょう。

多項式で準備をします。x^3+3x^2+3x+2をx^3-2で割ると，商が1，余りが$3x^2+3x+4$なので，

$$x^3+3x^2+3x+2=1\cdot\underline{(x^3-2)}+3x^2+3x+4$$

xに$\alpha=\sqrt[3]{2}$ を代入すると，破線の部分は0になりますから，

$$\alpha^3+3\alpha^2+3\alpha+2=1\cdot\underbrace{(\alpha^3-2)}_{0}+3\alpha^2+3\alpha+4$$

$$\alpha^3+3\alpha^2+3\alpha+2=3\alpha^2+3\alpha+4$$

答えは，$3\alpha^2+3\alpha+4$です。

このように$a\alpha^2+b\alpha+c$の形の数の掛け算で，3次以上のαの式になった場合は，$\alpha^3-2=0$という関係式を用いて，次数を2次以下にすることができます。x^3-2で割れば，余りはつねに2次以下になるからです。

(4)　割り算は少々厄介です。唐突ですが，**問3.7（4）**で求めたxに関する恒等式を用いましょう。**問3.7（4）**の解答では，

$$X(x)(x^2+x+1)+Y(x)(x^3-2)=x+2$$

を満たす$X(x)$，$Y(x)$を互除法によって求めました。それは，

$X(x)=x^2+x-2$，$Y(x)=-x-2$でした。つまり，xの多項式として，

$$(x^2+x-2)(x^2+x+1)+(-x-2)\underline{(x^3-2)}=x+2$$

が成り立ちます。xに$\alpha=\sqrt[3]{2}$を代入すると破線の部分は0になりますから，

$$(\alpha^2+\alpha-2)(\alpha^2+\alpha+1)+(-\alpha-2)\underbrace{(\alpha^3-2)}_{0}=\alpha+2$$

$$(\alpha^2+\alpha-2)(\alpha^2+\alpha+1)=\alpha+2$$

$$\frac{\alpha+2}{\alpha^2+\alpha+1}=\alpha^2+\alpha-2$$

このように$\alpha+2$を$a\alpha^2+b\alpha+c(\neq 0)$の形の数で割るときは，

$$X(x)(ax^2+bx+c)+Y(x)(x^3-2)=x+2$$

を満たす$X(x)$，$Y(x)$を求め，xに$\alpha=\sqrt[3]{2}$を代入します。

$X(x)$，$Y(x)$が存在したのは，ax^2+bx+cとx^3-2が互いに素であったからです。x^3-2が既約多項式なので，$ax^2+bx+c(\neq 0)$がどんな式でも，x^3-2とax^2+bx+cがつねに互いに素になることが保証されています。つまり，任意の$ax^2+bx+c(\neq 0)$の形の数で割ることができるのです。

具体例で示しただけですが，$a\alpha^2+b\alpha+c$の形をした数は，加減乗除をしてもこの形のままである仕組みが分かるでしょう。

$\boldsymbol{Q}(\alpha)$は有理数とαから加減乗除を繰り返して作られるすべての数でした。この問題から分かるように，$a\alpha^2+b\alpha+c$の形の数は四則演算で閉じ

ていますから，有理数とαから始めて$\boldsymbol{Q}(\alpha)$に含まれる数を作っていくことを考えると，$\boldsymbol{Q}(\alpha)$に含まれる数は$a\alpha^2+b\alpha+c$の形をしていることが分かります。逆に，任意の$a\alpha^2+b\alpha+c$の形の数は，有理数a，b，cとαで作られるので，$\boldsymbol{Q}(\alpha)$に含まれます。つまり，

$$\boldsymbol{Q}(\alpha)=\{a\alpha^2+b\alpha+c \mid a,\ b,\ c\in\boldsymbol{Q}\}$$

であることが分かります。

問5.3　$\alpha=\sqrt[3]{2}$のとき，$\boldsymbol{Q}(\alpha)$に含まれる数は，$a\alpha^2+b\alpha+c$（a，b，cは有理数）の形にただ１通りに表されることを示せ。

背理法で証明します。$\boldsymbol{Q}(\alpha)$の元の中に$a\alpha^2+b\alpha+c$と$d\alpha^2+e\alpha+h$というように，2通りの表し方があったとしましょう。

$$a\alpha^2+b\alpha+c=d\alpha^2+e\alpha+h \quad (a,\ b,\ c,\ d,\ e,\ h\text{は有理数})$$

$$(a-d)\alpha^2+(b-e)\alpha+(c-h)=0 \quad \cdots\cdots①$$

表し方が2通りあるということは，$a-d$，$b-e$，$c-h$のうちどれか1つは0でないということです。$a-d=0$，$b-e=0$，$c-h\neq 0$ということはありませんから，$a-d$，$b-e$のどちらか一方は0ではありません。

①の左辺を，$g(x)=(a-d)x^2+(b-e)x+(c-h)$とおくと，$g(x)$は1次式以上になります。①は，2次以下の方程式$g(x)=0$の解が$\alpha$であることを示しています。

αは方程式$g(x)=0$と$x^3-2=0$の共通解になります。一方，x^3-2は既約多項式ですから，**定理3.6（4）**により，$g(x)=0$と$x^3-2=0$は共通解を持たないことを導くことができ矛盾します。

したがって，$a-d$，$b-e$，$c-h$のすべてが0でなければなりません。$a-d=0$，$b-e=0$，$c-h=0$より$a=d$，$b=e$，$c=h$

表し方がただ1通りであることが分かりました。

αを解に持つような有理数係数の方程式のうち次数が最小のものを

$f(x)=0$ とします。このときの $f(x)$ のことを α の $\boldsymbol{Q}$ 上の**最小多項式**といいます。

例えば，$\sqrt{2}$ の $\boldsymbol{Q}$ 上の最小多項式を考えてみます。有理数係数の1次方程式は解が有理数ですから，1次方程式は無理数 $\sqrt{2}$ を解に持つことはありません。よって，$\sqrt{2}$ の $\boldsymbol{Q}$ 上の最小多項式は2次以上です。$x^2-2=0$ は $\sqrt{2}$ を解に持ちますから，$\sqrt{2}$ の $\boldsymbol{Q}$ 上の最小多項式は x^2-2 です。$2(x^2-2)$ も最小多項式ですが，有理数倍は無視して考えます。

「$\boldsymbol{Q}$ 上の」と断っているからには，$\boldsymbol{Q}$ 以外の体の最小多項式も考えられます。例えば，$\sqrt{2}$ の $\boldsymbol{Q}(\sqrt{2})$ 上の最小多項式といえば，$x-\sqrt{2}$ です。$\boldsymbol{Q}(\sqrt{2})$ 係数の方程式 $x-\sqrt{2}=0$ は，$\sqrt{2}$ を解に持ちます。

因数分解のときと同じように，係数の範囲をどの体で考えるかによって結果が異なってきます。

ただ，しばらくは $\boldsymbol{Q}$ 上の最小多項式しか出てきません。特に断らない場合は，「$\boldsymbol{Q}$ 上の」を省略しています。

最小多項式の性質を押さえておきましょう。

定理5.2　最小多項式と既約多項式

$f(x)=0$ が α を解として持つとき，

$f(x)$ が $\boldsymbol{Q}$ 上の既約多項式である。

$\Leftrightarrow$　$f(x)$ が α の $\boldsymbol{Q}$ 上の最小多項式である。

証明

$(\Leftarrow)$　最小多項式 $f(x)$ が既約でないならば，$f(x)=g(x)h(x)$ となる有理数係数の多項式 $g(x)$，$h(x)$ が存在し，x に α を代入すると

$$f(\alpha)=g(\alpha)h(\alpha)=0 \Leftrightarrow g(\alpha)=0 \text{ または } h(\alpha)=0$$

となり，$f(x)$ より次数の低い α を解に持つ多項式が存在することになり，$f(x)$ の最小性に矛盾します。よって，$f(x)$ は既約多項式です。

$(\Rightarrow)$　$g(x)$ を α の $\boldsymbol{Q}$ 上の最小多項式であるとします。$f(x)=0$ と

$g(x)=0$は共通の解αを持ち，$f(x)$は既約多項式ですから，**定理3.6（3）**より，$g(x)$は$f(x)$で割り切れます。

多項式$h(x)$を用いて，$g(x)=h(x)f(x)$と表せますが，(⇐)より$g(x)$が既約多項式ですから，$h(x)$は定数です。$f(x)$もαの最小多項式になります。

（証明終わり）

この定理を応用してみます。

問5.4　$\sqrt[3]{2}$の$\boldsymbol{Q}$上の最小多項式を求めよ。

$x^3-2=0$は，$x=\sqrt[3]{2}$を解に持ち，x^3-2は既約多項式です（p.217で示しました）。よって，**定理5.2**より，$\sqrt[3]{2}$の最小多項式はx^3-2です。

上の例から分かるように，一般のαについて$\boldsymbol{Q}(\alpha)$を求めるのであればこうなります。

αの$\boldsymbol{Q}$上の最小多項式$f(x)$を求め，その次数がnであれば，$\boldsymbol{Q}(\alpha)$に含まれる数はαの$n-1$次以下の多項式で表されるすべての数です。このとき$\boldsymbol{Q}(\alpha)$を**n次拡大体**と呼び，拡大体の次数nを$[\boldsymbol{Q}(\alpha):\boldsymbol{Q}]$で表します。

定理5.3　単拡大体$\boldsymbol{Q}(\alpha)$の元の表現の一意性

αの$\boldsymbol{Q}$上の最小多項式がn次式$f(x)$であるとする。

$$\boldsymbol{Q}(\alpha)=\{a_{n-1}\alpha^{n-1}+\cdots+a_1\alpha+a_0 \mid a_i\in\boldsymbol{Q}(0\leqq i\leqq n-1)\}$$

は体になり，元の表し方は1通りである。

証明

$\boldsymbol{Q}(\alpha)$が加減乗除で閉じていることを確認します。

$\boldsymbol{Q}(\alpha)$の元は，$\boldsymbol{Q}$上のαの$n-1$次以下の式で表されますから，$\boldsymbol{Q}$上の$n-1$次以下の式$g(x)$，$h(x)$を用いて，$\boldsymbol{Q}(\alpha)$の任意の元を$g(\alpha)$，$h(\alpha)$とします。

［加減］ $g(\alpha)+h(\alpha)$，$g(\alpha)-h(\alpha)$は，αの$n-1$次以下の式ですから，加減については閉じています。

［乗］ 乗法については次数下げをします。$g(x)h(x)$を$f(x)$で割った商を$q(x)$，余りを$r(x)$とすると，

$$g(x)h(x)=q(x)f(x)+r(x)$$ （r(x)の次数）<（f(x)の次数）

となります。xにαを代入すると，$f(\alpha)=0$ですから，$g(\alpha)h(\alpha)=r(\alpha)$となります。$r(x)$は余りですから，次数は$f(x)$の次数$n$より小さく，$r(\alpha)$は$\alpha$の$n-1$次以下の式になり，乗法について閉じています。

［除］ $h(\alpha)\neq 0$のとき，$\dfrac{g(\alpha)}{h(\alpha)}$が$\boldsymbol{Q}$上の$\alpha$の$n-1$次式で表されることを示します。

$s(x)$, $t(x)$を未知の多項式とする，1次不定方程式を立てます。

$$f(x)s(x)+h(x)t(x)=g(x) \quad \cdots\cdots①$$

ここで，$f(x)$がαの最小多項式ですから，**定理5.2**より，$f(x)$は既約多項式です。

ここで，$h(x)$は，$f(x)$で割り切れないことに注意しましょう。もしも$h(x)$が$f(x)$で割り切れるとすれば，$h(x)=f(x)u(x)$と書けますが，これにαを代入すると，$h(\alpha)=f(\alpha)u(\alpha)=0$となり，$h(\alpha)\neq 0$に矛盾します。

定理3.6（1）より，$f(x)$と$h(x)$は互いに素なので，**定理3.5**（2）より①を満たす$s(x)$，$t(x)$が存在し，$t(x)$は$n-1$次以下の式にとることができます。①のxにαを代入すると，

$$h(\alpha)t(\alpha)=g(\alpha) \qquad \therefore \quad \frac{g(\alpha)}{h(\alpha)}=t(\alpha)$$

となり，除法で閉じています。

［一意性］ $\boldsymbol{Q}(\alpha)$の元が$g(\alpha)$，$h(\alpha)$と2通りの表し方があるとすると，

$$g(\alpha)=h(\alpha) \qquad \therefore \quad g(\alpha)-h(\alpha)=0$$

$g(x)-h(x)$が定数であれば0です。$g(x)-h(x)$が1次以上の多項式であれば，$n-1$次以下の方程式$g(x)-h(x)=0$がαを解に持つことになります。

$g(x)-h(x)=0$と$f(x)=0$は共通解αを持ちます。一方，$f(x)$が既約多項式なので，**定理3.6**（4）より，$g(x)-h(x)=0$と$f(x)=0$は共通解を持たないことを導くことができ，矛盾します。したがって，$g(x)-h(x)$は0です。

$$g(x)-h(x)=0 \qquad \therefore \quad g(x)=h(x)$$

$g(x)$と$h(x)$の係数は等しいことになり，$\boldsymbol{Q}(\alpha)$の元の表し方は1通りしかありません。（証明終わり）

上の割り算をするとき，**問3.7**からxの恒等式を援用したところで気づいた方もいらっしゃるかもしれませんが，$\boldsymbol{Q}[x]/(x^3-2)$と$\boldsymbol{Q}(\sqrt[3]{2})$は体として同型です。**問3.7**（p.218）の四則演算の結果と**問5.2**（p.284）の四則演算の結果はきれいに係数が対応しています。$\boldsymbol{Q}[x]/(x^3-2)$の計算結果の$x$を$\alpha$に置き換えたものが，$\boldsymbol{Q}(\alpha)$での計算結果となっています。

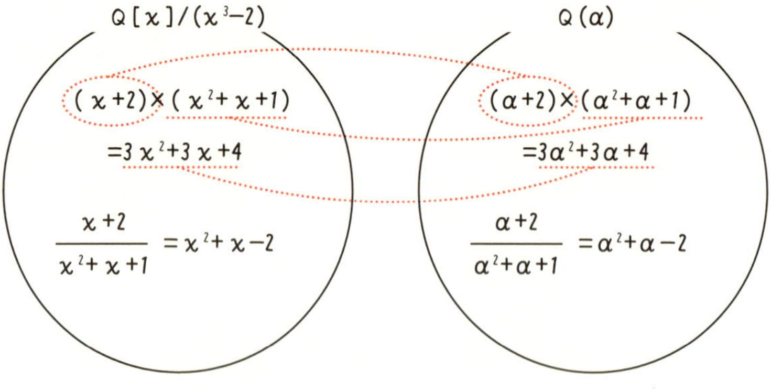

$\boldsymbol{Q}[x]/(x^3-2)$から$\boldsymbol{Q}(\sqrt[3]{2})$への写像$\sigma$を，

$$\sigma : \boldsymbol{Q}[x]/(x^3-2) \longrightarrow \boldsymbol{Q}(\sqrt[3]{2})$$
$$ax^2+bx+c \longmapsto a(\sqrt[3]{2})^2+b(\sqrt[3]{2})+c$$

とすれば，これは体の同型写像になっています。

この例から，次のことが分かります。

定理5.4 多項式の剰余群と単拡大体

αの最小多項式を$f(x)$とすると,

$$\boldsymbol{Q}[x]/(f(x)) \cong \boldsymbol{Q}(\alpha)$$

3　同型は n 個

$\boldsymbol{Q}(\alpha_1) \cong \boldsymbol{Q}(\alpha_2) \cong \cdots \cong \boldsymbol{Q}(\alpha_n)$

さらに次のようなこともいえます。

定理5.4の同型は，$f(x)=0$の解の1つであるαに着目したものです。当然，$f(x)$の他の解についても同様の定理が成り立ちます。

$f(x)=0$がn次方程式で，その解を$\alpha_1=\alpha$，α_2，…，α_nとすれば，$\boldsymbol{Q}[x]/(f(x)) \cong \boldsymbol{Q}(\alpha_i)$であるといえます。すると，$\boldsymbol{Q}(\alpha_i)$どうしも同型であるということです。

$f(x)$が$\boldsymbol{Q}$上のn次既約多項式のとき，**定理3.6（5）**より$f(x)=0$はn個の異なる解α_1，α_2，…，α_nを持ちます。このとき，n個の$\boldsymbol{Q}(\alpha_i)$は同型になります。

α_1，α_2，…，α_nが同じ方程式$f(x)=0$の解であるとき，「α_iとα_jは**共役**である」といいます。複素数$a+bi$に対して，$a-bi$を共役複素数と呼ぶのは，$a+bi$が実数係数の方程式$f(x)=0$の解になっていると，$a-bi$も$f(x)=0$の解になるからです（**定理4.3**）。

定理5.5　**$f(x)$が引き起こす同型**

$f(x)$をn次既約多項式とする。$f(x)=0$の解をα_1，α_2，…，α_nとすると，

$$\boldsymbol{Q}[x]/(f(x)) \cong \boldsymbol{Q}(\alpha_1) \cong \boldsymbol{Q}(\alpha_2) \cong \cdots \cong \boldsymbol{Q}(\alpha_n)$$

$\boldsymbol{Q}(\alpha_i)$どうしの体の同型も簡単に作ることができます。

$f(x)=x^3-2$のときで示してみましょう。**定理4.8**より，$x^3-2=0$の解は，ωを1の原始3乗根$\omega=\dfrac{-1+\sqrt{3}\,i}{2}$として，$\sqrt[3]{2}$，$\sqrt[3]{2}\,\omega$，$\sqrt[3]{2}\,\omega^2$です。

$\alpha=\sqrt[3]{2}$，$\beta=\sqrt[3]{2}\,\omega$，$\gamma=\sqrt[3]{2}\,\omega^2$とおいたとき，$\boldsymbol{Q}(\alpha)$から$\boldsymbol{Q}(\beta)$への写像$\tau$を，

$$\tau : \boldsymbol{Q}(\alpha) \longrightarrow \boldsymbol{Q}(\beta)$$
$$a\alpha^2+b\alpha+c \longmapsto a\beta^2+b\beta+c$$

と定めると，これは体の同型写像となっています。四則演算をしたときの係数がそのまま対応します。

実際，例えば，$\dfrac{\beta+2}{\beta^2+\beta+1}$を計算するのであれば，

$\dfrac{\alpha+2}{\alpha^2+\alpha+1}=\alpha^2+\alpha-2$を見て，$\dfrac{\beta+2}{\beta^2+\beta+1}=\beta^2+\beta-2$となります。

このことは，$\boldsymbol{Q}(\alpha)$，$\boldsymbol{Q}(\beta)$のどちらも$\boldsymbol{Q}[x]/(x^3-2)$と同型であることから分かるでしょう。

$\boldsymbol{Q}(\alpha)$と$\boldsymbol{Q}(\beta)$は，同型写像τで橋渡しをされるパラレルワールドなのです。$\boldsymbol{Q}(\alpha)$の世界で行なわれている計算を見れば，$\boldsymbol{Q}(\beta)$の世界で行なわれている計算が分かります。

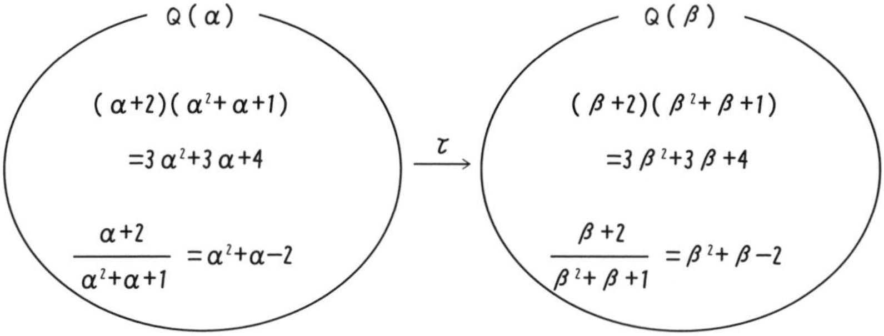

定理5.5で確認しておかなければならないのは，必ずしも$\boldsymbol{Q}(\alpha_i)$どうしが集合として等しいわけではないということです。

$f(x)=x^3-2$の例でいえば，

$$\boldsymbol{Q}(\sqrt[3]{2}) \cong \boldsymbol{Q}(\sqrt[3]{2}\,\omega) \cong \boldsymbol{Q}(\sqrt[3]{2}\,\omega^2)$$

と同型にはなりますが，集合としては$\boldsymbol{Q}(\sqrt[3]{2}) \neq \boldsymbol{Q}(\sqrt[3]{2}\,\omega)$です。

なぜなら，$\boldsymbol{Q}(\sqrt[3]{2}\,\omega)$に含まれている$\sqrt[3]{2}\,\omega$が$\boldsymbol{Q}(\sqrt[3]{2})$には含まれていないからです。$\sqrt[3]{2}\,\omega$は複素数ですが，$\boldsymbol{Q}(\sqrt[3]{2})$のすべての元は実数です。

問5.5　$\boldsymbol{Q}(\sqrt[3]{2}\,\omega) \neq \boldsymbol{Q}(\sqrt[3]{2}\,\omega^2)$**を示せ。**

のちの同型写像を用いると簡単に示せますが，ここでは直接示してみましょう。

$\boldsymbol{Q}(\sqrt[3]{2}\,\omega)$の元，$\sqrt[3]{2}\,\omega$が，$\boldsymbol{Q}(\sqrt[3]{2}\,\omega^2)$の元でないことを示します。

$\sqrt[3]{2}\,\omega$が，$\boldsymbol{Q}(\sqrt[3]{2}\,\omega^2)$の元として，$a(\sqrt[3]{2}\,\omega^2)^2+b(\sqrt[3]{2}\,\omega^2)+c$（$a$，$b$，$c$は有理数）と表されたとします。

定理4.11より $\omega^2+\omega+1=0$　$\therefore \omega^2=-\omega-1$

$$a(\sqrt[3]{2}\,\omega^2)^2+b(\sqrt[3]{2}\,\omega^2)+c=a(\sqrt[3]{2}\,)^2\omega+b(\sqrt[3]{2}\,)(-\omega-1)+c$$

$(\omega^2)^2=\omega^4=\omega^3\cdot\omega=\omega$

$$=\{a(\sqrt[3]{2}\,)^2-b(\sqrt[3]{2}\,)\}\omega-b(\sqrt[3]{2}\,)+c$$

ですから，

$$\sqrt[3]{2}\,\omega=\{a(\sqrt[3]{2}\,)^2-b(\sqrt[3]{2}\,)\}\omega-b(\sqrt[3]{2}\,)+c$$

$$\therefore\ \{a(\sqrt[3]{2}\,)^2-(b+1)(\sqrt[3]{2}\,)\}\omega-b(\sqrt[3]{2}\,)+c=0 \qquad \cdots\cdots①$$

$a(\sqrt[3]{2}\,)^2-(b+1)(\sqrt[3]{2}\,)=k$とおき，$k\neq 0$として，$\omega$について解くと，

$$\omega=\frac{b(\sqrt[3]{2}\,)-c}{k}$$

となりますが，左辺が複素数で，右辺が実数なので矛盾します。

よって，$k=a(\sqrt[3]{2}\,)^2-(b+1)(\sqrt[3]{2}\,)=0$　……②

これを①に代入して，$-b(\sqrt[3]{2}\,)+c=0$　……③

②，③の左辺は$\boldsymbol{Q}(\sqrt[3]{2}\,)$の元なので，右辺と見比べて，$a=0$，$-(b+1)=0$，$-b=0$，$c=0$となりますが，$b$の値が定まらず矛盾しています。よって，$\sqrt[3]{2}\,\omega\notin\boldsymbol{Q}(\sqrt[3]{2}\,\omega^2)$であり，$\boldsymbol{Q}(\sqrt[3]{2}\,\omega)\neq\boldsymbol{Q}(\sqrt[3]{2}\,\omega^2)$です。

（問5.5 終わり）

結局，$\boldsymbol{Q}(\sqrt[3]{2}\,)$，$\boldsymbol{Q}(\sqrt[3]{2}\,\omega)$，$\boldsymbol{Q}(\sqrt[3]{2}\,\omega^2)$は集合として相異なります。

ここで念のため“＝（集合としてのイコール）”と“≅（体の同型）”の違いを述べておきます。

“＝”は集合を結ぶ記号です。集合Aと集合Bについて，$A=B$と書い

たときは，Aの集合の要素とBの集合の要素が1つずつ同じであるということです。

一方，“$\cong$”は体を結ぶ記号です。体Aと体Bの要素が1対1に対応していて，その演算表も同じようであるということを表している記号です。$\boldsymbol{Q}(\alpha)$と$\boldsymbol{Q}(\beta)$では，$\alpha^2+2\alpha+3$と$\beta^2+2\beta+3$は，1対1に対応する元どうしですが，値は異なっています。

ところで，$\boldsymbol{Q}(\sqrt[3]{2})$と同型となるような体は，$\boldsymbol{Q}(\sqrt[3]{2}\,\omega)$と$\boldsymbol{Q}(\sqrt[3]{2}\,\omega^2)$以外にないのでしょうか。実はこれ以外にはないのです。

そのことを説明する前に，体の同型写像の演算法則から導くことができる公式を紹介しておきましょう。

σを体$\boldsymbol{K}$から体$\boldsymbol{K}'$への同型写像とし，aを$\boldsymbol{K}$の元であるとします。

$\boldsymbol{K}$，$\boldsymbol{K}'$は$\boldsymbol{Q}$を含んでいるものとします。例えば，aの式

$$f(a)=\frac{a^3+2}{a^2-5a} \quad \cdots\cdots①$$

にσを施してみましょう。このように分母分子がaの多項式からなる分数式をaの**有理式**といいます。

定理 5.1

$$\sigma(2)=2,\quad \sigma(5a)=\sigma(5)\sigma(a)=5\sigma(a)$$

$$\sigma(a^2)=\sigma(a)\sigma(a)=\{\sigma(a)\}^2$$

$$\sigma(a^3)=\sigma(a^2\cdot a)=\sigma(a^2)\sigma(a)=\{\sigma(a)\}^2\sigma(a)=\{\sigma(a)\}^3$$

ですから，①の左辺にσを施したものは，

$$\sigma(f(a))=\sigma\left(\frac{a^3+2}{a^2-5a}\right)=\frac{\sigma(a^3+2)}{\sigma(a^2-5a)}=\frac{\sigma(a^3)+\sigma(2)}{\sigma(a^2)-\sigma(5a)}$$

$$=\frac{\{\sigma(a)\}^3+2}{\{\sigma(a)\}^2-5\sigma(a)}=f(\sigma(a))$$

となります。

同型写像の初めての本格的な計算なので，丁寧に書きました。この例やp.278の具体例からも分かるように，$\boldsymbol{K}$の元aの有理式$f(a)$で表される数

にσを施すと，$f(x)$のxを$\sigma(a)$で置き換えた数になるのです。

$$\sigma(f(a))=f(\sigma(a))$$

これは，**定理5.1**より同型写像が有理数について不変で，定義より加減乗除の計算を保存するからです。

上では1変数でしたが，a，bの2数になっても事情は変わりません。

例えば，$\boldsymbol{K}$に含まれるa，bの式，$g(a,\ b)=\dfrac{2a+b^2}{ab+1}$に$\sigma$を施すと，

$$\sigma(g(a,\ b))=\sigma\left(\frac{2a+b^2}{ab+1}\right)=\frac{\sigma(2a+b^2)}{\sigma(ab+1)}=\frac{\sigma(2a)+\sigma(b^2)}{\sigma(ab)+\sigma(1)}$$

$$=\frac{2\sigma(a)+\{\sigma(b)\}^2}{\sigma(a)\sigma(b)+1}=g(\sigma(a),\ \sigma(b))$$

となり，$\sigma(g(a,\ b))=g(\sigma(a),\ \sigma(b))$が成り立ちます。

同型写像σは，するすると演算と有理数の網の目をくぐって，a，bに到達してしまうのです。おそるべき浸透力です。

まとめておきましょう。

定理5.6　**同型写像と有理式は順序交換可能**

σを体$\boldsymbol{K}$から体$\boldsymbol{K}'$への同型写像とし，a，bを$\boldsymbol{K}$の元とする。

$f(x)$，$g(x,\ y)$を$\boldsymbol{Q}$上の有理式とすると，

$$\sigma(f(a))=f(\sigma(a)),\quad \sigma(g(a,\ b))=g(\sigma(a),\ \sigma(b))$$

これを有理数係数の多項式$f(x)$に関しての方程式$f(x)=0$に応用すると，次の定理が導けます。

定理5.7　**同型写像は解を共役な解に移す**

σを体$\boldsymbol{K}$から体$\boldsymbol{K}'$への同型写像とし，αを$\boldsymbol{K}$の元とする。

$\boldsymbol{Q}$上の方程式$f(x)=0$の解の1つをαとすると，$\sigma(\alpha)$も$f(x)=0$の解である。

証明

αは，$f(x)=0$の解なので$f(\alpha)=0$が成り立ちます。

$$f(\sigma(\alpha))=\sigma(f(\alpha))=\sigma(0)=0$$

$\sigma(\alpha)$は，確かに$f(x)=0$の解になっています。（証明終わり）

定理5.7は，$f(x)$が特に既約多項式でなくとも成り立ちます。

さらに，$f(x)$が既約多項式であれば，次のようなことがいえます。

定理5.8 同型写像は解の置換を引き起こす：解のシャッフル

σを体$\boldsymbol{K}$から体$\boldsymbol{K}'$への同型写像とする。$f(x)$を$\boldsymbol{Q}$上のn次既約多項式とする。$f(x)=0$の解のすべてをα_1，α_2，…，α_nとし，これらが$\boldsymbol{K}$に含まれるとき，$\sigma(\alpha_1)$，$\sigma(\alpha_2)$，…，$\sigma(\alpha_n)$は，α_1，α_2，…，α_nを入れ替えたものである。

証明

$f(x)$がn次既約多項式であるとすると，**定理3.6（5）**より異なるn個の解を持ちます。**定理5.7**より$\sigma(\alpha_i)$は$f(x)=0$の解であり，σは同型写像なので単射ですから，異なる2つの解の移る先は異なる解です。したがって，$\sigma(\alpha_1)$，$\sigma(\alpha_2)$，…，$\sigma(\alpha_n)$は，α_1，α_2，…，α_nを入れ替えたものになります。（証明終わり）

$\boldsymbol{C}$に含まれる体$\boldsymbol{K}$で，$\boldsymbol{Q}(\sqrt[3]{2})$と同型になる体を探しましょう。$\sigma$を$\boldsymbol{Q}(\sqrt[3]{2})$から体$\boldsymbol{K}$への同型写像

$$\sigma : \boldsymbol{Q}(\sqrt[3]{2}) \longrightarrow \boldsymbol{K}$$

とします。移り先が分からないので$\boldsymbol{K}$としたのです。今後，「$\boldsymbol{Q}(\sqrt[3]{2})$に作用する同型写像$\sigma$」と書いた場合は，移り先は分かっていないのだけれど，$\boldsymbol{Q}(\sqrt[3]{2})$の元に作用する写像で，同型写像の演算法則（加減乗除を保存する）を持つ写像σを表しているものと受けとってください。

$\boldsymbol{Q}(\sqrt[3]{2})$の元として$\sqrt[3]{2}$をとり，$\sigma$による$\sqrt[3]{2}$の移り先$\sigma(\sqrt[3]{2})$を考えます。

$\sqrt[3]{2}$は方程式$x^3-2=0$の解ですから，$\sigma(\sqrt[3]{2})$は，**定理5.7**より$x^3-2=0$の解$\sqrt[3]{2}(=\alpha)$，$\sqrt[3]{2}\,\omega(=\beta)$，$\sqrt[3]{2}\,\omega^2(=\gamma)$のどれかに移ります。

$\sigma(\alpha)=\beta$であるとしてみましょう。ここで，$\boldsymbol{Q}(\alpha)$の任意の元$a\alpha^2+b\alpha+c$にσを作用させましょう。**定理5.6**により，

$$\begin{aligned}\sigma(a\alpha^2+b\alpha+c)&=a\{\sigma(\alpha)\}^2+b\{\sigma(\alpha)\}+c\\&=a\beta^2+b\beta+c\end{aligned}$$

$\sigma(f(\alpha))=f(\sigma(\alpha))$

ですから，σは$\boldsymbol{Q}(\alpha)$の元$a\alpha^2+b\alpha+c$に対して，$\boldsymbol{Q}(\beta)$の元$a\beta^2+b\beta+c$を対応させることになります。この対応はp.293で見たように$\boldsymbol{Q}(\alpha)$から$\boldsymbol{Q}(\beta)$への同型写像になっています。

つまり，$\sigma(\alpha)=\beta$のとき，$\sigma:\boldsymbol{Q}(\alpha)\longrightarrow\boldsymbol{Q}(\beta)$となり，$K=\boldsymbol{Q}(\beta)$であることが分かりました。

ここでは，p.293のように初めから$\boldsymbol{Q}(\alpha)$の元と$\boldsymbol{Q}(\beta)$の元の対応を決めるのではなく，$\sigma(\alpha)=\beta$と1つの元の移り先を決めただけで，あとは同型写像の性質を用いて$\boldsymbol{Q}(\alpha)$のすべての元と$\boldsymbol{Q}(\beta)$のすべての元について対応が決まり，それがうまい具合に四則演算を保存しているということに大きな意味があります。

$\sigma(\alpha)=\beta$を決めると，**定理5.6**より$\boldsymbol{Q}(\alpha)$の元と$\boldsymbol{Q}(\beta)$の元の対応が上のように決まります。と，ここまでは$\boldsymbol{Q}(\alpha)$の元と$\boldsymbol{Q}(\beta)$の元の対応を付けただけで，σが同型写像の演算法則を満たしていることまでは保証されていないのですが，その$\boldsymbol{Q}(\alpha)$の元と$\boldsymbol{Q}(\beta)$の元の対応は$\boldsymbol{Q}/(x^3-2)$を媒介にすることによって体の同型写像の演算法則を満たすのです。

「うまい具合に」というくだりが信じられない人は，例えば，$\sigma(\sqrt{2})=\sqrt{3}$を満たす同型写像$\sigma$があるかを考えてみればよいのです。

$\boldsymbol{Q}(\sqrt{2})$の元$a\sqrt{2}+b$に対して，同型写像σを作用させると，

$$\sigma(a\sqrt{2}+b)=a\sigma(\sqrt{2})+b=a\sqrt{3}+b$$

となりますから，$\boldsymbol{Q}(\sqrt{2})$から$\boldsymbol{Q}(\sqrt{3})$の写像σは，

$$\boldsymbol{Q}(\sqrt{2})\quad\longrightarrow\quad\boldsymbol{Q}(\sqrt{3})$$

$$a\sqrt{2}+b \longmapsto a\sqrt{3}+b$$

で全単射になります。$\boldsymbol{Q}(\sqrt{2})$の元と$\boldsymbol{Q}(\sqrt{3})$の元の間に1対1の対応が付きました。しかし，

$$\sigma((\sqrt{2}+1)(\sqrt{2}+2))=\sigma(4+3\sqrt{2})=4+3\sqrt{3}$$

$$\sigma(\sqrt{2}+1)\sigma(\sqrt{2}+2)=(\sqrt{3}+1)(\sqrt{3}+2)=5+3\sqrt{3}$$

ですから，$\sigma((\sqrt{2}+1)(\sqrt{2}+2))\neq\sigma(\sqrt{2}+1)\sigma(\sqrt{2}+2)$となり，同型写像の条件「任意の$x$，$y$に対して$\sigma(xy)=\sigma(x)\sigma(y)$が成り立つ」を満たしません。つまり，積の演算は保存されないのです。

定理5.5と**定理5.6**の連係プレーがいかに絶妙であったかをあらためて評価できますね。

σが同型写像であることを直接証明すると，次のようになります。

定理5.9 **$Q(\alpha_i)$の同型**

$f(x)$を$\boldsymbol{Q}$上のn次既約多項式とする。α，βを$f(x)=0$の異なる解であるとする。$\sigma(\alpha)=\beta$を満たす$\boldsymbol{Q}(\alpha)$から$\boldsymbol{Q}(\beta)$への同型写像σが存在する。

証明 $\boldsymbol{Q}(\alpha)$の元$a_n\alpha^{n-1}+\cdots+a_2\alpha+a_1$に対して$\sigma$を作用させると，$\sigma$は同型写像なので，

定理5.6

$$\sigma(a_n\alpha^{n-1}+\cdots+a_2\alpha+a_1)=a_n\sigma(\alpha)^{n-1}+\cdots+a_2\sigma(\alpha)+a_1$$

$$=a_n\beta^{n-1}+\cdots+a_2\beta+a_1$$

を満たさなければなりません。これによって，$\boldsymbol{Q}(\alpha)$のすべての元に対して，対応する$\boldsymbol{Q}(\beta)$の元が，

$$\sigma : \boldsymbol{Q}(\alpha) \longrightarrow \boldsymbol{Q}(\beta)$$

$$a_n\alpha^{n-1}+\cdots+a_2\alpha+a_1 \longmapsto a_n\beta^{n-1}+\cdots+a_2\beta+a_1$$

と定まります。つまり，σは$n-1$次以下の多項式$g(x)$について，$\sigma(g(\alpha))=g(\beta)$となります。これは全単射です。

定義5.2にしたがって，σが和と積を保存することを示しましょう。

$\boldsymbol{Q}(\alpha)$の任意の元

$$s=a_n\alpha^{n-1}+\cdots+a_2\alpha+a_1,\quad t=b_n\alpha^{n-1}+\cdots+b_2\alpha+b_1$$

について確かめてみます。

$$\sigma(s+t)=\sigma((a_n+b_n)\alpha^{n-1}+\cdots+(a_2+b_2)\alpha+a_1+b_1)$$
$$=(a_n+b_n)\beta^{n-1}+\cdots+(a_2+b_2)\beta+a_1+b_1$$

$$\sigma(s)+\sigma(t)$$
$$=\sigma(a_n\alpha^{n-1}+\cdots+a_2\alpha+a_1)+\sigma(b_n\alpha^{n-1}+\cdots+b_2\alpha+b_1)$$
$$=a_n\beta^{n-1}+\cdots+a_2\beta+a_1+b_n\beta^{n-1}+\cdots+b_2\beta+b_1$$
$$=(a_n+b_n)\beta^{n-1}+\cdots+(a_2+b_2)\beta+a_1+b_1$$

よって，$\sigma(s+t)=\sigma(s)+\sigma(t)$が成り立ちます。

積の方は，$g(\alpha)h(\alpha)$のままだとαの次数が高くてσの対応を使うことができないので，次数下げをします。

$g(x)=a_nx^{n-1}+\cdots+a_2x+a_1$，$h(x)=b_nx^{n-1}+\cdots+b_2x+b_1$とおきます。すると，$s=g(\alpha)$，$t=h(\alpha)$です。

$g(x)h(x)$を$f(x)$で割った商を$q(x)$，余りを$r(x)$とすると，

$$g(x)h(x)=q(x)f(x)+r(x)$$ $r(x)$は$n-1$次以下の式

となります。この式のxにα，βを代入すると，α，βはいずれも$f(x)=0$の解になっていますから，$f(\alpha)=0$，$f(\beta)=0$を用いて，

$$g(\alpha)h(\alpha)=r(\alpha),\quad g(\beta)h(\beta)=r(\beta)$$
$$\sigma(st)=\sigma(g(\alpha)h(\alpha))=\sigma(r(\alpha))=r(\beta)$$
$$\sigma(s)\sigma(t)=\sigma(g(\alpha))\sigma(h(\alpha))=g(\beta)h(\beta)=r(\beta)$$

よって，$\sigma(st)=\sigma(s)\sigma(t)$が成り立ちます。

σは体の同型写像です。　　（証明終わり）

一般の形で，まとめると次のようになります。

定理5.10 $\boldsymbol{Q}(\alpha)$に作用する同型写像はn個

$f(x)$を$\boldsymbol{Q}$上のn次既約多項式とし，$f(x)=0$の解のすべてを$\alpha_1=\alpha$, α_2, …, α_nとする。このとき，$\boldsymbol{Q}(\alpha)$に作用する同型写像はn個あり，それらは

$$\sigma_i(\alpha)=\alpha_i \quad (i=1,\ 2,\ \cdots,\ n)$$

で定められ，σ_iは$\boldsymbol{Q}(\alpha)$から$\boldsymbol{Q}(\alpha_i)$への同型写像となる。

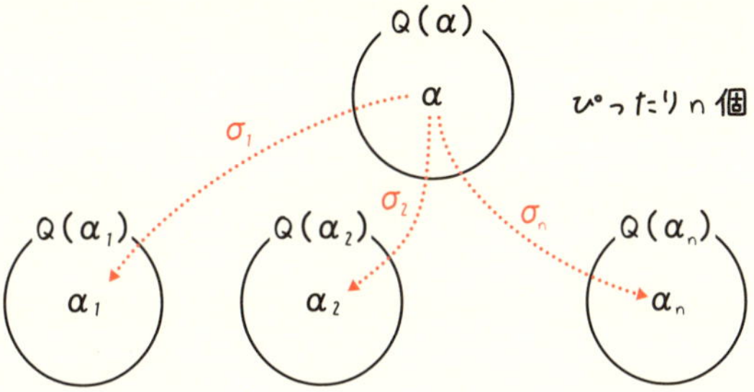

ここで，$f(x)$が既約多項式なので，**定理3.6（5）**により，$f(x)$の解はすべて異なることに注意しましょう。

しつこいようですが，この定理はガロア理論を理解する上でキモとなる重要な定理なので，n個 ぴったり になることを補足しておきます。

「$\boldsymbol{Q}(\alpha)$に作用する同型写像σを決めなさい」という問題に対するアプローチを心情を含めて述べるとこうなります。

「$\boldsymbol{Q}(\alpha)$の中から元をとってきてσの移り先を調べなきゃいけない」

→ 「$\boldsymbol{Q}(\alpha)$はαの式で書かれているのだから，
αをとってきて，σによる移り先$\sigma(\alpha)$を調べよう。
他の元をとって調べてもいいけど，$\boldsymbol{Q}(\alpha)$の同型写像を調べるわけだから，結局はαの移り先だって言及しなくちゃいけないんだ。
うん，αから調べよう」

→ 「αの移り先は**定理5.7**から，αと共役なものしかない。

$\sigma(\alpha)=\beta$としてみよう」

→「σは同型写像なのだから，

$$\sigma(a_n\alpha^{n-1}+\cdots+a_2\alpha+a_1)=a_n\beta^{n-1}+\cdots+a_2\beta+a_1$$

となるぞ。σは$\boldsymbol{Q}(\alpha)$と$\boldsymbol{Q}(\beta)$の元に1対1の対応がついたぞ」

→「でもこれはσが最低限満たさなければいけないこと，いわば必要条件だ。これが同型写像の条件式

$$\sigma(x+y)=\sigma(x)+\sigma(y),\quad \sigma(xy)=\sigma(x)\sigma(y)$$

を満たすかどうか調べなくてはいけない」

→「うまく満たしたぞ。これで十分だ。めでたし，めでたし」

→「$f(x)=0$の解が異なるn個であれば，αの移り先がn個あり，どれに決めても上のように同型写像が決まるのだから，$\boldsymbol{Q}(\alpha)$に作用する同型写像は ちょうど n個だ」

という感じです。

$\boldsymbol{Q}(\sqrt[3]{2})$に同型な体を探す問題に戻ります。

定理5.9より，$\boldsymbol{Q}(\sqrt[3]{2})$に作用する同型写像$\sigma$は，$\sigma$による$\sqrt[3]{2}$の移り先$\sigma(\sqrt[3]{2})$により決まり，その選び方は$\sqrt[3]{2}$，$\sqrt[3]{2}\,\omega$，$\sqrt[3]{2}\,\omega^2$と3個あるので，**定理5.10**より同型写像はちょうど3個あるのです。

$\boldsymbol{Q}(\sqrt[3]{2})$に作用する同型写像で$\sigma(\sqrt[3]{2})=\sqrt[3]{2}\,\omega^2$と決めれば，$\sigma$は$\boldsymbol{Q}(\sqrt[3]{2})$から$\boldsymbol{Q}(\sqrt[3]{2}\,\omega^2)$への同型写像，$\sigma(\sqrt[3]{2})=\sqrt[3]{2}$と決めれば$\boldsymbol{Q}(\sqrt[3]{2})$に作用する恒等写像となります。

このことから$\boldsymbol{Q}(\sqrt[3]{2})$と同型になる体で，$\boldsymbol{C}$に含まれるものは，$\boldsymbol{Q}(\sqrt[3]{2})$，$\boldsymbol{Q}(\sqrt[3]{2}\,\omega)$，$\boldsymbol{Q}(\sqrt[3]{2}\,\omega^2)$の3個しかないことが分かります。

上で説明した$f(x)=x^3-2$の例では，3つの同型な体，$\boldsymbol{Q}(\sqrt[3]{2})$，$\boldsymbol{Q}(\sqrt[3]{2}\,\omega)$，$\boldsymbol{Q}(\sqrt[3]{2}\,\omega^2)$はすべて異なっていました。

しかし，一般には，$\boldsymbol{Q}(\alpha_i)$ $(i=1,\ 2,\ \cdots,\ n)$がすべて異なるとは限りません。むしろ同じになるときこそが重要なのですが，詳しくはあとのお楽

しみです。

$\boldsymbol{Q}(\alpha)$に作用する同型写像がぴったりn個である（**定理5.10**）ということが理解できると，同型写像による解の入れ替え（**定理5.8**）もn個なのかと思ってしまう人がいます。

定理5.8と**定理5.10**の違いについて述べておきましょう。

定理5.8は，同型写像σが方程式の解$\{\alpha_1, \cdots, \alpha_n\}$に作用するとき，つまり$\sigma : \{\alpha_1, \cdots, \alpha_n\} \to \{\alpha_1, \cdots, \alpha_n\}$を述べている定理です。同型写像があれば解を入れ替えるというのです。ですから，同型写像が解に作用するときの作用の仕方は多くともn個の解の置換で$n!$個です。

定理5.10は，同型写像σが体$\boldsymbol{Q}(\alpha)$に作用するとき，つまり

$$\sigma : \boldsymbol{Q}(\alpha) \longrightarrow K$$

のときのことを述べています。同型写像が$\boldsymbol{Q}(\alpha)$に作用するときの作用の仕方は，ぴったりn個であるといっています。

定理5.8では同型写像の個数が最大$n!$個あり，**定理5.10**では同型写像の個数がピッタリn個であると主張しています。ちょっと矛盾するような気がします。

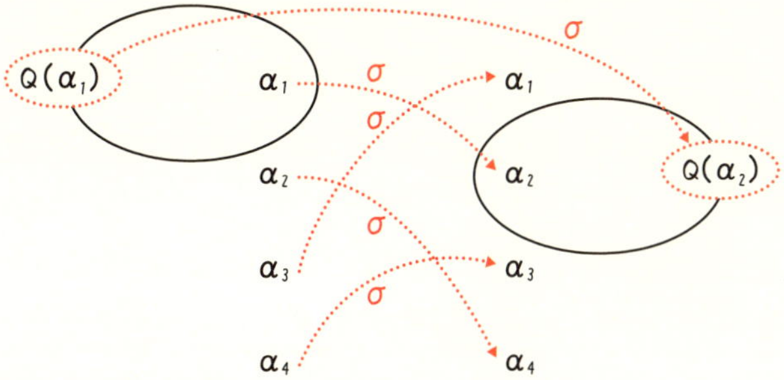

図ではσがα_1をα_2に移し，$\boldsymbol{Q}(\alpha_1)$から$\boldsymbol{Q}(\alpha_2)$への同型写像になっていますが，α_2，α_3，α_4の移り先はα_1，α_3，α_4の中から自由に選べる可能性があるわけです。

$\alpha_1 = \alpha$，α_2，…，α_nがすべて$\boldsymbol{Q}(\alpha)$に含まれれば，α_1，α_2，…，α_nはαの多項式で表せることになり，$\sigma(\alpha)$の移り先を決めただけで，α_2，…，α_nの移り先が決まってしまうのでシャッフルの仕方はピッタリn個しかありません。

しかし，α_2，…，α_nが$\boldsymbol{Q}(\alpha)$に含まれるとは限らないので，**定理5.8**のような見方で，同型写像による解のシャッフルの仕方が$n!$通りであるということも大いにありうるのです。

4 体の次元を捉えよう

線形代数の補足

前節で，$\boldsymbol{Q}(\alpha)$の次元を定義しました。そもそも次元とはどういうことかをここで補足しておきたいと思います。

高校では，ベクトルを習ったことでしょう。

ベクトルといえば，大きさと向きを持ったものと認識していますね。ベクトルは矢印で表され，足し算や実数倍も矢印で表すことができました。

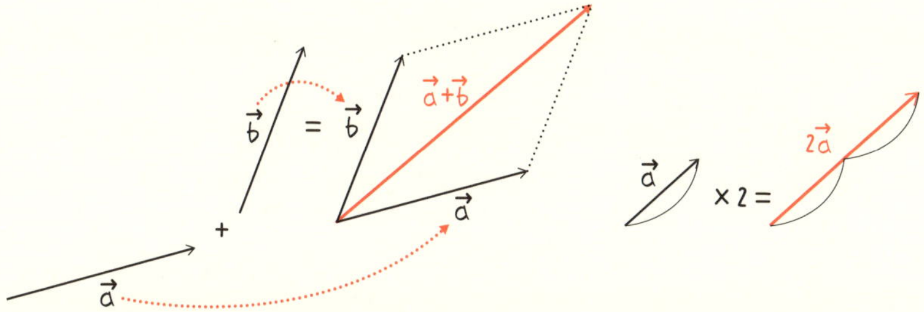

このような矢印で表されたベクトルを“矢印ベクトル”と呼ぶことにしましょう。

大学初年級の数学で扱う“線形空間”とは，この矢印ベクトルを抽象化したものです。

矢印ベクトルが満たす性質を取り出して公理とし，逆に公理を満たすものを線形空間と定義したのです。

線形空間の定義は次のようになります。

Vを平面ベクトルの集合，Vの元v，uを矢印ベクトル，体$\boldsymbol{K}$を実数の集合，k，lを実数であると思って読むと，今まで見知ってきた矢印ベクトルが持っている性質にほかならないことが分かると思います。

定義5.3 **線形空間**

集合 V と体 K について次を満たすとき，V を K 上の線形空間であるという。

（1）和の演算の定義

V の任意の元 v，u に対して，$v+u$ が定義され，$v+u$ は V の元となる。

（2）スカラー倍の定義

V の任意の元 v と K の任意の元 k に対して，kv が定義され，kv は V の元となる。

（3）和の演算が満たすべき性質

V の元が $+$ の演算に関して可換群になっている。すなわち，V の任意の元 v，u，w に関して，(i)～(iv)が成り立つ。

(i)　$(v+u)+w=v+(u+w)$　（結合法則）

(ii)　$v=v+x$ を満たす x が存在する。これを0と書く。（ゼロベクトルの存在）

(iii)　$v+y=0$ を満たす y が存在する。（逆ベクトルの存在）

(iv)　$v+u=u+v$　（交換法則）

（4）和とスカラー倍の性質

V の任意の元 v，u と，K の任意の元 k，l に関して，(i)～(iv)が成り立つ。

(i)　$k(lv)=(kl)v$

(ii)　$(k+l)v=kv+lv$

(iii)　$k(v+u)=kv+ku$

(iv)　$1v=v$　（1は K の乗法の単位元）

矢印ベクトルのときも，1次独立，1次従属という言葉を習ったことと思います。これもさらっと復習しておきましょう。

平面ベクトルで，1次独立な2つのベクトルといえば，次頁左図のように異なる方向を向いた2つのベクトル$\vec{a}$, $\vec{b}$を思い浮かべればよいでしょう。そして，1次独立な2つのベクトル$\vec{a}$, $\vec{b}$があると，平面上の任意のベクトルは，$\vec{a}$と$\vec{b}$の1次結合，すなわち$k\vec{a}+l\vec{b}$（k, lは実数）の形でただ1通りに表すことができました。

このように，1次結合ですべてのベクトルを表すことができるような，1次独立なベクトルの組$\{\vec{a}, \vec{b}\}$を基底といいます。基底という用語は，高校では習わなかったかもしれません。

ベクトルを成分表示して，座標平面上で表すとき，$\vec{e}_x=\begin{pmatrix}1\\0\end{pmatrix}$，$\vec{e}_y=\begin{pmatrix}0\\1\end{pmatrix}$とおくと，任意のベクトル$\begin{pmatrix}x\\y\end{pmatrix}$は，$x\vec{e}_x+y\vec{e}_y=\begin{pmatrix}x\\y\end{pmatrix}$と表すことができますから，$\{\vec{e}_x, \vec{e}_y\}$は基底です。これを標準基底といいます。

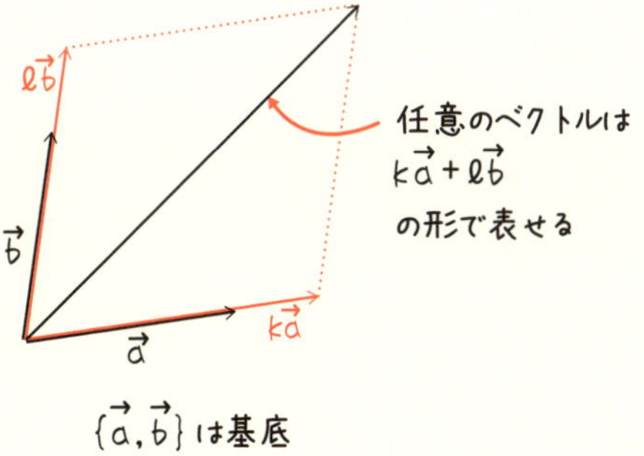

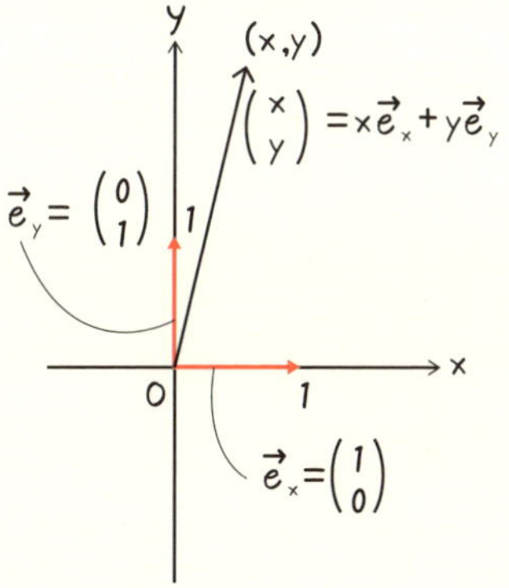

次元を上げて，空間ベクトルであれば次のようになります。

空間内で，1次独立な3つのベクトルといえば，次頁左図のように三角すいの頂点から出る3本の辺の方向を持つベクトル$\vec{a}$, $\vec{b}$, $\vec{c}$を思い浮かべればよいでしょう。空間内の任意のベクトルは，$\vec{a}$, $\vec{b}$, $\vec{c}$の1次結合，すなわち$k\vec{a}+l\vec{b}+m\vec{c}$（$k$, l, mは定数）の形でただ1通りに表すことができました。ベクトルの組$\{\vec{a}, \vec{b}, \vec{c}\}$は，空間ベクトルの基底です。

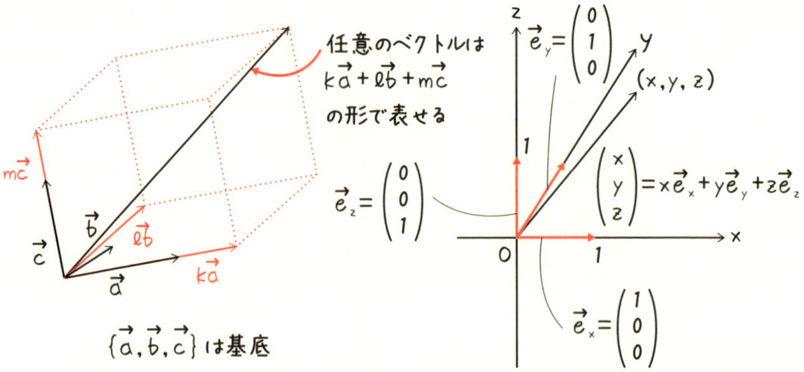

ここらへんの矢印ベクトルに関することも線形空間にそのまま引き継がれます。次の定義も初めは，矢印ベクトルのことをイメージしながら読んで構いません。

定義5.4　**1次独立・1次従属の定義**

1次独立

線形空間Vの元の組$\{v_1, v_2, \cdots, v_n\}$に対して，

$$a_1v_1+a_2v_2+\cdots+a_nv_n=0$$

を満たす$\boldsymbol{K}$の元$a_1, a_2, \cdots, a_n$が，$a_1=a_2=\cdots=a_n=0$しかないとき，$\{v_1, v_2, \cdots, v_n\}$は1次独立であるという。

1次従属

1次独立でないとき，つまり

線形空間Vの元の組$\{v_1, v_2, \cdots, v_n\}$に対して，

$$a_1v_1+a_2v_2+\cdots+a_nv_n=0$$

を満たす少なくとも1つが0でないような$\boldsymbol{K}$の元の組$(a_1, a_2, \cdots, a_n)$が存在するとき，$\{v_1, v_2, \cdots, v_n\}$は1次従属であるという。

この定義から分かるように，ベクトルの組$\{v_1, v_2, \cdots, v_n\}$は1次独立であるか，1次従属であるかのどちらかです。

1次独立・1次従属の定義から，すぐに次のことがいえます。この感覚を身に付けておくと，後ろの方の証明が読みやすくなります。

定理5.11 1次独立・1次従属

線形空間Vの元の組$\{v_1, v_2, \cdots, v_n\}$に対して以下が成立する。

(1) $\{v_1, v_2, \cdots, v_n\}$が1次独立のとき，
どのv_iも$\{v_1, v_2, \cdots, v_n\}$から$v_i$を除いたベクトルの1次結合では表されない。

(2) $\{v_1, v_2, \cdots, v_{n-1}\}$が1次独立で，$\{v_1, v_2, \cdots, v_n\}$が1次従属のとき，
v_nは$\{v_1, v_2, \cdots, v_{n-1}\}$の1次結合で表される。

(3) v_nが$\{v_1, v_2, \cdots, v_{n-1}\}$の1次結合で表されるとき，
$\{v_1, v_2, \cdots, v_n\}$は1次従属である。

(4) $\{v_1, v_2, \cdots, v_n\}$が1次独立のとき，
$\{v_1, v_2, \cdots, v_{n-1}\}$も1次独立である。

証明 (1) $i=n$の場合を，背理法で証明します。もしもv_nが$\{v_1, v_2, \cdots, v_{n-1}\}$の1次結合で表されるとすれば，

$$b_1v_1+b_2v_2+\cdots+b_{n-1}v_{n-1}=v_n$$

$$b_1v_1+b_2v_2+\cdots+b_{n-1}v_{n-1}-v_n=0$$

となり，$a_1v_1+a_2v_2+\cdots+a_nv_n=0$を満たす少なくとも1つが0でないような$\boldsymbol{K}$の元$a_1, a_2, \cdots, a_n$が存在し（$a_1=b_1, a_2=b_2, \cdots, a_{n-1}=b_{n-1}, a_n=-1$とすればよい），$\{v_1, v_2, \cdots, v_n\}$は1次従属になり矛盾します。他の$v_i$のときも同じです。

(2) $\{v_1, v_2, \cdots, v_n\}$が1次従属のとき，

$$a_1v_1+a_2v_2+\cdots+a_nv_n=0$$

を満たす少なくとも1つが0でないような$\boldsymbol{K}$の元の組（$a_1, a_2, \cdots, a_n$）が存在します。$a_n=0$であるとすると，

$$a_1v_1+a_2v_2+\cdots+a_{n-1}v_{n-1}=0$$

を満たす少なくとも1つが0でないような$\boldsymbol{K}$の元の組$(a_1, a_2, \cdots, a_{n-1})$,が存在することになり，$\{v_1, v_2, \cdots, v_{n-1}\}$が一次独立であることに矛盾します。

$a_n \neq 0$のとき，v_nは，

$$v_n = -\frac{1}{a_n}(a_1 v_1 + a_2 v_2 + \cdots + a_{n-1} v_{n-1})$$

と，$\{v_1, v_2, \cdots, v_{n-1}\}$の1次結合で表されます。

(3)　(1) の対偶です。(1) の証明中で示しました。

(4)　背理法で証明します。もしも，$\{v_1, v_2, \cdots, v_{n-1}\}$が1次従属であるとすると，少なくとも1つは0でない$\boldsymbol{K}$の元$b_1, b_2, \cdots, b_{n-1}$について，

$$b_1 v_1 + b_2 v_2 + \cdots + b_{n-1} v_{n-1} = 0$$

が成り立ちます。

$$b_1 v_1 + b_2 v_2 + \cdots + b_{n-1} v_{n-1} + 0 \cdot v_n = 0$$

とすれば，$a_1 v_1 + a_2 v_2 + \cdots + a_{n-1} v_{n-1} + a_n v_n = 0$を満たす少なくとも1つは0でない$\boldsymbol{K}$の元$a_1, a_2, \cdots, a_n$が存在し（$a_1 = b_1, \cdots, a_{n-1} = b_{n-1}$, $a_n = 0$とおけばよい)，$\{v_1, v_2, \cdots, v_n\}$が1次従属であることになり矛盾します。　　　　（証明終わり）

p.307，p.308で，矢印ベクトルのときの基底のイメージをつかんでもらいました。次に基底の定義を確認しておきましょう。

定義5.5　基底の定義

線形空間Vの元の組$\{v_1, v_2, \cdots, v_n\}$に対して，次の (1)，(2) を満たすとき，$\{v_1, v_2, \cdots, v_n\}$を基底という。

(1) $\{v_1, v_2, \cdots, v_n\}$は1次独立である。

(2) Vの任意の元vは，$\boldsymbol{K}$の元$a_1, a_2, \cdots, a_n$を選んで，

$$v = a_1 v_1 + a_2 v_2 + \cdots + a_n v_n$$

と表すことができる。

基底についていくつか補足しておきましょう。

定理5.12 表現の一意性

線形空間Vの任意の元が基底$\{v_1, v_2, \cdots, v_n\}$の1次結合によって表されるとき，ただ1通りに表される。

証明 もしもVのある元vが

$$v = a_1 v_1 + a_2 v_2 + \cdots + a_n v_n, \qquad v = b_1 v_1 + b_2 v_2 + \cdots + b_n v_n$$

と2通りに表されたとします。この差をとって，

$$(a_1 - b_1)v_1 + (a_2 - b_2)v_2 + \cdots + (a_n - b_n)v_n = 0$$

となりますが，$\{v_1, v_2, \cdots, v_n\}$が1次独立なので，

$$a_1 - b_1 = 0,\ a_2 - b_2 = 0,\ \cdots,\ a_n - b_n = 0$$

よって，$a_1 = b_1$, $a_2 = b_2$, $\cdots$, $a_n = b_n$となり，表し方は1通りであることが分かりました。 （証明終わり）

定理5.13 基底の完全性

$\{v_1, v_2, \cdots, v_n\}$が基底であるとき，これらの元のうちどれか一つが欠けても基底ではない。また，$\{v_1, v_2, \cdots, v_n\}$に新しい元$v_{n+1}$を加えた$\{v_1, v_2, \cdots, v_n, v_{n+1}\}$も基底ではない。

「何も足さない，何も引かない」という蒸留酒のコピーがありましたが，基底に選ばれた$\{v_1, v_2, \cdots, v_n\}$はまさにそれです。

証明 例えば，v_nが欠けたとします。それでも$\{v_1, v_2, \cdots, v_{n-1}\}$が基底であるというのであれば，$v_n$は$V$の元ですから，$\{v_1, v_2, \cdots, v_{n-1}\}$の1次結合で表され，**定理5.11（3）**より$\{v_1, v_2, \cdots, v_n\}$が1次従属になってしまい，$\{v_1, v_2, \cdots, v_n\}$が1次独立であるという基底の条件に反します。つまり，$\{v_1, v_2, \cdots, v_{n-1}\}$は基底ではないのです。

また，v_{n+1}はVの元ですから，$\{v_1, v_2, \cdots, v_n\}$の1次結合で表され，**定理5.11（3）**より$\{v_1, v_2, \cdots, v_n, v_{n+1}\}$は1次従属になり，基底が持つ

1次独立の性質を満たさなくなります。$\{v_1, v_2, \cdots, v_n\}$が基底であるとき，これらの元に何か新しい元$v_{n+1}$を足した$\{v_1, v_2, \cdots, v_n, v_{n+1}\}$は基底ではなくなります。これらを基底の完全性といいます。　（証明終わり）

矢印ベクトルでない例を出してみましょう。

問5.6　$\boldsymbol{Q}(\sqrt{2})$は$\boldsymbol{Q}$上の線形空間であることを示せ。また，$\{1, \sqrt{2}\}$は基底であることを示せ。

線形空間の定義を確認していきましょう。

$\boldsymbol{Q}(\sqrt{2})$の元は，$a+b\sqrt{2}$（a，bは有理数）の形をしていました。

$\boldsymbol{Q}(\sqrt{2})$の元の和は，$a+b\sqrt{2}$，$c+d\sqrt{2}$に対して，

$$(a+b\sqrt{2})+(c+d\sqrt{2})=(a+c)+(b+d)\sqrt{2}$$

と計算できます。$(a+c)+(b+d)\sqrt{2}$は$\boldsymbol{Q}(\sqrt{2})$の元になっています。

$\boldsymbol{Q}(\sqrt{2})$の元の有理数倍は，$a+b\sqrt{2}$と有理数cに対して，

$$c(a+b\sqrt{2})=ca+cb\sqrt{2}$$

となり，$ca+cb\sqrt{2}$は，ca，cbが有理数ですから，$\boldsymbol{Q}(\sqrt{2})$の元になっています。

線形空間の定義（1），（2）が確認できました。

cが有理数であることが効いています。cが実数の集合の元から勝手にとってきたものであれば（例えば$\sqrt{3}$などの無理数），ca，cbが有理数であることは保証されません。問題文中の「$\boldsymbol{Q}$上の」というところがポイントです。ですから，$\boldsymbol{Q}(\sqrt{2})$は$\boldsymbol{R}$上の線形空間ではありません。「$\boldsymbol{Q}$上の」というとき，スカラー倍は，有理数倍で考えているのです。

線形空間の定義（3），（4）に関しては，実数の計算で成り立つことなので，成立します。

$\boldsymbol{Q}(\sqrt{2})$は，$\boldsymbol{Q}$上の線形空間であることが示されました。

$\{1, \sqrt{2}\}$が基底であるためには，基底であることの条件（1）1次独立で

あることと，(2) 1次結合ですべての数が表されること，を示します。(2) に関しては，$\boldsymbol{Q}(\sqrt{2})$の定義ですからO.K.です。

(1) を示します。そのためには，次を示せばよいのです。

$a+b\sqrt{2}=0$（a, bは有理数）のとき，$a=0$, $b=0$であることを示せ。

背理法で示します。もしも$b\neq0$であるとします。すると，

$$a+b\sqrt{2}=0 \quad \therefore \quad b\sqrt{2}=-a \qquad \therefore \quad \sqrt{2}=-\frac{a}{b}$$

この式で，左辺は無理数ですが，右辺は有理数割る有理数であり，有理数になっていて矛盾です。よって，$b=0$です。

初めの式に代入して，$a=0$となります。　（終わり）

$\{1, \sqrt{2}\}$が$\boldsymbol{Q}(\sqrt{2})$の基底であることが確かめられました。

（問5.6　終わり）

掛け算は有理数しか考えていないと書きましたが，これは線形空間のスカラー倍としてという意味です。ですから，$\boldsymbol{Q}(\sqrt{2})$を線形空間として見るとき，$(a+b\sqrt{2})(c+d\sqrt{2})$は線形空間のスカラー倍ではありません。もちろん，$\boldsymbol{Q}(\sqrt{2})$を体として見れば，$(a+b\sqrt{2})(c+d\sqrt{2})$の計算をすることはできますが，これは線形空間としては定義されない計算です。

既約多項式の解を加えてできる拡大体の基底についても証明しておきましょう。

定理5.14　$\boldsymbol{Q}(\alpha)$の基底

αを$\boldsymbol{Q}$上のn次既約多項式$f(x)=0$の解とする。$\boldsymbol{Q}(\alpha)$は$\boldsymbol{Q}$上の線形空間であり，$\{1, \alpha, \alpha^2, \cdots, \alpha^{n-1}\}$は，$\boldsymbol{Q}(\alpha)$の基底である。

証明　まず，$1, \alpha, \alpha^2, \cdots, \alpha^{n-1}$が1次独立であることを示しましょ

う。

$$a_0+a_1\alpha+a_2\alpha^2+\cdots+a_{n-1}\alpha^{n-1}=0 \quad (a_0,\ a_1,\ \cdots,\ a_{n-1}\text{は有理数})$$

で，a_0，a_1，…，a_{n-1}のうち少なくとも1つは0でないとします。

$g(x)=a_0+a_1x+a_2x^2+\cdots+a_{n-1}x^{n-1}$とおきます。

$g(x)$が定数のときは上式より，$g(x)=0$です。そこで，$g(x)$が1次以上の多項式であると仮定します。

ここで$f(x)=0$，$g(x)=0$は共通解αを持ちます。一方，$g(x)$は$n-1$次以下の式で，$f(x)$は既約多項式ですから，**定理3.6（4）**より$f(x)=0$と$g(x)=0$は共通解を持たないことを導くことができ，矛盾します。

よって，$g(x)$は0であり，a_0，a_1，…，a_{n-1}のすべてが0となり，1，α，α^2，…，α^{n-1}が$\boldsymbol{Q}$上で1次独立であることが分かりました。

次に，$\boldsymbol{Q}(\alpha)$の任意の元は

$$a_0+a_1\alpha+a_2\alpha^2+\cdots+a_{n-1}\alpha^{n-1} \quad (a_0,\ a_1,\ \cdots,\ a_{n-1}\text{は有理数})$$

と，1，α，α^2，…，α^{n-1}の1次結合の形で表されます。

よって，$\{1,\ \alpha,\ \alpha^2,\ \cdots,\ \alpha^{n-1}\}$は$\boldsymbol{Q}(\alpha)$の基底になります。

（証明終わり）

$\boldsymbol{Q}(\alpha)$でもスカラー倍としてとることができるのは有理数だけであることを強調しておきたいと思います。

$\{1,\ \alpha,\ \alpha^2,\ \cdots,\ \alpha^{n-1}\}$は$\boldsymbol{Q}(\alpha)$の基底でしたが，基底のとり方はこれだけではありません。基底のとり方は無数にあります。**定理5.14**以外の基底のとり方をあげてみましょう。

問5.7　**αをQ上のn次既約多項式$f(x)=0$の解とする。**
$\{\alpha,\ \alpha^2,\ \cdots,\ \alpha^{n-1},\ \alpha^n\}$は，$Q(\alpha)$の基底である。

$\{1,\ \alpha,\ \alpha^2,\ \cdots,\ \alpha^{n-1}\}$が$\boldsymbol{Q}(\alpha)$の基底であることを前提として，

$\{\alpha, \alpha^2, \cdots, \alpha^{n-1}, \alpha^n\}$も$\boldsymbol{Q}(\alpha)$の基底となることを示してみましょう。

まず，$\alpha, \alpha^2, \cdots, \alpha^{n-1}, \alpha^n$が$\boldsymbol{Q}$上で1次独立であることを示します。

$$a_1\alpha+a_2\alpha^2+\cdots+a_{n-1}\alpha^{n-1}+a_n\alpha^n=0$$

であるとすると，

$$\alpha(a_1+a_2\alpha+\cdots+a_{n-1}\alpha^{n-2}+a_n\alpha^{n-1})=0$$

$\alpha \neq 0$より，$a_1+a_2\alpha+\cdots+a_{n-1}\alpha^{n-2}+a_n\alpha^{n-1}=0$

です。1，$\alpha, \alpha^2, \cdots, \alpha^{n-1}$が基底であることにより，

$a_1=a_2=\cdots=a_n=0$となります。$\alpha, \alpha^2, \cdots, \alpha^{n-1}, \alpha^n$が$\boldsymbol{Q}$上で1次独立であることが示されました。

次に，$\boldsymbol{Q}(\alpha)$の任意の元が$\alpha, \alpha^2, \cdots, \alpha^{n-1}, \alpha^n$の1次結合の形で表されることを示します。

n次既約多項式$f(x)$を，$f(x)=b_nx^n+b_{n-1}x^{n-1}+\cdots+b_1x+1$としましょう。定数項が1になっていない場合は，定数倍して定数項を1に合わせます。αは$f(x)=0$の解ですから，

$$b_n\alpha^n+b_{n-1}\alpha^{n-1}+\cdots+b_1\alpha+1=0$$

$$\therefore \quad 1=-(b_n\alpha^n+b_{n-1}\alpha^{n-1}+\cdots+b_1\alpha) \quad \cdots\cdots ①$$

定数項が0のときは，$f(x)$はxで割り切れ，そもそも既約多項式でない。

が成り立ちます。$\boldsymbol{Q}(\alpha)$の任意の元は，

$$a_0+a_1\alpha+a_2\alpha^2+\cdots+a_{n-1}\alpha^{n-1} \quad \cdots\cdots ②$$

の形で一意的に表されます。①を用いて，②を変形すると，

$$\begin{aligned}&a_0+a_1\alpha+a_2\alpha^2+\cdots+a_{n-1}\alpha^{n-1}\\&=-a_0(b_n\alpha^n+b_{n-1}\alpha^{n-1}+\cdots+b_1\alpha)+a_1\alpha+a_2\alpha^2+\cdots+a_{n-1}\alpha^{n-1}\\&=(a_1-a_0b_1)\alpha+(a_2-a_0b_2)\alpha^2+\cdots+(a_{n-1}-a_0b_{n-1})\alpha^{n-1}-a_0b_n\alpha^n\end{aligned}$$

となり，任意の元は$\alpha, \alpha^2, \cdots, \alpha^{n-1}, \alpha^n$の1次結合の形で表されることが分かります。

よって，$\{\alpha, \alpha^2, \cdots, \alpha^{n-1}, \alpha^n\}$は$\boldsymbol{Q}(\alpha)$の基底です。

（問5.7　終わり）

ここであげた例はほんの1例で，$\boldsymbol{Q}(\alpha)$の基底のとり方は無数にありま

す。それでも基底に並べた数の個数（**定理5.14**，**問5.7**ではn個）は，$\boldsymbol{Q}(\alpha)$に対して一定の値になります。このことを説明するために，また線形代数の一般論に戻りましょう。

ある線形空間Vに対して，基底が存在するとします。基底に含まれる元の個数を線形空間Vの**次元**といいます。

平面が2次元であるのは平面ベクトルの基底に含まれるベクトルが2個であり，空間が3次元であるのは空間ベクトルの基底に含まれるベクトルが3個であるからです。

平面や，空間のときの考察から分かるように基底となるベクトルの組のとり方は無数にあります。それでも組に含まれるベクトルの個数は一定なのです。平面の場合は2個で，空間の場合は3個です。平面や空間の場合，基底となるベクトルの個数が一定であることは当たり前のように思うかもしれませんが，$\boldsymbol{Q}$の拡大体の場合に，基底のとり方に寄らず，基底に含まれる元の個数が一定であることは感覚的に分かることではありません。基底のとり方によって，含まれる元の個数が変わってしまってはVの次元を定義することができませんから，基底の個数が一定であることは線形空間の重要な性質の1つです。そこで，基底の個数が一定であることを一般論で証明しておきましょう。

定理5.15　**線形空間の次元**

$\{v_1, v_2, \cdots, v_n\}$，$\{w_1, w_2, \cdots, w_m\}$がともに線形空間$V$の基底であるとき，$n=m$である。

証明

まず，$\{v_1, v_2, \cdots, v_n\}$のうち，$v_n$を$\{w_1, w_2, \cdots, w_m\}$のうちの1つと取り替えて，基底にできることを示しましょう。

(1) $\{\boldsymbol{v}_1, \boldsymbol{v}_2, \cdots, \boldsymbol{v}_{n-1}, \boldsymbol{w}_m\}$**が1次独立であること**

$\{v_1, v_2, \cdots, v_n\}$から$v_n$を取り除いた$\{v_1, v_2, \cdots, v_{n-1}\}$は，**定理5.13**

（基底の完全性）により，基底ではありません。しかし，**定理5.11（4）**「1次独立なベクトルの集合の部分集合は1次独立」により，1次独立です。

$\{v_1, v_2, \cdots, v_{n-1}\}$に$\{w_1, w_2, \cdots, w_m\}$のうちのどれか1つを加えると，それが1次独立な元の組になることを示しましょう。

もしも，$\{v_1, v_2, \cdots, v_{n-1}\}$に$\{w_1, w_2, \cdots, w_m\}$のうちのどの1つを加えても1次従属にしかならないものとしましょう。

$\{v_1, v_2, \cdots, v_{n-1}\}$は1次独立で，各$w_i$を加えた$\{v_1, v_2, \cdots, v_{n-1}, w_i\}$が1次従属になるというのですから，**定理5.11（2）**より，各w_iは$\{v_1, v_2, \cdots, v_{n-1}\}$の1次結合で表されることになります。

$\{w_1, w_2, \cdots, w_m\}$が基底なので，$V$の任意の元は，$\{w_1, w_2, \cdots, w_m\}$の1次結合で表されます。その$w_1$，$w_2$，$\cdots$，$w_m$は，$\{v_1, v_2, \cdots, v_{n-1}\}$の1次結合で表されるというのですから，結局$V$の任意の元は$\{v_1, v_2, \cdots, v_{n-1}\}$の1次結合で表されることになります。

［例えば，ある元vが，w_1とw_2の1次結合で$v=2w_1+3w_2$と表されていて，w_1，w_2がv_1，v_2の1次結合で，$w_1=4v_1+3v_2$，$w_2=3v_1+2v_2$と表されていれば，$v=2(4v_1+3v_2)+3(3v_1+2v_2)=17v_1+12v_2$となります。］

定理5.11（4）より，$\{v_1, v_2, \cdots, v_{n-1}\}$は1次独立ですから，$\{v_1, v_2, \cdots, v_{n-1}\}$は基底となります。しかし，これは$\{v_1, v_2, \cdots, v_n\}$が基底であることの完全性（**定理5.13**）に矛盾します。

よって，$\{w_1, w_2, \cdots, w_m\}$の中には，$\{v_1, v_2, \cdots, v_{n-1}\}$に加えて1次独立になるようなものが存在します。その加える元をw_mであるとします。$\{v_1, v_2, \cdots, v_{n-1}, w_m\}$は1次独立です。

(2)　Vの任意の元が$\{v_1, v_2, \cdots, v_{n-1}, w_m\}$の1次結合で表されること

$\{v_1, v_2, \cdots, v_n\}$は基底でしたから，$w_m$を表すことができ，

$$c_1v_1+c_2v_2+\cdots+c_{n-1}v_{n-1}+c_nv_n=w_m$$

となります。もしも$c_n=0$であるとすると，

$$c_1v_1+c_2v_2+\cdots+c_{n-1}v_{n-1}-w_m=0$$

となり，$\{v_1, v_2, \cdots, v_{n-1}, w_m\}$が1次独立であることに反しますから，$c_n \neq 0$です。よって，

$$v_n = -\frac{c_1}{c_n}v_1 - \frac{c_2}{c_n}v_2 - \cdots - \frac{c_{n-1}}{c_n}v_{n-1} + \frac{1}{c_n}w_m$$

$\{v_1, v_2, \cdots, v_n\}$の1次結合で表されたものは，この式を使って$\{v_1, v_2, \cdots, v_{n-1}, w_m\}$の1次結合で表されます。$V$の任意の元は，$\{v_1, v_2, \cdots, v_{n-1}, w_m\}$の1次結合で表されます。

(1)，(2) より，$\{v_1, v_2, \cdots, v_{n-1}, w_m\}$は基底となります。

このようにして，2つの基底のうち，一方の任意の元を他方の適切な元に取り替えても基底になることが示されました。

もしも$n<m$であるとしましょう。元の取り替えを繰り返すと，$\{v_1, v_2, \cdots, v_n\}$の各元をすべて$\{w_1, w_2, \cdots, w_m\}$のどれかの元にすることができます。取り替えてできた基底は，$\{w_1, w_2, \cdots, w_m\}$の元の一部を並べたものになります。これは$\{w_1, w_2, \cdots, w_m\}$が基底であることの完全性に反します。$n>m$であるときも同様に矛盾します。

よって，$m=n$になります。　　　　　　　　　　　　（証明終わり）

基底の組に含まれる元の個数が，基底のとり方によらず一定であることが証明できました。これによって，初めて一般の線形空間において“次元”が矛盾なく定義できます。

定義5.6　次元

線形空間Vの基底に含まれる元の個数が有限であるとき，その個数を次元という。

次の論法は，2つの体が一致するときに使う論法で，この本で多用しますから，特に証明しておきましょう。

定理5.16 線形空間の一致

線形空間V，V'があり，$V' \subset V$を満たす。V，V'の次元が同じ有限次元のとき，$V = V'$となる。

証明 V，V'の次元がともにnであるとし，$\{v_1, v_2, \cdots, v_n\}$が$V'$の基底であるとします。

$V' \subsetneqq V$と仮定すると，$v_{n+1} \in V$，$v_{n+1} \notin V'$となるv_{n+1}が存在します。

このv_{n+1}は，$\{v_1, v_2, \cdots, v_n\}$の1次結合の形では表されません。なぜなら，もしも表されたとするとv_{n+1}がV'の元であることになるからです。このとき，$\{v_1, v_2, \cdots, v_n, v_{n+1}\}$は1次独立になります。なぜなら，もしも$\{v_1, v_2, \cdots, v_n\}$が1次独立で，$\{v_1, v_2, \cdots, v_n, v_{n+1}\}$が1次従属であるとすると，**定理5.11（2）**より，v_{n+1}が$\{v_1, v_2, \cdots, v_n\}$の1次結合で表されることになり矛盾するからです。

$\{v_1, v_2, \cdots, v_n, v_{n+1}\}$の1次結合で表されるすべての元の集合を$V_{n+1}$とします。もしもこれが$V$に一致すれば，$\{v_1, v_2, \cdots, v_n, v_{n+1}\}$は$V$の基底となり，$V$の次元が$n+1$であることになってしまうので，$V$に一致することはなく$V_{n+1} \subsetneqq V$となります。

同様に$V_{n+1} \subsetneqq V$なので，$v_{n+2} \in V$，$v_{n+2} \notin V_{n+1}$となるv_{n+2}が存在します。V_{n+1}のときと同様に，$\{v_1, v_2, \cdots, v_n, v_{n+1}, v_{n+2}\}$は1次独立です。$\{v_1, v_2, \cdots, v_n, v_{n+1}, v_{n+2}\}$の1次結合で表されるすべての元の集合を$V_{n+2}$とします。もしもこれが$V$に一致すれば，$V$の次元が$n+2$であることになってしまうので，$V$に一致することはなく$V_{n+2} \subsetneqq V$となります。

これを繰り返していくと，Vの元の無限集合$\{v_1, v_2, \cdots\}$で，そのうちどの有限個をとっても1次独立になるものがとれることになり，Vの次元が有限次元であることに矛盾します。

よって，背理法により$V' = V$であることが証明されました。

（証明終わり）

5 方程式の解を含む体

最小分解体$Q(\alpha_1, \alpha_2, \cdots, \alpha_n)$

$Q(\sqrt{3})$を，方程式の立場から眺めてみましょう。

$Q(\sqrt{3})$は，Qに$\sqrt{3}$を加えてできた体です。$\sqrt{3}$という数から出発しましたが，そもそも有理数でない数$\sqrt{3}$がどこから出てきたのでしょうか。それは，有理数係数の方程式$x^2-3=0$の解$x=\pm\sqrt{3}$から出てきたのです。ですから，$Q(\sqrt{3})$は，次のようにいい換えることができます。

$Q(\sqrt{3})$は，Qを含み，$x^2-3=0$の解を含むような最小の体である。

方程式$x^2-3=0$の解は$\pm\sqrt{3}$です。Qに$\sqrt{3}$を加えて，加減乗除を繰り返して作るすべての数の集合が$Q(\sqrt{3})$ですから，$Q(\sqrt{3})$は解を含む最小の体です。

また，x^2-3は，$Q(\sqrt{3})$係数の範囲では，

$$x^2-3=(x+\sqrt{3})(x-\sqrt{3})$$

と因数分解できます。ですから，$Q(\sqrt{3})$は，こうもいうことができます。

$Q(\sqrt{3})$は，x^2-3が1次式に因数分解できる最小の体である。

このようなとき，$Q(\sqrt{3})$は$x^2-3=0$の最小分解体であるといいます。最小分解体の定義をしっかり述べておきましょう。

定義5.7　最小分解体

Q上の多項式$f(x)$が，

$$f(x)=(x-\alpha_1)(x-\alpha_2)\cdots(x-\alpha_n)$$

と因数分解できるとする。このとき，$Q(\alpha_1, \alpha_2, \cdots, \alpha_n)$を，$f(x)=0$の最小分解体という。

$\boldsymbol{Q}(\alpha)$の記号と同様に，$\boldsymbol{Q}(\alpha_1, \alpha_2, \cdots, \alpha_n)$は，$\boldsymbol{Q}$と$\alpha_1, \alpha_2, \cdots, \alpha_n$から加減乗除によって作られる数全体の集合を表しています。これは体になります。$\boldsymbol{Q}(\alpha_1, \alpha_2, \cdots, \alpha_n)$は，$\boldsymbol{Q}$の拡大体です。

代数学の基本定理により，α_1，α_2，…，α_nは複素数ですから，$\boldsymbol{Q}(\alpha_1, \alpha_2, \cdots, \alpha_n)$は複素数体$\boldsymbol{C}$に含まれています。

また，$\boldsymbol{Q}(\alpha_1, \alpha_2, \cdots, \alpha_n)$は，$\boldsymbol{Q}$と$\alpha_1$，$\alpha_2$，…，$\alpha_n$を含む体のうちで最小のものであるといえます。

$f(x)$がある体$\boldsymbol{L}$上で1次式に因数分解されたとすると，α_1，α_2，…，$\alpha_n \in \boldsymbol{L}$です。$\boldsymbol{L}$は，$\boldsymbol{Q}$と$\alpha_1$，$\alpha_2$，…，$\alpha_n$から加減乗除で作られる数全体，つまり$\boldsymbol{Q}(\alpha_1, \alpha_2, \cdots, \alpha_n)$を含みます。$\boldsymbol{Q}(\alpha_1, \alpha_2, \cdots, \alpha_n)$は，$f(x)$を1次式に因数分解できるどんな体$\boldsymbol{L}$にも含まれているのですから，$f(x)$が因数分解できるような最小の体です。

$f(x)$は既約多項式でなくとも構いません。とにかく，$f(x)=0$の解が全部含まれていればいいのです。ですから，$x^2-3x+2=0$。

($(x-1)(x-2)=0$)の最小分解体というのも考えられて，それは$\boldsymbol{Q}$です。

また，x^4-5x^2+6の最小分解体は，

$$\begin{aligned} x^4-5x^2+6 &= (x^2-2)(x^2-3) \\ &= (x+\sqrt{2})(x-\sqrt{2})(x+\sqrt{3})(x-\sqrt{3}) \end{aligned}$$

から，$\boldsymbol{Q}(\sqrt{2}, -\sqrt{2}, \sqrt{3}, -\sqrt{3})$です。

定義に従って，次を確認してみましょう。

> **問5.8　$x^2-3=0$の最小分解体は，$\boldsymbol{Q}(\sqrt{3})$であることを示せ。**

定義によれば，$x^2-3=0$の最小分解体は，$\boldsymbol{Q}(\sqrt{3}, -\sqrt{3})$となります。$\boldsymbol{Q}(\sqrt{3}, -\sqrt{3})=\boldsymbol{Q}(\sqrt{3})$を示しましょう。体の作り方から，

$\boldsymbol{Q}(\sqrt{3}, -\sqrt{3}) \supset \boldsymbol{Q}(\sqrt{3})$は明らかです。一方，

$-\sqrt{3}=\sqrt{3}\times(-1) \in \boldsymbol{Q}(\sqrt{3})$ですから，$\boldsymbol{Q}(\sqrt{3}, -\sqrt{3}) \subset \boldsymbol{Q}(\sqrt{3})$。

よって，$\boldsymbol{Q}(\sqrt{3}, -\sqrt{3})=\boldsymbol{Q}(\sqrt{3})$　　（問5.8　終わり）

$\boldsymbol{Q}(\sqrt{3})$は，$x^2-3=0$の最小分解体でもありますが，$x^2-2x-11=0$の最小分解体でもあります。

$x^2-2x-11=0$を解くと，$x=1\pm2\sqrt{3}$

$1+2\sqrt{3}$と-1の和をとって，$1+2\sqrt{3}+(-1)=2\sqrt{3}$，これを2で割って$\sqrt{3}$を作ることができますから，$\sqrt{3}\in\boldsymbol{Q}(1+2\sqrt{3},\ 1-2\sqrt{3})$であり，

$$\boldsymbol{Q}(1+2\sqrt{3},\ 1-2\sqrt{3})\supset\boldsymbol{Q}(\sqrt{3})$$

また，$1+2\sqrt{3}$も$1-2\sqrt{3}$も$\boldsymbol{Q}(\sqrt{3})$に含まれますから，

$$\boldsymbol{Q}(1+2\sqrt{3},\ 1-2\sqrt{3})\subset\boldsymbol{Q}(\sqrt{3})$$

よって，$\boldsymbol{Q}(1+2\sqrt{3},\ 1-2\sqrt{3})=\boldsymbol{Q}(\sqrt{3})$であり，$\boldsymbol{Q}(\sqrt{3})$は$x^2-2x-11=0$の最小分解体です。

このように異なる方程式でも，それらの最小分解体が一致することはあります。

また，$x^2-2x-11=0$の例のように$\sqrt{3}$の有理数倍や有理数との和をとった数を添加しても，$\boldsymbol{Q}(\sqrt{3})$と同じ体になることも注意しておきましょう。

方程式の解の様子を調べるには，この最小分解体の対称性を調べることがポイントとなってきます。

これから，具体的な方程式の最小分解体を，その自己同型写像を調べることで探求していきましょう。

具体的な3次方程式を通して，最小分解体の自己同型写像について調べてみましょう。

問5.9　$x^3-3x+1=0$の最小分解体を求めよ。

$$x^3-3x+1=0 \quad \cdots\cdots①$$

まずはこの3次方程式を解いてみましょう。これから紹介する解き方は，一般の3次方程式には通用しない解き方です。あしからず。

まず，$x=2y$と変数変換します。これを①に代入し変形していきます。

$(2y)^3-3(2y)+1=0 \qquad 8y^3-6y+1=0$

$4y^3-3y=-\dfrac{1}{2}$ ……②

$\cos 3\theta=\cos(2\theta+\theta)$
$=\cos 2\theta\cos\theta-\sin 2\theta\sin\theta$
$=(2\cos^2\theta-1)\cos\theta-2\sin^2\theta\cos\theta$

ここで，左辺を見ると，cosの3倍角の公式

$$4\cos^3\theta-3\cos\theta=\cos 3\theta$$

に似ていることに気づきます。そこで，$y=\cos\theta$とおくと，②は，

$$4\cos^3\theta-3\cos\theta=-\frac{1}{2} \qquad \therefore\ \cos 3\theta=-\frac{1}{2}$$

一般角の考え方を使えば，

$3\theta=120^\circ+360^\circ n$　または　$240^\circ+360^\circ n$　（nは整数）

$\theta=40^\circ+120^\circ n$　または　$80^\circ+120^\circ n$　（nは整数）

となります。θを$0^\circ\leqq\theta<360^\circ$の範囲で考えて，

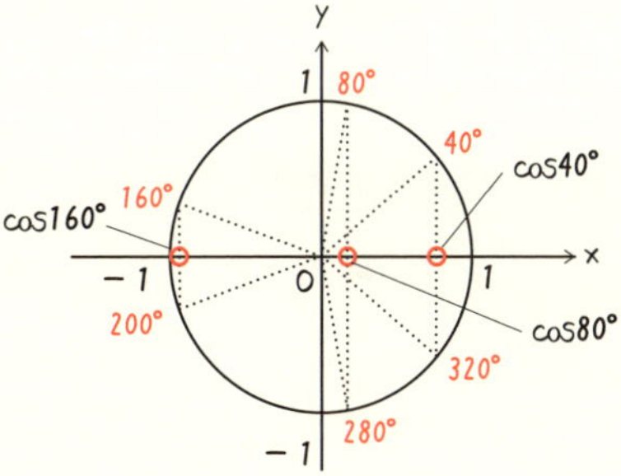

$\theta=40^\circ, 80^\circ, 160^\circ, 200^\circ, 280^\circ, 320^\circ$

となりますが，右図のように単位円周上にこれらの偏角をとれば分かるように，$\cos\theta$の値としては3個です。θを$0^\circ\leqq\theta\leqq 180^\circ$の範囲でとれば，

$\theta=40^\circ, 80^\circ, 160^\circ$となります。

つまり，$x^3-3x+1=0$の方程式の解は，$x=2y=2\cos\theta$と変数変換したのですから，$x=2\cos 40^\circ, 2\cos 80^\circ, 2\cos 160^\circ$の3個になります。これらの解を，

$$\alpha=2\cos 40^\circ,\ \beta=2\cos 80^\circ,\ \gamma=2\cos 160^\circ$$

とおきます。

$x^3-3x+1=0$の最小分解体は，$\boldsymbol{Q}(\alpha, \beta, \gamma)$になります。

でも実は，

$$\boldsymbol{Q}(\alpha, \beta, \gamma)=\boldsymbol{Q}(\alpha)$$

となっています。というのも，$\cos 80^\circ$, $\cos 160^\circ$は$\cos 40^\circ$を用いて作るこ

とができるからです。実際，倍角の公式を利用して， $\cos 2\theta = 2\cos^2\theta - 1$

$$\beta = 2\cos 80^\circ = 2(2\cos^2 40^\circ - 1) = (2\cos 40^\circ)^2 - 2 = \alpha^2 - 2$$

$$\gamma = 2\cos 160^\circ = 2(2\cos^2 80^\circ - 1) = (2\cos 80^\circ)^2 - 2$$

$$= \beta^2 - 2 = (\alpha^2 - 2)^2 - 2$$

$\beta = \alpha^2 - 2$
$\gamma = \beta^2 - 2$

これから，$\boldsymbol{Q}(\alpha,\ \beta,\ \gamma) \subset \boldsymbol{Q}(\alpha)$がいえます。もともと$\boldsymbol{Q}(\alpha,\ \beta,\ \gamma) \supset \boldsymbol{Q}(\alpha)$ですから，$\boldsymbol{Q}(\alpha,\ \beta,\ \gamma) = \boldsymbol{Q}(\alpha)$となります。結局，最小分解体は$\boldsymbol{Q}$に$\alpha$だけを加えれば作られる体であることが分かりました。　（問5.9　終わり）

これから，$\boldsymbol{Q}(\alpha)$の構造を調べていきましょう。

まず次を確認します。

問5.10　$x^3 - 3x + 1$は$\boldsymbol{Q}$上の既約多項式であることを示せ。

もしも，既約多項式でないとすると，整数係数の範囲で，

$$x^3 - 3x + 1 = (x^2 + ax + b)(x + c)$$

と因数分解できます。2次以下の係数を比較して，

$$0 = a + c,\ ac + b = -3,\ bc = 1$$

最後の式より，$(b,\ c) = (1,\ 1)$または$(-1,\ -1)$ですが，いずれの場合でも上を満たす整数aがありません。よって，$x^3 - 3x + 1$は$\boldsymbol{Z}$上の既約多項式であり，**定理3.3**より$\boldsymbol{Q}$上の既約多項式です。　（問5.10　終わり）

$x^3 - 3x + 1$が既約であることが確認できたので，**定理5.14**より，$\boldsymbol{Q}(\alpha)$は$\boldsymbol{Q}$上の線形空間であり，$\{1,\ \alpha,\ \alpha^2\}$が基底になります。**定理5.2**と**定理5.3**より，$\boldsymbol{Q}(\alpha)$の元は$a\alpha^2 + b\alpha + c$（$a,\ b,\ c$は有理数）の形にただ1通りに表されます。$\boldsymbol{Q}(\alpha)$は$\boldsymbol{Q}$の3次拡大体で，$[\boldsymbol{Q}(\alpha) : \boldsymbol{Q}] = 3$です。

さて，ここまで$\alpha = 2\cos 40^\circ$を主役に抜擢して，$\boldsymbol{Q}(\alpha,\ \beta,\ \gamma)$を語ってきましたが，$\beta = 2\cos 80^\circ$を主役にして語ることもできます。

$$\gamma = 2\cos 160^\circ = 2(2\cos^2 80^\circ - 1) = (2\cos 80^\circ)^2 - 2 = \beta^2 - 2$$

$\gamma = \beta^2 - 2$

$$\alpha = 2\cos 40^\circ = 2\cos 320^\circ = 2(2\cos^2 160^\circ - 1)$$

$$= (2\cos 160^\circ)^2 - 2 = \gamma^2 - 2 = (\beta^2 - 2)^2 - 2$$

$\alpha = \gamma^2 - 2$

と，γもαもβを用いて書くことができますから，

$$\boldsymbol{Q}(\alpha,\ \beta,\ \gamma) \subset \boldsymbol{Q}(\beta)$$

もともと，$\boldsymbol{Q}(\alpha,\ \beta,\ \gamma) \supset \boldsymbol{Q}(\beta)$ですから，$\boldsymbol{Q}(\alpha,\ \beta,\ \gamma) = \boldsymbol{Q}(\beta)$となります。同様に，$\boldsymbol{Q}(\alpha,\ \beta,\ \gamma) = \boldsymbol{Q}(\gamma)$が示せます。

つまり，

$$\boldsymbol{Q}(\alpha,\ \beta,\ \gamma) = \boldsymbol{Q}(\alpha) = \boldsymbol{Q}(\beta) = \boldsymbol{Q}(\gamma)$$

が成り立っています。

結局，$\boldsymbol{Q}(\alpha,\ \beta,\ \gamma)$の元は，$a\alpha^2 + b\alpha + c$（$a$，$b$，$c$は有理数）の形でも，$a\beta^2 + b\beta + c$（$a$，$b$，$c$は有理数）の形でも，$a\gamma^2 + b\gamma + c$（$a$，$b$，$c$は有理数）の形でも，ただ1通りに表されるのです。つまり，線形代数の言葉でいえば，$\boldsymbol{Q}$上の線形空間$\boldsymbol{Q}(\alpha,\ \beta,\ \gamma)$の基底は，$\{1,\ \alpha,\ \alpha^2\}$ととることもできるし，$\{1,\ \beta,\ \beta^2\}$とも$\{1,\ \gamma,\ \gamma^2\}$ともとることができるということです。

$x^3 - 3x + 1 = 0$の最小分解体$\boldsymbol{Q}(\alpha,\ \beta,\ \gamma)$を自己同型写像で調べる話に戻します。

σを$\boldsymbol{Q}(\alpha,\ \beta,\ \gamma) = \boldsymbol{Q}(\alpha)$に作用する同型写像とします。

α，β，γは$x^3 - 3x + 1 = 0$の解ですから，αのσによる移り先$\sigma(\alpha)$は，**定理5.7**よりα，β，γの3通りが考えられます。

その中で，$\sigma(\alpha) = \beta$と決めましょう。すると，**定理5.9**より，σは$\boldsymbol{Q}(\alpha)$から$\boldsymbol{Q}(\beta)$への同型写像になっています。

この例では，$\boldsymbol{Q}(\alpha,\ \beta,\ \gamma) = \boldsymbol{Q}(\alpha) = \boldsymbol{Q}(\beta)$ですから，$\sigma$は$\boldsymbol{Q}(\alpha,\ \beta,\ \gamma)$の自己同型写像になっています。初めは$\sigma$を自己同型写像としてはいませんでしたが，結果的に自己同型写像になりました。

$\sigma(\alpha) = \beta$で定められる同型写像が，$\boldsymbol{Q}(\alpha)$から$\boldsymbol{Q}(\alpha)$への自己同型写像に

なることは，$\sigma(\alpha)=\beta=\alpha^2-2$と，$\sigma(\alpha)$が$\boldsymbol{Q}(\alpha)$の元になることからも確かめられます。$\sigma(\alpha)$が$\boldsymbol{Q}(\alpha)$の元であれば，$\boldsymbol{Q}(\alpha)$のすべての元について，$\sigma$の移り先は$\boldsymbol{Q}(\alpha)$の元になります。実際，$\boldsymbol{Q}(\alpha)$の元が$a\alpha^2+b\alpha+c$と書かれていれば，**定理5.6**より，

$$\sigma(a\alpha^2+b\alpha+c)=a\{\sigma(\alpha)\}^2+b\sigma(\alpha)+c$$

$\sigma(f(\alpha))=f(\sigma(\alpha))=f(\beta)$

$$=a(\alpha^2-2)^2+b(\alpha^2-2)+c$$

となり，確かに$\boldsymbol{Q}(\alpha)$の元になっています。

このことから$\boldsymbol{Q}(\beta)\subset\boldsymbol{Q}(\alpha)$であることが分かります。

$\boldsymbol{Q}(\alpha)$も$\boldsymbol{Q}(\beta)$も3次の$\boldsymbol{Q}$上の線形空間ですから，**定理5.16**より，

$\boldsymbol{Q}(\alpha)=\boldsymbol{Q}(\beta)$となり，$\sigma$は$\boldsymbol{Q}(\alpha)$の自己同型写像になります。

ここで述べたことは，これから単拡大体$\boldsymbol{Q}(\alpha)$の自己同型写像を調べる上で重要な手法となるので，定理としてまとめておきます。

定理5.17　**同型写像が自己同型写像になる条件**

$\boldsymbol{Q}(\alpha)$に作用する同型写像σについて，$\sigma(\alpha)$が$\boldsymbol{Q}(\alpha)$に含まれるとき，σは$\boldsymbol{Q}(\alpha)$の自己同型写像になる。

証明

$\sigma(\alpha)=\beta$とすると，**定理5.9**により，$\sigma(\alpha)=\beta$を満たす$\boldsymbol{Q}(\alpha)$から$\boldsymbol{Q}(\beta)$への同型写像σが存在します。

$\boldsymbol{Q}(\alpha)$がn次拡大体であれば，$\boldsymbol{Q}(\alpha)$の任意の元はαの$n-1$次以下の多項式$f(x)$によって$f(\alpha)$と表されます。

$\sigma(\alpha)$が$\boldsymbol{Q}(\alpha)$の元であるので，$\sigma(\alpha)$は$n-1$次以下の多項式$g(x)$によって$\sigma(\alpha)=g(\alpha)$と表されます。$\boldsymbol{Q}(\alpha)$の任意の元$f(\alpha)$をσで移すと，

$$\sigma(f(\alpha))=f(\sigma(\alpha))=f(g(\alpha))$$

とαの多項式となり，$\boldsymbol{Q}(\alpha)$の元になります。これから$\boldsymbol{Q}(\alpha)\supset\boldsymbol{Q}(\beta)$であることが分かります。$\boldsymbol{Q}(\alpha)$も$\boldsymbol{Q}(\beta)$も$\boldsymbol{Q}$上の$n$次線形空間ですから，**定理**

5.16より，$\boldsymbol{Q}(\alpha)=\boldsymbol{Q}(\beta)$です。$\sigma$は$\boldsymbol{Q}(\alpha)$から$\boldsymbol{Q}(\alpha)$への同型写像であり，$\boldsymbol{Q}(\alpha)$の自己同型写像になります。　（証明終わり）

さて，$\sigma(\alpha)=\beta$となる自己同型写像は，βをどこに移すでしょうか。$\sigma(\beta)$を求めてみましょう。

$\sigma(\alpha)=\beta=\alpha^2-2$ですから，　p.324の上

$$\sigma(\beta)=\sigma(\alpha^2-2)=\{\sigma(\alpha)\}^2-2=\beta^2-2=\gamma$$ p.324の上

$$\sigma(\gamma)=\sigma(\beta^2-2)=\{\sigma(\beta)\}^2-2=\gamma^2-2=\alpha$$ p.325の上

αにσを3回施すと元に戻ります。

σを施すごとに，$\alpha\to\beta\to\gamma\to\alpha\cdots$と巡回するのです。

これは$\boldsymbol{Q}(\alpha)$の任意の元がσを3回施すと元に戻るということを意味しています。$\boldsymbol{Q}(\alpha,\ \beta,\ \gamma)$に$\sigma$が作用する様子を図示すると下図のようになります。$\boldsymbol{Q}(\alpha,\ \beta,\ \gamma)$の恒等写像を$e$とすると，$\sigma^3=e$と表せます。

$\alpha,\ \beta,\ \gamma$をσで移すと，それぞれ$\alpha^2-2,\ \beta^2-2,\ \gamma^2-2$と同じ多項式になっているところも面白いですね。$\boldsymbol{Q}(\alpha)$，$\boldsymbol{Q}(\beta)$，$\boldsymbol{Q}(\gamma)$は同型ですから，$\sigma$を施したものを式で表すと同じ多項式になるというわけです。ただ注意しなければいけないのは，σは多項式関数ではない点です。体の任意の元xに対して，$\sigma(x)=x^2-2$になるわけではありません。例えば，

$\sigma(1)=1\neq1^2-2$であり，成り立ちません。

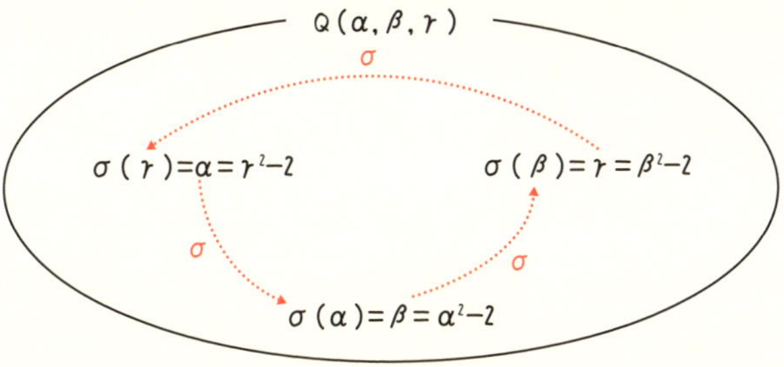

p.279の自己同型写像σでは，σが表の世界と裏の世界を橋渡ししていると書きましたが，この例の自己同型写像σでは3個のパラレルワールド

$\boldsymbol{Q}(\alpha)$，$\boldsymbol{Q}(\beta)$，$\boldsymbol{Q}(\gamma)$を橋渡ししているわけです。

ちょうど，120°に開いた合わせ鏡の中に佇んでいるときの世界観とでもいえばよいでしょうか。

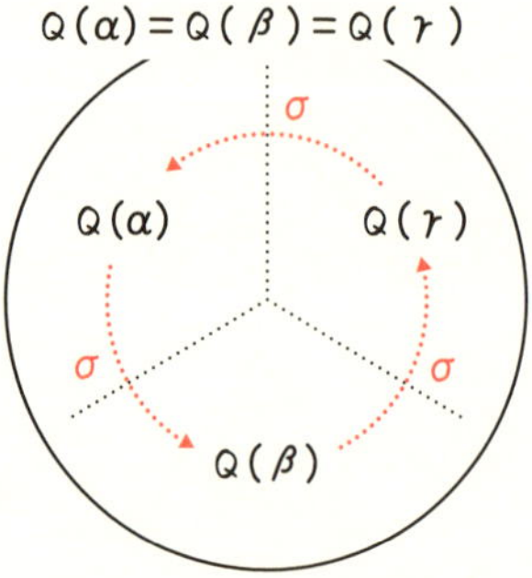

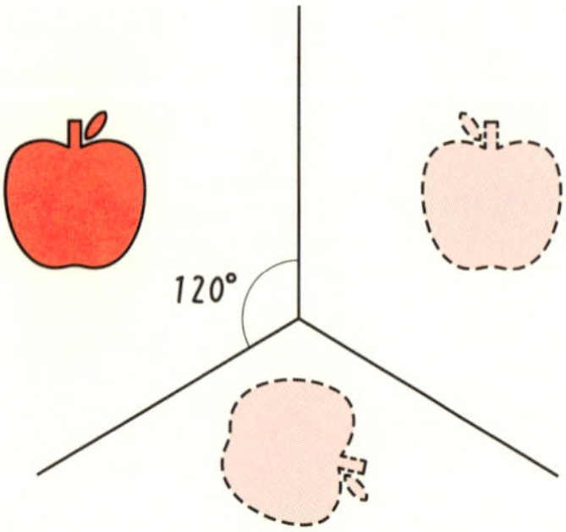

$x^3-3x+1=0$の最小分解体$\boldsymbol{Q}(\alpha,\ \beta,\ \gamma)$は，$\boldsymbol{Q}(\alpha)$の一面もあれば，$\boldsymbol{Q}(\beta)$の一面もあれば，$\boldsymbol{Q}(\gamma)$の一面もあるというわけです。

上では，σが元を移す様子をα，β，γを用いて表しました。

$\boldsymbol{Q}(\alpha)$の元は，すべて$a\alpha^2+b\alpha+c$の形で書かれるのですから，αにσを施して，$\alpha\to\beta\to\gamma\to\alpha$と巡回する様子を$a\alpha^2+b\alpha+c$の形で追いかけてみましょう。

$$\sigma(\alpha)=\alpha^2-2$$

$$\begin{aligned}\sigma(\sigma(\alpha))&=\sigma(\alpha^2-2)=\{\sigma(\alpha)\}^2-2=(\alpha^2-2)^2-2\\&=\alpha^4-4\alpha^2+2\\&=\alpha\underbrace{(\alpha^3-3\alpha+1)}_{=0}-\alpha^2-\alpha+2\\&=-\alpha^2-\alpha+2\end{aligned}$$

次数下げの要領です。
x^4-4x^2+2をx^3-3x+1で割ると，商がx，余りが$-x^2-x+2$

$$\begin{aligned}\sigma(\sigma(\sigma(\alpha)))&=\sigma(-\alpha^2-\alpha+2)=-\{\sigma(\alpha)\}^2-\sigma(\alpha)+2\\&=-(\alpha^2-2)^2-(\alpha^2-2)+2=-\alpha^4+3\alpha^2\\&=-\alpha\underbrace{(\alpha^3-3\alpha+1)}_{=0}+\alpha\\&=\alpha\end{aligned}$$

次数下げ

となります。確かに$\sigma^3=e$となることが$a\alpha^2+b\alpha+c$の形でも確かめられました。

αにσを2回施すとγになります。σを2回施すことをσ^2と書くことにします。つまり，$\sigma^2(\alpha)$は，$\sigma(\sigma(\alpha))$という意味です。自己同型写像を2回施しても自己同型写像になりますから，σ^2をひとつの自己同型写像と見ます。$\sigma^2(\alpha)=\gamma$でした。

$\boldsymbol{Q}(\alpha)$に作用する同型写像は，**定理5.10**より3個です。αの移り先は，α，β，γの3通りが考えられます。

$$e(\alpha)=\alpha,\ \sigma(\alpha)=\beta,\ \sigma^2(\alpha)=\gamma$$

です。α，β，γは$\boldsymbol{Q}(\alpha)$の元ですから，**定理5.17**より，e, σ, σ^2は$\boldsymbol{Q}(\alpha)$の自己同型写像です。結局，$\boldsymbol{Q}(\alpha,\ \beta,\ \gamma)$の自己同型写像は，$e$, σ, σ^2の3個です。

上で，「自己同型写像を2回施しても自己同型写像」とさらっといいました。このことは次のようにまとまります。証明もつけておきましょう。

定理5.18 自己同型写像の積も自己同型写像

σ, τを体$\boldsymbol{K}$の自己同型写像とする。$\boldsymbol{K}$の元αに対し，$\sigma\tau$を，$\sigma\tau(\alpha)=\sigma(\tau(\alpha))$と定めると，$\sigma\tau$も自己同型写像である。

証明 **定義5.2**の条件を満たしているか確認しましょう。

σが$\boldsymbol{K}$から$\boldsymbol{K}$への全単射であり，τが$\boldsymbol{K}$から$\boldsymbol{K}$への全単射なので，合成写像$\sigma\tau$も$\boldsymbol{K}$から$\boldsymbol{K}$への全単射になります。

$\boldsymbol{K}$の任意の元α，βに関して，

$$\begin{aligned}\sigma\tau(\alpha+\beta)&=\sigma(\tau(\alpha+\beta))=\sigma(\tau(\alpha)+\tau(\beta))\\&=\sigma(\tau(\alpha))+\sigma(\tau(\beta))=\sigma\tau(\alpha)+\sigma\tau(\beta)\end{aligned}$$

ですから加法について成り立ちます。また，

$$\begin{aligned}\sigma\tau(\alpha\beta)&=\sigma(\tau(\alpha\beta))=\sigma(\tau(\alpha)\tau(\beta))\\&=\sigma(\tau(\alpha))\sigma(\tau(\beta))=\sigma\tau(\alpha)\sigma\tau(\beta)\end{aligned}$$

ですから乗法について成り立ちます。

$\sigma\tau$は**定義5.2**の条件を満たしているので，$\boldsymbol{K}$の自己同型写像です。

（証明終わり）

σとτの合成写像$\sigma\tau$は自己同型写像σ，τの積だと考えられます。この積について次のようなことがいえます。

定理5.19　**自己同型群**

体$\boldsymbol{K}$の自己同型写像は，**定理5.18**の積について群になっている。この群を，体$\boldsymbol{K}$の**自己同型群**という。

証明

自己同型写像σ，τ，υと体$\boldsymbol{K}$の元αについて，

$$((\sigma\tau)\upsilon)(\alpha)=\sigma\tau(\upsilon(\alpha))=\sigma(\tau(\upsilon(\alpha)))$$
$$=\sigma(\tau\upsilon(\alpha))=(\sigma(\tau\upsilon))(\alpha)$$

なので，$(\sigma\tau)\upsilon=\sigma(\tau\upsilon)$となり，この積に関して結合法則も成り立ちます。

体$\boldsymbol{K}$の恒等写像eは，自己同型写像です。

任意のKの元xについて $e(x)=x$

$$\sigma e(\alpha)=\sigma(e(\alpha))=\sigma(\alpha)=e(\sigma(\alpha))=e\sigma(\alpha)$$

ですから，$\sigma e=e\sigma=\sigma$となり，eは自己同型写像の積に関して単位元となります。

自己同型写像σは全単射ですから，逆写像σ^{-1}があります。これが自己同型写像になっていることから確認します。

$\sigma^{-1}(\alpha+\beta)$と$\sigma^{-1}(\alpha)+\sigma^{-1}(\beta)$を比べます。ともに$\sigma$を作用させて，

$$\sigma(\sigma^{-1}(\alpha+\beta))=\alpha+\beta,$$
$$\sigma(\sigma^{-1}(\alpha)+\sigma^{-1}(\beta))=\sigma(\sigma^{-1}(\alpha))+\sigma(\sigma^{-1}(\beta))=\alpha+\beta$$

です。σは単射であり，σで移った先が一致しているので，

$\sigma^{-1}(\alpha+\beta)=\sigma^{-1}(\alpha)+\sigma^{-1}(\beta)$となります。

乗法についても同様にして，

$$\sigma(\sigma^{-1}(\alpha\beta))=\alpha\beta$$

$$\sigma(\sigma^{-1}(\alpha)\sigma^{-1}(\beta))=\sigma(\sigma^{-1}(\alpha))\sigma(\sigma^{-1}(\beta))=\alpha\beta$$

が成り立つので，$\sigma^{-1}(\alpha\beta)=\sigma^{-1}(\alpha)\sigma^{-1}(\beta)$となります。

σ^{-1}は**定義5.2**の条件を満たすので，自己同型写像です。

$$\sigma^{-1}\sigma(\alpha)=\sigma^{-1}(\sigma(\alpha))=\alpha,\ \sigma\sigma^{-1}(\alpha)=\sigma(\sigma^{-1}(\alpha))=\alpha$$

なので，$\sigma^{-1}\sigma=\sigma\sigma^{-1}=e$となり，$\sigma^{-1}$は$\sigma$の逆元です。

ですから，体Kの自己同型写像は，**定理5.18**のように定めた積について群になっています。　（証明終わり）

$x^3-3x+1=0$の最小分解体$\boldsymbol{Q}(\alpha)$の自己同型写像は，$e(=\sigma^3)$，σ，σ^2の3個です。σを3回施すと恒等写像eと同じになるので，$\boldsymbol{Q}(\alpha)$の自己同型群は位数3の巡回群C_3と同型になります。

一般に，$f(x)=0$ の最小分解体に関する自己同型群のことを $f(x)$の**ガロア群**と呼びます。最小分解体を $\boldsymbol{Q}(\alpha_1,\ \alpha_2,\ \cdots,\ \alpha_n)$ とすると，$\mathrm{Gal}(\boldsymbol{Q}(\alpha_1,\ \alpha_2,\ \cdots,\ \alpha_n)/\boldsymbol{Q})$と表します。Galは，ギャルではありません。*Galois*（ガロア）のつづりからとっています。

この例では，

$$\mathrm{Gal}(\boldsymbol{Q}(\alpha)/\boldsymbol{Q})=\{e,\ \sigma,\ \sigma^2\}$$

です。$x^3-3x+1=0$のガロア群$\mathrm{Gal}(\boldsymbol{Q}(\alpha)/\boldsymbol{Q})$から$\boldsymbol{Z}/3\boldsymbol{Z}$への写像$\eta$を

$$\eta:\mathrm{Gal}(\boldsymbol{Q}(\alpha)/\boldsymbol{Q})\longrightarrow \boldsymbol{Z}/3\boldsymbol{Z}$$
$$\sigma^i \longmapsto \overline{i}$$

と対応させれば，ηは群の同型写像になっています。念のため演算表を書いておけば，次のようになります。

$\cdot$	e	σ	σ^2
e	e	σ	σ^2
σ	σ	σ^2	e
σ^2	σ^2	e	σ

Gal($\boldsymbol{Q}(\alpha)/\boldsymbol{Q}$)の演算表

$+$	$\overline{0}$	$\overline{1}$	$\overline{2}$
$\overline{0}$	$\overline{0}$	$\overline{1}$	$\overline{2}$
$\overline{1}$	$\overline{1}$	$\overline{2}$	$\overline{0}$
$\overline{2}$	$\overline{2}$	$\overline{0}$	$\overline{1}$

$\boldsymbol{Z}/3\boldsymbol{Z}$の演算表

$x^2-3=0$のときにはショボい例でいえなかったのですが，$x^2-3=0$の最小分解体の自己同型群，つまりガロア群Gal$(\boldsymbol{Q}(\sqrt{3})/\boldsymbol{Q})$は，位数2の巡回群$C_2$と同型になります。

$$\mathrm{Gal}(\boldsymbol{Q}(\sqrt{3})/\boldsymbol{Q})=\{e,\ \sigma\}$$

このσは，$\sigma(\sqrt{3})=-\sqrt{3}$となるものです。$\sigma^2=e$となりますから，自己同型群は位数2の巡回群$C_2$と同型です。

ガロア群を調べることで，方程式の解の対称性を調べることができるのです。

6 4次方程式の例

中間体

4次方程式の例を見てみましょう。

問5.11　$x^4-4x^2+2=0$の最小分解体，ガロア群を調べよ。

まず，方程式を解きましょう。

$$x^4-4x^2+2=0 \quad \therefore \quad (x^2-2)^2-2=0$$

$$(x^2-2)^2=2 \quad \therefore \quad x^2-2=\pm\sqrt{2}$$

場合分けをします。

(i)　$x^2-2=\sqrt{2}$　　$x^2=2+\sqrt{2}$　　$x=\pm\sqrt{2+\sqrt{2}}$

(ii)　$x^2-2=-\sqrt{2}$　　$x^2=2-\sqrt{2}$　　$x=\pm\sqrt{2-\sqrt{2}}$

と，4次方程式なので4つの解が求まりました。

この4つの解を

$$\alpha=\sqrt{2+\sqrt{2}},\ \beta=-\sqrt{2+\sqrt{2}},\ \gamma=\sqrt{2-\sqrt{2}},\ \delta=-\sqrt{2-\sqrt{2}}$$

とおきます。この方程式の最小分解体は$\boldsymbol{Q}(\alpha,\ \beta,\ \gamma,\ \delta)$です。

この最小分解体は，$\boldsymbol{Q}$に解のどれか1つを加えることで作ることができます。つまり，

$$\boldsymbol{Q}(\alpha,\ \beta,\ \gamma,\ \delta)=\boldsymbol{Q}(\alpha)=\boldsymbol{Q}(\beta)=\boldsymbol{Q}(\gamma)=\boldsymbol{Q}(\delta)$$

となっています。確認してみましょう。

$\boldsymbol{Q}(\alpha,\ \beta,\ \gamma,\ \delta)\supset\boldsymbol{Q}(\alpha)$ですから，$\boldsymbol{Q}(\alpha,\ \beta,\ \gamma,\ \delta)\subset\boldsymbol{Q}(\alpha)$を示しましょう。そのために，$\beta$，$\gamma$，$\delta$が$\alpha$と有理数の加減乗除で作れることを示します。

$$\beta=-\sqrt{2+\sqrt{2}}=-\alpha$$

$\alpha\gamma=\sqrt{2+\sqrt{2}}\sqrt{2-\sqrt{2}}=\sqrt{2^2-2}=\sqrt{2}$と$\alpha^2=2+\sqrt{2}$より，

$$\alpha\gamma=\alpha^2-2 \qquad \therefore \quad \gamma=\frac{\alpha^2-2}{\alpha}$$

$$\delta = -\sqrt{2-\sqrt{2}} = -\gamma = -\frac{\alpha^2-2}{\alpha}$$

というように，β，γ，δはαと有理数の加減乗除で表すことができますから，$\boldsymbol{Q}(\alpha,\ \beta,\ \gamma,\ \delta) \subset \boldsymbol{Q}(\alpha)$が成り立ちます。

よって，$\boldsymbol{Q}(\alpha,\ \beta,\ \gamma,\ \delta) = \boldsymbol{Q}(\alpha)$です。

$\boldsymbol{Q}(\beta)$，$\boldsymbol{Q}(\gamma)$，$\boldsymbol{Q}(\delta)$についても同様に示すことができます。

x^4-4x^2+2は，定数項が2で割り切れて4で割り切れず，1次，2次，3次の項が2で割り切れて，4次の項が2で割り切れませんから，Eisensteinの判定法（**定理3.4**）より$\boldsymbol{Z}$上の既約多項式であり，**定理3.3**より$\boldsymbol{Q}$上の既約多項式です。

定理5.2と**定理5.3**より，$\boldsymbol{Q}(\alpha,\ \beta,\ \gamma,\ \delta) = \boldsymbol{Q}(\alpha)$の元は，

$a\alpha^3+b\alpha^2+c\alpha+d$（$a,\ b,\ c,\ d$は有理数）の形にただ1通りに表されます。$[\boldsymbol{Q}(\alpha):\boldsymbol{Q}] = 4$です。

次にガロア群を調べてみましょう。

σを$\boldsymbol{Q}(\alpha)$に作用する同型写像とします。**定理5.7**より，同型写像は方程式の解を共役な解に移します。$x^4-4x^2+2=0$の解は，$\alpha,\ \beta,\ \gamma,\ \delta$ですから，$\alpha$の$\sigma$による移り先$\sigma(\alpha)$は$\alpha,\ \beta,\ \gamma,\ \delta$の4通りが考えられます。

$\sigma(\alpha)=\gamma$と決めましょう。γは$\boldsymbol{Q}(\alpha)$の元ですから，**定理5.17**よりσは$\boldsymbol{Q}(\alpha)$の自己同型写像になっています。このとき，$\sigma(\beta),\ \sigma(\gamma),\ \sigma(\delta)$がどこに移るかを探っていきます。

少し準備をします。まず，$\beta=-\alpha$，$\gamma=-\delta$を押えておきましょう。

$$\sigma(2+\sqrt{2}) = \sigma\left(\left(\sqrt{2+\sqrt{2}}\right)^2\right) = \sigma(\alpha^2) = \sigma(\alpha)\sigma(\alpha) = \gamma\cdot\gamma$$
$$= \sqrt{2-\sqrt{2}}\sqrt{2-\sqrt{2}} = 2-\sqrt{2}$$

これより，$2+\sigma(\sqrt{2}) = 2-\sqrt{2}$。よって，$\sigma(\sqrt{2}) = -\sqrt{2}$

$\alpha\gamma = \sqrt{2+\sqrt{2}}\sqrt{2-\sqrt{2}} = \sqrt{2}$ですから，$\gamma = \dfrac{\sqrt{2}}{\alpha}$

$$\sigma(\gamma)=\sigma\left(\frac{\sqrt{2}}{\alpha}\right)=\frac{\sigma(\sqrt{2})}{\sigma(\alpha)}=\frac{-\sqrt{2}}{\gamma}=-\alpha=\beta$$
$$\sigma(\beta)=\sigma(-\alpha)=-\sigma(\alpha)=-\gamma=\delta$$
$$\sigma(\delta)=\sigma(-\gamma)=-\sigma(\gamma)=-(-\alpha)=\alpha$$

自己同型写像σは，解を$\alpha\to\gamma\to\beta\to\delta\to\alpha\to\cdots$と巡回させます。

これから，

$$\sigma^2(\alpha)=\beta,\quad \sigma^3(\alpha)=\delta,\quad \sigma^4(\alpha)=\alpha$$

となり，$\sigma^4=e$です。

$x^4-4x^2+2=0$のガロア群は

$$\underline{\mathrm{Gal}(\boldsymbol{Q}(\alpha)/\boldsymbol{Q})=\{e,\ \sigma,\ \sigma^2,\ \sigma^3\}}$$

となり，位数4の巡回群C_4と同型です。　　　　　（問5.11　終わり）

σは，$\boldsymbol{Q}(\alpha)$と$\boldsymbol{Q}(\gamma)$を結ぶ同型写像になっています。他にも$\boldsymbol{Q}(\gamma)$と$\boldsymbol{Q}(\beta)$，$\boldsymbol{Q}(\beta)$と$\boldsymbol{Q}(\delta)$，$\boldsymbol{Q}(\delta)$と$\boldsymbol{Q}(\alpha)$のそれぞれの同型写像にもなっています。3次方程式のときのように図解すると次のようになります。

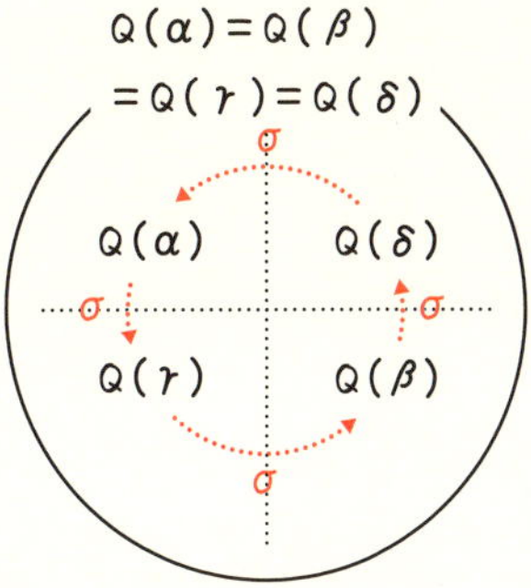

ガロア群の元が$\boldsymbol{Q}(\alpha)$，$\boldsymbol{Q}(\beta)$，$\boldsymbol{Q}(\gamma)$，$\boldsymbol{Q}(\delta)$に作用する様子を図で表すと次のようになります。

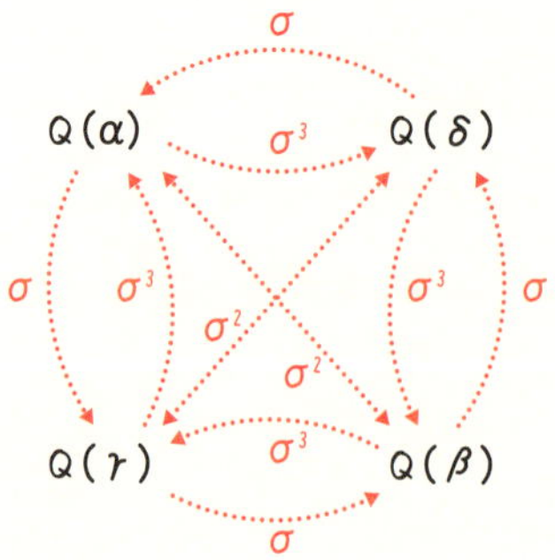

$\boldsymbol{Q}(\alpha)$，$\boldsymbol{Q}(\beta)$，$\boldsymbol{Q}(\gamma)$，$\boldsymbol{Q}(\delta)$は別物のような書き方をしていますが，これらはすべて同一のものです。１つの最小分解体が，4つの側面を持っているということです。

念のため，σの振る舞いを$\boldsymbol{Q}(\alpha)$の世界で確認してみます。

$\alpha^4-4\alpha^2+2=0$より，$\alpha^4-3\alpha^2=\alpha^2-2$でしたから，

$$\sigma(\alpha)=\gamma=\frac{\alpha^2-2}{\alpha}=\frac{\alpha^4-3\alpha^2}{\alpha}=\alpha^3-3\alpha$$

$$\begin{aligned}\sigma^2(\alpha)&=\sigma(\sigma(\alpha))=\sigma(\alpha^3-3\alpha)=\{\sigma(\alpha)\}^3-3\sigma(\alpha)\\&=(\alpha^3-3\alpha)^3-3(\alpha^3-3\alpha)\\&=\alpha^9-9\alpha^7+27\alpha^5-30\alpha^3+9\alpha\\&=(\alpha^5-5\alpha^3+5\alpha)\underbrace{(\alpha^4-4\alpha^2+2)}_{=0}-\alpha\\&=-\alpha\end{aligned}$$

$x^9-9x^7+27x^5-30x^3+9x$
割る x^4-4x^2+2
商 x^5-5x^3+5x　余り $-x$

$$\sigma^3(\alpha)=\sigma(\sigma^2(\alpha))=\sigma(-\alpha)=(-\alpha)^3-3(-\alpha)=-\alpha^3+3\alpha$$

$$\sigma^4(\alpha)=\sigma^2(\sigma^2(\alpha))=\sigma^2(-\alpha)=-\sigma^2(\alpha)=-(-\alpha)=\alpha$$

確かにσ^4はαをαに移すので恒等写像eです。

こうして見てくると，前の3次方程式での最小分解体と4次方程式の最小分解体の様子は，同じような気がします。この4次方程式の最小分解体が，前問の最小分解体と決定的に異なるのは，$\boldsymbol{Q}(\alpha)$よりも小さい$\boldsymbol{Q}(\sqrt{2})$という$\boldsymbol{Q}$の拡大体を持つ点です。

$\sqrt{2}=\left(\sqrt{2+\sqrt{2}}\right)^2-2=\alpha^2-2$なので，$\boldsymbol{Q}(\sqrt{2})\subset\boldsymbol{Q}(\alpha)$です。

逆の$\boldsymbol{Q}(\sqrt{2})\supset\boldsymbol{Q}(\alpha)$は成り立ちません。$\boldsymbol{Q}(\alpha)$の元で，$\boldsymbol{Q}(\sqrt{2})$の元ではないものが存在します。例えば，$\alpha=\sqrt{2+\sqrt{2}}$です。

$\boldsymbol{Q}(\sqrt{2})$の元は$a+b\sqrt{2}$（a，bは有理数）の形をしていて，

$$a+b\sqrt{2}=a+b(\alpha^2-2)=b\alpha^2+a-2b$$

と表せます。もしもαが$\boldsymbol{Q}(\sqrt{2})$に含まれていれば

$$b\alpha^2+a-2b=\alpha$$

を満たすa，bが存在するはずですが，$\boldsymbol{Q}(\alpha)$の元の表現の一意性（**定理5.3**）より，両辺の1次の係数を比べると，$0=1$となり矛盾します。αは$\boldsymbol{Q}(\sqrt{2})$に含まれません。

$\boldsymbol{Q}(\sqrt{2})\subset\boldsymbol{Q}(\alpha)$は真の包含関係になっているのです。

$$\boldsymbol{Q}\subset\boldsymbol{Q}(\sqrt{2})\subset\boldsymbol{Q}(\alpha)$$

$\boldsymbol{Q}(\sqrt{2})$ のように$\boldsymbol{Q}$と$\boldsymbol{Q}(\alpha)$の中間にある体を**中間体**といいます。

体の包含関係を図に表すと次のようになります。下右図では，上が含む体，下が含まれる体になっています。

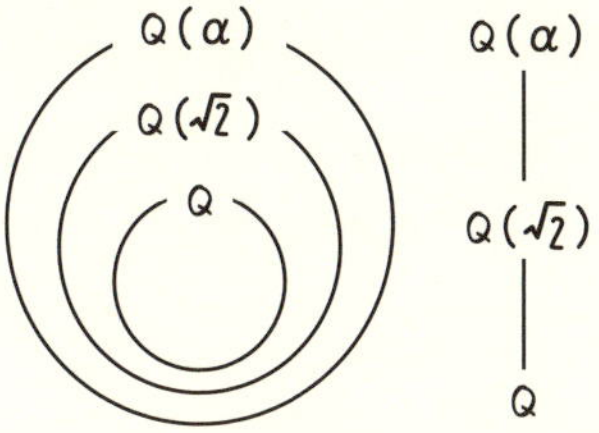

$\boldsymbol{Q}(\sqrt{2})$の元は$a+b\sqrt{2}$（a，bは有理数）の形でただ1通りに表されましたから，$[\boldsymbol{Q}(\sqrt{2}):\boldsymbol{Q}]=2$です。

では，$[\boldsymbol{Q}(\alpha):\boldsymbol{Q}(\sqrt{2})]$の値はいくつになるのでしょうか。

$\alpha\notin\boldsymbol{Q}(\sqrt{2})$ですから，$\alpha$の最小多項式は1次式ではありません。

$\alpha=\sqrt{2+\sqrt{2}}$の$\boldsymbol{Q}(\sqrt{2})$上の最小多項式の次数は2次以上で，$\boldsymbol{Q}(\sqrt{2})$上の方程式$x^2-(2+\sqrt{2})=0$の解がαとなりますから，$\alpha=\sqrt{2+\sqrt{2}}$の$\boldsymbol{Q}(\sqrt{2})$上の最小多項式は$x^2-(2+\sqrt{2})=0$になります。これから，

$[\boldsymbol{Q}(\alpha):\boldsymbol{Q}(\sqrt{2})]=2$となります。

$\boldsymbol{Q}(\alpha)$は，$x^2-2=0$の解$\sqrt{2}$を使って2次拡大体$\boldsymbol{Q}(\sqrt{2})$を作り，その$\boldsymbol{Q}(\sqrt{2})$上の方程式$x^2-(2+\sqrt{2})=0$の解　$\alpha=\sqrt{2+\sqrt{2}}$を使って$\boldsymbol{Q}(\sqrt{2})$上の2次拡大体$\boldsymbol{Q}(\alpha)$を作ったのです。

面白いことは，

$$[\boldsymbol{Q}(\alpha):\boldsymbol{Q}(\sqrt{2})][\boldsymbol{Q}(\sqrt{2}):\boldsymbol{Q}]=[\boldsymbol{Q}(\alpha):\boldsymbol{Q}]$$

2　×　2　　4

が成り立っていることです。

一般に，$\boldsymbol{L}$を$\boldsymbol{Q}$の拡大体，$\boldsymbol{M}$を$\boldsymbol{Q}$と$\boldsymbol{L}$の中間体とするとき，

$$[\boldsymbol{L}:\boldsymbol{M}][\boldsymbol{M}:\boldsymbol{Q}]=[\boldsymbol{L}:\boldsymbol{Q}]$$ ←のちのち証明します

が成り立ちます。これは，群Gとその部分群Hに関する式，

$$[G:H]|H|=|G|$$

に似ていますね。あとあとこの2つの式は密接に結びついていきます。この次の節の問題を解く過程で，方程式の解を用いた拡大体に限定した形ですが，この関係式が成り立つ理由を証明しましょう。

7 2段拡大

$\boldsymbol{Q}(\alpha,\ \beta)$

ここまでの例で，ガロア群はすべて巡回群でした。ガロア群はいつも巡回群になるとは限りません。さらに探っていきましょう。

問5.12　$x^4-10x^2+1=0$の最小分解体とガロア群を調べよ。

まず，方程式を解きましょう。

$$x^4-10x^2+1=0$$

$$\therefore\ (x^2-5)^2-24=0 \qquad \therefore\ (x^2-5)^2=24 \qquad \therefore\ x^2-5=\pm 2\sqrt{6}$$

場合分けします。

(i)　$x^2-5=2\sqrt{6}$　　　$x^2=5+2\sqrt{6}$

$$x=\pm\sqrt{5+2\sqrt{6}}=\pm\sqrt{(\sqrt{2}+\sqrt{3})^2} \qquad x=\sqrt{2}+\sqrt{3},\ -\sqrt{2}-\sqrt{3}$$

(ii)　$x^2-5=-2\sqrt{6}$　　　$x^2=5-2\sqrt{6}$

$$x^2=\pm\sqrt{5-2\sqrt{6}}=\pm\sqrt{(\sqrt{2}-\sqrt{3})^2} \qquad x=\sqrt{2}-\sqrt{3},\ -\sqrt{2}+\sqrt{3}$$

と4次方程式なので，4個の解が求まりました。

4つの解を，

$$\alpha=\sqrt{2}+\sqrt{3},\ \beta=-\sqrt{2}-\sqrt{3},\ \gamma=\sqrt{2}-\sqrt{3},\ \delta=-\sqrt{2}+\sqrt{3}$$

とおきます。この方程式の最小分解体は$\boldsymbol{Q}(\alpha,\ \beta,\ \gamma,\ \delta)$です。

前問と同じように，

$$\boldsymbol{Q}(\alpha,\ \beta,\ \gamma,\ \delta)=\boldsymbol{Q}(\alpha)=\boldsymbol{Q}(\beta)=\boldsymbol{Q}(\gamma)=\boldsymbol{Q}(\delta)$$

が成り立っています。確認してみましょう。

$\boldsymbol{Q}(\alpha,\ \beta,\ \gamma,\ \delta)\supset\boldsymbol{Q}(\alpha)$ですから，$\boldsymbol{Q}(\alpha,\ \beta,\ \gamma,\ \delta)\subset\boldsymbol{Q}(\alpha)$を示しましょう。これを示すためには，$\beta$，$\gamma$，$\delta$が$\alpha$と有理数の加減乗除で作ることができることを示せばよいのです。

$$\beta=-\sqrt{2}-\sqrt{3}=-\alpha$$

$\alpha\gamma=(\sqrt{2}+\sqrt{3})(\sqrt{2}-\sqrt{3})=2-3=-1$より，

$$\gamma=-\frac{1}{\alpha}$$

$$\delta=-\sqrt{2}+\sqrt{3}=-\gamma=\frac{1}{\alpha}$$

$\beta=-\alpha$
$\gamma=-\frac{1}{\alpha}$
$\delta=\frac{1}{\alpha}$

と，β, γ, δを，αの式で書くことができるので，$\boldsymbol{Q}(\alpha,\ \beta,\ \gamma,\ \delta)\subset\boldsymbol{Q}(\alpha)$です。

したがって，$\boldsymbol{Q}(\alpha,\ \beta,\ \gamma,\ \delta)=\boldsymbol{Q}(\alpha)$が成り立ちます。

$\boldsymbol{Q}(\beta)$，$\boldsymbol{Q}(\gamma)$，$\boldsymbol{Q}(\delta)$についても同様に成り立ちます。

x^4-10x^2+1が$\boldsymbol{Q}$上の既約多項式であることは次のようにして分かります。x^4-10x^2+1を因数分解すると，

$$(x-\sqrt{2}-\sqrt{3})(x+\sqrt{2}+\sqrt{3})(x-\sqrt{2}+\sqrt{3})(x+\sqrt{2}-\sqrt{3})$$

となります。もしもx^4-10x^2+1が既約でないとすれば，（2次式）×（2次式）の形に有理数係数の範囲で因数分解できるはずですが，4つの因数のどの2つを組み合わせても，有理数の2次式の積の形にすることはできません。よって，x^4-10x^2+1は$\boldsymbol{Q}$上の既約多項式です。

よって，**定理5.2**と**定理5.3**により，$\boldsymbol{Q}(\alpha,\ \beta,\ \gamma,\ \delta)=\boldsymbol{Q}(\alpha)$の元は，$a\alpha^3+b\alpha^2+c\alpha+d$（$a$，$b$，$c$，$d$は有理数）の形にただ1通りに表されます。$[\boldsymbol{Q}(\alpha):\boldsymbol{Q}]=4$になります。

さて，ガロア群$\mathrm{Gal}(\boldsymbol{Q}(\alpha)/\boldsymbol{Q})$を調べてみましょう。

σを$\boldsymbol{Q}(\alpha)$に作用する同型写像とします。**定理5.7**より，同型写像は方程式の解を共役な解に移します。$x^4-10x^2+1=0$の解は，α, β, γ, δですから，αのσによる移り先$\sigma(\alpha)$はα，β，γ，δの4通りが考えられます。

α，β，γ，δはいずれも$\boldsymbol{Q}(\alpha)$の元ですから，**定理5.17**より，$\sigma(\alpha)=\alpha$，$\sigma(\alpha)=\beta$，$\sigma(\alpha)=\gamma$，$\sigma(\alpha)=\delta$のいずれの場合でも，σは$\boldsymbol{Q}(\alpha)$から$\boldsymbol{Q}(\alpha)$への自己同型写像になります。

$\sigma(\alpha)=\alpha$となるときは，恒等写像eです。$\sigma(\alpha)$の移り先がβ，γ，δのそれぞれの場合について$\sigma^2(\alpha)$を調べてみます。

前頁で計算したように，

$$\beta=-\alpha,\ \gamma=-\frac{1}{\alpha},\ \delta=\frac{1}{\alpha}$$

が成り立ちます。これを活用しましょう。

(i) $\sigma(\alpha)=\beta$のとき

$$\sigma^2(\alpha)=\sigma(\sigma(\alpha))=\sigma(\beta)=\sigma(-\alpha)=-\sigma(\alpha)=-(-\alpha)=\alpha$$

(ii) $\sigma(\alpha)=\gamma$のとき

$$\sigma^2(\alpha)=\sigma(\sigma(\alpha))=\sigma(\gamma)=\sigma\left(-\frac{1}{\alpha}\right)$$

$$=-\sigma\left(\frac{1}{\alpha}\right)=-\frac{1}{\sigma(\alpha)}=-\frac{1}{\left(-\frac{1}{\alpha}\right)}=\alpha$$

(iii) $\sigma(\alpha)=\delta$のとき

$$\sigma^2(\alpha)=\sigma(\sigma(\alpha))=\sigma(\delta)=\sigma\left(\frac{1}{\alpha}\right)=\frac{1}{\sigma(\alpha)}=\frac{1}{\left(\frac{1}{\alpha}\right)}=\alpha$$

どの場合も$\sigma^2(\alpha)=\alpha$となってしまいました。

(i)〜(iii)のどの場合でも，σを2回施すと恒等変換になってしまうのです。前問とは勝手が異なっています。前問では，1つの自己同型写像σをとると，他の自己同型写像もσで表すことができたのですが，この問題ではそのようなσをとることができません。ガロア群のすべての元を表現するためには，1つのσだけでは足りません。もう一つ元が必要です。

そこで，ガロア群の元を表現するために，

$$\underline{\sigma(\alpha)=\gamma,\ \tau(\alpha)=\delta}$$

という2つの自己同型写像を用意しましょう。

このときの$\sigma\tau(\alpha)$, $\tau\sigma(\alpha)$を求めてみます。

$$\sigma\tau(\alpha)=\sigma(\tau(\alpha))=\sigma(\delta)=\sigma\left(\frac{1}{\alpha}\right)=\frac{1}{\sigma(\alpha)}$$

$$=\frac{1}{\gamma}=\frac{1}{\left(-\frac{1}{\alpha}\right)}=-\alpha=\beta$$

$$\tau\sigma(\alpha)=\tau(\sigma(\alpha))=\tau(\gamma)=\tau\left(-\frac{1}{\alpha}\right)=-\frac{1}{\tau(\alpha)}$$

$$=-\frac{1}{\delta}=-\frac{1}{\left(\frac{1}{\alpha}\right)}=-\alpha=\beta$$

これで，

$$e(\alpha)=\alpha,\ \sigma(\alpha)=\gamma,\ \tau(\alpha)=\delta,\ \sigma\tau(\alpha)=\beta$$

となり，αの移り先がすべて出そろいました。

この方程式のガロア群は，

$$\mathrm{Gal}(\boldsymbol{Q}(\alpha)/\boldsymbol{Q})=\{e,\ \sigma,\ \tau,\ \sigma\tau\}$$

です。上の(i)〜(iii)で計算したようにσ，τ，$\sigma\tau$は2回施すとeになります。

つまり，

$$\sigma^2=\tau^2=(\sigma\tau)^2=e$$

です。

この演算表を作るときには，$\sigma\tau$が$\sigma\tau$と$\tau\sigma$の2通りの表記を持っていることに気を付けましょう。

次の演算を参考にして，ガロア群の演算表を作りましょう。

$$\tau(\sigma\tau)=\tau(\tau\sigma)=(\tau\tau)\sigma=e\sigma=\sigma$$

演算表を作ると，次頁左のようになります。これは，位数2の巡回群C_2の直積$C_2\times C_2$と同型になります。実際，この方程式のガロア群$\mathrm{Gal}(\boldsymbol{Q}(\alpha)/\boldsymbol{Q})$と$\boldsymbol{Z}/2\boldsymbol{Z}\times\boldsymbol{Z}/2\boldsymbol{Z}$は次の対応関係で同型になります。

$$e \Leftrightarrow (\bar{0},\ \bar{0}) \qquad \sigma \Leftrightarrow (\bar{1},\ \bar{0})$$

$$\tau \Leftrightarrow (\bar{0},\ \bar{1}) \qquad \sigma\tau \Leftrightarrow (\bar{1},\ \bar{1})$$

左右の演算表を見比べてください。同型な群であることが直接確かめられます。$\mathrm{Gal}(\boldsymbol{Q}(\alpha)/\boldsymbol{Q})$は$C_2\times C_2$と同型ですから，クラインの4元群$V$とも同型です。

	e	σ	τ	$\sigma\tau$
e	e	σ	τ	$\sigma\tau$
σ	σ	e	$\sigma\tau$	τ
τ	τ	$\sigma\tau$	e	σ
$\sigma\tau$	$\sigma\tau$	τ	σ	e

$\mathrm{Gal}(\boldsymbol{Q}(\alpha)/\boldsymbol{Q})$の演算表

$+$	$(\overline{0},\overline{0})$	$(\overline{1},\overline{0})$	$(\overline{0},\overline{1})$	$(\overline{1},\overline{1})$
$(\overline{0},\overline{0})$	$(\overline{0},\overline{0})$	$(\overline{1},\overline{0})$	$(\overline{0},\overline{1})$	$(\overline{1},\overline{1})$
$(\overline{1},\overline{0})$	$(\overline{1},\overline{0})$	$(\overline{0},\overline{0})$	$(\overline{1},\overline{1})$	$(\overline{0},\overline{1})$
$(\overline{0},\overline{1})$	$(\overline{0},\overline{1})$	$(\overline{1},\overline{1})$	$(\overline{0},\overline{0})$	$(\overline{1},\overline{0})$
$(\overline{1},\overline{1})$	$(\overline{1},\overline{1})$	$(\overline{0},\overline{1})$	$(\overline{1},\overline{0})$	$(\overline{0},\overline{0})$

$(\boldsymbol{Z}/2\boldsymbol{Z})\times(\boldsymbol{Z}/2\boldsymbol{Z})$の演算表

ガロア群の元が$\boldsymbol{Q}(\alpha)$，$\boldsymbol{Q}(\beta)$，$\boldsymbol{Q}(\gamma)$，$\boldsymbol{Q}(\delta)$に作用する様子を図で表すと次のようになります。

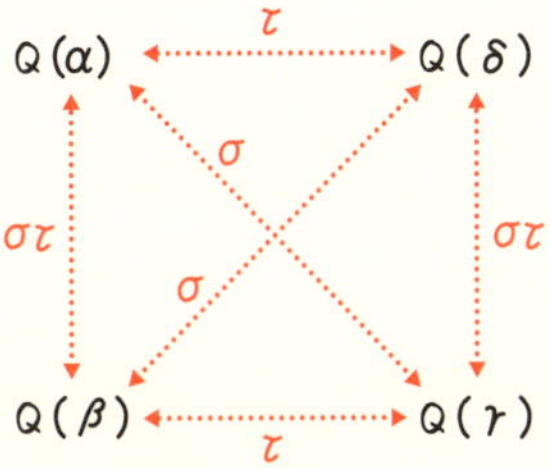

だんだんと曼荼羅絵の様相を帯びてきましたね。しかし，まだまだこんなものじゃありません。

この拡大体には，他の表し方があります。

問5.13 $\boldsymbol{Q}(\sqrt{2}+\sqrt{3})=\boldsymbol{Q}(\sqrt{2},\sqrt{3})$を示せ。

γ，δはαで表せるので，$\gamma,\ \delta\in\boldsymbol{Q}(\alpha)$

$\alpha+\gamma=(\sqrt{2}+\sqrt{3})+(\sqrt{2}-\sqrt{3})=2\sqrt{2}$より，$\sqrt{2}\in\boldsymbol{Q}(\alpha)$，

$\alpha+\delta=(\sqrt{2}+\sqrt{3})+(-\sqrt{2}+\sqrt{3})=2\sqrt{3}$より，$\sqrt{3}\in\boldsymbol{Q}(\alpha)$

したがって，$\boldsymbol{Q}(\alpha)\supset\boldsymbol{Q}(\sqrt{2},\sqrt{3})$

また，$\alpha=\sqrt{2}+\sqrt{3}\in\boldsymbol{Q}(\sqrt{2},\sqrt{3})$より，

$$\boldsymbol{Q}(\alpha)\subset\boldsymbol{Q}(\sqrt{2},\ \sqrt{3})$$

よって，$\boldsymbol{Q}(\alpha)=\boldsymbol{Q}(\sqrt{2},\ \sqrt{3})$　　　　（問5.13　終わり）

最小分解体が$\boldsymbol{Q}(\sqrt{2},\ \sqrt{3})$で表せるというのです。今までの具体例では，最小分解体を単拡大体として捉えて分析してきました。ここで初めて$\boldsymbol{Q}$のあとのカッコに別々の方程式の解が並びました。これについて調べてみましょう。

問5.14　$\boldsymbol{Q}(\sqrt{2},\ \sqrt{3})$**の元は，**$a\sqrt{6}+b\sqrt{2}+c\sqrt{3}+d$**（**$a$**，**$b$**，**$c$**，**$d$**は有理数）の形でただ1通りに表されることを示せ。**

4節で補足した線形代数の言葉を用いれば，$\{\sqrt{6},\ \sqrt{2},\ \sqrt{3},\ 1\}$は，$\boldsymbol{Q}$上の線形空間$\boldsymbol{Q}(\sqrt{2},\ \sqrt{3})$の基底であるということです。

$a\sqrt{6}+b\sqrt{2}+c\sqrt{3}+d$の形が加減乗除で保存されるかどうかを見ていきましょう。加減については，

$$(a\sqrt{6}+b\sqrt{2}+c\sqrt{3}+d)\pm(e\sqrt{6}+f\sqrt{2}+g\sqrt{3}+h)$$
$$=(a\pm e)\sqrt{6}+(b\pm f)\sqrt{2}+(c\pm g)\sqrt{2}+(d\pm h)$$

（イロは減法）

となりますから，閉じています。

積についてはどうでしょうか。直接確かめる手もありますが，一般論に結び付くように説明してみましょう。

$$(a\sqrt{6}+b\sqrt{2}+c\sqrt{3}+d)(e\sqrt{6}+f\sqrt{2}+g\sqrt{3}+h)$$
$$=\{(a\sqrt{3}+b)\sqrt{2}+(c\sqrt{3}+d)\}\{(e\sqrt{3}+f)\sqrt{2}+(g\sqrt{3}+h)\}$$

この式の変形は，係数が$\boldsymbol{Q}(\sqrt{3})$である$\sqrt{2}$の多項式として見ているのです。初めのカッコ{ }の中身は$\sqrt{2}$の1次式で，1次の係数は$a\sqrt{3}+b$，定数項が$c\sqrt{3}+d$ということです。つまり，カッコの中身は，$\boldsymbol{Q}(\sqrt{3})$係数の$\sqrt{2}$の1次式です。

$\boldsymbol{Q}(\sqrt{3})$係数の$\sqrt{2}$多項式の積をとってもやはり$\boldsymbol{Q}(\sqrt{3})$係数の$\sqrt{2}$多項式になります。というのも，多項式の積の計算では，係数を求めるのに加減乗しか使わないからです。係数は$\boldsymbol{Q}(\sqrt{3})$の元で，$\boldsymbol{Q}(\sqrt{3})$は体ですから加減乗について閉じています。

$\sqrt{2}$多項式の次数が2以上になったときは，$(\sqrt{2})^2-2=0$を用いて次数下げします。

具体的にいえばこうです。$\boldsymbol{Q}(\sqrt{3})$係数の$\sqrt{2}$多項式が$f(\sqrt{2})$であれば，$f(x)$をx^2-2で割り算するのです。商が$q(x)$，余りが$r(x)$のとき，

$$f(x)=q(x)(x^2-2)+r(x)$$

であり，このxに$\sqrt{2}$を代入して，$f(\sqrt{2})=r(\sqrt{2})$になります。$r(x)$はx^2-2で割った余りですから，1次以下の式になります。$r(\sqrt{2})$は$\boldsymbol{Q}(\sqrt{3})$係数の$\sqrt{2}$の1次以下の式になります。

つまり，積も$a\sqrt{6}+b\sqrt{2}+c\sqrt{3}+d$（$a$，$b$，$c$，$d$は有理数）の形になっています。

除はどうでしょうか。割り算は逆数を掛けることでしたから，$a\sqrt{6}+b\sqrt{2}+c\sqrt{3}+d$の形の数の逆数が$a\sqrt{6}+b\sqrt{2}+c\sqrt{3}+d$の形で表されることを示してみましょう。

これも$\boldsymbol{Q}(\sqrt{3})$係数の$\sqrt{2}$多項式という見方で解決します。

$\boldsymbol{Q}(\sqrt{3})$係数の$\sqrt{2}$多項式$f(\sqrt{2})\neq 0$の逆数を求めてみましょう。

$\sqrt{2}$の最小多項式を$g(x)$（実際はx^2-2です）とします。ここで，

$$g(x)m(x)+f(x)n(x)=1 \quad \cdots\cdots①$$

を満たす$m(x)$, $n(x)$を考えましょう。$f(\sqrt{2})\neq 0$ですから，$f(x)$は$g(x)$で割り切れません。もしも割り切れたと仮定すると，$f(x)=g(x)h(x)$と表すことができ，$x=\sqrt{2}$を代入して，$f(\sqrt{2})=h(\sqrt{2})g(\sqrt{2})=0$となり，$f(\sqrt{2})\neq 0$であることに矛盾するからです。**定理3.6（1）**［$\boldsymbol{Q}$を$\boldsymbol{Q}(\sqrt{3})$と読み換えて］より$f(x)$と$g(x)$は互いに素です。よって，**定理3.5（1）**より，$\boldsymbol{Q}(\sqrt{3})$係数多項式$m(x)$, $n(x)$で，$n(x)$が$g(x)$の次数より低い

ものが存在します。この場合$n(x)$は1次以下。上の式のxに$\sqrt{2}$を代入すれば，$g(\sqrt{2})=0$ですから，

$$n(\sqrt{2})f(\sqrt{2})=1 \qquad \therefore \quad n(\sqrt{2})=\frac{1}{f(\sqrt{2})}$$

$\boldsymbol{Q}(\sqrt{3})$係数の$\sqrt{2}$多項式$f(\sqrt{2})\neq 0$の逆数を，1次以下の$\boldsymbol{Q}(\sqrt{3})$係数の$\sqrt{2}$多項式$n(\sqrt{2})$で表すことができました。つまり，逆数も

$$a\sqrt{6}+b\sqrt{2}+c\sqrt{3}+d \quad (a,\ b,\ c,\ d\text{は有理数})$$

の形になります。除は逆数との積ですから，除もこの形になります。

$\boldsymbol{Q}(\sqrt{2},\ \sqrt{3})$の元は$\boldsymbol{Q}$と$\sqrt{2}$と$\sqrt{3}$から加減乗除で作られます。

$a\sqrt{6}+b\sqrt{2}+c\sqrt{3}+d$の形の数は加減乗除で閉じていますから，$\boldsymbol{Q}(\sqrt{2},\ \sqrt{3})$の元は$a\sqrt{6}+b\sqrt{2}+c\sqrt{3}+d$の形をしています。逆に，任意の$a\sqrt{6}+b\sqrt{2}+c\sqrt{3}+d$の形の数は，有理数と$\sqrt{2}$，$\sqrt{3}$から加減乗除で作ることができます。したがって，

$$\boldsymbol{Q}(\sqrt{2},\ \sqrt{3})=\{a\sqrt{6}+b\sqrt{2}+c\sqrt{3}+d \mid a,\ b,\ c,\ d\text{ は有理数}\}$$

です。1通りで表されることも，$\boldsymbol{Q}(\sqrt{3})$係数の$\sqrt{2}$多項式と見ることで解決します。

もしも$a\sqrt{6}+b\sqrt{2}+c\sqrt{3}+d$，$e\sqrt{6}+f\sqrt{2}+g\sqrt{3}+h$と2通りに表されたとしましょう。

$$a\sqrt{6}+b\sqrt{2}+c\sqrt{3}+d=e\sqrt{6}+f\sqrt{2}+g\sqrt{3}+h$$

$$(a-e)\sqrt{6}+(b-f)\sqrt{2}+(c-g)\sqrt{3}+(d-h)=0$$

$$\{(a-e)\sqrt{3}+(b-f)\}\sqrt{2}+(c-g)\sqrt{3}+(d-h)=0$$

ここで，$(a-e)\sqrt{3}+(b-f)=A$，$(c-g)\sqrt{3}+(d-h)=B$とすると，

$$A\sqrt{2}+B=0$$

$A=0$，$B=0$であることを示すには，$\sqrt{2}$の$\boldsymbol{Q}(\sqrt{3})$上での最小多項式がx^2-2であることがポイントとなります。

$\sqrt{2}$の$\boldsymbol{Q}(\sqrt{3})$上での最小多項式がx^2-2であることを示せ。

x^2-2は$(x-\sqrt{2})(x+\sqrt{2})$と因数分解できますが，$\sqrt{2} \notin \boldsymbol{Q}(\sqrt{3})$なので，$x^2-2$は$\sqrt{2}$の$\boldsymbol{Q}(\sqrt{3})$上の最小多項式です。$\sqrt{2} \notin \boldsymbol{Q}(\sqrt{3})$であることは次のように示します。もしも，$\sqrt{2} \in \boldsymbol{Q}(\sqrt{3})$であるとすると，

$$\sqrt{2}=a+b\sqrt{3} \qquad 2乗して \qquad 2=a^2+3b^2+2ab\sqrt{3}$$

$\boldsymbol{Q}(\sqrt{3})$の元は1通りに表されるので，$a^2+3b^2=2$，$2ab=0$ 。

これを解いて，$(a,\ b)=\left(0,\ \pm\sqrt{\dfrac{2}{3}}\right)$，$(\pm\sqrt{2},\ 0)$となりますが，$a$，$b$が有理数であることに矛盾します。

方程式$x^2-2=0$と$Ax+B=0$は共通解$\sqrt{2}$を持ち，x^2-2は$\boldsymbol{Q}(\sqrt{3})$係数の既約多項式ですから，**定理3.6（3）** より，$Ax+B$はx^2-2で割り切れることになります。これより，$A=0$，$B=0$です。つまり，

$A\sqrt{2}+B=0$となるA，Bは，$A=0$，$B=0$なのです。

$$A=(a-e)\sqrt{3}+(b-f)=0,\ B=(c-g)\sqrt{3}+(d-h)=0$$

$\boldsymbol{Q}(\sqrt{3})$の元の表現の一意性（**定理5.3**）より，両辺の$\sqrt{3}$の係数を比べて，

$$a-e=0,\ b-f=0,\ c-g=0,\ d-h=0$$

よって，$a=e$, $b=f$, $c=g$, $d=h$となり，表し方がただ1通りであることが示されました。（問5.14　終わり）

上の証明からも分かるように，$\boldsymbol{Q}(\sqrt{2},\ \sqrt{3})$は，$\boldsymbol{Q}$から$\boldsymbol{Q}$上の方程式$x^2-3=0$の解である$\sqrt{3}$を用いて$\boldsymbol{Q}(\sqrt{3})$を作り，次に$\boldsymbol{Q}(\sqrt{3})$上の方程式$x^2-2=0$の解$\sqrt{2}$を用いて$\boldsymbol{Q}(\sqrt{2},\ \sqrt{3})$を作ったのです。

各拡大の次数は，$[\boldsymbol{Q}(\sqrt{3}):\boldsymbol{Q}]=2$，$[\boldsymbol{Q}(\sqrt{2},\ \sqrt{3}):\boldsymbol{Q}(\sqrt{3})]=2$です。一方$[\boldsymbol{Q}(\sqrt{2},\ \sqrt{3}):\boldsymbol{Q}]=4$ですから，

$$[\boldsymbol{Q}(\sqrt{2},\ \sqrt{3}):\boldsymbol{Q}]=[\boldsymbol{Q}(\sqrt{2},\ \sqrt{3}):\boldsymbol{Q}(\sqrt{3})][\boldsymbol{Q}(\sqrt{3}):\boldsymbol{Q}]$$

が成り立ちます。

$\boldsymbol{Q}(\sqrt{2}+\sqrt{3})=\boldsymbol{Q}(\sqrt{2},\ \sqrt{3})$は単拡大体ですから，元は

$a(\sqrt{2}+\sqrt{3})^3+b(\sqrt{2}+\sqrt{3})^2+c(\sqrt{2}+\sqrt{3})+d$（$a$，$b$，$c$，$d$は有理数）の形でただ1通りに表すことができます。

また，$a\sqrt{6}+b\sqrt{2}+c\sqrt{3}+d$の形でも，ただ1通りに表されます。

つまり，$\boldsymbol{Q}(\sqrt{2}+\sqrt{3})=\boldsymbol{Q}(\sqrt{2},\ \sqrt{3})$の基底は，

$$\{(\sqrt{2}+\sqrt{3})^3,\ (\sqrt{2}+\sqrt{3})^2,\ (\sqrt{2}+\sqrt{3}),\ 1\}$$

ととることもできるし，

$$\{\sqrt{6},\ \sqrt{2},\ \sqrt{3},\ 1\}$$

ととることもできるのです。

基底のとり方はこの2通り以外にも，無数にあります。そのどの場合でも基底に並ぶ数は4個あります。これは，**定理5.15**より，基底のとり方によらず基底に並ぶ元の個数は一定であるからです。つまり，$\boldsymbol{Q}(\sqrt{2}+\sqrt{3})=\boldsymbol{Q}(\sqrt{2},\ \sqrt{3})$の次数が4であるということです。

$\boldsymbol{Q}(\sqrt{2},\ \sqrt{3})$で考察したことを一般的にまとめておきましょう。

定理5.20　次元の積公式

$\boldsymbol{Q}$上のm次既約多項式$f(x)$がある。$f(x)=0$の1つの解をαとする。$\boldsymbol{Q}(\alpha)$上のn次既約多項式$g(x)$がある。$g(x)=0$の1つの解をβとする。$\boldsymbol{Q}(\alpha,\ \beta)$の基底は，

$$n\text{個}\left\{\begin{array}{lllll} \alpha^{m-1}\beta^{n-1}, & \alpha^{m-2}\beta^{n-1}, & \cdots, & \alpha\beta^{n-1}, & \beta^{n-1} \\ \alpha^{m-1}\beta^{n-2}, & \alpha^{m-2}\beta^{n-2}, & \cdots, & \alpha\beta^{n-2}, & \beta^{n-2} \\ \cdots\cdots & & & & \\ \alpha^{m-1}\beta, & \alpha^{m-2}\beta, & \cdots, & \alpha\beta, & \beta \\ \alpha^{m-1}, & \alpha^{m-2}, & \cdots, & \alpha, & 1 \end{array}\right.$$
$$\underbrace{\qquad\qquad\qquad\qquad\qquad\qquad}_{m\text{個}}$$

で，$[\boldsymbol{Q}(\alpha,\ \beta):\boldsymbol{Q}]=mn$

また，$[\boldsymbol{Q}(\alpha,\ \beta):\boldsymbol{Q}]=[\boldsymbol{Q}(\alpha,\ \beta):\boldsymbol{Q}(\alpha)][\boldsymbol{Q}(\alpha):\boldsymbol{Q}]$が成り立つ。

例えば，$m=3$，$n=3$の場合，$\alpha^i\beta^j(0\leqq i\leqq 2,\ 0\leqq j\leqq 2)$の1次結合は，

$$2\alpha^2\beta^2+3\alpha\beta^2+4\beta^2+5\alpha^2\beta+6\alpha\beta+7\beta+8\alpha^2+9\alpha+1$$
$$=(2\alpha^2+3\alpha+4)\beta^2+(5\alpha^2+6\alpha+7)\beta+(8\alpha^2+9\alpha+1)$$

というように，βの2次式としてまとまります。係数はαの2次式になります。

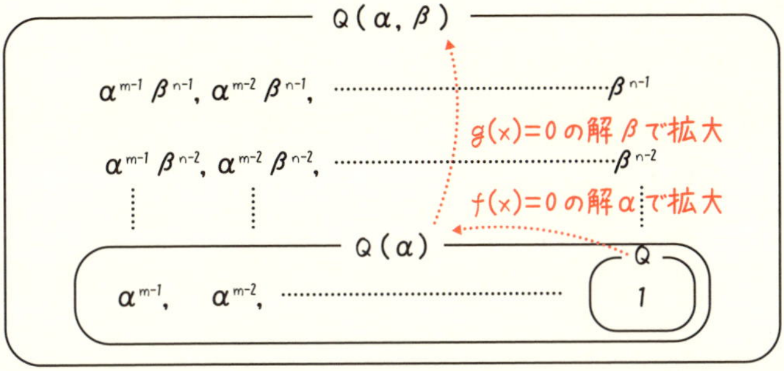

証明 $\alpha^i\beta^j(0\leqq i\leqq m-1,\ 0\leqq j\leqq n-1)$の1次結合が，加減乗除で形を保っていることを示しましょう。$\alpha^i\beta^j$の1次結合を，βの多項式としてまとめて表します。

$$F(\alpha,\ \beta)=f_{n-1}(\alpha)\beta^{n-1}+f_{n-2}(\alpha)\beta^{n-2}+\cdots+f_1(\alpha)\beta+f_0(\alpha)$$
$$G(\alpha,\ \beta)=g_{n-1}(\alpha)\beta^{n-1}+g_{n-2}(\alpha)\beta^{n-2}+\cdots+g_1(\alpha)\beta+g_0(\alpha)$$

ここで，$f_i(\alpha)$，$g_j(\alpha)$は，αの$m-1$次式で，$\boldsymbol{Q}(\alpha)$の元です。

和，差 は，

$$F(\alpha,\ \beta)\pm G(\alpha,\ \beta)$$　（イロは減法）
$$=\{f_{n-1}(\alpha)\pm g_{n-1}(\alpha)\}\beta^{n-1}+\{f_{n-2}(\alpha)\pm g_{n-2}(\alpha)\}\beta^{n-2}$$
$$+\cdots+\{f_1(\alpha)\pm g_1(\alpha)\}\beta+f_0(\alpha)\pm g_0(\alpha)$$

$f_i(\alpha)\pm g_j(\alpha)$は，$\alpha$の$m-1$次式ですから，確かに形を保っています。

積 はどうでしょうか。

$F(\alpha,\ \beta)G(\alpha,\ \beta)$は，$\beta$の$2n-2$次式になってしまいます。そこで，$g(x)$を用いて次数下げをしましょう。

$\boldsymbol{Q}(\alpha)$上のxの多項式$F(\alpha,\ x)G(\alpha,\ x)$を$\boldsymbol{Q}(\alpha)$上の多項式$g(x)$で割って，

商が$q(\alpha, x)$，余りが$r(\alpha, x)$であるとします。

$$F(\alpha, x)G(\alpha, x)=q(\alpha, x)g(x)+r(\alpha, x) \quad \cdots\cdots①$$

ここで，$r(\alpha, x)$のxの次数は$g(x)$の次数nよりも低く，$r(\alpha, x)$は次数が$n-1$次以下であるxの$\boldsymbol{Q}(\alpha)$係数多項式です。係数は$\boldsymbol{Q}(\alpha)$の数ですから，どれもαの$m-1$次以下の多項式で表されています。

①のxにβを代入すると，$g(\beta)=0$ですから，

$$F(\alpha, \beta)G(\alpha, \beta)=r(\alpha, \beta)$$

となります。$r(\alpha, \beta)$は，βの$n-1$次以下の多項式で，係数はαの$m-1$次以下の式ですから，$\alpha^i\beta^j\ (0\leqq i\leqq m-1,\ 0\leqq j\leqq n-1)$の1次結合になっています。積でも形は保たれています。

商 はどうでしょうか。

$G(\alpha, \beta)\neq 0$のときの，$\dfrac{F(\alpha, \beta)}{G(\alpha, \beta)}$を考えるには，

$$g(x)X(\alpha, x)+G(\alpha, x)Y(\alpha, x)=F(\alpha, x) \quad \cdots\cdots②$$

という$\boldsymbol{Q}(\alpha)$上の多項式の1次不定方程式を考えます。

$G(\alpha, x)$は$G(\alpha, \beta)\neq 0$を満たし，$g(x)$は$g(\beta)=0$ですから，$G(\alpha, x)$は$g(x)$で割り切れません。もしも，$G(\alpha, x)$が$g(x)$で割り切れるとすると，$G(\alpha, x)=g(x)h(x)$と表され，$x=\beta$を代入し，$G(\alpha, \beta)=g(\beta)h(\beta)=0$となり，$G(\alpha, \beta)\neq 0$に矛盾します。ここで，$g(x)$は$\boldsymbol{Q}(\alpha)$上の既約多項式ですから，**定理3.6（1）**より，$g(x)$と$G(\alpha, x)$は$\boldsymbol{Q}(\alpha)$上の多項式として互いに素になります。したがって，**定理3.5(2)**より，②を満たすような$\boldsymbol{Q}(\alpha)$上の多項式の組$(J(\alpha, x), H(\alpha, x))$で，$H(\alpha, x)$の次数が$g(x)$の次数$n$よりも低いものが存在します。

$$g(x)J(\alpha, x)+G(\alpha, x)H(\alpha, x)=F(\alpha, x)$$

$H(\alpha, x)$は，$n-1$次以下であるxの$\boldsymbol{Q}(\alpha)$係数多項式です。

この式のxにβを代入して，$G(\alpha, \beta)H(\alpha, \beta)=F(\alpha, \beta)$。

よって，$\dfrac{F(\alpha, \beta)}{G(\alpha, \beta)}=H(\alpha, \beta)$は，$\alpha^i\beta^j\ (0\leqq i\leqq m-1,\ 0\leqq j\leqq n-1)$の1次結合になっています。

$\alpha^i\beta^j\,(0 \leqq i \leqq m-1,\ 0 \leqq j \leqq n-1)$の1次結合は加減乗除で閉じていることが示されました。

$\boldsymbol{Q}(\alpha,\ \beta)$の元は，有理数と$\alpha$，$\beta$の加減乗除から作ることができます。有理数も$\alpha$，$\beta$も，$\alpha^i\beta^j$の1次結合の形をしていますから，有理数と$\alpha$，$\beta$の加減乗除から作られる$\boldsymbol{Q}(\alpha,\ \beta)$の元は$\alpha^i\beta^j$の1次結合の形をしています。また，$\alpha^i\beta^j$の1次結合で表された任意の数は有理数と$\alpha$，$\beta$からすぐに作ることができますから，$\boldsymbol{Q}(\alpha,\ \beta)$の元は，$\alpha^i\beta^j$の1次結合の形で表される数のすべてです。

$\alpha^i\beta^j\,(0 \leqq i \leqq m-1,\ 0 \leqq j \leqq n-1)$が1次独立であることを示しましょう。

$F(\alpha,\ \beta)=0$であるすると，

$$f_{n-1}(\alpha)\beta^{n-1}+f_{n-2}(\alpha)\beta^{n-2}+\cdots+f_1(\alpha)\beta+f_0(\alpha)=0$$

ですが，$g(x)$は$\boldsymbol{Q}(\alpha)$上の既約多項式ですから，**定理5.14［$\boldsymbol{Q}(\alpha)$バージョン］**より，β^{n-1}, β^{n-2}, $\cdots$, β, 1は，$\boldsymbol{Q}(\alpha)$上の線形空間の基底になっています。β^{n-1}, β^{n-2}, $\cdots$, β, 1は1次独立ですから，係数はすべて0で，

$$f_{n-1}(\alpha)=0,\ f_{n-2}(\alpha)=0,\ \cdots,\ f_1(\alpha)=0,\ f_0(\alpha)=0$$

となります。ここで，$f_i(\alpha)$はαの$m-1$次多項式ですが，$f(x)$が$\boldsymbol{Q}$上の既約多項式であることから，**定理5.14**によりα^{m-1}, α^{m-2}, $\cdots$, α, 1は，$\boldsymbol{Q}$上の線形空間の基底になっていて1次独立ですから，$f_i(\alpha)$においてα^{m-1}, α^{m-2}, $\cdots$, α, 1の係数はすべて0になります。

結局，$F(\alpha,\ \beta)$において，$\alpha^i\beta^j$のすべての係数は0になります。$\alpha^i\beta^j$が1次独立であることが分かりました。

$\boldsymbol{Q}(\alpha,\ \beta)$の任意の元は$\alpha^i\beta^j\,(0 \leqq i \leqq m-1,\ 0 \leqq j \leqq n-1)$の1次結合で表され，$\alpha^i\beta^j$は1次独立ですから，$\alpha^i\beta^j$は$\boldsymbol{Q}$上の線形空間$\boldsymbol{Q}(\alpha,\ \beta)$の基底になります。これから$[\boldsymbol{Q}(\alpha,\ \beta):\boldsymbol{Q}]=mn$です。

$\boldsymbol{Q}(\alpha,\ \beta)$は，$\boldsymbol{Q}(\alpha)$上の$n$次方程式$g(x)=0$の解$\beta$を用いた単拡大体$\boldsymbol{Q}(\alpha)(\beta)$ですから，$[\boldsymbol{Q}(\alpha,\ \beta):\boldsymbol{Q}(\alpha)]=n$です。

$[\boldsymbol{Q}(\alpha):\boldsymbol{Q}]=m$と合わせて，

$$[\boldsymbol{Q}(\alpha,\ \beta):\boldsymbol{Q}]=[\boldsymbol{Q}(\alpha,\ \beta):\boldsymbol{Q}(\alpha)][\boldsymbol{Q}(\alpha):\boldsymbol{Q}]$$

が成り立ちます。　　　　　　　　　　　　　　　　　　　　（証明終わり）

さて，ここでガロア群を調べるときの新しい手法について紹介しましょう。今まで，$f(x)=0$のガロア群を調べるのであれば，同型写像が$f(x)=0$の解をどのように置換するかを調べました。

次から紹介する方法は，$f(x)$の最小分解体には属するけれど，$f(x)=0$の解ではない元の移り先を調べるという手法です。

$x^4-10x^2+1=0$の最小分解体$\boldsymbol{Q}(\sqrt{2}+\sqrt{3})$は，$\boldsymbol{Q}(\sqrt{2},\sqrt{3})$とも表されました。ここで，$\boldsymbol{Q}(\sqrt{2},\sqrt{3})$を，$\boldsymbol{Q}$に$x^2-2=0$の解$\sqrt{2}$を加えた後，$\boldsymbol{Q}(\sqrt{2})$上の方程式$x^2-3=0$による解$\sqrt{3}$を加えて作った体であると見なすのです。すると，$\sqrt{2}$，$\sqrt{3}$をそれぞれの共役な解，例えば，$-\sqrt{2}$，$-\sqrt{3}$に移す$\boldsymbol{Q}(\sqrt{2},\sqrt{3})$の同型写像が存在することが，次に述べる定理によって保証されます。

次の定理の理解のため，少し一般的な例も出しておきましょう。

$\boldsymbol{Q}$上の方程式$x^3-2=0$の解$\sqrt[3]{2}$を用いて，$\boldsymbol{Q}(\sqrt[3]{2})$を作ります。

次に，$\boldsymbol{Q}(\sqrt[3]{2})$上の方程式$x^2-\sqrt[3]{2}=0$の解$\sqrt[6]{2}$を$\boldsymbol{Q}(\sqrt[3]{2})$に加えて，$\boldsymbol{Q}(\sqrt[3]{2},\sqrt[6]{2})$を作ります。

これに対して，$x^3-2=0$の解$\sqrt[3]{2}$と共役な解から$\sqrt[3]{2}\,\omega$を選びます。$x^2-\sqrt[3]{2}=0$の$\sqrt[3]{2}$を$\sqrt[3]{2}\,\omega$に置き換えた$\boldsymbol{Q}(\sqrt[3]{2}\,\omega)$上の方程式$x^2-\sqrt[3]{2}\,\omega=0$の解の1つは，$\alpha=\cos 60^\circ+i\sin 60^\circ$とおくと，$\sqrt[6]{2}\,\alpha$と表せます。$\boldsymbol{Q}(\sqrt[3]{2}\,\omega)$に$\sqrt[6]{2}\,\alpha$を加えて，$\boldsymbol{Q}(\sqrt[3]{2}\,\omega,\ \sqrt[6]{2}\,\alpha)$を作ります。

すると，$\boldsymbol{Q}(\sqrt[3]{2},\sqrt[6]{2})$から$\boldsymbol{Q}(\sqrt[3]{2}\,\omega,\ \sqrt[6]{2}\,\alpha)$への同型写像$\sigma$で，

$$\sigma(\sqrt[3]{2})=\sqrt[3]{2}\,\omega,\ \sigma(\sqrt[6]{2})=\sqrt[6]{2}\,\alpha \quad \cdots\cdots☆$$

を満たすものが存在することが，次の定理からいえるのです。

$\boldsymbol{Q}(\sqrt[3]{2},\sqrt[6]{2})$の基底は，**定理5.20**より，$(\sqrt[3]{2})^2(\sqrt[6]{2})$，$(\sqrt[3]{2})(\sqrt[6]{2})$，$(\sqrt[6]{2})$，$(\sqrt[3]{2})^2$，$\sqrt[3]{2}$，1なので，任意の元$x$は，

$$x=\{a(\sqrt[3]{2})^2+b(\sqrt[3]{2})+c\}\sqrt[6]{2}+d(\sqrt[3]{2})^2+e(\sqrt[3]{2})+f$$

と表されます。σが☆を満たす同型写像であれば，

$$\begin{aligned}\sigma(x)&=[a\{\sigma(\sqrt[3]{2})\}^2+b\sigma(\sqrt[3]{2})+c]\sigma(\sqrt[6]{2})\\&\qquad+[d\{\sigma(\sqrt[3]{2})\}^2+e\sigma(\sqrt[3]{2})+f]\\&=\{a(\sqrt[3]{2}\,\omega)^2+b(\sqrt[3]{2}\,\omega)+c\}\sqrt[6]{2}\,\alpha+d(\sqrt[3]{2}\,\omega)^2+e(\sqrt[3]{2}\,\omega)+f\end{aligned}$$

となるので，$\boldsymbol{Q}(\sqrt[3]{2},\ \sqrt[6]{2})$から$\boldsymbol{Q}(\sqrt[3]{2}\,\omega,\ \sqrt[6]{2}\,\alpha)$への写像$\sigma$

$$\begin{aligned}\sigma:&\{a(\sqrt[3]{2})^2+b(\sqrt[3]{2})+c\}\sqrt[6]{2}+d(\sqrt[3]{2})^2+e(\sqrt[3]{2})+f\\&\mapsto\{a(\sqrt[3]{2}\,\omega)^2+b(\sqrt[3]{2}\,\omega)+c\}\sqrt[6]{2}\,\alpha+d(\sqrt[3]{2}\,\omega)^2+e(\sqrt[3]{2}\,\omega)+f\end{aligned}$$

を考えます。これは全単射です。

$\boldsymbol{Q}(\sqrt[3]{2},\ \sqrt[6]{2})$の任意の元$x$，$y$に対して，$\sigma(x+y)=\sigma(x)+\sigma(y)$，$\sigma(xy)=\sigma(x)\sigma(y)$を満たすことを示しましょう。

$$y=\{g(\sqrt[3]{2})^2+h(\sqrt[3]{2})+j\}\sqrt[6]{2}+k(\sqrt[3]{2})^2+l(\sqrt[3]{2})+m$$

とおけて，

$$\begin{aligned}\sigma(x)&=\{a(\sqrt[3]{2}\,\omega)^2+b(\sqrt[3]{2}\,\omega)+c\}\sqrt[6]{2}\,\alpha+d(\sqrt[3]{2}\,\omega)^2+e(\sqrt[3]{2}\,\omega)+f\\\sigma(y)&=\{g(\sqrt[3]{2}\,\omega)^2+h(\sqrt[3]{2}\,\omega)+j\}\sqrt[6]{2}\,\alpha+k(\sqrt[3]{2}\,\omega)^2+l(\sqrt[3]{2}\,\omega)+m\\\sigma(x+y)&=\sigma(\{(a+g)(\sqrt[3]{2})^2+(b+h)(\sqrt[3]{2})+(c+j)\}\sqrt[6]{2}\\&\qquad+(d+k)(\sqrt[3]{2})^2+(e+l)(\sqrt[3]{2})+(f+m))\\&=\{(a+g)(\sqrt[3]{2}\,\omega)^2+(b+h)(\sqrt[3]{2}\,\omega)+(c+j)\}\sqrt[6]{2}\,\alpha\\&\qquad+(d+k)(\sqrt[3]{2}\,\omega)^2+(e+l)(\sqrt[3]{2}\,\omega)+(f+m)\end{aligned}$$

となるので，$\sigma(x+y)=\sigma(x)+\sigma(y)$が成り立ちます。

積の方はどうでしょうか。

$$\begin{aligned}xy=&\boxed{\{a(\sqrt[3]{2})^2+b(\sqrt[3]{2})+c\}\{g(\sqrt[3]{2})^2+h(\sqrt[3]{2})+j\}(\sqrt[6]{2})^2}\\&+\boxed{\begin{aligned}&[\{a(\sqrt[3]{2})^2+b(\sqrt[3]{2})+c\}\{k(\sqrt[3]{2})^2+l(\sqrt[3]{2})+m\}\\&\quad+\{g(\sqrt[3]{2})^2+h(\sqrt[3]{2})+j\}\{d(\sqrt[3]{2})^2+e(\sqrt[3]{2})+f\}\end{aligned}}]\sqrt[6]{2}\\&+\boxed{\{d(\sqrt[3]{2})^2+e(\sqrt[3]{2})+f\}\{k(\sqrt[3]{2})^2+l(\sqrt[3]{2})+m\}}\end{aligned}$$

これは，$\boldsymbol{Q}(\sqrt[3]{2},\ \sqrt[6]{2})$の基底で表されていませんから，このままでは$\sigma$を作用できません。そのために，$\boxed{}$の部分を，$\sqrt[3]{2}$が$x^3-2=0$の

解であることを用いて次数下げします。すると，

$$xy=\{A(\sqrt[3]{2})^2+B(\sqrt[3]{2})+C\}(\sqrt[6]{2})^2$$
$$+\{D(\sqrt[3]{2})^2+E(\sqrt[3]{2})+F\}(\sqrt[6]{2})+\{G(\sqrt[3]{2})^2+H(\sqrt[3]{2})+I\} \quad \cdots\cdots ①$$

となったとしましょう。まだ，$\sqrt[6]{2}$の2次式ですから，$\sqrt[6]{2}$が$x^2-\sqrt[3]{2}=0$の解であることを用いて次数下げして，

$$xy=\{J(\sqrt[3]{2})^2+K(\sqrt[3]{2})+L\}(\sqrt[6]{2})+\{M(\sqrt[3]{2})^2+N(\sqrt[3]{2})+P\} \quad \cdots\cdots ②$$

になったとします。これにσを施すと，$\sigma(xy)$は，

$$\{J(\sqrt[3]{2}\,\omega)^2+K(\sqrt[3]{2}\,\omega)+L\}(\sqrt[6]{2}\,\alpha)+\{M(\sqrt[3]{2}\,\omega)^2+N(\sqrt[3]{2}\,\omega)+P\}$$

一方，$\sigma(x)\sigma(y)$は，

$$\{a(\sqrt[3]{2}\,\omega)^2+b(\sqrt[3]{2}\,\omega)+c\}\{g(\sqrt[3]{2}\,\omega)^2+h(\sqrt[3]{2}\,\omega)+j\}(\sqrt[6]{2}\,\alpha)^2$$
$$+[\{a(\sqrt[3]{2}\,\omega)^2+b(\sqrt[3]{2}\,\omega)+c\}\{k(\sqrt[3]{2}\,\omega)^2+l(\sqrt[3]{2}\,\omega)+m\}$$
$$+\{g(\sqrt[3]{2}\,\omega)^2+h(\sqrt[3]{2}\,\omega)+j\}\{d(\sqrt[3]{2}\,\omega)^2+e(\sqrt[3]{2}\,\omega)+f\}]\sqrt[6]{2}\,\alpha$$
$$+\{d(\sqrt[3]{2}\,\omega)^2+e(\sqrt[3]{2}\,\omega)+f\}\{k(\sqrt[3]{2}\,\omega)^2+l(\sqrt[3]{2}\,\omega)+m\}$$

となります。$\boldsymbol{Q}(\sqrt[3]{2}\,\omega,\ \sqrt[6]{2}\,\alpha)$の基底で表すために，[点線枠]の部分を次数下げをしますが，$\sqrt[3]{2}\,\omega$が$x^3-2=0$の解であることを用いて次数下げするので，係数は①に等しくなり，

$$\sigma(x)\sigma(y)=\{A(\sqrt[3]{2}\,\omega)^2+B(\sqrt[3]{2}\,\omega)+C\}(\sqrt[6]{2}\,\alpha)^2$$
$$+\{D(\sqrt[3]{2}\,\omega)^2+E(\sqrt[3]{2}\,\omega)+F\}(\sqrt[6]{2}\,\alpha)+\{G(\sqrt[3]{2}\,\omega)^2+H(\sqrt[3]{2}\,\omega)+I\} \cdots ③$$

③はまだ$\sqrt[6]{2}\,\alpha$の2次式ですから，$\sqrt[6]{2}\,\alpha$が$x^2-\sqrt[3]{2}\,\omega=0$の解であることを用いて次数下げします。①の$\sqrt[6]{2}$を$x$で置き換えた式を$x^2-\sqrt[3]{2}$で割るときの$\boldsymbol{Q}(\sqrt[3]{2})$での計算は，③の$\sqrt[6]{2}\,\alpha$を$x$で置き換えた式を$x^2-\sqrt[3]{2}\,\omega$で割るときの$\boldsymbol{Q}(\sqrt[3]{2}\,\omega)$の計算と係数が対応しています。したがって，$\sigma(x)\sigma(y)$は②と係数は同じで，

$$\{J(\sqrt[3]{2}\,\omega)^2+K(\sqrt[3]{2}\,\omega)+L\}(\sqrt[6]{2}\,\alpha)+\{M(\sqrt[3]{2}\,\omega)^2+N(\sqrt[3]{2}\,\omega)+P\}$$

となります。よって，$\sigma(xy)=\sigma(x)\sigma(y)$が成り立ちます。

σは$\boldsymbol{Q}(\sqrt[3]{2},\ \sqrt[6]{2})$から$\boldsymbol{Q}(\sqrt[3]{2}\,\omega,\ \sqrt[6]{2}\,\alpha)$へ同型写像になります。

定理5.21 同型写像の延長

$\boldsymbol{Q}$上のm次既約多項式$f(x)$がある。α，γを$f(x)=0$の異なる解とする。$\boldsymbol{Q}(\alpha)$上のn次既約多項式$g_\alpha(x)$と，この多項式の係数に現れるαをγに置き換えた$\boldsymbol{Q}(\gamma)$上のn次既約多項式$g_\gamma(x)$がある。βを$g_\alpha(x)=0$の解，δを$g_\gamma(x)=0$の解とするとき，

$$\sigma(\alpha)=\gamma,\quad \sigma(\beta)=\delta,$$

を満たす，$\boldsymbol{Q}(\alpha,\ \beta)$から$\boldsymbol{Q}(\gamma,\ \delta)$への同型写像$\sigma$が存在する。

$g_\gamma(x)$が$\boldsymbol{Q}(\gamma)$上で既約多項式になることを確認しておきましょう。

もしも$g_\gamma(x)$が$\boldsymbol{Q}(\gamma)$上で$g_\gamma(x)=h_\gamma(x)j_\gamma(x)$と因数分解されるとすると，$h_\gamma(x)$，$j_\gamma(x)$の係数の$\gamma$を$\alpha$に置き換えた$h_\alpha(x)$，$j_\alpha(x)$を用いて，$g_\alpha(x)$が$\boldsymbol{Q}(\alpha)$上で$g_\alpha(x)=h_\alpha(x)j_\alpha(x)$……①

と因数分解され，$g_\alpha(x)$の既約性に矛盾するからです。

①が成り立つのは，α，γが$f(x)=0$の解なのでαからγへの同型写像があり，$\boldsymbol{Q}(\gamma)$係数多項式の掛け算をするときに行なった$\boldsymbol{Q}(\gamma)$上の計算を$\boldsymbol{Q}(\alpha)$上の計算に移し替えることができるからです。

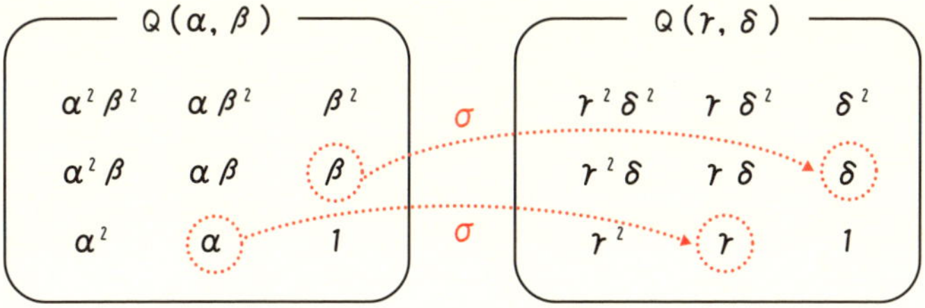

m＝3，n＝3 の場合

証明

定理5.20より，$\boldsymbol{Q}(\alpha,\ \beta)$の元は$\alpha^i\beta^j\,(0\leqq i\leqq m-1,\ 0\leqq j\leqq n-1)$の1次結合で表されます。$\boldsymbol{Q}(\alpha,\ \beta)$の任意の2つの元が，

$$F(\alpha,\ \beta)=f_{n-1}(\alpha)\beta^{n-1}+f_{n-2}(\alpha)\beta^{n-2}+\cdots+f_1(\alpha)\beta+f_0(\alpha)$$

$$G(\alpha,\ \beta)=g_{n-1}(\alpha)\beta^{n-1}+g_{n-2}(\alpha)\beta^{n-2}+\cdots+g_1(\alpha)\beta+g_0(\alpha)$$

と表されているとします。ここで，$f_i(x)$，$g_i(x)$は$m-1$次以下の式です。

σが同型写像であるならば，**定理5.6**より，$\boldsymbol{Q}(\alpha,\ \beta)$の任意の元$F(\alpha,\ \beta)$に関して，

$$\underline{\sigma(F(\alpha,\ \beta))}=F(\sigma(\alpha),\ \sigma(\beta))=\underline{F(\gamma,\ \delta)} \quad \cdots\cdots ②$$

を満たさなければなりません。ですから，σは，$\boldsymbol{Q}(\alpha,\ \beta)$の元$F(\alpha,\ \beta)$に対して$\boldsymbol{Q}(\gamma,\ \delta)$の元$F(\gamma,\ \delta)$を対応させます。$\sigma$は全単射です。

$$\begin{aligned}\sigma\ :\ \boldsymbol{Q}(\alpha,\ \beta) &\longrightarrow \boldsymbol{Q}(\gamma,\ \delta)\\ F(\alpha,\ \beta) &\longmapsto F(\gamma,\ \delta)\end{aligned}$$

具体的に書くと，

$$\begin{aligned}&f_{n-1}(\alpha)\beta^{n-1}+f_{n-2}(\alpha)\beta^{n-2}+\cdots+f_1(\alpha)\beta+f_0(\alpha)\\ &\longmapsto\ f_{n-1}(\gamma)\delta^{n-1}+f_{n-2}(\gamma)\delta^{n-2}+\cdots+f_1(\gamma)\delta+f_0(\gamma)\end{aligned}$$

です。このσが和と積を保存することを確認しましょう。

$$\begin{aligned}&\sigma(F(\alpha,\ \beta)+G(\alpha,\ \beta))\\ &=\sigma(\{f_{n-1}(\alpha)+g_{n-1}(\alpha)\}\beta^{n-1}+\{f_{n-2}(\alpha)+g_{n-2}(\alpha)\}\beta^{n-2}\\ &\qquad+\cdots+\{f_1(\alpha)+g_1(\alpha)\}\beta+f_0(\alpha)+g_0(\alpha))\\ &=\{f_{n-1}(\gamma)+g_{n-1}(\gamma)\}\delta^{n-1}+\{f_{n-2}(\gamma)+g_{n-2}(\gamma)\}\delta^{n-2}\\ &\qquad+\cdots+\{f_1(\gamma)+g_1(\gamma)\}\delta+f_0(\gamma)+g_0(\gamma)\end{aligned}$$

$\alpha\to\gamma$
$\beta\to\delta$
と置き換え
②

また，

$$\begin{aligned}&\sigma(F(\alpha,\ \beta))+\sigma(G(\alpha,\ \beta))\\ &=F(\gamma,\ \delta)+G(\gamma,\ \delta)\\ &=f_{n-1}(\gamma)\delta^{n-1}+f_{n-2}(\gamma)\delta^{n-2}+\cdots+f_1(\gamma)\delta+f_0(\gamma)\\ &\qquad+g_{n-1}(\gamma)\delta^{n-1}+g_{n-2}(\gamma)\delta^{n-2}+\cdots+g_1(\gamma)\delta+g_0(\gamma)\\ &=\{f_{n-1}(\gamma)+g_{n-1}(\gamma)\}\delta^{n-1}+\{f_{n-2}(\gamma)+g_{n-2}(\gamma)\}\delta^{n-2}\\ &\qquad\qquad+\cdots+\{f_1(\gamma)+g_1(\gamma)\}\delta+f_0(\gamma)+g_0(\gamma)\end{aligned}$$

ですから，

$$\sigma(F(\alpha,\ \beta)+G(\alpha,\ \beta))=\sigma(F(\alpha,\ \beta))+\sigma(G(\alpha,\ \beta))$$

が成り立ちます。

積の方は，次数下げを用います。x, yの多項式を

$$F(x,\ y)=f_{n-1}(x)y^{n-1}+f_{n-2}(x)y^{n-2}+\cdots+f_1(x)y+f_0(x)$$

$$G(x,\ y)=g_{n-1}(x)y^{n-1}+g_{n-2}(x)y^{n-2}+\cdots+g_1(x)y+g_0(x)$$

とおきます。$F(x,\ y)G(x,\ y)$をyの多項式と見ると係数はxの多項式であり，i次の係数を$f(x)$で割った商を$q_i(x)$，余りを$r_i(x)$とすると，

$$F(x,\ y)G(x,\ y)=\{q_{2n-2}(x)f(x)+r_{2n-2}(x)\}y^{2n-2}+$$
$$\cdots+\{q_1(x)f(x)+r_1(x)\}y+q_0(x)f(x)+r_0(x)$$

ここで，xにαとγを代入すると，$f(\alpha)=f(\gamma)=0$ですから，

$$F(\alpha,\ y)G(\alpha,\ y)=r_{2n-2}(\alpha)y^{2n-2}+\cdots+r_1(\alpha)y+r_0(\alpha)$$

$$F(\gamma,\ y)G(\gamma,\ y)=r_{2n-2}(\gamma)y^{2n-2}+\cdots+r_1(\gamma)y+r_0(\gamma)$$

となります。

$F(\alpha,\ y)G(\alpha,\ y)$を$g_\alpha(y)$で割った商が$S_\alpha(y)$，余りが$s_{n-1}(\alpha)y^{n-1}+\cdots+s_1(\alpha)y+s_0(\alpha)$であるとします。$F(\gamma,\ y)G(\gamma,\ y)$を$g_\gamma(y)$で割ると，割られる数，割る数の$\alpha$を$\gamma$に置き換えたのですから，①が成り立つことと同様に，商は$S_\alpha(y)$のαをγで置き換えた$S_\gamma(y)$，余りは$s_{n-1}(\gamma)y^{n-1}+\cdots+s_1(\gamma)y+s_0(\gamma)$となります。

$$F(\alpha,\ y)G(\alpha,\ y)=S_\alpha(y)g_\alpha(y)+s_{n-1}(\alpha)y^{n-1}+\cdots+s_1(\alpha)y+s_0(\alpha)$$

$$F(\gamma,\ y)G(\gamma,\ y)=S_\gamma(y)g_\gamma(y)+s_{n-1}(\gamma)y^{n-1}+\cdots+s_1(\gamma)y+s_0(\gamma)$$

これらの式のyに，それぞれβ, δを代入すると，$g_\alpha(\beta)=0$，$g_\gamma(\delta)=0$ですから，

$$F(\alpha,\ \beta)G(\alpha,\ \beta)=s_{n-1}(\alpha)\beta^{n-1}+\cdots+s_1(\alpha)\beta+s_0(\alpha)$$
$$F(\gamma,\ \delta)G(\gamma,\ \delta)=s_{n-1}(\gamma)\delta^{n-1}+\cdots+s_1(\gamma)\delta+s_0(\gamma)$$

となります。

$$\sigma(F(\alpha,\ \beta)G(\alpha,\ \beta))$$
$$=\sigma(s_{n-1}(\alpha)\beta^{n-1}+\cdots+s_1(\alpha)\beta+s_0(\alpha))$$
$$=s_{n-1}(\gamma)\delta^{n-1}+\cdots+s_1(\gamma)\delta+s_0(\gamma)$$

② $\alpha\to\gamma$ $\beta\to\delta$ と置き換える

また，

$$\sigma(F(\alpha,\ \beta))\sigma(G(\alpha,\ \beta))=F(\gamma,\ \delta)G(\gamma,\ \delta)$$
$$=s_{n-1}(\gamma)\delta^{n-1}+\cdots+s_1(\gamma)\delta+s_0(\gamma)$$

よって，$\sigma(F(\alpha,\ \beta)G(\alpha,\ \beta))=\sigma(F(\alpha,\ \beta))\sigma(G(\alpha,\ \beta))$が成り立ちます。

σは$\boldsymbol{Q}(\alpha,\ \beta)$から$\boldsymbol{Q}(\gamma,\ \delta)$への同型写像です。　（証明終わり）

定理5.22　$Q(\alpha,\ \beta)$に作用する同型写像

$\boldsymbol{Q}$上のm次既約多項式$f(x)$がある。$f(x)=0$の解を$\alpha_1=\alpha$，α_2，…，α_mとする。$\boldsymbol{Q}(\alpha)$上のn次既約多項式$g(x)$と，$g(x)$の係数に現れるαをα_iで置き換えた$\boldsymbol{Q}(\alpha_i)$上のn次既約多項式$g_i(x)$がある。$g_i(x)=0$の解を$\beta_{i1}=\beta$，β_{i2}，…，β_{in}とする。$\boldsymbol{Q}(\alpha,\ \beta)$に作用する同型写像はちょうど$mn$個あり，それらは，$\sigma_{ij}(1\leqq i\leqq m,\ 1\leqq j\leqq n)$

$$\sigma_{ij}(\alpha)=\alpha_i,\ \sigma_{ij}(\beta)=\beta_{ij}$$

で定められる。

証明　$\boldsymbol{Q}(\alpha,\ \beta)$に作用する同型写像$\sigma$で，$\alpha$の移り先を$\sigma(\alpha)=\alpha_i$と定めるとき，$g(\beta)=0$に$\sigma$を作用させると，**定理5.6**より左辺は，

$$\sigma(g(\beta))=g_i(\sigma(\beta))$$　←gのαにσが作用してα_iになる

なので，$g_i(\sigma(\beta))=0$となります。これより，σによるβの移り先は$g_i(x)=0$の解であり，多くともn個です。**定理5.21**により，これらはすべて実現できます。$\sigma(\alpha)$の選び方がm個，それぞれに対して，$\sigma(\beta)$の選び方がn個なので，$\boldsymbol{Q}(\alpha,\ \beta)$に作用する同型写像はちょうど$mn$個です。

（証明終わり）

定理5.21，**定理5.22**と，**定理5.10**との関係を述べておきましょう。

定理5.10によれば，**定理5.22**の設定では同型写像が$\boldsymbol{Q}(\alpha)$に作用するときの作用の仕方は，ぴったりm個であるといえます。これは**定理5.21**の

主張とは矛盾しません。

$\boldsymbol{Q}(\alpha, \beta)$の同型写像は$mn$個ありますが，$\boldsymbol{Q}(\alpha)$への作用の仕方は$\alpha$の移り先で決まるわけですから，$m$通りしかないのです。

逆に，$\boldsymbol{Q}(\alpha)$に作用する同型写像がm個であっても，$\boldsymbol{Q}(\alpha)$に新たな代数的数βを加えた体$\boldsymbol{Q}(\alpha, \beta)$で考えれば，$\boldsymbol{Q}(\alpha, \beta)$全体で考えた同型写像の作用の仕方は，$\beta$の移り先によって$n$通りに枝分かれし，$\boldsymbol{Q}(\alpha, \beta)$に作用する同型写像は$mn$個になるのです。

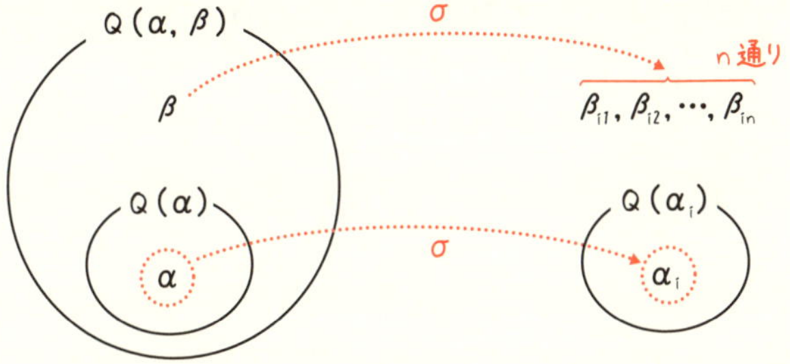

$\boldsymbol{Q}(\alpha)$の同型写像をm通りと数えることは，草野球チームのポジションが9通りであることと似ています。草野球チームでは人は9通りの働きしかしませんが，そのチームに属している人たちも会社に行けばまたそれぞれ違ったポジションで働きます。ピッチャーで社長の人もいるでしょうし，ピッチャーで部長の人もいるでしょう。しかし，草野球チームで見る限り，社長であっても，部長であっても，野球場というフィールド（英語で体のことをfieldといいます）で見れば，ピッチャーの働きしかないのです。これがフィールドを限定して場合を数えるということです。

8　固定群と固定体が対応してる!

ガロア対応

$x^4-10x^2+1=0$の最小分解体$\boldsymbol{Q}(\sqrt{2},\sqrt{3})$に作用する同型写像を調べている途中でした。$\sigma$を$\boldsymbol{Q}(\sqrt{2},\sqrt{3})$に作用する同型写像であるとして，$\sigma$による$\sqrt{2}$，$\sqrt{3}$の移り先を，

$$\sigma(\sqrt{2})=\sqrt{2},\ \sigma(\sqrt{3})=-\sqrt{3}$$

と定めると，**定理5.22**よりσは$\boldsymbol{Q}(\sqrt{2},\sqrt{3})$から，$\boldsymbol{Q}(\sqrt{2},-\sqrt{3})(=\boldsymbol{Q}(\sqrt{2},\sqrt{3}))$への同型写像になります。$\sigma$は$\boldsymbol{Q}(\sqrt{2},\sqrt{3})$の自己同型写像になります。

$\boldsymbol{Q}(\sqrt{2},\sqrt{3})$に作用する同型写像$\tau$を，

$$\tau(\sqrt{2})=-\sqrt{2},\ \tau(\sqrt{3})=\sqrt{3}$$

と定めると，τは$\boldsymbol{Q}(\sqrt{2},\sqrt{3})$から$\boldsymbol{Q}(-\sqrt{2},\sqrt{3})(=\boldsymbol{Q}(\sqrt{2},\sqrt{3}))$への同型写像になりますから，$\tau$も$\boldsymbol{Q}(\sqrt{2},\sqrt{3})$の自己同型写像になります。

すると，$\sigma\tau$は，

$$\sigma\tau(\sqrt{2})=\sigma(\tau(\sqrt{2}))=\sigma(-\sqrt{2})=-\sigma(\sqrt{2})=-\sqrt{2}$$

$$\sigma\tau(\sqrt{3})=\sigma(\tau(\sqrt{3}))=\sigma(\sqrt{3})=-\sqrt{3}$$

このように$\sqrt{2}$と$\sqrt{3}$の移る先が決まると，$\alpha=\sqrt{2}+\sqrt{3}$の移る先も決まります。まとめると，

$$\sigma(\alpha)=\sigma(\sqrt{2}+\sqrt{3})=\sigma(\sqrt{2})+\sigma(\sqrt{3})=\sqrt{2}-\sqrt{3}=\gamma$$

$$\tau(\alpha)=\tau(\sqrt{2}+\sqrt{3})=\tau(\sqrt{2})+\tau(\sqrt{3})=-\sqrt{2}+\sqrt{3}=\delta$$

$$\sigma\tau(\alpha)=\sigma\tau(\sqrt{2}+\sqrt{3})=\sigma\tau(\sqrt{2})+\sigma\tau(\sqrt{3})$$
$$=-\sqrt{2}-\sqrt{3}=\beta$$

となりますから，αの移る先がβ，γ，δのどれになるかと決めた場合と一致します。αをσ，τ，$\sigma\tau$で移した先が，p.341での決め方と一致したのはそう仕組んだだけのことです。

ここで，$\boldsymbol{Q}(\sqrt{2},\sqrt{3})$の中間体について言及しておきましょう。

$\boldsymbol{Q}(\sqrt{2},\sqrt{3})$の基底が$\sqrt{6}$，$\sqrt{2}$，$\sqrt{3}$，1であることから予想できるように，$\boldsymbol{Q}(\sqrt{2},\sqrt{3})$の中間体には，$\boldsymbol{Q}(\sqrt{2})$，$\boldsymbol{Q}(\sqrt{3})$，$\boldsymbol{Q}(\sqrt{6})$があります。もちろん$\boldsymbol{Q}(\sqrt{2})\neq\boldsymbol{Q}(\sqrt{3})$，$\boldsymbol{Q}(\sqrt{3})\neq\boldsymbol{Q}(\sqrt{6})$，$\boldsymbol{Q}(\sqrt{6})\neq\boldsymbol{Q}(\sqrt{2})$です。

ガロア群$\langle\sigma,\ \tau\rangle=\{e,\ \sigma,\ \tau,\ \sigma\tau\}$の部分群についてもまとめておきましょう。$\{e\}$と$\langle\sigma,\ \tau\rangle$は自明ですね。

ガロア群の位数が4ですから，自明でない部分群の位数は4の約数の2です。それはちょうど，

$$\langle\sigma\rangle=\{e,\ \sigma\},\ \langle\tau\rangle=\{e,\ \tau\},\ \langle\sigma\tau\rangle=\{e,\ \sigma\tau\}$$

の3個です。

$\boldsymbol{Q}(\sqrt{2},\sqrt{3})$と$\boldsymbol{Q}(\sqrt{2})$，$\boldsymbol{Q}(\sqrt{3})$，$\boldsymbol{Q}(\sqrt{6})$，$\boldsymbol{Q}$の包含関係を図示すると下左図のようになります。上が含む体，下が含まれる体です。

$\langle\sigma,\ \tau\rangle$，$\langle\sigma\rangle$, $\langle\tau\rangle$, $\langle\sigma\tau\rangle$, $\{e\}$の包含関係を図示すると下右図のようになります。上が含まれる群，下が含む群です。

あれ，体のときと含む含まれるが逆じゃないの？　いいえ，これでいいんです。

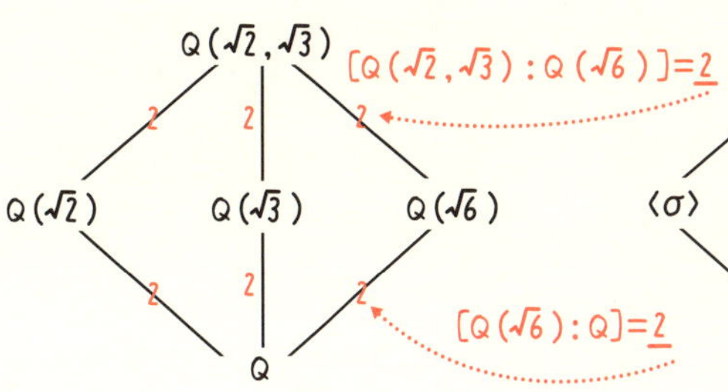

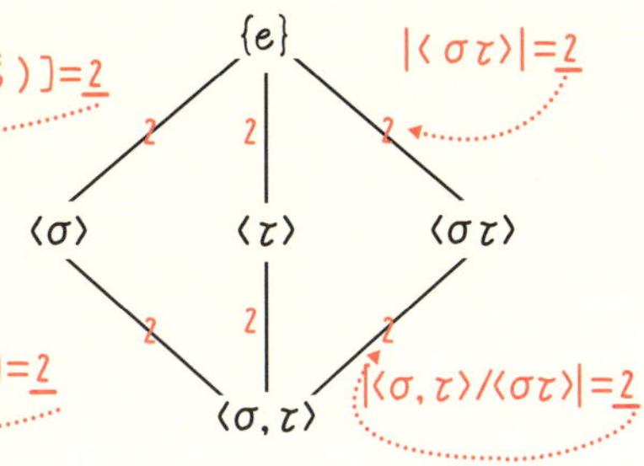

左右の図は形が似ているだけじゃないんです。

同じ位置にある$\boldsymbol{Q}(\sqrt{2})$と$\langle\sigma\rangle$，$\boldsymbol{Q}(\sqrt{3})$と$\langle\tau\rangle$，$\boldsymbol{Q}(\sqrt{6})$と$\langle\sigma\tau\rangle$は，数学的な意味で対応しています。これからそのことを説明しましょう。

$\boldsymbol{Q}(\sqrt{2})$というのは，$\boldsymbol{Q}(\sqrt{2},\sqrt{3})$の元のうちで$\langle\sigma\rangle$の元で不変なものの

集合になっているんです。

$\boldsymbol{Q}(\sqrt{2}, \sqrt{3})$の元は，$a\sqrt{6}+b\sqrt{2}+c\sqrt{3}+d$（$a$，$b$，$c$，$d$は有理数）の形でただ1通りに表されました。$e$で不変なのは当たり前ですから，$\sigma$を施してみます。

$\sigma(\sqrt{6})=\sigma(\sqrt{2}\sqrt{3})=\sigma(\sqrt{2})\sigma(\sqrt{3})=\sqrt{2}(-\sqrt{3})=-\sqrt{6}$ですから，

$$\sigma(a\sqrt{6}+b\sqrt{2}+c\sqrt{3}+d)=-a\sqrt{6}+b\sqrt{2}-c\sqrt{3}+d$$

σを施して不変な元は，

$$a\sqrt{6}+b\sqrt{2}+c\sqrt{3}+d=-a\sqrt{6}+b\sqrt{2}-c\sqrt{3}+d$$

$$2a\sqrt{6}+2c\sqrt{3}=0$$

より，$a=0$，$c=0$です。$b\sqrt{2}+d$の形をしていますから，$\boldsymbol{Q}(\sqrt{2})$の元です。逆に$\boldsymbol{Q}(\sqrt{2})$の任意の元は$\langle\sigma\rangle$の元を施しても不変です。このとき，$\boldsymbol{Q}(\sqrt{2})$は$\langle\sigma\rangle$の固定体であるといいます。

$\boldsymbol{Q}(\sqrt{2})$の方から$\langle\sigma\rangle$に結びつけることもできます。

ガロア群$\langle\sigma, \tau\rangle$の元のうち，$\boldsymbol{Q}(\sqrt{2})$のすべての元を不変にする元の集合が$\langle\sigma\rangle$になっています。

$\boldsymbol{Q}(\sqrt{2})$の元$a\sqrt{2}+b$に$\langle\sigma, \tau\rangle$のすべての元を施してみましょう。

$$e(a\sqrt{2}+b)=a\sqrt{2}+b \qquad \sigma(a\sqrt{2}+b)=a\sqrt{2}+b$$

$$\tau(a\sqrt{2}+b)=-a\sqrt{2}+b \qquad \sigma\tau(a\sqrt{2}+b)=-a\sqrt{2}+b$$

$a\neq 0$のとき，τ，$\sigma\tau$では不変でなくなりますから，$\boldsymbol{Q}(\sqrt{2})$のすべての元を不変にするのは，$\langle\sigma\rangle=\{e, \sigma\}$です。

$\langle\sigma\rangle$は$\boldsymbol{Q}(\sqrt{2})$の固定群であるといいます。

$\boldsymbol{Q}(\sqrt{3})$は$\langle\tau\rangle$の固定体である。

$$\tau(\sqrt{6})=\tau(\sqrt{3}\sqrt{2})=\tau(\sqrt{3})\tau(\sqrt{2})=\sqrt{3}(-\sqrt{2})=-\sqrt{6}$$

より，

$$\tau(a\sqrt{6}+b\sqrt{2}+c\sqrt{3}+d)=-a\sqrt{6}-b\sqrt{2}+c\sqrt{3}+d$$

τを施して不変な元は，

$$-a\sqrt{6}-b\sqrt{2}+c\sqrt{3}+d=a\sqrt{6}+b\sqrt{2}+c\sqrt{3}+d$$

より$a=0$，$b=0$であり，$c\sqrt{3}+d$の形をしています。τを施して不変な元の集合は$\boldsymbol{Q}(\sqrt{3})$で，$\boldsymbol{Q}(\sqrt{3})$は$\langle\tau\rangle$の固定体です。

$\langle\tau\rangle$は$\boldsymbol{Q}(\sqrt{3})$の固定群である。

$\boldsymbol{Q}(\sqrt{3})$の元$a\sqrt{3}+b$に$\langle\sigma, \tau\rangle$のすべての元を施してみましょう。

$$e(a\sqrt{3}+b)=a\sqrt{3}+b \qquad \sigma(a\sqrt{3}+b)=-a\sqrt{3}+b$$

$$\tau(a\sqrt{3}+b)=a\sqrt{3}+b \qquad \sigma\tau(a\sqrt{3}+b)=-a\sqrt{3}+b$$

$a\neq 0$のとき，σ，$\sigma\tau$では不変でなくなりますから，$\boldsymbol{Q}(\sqrt{3})$のすべての元を不変にするのは，$\langle\tau\rangle=\{e, \tau\}$です。

$\langle\tau\rangle$は$\boldsymbol{Q}(\sqrt{3})$の固定群です。

$\boldsymbol{Q}(\sqrt{6})$と$\langle\sigma\tau\rangle$についての対応関係も，$\boldsymbol{Q}(\sqrt{2})$と$\langle\sigma\rangle$，$\boldsymbol{Q}(\sqrt{3})$と$\langle\tau\rangle$の場合と同じように示せます。

$\{e\}$の固定体は$\boldsymbol{Q}(\sqrt{2}, \sqrt{3})$である。

確かにそうですね。eは恒等変換ですから，$\boldsymbol{Q}(\sqrt{2}, \sqrt{3})$のすべての元を不変にします。

$\boldsymbol{Q}(\sqrt{2}, \sqrt{3})$の固定群は$\{e\}$である。

$\sigma(\sqrt{3})=-\sqrt{3}$，$\tau(\sqrt{2})=-\sqrt{2}$，$\sigma\tau(\sqrt{2})=-\sqrt{2}$ですから$e$以外の元は固定群に入りません。固定群は$\{e\}$です。

$\langle\sigma, \tau\rangle$の固定体は$Q$である。

$$e(a\sqrt{6}+b\sqrt{2}+c\sqrt{3}+d)=a\sqrt{6}+b\sqrt{2}+c\sqrt{3}+d$$
$$\sigma(a\sqrt{6}+b\sqrt{2}+c\sqrt{3}+d)=-a\sqrt{6}+b\sqrt{2}-c\sqrt{3}+d$$
$$\tau(a\sqrt{6}+b\sqrt{2}+c\sqrt{3}+d)=-a\sqrt{6}-b\sqrt{2}+c\sqrt{3}+d$$
$$\sigma\tau(a\sqrt{6}+b\sqrt{2}+c\sqrt{3}+d)=a\sqrt{6}-b\sqrt{2}-c\sqrt{3}+d$$

がすべて$a\sqrt{6}+b\sqrt{2}+c\sqrt{3}+d$に等しいためには，$a=0$, $b=0$, $c=0$でなければなりません。$\langle\sigma, \tau\rangle$のすべての元で不変な元は有理数のみです。

Qの固定群は$\langle\sigma, \tau\rangle$である。

定理5.1より確かにそうです。

固定体，固定群という対応付けで，部分群と中間体を対応付けることができました。この対応付けがあるので，群の方の図では含む群の方を下に描いたのです。

一般に，方程式の最小分解体とその中間体，ガロア群とその部分群の間には1対1の対応関係があります。これぞガロアの発見した美しい対応関係で，**ガロア対応**と呼ばれています。

一般のガロア対応の証明はもう少し例を出してからにして，ここでは部分群によって不変な元の集合が体になること，中間体を固定するガロア群の元の集合が群になることだけを確認しておきましょう。

定理5.23　固定体

ある方程式の最小分解体をL，ガロア群をGとする。Gの部分群Hによって，不変なLの元の集合Mは体になる。これをHの**固定体**といいL^Hで表す。

証明　四則演算で閉じていることを確認すればよいですね。

Mの任意の2つの元をx，yとし，Hの任意の元をσとします。

すると，$\sigma(x)=x$，$\sigma(y)=y$が成り立ちます。

σはLの自己同型写像ですから，

$$\sigma(x+y)=\sigma(x)+\sigma(y)=x+y,\ \sigma(x-y)=\sigma(x)-\sigma(y)=x-y$$

$$\sigma(xy)=\sigma(x)\sigma(y)=xy,\ \sigma\left(\frac{x}{y}\right)=\frac{\sigma(x)}{\sigma(y)}=\frac{x}{y}$$

確かに，$x+y$，$x-y$，xy，$\dfrac{x}{y}$もσによって不変ですから，Mの元となっていて四則演算で閉じています。分配法則も成り立ちますから，Mは体です。　　　　　　　　　　　　　　　　　　　　　　（証明終わり）

定理5.24 固定群

ある方程式の最小分解体をL，ガロア群をGとする。Lの中間体Mのすべての元を不変にするGの元の集合Hは群である。これをGにおけるMの**固定群**といいG^Mで表す。

証明 Mの任意の元をx，Hの任意の元をσ，τとします。すると，

$$\sigma(x)=x,\ \tau(x)=x$$

これを用いて，$\sigma\tau(x)=\sigma(\tau(x))=\sigma(x)=x$。

$\sigma\tau$はHの元になっています。Hの元は積について閉じています。

Hの元は群Gの元ですから，結合法則は成り立ちます。

Gの単位元eは，$e(x)=x$ですから，Hには単位元も含まれています。

σはGの元ですからσ^{-1}が存在します。$\sigma(x)=x$に左からσ^{-1}を掛けて，$\sigma^{-1}\sigma(x)=\sigma^{-1}(x)$となります。左辺は，$\sigma^{-1}\sigma(x)=(\sigma^{-1}\sigma)(x)=e(x)=x$であり，結局$\sigma^{-1}(x)=x$となります。$\sigma^{-1}$も$H$に含まれます。

よって，Hは群の定義を満たすので，群になります。　　　（証明終わり）

9　拡大体はすべて単拡大体

$\boldsymbol{Q}(\alpha_1, \cdots, \alpha_n)=\boldsymbol{Q}(\theta)$

今まで見てきた例では，最小分解体の拡大の次数が，もとの方程式の次数と一致していました。いつでもそうなのでしょうか。

問5.15　$x^3-2=0$ **の最小分解体とガロア群を調べよ。**

$x^3-2=0$の解は，1の原始3乗根$\omega=\dfrac{-1+\sqrt{3}\,i}{2}$を用いて，

$x=\sqrt[3]{2}$，$\sqrt[3]{2}\,\omega$，$\sqrt[3]{2}\,\omega^2$と書くことができました。最小分解体は，

$\boldsymbol{Q}(\sqrt[3]{2}, \sqrt[3]{2}\,\omega, \sqrt[3]{2}\,\omega^2)$です。

$$\boldsymbol{Q}(\sqrt[3]{2}, \sqrt[3]{2}\,\omega, \sqrt[3]{2}\,\omega^2)=\boldsymbol{Q}(\sqrt[3]{2}, \omega)$$

となることを示します。$\sqrt[3]{2}\,\omega$，$\sqrt[3]{2}\,\omega^2$も$\sqrt[3]{2}$とωから作ることができますから，

$$\boldsymbol{Q}(\sqrt[3]{2}, \sqrt[3]{2}\,\omega, \sqrt[3]{2}\,\omega^2)\subset\boldsymbol{Q}(\sqrt[3]{2}, \omega)$$

ωは，$\sqrt[3]{2}$と$\sqrt[3]{2}\,\omega$から，$\dfrac{\sqrt[3]{2}\,\omega}{\sqrt[3]{2}}=\omega$と作ることができ，

$$\boldsymbol{Q}(\sqrt[3]{2}, \sqrt[3]{2}\,\omega, \sqrt[3]{2}\,\omega^2)\supset\boldsymbol{Q}(\sqrt[3]{2}, \omega)$$

よって，$\boldsymbol{Q}(\sqrt[3]{2}, \sqrt[3]{2}\,\omega, \sqrt[3]{2}\,\omega^2)=\boldsymbol{Q}(\sqrt[3]{2}, \omega)$

定理5.20を使って次数を求めてみましょう。

$\sqrt[3]{2}$の最小多項式は，x^3-2です。

ωの$\boldsymbol{Q}(\sqrt[3]{2})$上の最小多項式は$x^2+x+1$です。なぜなら，

$x^2+x+1=(x-\omega)(x-\omega^2)$と因数分解できますが，$\omega$は複素数であり，実数に含まれる体$\boldsymbol{Q}(\sqrt[3]{2})$には含まれないからです。

定理5.20より，最小分解体$\boldsymbol{Q}(\sqrt[3]{2}, \omega)$の基底は，

$$(\sqrt[3]{2})^2\omega,\ \sqrt[3]{2}\,\omega,\ \omega,\ (\sqrt[3]{2})^2,\ \sqrt[3]{2},\ 1$$

の6個です。$[\boldsymbol{Q}(\sqrt[3]{2},\ \omega):\boldsymbol{Q}]=6$となります。

$\boldsymbol{Q}$上の方程式$x^3-2=0$の解$\sqrt[3]{2}$を用いて拡大体$\boldsymbol{Q}(\sqrt[3]{2})$を作り，$\boldsymbol{Q}(\sqrt[3]{2})$上の方程式$x^2+x+1=0$の解$\omega$を用いて拡大体$\boldsymbol{Q}(\sqrt[3]{2},\ \omega)$を作ったのです。各拡大体の次数は，

$$[\boldsymbol{Q}(\sqrt[3]{2}):\boldsymbol{Q}]=3,\ [\boldsymbol{Q}(\sqrt[3]{2},\ \omega):\boldsymbol{Q}(\sqrt[3]{2})]=2$$

です。中間体$\boldsymbol{Q}(\sqrt[3]{2})$に関して，

$$\underset{6}{[\boldsymbol{Q}(\sqrt[3]{2},\ \omega):\boldsymbol{Q}]}=\underset{2}{[\boldsymbol{Q}(\sqrt[3]{2},\ \omega):\boldsymbol{Q}(\sqrt[3]{2})]}\underset{3}{[\boldsymbol{Q}(\sqrt[3]{2}):\boldsymbol{Q}]}$$

が成り立っています。

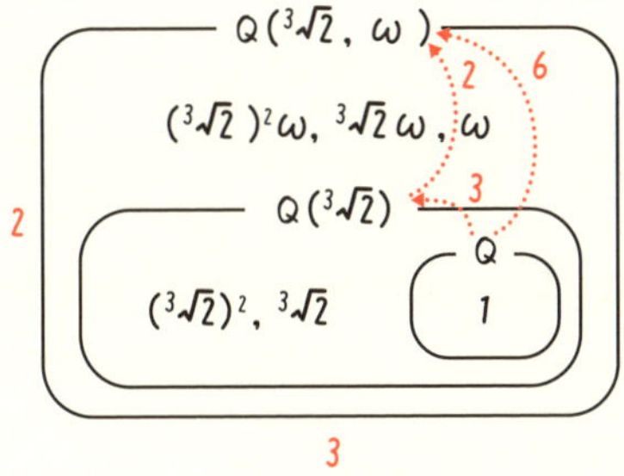

さあ，ガロア群を求めましょう。同型写像が2つの最小多項式の解$\sqrt[3]{2}$，ωをそれぞれどのように移すのかを定めます。

定理5.22を用いて，$\boldsymbol{Q}(\sqrt[3]{2},\ \omega)$に作用する同型写像$\sigma$, τを

$$\begin{cases}\sigma(\sqrt[3]{2})=\sqrt[3]{2}\,\omega, & \sigma(\omega)=\omega\\ \tau(\sqrt[3]{2})=\sqrt[3]{2}, & \tau(\omega)=\omega^2\end{cases}$$

と定めます。σは$x^3-2=0$の方の解だけを移し，τは$x^2+x+1=0$の方の解だけを移したのです。

定理5.22より，σは$\boldsymbol{Q}(\sqrt[3]{2},\ \omega)$から$\boldsymbol{Q}(\sqrt[3]{2}\,\omega,\ \omega)$への同型写像ですが，$\boldsymbol{Q}(\sqrt[3]{2},\ \omega)=\boldsymbol{Q}(\sqrt[3]{2}\,\omega,\ \omega)$ですから，$\sigma$は$\boldsymbol{Q}(\sqrt[3]{2},\ \omega)$の自己同型写像です。

定理5.22より，τは$\boldsymbol{Q}(\sqrt[3]{2},\ \omega)$から$\boldsymbol{Q}(\sqrt[3]{2},\ \omega^2)$への同型写像ですが，$\omega=-1-\omega^2$ですから，$\boldsymbol{Q}(\sqrt[3]{2},\ \omega)=\boldsymbol{Q}(\sqrt[3]{2},\ \omega^2)$となり，$\tau$は$\boldsymbol{Q}(\sqrt[3]{2},\ \omega)$の自己同型写像です。

次に，σ, τやそれらを組み合わせて作られる$\boldsymbol{Q}(\sqrt[3]{2},\ \omega)$の自己同型写像

が，$x^3-2=0$の解$\sqrt[3]{2}$，$\sqrt[3]{2}\,\omega$，$\sqrt[3]{2}\,\omega^2$をどのように移すかを調べてみましょう。

σは，

$$\sigma(\sqrt[3]{2}\,\omega)=\sigma(\sqrt[3]{2})\sigma(\omega)=\sqrt[3]{2}\,\omega\cdot\omega=\sqrt[3]{2}\,\omega^2$$

$$\sigma(\sqrt[3]{2}\,\omega^2)=\sigma(\sqrt[3]{2})\sigma(\omega^2)=\sqrt[3]{2}\,\omega\cdot\omega^2=\sqrt[3]{2}$$

と作用しますから，$\sqrt[3]{2}$を，

$$\sqrt[3]{2}\to\sqrt[3]{2}\,\omega\to\sqrt[3]{2}\,\omega^2\to\sqrt[3]{2}\to\cdots$$

と巡回させます。σは，ωの方は変化させませんから，$\boxed{\sigma^3=e}$です。

一方，τは，

$$\tau(\omega)=\omega^2,\ \tau(\omega^2)=\{\tau(\omega)\}^2=(\omega^2)^2=\omega^4=\omega^3\cdot\omega=\omega$$

と作用しますから，ωを，$\omega\to\omega^2\to\omega\to\cdots$と巡回させます。

τは，$\sqrt[3]{2}$の方は変化させませんから，$\boxed{\tau^2=e}$です。

σ，σ^2，τは，解$\sqrt[3]{2}$，$\sqrt[3]{2}\,\omega$，$\sqrt[3]{2}\,\omega^2$やωをそれぞれ下図のように巡回させることが分かります。

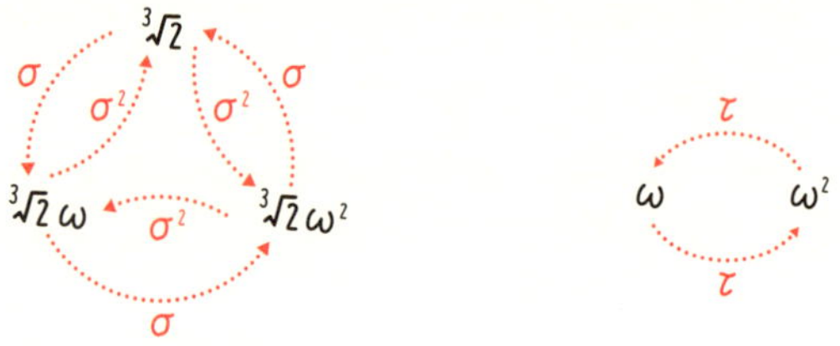

$$\tau(\sqrt[3]{2}\,\omega)=\tau(\sqrt[3]{2})\tau(\omega)=\sqrt[3]{2}\,\omega^2,$$

$$\tau(\sqrt[3]{2}\,\omega^2)=\tau(\sqrt[3]{2})\tau(\omega^2)=\sqrt[3]{2}\,\omega$$

次に，$\tau\sigma$，$\tau\sigma^2$を調べてみましょう。

$$\tau\sigma(\sqrt[3]{2})=\tau(\sigma(\sqrt[3]{2}))=\tau(\sqrt[3]{2}\,\omega)=\tau(\sqrt[3]{2})\tau(\omega)=\sqrt[3]{2}\,\omega^2$$

$$\begin{aligned}\tau\sigma(\sqrt[3]{2}\,\omega)&=\tau(\sigma(\sqrt[3]{2}\,\omega))=\tau(\sigma(\sqrt[3]{2})\sigma(\omega))\\&=\tau(\sqrt[3]{2}\,\omega\cdot\omega)=\tau(\sqrt[3]{2}\,\omega^2)=\tau(\sqrt[3]{2})\tau(\omega^2)=\sqrt[3]{2}\,\omega\end{aligned}$$

$$\begin{aligned}\tau\sigma(\sqrt[3]{2}\,\omega^2)&=\tau(\sigma(\sqrt[3]{2}\,\omega^2))=\tau(\sigma(\sqrt[3]{2})\sigma(\omega^2))\\&=\tau(\sqrt[3]{2}\,\omega\cdot\omega^2)=\tau(\sqrt[3]{2})=\sqrt[3]{2}\end{aligned}$$

$$\underline{\tau\sigma^2(\sqrt[3]{2})} = \tau(\sigma^2(\sqrt[3]{2})) = \tau(\sqrt[3]{2}\,\omega^2) = \tau(\sqrt[3]{2})\tau(\omega^2) \underline{= \sqrt[3]{2}\,\omega}$$

$$\underline{\tau\sigma^2(\sqrt[3]{2}\,\omega)} = \tau(\sigma^2(\sqrt[3]{2}\,\omega)) = \tau(\sqrt[3]{2}) \underline{= \sqrt[3]{2}}$$

$$\underline{\tau\sigma^2(\sqrt[3]{2}\,\omega^2)} = \tau(\sigma^2(\sqrt[3]{2}\,\omega^2)) = \tau(\sqrt[3]{2}\,\omega)$$

$$= \tau(\sqrt[3]{2})\tau(\omega) \underline{= \sqrt[3]{2}\,\omega^2}$$

今まででで計算したことを表にまとめます。

	$\sqrt[3]{2}$	$\sqrt[3]{2}\,\omega$	$\sqrt[3]{2}\,\omega^2$
e	$\sqrt[3]{2}$	$\sqrt[3]{2}\,\omega$	$\sqrt[3]{2}\,\omega^2$
σ	$\sqrt[3]{2}\,\omega$	$\sqrt[3]{2}\,\omega^2$	$\sqrt[3]{2}$
σ^2	$\sqrt[3]{2}\,\omega^2$	$\sqrt[3]{2}$	$\sqrt[3]{2}\,\omega$
τ	$\sqrt[3]{2}$	$\sqrt[3]{2}\,\omega^2$	$\sqrt[3]{2}\,\omega$
$\tau\sigma$	$\sqrt[3]{2}\,\omega^2$	$\sqrt[3]{2}\,\omega$	$\sqrt[3]{2}$
$\tau\sigma^2$	$\sqrt[3]{2}\,\omega$	$\sqrt[3]{2}$	$\sqrt[3]{2}\,\omega^2$

$x^3 - 2 = 0$の解は$\sqrt[3]{2}$，$\sqrt[3]{2}\,\omega$，$\sqrt[3]{2}\,\omega^2$の3個ですから，これらの入れ替えは$3! = 6$通りです。その6通りすべての入れ替えのパターンが出ているではありませんか。**定理5.8**により，同型写像は方程式の解を置換します。すべての入れ替えのパターンが尽くされてしまった以上，同型写像はこれですべてであることが分かります。

まとめると，

$$\underline{\mathrm{Gal}(\boldsymbol{Q}(\sqrt[3]{2},\ \omega)/\boldsymbol{Q}) = \{e,\ \sigma,\ \sigma^2,\ \tau,\ \tau\sigma,\ \tau\sigma^2\}}$$

であることが分かりました。

$\mathrm{Gal}(\boldsymbol{Q}(\sqrt[3]{2},\ \omega)/\boldsymbol{Q})$は，3個の置換のパターンがすべて出てきていますから，3次の対称群S_3に同型で，$\mathrm{Gal}(\boldsymbol{Q}(\sqrt[3]{2},\ \omega)/\boldsymbol{Q}) \cong S_3$となります。実際，演算表はp.99の$D_3$やp.158の$S_3$の演算表と全く同じです。

（問5.15　終わり）

問5.16　$x^3-2=0$の最小分解体とガロア群について，ガロア対応を調べよ。

ガロア群$\langle\sigma, \tau\rangle$は$S_3$と同型ですから，その部分群は**問2.2**より，

$$\{e\},\ \langle\sigma\rangle,\ \langle\tau\rangle,\ \langle\tau\sigma\rangle,\ \langle\tau\sigma^2\rangle,\ \langle\sigma, \tau\rangle$$

です。一方，$\boldsymbol{Q}(\sqrt[3]{2}, \omega)$の中間体は，それ自身と$\boldsymbol{Q}$を含めて，

$$\boldsymbol{Q}(\sqrt[3]{2}, \omega),\ \boldsymbol{Q}(\omega),\ \boldsymbol{Q}(\sqrt[3]{2}),\ \boldsymbol{Q}(\sqrt[3]{2}\omega),\ \boldsymbol{Q}(\sqrt[3]{2}\omega^2),\ \boldsymbol{Q}$$

です。実は中間体がこれだけしかないことを示すのはひと苦労です。ここではこれを認めてガロア対応を確認していきましょう。中間体がこれだけであることは，本章11節で一般論を示すことによって分かります。

$\langle\sigma\rangle$の固定体は$\boldsymbol{Q}(\omega)$である。

$\boldsymbol{Q}(\sqrt[3]{2}, \omega)$の元は，

$$a(\sqrt[3]{2})^2\omega+b(\sqrt[3]{2})\omega+c\omega+d(\sqrt[3]{2})^2+e(\sqrt[3]{2})+f \quad \cdots\cdots ①$$

と表されます。

$$\sigma((\sqrt[3]{2})^2\omega)=\sigma(\sqrt[3]{2})^2\sigma(\omega)=(\sqrt[3]{2}\omega)^2\cdot\omega=(\sqrt[3]{2})^2$$

$$\sigma(\sqrt[3]{2}\omega)=\sigma(\sqrt[3]{2})\sigma(\omega)=(\sqrt[3]{2}\omega)\cdot\omega=(\sqrt[3]{2})\omega^2$$

$$\sigma((\sqrt[3]{2})^2)=\{\sigma(\sqrt[3]{2})\}^2=(\sqrt[3]{2}\omega)^2=(\sqrt[3]{2})^2\omega^2$$

①にσを施すと，

$$\begin{aligned}
&\sigma(a(\sqrt[3]{2})^2\omega+b(\sqrt[3]{2})\omega+c\omega+d(\sqrt[3]{2})^2+e(\sqrt[3]{2})+f)\\
&=a(\sqrt[3]{2})^2+b(\sqrt[3]{2})\omega^2+c\omega+d(\sqrt[3]{2})^2\omega^2+e(\sqrt[3]{2})\omega+f\\
&=a(\sqrt[3]{2})^2+b(\sqrt[3]{2})(-\omega-1)+c\omega+d(\sqrt[3]{2})^2(-\omega-1)+e(\sqrt[3]{2})\omega+f\\
&=-d(\sqrt[3]{2})^2\omega+(e-b)(\sqrt[3]{2})\omega+c\omega+(a-d)(\sqrt[3]{2})^2-b(\sqrt[3]{2})+f
\end{aligned}$$

これが①と等しいので，係数を比較して，$a=-d$，$b=e-b$，$d=a-d$，$e=-b$より，$a=0$，$b=0$，$d=0$，$e=0$です。

$\langle\sigma\rangle$の元を施して不変な$\boldsymbol{Q}(\sqrt[3]{2}, \omega)$の元は，$c\omega+f$の形をしています。$\langle\sigma\rangle$の固定体は$\boldsymbol{Q}(\omega)$です。

$\boldsymbol{Q}(\omega)$の固定群は$\langle\sigma\rangle$である。

$\sigma(\omega)=\omega$, $\sigma^2(\omega)=\omega$, $\tau(\omega)=\omega^2$, $\tau\sigma(\omega)=\omega^2$, $\tau\sigma^2(\omega)=\omega^2$ですから，$\boldsymbol{Q}(\omega)$の固定群は$\langle\sigma\rangle$です。

$\langle\tau\sigma\rangle$の固定体は$\boldsymbol{Q}(\sqrt[3]{2}\,\omega)$である。

$\tau\sigma(\sqrt[3]{2})=\sqrt[3]{2}\,\omega^2$, $\tau\sigma(\omega)=\omega^2$ですから，

$$a(\sqrt[3]{2})^2\omega+b(\sqrt[3]{2})\omega+c\omega+d(\sqrt[3]{2})^2+e(\sqrt[3]{2})+f$$

に$\tau\sigma$を施すと，

$\tau\sigma(\sqrt[3]{2}\omega)=\tau\sigma(\sqrt[3]{2})\,\tau\sigma(\omega)=\sqrt[3]{2}\omega^2\cdot\omega^2=\sqrt[3]{2}\omega$

$$\begin{aligned}
&\tau\sigma(a(\sqrt[3]{2})^2\omega+b(\sqrt[3]{2})\omega+c\omega+d(\sqrt[3]{2})^2+e(\sqrt[3]{2})+f)\\
&=a(\sqrt[3]{2})^2+b(\sqrt[3]{2})\omega+c\omega^2+d(\sqrt[3]{2})^2\omega+e(\sqrt[3]{2})\omega^2+f\\
&=a(\sqrt[3]{2})^2+b(\sqrt[3]{2})\omega+c(-\omega-1)+d(\sqrt[3]{2})^2\omega+e(\sqrt[3]{2})(-\omega-1)+f\\
&=d(\sqrt[3]{2})^2\omega+(b-e)(\sqrt[3]{2})\omega-c\omega+a(\sqrt[3]{2})^2-e(\sqrt[3]{2})+f-c
\end{aligned}$$

これが①に等しいので，係数を比較して，

$a=d$, $b=b-e$, $c=-c$, $d=a$, $e=-e$, $f=f-c$より，$a=d$, $c=0$, $e=0$となり，$\tau\sigma$で不変な$\boldsymbol{Q}(\sqrt[3]{2},\ \omega)$の元は，

$$a(\sqrt[3]{2})^2(1+\omega)+b(\sqrt[3]{2})\omega+f=-a(\sqrt[3]{2})^2\omega^2+b(\sqrt[3]{2})\omega+f$$

の形をしていることが分かりました。これは$\boldsymbol{Q}(\sqrt[3]{2}\,\omega)$の元です。

$\langle\tau\sigma\rangle$の固定体は$\boldsymbol{Q}(\sqrt[3]{2}\,\omega)$です。

$\boldsymbol{Q}(\sqrt[3]{2}\,\omega)$の固定群は$\langle\tau\sigma\rangle$である。

$\sigma(\sqrt[3]{2}\,\omega)=\sqrt[3]{2}\,\omega^2$, $\sigma^2(\sqrt[3]{2}\,\omega)=\sqrt[3]{2}$, $\tau(\sqrt[3]{2}\,\omega)=\sqrt[3]{2}\,\omega^2$, $\tau\sigma(\sqrt[3]{2}\,\omega)=\sqrt[3]{2}\,\omega$, $\tau\sigma^2(\sqrt[3]{2}\,\omega)=\sqrt[3]{2}$ですから，$\boldsymbol{Q}(\sqrt[3]{2}\,\omega)$の固定群は$\langle\tau\sigma\rangle$です。

このようにして調べていくと，ガロア対応の様子は，次のような図にまとめられます。

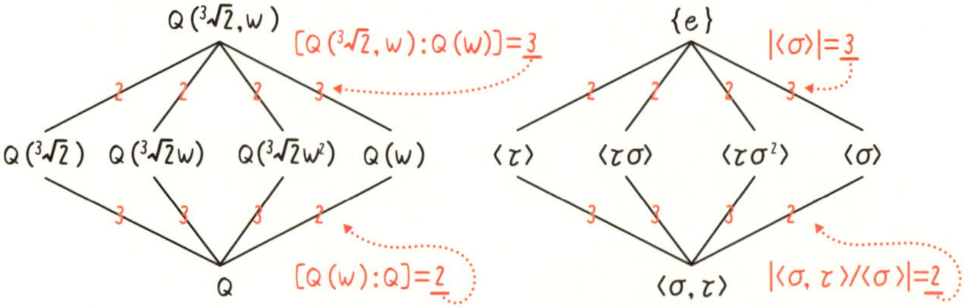

この例が今までの例と異なる点は，方程式の次数とガロア群の位数が食い違っている点です。

今までの例では，（方程式の次数）＝（ガロア群の位数）が成り立っていました。方程式の解αを用いて，他のα以外の解を表すことができたので，**定理5.10**，**定理5.17**より自己同型写像の個数は，解の個数すなわち方程式の次数に等しかったのです。今回の例ではそうはなっていません。

それでも崩れていないことがあります。それは，

（最小分解体の次数）＝（ガロア群の位数）

という事実です。この例では6です。

この事実は最小分解体の重要な性質です。この本では最小分解体から出発して発見的にガロア理論を紹介していくシナリオをとっていますが，アルティンの本ではこれを出発点としてガロア理論を構築しています。それくらいに最小分解体，ガロア群の性質を見事に表している本質的な事実なのです。

それでは，これを示すために，まずは次の事実から説明していきましょう。

問5.17　$\boldsymbol{Q}(\sqrt[3]{2},\ \omega)=\boldsymbol{Q}(\sqrt[3]{2}+\omega)$を示せ。

$\boldsymbol{Q}(\sqrt[3]{2},\ \omega)\supset\boldsymbol{Q}(\sqrt[3]{2}+\omega)$は明らかです。

$\boldsymbol{Q}(\sqrt[3]{2},\ \omega)\subset\boldsymbol{Q}(\sqrt[3]{2}+\omega)$を示すには，$\sqrt[3]{2}$，$\omega$が$\sqrt[3]{2}+\omega$の多項式で表さ

れればよいのです。$\sqrt[3]{2}$，ωは，$\alpha=\sqrt[3]{2}+\omega$を用いて，

$$\begin{aligned}\sqrt[3]{2}&=\frac{2}{9}\alpha^5+\frac{1}{3}\alpha^4+\frac{2}{3}\alpha^3-\frac{2}{3}\alpha^2+\alpha+2\\ \omega&=-\frac{2}{9}\alpha^5-\frac{1}{3}\alpha^4-\frac{2}{3}\alpha^3+\frac{2}{3}\alpha^2-2\end{aligned}$$

と表されます。ですから，$\boldsymbol{Q}(\sqrt[3]{2},\ \omega)\subset\boldsymbol{Q}(\sqrt[3]{2}+\omega)$であり，
$\boldsymbol{Q}(\sqrt[3]{2},\ \omega)=\boldsymbol{Q}(\sqrt[3]{2}+\omega)$が示されました。

といったところで，上の式が成り立っているかどうかを確かめるのは煩雑ですし，一般論につながりません。一般論につながる説明をしてみましょう。

$f(x)=x^3-2$, $g(x)=x^2+x+1$とおきます。

多項式$h(x)$を，$h(x)=f(\sqrt[3]{2}+\omega-x)$とおきます。これは$\boldsymbol{Q}(\sqrt[3]{2}+\omega)$上の多項式です。

$h(\omega)=f(\sqrt[3]{2}+\omega-\omega)=f(\sqrt[3]{2})=0$で$h(x)=0$は$\omega$を解に持ちます。

$h(\omega^2)=f(\sqrt[3]{2}+\omega-\omega^2)$ですが，$\sqrt[3]{2}+\omega-\omega^2$は$f(x)=0$の解ではありませんから，$h(\omega^2)=f(\sqrt[3]{2}+\omega-\omega^2)\neq 0$。

$h(x)=0$と$g(x)=0$の共通解はωのみです。

$h(x)$と$g(x)$に互除法を適用すると，最後は1次式$k(x-\omega)$で割り切れます。ここで$h(x)=f(\sqrt[3]{2}+\omega-x)$も$g(x)=x^2+x+1$も$\boldsymbol{Q}(\sqrt[3]{2}+\omega)$上の多項式です。$\boldsymbol{Q}(\sqrt[3]{2}+\omega)$上の多項式を$\boldsymbol{Q}(\sqrt[3]{2}+\omega)$上の多項式で割ると，余りは$\boldsymbol{Q}(\sqrt[3]{2}+\omega)$上の多項式になります。多項式の割り算は係数の加減乗除によって計算しますが，$\boldsymbol{Q}(\sqrt[3]{2}+\omega)$は体であり加減乗除で閉じているからです。互除法は割り算を繰り返して余りをとっていくので，$k(x-\omega)$も$\boldsymbol{Q}(\sqrt[3]{2}+\omega)$上の多項式です。

$$k,\ k\omega\in\boldsymbol{Q}(\sqrt[3]{2}+\omega)\text{より，}\ \omega\in\boldsymbol{Q}(\sqrt[3]{2}+\omega)$$

$$\sqrt[3]{2}=(\sqrt[3]{2}+\omega)-\omega\in\boldsymbol{Q}(\sqrt[3]{2}+\omega)$$

よって，$\boldsymbol{Q}(\sqrt[3]{2},\ \omega)\subset\boldsymbol{Q}(\sqrt[3]{2}+\omega)$が示されました。　（問5.17　終わり）

この定理は，ガロア理論の一番の要であると思っていますから，一般の場合でもう一度なぞってみましょう。

定理5.25 **原始元の存在**

α，βを$\boldsymbol{Q}$上の方程式の解とする。このとき，

$$\boldsymbol{Q}(\alpha,\ \beta)=\boldsymbol{Q}(\theta)$$

を満たすθが存在する。このようなθを**原始元**という。

証明

$\theta=\alpha+c\beta$（cは有理数）とおきます。すると，

$$\boldsymbol{Q}(\alpha,\ \beta)\supset\boldsymbol{Q}(\alpha+c\beta)=\boldsymbol{Q}(\theta)$$

次に，$\boldsymbol{Q}(\alpha,\ \beta)\subset\boldsymbol{Q}(\alpha+c\beta)$が成り立つような$c$が存在することを示します。

αの$\boldsymbol{Q}$上の最小多項式を$f(x)$，βの$\boldsymbol{Q}$上の最小多項式を$g(x)$とし，

$f(x)=0$の解を$\alpha_1=\alpha$，α_2，…，α_n

$g(x)=0$の解を$\beta_1=\beta$，β_2，…，β_m

とします。ここで，$h(x)=f(\alpha+c\beta-cx)$とおくと，

$$h(\beta)=f(\alpha+c\beta-c\beta)=f(\alpha)=0$$

$$h(\beta_i)=f(\alpha+c\beta-c\beta_i)$$

となりますが，cは有理数で無数に選べますから，$\alpha+c\beta-c\beta_i$のとりうる値は無数にあります。

ですから，$\alpha+c\beta-c\beta_i\,(i=2,\ 3,\ \cdots,\ m)$のどれもが$\alpha_1$，$\alpha_2$，…，$\alpha_n$と一致しないように$c$を選ぶことができます。

具体的には，一致したとしたら，

$$\alpha_j=\alpha+c\beta-c\beta_i$$

すなわち，$c=\dfrac{\alpha_j-\alpha}{\beta-\beta_i}$となるのですから，$i$と$j$を$i=2,\ 3,\ \cdots,\ m$，$j=1,\ 2,\ \cdots,\ n$として$c$を計算し，これら以外の値を選べばよいのです。

このようなcを選んだものとします。すると，

$h(\beta_i)=f(\alpha+c\beta-c\beta_i)\neq 0$となりますから，$h(x)$と$g(x)$の共通解は$x=\beta$のみです。

$h(x)$と$g(x)$に互除法を適用すると，最後は$k(x-\beta)$で割り切れます。$h(x)$も$g(x)$も$\boldsymbol{Q}(\alpha+c\beta)$上の多項式ですから，互除法の最終結果である$k(x-\beta)$も$\boldsymbol{Q}(\alpha+c\beta)$上の多項式です。

k，$k\beta\in\boldsymbol{Q}(\alpha+c\beta)$より，$\beta\in\boldsymbol{Q}(\alpha+c\beta)$

$$\alpha=(\alpha+c\beta)-c\beta\in\boldsymbol{Q}(\alpha+c\beta)$$

よって，$\boldsymbol{Q}(\alpha,\ \beta)\subset\boldsymbol{Q}(\alpha+c\beta)=\boldsymbol{Q}(\theta)$が示されました。

したがって，$\boldsymbol{Q}(\alpha,\ \beta)=\boldsymbol{Q}(\theta)$です。（証明終わり）

この定理を繰り返し用いると，次がいえます。

定理5.26 **代数拡大体は単拡大体**

α_1，α_2，$\cdots$，α_nをそれぞれ$\boldsymbol{Q}$上の方程式の解とする。このとき，

$$\boldsymbol{Q}(\alpha_1,\ \alpha_2,\ \cdots,\ \alpha_n)=\boldsymbol{Q}(\theta)$$

を満たすθが存在する。θを原始元という。

つまり，いくつかの方程式の解と有理数から作られる体は，単拡大体であるということです。α_1は$f_1(x)=0$の解，α_2は$f_2(x)=0$の解，…であっても，$\boldsymbol{Q}(\alpha_1,\ \alpha_2,\ \cdots,\ \alpha_n)$は，ある方程式$F(x)=0$の解$\theta$があって，$\boldsymbol{Q}(\theta)$と一本化できるということなのです。$\alpha_1$，$\alpha_2$，$\cdots$，$\alpha_n$もすべて原始元$\theta$の多項式で書けてしまうわけです。

これは強力な定理ですね。この定理を一言でいえば，

代数拡大体は単拡大体である

となります。この定理があることによって，任意の代数拡大体について，n次拡大体$\boldsymbol{Q}(\alpha)$の性質，

「$[\mathbf{Q}(\alpha):\mathbf{Q}]=n$」「$\mathbf{Q}(\alpha)$に作用する同型写像は$n$個」

が使えるようになるのです。

さらにこれを最小分解体に適用すると，

定理5.27　最小分解体は単拡大体

$\mathbf{Q}$上の方程式の最小分解体は，あるθを用いて$\mathbf{Q}(\theta)$と表せる。

証明　$f(x)=0$の解をα_1，α_2，$\cdots$，α_nとします。

$f(x)=0$の最小分解体は$\mathbf{Q}(\alpha_1, \alpha_2, \cdots, \alpha_n)$ですから，ある$\theta$を用いて，$\mathbf{Q}(\alpha_1, \alpha_2, \cdots, \alpha_n)=\mathbf{Q}(\theta)$と表されます。　（証明終わり）

10 同型写像ではみ出ない

ガロア拡大体

ようやく

(最小分解体の次数)=(ガロア群の位数)

の証明を述べる準備が整いました。

その前に，$x^3-2=0$の最小分解体$\boldsymbol{L}=\boldsymbol{Q}(\sqrt[3]{2}, \sqrt[3]{2}\omega, \sqrt[3]{2}\omega^2)$で，証明のあらすじを紹介しましょう。この最小分解体$\boldsymbol{L}$は，

$$\boldsymbol{Q}(\sqrt[3]{2}, \sqrt[3]{2}\omega, \sqrt[3]{2}\omega^2)=\boldsymbol{Q}(\sqrt[3]{2}+\omega)$$

と2つの表現を持っています。

右辺は単拡大体の形で表されています。$\sqrt[3]{2}+\omega$の$\boldsymbol{Q}$上の最小多項式を$g(x)$とします。$\boldsymbol{L}$は$\boldsymbol{Q}$の6次拡大体でしたから，$g(x)$の次数は6次です。このことから，$\boldsymbol{L}$に作用する同型写像の個数（6）が分かります。右辺だけからは，これらの同型写像は$\boldsymbol{L}$の自己同型写像になっているかどうかは分かりません。

しかし，左辺の表現から，これら6個の同型写像が$\boldsymbol{L}$の自己同型写像になっているということが分かるのです。なぜなら，同型写像が方程式の解に作用する場合は，解をシャッフルしているだけだからです。解の有理式で表された数は，同型写像で移しても解の有理式で表されます。つまり$\boldsymbol{L}$の元は同型写像によって$\boldsymbol{L}$の元に移されるのです。

定理5.28 **(最小分解体の次数)＝(ガロア群の位数)**

$\boldsymbol{Q}$上の既約多項式$f(x)=0$の最小分解体を$\boldsymbol{L}$, ガロア群をGとするとき,

$$[\boldsymbol{L}:\boldsymbol{Q}]=|G|$$

証明 もとの方程式を$f(x)=0$とし，その解をα_1，α_2，…，α_nとします。最小分解体は，$\boldsymbol{L}=\boldsymbol{Q}(\alpha_1, \alpha_2, \cdots, \alpha_n)$です。

ガロア群の位数を求めてみましょう。

定理5.27によれば，最小分解体$\boldsymbol{L}=\boldsymbol{Q}(\alpha_1, \alpha_2, \cdots, \alpha_n)$は$\theta$を使って$\boldsymbol{L}=\boldsymbol{Q}(\alpha_1, \alpha_2, \cdots, \alpha_n)=\boldsymbol{Q}(\theta)$と表すことができます。

θの$\boldsymbol{Q}$上の最小多項式を$g(x)$，その次数をmとします。$g(x)$は最小多項式ですから，**定理5.2**より既約多項式です。$g(x)$はm次の既約多項式なので，**定理3.6（5）**より$g(x)=0$の解に重複するものはなく，m個の異なる解$\theta_1=\theta, \theta_2, \cdots, \theta_m$を持ちます。

定理5.10より，$\boldsymbol{L}$に作用する同型写像は，

$$\sigma_i(\theta)=\theta_i \quad (i=1, 2, \cdots, m)$$

とm個あります。

これらの同型写像σ_iが$\boldsymbol{L}$の自己同型写像であるためには，$\sigma_i(\theta)$が$\boldsymbol{L}$に含まれていなければなりません。

θは$\boldsymbol{Q}(\alpha_1, \alpha_2, \cdots, \alpha_n)$の元なので，$\alpha_1, \alpha_2, \cdots, \alpha_n$の式で書かれます。それを$\theta=h(\alpha_1, \alpha_2, \cdots, \alpha_n)$とします。これに$\sigma_i$を作用させると，**定理5.6**の多変数バージョンにより，

$$\begin{aligned}\sigma_i(\theta)&=\sigma_i(h(\alpha_1, \alpha_2, \cdots, \alpha_n))\\&=h(\sigma_i(\alpha_1), \sigma_i(\alpha_2), \cdots, \sigma_i(\alpha_n))\end{aligned}$$

となります。**定理5.8**により，$\sigma_i(\alpha_1), \sigma_i(\alpha_2), \cdots, \sigma_i(\alpha_n)$は，$\alpha_1, \alpha_2, \cdots, \alpha_n$を入れ替えたものですから，$\sigma_i(\theta)=\theta_i (i=1, 2, \cdots, m)$が最小分解体$\boldsymbol{L}=\boldsymbol{Q}(\alpha_1, \alpha_2, \cdots, \alpha_n)$に含まれることが分かります。**定理5.17**によって，m個の同型写像$\sigma_i (i=1, 2, \cdots, m)$は，すべて$\boldsymbol{L}$の自己同型写像になっています。

$G=\mathrm{Gal}(\boldsymbol{L}/\boldsymbol{Q})=\{\sigma_1, \sigma_2, \cdots, \sigma_m\}$であり，$\underline{|G|=m}$です。

一方，θの$\boldsymbol{Q}$上の最小多項式$g(x)$の次数がmですから，**定理5.3**より$\underline{[\boldsymbol{Q}(\theta):\boldsymbol{Q}]=m}$，最小分解体$\boldsymbol{L}=\boldsymbol{Q}(\theta)$は$\boldsymbol{Q}$の$m$次拡大体です。

したがって，$[\boldsymbol{L}:\boldsymbol{Q}]=|G|$が証明されました。　　（証明終わり）

最小分解体$\boldsymbol{L}$は，$\boldsymbol{Q}(\alpha_1, \alpha_2, \cdots, \alpha_n)$と$\boldsymbol{Q}(\theta)$と2つの表現を持っていると

ころが絶妙なのです。

もしも，$\boldsymbol{Q}(\theta)$だけであれば，$\sigma(\theta)$が$\boldsymbol{L}$に含まれることは保証されず，$\boldsymbol{L}$に作用する同型写像σが自己同型写像になるとは限りません。θに勝手な同型写像σを作用させても，$\boldsymbol{L}$からはみ出ないのは，

$$\boldsymbol{L}=\boldsymbol{Q}(\alpha_1,\ \alpha_2,\ \cdots,\ \alpha_n)$$

となっているからです。$\boldsymbol{L}$は，$\boldsymbol{L}=\boldsymbol{Q}(\alpha_1,\ \alpha_2,\ \cdots,\ \alpha_n)$というように，方程式の解を$\boldsymbol{L}$にあらかじめ“全部ぶち込んである”ところがうまいところなのです。このぶち込んで体を作る作り方は，ピークの定理を証明するちょっと前のところでも出てくる手法です。

また，$\boldsymbol{L}$が単拡大体であることもうまく効いていましたね。

$\boldsymbol{Q}(\alpha_1,\ \alpha_2,\ \cdots,\ \alpha_n)$だけであれば，拡大体の次数を求めることも，ガロア群の位数を求めることも困難です。**定理5.26**がいかにガロア理論で重要な役割を果たしているかが分かると思います。

この本では，方程式から始めてガロア群を定義する流儀をとっていますが，拡大体から始める流儀もあります。

定理5.10によれば，n次拡大体$\boldsymbol{Q}(\alpha)$が最小分解体であるか否かにかかわらず，$\boldsymbol{Q}(\alpha)$に作用する同型写像はn個あります。上の定理で示したように$\boldsymbol{Q}(\alpha)$が最小分解体の場合は，このn個の同型写像がすべて$\boldsymbol{Q}(\alpha)$の自己同型写像になっているのです。$\boldsymbol{Q}(\alpha)$を同型写像で移しても，$\boldsymbol{Q}(\alpha)$から

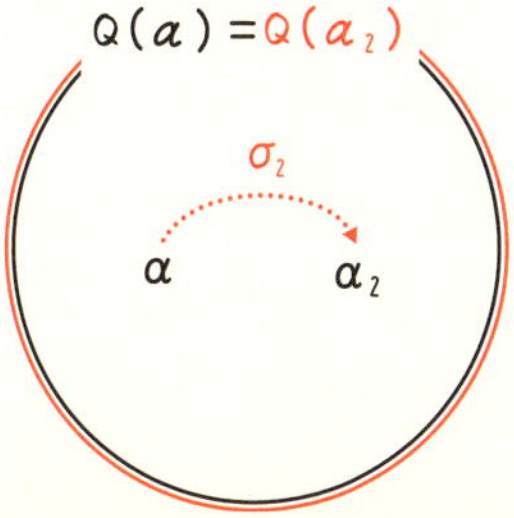

Q（α）がガロア拡大体
（最小分解体）

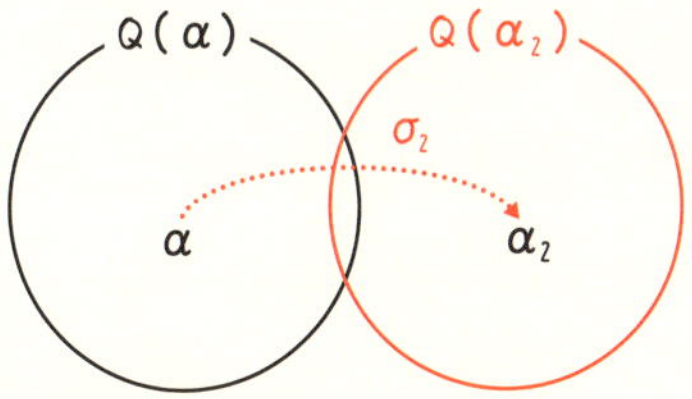

Q（α）がガロア拡大体でない
（最小分解体でない）

はみ出ないで，ぴったり重なるわけです。

方程式を経由しないでガロア群を定義するのであれば，次のようになります。

定義5.8 ガロア拡大

$\boldsymbol{K}$を$\boldsymbol{F}$の拡大体とし，$\boldsymbol{C}$に含まれるものとする。$\boldsymbol{K}$に作用する$\boldsymbol{F}$の元を不変にする同型写像が，すべて自己同型写像になるとき，「$\boldsymbol{K}$は$\boldsymbol{F}$のガロア拡大体である」，「$\boldsymbol{K}/\boldsymbol{F}$はガロア拡大である」と表す。このときの自己同型群を$\boldsymbol{K}$の$\boldsymbol{F}$上の**ガロア群**といい，$\mathrm{Gal}(\boldsymbol{K}/\boldsymbol{F})$で表す。

定理5.28の証明から分かるように，$\boldsymbol{Q}$上の方程式の最小分解体は$\boldsymbol{Q}$のガロア拡大体です。ですから，最小分解体の自己同型群のことを初めからガロア群と呼んでいたのです。

逆に，$\boldsymbol{Q}$のガロア拡大体が最小分解体になるか考えてみます。**定理5.26**により，代数拡大体は$\boldsymbol{Q}(\alpha)$と表せますから，この形で考えます。

αが同型写像で移る先は，αの最小多項式$g(x)$による方程式$g(x)=0$の解$\alpha_1=\alpha$，α_2，…，α_nです。$\boldsymbol{Q}(\alpha)$がガロア拡大体であれば，同型写像がすべて自己同型写像になっているというのですから，αが同型写像で移る先α_1，α_2，…，α_nは$\boldsymbol{Q}(\alpha)$に含まれます。

$$\boldsymbol{Q}(\alpha)=\boldsymbol{Q}(\alpha_1,\ \alpha_2,\ \cdots,\ \alpha_n)$$

となり，$\boldsymbol{Q}(\alpha)$は$g(x)$の最小分解体になります。

つまり，最小分解体とガロア拡大体は同値なのです。

$\boldsymbol{Q}(\alpha)$がn次拡大体であるとき，$\boldsymbol{Q}(\alpha)$に作用する同型写像はn個です。$\boldsymbol{Q}(\alpha)$の自己同型写像の個数は，同型写像の個数以下ですから，

［$\boldsymbol{Q}(\alpha)$の自己同型写像の個数］

$$\leqq［\boldsymbol{Q}(\alpha)\text{の同型写像の個数}］=n=[\boldsymbol{Q}(\alpha):\boldsymbol{Q}]\cdots\cdots①$$

という不等式が成り立ちます。この不等式の等号が成り立つ場合に$\boldsymbol{Q}(\alpha)$が$\boldsymbol{Q}$のガロア拡大体になります。つまり，

$\boldsymbol{Q}(\alpha)$が$\boldsymbol{Q}$上の方程式の最小分解体である。

⇔ $\boldsymbol{Q}(\alpha)$が$\boldsymbol{Q}$のガロア拡大体である。

⇔ [$\boldsymbol{Q}(\alpha)$の自己同型写像の個数]$=[\boldsymbol{Q}(\alpha):\boldsymbol{Q}]$

となっているわけです。

最後の等式でガロア拡大体を定義するのがアルティン流です。

$\boldsymbol{K}$と$\boldsymbol{F}$の場合で述べれば，次のようになります。

①の等号が成り立つように，一般に$\boldsymbol{F}$を不変とする$\boldsymbol{K}$の同型写像の個数が$[\boldsymbol{K}:\boldsymbol{F}]$に等しいので（**定理5.31**を読むと分かります），

[$\boldsymbol{F}$を不変とする$\boldsymbol{K}$の自己同型写像の個数]

≦ [$\boldsymbol{F}$を不変とする$\boldsymbol{K}$の同型写像の個数]$=[\boldsymbol{K}:\boldsymbol{F}]$ ……②

が成り立ちます。**定義5.8**は，この不等式の等号が成り立つ場合に$\boldsymbol{K}$が$\boldsymbol{F}$のガロア拡大であると定義しています。つまり，

[$\boldsymbol{F}$を不変とする$\boldsymbol{K}$の自己同型写像の個数]$=[\boldsymbol{K}:\boldsymbol{F}]$

であるとき，$\boldsymbol{K}$が$\boldsymbol{F}$のガロア拡大体であると定義しているわけです。

これがアルティン流のガロア拡大体の定義です。等式ですから議論はスマートになるのですが，同型写像のイメージがつかみにくいと思います。

他の本でも学ばれる方のためにコメントしましたが，この本ではこの等式を用いませんので慣れなくても結構です。「同型写像がすべて自己同型写像になるときガロア拡大体」という捉え方を理解しておいてください。

$\boldsymbol{Q}(\alpha)$がガロア拡大になる条件は，次のようにまとめられることが分かるでしょう。

定理5.29 $\boldsymbol{Q}(\alpha)$がガロア拡大体になる条件

n次拡大体$\boldsymbol{Q}(\alpha)$のαの最小多項式$f(x)$による方程式，$f(x)=0$の解を$\alpha_1=\alpha$，α_2，…，α_nとすると，$\boldsymbol{Q}(\alpha)$が$\boldsymbol{Q}$のガロア拡大体である条件は，$\alpha_1=\alpha$，α_2，…，α_nが$\boldsymbol{Q}(\alpha)$に含まれることである。このとき，$\boldsymbol{Q}(\alpha_1)=\boldsymbol{Q}(\alpha_2)=\cdots=\boldsymbol{Q}(\alpha_n)$である。

証明　**定理5.10**より，$Q(\alpha)$に作用する同型写像は全部でn個あり，それらは$\sigma_i(\alpha)=\alpha_i(1\leqq i\leqq n)$です。これらのすべてが自己同型写像になる条件は，**定理5.17**より，$\alpha_1=\alpha$，α_2，…，α_nがすべて$Q(\alpha)$に含まれるときで，このとき$Q(\alpha_1)=Q(\alpha_2)=\cdots=Q(\alpha_n)$となります。　（証明終わり）

同型写像を作用させてもはみ出ない体がガロア拡大体，はみ出てしまう体はガロア拡大体ではない，という感覚を持っているとこれから先の証明を読むときにもイメージが湧きやすいでしょう。

標語にしておくと，

同型で　はみ出ないのが　ガロア体

となります。等号であることを強調するならば，

同型が　全部自己なら　ガロア体

といった感じです。

ガロア拡大体の定義は本によりいろいろありますが，本書ではガロア拡大体の性質の中でも最小分解体になっているという性質を軸にして解説を進めています。拡大体を作る方程式を顕在化することにより同型写像を具体的に感じることができるからです。

11 2段拡大理論で証明しよう
ガロア対応の証明

これから，方程式の最小分解体とその中間体，ガロア群とその部分群の間での対応関係，すなわちガロア対応が存在することの証明を与えていきましょう。

その前に最小分解体の重要な性質である正規性について説明しておきます。

一般に$\boldsymbol{Q}$を含む体$\boldsymbol{K}$から任意の元をとってきてその$\boldsymbol{Q}$上の最小多項式$f(x)$を考えます。このときの$f(x)=0$のすべての解が$\boldsymbol{K}$の元であるとき，$\boldsymbol{K}$は$\boldsymbol{Q}$上で**正規性**を持つといいます。正規性を持つ$\boldsymbol{Q}$の拡大体のことを**正規拡大体**といいます。

最小分解体は正規性を持っています。

問5.18　$\boldsymbol{Q}(\sqrt[3]{2})$は$\boldsymbol{Q}$の正規拡大体でないことを示せ。

$\sqrt[3]{2}$の$\boldsymbol{Q}$上の最小多項式はx^3-2で，$x^3-2=0$の解は

$\sqrt[3]{2}$，$\sqrt[3]{2}\,\omega$，$\sqrt[3]{2}\,\omega^2$ですが，$\sqrt[3]{2}\,\omega$，$\sqrt[3]{2}\,\omega^2 \notin \boldsymbol{Q}(\sqrt[3]{2})$なので，

$\boldsymbol{Q}(\sqrt[3]{2})$は$\boldsymbol{Q}$の正規拡大体ではありません。 p.293

問5.19　$\boldsymbol{Q}(\omega)$は$\boldsymbol{Q}$の正規拡大体であることを示せ。

$\boldsymbol{Q}(\omega)$の任意の元$a\omega+b$（a，bは有理数）の最小多項式は，

$$
\begin{aligned}
&(x-a\omega-b)(x-a\omega^2-b)\\
&=x^2-(a(\omega+\omega^2)+2b)x+(a\omega+b)(a\omega^2+b)\\
&=x^2-(a(\omega+\omega^2)+2b)x+a^2\omega^3+a(\omega+\omega^2)b+b^2\\
&=x^2-(2b-a)x+a^2-ab+b^2
\end{aligned}
$$

ωが1の原始3乗根のとき
$\omega^3=1$
$\omega^2+\omega=-1$

から，$x^2-(2b-a)x+a^2-ab+b^2$です。

方程式$x^2-(2b-a)x+a^2-ab+b^2=0$の解$a\omega+b$の共役な解$a\omega^2+b$は$\boldsymbol{Q}(\omega)$の元ですから，$\boldsymbol{Q}(\omega)$は正規拡大体です。

最小分解体が$\boldsymbol{Q}$の正規拡大体であることの証明を与えておきます。原始元θが大活躍します。

定理5.30　最小分解体の正規性

$f(x)=0$の最小分解体$\boldsymbol{L}$の任意の元βをとり，その最小多項式を$g(x)$とする。このとき$g(x)=0$の解はすべて最小分解体$\boldsymbol{L}$に含まれる。

証明　最小分解体$\boldsymbol{L}$を，原始元θを用いて，$\boldsymbol{L}=\boldsymbol{Q}(\theta)$と表しておきます。

θの$\boldsymbol{Q}$上の最小多項式$p(x)$の次数をm，その解を$\theta_1=\theta$，θ_2，…，θ_mとします。$\sigma_1(\theta)=\theta=\theta_1$，$\sigma_2(\theta)=\theta_2$，…，$\sigma_m(\theta)=\theta_m$となるように自己同型写像$\sigma_1=e$，$\sigma_2$，…，$\sigma_m$を定めると，これらがガロア群$G$の$m$個の元となっています。

ここでβは$\boldsymbol{Q}(\theta)$の元ですから，θの$\boldsymbol{Q}$上の多項式で書くことができます。それを$\beta=j(\theta)$とします。すると，

$$\sigma_i(\beta)=\sigma_i(j(\theta))=j(\sigma_i(\theta))=j(\theta_i)\quad(1\leqq i\leqq m)$$

↑ 定理5.6

ここで，$\sigma_1(\beta)$, $\sigma_2(\beta)$, …, $\sigma_m(\beta)$を解に持つm次方程式$h(x)=0$を考えます。

$$\begin{aligned}h(x)&=(x-\sigma_1(\beta))(x-\sigma_2(\beta))\cdots(x-\sigma_m(\beta))\\&=(x-j(\theta_1))(x-j(\theta_2))\cdots(x-j(\theta_m))\end{aligned}$$

右辺を展開したとき，x^{m-1}の係数は

$$-\{j(\theta_1)+j(\theta_2)+\cdots+j(\theta_m)\}$$

となります。これは，θ_1，θ_2，…，θ_mに関する対称式ですから，**定理3.1**よりθ_1，θ_2，…，θ_mの基本対称式で書くことができます。

θ_1, θ_2, …, θ_mの基本対称式の値は，θの$\boldsymbol{Q}$上の多項式の係数でしたか

ら有理数です。よって，$j(\theta_1)+j(\theta_2)+\cdots+j(\theta_m)$の値は有理数になります。

x^{m-2}の係数は，

$$j(\theta_1)j(\theta_2)+j(\theta_1)j(\theta_3)+\cdots+j(\theta_{m-1})j(\theta_m)$$

となり，やはりθ_1，θ_2，…，θ_mに関する対称式ですから，θ_1，θ_2，…，θ_mの基本対称式で書くことができ，その値は有理数となります。

他の係数についても同様で，$h(x)$は$\boldsymbol{Q}$上の多項式となります。

$\sigma_1(\beta)=e(\beta)=\beta$ですから，$h(x)=0$は$x=\beta$を解として持ち，**定理3.6（3）**より$h(x)$は$\beta$の最小多項式$g(x)$で割り切れます。よって，$g(x)=0$の解は，$\sigma_1(\beta)=j(\theta_1)$，$\sigma_2(\beta)=j(\theta_2)$，…，$\sigma_m(\beta)=j(\theta_m)$のうちのいくつかになります。$\theta_1$，$\theta_2$，…，$\theta_m$ はすべて$\boldsymbol{L}=\boldsymbol{Q}(\theta)$の元ですから，$j(\theta_1)$，$j(\theta_2)$，…，$j(\theta_m)$はすべて$\boldsymbol{L}$の元です。よって，$g(x)$の解はすべて$\boldsymbol{L}$に含まれることになります。（証明終わり）

この定理より，$\boldsymbol{Q}(\alpha)$が$\boldsymbol{Q}$上の方程式の最小分解体であるとき，$\boldsymbol{Q}(\alpha)$は正規性を持つことが分かります。

逆に，$\boldsymbol{Q}(\alpha)$が正規性を持つとき，$\boldsymbol{Q}(\alpha)$は最小分解体になるでしょうか。

αの最小多項式を$f(x)$とし，$f(x)=0$の解を$\alpha_1=\alpha$，α_2，…，α_nとします。すると，$f(x)$の最小分解体は$\boldsymbol{Q}(\alpha_1,\ \alpha_2,\ \cdots,\ \alpha_n)$です。

$\boldsymbol{Q}(\alpha)$は正規性を持つので，α_1，α_2，…，α_nを含み，

$$\boldsymbol{Q}(\alpha_1,\ \alpha_2,\ \cdots,\ \alpha_n)\subset\boldsymbol{Q}(\alpha)$$

ですが，もともと$\boldsymbol{Q}(\alpha_1,\ \alpha_2,\ \cdots,\ \alpha_n)\supset\boldsymbol{Q}(\alpha)$ですから，

$\boldsymbol{Q}(\alpha_1,\ \alpha_2,\ \cdots,\ \alpha_n)=\boldsymbol{Q}(\alpha)$です。

つまり，

$$\boldsymbol{Q}(\alpha)\text{が最小分解体である}\quad\Leftrightarrow\quad\boldsymbol{Q}(\alpha)\text{は正規性を持つ}$$

ということがいえます。正規性はガロア拡大体の定義の一つでもあるのです。既出のことと一緒にまとめておくと，

$\boldsymbol{Q}(\alpha)$が$\boldsymbol{Q}$のガロア拡大体である
（$\boldsymbol{Q}(\alpha)$の同型写像がすべて自己同型写像）
⇔　$\boldsymbol{Q}(\alpha)$が$\boldsymbol{Q}$上の方程式の最小分解体である
⇔　［$\boldsymbol{Q}(\alpha)$の自己同型写像の個数］＝$[\boldsymbol{Q}(\alpha):\boldsymbol{Q}]$
⇔　$\boldsymbol{Q}(\alpha)$が$\boldsymbol{Q}$の正規拡大体である

今まであげたガロア対応では，最小分解体$\boldsymbol{L}$の中間体とガロア群Gの部分群が対応していました。中間体$\boldsymbol{M}$に対応する部分群Hを求めるには，中間体の固定群G^Mを求めました。実は，この固定群G^Mの正体は，$\boldsymbol{L}$を$\boldsymbol{M}$の拡大体として見たときのガロア群$\mathrm{Gal}(\boldsymbol{L}/\boldsymbol{M})$なのです。

次の定理のポイントは，**定理5.28**の$\boldsymbol{Q}$を中間体$\boldsymbol{M}$に入れ替えた定理であるということです。ですから，証明も，$\boldsymbol{L}=\boldsymbol{M}(\beta)$となる$\beta$と，$\beta$を解に持つような$\boldsymbol{M}$上の既約多項式$g(x)$を見つけた後は，**定理5.28**とほとんど同じです。

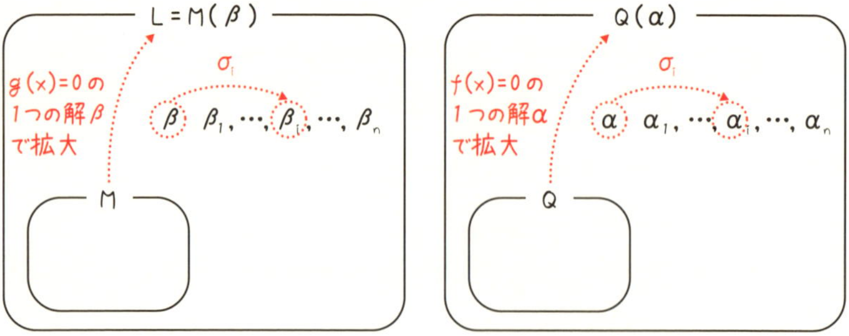

定理5.31　Mのガロア群

$\boldsymbol{L}$を$\boldsymbol{Q}$上の方程式$h(x)=0$の最小分解体とし，$\boldsymbol{M}$を$\boldsymbol{L}$と$\boldsymbol{Q}$の任意の中間体とする。

このとき，$\boldsymbol{L}=\boldsymbol{M}(\beta)$となる$\beta$が存在する。

βを解に持つ$\boldsymbol{M}$上の最小多項式を$g(x)$とすると，$\boldsymbol{L}$は$g(x)=0$の最小分解体である。

$g(x)=0$の解を$\beta_1=\beta$, β_2, …, β_mとする。

$$\sigma_i(\beta)=\beta_i\ (1 \leqq i \leqq m)$$

を満たし，$\boldsymbol{M}$の元を不変にする$\boldsymbol{L}$の自己同型写像σ_iが存在して，

$$\mathrm{Gal}(\boldsymbol{L}/\boldsymbol{M})=\{\sigma_1,\ \sigma_2,\ \cdots,\ \sigma_m\}$$

$$[\boldsymbol{L}:\boldsymbol{M}]=|\mathrm{Gal}(\boldsymbol{L}/\boldsymbol{M})|$$

また，$G=\mathrm{Gal}(\boldsymbol{L}/\boldsymbol{Q})$として，$G$における$\boldsymbol{M}$の固定群を$G^M$とすると，

$$\mathrm{Gal}(\boldsymbol{L}/\boldsymbol{M})=G^M$$

証明　$h(x)=0$の解をα_1，α_2，…，α_sとします。$\boldsymbol{Q}\subset\boldsymbol{M}\subset\boldsymbol{L}$ですから，

$$\boldsymbol{L}=\boldsymbol{Q}(\alpha_1,\ \alpha_2,\ \cdots,\ \alpha_s)\subset\boldsymbol{M}(\alpha_1,\ \alpha_2,\ \cdots,\ \alpha_s)\subset\boldsymbol{L}$$

よって，$\boldsymbol{L}=\boldsymbol{M}(\alpha_1,\ \alpha_2,\ \cdots,\ \alpha_s)$です。

定理5.25，**定理5.26**は，$\boldsymbol{Q}$を$\boldsymbol{M}$と読み換えることができます。その結果を用いると，

$$\boldsymbol{L}=\boldsymbol{M}(\alpha_1,\ \alpha_2,\ \cdots,\ \alpha_s)=\boldsymbol{M}(\beta)$$

となるβが存在します。また，**定理5.3**も$\boldsymbol{Q}$を$\boldsymbol{M}$に読み換えることができます。その定理により，βの$\boldsymbol{M}$上の最小多項式を$g(x)$，その次数をmとすると，$[\boldsymbol{L}:\boldsymbol{M}]=m$　　……①

$\boldsymbol{L}$の正規性（**定理5.30**）により，$\boldsymbol{L}$の元βを解に含む$\boldsymbol{M}$上の$g(x)=0$の解$\beta_1=\beta$, β_2, …, β_mはすべて$\boldsymbol{L}$に含まれます。

$$\boldsymbol{L}=\boldsymbol{M}(\beta)\subset\boldsymbol{M}(\beta_1,\ \beta_2,\ \cdots,\ \beta_m)\subset\boldsymbol{L}$$

ですから，$\boldsymbol{L}=\boldsymbol{M}(\beta_1,\ \beta_2,\ \cdots,\ \beta_m)$となり，$\boldsymbol{L}$は$\boldsymbol{M}$上の方程式$g(x)=0$

の最小分解体となります。

定理5.7の$\boldsymbol{Q}$を$\boldsymbol{M}$に読み換えると，$\boldsymbol{L}$に作用する同型写像のうち，$\boldsymbol{M}$の元を不変にする写像は，$g(x)=0$の解βを共役な解β_iに移すことが分かります。

そこで，$\boldsymbol{L}$に作用する同型写像σ_iで，

$$\sigma_i(\beta)=\beta_i(1\leqq i\leqq m)，任意の\boldsymbol{M}の元xについて，\sigma_i(x)=x$$

となるものを考えます。

σ_iを，$\boldsymbol{M}(\beta)$の元$a_{m-1}\beta^{m-1}+a_{m-2}\beta^{m-2}+\cdots+a_1\beta+a_0$に作用させると，

$$\begin{aligned}
&\sigma_i(a_{m-1}\beta^{m-1}+a_{m-2}\beta^{m-2}+\cdots+a_1\beta+a_0)\\
&\quad=\sigma_i(a_{m-1})\sigma_i(\beta)^{m-1}+\sigma_i(a_{m-2})\sigma_i(\beta)^{m-2}+\cdots+\sigma_i(a_1)\sigma_i(\beta)+\sigma_i(a_0)\\
&\quad=a_{m-1}\sigma_i(\beta)^{m-1}+a_{m-2}\sigma_i(\beta)^{m-2}+\cdots+a_1\sigma_i(\beta)+a_0\\
&\quad=a_{m-1}{\beta_i}^{m-1}+a_{m-2}{\beta_i}^{m-2}+\cdots+a_1\beta_i+a_0
\end{aligned}$$

係数a_jはMの元なのでσ_iで不変

となりますから，

$$\begin{aligned}
\sigma_i\ :\ &\boldsymbol{M}(\beta)\ \longrightarrow\ \boldsymbol{M}(\beta_i)\\
&a_{m-1}\beta^{m-1}+a_{m-2}\beta^{m-2}+\cdots+a_1\beta+a_0\\
&\qquad\longmapsto\quad a_{m-1}{\beta_i}^{m-1}+a_{m-2}{\beta_i}^{m-2}+\cdots+a_1\beta_i+a_0
\end{aligned}$$

は全単射で，$\boldsymbol{M}(\beta)$の元と$\boldsymbol{M}(\beta_i)$の元の間に，1対1の対応をつけます。**定理5.9**と同じようにして，$\boldsymbol{M}(\beta)$の任意の元x，yに対して，

$$\sigma_i(x+y)=\sigma_i(x)+\sigma_i(y),\ \sigma_i(xy)=\sigma_i(x)\sigma_i(y)$$

が成り立つことが確かめられます。σ_iは，$\boldsymbol{L}=\boldsymbol{M}(\beta)$から$\boldsymbol{M}(\beta_i)$への同型写像になっています。

定理3.6（5）で$\boldsymbol{Q}$を$\boldsymbol{M}$に読み換えて，$\boldsymbol{M}$上の既約多項式$g(x)$に適用すると，$g(x)=0$は重解を持たないことが分かり，β_1，β_2，$\cdots$，β_mはすべて異なります。

ですから，$\boldsymbol{L}$に作用する同型写像$\sigma_i(1\leqq i\leqq m)$で$\boldsymbol{M}$の元を固定する同型写像はちょうど$m$個です。よって，$\boldsymbol{L}$の自己同型写像のうち$\boldsymbol{M}$を固定するものは$m$個以下です。

ところが，$\boldsymbol{L}$の正規性により，$\beta_1=\beta$, β_2, …, β_mはすべて$\boldsymbol{L}$に含まれるので，$\boldsymbol{M}(\beta_i)\subset\boldsymbol{L}=\boldsymbol{M}(\beta)$であり，$\boldsymbol{M}(\beta)$と$\boldsymbol{M}(\beta_i)$の次元が同じなので，**定理5.16**より$\boldsymbol{M}(\beta)=\boldsymbol{M}(\beta_i)$となります。同型写像$\sigma_i\,(1\leqq i\leqq m)$はすべて$\boldsymbol{L}$の自己同型写像になります。よって，

$$\mathrm{Gal}(\boldsymbol{L}/\boldsymbol{M})=\{\sigma_1,\ \sigma_2,\ \cdots,\ \sigma_m\},\ \underline{|\mathrm{Gal}(\boldsymbol{L}/\boldsymbol{M})|=m}\cdots\cdots②$$

①，②より，

$$[\boldsymbol{L}:\boldsymbol{M}]=|\mathrm{Gal}(\boldsymbol{L}/\boldsymbol{M})|$$

$G=\mathrm{Gal}(\boldsymbol{L}/\boldsymbol{Q})$は$\boldsymbol{L}$に作用するすべての自己同型写像からなる群でしたから，Gにおける$\boldsymbol{M}$の固定群G^Mは，Gの元のうちで$\boldsymbol{M}$を固定する元のすべての自己同型写像からなる群です。一方，$\sigma_i\,(1\leqq i\leqq m)$は，作り方から$G=\mathrm{Gal}(\boldsymbol{L}/\boldsymbol{Q})$の元のうちで$\boldsymbol{M}$の元を不変にする$\boldsymbol{L}$のすべての同型写像をあげているので，$\{\sigma_1,\cdots,\sigma_m\}\supset G^M$となりますが，$\sigma_i$はすべて自己同型写像なので

$$\mathrm{Gal}(\boldsymbol{L}/\boldsymbol{M})=\{\sigma_1,\ \cdots,\ \sigma_m\}=G^M$$

となります。　　　　　　　　　　　　　　　　　　　（証明終わり）

σ_iに$\sigma_i(x)=x$という条件を付けたので，$\boldsymbol{M}(\beta)$の元，$a_{m-1}\beta^{m-1}+a_{m-2}\beta^{m-2}+\cdots+a_1\beta+a_0$に$\sigma_i$が作用するとき，係数（$\boldsymbol{M}$の元）を素通りしていきます。$\sigma_i(x)=x$という条件があることで，$\boldsymbol{M}$が**定理5.6**における$\boldsymbol{Q}$の役割を帯びているわけです。

ですから，$\sigma_i(\beta)=\beta_i$から初めて，σ_iが$\boldsymbol{L}$の自己同型写像になったくだりは，**定理5.9**の$\boldsymbol{Q}$を$\boldsymbol{M}$に読み換えればよいのです。

「$\sigma_i\,(1\leqq i\leqq m)$は，作り方から$G=\mathrm{Gal}(\boldsymbol{L}/\boldsymbol{Q})$の元のうちで$\boldsymbol{M}$の元を不変にする$\boldsymbol{L}$のすべての同型写像」のところを補足しましょう。

$G=\mathrm{Gal}(\boldsymbol{L}/\boldsymbol{Q})$の元のうちで$\boldsymbol{M}$の元を不変にする同型写像を決定していく過程を述べてみます。

→ $\boldsymbol{M}$の元が固定されることは分かっているのだから，$\boldsymbol{M}$に含まれない元がどこに移るか調べてみよう。

→ $g(x)$は，$\boldsymbol{M}$上の既約多項式だから，$g(x)=0$の解βは$\boldsymbol{M}$に含まれていないぞ。$\boldsymbol{L}=\boldsymbol{M}(\beta)$と書かれているのだから，$\beta$の移り先を調べてみよう。

→ $\boldsymbol{M}$上の多項式だから，$g(\beta)=0$に同型写像σを作用させると，$\boldsymbol{M}$係数は素通りして，$\sigma(g(\beta))=0 \quad \therefore \quad g(\sigma(\beta))=0$

$\sigma(\beta)$は$g(x)=0$の解なのだから，$\beta_1=\beta$，β_2，…，β_mしかあえりない。

→ $\sigma_i(\beta)=\beta_i$としたとき，σ_iは$\boldsymbol{M}(\beta)$から$\boldsymbol{M}(\beta_i)$への同型写像になっているのか調べてみると，σ_iはすべて同型写像になっている。

→ $G=\mathrm{Gal}(\boldsymbol{L}/\boldsymbol{Q})$の元のうちで$\boldsymbol{M}$を固定する同型写像はちょうど$m$個である。

→ $G=\mathrm{Gal}(\boldsymbol{L}/\boldsymbol{Q})$の元のうちで$\boldsymbol{M}$を固定する自己同型写像は$m$個を超えないが，$\sigma_i$はすべて自己同型写像になっているじゃないか，めでたしめでたし。

とこんな感じです。

$\boldsymbol{L}=\boldsymbol{M}(\beta)$と書かれているのだから，$\beta$の移り先を調べるのが自然であり，それでうまくいきましたが，もしも$\boldsymbol{M}$上の最小多項式がm次未満になるような元で調べると，$\boldsymbol{M}(\beta)$のすべての元の移り先が決まらないという事態に陥ります。

この定理の証明のポイントは，$\boldsymbol{L}$が$\boldsymbol{M}(\beta)$と表せるようなβを解に持つ既約方程式$g(x)=0$を見つけて，$\boldsymbol{L}$を$\boldsymbol{M}$の単拡大体として見るところでした。これにより，単拡大のときの研究成果が使えるようになったわけです。これをぼくは，「$g(x)$ではしごを掛ける」と呼んでいます。

これから，ガロア対応の証明を与えていきましょう。その証明のポイントは，LとQの任意の中間体Mに対しても，Qからはしごを掛けてしまうのです。つまり，Mが$Q(\alpha)$と表せるようなαを持つ$f(x)$を見つけるのです。すると，7節の2段拡大というフレームに議論を乗っけることができるのです。

次数公式から証明しましょう。

定理5.32 次数公式

LをQ上の方程式の最小分解体とする。MをLとQの任意の中間体とすると，

$$[L:M][M:Q]=[L:Q]$$

定理5.20では，初めから方程式$f(x)=0$と$g(x)=0$が与えられていましたが，この定理では初めに与えられるのは中間体Mです。それに対して，**定理5.20**に乗っけるために$f(x)$，$g(x)$の存在を示すのです。

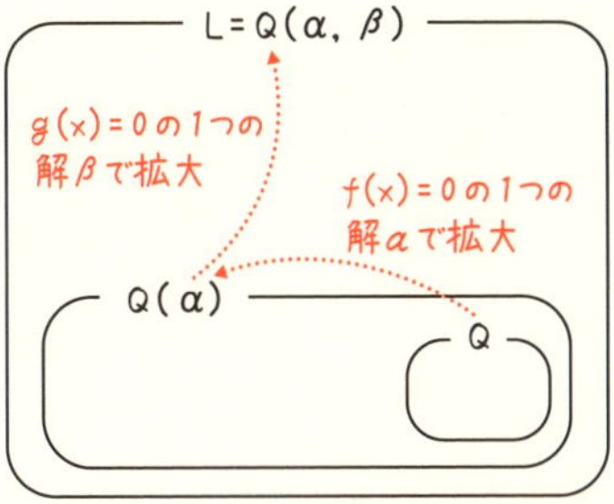

証明

Lを線形空間としたとき，MはQ上の線形空間Lの部分空間なのでMがQ上のs次元線形空間であれば，基底u_1，u_2，…，u_sがあり，Mの任意の元vは，

$$v=a_1u_1+a_2u_2+\cdots+a_su_s \quad (a_1,\ \cdots,\ a_s\text{は有理数})$$

の形でただ1通りに表されます。u_1，u_2，…，u_sはLの元なので，**定理5.30**（Lの正規性）の証明のようにして，それぞれQ上の方程式の解です。

u_1, u_2, …, u_sは$\boldsymbol{Q}$上の代数的数です。

$\boldsymbol{M}=\boldsymbol{Q}(u_1, u_2, \cdots, u_s)$であり，**定理5.26**より原始元$\alpha$をとることができ，$\boldsymbol{M}=\boldsymbol{Q}(\alpha)$となります。$\alpha$の$\boldsymbol{Q}$上の最小多項式$f(x)$が$m$次であれば，$\underline{[\boldsymbol{M}:\boldsymbol{Q}]}=[\boldsymbol{Q}(\alpha):\boldsymbol{Q}]\underline{=m}$です。$m=s$となります。

定理5.31より，$\boldsymbol{L}=\boldsymbol{M}(\beta)$となる$\beta$が存在します。$\beta$の$\boldsymbol{M}$上の最小多項式$g(x)$の次数を$n$とします。すると，$\underline{[\boldsymbol{L}:\boldsymbol{M}]}=[\boldsymbol{M}(\beta):\boldsymbol{M}]\underline{=n}$です。$\boldsymbol{L}=\boldsymbol{M}(\beta)=\boldsymbol{Q}(\alpha, \beta)$で，**定理5.20**より，

$$[\boldsymbol{L}:\boldsymbol{Q}]=[\boldsymbol{Q}(\alpha, \beta):\boldsymbol{Q}]=mn$$

よって，

$$[\boldsymbol{L}:\boldsymbol{M}][\boldsymbol{M}:\boldsymbol{Q}]=[\boldsymbol{L}:\boldsymbol{Q}]$$

が成り立ちます。　　　　　　　　　　　　　　　　　　（証明終わり）

本当は，この定理は**定理5.20**に帰着させなくとも導くことができる定理です。よくある証明のあらすじを述べると次のようになります。

$\boldsymbol{M}$が$\boldsymbol{Q}$上のm次線形空間であるので，$\boldsymbol{M}$には基底u_1, u_2, …, u_mがあり，$\boldsymbol{L}$が$\boldsymbol{M}$上のn次元線形空間であるので，$\boldsymbol{L}$には$\boldsymbol{M}$の元からなる基底v_1, v_2, …, v_nがあります。このとき，$u_j(j=1, 2, \cdots, m)$と$v_i(i=1, 2, \cdots, n)$の積v_iu_j（全部でmn個）が，$\boldsymbol{L}$を$\boldsymbol{Q}$上の線形空間としたときの基底になることを示すのです

$\boldsymbol{L}$の任意の元xは$\boldsymbol{M}$の元b_1, b_2, …, b_nを用いて，

$$x=b_1v_1+b_2v_2+\cdots+b_nv_n \quad \cdots\cdots ①$$

と1通りに表されます。b_iは$\boldsymbol{M}$の元ですから，$\boldsymbol{Q}$の元a_{i1}, a_{i2}, …, a_{im}を用いて，

$$b_i=a_{i1}u_1+a_{i2}u_2+\cdots+a_{im}u_m \quad \cdots\cdots ②$$

と1通りに表されます。①に②を代入して展開すると，v_iu_jの$\boldsymbol{Q}$上の1次結合になります。v_iu_jの係数はa_{ij}です。任意の元xは，v_iu_jの$\boldsymbol{Q}$上の1次結合で表されます。

もしも$b_1v_1+b_2v_2+\cdots+b_nv_n=0$であるとすると，$v_1$，$v_2$，…，$v_n$が基底であることから，$b_1=0$, …, $b_n=0$。

$b_i=0$より，$a_{i1}u_1+a_{i2}u_2+\cdots+a_{im}u_m=0$であり，$u_1$，$u_2$，…，$u_m$が基底なので$a_{ij}$はすべて0になります。よって，$v_iu_j$は1次独立です。

v_iu_j（$1\leqq i\leqq n$, $1\leqq j\leqq m$，全部でmn個）

は，$\boldsymbol{L}$を$\boldsymbol{Q}$上の線形空間として見たときの基底になります。

定理5.20の証明は，このv_iとu_jをβ^{i-1}とα^{j-1}に置き換えて行なっています。

具体例に触れていない段階でv_iとu_jを設定して証明するのでは，イメージが沸きにくいと思ったことと，すべての代数拡大体は単拡大体であるということの確認の意味において，いったん**定理5.20**の形で述べてみました。

さて，このように任意の中間体$\boldsymbol{M}$に対して，うまい$f(x)$，$g(x)$を見つけることができるわけです。$f(x)$，$g(x)$が見つかってしまえばこっちのものです。

$\boldsymbol{L}$, $\boldsymbol{M}$, $\boldsymbol{Q}$とそれらについての同型写像を$f(x)$，$g(x)$をもとに表現してみます。

$\boldsymbol{Q}$上の方程式の最小分解体$\boldsymbol{L}$に対して任意の中間体$\boldsymbol{M}$を選びます。

$\boldsymbol{M}$に対して，**定理5.32**のようにして$\boldsymbol{Q}$上のm次最小多項式$f(x)$を作り，$f(x)=0$の解αによって，$\boldsymbol{M}=\boldsymbol{Q}(\alpha)$と表すことができます。$f(x)=0$の解を，$\alpha_1=\alpha$，$\alpha_2$，…，$\alpha_m$とします。

また，**定理5.31**のようにして，$\boldsymbol{Q}(\alpha)$上のn次最小多項式$g(x)$を作り，$g(x)=0$の解βを用いて$\boldsymbol{L}=\boldsymbol{M}(\beta)=\boldsymbol{Q}(\alpha,\ \beta)$と表すことができます。$g(x)$の係数に現れる$\alpha$を$\alpha_i$で置き換えた$\boldsymbol{Q}(\alpha_i)$上の既約多項式を$g_i(x)$とし，$g_i(x)=0$の解を$\beta_{i1}$，$\beta_{i2}$，…，$\beta_{in}$とします。

このとき，**定理5.22**より，Lに作用する同型写像はmn個あり，それらは，

$$\sigma_{ij}(\alpha)=\alpha_i,\ \sigma_{ij}(\beta)=\beta_{ij}\qquad(1\leqq i\leqq m,\ 1\leqq j\leqq n)$$

で定められます。

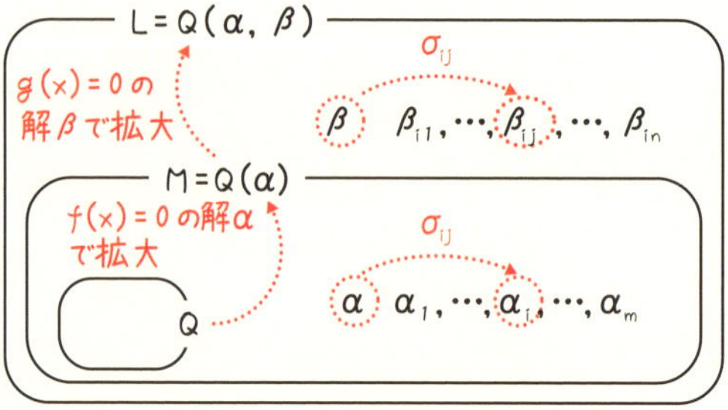

ここでLはQ上の方程式の最小分解体であるので，Qのガロア拡大体ですから，同型写像はすべて自己同型写像になります。よって，mn個の同型写像σ_{ij}はすべてLの自己同型写像です。つまり，

$$\mathrm{Gal}(L/Q)=\{\sigma_{11},\ \sigma_{12},\ \cdots,\ \sigma_{1n},\ \sigma_{21},\ \sigma_{22},\ \cdots,\ \sigma_{2n},\ ,\ \cdots,\ \sigma_{m1},\ \sigma_{m2},\ \cdots,\ \sigma_{mn}\}$$

$\mathrm{Gal}(L/M)$はこのうち，$M=Q(\alpha)$のすべての元を不変にするものです。

$\sigma_{1j}(\alpha)=\alpha$であり，$i\neq 1$のとき，$\sigma_{ij}(\alpha)=\alpha_i\neq\alpha$です。$\sigma_{1j}(\alpha)=\alpha$であれば，$M=Q(\alpha)$のすべての元を不変にしますから，

$$\mathrm{Gal}(L/M)=\{\sigma_{11},\ \sigma_{12},\ \cdots,\ \sigma_{1n}\}$$

です。$|\mathrm{Gal}(L/M)|=n$，$[L:M]=[M(\beta):M]=n$で，**定理5.31**がもう一度証明できました。

このもとでガロア対応を示します。

まず，中間体Mから始めてMに戻る方から示します。

定理5.33 ガロア対応 Mから始めて

Lを Q上のある方程式の最小分解体，MをLとQの中間体とする。$H=\mathrm{Gal}(L/M)$とし，LのHによる固定体をL^Hとすると，

$$L^H=M$$

特に，$G=\mathrm{Gal}(L/Q)$とすれば，

$$L^G=Q$$

証明

$$H=\mathrm{Gal}(L/M)=\{\sigma_{11},\ \sigma_{12},\ \cdots,\ \sigma_{1n}\}$$

となります。

定理5.20より，$L=Q(\alpha,\ \beta)$の任意の元は，$\alpha^k\beta^l\ (0\leqq k\leqq m-1,\ 0\leqq l\leqq n-1)$の$Q$上の1次結合で1通りに表されます。$Q(\alpha,\ \beta)$の任意の元が，

$$F(\alpha,\ \beta)=f_{m-1}(\beta)\alpha^{m-1}+f_{m-2}(\beta)\alpha^{m-2}+\cdots+f_1(\beta)\alpha+f_0(\beta)$$

（$f_i(x)$は$n-1$次以下のQ上の多項式）

と表されているものとします。

σ_{1i}を作用させると，

$$\begin{aligned}
&\sigma_{1i}(F(\alpha,\ \beta))\\
&\quad=\sigma_{1i}(f_{m-1}(\beta)\alpha^{m-1}+f_{m-2}(\beta)\alpha^{m-2}+\cdots+f_1(\beta)\alpha+f_0(\beta))\\
&\quad=\sigma_{1i}(f_{m-1}(\beta))\sigma_{1i}(\alpha)^{m-1}+\cdots+\sigma_{1i}(f_1(\beta))\sigma_{1i}(\alpha)+\sigma_{1i}(f_0(\beta))\\
&\quad=f_{m-1}(\sigma_{1i}(\beta))\alpha^{m-1}+\cdots+f_1(\sigma_{1i}(\beta))\alpha+f_0(\sigma_{1i}(\beta))\\
&\quad=f_{m-1}(\beta_{1i})\alpha^{m-1}+\cdots+f_1(\beta_{1i})\alpha+f_0(\beta_{1i})
\end{aligned}$$

となります，$\sigma_{1i}(F(\alpha,\ \beta))=F(\alpha,\ \beta)$であるためには，表現の一意性より，$\alpha^k$の係数は等しく，

$$f_k(\beta_{1i})=f_k(\beta)\qquad\therefore\quad f_k(\beta_{1i})-f_k(\beta)=0\quad(1\leqq i\leqq n)$$

でなければなりません。もしも$f_k(x)$が1次以上の多項式であるとすると，xのQ上の$n-1$次以下の方程式$f_k(x)-f_k(\beta)=0$がn個の異なる解β_{11}，β_{12}，$\cdots$，β_{1n}を持つことになり矛盾します。よって，$f_k(x)$は定数でなけ

ればなりません。$f_k(x)$が定数なので，$F(\alpha,\ \beta)$はαの$m-1$次以下の多項式となり，$\boldsymbol{M}=\boldsymbol{Q}(\alpha)$の元になります。

逆に，Hの元は，αを不変にしますから，$\boldsymbol{M}=\boldsymbol{Q}(\alpha)$のすべての元を不変にします。よって，$\boldsymbol{L}^H=\boldsymbol{M}$です。

この証明の$\boldsymbol{M}$を$\boldsymbol{Q}$に読み変えると，$\boldsymbol{L}^G=\boldsymbol{Q}$が示されます。

（証明終わり）

今度は，ガロア群$\mathrm{Gal}(\boldsymbol{L}/\boldsymbol{Q})$の部分群$H$から始めて，$H$に戻る場合を証明します。

定理5.34　ガロア対応　Hから始めて

$\boldsymbol{L}$を$\boldsymbol{Q}$上のある方程式の最小分解体，$\boldsymbol{M}$を$\boldsymbol{L}$と$\boldsymbol{Q}$の中間体とする。$G=\mathrm{Gal}(\boldsymbol{L}/\boldsymbol{Q})$とし，$G$の部分群を$H$とする。$\boldsymbol{L}$における$H$の固定体を$\boldsymbol{M}=\boldsymbol{L}^H$とすると，

$$H=\mathrm{Gal}(\boldsymbol{L}/\boldsymbol{M})$$

証明　$\boldsymbol{M}=\boldsymbol{L}^H$に対して**定理5.33**を適用し，右辺を

$$H'=\mathrm{Gal}(\boldsymbol{L}/\boldsymbol{M})=\{\sigma_{11},\ \sigma_{12},\ \cdots,\ \sigma_{1n}\}$$

とおきます。H'は$\boldsymbol{L}$の元に作用して不変な$\boldsymbol{L}$の**すべて**の自己同型写像からなる群ですから，$\boldsymbol{M}$の元を不変にする自己同型写像からなる群Hを含みます。

$H\subset H'$であり，$|H|\leqq|H'|$　……①

Hのすべての元を$\sigma_1(=e)$, σ_2, …, $\sigma_s(s\leqq n)$とします。これを用い，

$$h(x)=(x-\sigma_1(\beta))(x-\sigma_2(\beta))\cdots(x-\sigma_s(\beta))$$

を考えます。右辺を展開したときの（$s-1$次の係数）$\times(-1)$は，

$$\sigma_1(\beta)+\sigma_2(\beta)+\cdots+\sigma_s(\beta)\quad\cdots\cdots②$$

になります。これにHの元σを掛けると，

$$\sigma(\sigma_1(\beta)+\sigma_2(\beta)+\cdots+\sigma_s(\beta))$$

$$=\sigma\sigma_1(\beta)+\sigma\sigma_2(\beta)+\cdots+\sigma\sigma_s(\beta)\quad\cdots\cdots③$$

となりますが，$\sigma\sigma_1$，$\sigma\sigma_2$，…，$\sigma\sigma_s$は，**定理2.1**よりσ_1，σ_2，…，σ_sを並べ替えたものですから，②＝③であり，

$$\sigma(\sigma_1(\beta)+\sigma_2(\beta)+\cdots+\sigma_s(\beta))=\sigma_1(\beta)+\sigma_2(\beta)+\cdots+\sigma_s(\beta)$$

となります。（$s-1$次の係数）×（-1）はHの任意の元σで不変なので，$\boldsymbol{L}^H=\boldsymbol{M}$の元になります。

$s-2$次の係数は，

$$\sigma_1(\beta)\sigma_2(\beta)+\sigma_1(\beta)\sigma_3(\beta)+\cdots+\sigma_{s-1}(\beta)\sigma_s(\beta) \quad \cdots\cdots④$$

になります。これにHの元σを掛けると，

$$\sigma(\sigma_1(\beta)\sigma_2(\beta)+\sigma_1(\beta)\sigma_3(\beta)+\cdots+\sigma_{s-1}(\beta)\sigma_s(\beta))$$

$$=\sigma\sigma_1(\beta)\sigma\sigma_2(\beta)+\cdots+\sigma\sigma_{s-1}(\beta)\sigma\sigma_s(\beta) \quad \cdots\cdots⑤$$

となりますが，$\sigma\sigma_1$，$\sigma\sigma_2$，…，$\sigma\sigma_s$は，σ_1，σ_2，…，σ_sを並べ替えたものですから，④＝⑤であり，

$$\sigma(\sigma_1(\beta)\sigma_2(\beta)+\sigma_1(\beta)\sigma_3(\beta)+\cdots+\sigma_{s-1}(\beta)\sigma_s(\beta))$$

$$=\sigma_1(\beta)\sigma_2(\beta)+\sigma_1(\beta)\sigma_3(\beta)+\cdots+\sigma_{s-1}(\beta)\sigma_s(\beta)$$

となるので，$s-2$次の係数はHの任意の元σで不変であり，$\boldsymbol{L}^H=M$の元です。

このようにして，$h(x)$のすべての係数はHの任意の元σで不変であり，$\boldsymbol{L}^H=\boldsymbol{M}$の元ですから，$h(x)$は$\boldsymbol{L}^H=\boldsymbol{M}$上の多項式です。ここで，$g(x)$は$\beta$の$\boldsymbol{L}^H=\boldsymbol{M}$上の最小多項式ですから，$\boldsymbol{L}^H=\boldsymbol{M}$の既約多項式です。$\sigma_1(\beta)=e(\beta)=\beta$なので，$h(\beta)=0$であり，$h(x)=0$と$g(x)=0$は共通解$\beta$を持ちますから，**定理3.6（3）**より$h(x)$は$g(x)$で割り切れます。多項式の次数を考えて，$s\geqq n$です。群の位数で考えて，

$$|H|=s\geqq n=|H'| \quad \cdots\cdots⑥$$

①，⑥より$|H|=|H'|$であり，$H=H'$となります。　（証明終わり）

これでガロア対応の証明は終わりです。

12 M/Qはガロア拡大か？

中間体がガロア拡大体になる条件

定義5.8のくだりで書いたように，$\boldsymbol{Q}$上の方程式$f(x)=0$の最小分解体$\boldsymbol{L}$は$\boldsymbol{Q}$のガロア拡大体です。ガロア拡大$\boldsymbol{L}/\boldsymbol{Q}$に対してはガロア群$\mathrm{Gal}(\boldsymbol{L}/\boldsymbol{Q})$がありました。

定理5.31によれば，中間体$\boldsymbol{M}$の拡大$\boldsymbol{L}/\boldsymbol{M}$に対しても，$\boldsymbol{L}$を最小分解体とするような$\boldsymbol{M}$上の方程式があり，$\boldsymbol{L}$は$\boldsymbol{M}$のガロア拡大体であり，ガロア群$\mathrm{Gal}(\boldsymbol{L}/\boldsymbol{M})$がありました。

ところで，$\boldsymbol{M}$は$\boldsymbol{Q}$のガロア拡大体になっているのでしょうか。

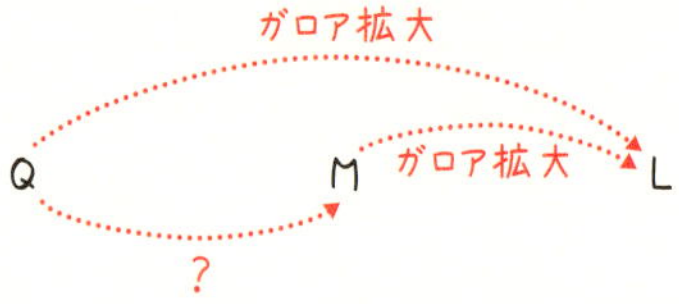

抽象論だけから判断すると，$\boldsymbol{M}$は$\boldsymbol{Q}$上の方程式$g(x)=0$の解αを用いて$\boldsymbol{Q}(\alpha)$と表すことはできますから，ガロア拡大体になっていそうです。しかし，$\boldsymbol{M}$は$\boldsymbol{Q}$のガロア拡大になるとは限りません。

例えば，$x^3-2=0$の最小分解体$\boldsymbol{Q}(\sqrt[3]{2},\ \omega)$と$\boldsymbol{Q}$の中間体$\boldsymbol{Q}(\sqrt[3]{2})$の場合はガロア拡大体ではありません。なぜなら，$\sigma$を$\boldsymbol{Q}(\sqrt[3]{2})$に作用する同型写像であるとすると，$\sigma(\sqrt[3]{2})$は$\sqrt[3]{2}$，$\sqrt[3]{2}\,\omega$，$\sqrt[3]{2}\,\omega^2$のいずれかですが，$\sqrt[3]{2}\,\omega$，$\sqrt[3]{2}\,\omega^2$は$\boldsymbol{Q}(\sqrt[3]{2})$に含まれません。同型写像の移り先が$\boldsymbol{Q}(\sqrt[3]{2})$からはみ出してしまうのです。

$\boldsymbol{M}$が$\boldsymbol{Q}$のガロア拡大体になるとは限らないのは，$\boldsymbol{M}$の正規性が保証されないからです。

定理5.32の証明を見ると分かるように，$\boldsymbol{M}$をベースにして$\boldsymbol{L}$を考えるときであっても，$\boldsymbol{L}$の正規性が使うことができ，$\boldsymbol{L}=\boldsymbol{M}(\beta)$となる$\beta$の共役な元（$\beta$の$\boldsymbol{M}$上の最小多項式の解）は$\boldsymbol{L}$に含まれるので，$\boldsymbol{L}$は$\boldsymbol{M}$のガロ

ア拡大体になるのです。

一方，$\boldsymbol{Q}$をベースに拡大体$\boldsymbol{M}$を考えるときは，$\boldsymbol{M}$に正規性があるとは限らないのです。$\boldsymbol{M}$の勝手な元βをとってきたとき，βの共役な元は$\boldsymbol{L}$には含まれますが，$\boldsymbol{M}$に含まれるとは限りません。

$\boldsymbol{Q}(\sqrt[3]{2},\ \omega)$と$\boldsymbol{Q}$の中間体$\boldsymbol{Q}(\sqrt[3]{2})$の場合でいえば，$\boldsymbol{Q}(\sqrt[3]{2})$の元$\sqrt[3]{2}$と共役な元$\sqrt[3]{2}\,\omega$, $\sqrt[3]{2}\,\omega^2$は，$\boldsymbol{Q}(\sqrt[3]{2},\ \omega)$には含まれていますが，$\boldsymbol{Q}(\sqrt[3]{2})$からははみ出してしまうのです。

中間体がガロア拡大体になる条件を考えてみましょう。

ずいぶんと抽象的な議論が続きましたから，ここらへんで簡単な方程式のガロア対応を鑑賞してみましょう。

問5.20　$x^4-2=0$のガロア対応を調べよ。

$$x^4-2=(x^2-\sqrt{2})(x^2+\sqrt{2})$$
$$=(x-\sqrt[4]{2})(x+\sqrt[4]{2})(x-\sqrt[4]{2}\,i)(x+\sqrt[4]{2}\,i)$$

ですから，$x^4-2=0$の解は$\sqrt[4]{2}$，$-\sqrt[4]{2}$，$\sqrt[4]{2}\,i$，$-\sqrt[4]{2}\,i$です。

よって，最小分解体は，

$$\boldsymbol{Q}(\sqrt[4]{2},\ -\sqrt[4]{2},\ \sqrt[4]{2}\,i,\ -\sqrt[4]{2}\,i)=\underline{\boldsymbol{Q}(\sqrt[4]{2},\ i)}$$

となります。

x^4-2はEisensteinの判定条件（**定理3.4**で$p=2$の場合）より，既約多項式です。よって，$\sqrt[4]{2}$の最小多項式はx^4-2です。$\sqrt[4]{2}$に共役な元は，$\sqrt[4]{2}$，$-\sqrt[4]{2}$，$\sqrt[4]{2}\,i$，$-\sqrt[4]{2}\,i$です。

iの最小多項式は$x^2+1=0$で，iの共役な元は$-i$です。

x^2+1は，$\boldsymbol{Q}(\sqrt[4]{2})$の既約多項式ですから，**定理5.20**より$\boldsymbol{Q}(\sqrt[4]{2},\ i)$の基底は，

$$\underline{1,\ \sqrt[4]{2},\ (\sqrt[4]{2})^2,\ (\sqrt[4]{2})^3,\ i,\ \sqrt[4]{2}\,i,\ (\sqrt[4]{2})^2 i,\ (\sqrt[4]{2})^3 i}$$

の8個で，$[\boldsymbol{Q}(\sqrt[4]{2},\ i) : \boldsymbol{Q}] = 8$です。

$\boldsymbol{Q}(\sqrt[4]{2},\ i)$に作用する同型写像$\sigma$, τを，$\sqrt[4]{2}$, iに対する作用で決めましょう。そこで，σ, τの$\sqrt[4]{2}$, iに対する作用を

$$\sigma(\sqrt[4]{2}) = \sqrt[4]{2}\, i, \quad \sigma(i) = i$$

$$\tau(\sqrt[4]{2}) = \sqrt[4]{2}, \quad \tau(i) = -i$$

と定めます。

$$\sigma^2(\sqrt[4]{2}) = \sigma(\sigma(\sqrt[4]{2})) = \sigma(\sqrt[4]{2}\, i) = \sigma(\sqrt[4]{2})\sigma(i)$$
$$= \sqrt[4]{2}\, i \cdot i = -\sqrt[4]{2}$$

$$\sigma^3(\sqrt[4]{2}) = \sigma(\sigma^2(\sqrt[4]{2})) = \sigma(-\sqrt[4]{2}) = -\sqrt[4]{2}\, i$$

$$\sigma^4(\sqrt[4]{2}) = \sigma(\sigma^3(\sqrt[4]{2})) = \sigma(-\sqrt[4]{2}\, i) = -\sigma(\sqrt[4]{2})\sigma(i)$$
$$= -(\sqrt[4]{2}\, i)i = \sqrt[4]{2}$$

一方でσはiを不変にしますから，$\sigma^4 = e$となります。

$$\tau^2(i) = \tau(\tau(i)) = \tau(-i) = -\tau(i) = -(-i) = i$$

であり，τは$\sqrt[4]{2}$を不変にしますから，$\tau^2 = e$です。

$$\tau\sigma(\sqrt[4]{2}) = \tau(\sigma(\sqrt[4]{2})) = \tau(\sqrt[4]{2}\, i) = \tau(\sqrt[4]{2})\tau(i) = -\sqrt[4]{2}\, i$$

$$\tau\sigma(i) = \tau(\sigma(i)) = \tau(i) = -i$$

というように，$\tau\sigma^2$, $\tau\sigma^3$についても調べていくと，次頁の左表のようになります。$\sqrt[4]{2}$の移り先は4通り，iの移り先は2通りですから，$(\sqrt[4]{2},\ i)$の移り先は$4 \times 2 = 8$通りです。

e, σ, σ^2, σ^3, τ, $\tau\sigma$, $\tau\sigma^2$, $\tau\sigma^3$までで8個あって，

$(\sqrt[4]{2},\ i)$に関する移り先がすべて出てきていますから，これでガロア群の元がすべて出てきたことになります。

$$\mathrm{Gal}(\boldsymbol{Q}(\sqrt[4]{2},\ i)/\boldsymbol{Q}) = \langle \sigma,\ \tau \rangle = \{e,\ \sigma,\ \sigma^2,\ \sigma^3,\ \tau,\ \tau\sigma,\ \tau\sigma^2,\ \tau\sigma^3\}$$

位数の8は，$\boldsymbol{Q}(\sqrt[4]{2},\ i)$の次数8と一致しました。 定理5.28

演算表を作ってみましょう。$\sigma^3 \cdot \tau\sigma^2$であれば，

$$(\sigma^3 \cdot \tau\sigma^2)(\sqrt[4]{2}) = \sigma^3(\tau\sigma^2(\sqrt[4]{2})) = \sigma^3(-\sqrt[4]{2}) = \sqrt[4]{2}\, i$$

$$(\sigma^3 \cdot \tau\sigma^2)(i) = \sigma^3(\tau\sigma^2(i)) = \sigma^3(-i) = -i$$

ですから，$\tau\sigma^3$の作用に等しくなり，$\sigma^3 \cdot \tau\sigma^2 = \tau\sigma^3$です。

実際に演算表を作ってみると，下右図のようになります。

	$\sqrt[4]{2}$	i
e	$\sqrt[4]{2}$	i
σ	$\sqrt[4]{2}\,i$	i
σ^2	$-\sqrt[4]{2}$	i
σ^3	$-\sqrt[4]{2}\,i$	i
τ	$\sqrt[4]{2}$	$-i$
$\tau\sigma$	$-\sqrt[4]{2}\,i$	$-i$
$\tau\sigma^2$	$-\sqrt[4]{2}$	$-i$
$\tau\sigma^3$	$\sqrt[4]{2}\,i$	$-i$

先 / あと	e	σ	σ^2	σ^3	τ	$\tau\sigma$	$\tau\sigma^2$	$\tau\sigma^3$
e	e	σ	σ^2	σ^3	τ	$\tau\sigma$	$\tau\sigma^2$	$\tau\sigma^3$
σ	σ	σ^2	σ^3	e	$\tau\sigma^3$	τ	$\tau\sigma$	$\tau\sigma^2$
σ^2	σ^2	σ^3	e	σ	$\tau\sigma^2$	$\tau\sigma^3$	τ	$\tau\sigma$
σ^3	σ^3	e	σ	σ^2	$\tau\sigma$	$\tau\sigma^2$	$\tau\sigma^3$	τ
τ	τ	$\tau\sigma$	$\tau\sigma^2$	$\tau\sigma^3$	e	σ	σ^2	σ^3
$\tau\sigma$	$\tau\sigma$	$\tau\sigma^2$	$\tau\sigma^3$	τ	σ^3	e	σ	σ^2
$\tau\sigma^2$	$\tau\sigma^2$	$\tau\sigma^3$	τ	$\tau\sigma$	σ^2	σ^3	e	σ
$\tau\sigma^3$	$\tau\sigma^3$	τ	$\tau\sigma$	$\tau\sigma^2$	σ	σ^2	σ^3	e

この演算表から，この群は**定義2.1**の$n=4$の場合，D_4に同型であることが分かります。D_4は正方形の回転移動と対称移動に関する群です。D_3の演算表と見比べると類似点が見つかりますね。D_4の演算表は，D_3の演算表にσ^3, $\tau\sigma^3$を加えてちょっといじくったものになっています。

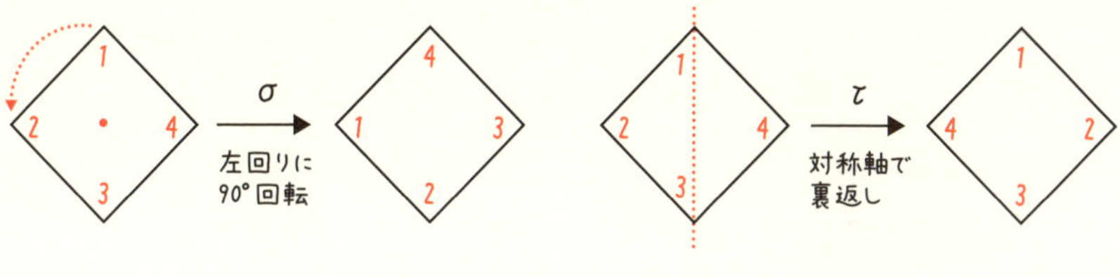

部分群を求めましょう。部分群の位数は，8の約数1, 2, 4, 8のいずれかです。

位数1の部分群は$\{e\}$，位数8の部分群は$\langle\sigma,\ \tau\rangle$です。

位数2の部分群は，eに位数2の元を加えた

$$\langle\sigma^2\rangle=\{e,\ \sigma^2\},\ \langle\tau\rangle=\{e,\ \tau\},\ \langle\tau\sigma\rangle=\{e,\ \tau\sigma\}$$

$$\langle\tau\sigma^2\rangle=\{e,\ \tau\sigma^2\},\ \langle\tau\sigma^3\rangle=\{e,\ \tau\sigma^3\}$$

です。

位数4の部分群については少し考察を要します。

部分群に位数4の元σ（またはσ^3）があれば，これのベキ乗だけで位数4の部分群ができ，$\langle\sigma\rangle=\{e,\ \sigma,\ \sigma^2,\ \sigma^3\}$です。

以下，σ，σ^3を除いて，位数2の元だけで考えます。

これ以外の位数4の部分群は，位数2の元を3個持つものです。

仮に，τ，$\tau\sigma$，$\tau\sigma^2$，$\tau\sigma^3$（裏系：正方形の裏返しをする操作を含むもの）の中から3個を選ぶとします。その3個の中から異なる2個をとって積を作ると，裏系と裏系の積ですから結果は表系になり，2乗でないのでeでもありませんから，σ，σ^2，σ^3（表系）のうちのどれかができます。5番目の元ができて矛盾します。

また，仮に，τ，$\tau\sigma$，$\tau\sigma^2$，$\tau\sigma^3$の中から1個だけ選ぶと，位数2の元は他にσ^2しかありませんから，位数4に足りません。

つまり，τ，$\tau\sigma$，$\tau\sigma^2$，$\tau\sigma^3$の中から2個選ぶしかありません。この選び方のうち群になるのは，

$$\langle\sigma^2,\ \tau\rangle=\{e,\ \sigma^2,\ \tau,\ \tau\sigma^2\},\ \langle\sigma^2,\ \tau\sigma\rangle=\{e,\ \sigma^2,\ \tau\sigma,\ \tau\sigma^3\}$$

位数4の部分群

の2個です。$\langle\sigma,\ \tau\rangle$の部分群はこれですべてです。

これらの部分群に対する中間体を求めてみましょう。

$\langle\sigma^2,\ \tau\rangle$に対応する中間体を求めよ。

$\langle\sigma^2,\ \tau\rangle$の固定体を求めます。

$\boldsymbol{Q}(\sqrt[4]{2},\ i)$の元$x$が，

$$x=a+b\sqrt[4]{2}+c(\sqrt[4]{2})^2+d(\sqrt[4]{2})^3+ei+f\sqrt[4]{2}\,i+g(\sqrt[4]{2})^2i+h(\sqrt[4]{2})^3i$$

（aからhは有理数）

と表されているものとします。まずはτを作用させてみましょう。

$\tau(i)=-i$ですから，$\tau(x)$は

$$\tau(x)=a+b\sqrt[4]{2}+c(\sqrt[4]{2})^2+d(\sqrt[4]{2})^3-ei-f\sqrt[4]{2}\,i-g(\sqrt[4]{2})^2 i-h(\sqrt[4]{2})^3 i$$

$\tau(x)=x$であるためには，係数を比べて，$e=f=g=h=0$でなければなりません。固定体の元は$a+b\sqrt[4]{2}+c(\sqrt[4]{2})^2+d(\sqrt[4]{2})^3$の形をしています。

次に，$a+b\sqrt[4]{2}+c(\sqrt[4]{2})^2+d(\sqrt[4]{2})^3$に$\sigma^2$を作用させます。

$$\begin{aligned}&\sigma^2(a+b\sqrt[4]{2}+c(\sqrt[4]{2})^2+d(\sqrt[4]{2})^3)\\&=a+b\sigma^2(\sqrt[4]{2})+c\{\sigma^2(\sqrt[4]{2})\}^2+d\{\sigma^2(\sqrt[4]{2})\}^3\\&=a+b(-\sqrt[4]{2})+c(-\sqrt[4]{2})^2+d(-\sqrt[4]{2})^3\\&=a-b(\sqrt[4]{2})+c(\sqrt[4]{2})^2-d(\sqrt[4]{2})^3\end{aligned}$$

です。$a+b\sqrt[4]{2}+c(\sqrt[4]{2})^2+d(\sqrt[4]{2})^3$が$\sigma^2$で不変である条件は，$b=0$，$d=0$です。固定体の元は$a+c(\sqrt[4]{2})^2$の形をしています。

$a+c(\sqrt[4]{2})^2$に$\tau\sigma^2$を作用させると，

$$\begin{aligned}\tau\sigma^2(a+c(\sqrt[4]{2})^2)&=a+c\{\tau\sigma^2(\sqrt[4]{2})\}^2\\&=a+c(-\sqrt[4]{2})^2=a+c(\sqrt[4]{2})^2\end{aligned}$$

となりますから，$a+c(\sqrt[4]{2})^2=a+c\sqrt{2}$は，$\langle\sigma^2,\ \tau\rangle=\{e,\ \sigma^2,\ \tau,\ \tau\sigma^2\}$で不変です。

$\langle\sigma^2,\ \tau\rangle$の固定体は$\boldsymbol{Q}(\sqrt{2})$であり，これが$\langle\sigma^2,\ \tau\rangle$に対応する中間体です。

このようにして，部分群に対する中間体を求め，対応関係を図にまとめると，次のようになります。

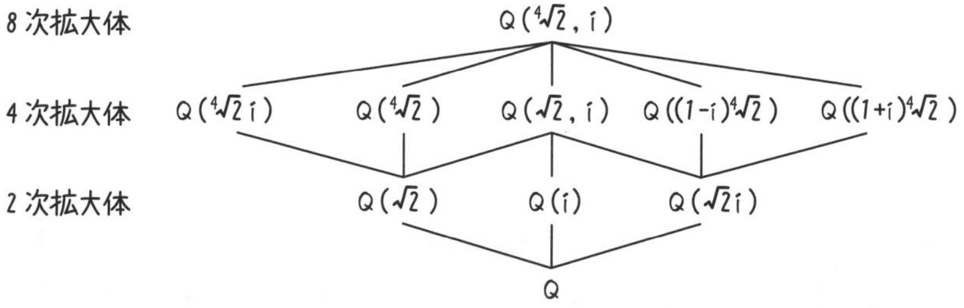

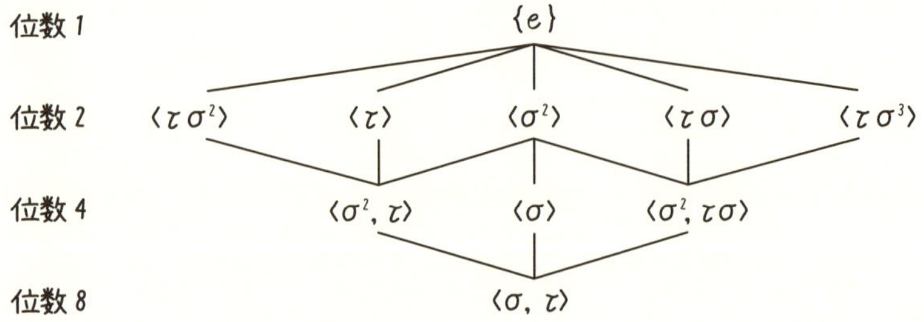

（問5.20　終わり）

この対応関係の図は，ほれぼれとしますね。ダイヤモンドの輝きのようで，眺めているとうっとりとした気分になります。

さて，ガロア拡大体について調べてみましょう。この中間体の中には，$\boldsymbol{Q}$のガロア拡大になっているものもあれば，そうでないものもあります。

$\boldsymbol{Q}(\sqrt[4]{2}, i)$，$\boldsymbol{Q}(\sqrt{2}, i)$，$\boldsymbol{Q}(\sqrt{2})$，$\boldsymbol{Q}(i)$，$\boldsymbol{Q}(\sqrt{2}\,i)$はそれぞれ，

$$x^4-2=0,\ (x^2-2)(x^2+1)=0,\ x^2-2=0,\ x^2+1=0,\ x^2+2=0$$

の最小分解体になっていますから，すべて$\boldsymbol{Q}$のガロア拡大体です。

$\boldsymbol{Q}(\sqrt[4]{2})$の元$\sqrt[4]{2}$の最小多項式は$x^4-2=0$ですが，この方程式の解$\sqrt[4]{2}\,i$は，$\boldsymbol{Q}(\sqrt[4]{2})$に含まれていません。$\boldsymbol{Q}(\sqrt[4]{2})$は正規性がないので$\boldsymbol{Q}$のガロア拡大ではありません。

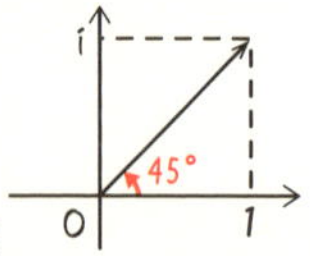

$\boldsymbol{Q}((1+i)\sqrt[4]{2})$の元$(1+i)\sqrt[4]{2}$は，4乗すると

$$\{(1+i)\sqrt[4]{2}\}^4=\{\sqrt{2}(\cos 45^\circ+i\sin 45^\circ)\sqrt[4]{2}\}^4=-8$$

なので，$(1+i)\sqrt[4]{2}$の最小多項式は$x^4+8=0$です。この方程式の他の解には$i(1+i)\sqrt[4]{2}=(-1+i)\sqrt[4]{2}$があります。これは$\boldsymbol{Q}((1+i)\sqrt[4]{2})$に含まれるでしょうか。判別するのは大変そうですね。

結論をいっておくと，$\boldsymbol{Q}(\sqrt[4]{2}\,i)$，$\boldsymbol{Q}(\sqrt[4]{2})$，$\boldsymbol{Q}((1+i)\sqrt[4]{2})$，$\boldsymbol{Q}((1-i)\sqrt[4]{2})$が$\boldsymbol{Q}$のガロア拡大体ではありません。

次数2の中間体はすべてガロア拡大体になっていますが，次数4の中間体はガロア拡大体であるものとそうでないものに分かれます。

$x^3-2=0$ の最小分解体 $\boldsymbol{Q}(\sqrt[3]{2},\ \omega)$ の中間体 $\boldsymbol{Q}(\sqrt[3]{2})$，$\boldsymbol{Q}(\sqrt[3]{2}\,\omega)$，$\boldsymbol{Q}(\sqrt[3]{2}\,\omega^2)$もガロア拡大体ではありませんでした。$\boldsymbol{Q}(\sqrt[3]{2}\,\omega)$が正規拡大体ではないことを確認するには，$\sqrt[3]{2}\notin\boldsymbol{Q}(\sqrt[3]{2}\,\omega)$を示しますが，**問5.5**のような計算をしなくてはならず，ずいぶん苦労します。

せっかくガロア対応があるのです。中間体に対応する部分群から，中間体がガロア拡大体か否かを判定する方法はないでしょうか。群の方がなにかと扱いが簡単です。

その判定をする定理を紹介する前に次の定理を証明しておきましょう。

定理5.35 $\sigma(M)$と$\sigma H\sigma^{-1}$の対応

$\boldsymbol{Q}$上の方程式$f(x)=0$の最小分解体を$\boldsymbol{L}$，そのガロア群をGとします。中間体$\boldsymbol{M}$と部分群Hがガロア対応しているとする。σをGの任意の元とするとき，

(1) 中間体$\sigma(\boldsymbol{M})$と部分群$\sigma H\sigma^{-1}$はガロア対応をする。

(2) HがGの正規部分群である $\Leftrightarrow$ $\boldsymbol{M}=\sigma(\boldsymbol{M})$

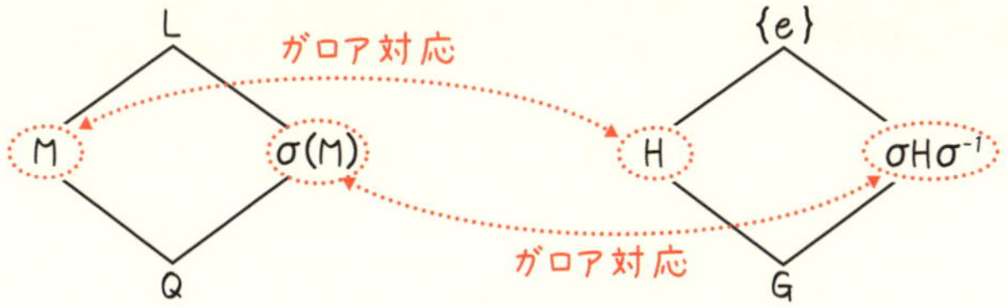

証明 (1) $\sigma(\boldsymbol{M})$が体になることは，$\sigma(\boldsymbol{M})$の任意の元$\sigma(x)$と$\sigma(y)$の四則演算が閉じていることを確かめればO.K.です。

$$\sigma(x)+\sigma(y)=\sigma(x+y),\ \sigma(x)-\sigma(y)=\sigma(x-y)$$

$$\sigma(x)\sigma(y)=\sigma(xy),\ \sigma(x)/\sigma(y)=\sigma(x/y)$$

結果はすべて$\sigma(\boldsymbol{M})$の元なので，$\sigma(\boldsymbol{M})$は閉じていて確かに体です。

次に，$\sigma H\sigma^{-1}$が群になることを確かめます。

$\sigma H\sigma^{-1}$の任意の元$\sigma x\sigma^{-1}$，$\sigma y\sigma^{-1}$の積をとると，

$$\sigma x\sigma^{-1}\cdot\sigma y\sigma^{-1}=\sigma x(\sigma^{-1}\sigma)y\sigma^{-1}=\sigma(xy)\sigma^{-1}\in\sigma H\sigma^{-1}$$

となり，積について閉じています。結合法則が成り立ち，$\sigma e \sigma^{-1} = e$が単位元，$\sigma x \sigma^{-1}$に対して$\sigma x^{-1} \sigma^{-1}$が逆元となるので，$\sigma H \sigma^{-1}$は群です。

$\sigma(\boldsymbol{M})$の任意の元$\sigma(x)$を不変にするようなGの元をτとする。

$\tau\sigma(x) = \sigma(x)$

$\Leftrightarrow \quad \sigma^{-1}\tau\sigma(x) = x$　（左からσ^{-1}を掛けて）

$\Leftrightarrow \quad \sigma^{-1}\tau\sigma \in H$（$\sigma^{-1}\tau\sigma$は$\boldsymbol{M}$の任意の元$x$を不変にする）

$\Leftrightarrow \quad \tau \in \sigma H \sigma^{-1}$（左から$\sigma$，右から$\sigma^{-1}$を掛けて）

これにより，$\sigma(\boldsymbol{M})$の固定群が$\sigma H \sigma^{-1}$であることが分かりました。

$\sigma(\boldsymbol{M})$と$\sigma H \sigma^{-1}$はガロア対応をしています。

(2)「HがGの正規部分群である」をいい換えます。

HがGの正規部分群である。

$\Leftrightarrow$　　Gの任意の元σに対して，$\sigma H = H\sigma$

$\Leftrightarrow$　　Gの任意の元σに対して，$\sigma H \sigma^{-1} = H$

(1) より，部分群$\sigma H \sigma^{-1}$に対応する固定体は$\sigma(\boldsymbol{M})$なので，$\sigma H \sigma^{-1}$とHが一致すれば，それらのガロア対応である$\sigma(\boldsymbol{M})$と$\boldsymbol{M}$が一致し，$\sigma(\boldsymbol{M}) = \boldsymbol{M}$となります。また，$\sigma(\boldsymbol{M}) = \boldsymbol{M}$のとき，$\sigma H \sigma^{-1} = H$となり逆もいえます。　（証明終わり）

中間体$\boldsymbol{M}$が$\boldsymbol{Q}$のガロア拡大になるための条件は次のように表されます。

定理5.36　中間体がガロア拡大体になる条件

$\boldsymbol{Q}$上の方程式$f(x) = 0$の最小分解体を$\boldsymbol{L}$，そのガロア群をGとする。中間体$\boldsymbol{M}$と部分群Hがガロア対応しているとする。

$\boldsymbol{M}$が$\boldsymbol{Q}$のガロア拡大体である　$\Leftrightarrow$　HがGの正規部分群である

また，これらを満たすとき，

$$\mathrm{Gal}(\boldsymbol{M}/\boldsymbol{Q}) \cong G/H$$

証明 **定理5.35**より，

HがGの正規部分群である

$\Leftrightarrow$ Gの任意の元σに対して，$\sigma(\boldsymbol{M})=\boldsymbol{M}$

ですから，示すべきことは，

$\boldsymbol{M}$が$\boldsymbol{Q}$のガロア拡大体である

$\Leftrightarrow$ Gの任意の元σに対して，$\sigma(\boldsymbol{M})=\boldsymbol{M}$ ……☆

となります。

ガロア対応の証明のときのように，$\boldsymbol{L}$, $\boldsymbol{M}$にはしごを掛けておきましょう。

$\boldsymbol{M}$に対して，**定理5.32**のようにして$\boldsymbol{Q}$上のm次既約多項式$f(x)$を作り，$f(x)=0$の解αによって，$\boldsymbol{M}=\boldsymbol{Q}(\alpha)$と表します。$f(x)=0$の解を$\alpha_1=\alpha$，$\alpha_2$，…，$\alpha_m$とします。また，**定理5.31**のように$\boldsymbol{Q}(\alpha)$上の$n$次既約多項式$g(x)$を作り，$g(x)=0$の解$\beta$を用いて$\boldsymbol{L}=\boldsymbol{M}(\beta)=\boldsymbol{Q}(\alpha, \beta)$と表します。すると，**定理5.22**のように，$g_i(x)=0$の解β_{i1}，β_{i2}，…，β_{in}を用いて、$\boldsymbol{L}$に作用するmn個の自己同型写像σ_{ij}は

$$\sigma_{ij}(\alpha)=\alpha_i,\ \sigma_{ij}(\beta)=\beta_{ij} \qquad (1\leqq i\leqq m,\ 1\leqq j\leqq n)$$

で定められます。このとき，

$$G=\mathrm{Gal}(\boldsymbol{L}/\boldsymbol{Q})=\{\sigma_{11},\ \sigma_{12},\ \cdots,\ \sigma_{1n},\ \sigma_{21},\ \sigma_{22},\ \cdots,\ \sigma_{2n},\ \cdots,\ \sigma_{m1},\ \sigma_{m2},\ \cdots,\ \sigma_{mn}\}$$

$$H=\mathrm{Gal}(\boldsymbol{L}/\boldsymbol{M})=\{\sigma_{11},\ \sigma_{12},\ \cdots,\ \sigma_{1n}\}$$

となります。

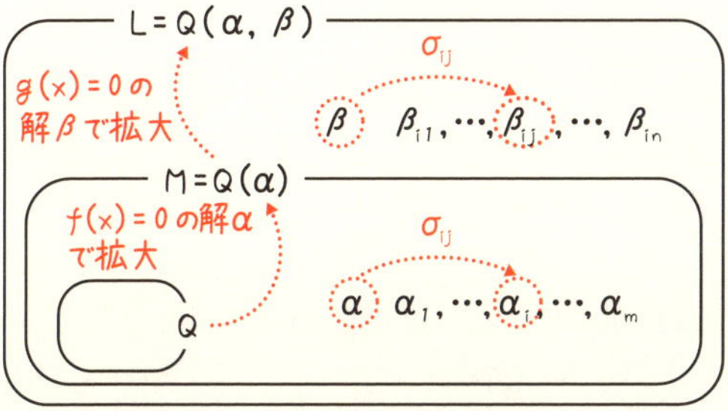

前頁☆の $\Rightarrow$ を示します。

$\boldsymbol{L}$の自己同型写像σを$\boldsymbol{M}$に制限して考えると，これは$\boldsymbol{M}$に作用する同型写像になっています。これは

$$\begin{array}{cccc} \sigma: & \boldsymbol{M} & \longrightarrow & \sigma(\boldsymbol{M}) \\ & x & \longmapsto & \sigma(x) \end{array}$$

において，$\sigma(x+y)=\sigma(x)+\sigma(y)$, $\sigma(xy)=\sigma(x)\sigma(y)$が成り立つからです。

$\boldsymbol{M}$が$\boldsymbol{Q}$のガロア拡大体であれば，$\boldsymbol{M}$に作用するすべての同型写像は自己同型写像になります。Gの任意の元σ_{ij}について，$\sigma_{ij}(\boldsymbol{M})=\boldsymbol{M}$が成り立ちます。

☆の $\Leftarrow$ を示します。

同型写像によるαの移り先は，α_1，α_2，…，α_mです。Gの任意の元σ_{ij}について，$\sigma_{ij}(\boldsymbol{M})=\boldsymbol{M}$が成り立つので，$\sigma_{ij}(\alpha)$は$\alpha_1$，$\alpha_2$，…，$\alpha_m$ のいずれかに等しく，これらはすべて$\boldsymbol{M}$に含まれます。したがって**定理5.29**より，$\boldsymbol{M}$は$\boldsymbol{Q}$のガロア拡大体です。

ここで集合，$\sigma_{11}H$, $\sigma_{21}H$, …, $\sigma_{m1}H$を考えます。

$\sigma_{i1}H$に属する元$\sigma_{i1}\sigma$をαに作用させると，

$$(\sigma_{i1}\sigma)(\alpha)=\sigma_{i1}(\sigma(\alpha))=\sigma_{i1}(\alpha)=\alpha_i$$

ですから，$\sigma_{i1}H\cap\sigma_{j1}H=\phi \quad (i\neq j)$。

位数を考えて，

$$G=\sigma_{11}H\cup\sigma_{21}H\cup\cdots\cup\sigma_{m1}H$$

$\sigma_{11}H$, $\sigma_{21}H$, …, $\sigma_{m1}H$はGのHによる剰余類になります。

HはGの正規部分群ですから，GのHによる剰余類は群になり，

$$G/H=\{\sigma_{11}H,\ \sigma_{21}H,\ \cdots,\ \sigma_{m1}H\}$$

と表せます。

σ_{ij}を$\boldsymbol{M}$の自己同型写像として見たものを$\sigma_{ij}|_{\boldsymbol{M}}$とします。

$\mathrm{Gal}(\boldsymbol{M}/\boldsymbol{Q})$の元は$\alpha$に作用して，$\alpha_1$，$\alpha_2$，…，$\alpha_m$となる$\boldsymbol{M}$の自己同型

写像ですから,

$$\mathrm{Gal}(\boldsymbol{M}/\boldsymbol{Q})=\{\sigma_{11}|_M,\ \sigma_{21}|_M,\ \cdots,\ \sigma_{m1}|_M\}$$

と表すことができます。

ここで，$\mathrm{Gal}(\boldsymbol{M}/\boldsymbol{Q})$から$G/H$への写像を

$$\rho\ :\ \mathrm{Gal}(\boldsymbol{M}/\boldsymbol{Q}) \longrightarrow G/H$$

$$\sigma_{i1}|_M \longmapsto \sigma_{i1}H$$

Gの元として，σ_{i1}とσ_{j1}の積は$\sigma_{i1}\sigma_{j1}$なので，Mに作用する自己同型写像として見ても，

$$\sigma_{i1}|_M\sigma_{j1}|_M=\sigma_{i1}\sigma_{j1}|_M$$

と定めます。これは全単射です。これについて，

$$\rho(\sigma_{i1}|_M\cdot\sigma_{j1}|_M)=\rho(\sigma_{i1}\sigma_{j1}|_M)=\sigma_{i1}\sigma_{j1}H$$

$$\rho(\sigma_{i1}|_M)\rho(\sigma_{j1}|_M)=(\sigma_{i1}H)(\sigma_{j1}H)=\sigma_{i1}\sigma_{j1}H$$

となり，$\rho(\sigma_{i1}|_M\cdot\sigma_{j1}|_M)=\rho(\sigma_{i1}|_M)\rho(\sigma_{j1}|_M)$を満たしますから，$\rho$は同型写像です。

$$\mathrm{Gal}(\boldsymbol{M}/\boldsymbol{Q})\cong G/H$$

（証明終わり）

この定理を用いると，$\boldsymbol{Q}(\sqrt[4]{2},\ i)$の中間体のうち，$\boldsymbol{Q}$のガロア拡大体になっているものがすぐに見つけられます。

ガロア群$\langle\sigma,\ \tau\rangle$の部分群のうち，$\{e\}$と自身以外で正規部分群となるのは，位数4の部分群$\langle\sigma\rangle$, $\langle\sigma^2,\ \tau\rangle$, $\langle\sigma^2,\ \tau\sigma\rangle$と位数2の部分群$\langle\sigma^2\rangle$です。位数4の部分群については，**定理2.10**より正規部分群であることが分かります。位数2の部分群については直接調べればよいでしょう。

$\boldsymbol{Q}$のガロア拡大体になるのは，これらの正規部分群の固定体である$\boldsymbol{Q}(i)$, $\boldsymbol{Q}(\sqrt{2})$，$\boldsymbol{Q}(\sqrt{2}\,i)$，$\boldsymbol{Q}(\sqrt{2},\ i)$です。

第6章「根号で表す」

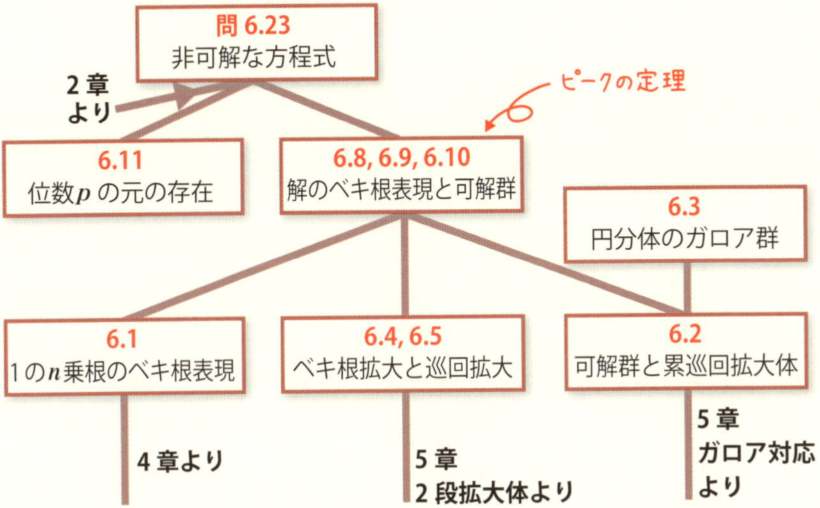

この章の目標は，「5次以上の方程式には解の公式がないこと」を示すことです。

初めに1のn乗根が根号を用いて表すことができることを証明します。これはガロア理論の一般論からいえることですが，具体的な手順を示しておきます。

次に，$x^n-1=0$，$x^n-a=0$のガロア群を調べて，根号が表す数による拡大体の構造の特徴を掴んでもらいます。これをもとにすると，根号で表された数は$x^n-a=0$型の方程式を繰り返して作ることができる数ですから，その拡大体の特徴も分かります。

そして，いままでの定理の集大成として，ピークの定理

「方程式$f(x)=0$の解が根号で表せる

$\Leftrightarrow$　方程式$f(x)=0$のガロア群が可解群である」

の証明に挑みます。この定理を用いると，5次以上の方程式に解の公式がないことが示されます。

1　1のn乗根をベキ根で表す

円分方程式の可解性

この章では，いよいよピークの定理の証明に挑みます。ピークの定理とは，

$\boldsymbol{Q}$上の方程式$f(x)=0$の解がベキ根で表される。

$\Leftrightarrow$　$f(x)=0$のガロア群が可解群である。

でした。

まず初めに，ベキ根の意味をもう一度確認しておきましょう。

aが正の実数のとき，「$\sqrt[n]{a}$」は方程式$x^n-a=0$のn個ある解のうちで正の実数解を表します。この方程式の正の実数解は1つですから，「$\sqrt[n]{a}$」が指し示すものは1つに決まります。

ところが，ガロア理論に出てくる「ベキ根」では，根号の中身が正の実数以外のものも扱います。aが複素数の場合でも，「$\sqrt[n]{a}$」を考えるのです。

例えば，$\sqrt[3]{2i}$であれば，これは$x^3-2i=0$の解を表します。

この方程式の解は，**定理4.8**を用いて，

$$x^3-2i=0 \qquad \therefore \quad x^3=2(\cos 90^\circ+i\sin 90^\circ)$$

$$\therefore \quad x=\sqrt[3]{2}(\cos(30^\circ+120^\circ\times k)+i\sin(30^\circ+120^\circ\times k)) \ (k\text{は整数})$$

$$\therefore \quad x=\sqrt[3]{2}(\cos 30^\circ+i\sin 30^\circ),\ \sqrt[3]{2}(\cos 150^\circ+i\sin 150^\circ),$$
$$\sqrt[3]{2}(\cos 270^\circ+i\sin 270^\circ)$$

と3個あります。ですから，この場合，$\sqrt[3]{2i}$はこの3個のうちのどれかを表しているものと考えます。aが正の実数であるときのように，1つの解に際立った特徴があるわけではないので，1つには決められないのです。

ベキ根「$\sqrt[n]{a}$」は，aが正の実数のときは方程式 $x^n-a=0$の正の実数解を表し，aがそれ以外のときは方程式 $x^n-a=0$ のn個ある解のうちどれかを表します。これらの使い方を区別したいときは，aが正の実数の

ときのベキ根を**実数ベキ根**，aが正の実数以外のときのベキ根を**一般ベキ根**と呼ぶことにします。この本だけの用語です。

$n=3, 6, 8$の場合に，1の原始n乗根$\cos\frac{360^\circ}{n}+i\sin\frac{360^\circ}{n}$をベキ根を用いて書き下してみると，

$$1の3乗根は，\ \cos 120^\circ+i\sin 120^\circ=-\frac{1}{2}+\frac{\sqrt{3}}{2}i$$

$$1の6乗根は，\ \cos 60^\circ+i\sin 60^\circ=\frac{1}{2}+\frac{\sqrt{3}}{2}i$$

$$1の8乗根は，\ \cos 45^\circ+i\sin 45^\circ=\frac{\sqrt{2}}{2}+\frac{\sqrt{2}}{2}i$$

と，実数ベキ根を使って表されています。

nが他の整数の場合が気になりますね。実は，1のn乗根は，nがどんな場合でもベキ根を用いて表すことができます。ただし，この場合のベキ根の使い方は一般ベキ根です。上の例のようにすべてのnについて実数ベキ根で表されると個人的にはうれしいのですが，そうはうまくいかないんです。

1のn乗根が一般ベキ根を用いて表すことができるということは，円分方程式$\Phi_n(x)=0$の解が一般ベキ根を用いて表されるということです。

実は，目指すピークの定理の「$\boldsymbol{Q}$上の方程式$f(x)=0$の解がベキ根で表される」という文の「ベキ根」も一般ベキ根を表しています。

円分方程式$\Phi_n(x)=0$は，解を一般ベキ根で表すことができる$\boldsymbol{Q}$上の方程式の例になっているわけです。

$\boldsymbol{Q}$上の3次方程式，4次方程式では，係数がどんな場合であっても，解は一般ベキ根を用いて表されます。ベキ根を用いた解の公式が存在します。

しかし，$\boldsymbol{Q}$上の5次以上の方程式では，ベキ根を用いた解の公式はありません。だからといって，すべての5次以上の方程式の解がベキ根を用いて表すことができないというわけではありません。5次以上の方程式の場

合，解がベキ根で表される場合もあれば，ベキ根で表されない場合もあります。解がベキ根で表されるといっても，$(x^2-2)(x^3-2)=0$のような，既約でないつまらない例のことではありません。5次以上の既約な多項式による方程式でも，解がベキ根で表される場合があるのです。ですから，解がベキ根で表される方程式とそうでない方程式の実例をあげることには意義があると考えます。そこで，この節では，5次以上の既約多項式による方程式で，解がベキ根で表される例として，円分方程式$\Phi_n(x)=0$をとり上げ，解をベキ根で表してみようと思います。

ピークの定理の「ベキ根で表される」とは，一般ベキ根のことだといいました。一般ベキ根とは，$\sqrt[n]{a}$に対して，n個の候補を考えることです。**定理4.8**から，n個の候補のうちの1つをα，1の原始n乗根を

$$\zeta=\cos\frac{360^\circ}{n}+i\sin\frac{360^\circ}{n}$$

とすれば，$\sqrt[n]{a}$の候補は，α, $\alpha\zeta$, $\alpha\zeta^2$, …, $\alpha\zeta^{n-1}$となります。ピークの定理で，解が「ベキ根で表される」と宣言しているのに，x^n-1の解であるζが三角関数のままでは示しがつきません。

「1のn乗根をベキ根を用いて表す」といっても，「$\sqrt[n]{1}$」と表せば，これで1のn乗根をベキ根によって表したことにする立場もあり得ます。事実，そのような立場をとって，1のn乗根をベキ根で表すことに触れない本も多く見受けられます。しかし，この本では解がベキ根で表される5次以上の方程式の実例を示す意味においても，一般ベキ根で三角関数を残さない意味においても，$\Phi_n(x)=0$の解をベキ根で表すことにこだわってみようと思います。

$\Phi_n(x)=0$の解がベキ根で表されることを見ていきましょう。

問6.1　1の5乗根をベキ根で表せ。

1の5乗根ζを，$\zeta=\cos72^\circ+i\sin72^\circ$とおきます。

1の5乗根ですから$\zeta^5=1$が成り立ち，これより，

$$\zeta^5-1=0 \qquad \therefore \quad (\zeta-1)(\zeta^4+\zeta^3+\zeta^2+\zeta+1)=0$$

$\zeta \neq 1$ですから，$\zeta^4+\zeta^3+\zeta^2+\zeta+1=0$が成り立ちます。

$\alpha=\zeta+\zeta^4$，$\beta=\zeta^2+\zeta^3$とおいて，α，βを解とする2次方程式を立てましょう。

$$\begin{cases} \alpha+\beta=\zeta+\zeta^4+\zeta^2+\zeta^3=-1 \\ \alpha\beta=(\zeta+\zeta^4)(\zeta^2+\zeta^3) \end{cases}$$

$$=\zeta^3+\zeta^4+\zeta^6+\zeta^7=\zeta^3+\zeta^4+\zeta^1+\zeta^2=-1$$

これを用いて，α，βを解とする2次方程式を求めると，

$$(x-\alpha)(x-\beta)=x^2-(\alpha+\beta)x+\alpha\beta=x^2+x-1$$

より，$x^2+x-1=0$

これを解いて，$x=\dfrac{-1\pm\sqrt{1^2-4(-1)}}{2}=\dfrac{-1\pm\sqrt{5}}{2}$

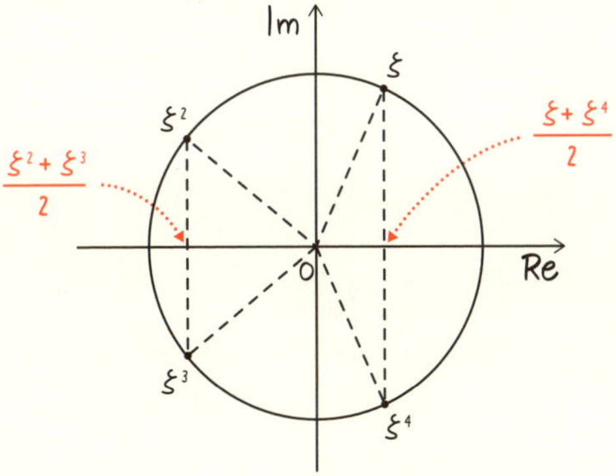

図を考えて，$\alpha=\zeta+\zeta^4>0$，$\beta=\zeta^2+\zeta^3<0$なので，

$$\alpha=\zeta+\zeta^4=\frac{-1+\sqrt{5}}{2},$$

$$\beta=\zeta^2+\zeta^3=\frac{-1-\sqrt{5}}{2}$$

次に，ζ，ζ^4を解に持つ2次方程式を求めると，

$$(x-\zeta)(x-\zeta^4)=x^2-(\zeta+\zeta^4)x+\zeta\cdot\zeta^4=x^2+\left(\frac{1-\sqrt{5}}{2}\right)x+1$$

より，$x^2+\left(\frac{1-\sqrt{5}}{2}\right)x+1=0$。

これを解いて，

$$\zeta=\frac{-\left(\frac{1-\sqrt{5}}{2}\right)+\sqrt{\left(\frac{1-\sqrt{5}}{2}\right)^2-4}}{2}=\frac{-1+\sqrt{5}}{4}+\frac{\sqrt{10+2\sqrt{5}}}{4}i$$

となります。

1の5乗根の場合は，めでたく実数ベキ根で表すことができました。一般のnについては，1の5乗根のように実数ベキ根で表されるとは限りません。

他に1の5乗根のように，実数ベキ根で表すことができるものには，1の17乗根が知られています。1の5乗根，1の17乗根の実数ベキ根表現には，平方根しか使われていません。これは，円分多項式の$\Phi_n(x)$の次数が，それぞれ，$\varphi(5)=4=2^2$，$\varphi(17)=16=2^4$と2のベキ乗になっていて，$\Phi_n(x)=0$のガロア群の位数が$4=2^2$，$16=2^4$になるからなのです。

定理6.1　**1のn乗根のベキ根表現**

1のn乗根はベキ根を用いて表すことができる。

証明　nについての帰納法で証明します。

$n=1, 2, 3$のときは，ベキ根を用いて表すことができます。

nより小さいときにはベキ根で表されると仮定します。

nが合成数の場合には，すぐにnより小さい場合に帰着できます。

$n=st$であるとします。

1の原始s乗根を$\zeta=\cos\frac{360°}{s}+i\sin\frac{360°}{s}$，

1の原始t乗根を$\eta=\cos\frac{360°}{t}+i\sin\frac{360°}{t}$

とおきます。帰納法の仮定より，ζもηもベキ根で表されています。

x^n-1は，

$$x^n-1=x^{st}-1=(x^s)^t-1=X^t-1=\prod_{0\leqq k\leqq t-1}(X-\eta^k)=\prod_{0\leqq k\leqq t-1}(x^s-\eta^k)$$

$X=x^s$とおく

と因数分解できますから，1のn乗根は，

$$\sqrt[s]{\eta^k}(\zeta)^l \quad (0\leqq l\leqq s-1,\ 0\leqq k\leqq t-1)$$

と，ベキ根を用いて表すことができます。

ですから，あとはnが素数の場合に題意を満たすことを示せば証明は終わります。

表記を見やすくするため，$n=7$として，nが素数のときに1のn乗根が，1の$n-1$乗根のベキ根で表される仕組みを例示しましょう。

1の原始n乗根を$\zeta=\cos\dfrac{360^\circ}{n}+i\sin\dfrac{360^\circ}{n}$，

1の原始$n-1$乗根を$\omega=\cos\dfrac{360^\circ}{n-1}+i\sin\dfrac{360^\circ}{n-1}$とおきます。

ここで，

$$f(x,\ y)=y^3+xy^2+x^2y^6+x^3y^4+x^4y^5+x^5y$$

というx, yの多項式を考えます。xの指数は順序良く並んでいますが，yの指数は不思議な並び方をしています。これは7の原始根3のベキ乗を並べたものなんです。

$$3,\ 3^2\equiv 2,\ 3^3\equiv 6,\ 3^4\equiv 4,\ 3^5\equiv 5,\ 3^6\equiv 1 \pmod 7$$

原始根3が選べるところで，7が素数である条件を使っています。

ここで，$(f(\omega,\ \zeta^2))^6$を計算します。

$$
\begin{aligned}
&(f(\omega,\ \zeta^2))^6\\
&\quad=((\zeta^2)^3+\omega(\zeta^2)^2+\omega^2(\zeta^2)^6+\omega^3(\zeta^2)^4+\omega^4(\zeta^2)^5+\omega^5(\zeta^2))^6\\
&\quad=(\zeta^6+\omega\zeta^4+\omega^2\zeta^5+\omega^3\zeta+\omega^4\zeta^3+\omega^5\zeta^2)^6\\
&\quad=\{\omega^4(\zeta^3+\omega\zeta^2+\omega^2\zeta^6+\omega^3\zeta^4+\omega^4\zeta^5+\omega^5\zeta)\}^6\\
&\quad=(\omega^4)^6(\zeta^3+\omega\zeta^2+\omega^2\zeta^6+\omega^3\zeta^4+\omega^4\zeta^5+\omega^5\zeta)^6\\
&\quad=(\zeta^3+\omega\zeta^2+\omega^2\zeta^6+\omega^3\zeta^4+\omega^4\zeta^5+\omega^5\zeta)^6\\
&\quad=(f(\omega,\ \zeta))^6
\end{aligned}
$$

$\zeta^7=1,\ \omega^6=1$

$(\zeta^2)^6=\zeta^{12}=\zeta^5$

ω^4をくくり出す

$\omega=\omega^4\cdot\omega^3$

$(\omega^4)^6=(\omega^6)^4=1$

というように$(f(\omega,\ \zeta))^6$に等しくなりました。

鑑賞してみましょう。2行目から3行目のところです。

指数が3, 2, 6, 4, 5, 1と並んでいたものが6, 4, 5, 1, 3, 2と入れ替わりました。しかし，巡回しただけで“並び順”は変わっていないのです。ですから，今度は1の6乗根の方で調節して，もとの$f(\omega,\ \zeta)$を括り出すことができたわけです。そして括り出したところ（この場合はω^4）は，6乗するときに消えてしまうのです。気持ちいい式変形ですね。

並び順が変わらないカラクリを念のため説明しておきましょう。初めの並びは，

$$\overset{3}{3},\ \overset{2}{3^2},\ \overset{6}{3^3},\ \overset{4}{3^4},\ \overset{5}{3^5},\ \overset{1}{3^6}\pmod 7$$

でした。ここに，$2\equiv 3^2\pmod 7$を掛けたのですから，

$$\overset{6}{3^3},\ \overset{4}{3^4},\ \overset{5}{3^5},\ \overset{1}{3^6},\ \overset{3}{3^7}\equiv 3,\ \overset{2}{3^8}\equiv 3^2\pmod 7$$

となるわけです。$(\boldsymbol{Z}/7\boldsymbol{Z})^*$の巡回性を用いた巧妙な仕掛けです。

さて，そうすると同様にして，

$$(f(\omega,\ \zeta))^6=(f(\omega,\ \zeta^2))^6=(f(\omega,\ \zeta^3))^6=\cdots=(f(\omega,\ \zeta^6))^6$$

となることもお分かりいただけると思います。

ここまでの計算で，ωについては，$\omega^6=1$という関係しか使っていません。ωをω^iに置き換えても，$(\omega^i)^6=1$が成り立つので

$$(f(\omega^i,\ \zeta))^6=(f(\omega^i,\ \zeta^2))^6=(f(\omega^i,\ \zeta^3))^6=\cdots=(f(\omega^i,\ \zeta^6))^6$$

$$(i=0,\ 1,\ 2,\ 3,\ 4,\ 5)\qquad\cdots\cdots①$$

次に，$(f(x,\ \zeta))^6$を計算します。xは変数です。

$$(f(x,\ \zeta))^6$$
$$=(\zeta^3+x\zeta^2+x^2\zeta^6+x^3\zeta^4+x^4\zeta^5+x^5\zeta)^6$$
$$=a_0(x)\zeta^3+a_1(x)\zeta^2+a_2(x)\zeta^6+a_3(x)\zeta^4+a_4(x)\zeta^5+a_5(x)\zeta \cdots\cdots ②$$

ここで，$a_i(x)$はxの多項式です。$(f(x,\ \zeta))^6$の結果を，係数をxの多項式とした$\{\zeta^3,\ \zeta^2,\ \zeta^6,\ \zeta^4,\ \zeta^5,\ \zeta\}$の1次結合でまとめたわけです。

ζは$\zeta^6+\zeta^5+\zeta^4+\zeta^3+\zeta^2+\zeta+1=0$を満たすので，$\zeta$の7乗以上に関しては，$\zeta^7=1=-(\zeta^6+\zeta^5+\zeta^4+\zeta^3+\zeta^2+\zeta)$を用いて消去しています。なお，$Q(\zeta)$の基底は，$\{1,\ \zeta,\ \cdots,\ \zeta^5\}$ととるのが普通ですが，**問5.7**のように，$\{\zeta^3,\ \zeta^2,\ \zeta^6,\ \zeta^4,\ \zeta^5,\ \zeta\}$ととっても構わないのでした。

次に，$(f(x,\ \zeta^2))^6$を考えてみましょう。

$(f(x,\ \zeta))^6$の計算のとき，$\zeta^3\times\zeta^5=\zeta^8$であったものが，

$(f(x,\ \zeta^2))^6$の計算では，$(\zeta^2)^3\times(\zeta^2)^5=(\zeta^2)^8$となり，

$(f(x,\ \zeta))^6$の計算のときの，$\zeta^6+\zeta^5+\zeta^4+\zeta^3+\zeta^2+\zeta+1=0$

のかわりに，$(f(x,\ \zeta^2))^6$の計算では，

$$(\zeta^2)^6+(\zeta^2)^5+(\zeta^2)^4+(\zeta^2)^3+(\zeta^2)^2+(\zeta^2)+1=0$$

を使うことができますから，$(f(x,\ \zeta^2))^6$は，②のζをζ^2に置き換えた式になります。ここでは，$\zeta=\cos\dfrac{360^\circ}{n}+i\sin\dfrac{360^\circ}{n}$と定めましたが，②の式はもともと$\zeta$が他の1の原始$n$乗根で成り立つ式であると見てもよいでしょう。いずれにしろ，$(f(x,\ \zeta^2))^6$は②のζをζ^2に置き換えた式になります。

$$(f(x,\ \zeta^2))^6$$
$$=((\zeta^2)^3+x(\zeta^2)^2+x^2(\zeta^2)^6+x^3(\zeta^2)^4+x^4(\zeta^2)^5+x^5(\zeta^2))^6$$
$$=a_0(x)(\zeta^2)^3+a_1(x)(\zeta^2)^2+a_2(x)(\zeta^2)^6+a_3(x)(\zeta^2)^4$$
$$+a_4(x)(\zeta^2)^5+a_5(x)(\zeta^2)$$

$(\zeta^2)^5=\zeta^{10}=\zeta^3$

$$=a_0(x)\zeta^6+a_1(x)\zeta^4+a_2(x)\zeta^5+a_3(x)\zeta+a_4(x)\zeta^3+a_5(x)\zeta^2$$

となり，$\{\zeta^3,\ \zeta^2,\ \zeta^6,\ \zeta^4,\ \zeta^5,\ \zeta\}$の係数が巡回する形になります。

同様に$(f(x,\ \zeta^3))^6$，$(f(x,\ \zeta^4))^6$，$(f(x,\ \zeta^5))^6$，$(f(x,\ \zeta^6))^6$の場合も，②の

$\{\zeta^3, \zeta^2, \zeta^6, \zeta^4, \zeta^5, \zeta\}$の係数が巡回する形になります。

②でのζ^3の係数$a_0(x)$は，$(f(x, \zeta^2))^6$，$(f(x, \zeta^3))^6$，$(f(x, \zeta^4))^6$，$(f(x, \zeta^5))^6$，$(f(x, \zeta^6))^6$ の中では，それぞれ$\zeta^6(=(\zeta^2)^3)$，$\zeta^2(=(\zeta^3)^3)$，$\zeta^5(=(\zeta^4)^3)$，$\zeta(=(\zeta^5)^3)$，$\zeta^4(=(\zeta^6)^3)$の係数になり，ちょうど1回ずつ$\{\zeta^3, \zeta^2, \zeta^6, \zeta^4, \zeta^5, \zeta\}$の係数になります。$a_1(x)$，$a_2(x)$，$a_3(x)$，$a_4(x)$，$a_5(x)$についても同じですから，

$$
\begin{aligned}
&(f(x, \zeta))^6+(f(x, \zeta^2))^6+(f(x, \zeta^3))^6\\
&\qquad\qquad+(f(x, \zeta^4))^6+(f(x, \zeta^5))^6+(f(x, \zeta^6))^6\\
&=(a_0(x)+a_1(x)+a_2(x)+a_3(x)+a_4(x)+a_5(x))\\
&\qquad\qquad\qquad(\zeta+\zeta^2+\zeta^3+\zeta^4+\zeta^5+\zeta^6)\\
&=-(a_0(x)+a_1(x)+a_2(x)+a_3(x)+a_4(x)+a_5(x)) \quad \cdots\cdots③
\end{aligned}
$$

ここで，$6g(x)=-(a_0(x)+a_1(x)+a_2(x)+a_3(x)+a_4(x)+a_5(x))$とおき，③の式で$x=\omega^i$とします。

$$
\begin{aligned}
&(f(\omega^i, \zeta))^6+(f(\omega^i, \zeta^2))^6+(f(\omega^i, \zeta^3))^6\\
&\qquad+(f(\omega^i, \zeta^4))^6+(f(\omega^i, \zeta^5))^6+(f(\omega^i, \zeta^6))^6=6g(\omega^i)
\end{aligned}
$$

①より，$6(f(\omega^i, \zeta))^6=6g(\omega^i)$　　$\therefore$　$\underline{f(\omega^i, \zeta)=\sqrt[6]{g(\omega^i)}}$

$f(\omega^i, \zeta)$を書き下すと，

$$\zeta^3+\omega^i\zeta^2+(\omega^i)^2\zeta^6+(\omega^i)^3\zeta^4+(\omega^i)^4\zeta^5+(\omega^i)^5\zeta=\sqrt[6]{g(\omega^i)} \quad \cdots\cdots④$$

$$(i=1, 2, 3, 4, 5, 6)$$

と6本の式を得ることができました。

ζを求めるには，ζ^3，ζ^2，ζ^6，ζ^4，ζ^5，ζを未知数としたこの6元連立1次方程式（ωの多項式が係数となっている）を解けばよいのです。これを解けば，ζが$\sqrt[6]{g(\omega^i)}$とωの多項式で表されますから，ζはベキ根で表されたということができます。実は，この方程式は一気に解くことができるので解いてみましょう。

$$(④で i=1)\times\omega+(④で i=2)\times\omega^2+\cdots+(④で i=6)\times\omega^6\cdots\cdots☆$$

を考えます。左辺を計算すると，

$$\omega\zeta^3 \quad +\omega^2\zeta^2 \quad +\omega^3\zeta^6 \quad +\omega^4\zeta^4 \quad +\omega^5\zeta^5 \quad +\omega^6\zeta$$
$$+\omega^2\zeta^3+(\omega^2)^2\zeta^2+(\omega^2)^3\zeta^6+(\omega^2)^4\zeta^4+(\omega^2)^5\zeta^5+(\omega^2)^6\zeta$$
$$+\omega^3\zeta^3+(\omega^3)^2\zeta^2+(\omega^3)^3\zeta^6+(\omega^3)^4\zeta^4+(\omega^3)^5\zeta^5+(\omega^3)^6\zeta$$
$$+\omega^4\zeta^3+(\omega^4)^2\zeta^2+(\omega^4)^3\zeta^6+(\omega^4)^4\zeta^4+(\omega^4)^5\zeta^5+(\omega^4)^6\zeta$$
$$+\omega^5\zeta^3+(\omega^5)^2\zeta^2+(\omega^5)^3\zeta^6+(\omega^5)^4\zeta^4+(\omega^5)^5\zeta^5+(\omega^5)^6\zeta$$
$$+\omega^6\zeta^3+(\omega^6)^2\zeta^2+(\omega^6)^3\zeta^6+(\omega^6)^4\zeta^4+(\omega^6)^5\zeta^5+(\omega^6)^6\zeta$$

となります。

（④で$i=1$）$\times\omega^i$のζの係数は，$\omega^{5i}\times\omega^i=\omega^{6i}=(\omega^6)^i=1$ を用いると，☆の式のζの係数は

$$\omega^6+(\omega^2)^6+(\omega^3)^6+(\omega^4)^6+(\omega^5)^6+(\omega^6)^6=6$$

これ以外の係数について，

ζ^3の係数は，$\omega+\omega^2+\omega^3+\omega^4+\omega^5+\omega^6$

ζ^2の係数は，$\omega^2+(\omega^2)^2+(\omega^3)^2+(\omega^4)^2+(\omega^5)^2+(\omega^6)^2$

ζ^6の係数は，$\omega^3+(\omega^2)^3+(\omega^3)^3+(\omega^4)^3+(\omega^5)^3+(\omega^6)^3$

ζ^4の係数は，$\omega^4+(\omega^2)^4+(\omega^3)^4+(\omega^4)^4+(\omega^5)^4+(\omega^6)^4$

ζ^5の係数は，$\omega^5+(\omega^2)^5+(\omega^3)^5+(\omega^4)^5+(\omega^5)^5+(\omega^6)^5$

一方，**定理4.11**で$n=6$とすると，

$$1+\omega^i+(\omega^2)^i+(\omega^3)^i+(\omega^4)^i+(\omega^5)^i=0 \quad (i=1,\ 2,\ 3,\ 4,\ 5)$$

となりますから，ζ以外の係数はすべて0になります。

☆の右辺も計算して，

$$6\zeta=\sum_{i=1}^{6}\omega^i\sqrt[6]{g(\omega^i)} \qquad \therefore \quad \underline{\zeta=\frac{1}{6}\sum_{i=1}^{6}\omega^i\sqrt[6]{g(\omega^i)}}$$

とζが求まります。

ここで，$\sqrt[6]{g(\omega^i)}$は残念ながら一般ベキ根です。実際にζを表すのであれば，6個ある値の候補のうちどれをとるかを吟味しなければなりません。

（証明終わり）

2　3次方程式をベキ根で解く

3次方程式の解の公式

ここでベキ根による3次方程式の解き方を紹介しましょう。

まず，準備として簡単な計算問題を解きましょう。

問6.2　ωを1の原始3乗根とするとき，次の式を展開せよ。

$$(x+u+v)(x+\omega u+\omega^2 v)(x+\omega^2 u+\omega v)$$

$\omega^2+\omega=-1$，$\omega^3=1$が成り立つことを用います。

$$
\begin{aligned}
&(x+u+v)(x+\omega u+\omega^2 v)(x+\omega^2 u+\omega v)\\
&=(x+u+v)(x^2+u^2+v^2+(\omega+\omega^2)xu+(\omega+\omega^2)uv+\underbrace{(\omega+\omega^2)}_{-1}vx)\\
&=(x+u+v)(x^2+u^2+v^2-xu-uv-vx)\\
&=x^3+u^3+v^3-3xuv
\end{aligned}
$$

公式です

問6.3　$x^3+3x^2-3x-11=0$を解け。

前の問題で，$x\to X$，$u\to -u$，$v\to -v$と置き換えると，

$$X^3-3uvX-u^3-v^3$$
$$=(X-u-v)(X-\omega u-\omega^2 v)(X-\omega^2 u-\omega v) \quad \cdots\cdots①$$

という因数分解の式が得られます。この式は左辺のXについての3次式を1次式の積に分解しています。この式が使えるように，与えられた方程式のx^2の係数を消しましょう。

初めに$X=x+a$という平行移動をすると，$x=X-a$を代入して，

$$(X-a)^3+3(X-a)^2-3(X-a)-11=0$$

これの2次の項は，$(-3a+3)X^2$なので，$-3a+3=0$のとき，X^2の係数は消えます。そこで，$a=1$とします。

$$(X-1)^3+3(X-1)^2-3(X-1)-11=0$$

$$X^3-6X-6=0$$

この式と①の係数を比べてみると，

$$\underline{-3uv=-6 \qquad -(u^3+v^3)=-6}$$

となります。もしもこれを満たすようなu，vが求まれば，①の因数分解の公式を用いて，3次式を1次式の積に因数分解することができます。このu，vの連立方程式を解いてみましょう。

$-3uv=-6$の方から，$\underline{uv=2}$　これを3乗して，$u^3v^3=8$

つまり，もう一つの式と合わせて，

$$u^3v^3=8 \qquad u^3+v^3=6$$

これは，$U=u^3$，$V=v^3$とおきなおせば，

$$UV=8 \qquad U+V=6$$

ですから，2次方程式を立てて，解けばよいわけです。

$$(t-U)(t-V)=t^2-(U+V)t+UV=t^2-6t+8$$

と，2次方程式に帰着でき，因数分解して，

$$t^2-6t+8=(t-2)(t-4)$$

となりますから，$U=2$，$V=4$（入れ替えたものもありますが，対等性があるので，これで進めます）。

これより，$u^3=2$，$v^3=4$

u，vを実数とすれば，$\underline{u=\sqrt[3]{2}\,,\ v=\sqrt[3]{4}}$です。

①の因数分解の式を用いると，

$$\begin{aligned}&X^3-6X-6\\&=X^3-3(\sqrt[3]{2})(\sqrt[3]{4})X-(\sqrt[3]{2})^3-(\sqrt[3]{4})^3\\&=(X-\sqrt[3]{2}-\sqrt[3]{4})(X-\sqrt[3]{2}\,\omega-\sqrt[3]{4}\,\omega^2)\\&\qquad\qquad(X-\sqrt[3]{2}\,\omega^2-\sqrt[3]{4}\,\omega)\quad\cdots\cdots②\end{aligned}$$

これより，3次方程式$X^3-6X-6=0$の解は，

$$\underline{X=\sqrt[3]{2}+\sqrt[3]{4}\,,\ \sqrt[3]{2}\,\omega+\sqrt[3]{4}\,\omega^2,\ \sqrt[3]{2}\,\omega^2+\sqrt[3]{4}\,\omega}$$

と求まりました。もとの方程式$x^3+3x^2-3x-11=0$の解は，これから1を引いて，

$$x = X - 1$$
$$= \sqrt[3]{2} + \sqrt[3]{4} - 1,\ \sqrt[3]{2}\,\omega + \sqrt[3]{4}\,\omega^2 - 1,\ \sqrt[3]{2}\,\omega^2 + \sqrt[3]{4}\,\omega - 1$$

です。

u，vを実数としましたが，そうでなくとも構いません。

$u^3 = 2$の解は，$u = \sqrt[3]{2},\ \sqrt[3]{2}\,\omega,\ \sqrt[3]{2}\,\omega^2$

$v^3 = 4$の解は，$v = \sqrt[3]{4},\ \sqrt[3]{4}\,\omega,\ \sqrt[3]{4}\,\omega^2$

とそれぞれ3通りずつありますから，全部で3×3通りの組み合わせがあります。このうち$\underline{uv = 2}$を満たすものは，

$$(u,\ v) = (\sqrt[3]{2},\ \sqrt[3]{4}),\ (\sqrt[3]{2}\,\omega,\ \sqrt[3]{4}\,\omega^2),\ (\sqrt[3]{2}\,\omega^2,\ \sqrt[3]{4}\,\omega)$$

の3通りです。

$(u,\ v) = (\sqrt[3]{2}\,\omega,\ \sqrt[3]{4}\,\omega^2)$であるとして，①の右辺に代入すると，

$$(X - \sqrt[3]{2}\,\omega - \sqrt[3]{4}\,\omega^2)(X - \sqrt[3]{2}\,\omega^2 - \sqrt[3]{4}\,\omega)(X - \sqrt[3]{2} - \sqrt[3]{4})$$

となり，順序が入れ替わっただけで②と同じになります。

$(u,\ v) = (\sqrt[3]{2}\,\omega^2,\ \sqrt[3]{4}\,\omega)$のときも同じになります。

次に3次方程式の解の公式を導いてみましょう。

$x^3 + ax^2 + bx + c = 0$は，$x = X - \dfrac{a}{3}$

とおくと，

$$\left(X - \frac{a}{3}\right)^3 + a\left(X - \frac{a}{3}\right)^2 + b\left(X - \frac{a}{3}\right) + c = 0$$

となります。この式の2次の項を計算すると，

$$-3 \cdot \frac{a}{3} X^2 + aX^2 = 0$$

となります。このような変数変換をすることで，2次の項は消すことができますから，初めから2次の項がない形で考えます。

問6.4　$x^3+px+q=0$（p，qは有理数）を解け。

問6.3と同じように，因数分解の式

$$x^3-3uvx-u^3-v^3$$
$$=(x-u-v)(x-\omega u-\omega^2 v)(x-\omega^2 u-\omega v) \quad \cdots\cdots ①$$

と，$x^3+px+q=0$のxの係数を比べて，

$$-3uv=p \qquad \therefore \ uv=-\frac{p}{3} \qquad \therefore \ \underline{u^3v^3}=\left(-\frac{p}{3}\right)^3=\underline{-\frac{p^3}{27}}$$

定数項を比べて，$\underline{u^3+v^3=-q}$

これを用いて，

$$(t-u^3)(t-v^3)=t^2-(u^3+v^3)t+u^3v^3=t^2+qt-\frac{p^3}{27}$$

となることより，u^3，v^3を解とするtの2次方程式を立てると，

$$t^2+qt-\frac{p^3}{27}=0$$

これを2次方程式$x^2+bx+c=0$の解は，

$$x=\frac{-b\pm\sqrt{b^2-4c}}{2}=-\frac{b}{2}\pm\sqrt{\frac{b}{4}^2-c}$$

となることを用いて解くと，$t=-\dfrac{q}{2}\pm\sqrt{\dfrac{q^2}{4}+\dfrac{p^3}{27}}$

つまり，$u^3=-\dfrac{q}{2}+\sqrt{\dfrac{q^2}{4}+\dfrac{p^3}{27}}$，$v^3=-\dfrac{q}{2}-\sqrt{\dfrac{q^2}{4}+\dfrac{p^3}{27}}$

$$\underline{u=\sqrt[3]{-\frac{q}{2}+\sqrt{\frac{q^2}{4}+\frac{p^3}{27}}},\ v=\sqrt[3]{-\frac{q}{2}-\sqrt{\frac{q^2}{4}+\frac{p^3}{27}}}}$$

①より，$x^3-3uvx-u^3-v^3=0$の解は，$u+v$，$\omega u+\omega^2 v$，$\omega^2 u+\omega v$ですから，方程式$x^3+px+q=0$の解は，

$$\underline{u+v}=\sqrt[3]{-\frac{q}{2}+\sqrt{\frac{q^2}{4}+\frac{p^3}{27}}}+\sqrt[3]{-\frac{q}{2}-\sqrt{\frac{q^2}{4}+\frac{p^3}{27}}}$$

$$\underline{\omega u+\omega^2 v}=\omega\sqrt[3]{-\frac{q}{2}+\sqrt{\frac{q^2}{4}+\frac{p^3}{27}}}+\omega^2\sqrt[3]{-\frac{q}{2}-\sqrt{\frac{q^2}{4}+\frac{p^3}{27}}}$$

$$\underline{\omega^2 u+\omega v}=\omega^2\sqrt[3]{-\frac{q}{2}+\sqrt{\frac{q^2}{4}+\frac{p^3}{27}}}+\omega\sqrt[3]{-\frac{q}{2}-\sqrt{\frac{q^2}{4}+\frac{p^3}{27}}}$$

の3個となります。

この公式で注意しなければならないのは，$\sqrt[3]{}$ の記号のところです。

問6.3の例では，$\sqrt[3]{}$ の中身が正だったので，$\sqrt[3]{}$ の記号で実数の3乗根を表しましたが，具体的なp，qの与え方によっては，$\sqrt[3]{}$ の中身が負の数や複素数である場合がありえます。この場合には，$\sqrt[3]{}$ で表される数を3つある3乗根の候補のうちでどれにするか決めなければなりません。

それには，$-\frac{q}{2}+\sqrt{\frac{q^2}{4}+\frac{p^3}{27}}$ の3乗根の中からどれか1つを選んでuとし，$-\frac{q}{2}-\sqrt{\frac{q^2}{4}+\frac{p^3}{27}}$ の3乗根の方は，$uv=-\frac{p}{3}$を満たすように選びます。このときuの選び方によらず，3つの解が同じになる様子は**問6.3**の実例で示したとおりです。

3 3次方程式のガロア対応を調べよう

ベキ根拡大

一般の3次方程式のガロア群について調べてみましょう。

問6.5 x^3+px+q が $\boldsymbol{Q}$ 上の既約多項式のとき，
$x^3+px+q=0$（p，q は有理数）のガロア群を調べよ。

これから，この方程式の最小分解体，ガロア群を調べていきましょう。x^2 の係数（a とする）があった場合は，$x=X-\dfrac{a}{3}$ と変数変換することで，X^2 の項がない形にできます。解が $X=\alpha'$, β', γ' のとき，もとの方程式の解は $x=\alpha'-\dfrac{a}{3}$, $\beta'-\dfrac{a}{3}$, $\gamma'-\dfrac{a}{3}$ となります。ここで

$$\boldsymbol{Q}(\alpha',\ \beta',\ \gamma')=\boldsymbol{Q}\left(\alpha'-\frac{a}{3},\ \beta'-\frac{a}{3},\ \gamma'-\frac{a}{3}\right)$$

が成り立ちますから，3次方程式のガロア群を調べるには，初めから x^2 の項がない形で考えればよいのです。

$x^3+px+q=0$ の3つの解を α, β, γ とします。

これらは，$t^2+qt-\dfrac{p^3}{27}=0$ の解を u^3, v^3 として，

$$\alpha=u+v,\ \beta=\omega u+\omega^2 v,\ \gamma=\omega^2 u+\omega v$$

と書くことができました。また，3次方程式の解と係数の関係より，

$$\alpha+\beta+\gamma=0,\ \alpha\beta+\beta\gamma+\gamma\alpha=p,\ \alpha\beta\gamma=-q \quad \cdots\cdots①$$

が成り立ちます。

この方程式のガロア群を調べる上でポイントとなるのは，3章の**問3.1**（3）で計算しておいた

$$(\alpha-\beta)^2(\beta-\gamma)^2(\gamma-\alpha)^2=-27q^2-4p^3$$

という恒等式です。この式は単なる恒等式ではないんです。

この式は，α, β, γ の中に複素数があっても左辺を計算すると，有理数

になるということを主張しています。この式の平方根を考えれば，

$$(\alpha-\beta)(\beta-\gamma)(\gamma-\alpha)=\sqrt{-27q^2-4p^3}\ \text{ or }\ -\sqrt{-27q^2-4p^3}$$

$\pm\sqrt{-27q^2-4p^3}$は，2次方程式$y^2+27q^2+4p^3=0$の解になっています。つまり，3次方程式の解を組み合わせて作った式が，2次方程式の解になっているのです。これを用いて拡大体を作ってみましょう。

問6.6　$\boldsymbol{Q}((\alpha-\beta)(\beta-\gamma)(\gamma-\alpha),\ \alpha)=\boldsymbol{Q}(\alpha,\ \beta,\ \gamma)$を示せ。

$\boldsymbol{Q}((\alpha-\beta)(\beta-\gamma)(\gamma-\alpha),\ \alpha)\subset\boldsymbol{Q}(\alpha,\ \beta,\ \gamma)$は明らかです。

$\boldsymbol{Q}((\alpha-\beta)(\beta-\gamma)(\gamma-\alpha),\ \alpha)\supset\boldsymbol{Q}(\alpha,\ \beta,\ \gamma)$を示してみましょう。

$(\alpha-\beta)(\beta-\gamma)(\gamma-\alpha)$と$\alpha$から$\beta$，$\gamma$を作りましょう。

①の解と係数の関係より，

$$\beta+\gamma=-\alpha\quad\cdots\cdots②,\quad \beta\gamma=-\frac{q}{\alpha}\quad\cdots\cdots③$$

また，

$$\begin{aligned}&(\alpha-\beta)(\beta-\gamma)(\gamma-\alpha)\\&=-(\beta-\gamma)(\alpha^2-(\beta+\gamma)\alpha+\beta\gamma)\\&=-(\beta-\gamma)\left(\alpha^2-(-\alpha)\alpha-\frac{q}{\alpha}\right)=-(\beta-\gamma)\frac{2\alpha^3-q}{\alpha}\end{aligned}$$

より，$\beta-\gamma=-\dfrac{\alpha(\alpha-\beta)(\beta-\gamma)(\gamma-\alpha)}{2\alpha^3-q}\quad\cdots\cdots④$

②，④より，

$$\beta=\frac{1}{2}\left(-\frac{\alpha(\alpha-\beta)(\beta-\gamma)(\gamma-\alpha)}{2\alpha^3-q}-\alpha\right)\in\boldsymbol{Q}((\alpha-\beta)(\beta-\gamma)(\gamma-\alpha),\ \alpha)$$

$$\gamma=\frac{1}{2}\left(\frac{\alpha(\alpha-\beta)(\beta-\gamma)(\gamma-\alpha)}{2\alpha^3-q}-\alpha\right)\in\boldsymbol{Q}((\alpha-\beta)(\beta-\gamma)(\gamma-\alpha),\ \alpha)$$

となり，$\boldsymbol{Q}((\alpha-\beta)(\beta-\gamma)(\gamma-\alpha),\ \alpha)\supset\boldsymbol{Q}(\alpha,\ \beta,\ \gamma)$が示されました。

（問6.6終わり）

これを用いると，3次方程式の最小分解体が$\boldsymbol{Q}$からどのように拡大して

いるかが分かります。

問6.7　α の $\boldsymbol{Q}((\alpha-\beta)(\beta-\gamma)(\gamma-\alpha))$ 上の最小多項式は x^3+px+q であることを示せ。

$\underline{\theta=(\alpha-\beta)(\beta-\gamma)(\gamma-\alpha)}$ とおきます。

$\theta^2=(\alpha-\beta)^2(\beta-\gamma)^2(\gamma-\alpha)^2=-27q^2-4p^3\in\boldsymbol{Q}$ です。

$\theta=(\alpha-\beta)(\beta-\gamma)(\gamma-\alpha)$ が有理数のとき，x^3+px+q が $\boldsymbol{Q}$ 上の既約多項式であることから，**定理5.2**より，α の $\boldsymbol{Q}(\theta)$ 上の最小多項式は x^3+px+q となります。

ですから，θ が有理数でない場合を考えます。このとき，θ は2次方程式 $y^2+27q^2+4p^3=0$ の解ですから，$[\boldsymbol{Q}(\theta):\boldsymbol{Q}]=2$ です。

初めに，$\alpha\notin\boldsymbol{Q}(\theta)$ を示しましょう。もしも α が $\boldsymbol{Q}(\theta)$ に含まれているとすると，$[\boldsymbol{Q}(\theta):\boldsymbol{Q}]=2$ ですから，$\alpha=s\theta+t$（s, t は有理数）と書くことができます。これから，

$$(\alpha-t)^2=(s\theta)^2 \qquad \therefore \quad \alpha^2-2t\alpha+(t^2-s^2\theta^2)=0 \cdots\cdots ①$$

となります。ここで，$s^2\theta^2$ は有理数ですから，$t^2-s^2\theta^2$ は有理数になっていることに注意してください。

x^3+px+q は問題の仮定より $\boldsymbol{Q}$ 上の既約多項式ですから，x^3+px+q は α の $\boldsymbol{Q}$ 上の最小多項式です。**定理5.3**より，$[\boldsymbol{Q}(\alpha):\boldsymbol{Q}]=3$ になり，$\boldsymbol{Q}(\alpha)$ の元は α の2次式で1通りに表されます。①の式で右辺が0なので，左辺の係数はすべて0でなければいけませんが，α^2 の係数1なので矛盾です。

$\alpha\notin\boldsymbol{Q}(\theta)$ が示されました。同様に $\beta\notin\boldsymbol{Q}(\theta)$，$\gamma\notin\boldsymbol{Q}(\theta)$。

x^3+px+q が $\boldsymbol{Q}(\theta)$ 上の既約多項式でない，つまり $\boldsymbol{Q}(\theta)$ 上で因数分解されるものとします。しかし，

$$x^3+px+q=(x-\alpha)(x-\beta)(x-\gamma)$$

ですから，3つの1次式に分解しても，2次式と1次式に分解しても α，β，γ のいずれかが係数に現われてしまいます。

よって，x^3+px+q は $\boldsymbol{Q}(\theta)$ 上の既約多項式です。**定理5.2**より，α の $\boldsymbol{Q}(\theta)$ 上の最小多項式は x^3+px+q です。　（問6.7終わり）

問6.7から，$[\boldsymbol{Q}(\theta,\ \alpha):\boldsymbol{Q}(\theta)]=3$ であり，

問6.6から，$\boldsymbol{Q}(\theta,\ \alpha)=\boldsymbol{Q}(\alpha,\ \beta,\ \gamma)$ なので，$[\boldsymbol{Q}(\alpha,\ \beta,\ \gamma):\boldsymbol{Q}(\theta)]=3$ となります。よって，$y^2+27q^2+4p^3=0$ の解 $\pm\theta$ が有理数でないとき，

$$[\boldsymbol{Q}(\alpha,\ \beta,\ \gamma):\boldsymbol{Q}]=[\boldsymbol{Q}(\alpha,\ \beta,\ \gamma):\boldsymbol{Q}(\theta)][\boldsymbol{Q}(\theta):\boldsymbol{Q}]=3\cdot 2=6$$

となります。

$y^2+27q^2+4p^3=0$ の解 $\pm\theta$ が有理数のとき，

$$[\boldsymbol{Q}(\alpha,\ \beta,\ \gamma):\boldsymbol{Q}]=[\boldsymbol{Q}(\alpha,\ \beta,\ \gamma):\boldsymbol{Q}(\theta)][\boldsymbol{Q}(\theta):\boldsymbol{Q}]=3\cdot 1=3$$

となります。

問5.9で例としてあげた $x^3-3x+1=0$ は，この例になっています。

$p=-3,\ q=1$ ですから，

$$\sqrt{-27q^2-4p^3}=\sqrt{-27\cdot 1^2-4(-3)^3}=\sqrt{-3^3+4\cdot 3^3}=\sqrt{3^4}=9$$

確かに有理数になっています。$x^3-3x+1=0$ の最小分解体の次数が3で収まって，$\boldsymbol{Q}(\alpha,\ \beta,\ \gamma)=\boldsymbol{Q}(\alpha)$ となったのも，$\sqrt{-27q^2-4p^3}$ が有理数になるからなのです。

さて，この方程式のガロア群を調べてみましょう。

$\sqrt{-27q^2-4p^3}$ が有理数でないときを考えます。このとき，$\boldsymbol{Q}(\alpha,\ \beta,\ \gamma)$ は $\boldsymbol{Q}$ の6次拡大ですから，ガロア群の位数は6です。

定理5.8より，ガロア群の元は方程式の3つの解を入れ替えますから，ガロア群は S_3 の部分群です。S_3 の位数が6なので，ガロア群は対称群 S_3 と同型であることが分かります。おなじみの $S_3=\{e,\ \sigma,\ \sigma^2,\ \tau,\ \tau\sigma,\ \tau\sigma^2\}$ の表記で考えましょう。

	α	β	γ
e	α	β	γ
σ	β	γ	α
σ^2	γ	α	β
τ	α	γ	β
$\tau\sigma$	γ	β	α
$\tau\sigma^2$	β	α	γ

置換群の表記を真似て，解の入れ替えの様子を表すと左のようになります。

この表の見方はこうです。σであれば，$\sigma(\alpha)=\beta$，$\sigma(\beta)=\gamma$，$\sigma(\gamma)=\alpha$と見ます。

S_3の部分群は，$\{e\}$，$\langle\sigma\rangle$，$\langle\tau\rangle$，$\langle\tau\sigma\rangle$，$\langle\tau\sigma^2\rangle$，$S_3$でした。これに対応する中間体を決定しましょう。

$$\sigma(\theta)=\sigma((\alpha-\beta)(\beta-\gamma)(\gamma-\alpha))$$
$$=(\beta-\gamma)(\gamma-\alpha)(\alpha-\beta)=\theta$$

ですから，$\langle\sigma\rangle$に対応する中間体は$\boldsymbol{Q}(\theta)$です。

τは，βとγの入れ替えですから，βとγの対称式$\beta+\gamma=-\alpha$に作用させても不変です。これから$\langle\tau\rangle$に対応する中間体は$\boldsymbol{Q}(\alpha)$です。

結局，3次方程式のガロア対応は，$\sqrt{-27q^2-4p^3}$が有理数でないとき，次のようになります。

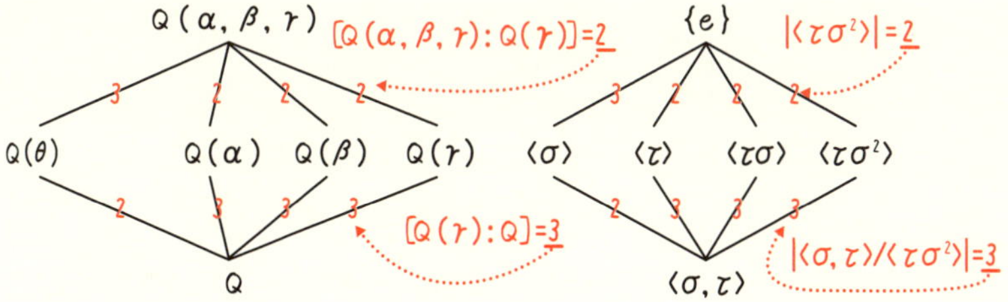

$\sqrt{-27q^2-4p^3}$が有理数であれば，$\boldsymbol{Q}(\alpha,\ \beta,\ \gamma)=\boldsymbol{Q}(\alpha)=\boldsymbol{Q}(\beta)=\boldsymbol{Q}(\gamma)$，$\boldsymbol{Q}(\theta)=\boldsymbol{Q}$ですから，上の左図の2のところが1になって，

ガロア対応は次のようになります。

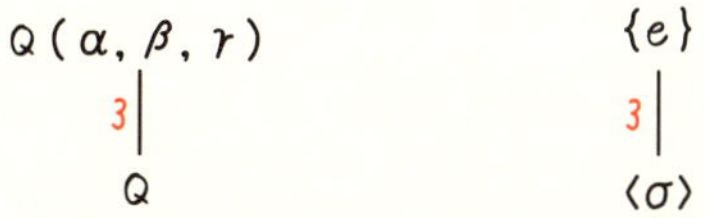

ところで，われわれの課題は方程式の解が根号で表されるか否かでした。体に根号で表される数だけを加えていくことで，3次方程式の最小分解体

を作ってみましょう。

根号で表される数を加えて作る体を**ベキ根拡大体**といいます。

正確にいえば，K上の方程式 $x^n-a=0$ の1つの解 $\sqrt[n]{a}$ を加えて作った拡大体 $K(\sqrt[n]{a})$のことです。$K(\sqrt[n]{a})/K$はベキ根拡大である，といいます。ベキ根拡大ではx^n-aが既約であるか否かは問題にしません。

問6.8　**$x^3+px+q=0$（p，qは有理数）のガロア群の位数が6で，$\sqrt{\dfrac{q^2}{4}+\dfrac{p^3}{27}}$が無理数のとき，$Q$から始めてベキ根拡大を繰り返し用いて方程式の解を含む拡大体を作れ。**

解の公式には，

$$\sqrt[3]{-\frac{q}{2}+\sqrt{\frac{q^2}{4}+\frac{p^3}{27}}},\ \omega\sqrt[3]{-\frac{q}{2}+\sqrt{\frac{q^2}{4}+\frac{p^3}{27}}},\ \omega^2\sqrt[3]{-\frac{q}{2}+\sqrt{\frac{q^2}{4}+\frac{p^3}{27}}} \quad \cdots\cdots①$$

という部分があります。これらは，

$$x^3-\left(-\frac{q}{2}+\sqrt{\frac{q^2}{4}+\frac{p^3}{27}}\right)=0$$

の解です。これらは1回のベキ根拡大ですべてが加わることはありません。ベキ根拡大とは，$x^n-a=0$の解の1つを加えて拡大体を作ることだからです。ですから，このうちの解の1つを加えて拡大体を作ったからといって，その体の中に他の2つの解が入る保証はありません。入るためには，1の3乗根ωを予め用意しておかなければならないのです。

ですから，まずωが入る拡大体を作っておきましょう。

$x^3-1=0$の解の1つ$\omega=\dfrac{-1+\sqrt{3}\,i}{2}$を加えて，$Q(\omega)$を作ります。

これは方程式$x^2+x+1=0$の解でしたから，$[Q(\omega):Q]=2$です。

次に，$Q(\omega)$上の方程式

$$x^2-\frac{q^2}{4}-\frac{p^3}{27}=0$$

の1つの解を用いて，$\boldsymbol{Q}\left(\omega,\ \sqrt{\dfrac{q^2}{4}+\dfrac{p^3}{27}}\right)$を作ります。

$$\left[\boldsymbol{Q}\left(\omega,\sqrt{\frac{q^2}{4}+\frac{p^3}{27}}\right):\boldsymbol{Q}(\omega)\right]=2\text{です。}$$

最後に，$\boldsymbol{Q}\left(\omega,\ \sqrt{\dfrac{q^2}{4}+\dfrac{p^3}{27}}\right)$上の方程式

$$x^3-\left(-\frac{q}{2}+\sqrt{\frac{q^2}{4}+\frac{p^3}{27}}\right)=0 \quad \cdots\cdots②$$

の解を用いて，$\boldsymbol{Q}\left(\omega,\sqrt{\dfrac{q^2}{4}+\dfrac{p^3}{27}},\sqrt[3]{-\dfrac{q}{2}+\sqrt{\dfrac{q^2}{4}+\dfrac{p^3}{27}}}\right)$を作ります。

$$\sqrt[3]{-\frac{q}{2}+\sqrt{\frac{q^2}{4}+\frac{p^3}{27}}}\ \sqrt[3]{-\frac{q}{2}-\sqrt{\frac{q^2}{4}+\frac{p^3}{27}}}=-\frac{p}{3}$$

となるので，〜〜〜〜〜もこの体に含まれることになり，この体は$x^3+px+q=0$の解を含みます。②が既約のとき，

$$\left[\boldsymbol{Q}\left(\omega,\sqrt{\frac{q^2}{4}+\frac{p^3}{27}},\sqrt[3]{-\frac{q}{2}+\sqrt{\frac{q^2}{4}+\frac{p^3}{27}}}\right):\boldsymbol{Q}\left(\omega,\sqrt{\frac{q^2}{4}+\frac{p^3}{27}}\right)\right]=3$$

です。解の公式で書かれた解を含むような拡大体をベキ根拡大だけで作ろうとすると，拡大の様子は，

$$\boldsymbol{Q}\subset\boldsymbol{Q}(\omega)\subset\boldsymbol{Q}\left(\omega,\sqrt{\frac{q^2}{4}+\frac{p^3}{27}}\right)\subset\boldsymbol{Q}\left(\omega,\sqrt{\frac{q^2}{4}+\frac{p^3}{27}},\sqrt[3]{-\frac{q}{2}+\sqrt{\frac{q^2}{4}+\frac{p^3}{27}}}\right)$$

2　2　3

とベキ根拡大を連ねたものになります。このようにベキ根拡大を繰り返してできる拡大体を**累ベキ根拡大体**といいます。

注意して欲しいのは，次数です。

$\boldsymbol{Q}$に対する$\boldsymbol{Q}\left(\omega,\sqrt{\dfrac{q^2}{4}+\dfrac{p^3}{27}},\sqrt[3]{-\dfrac{q}{2}+\sqrt{\dfrac{q^2}{4}+\dfrac{p^3}{27}}}\right)$の次数は，

$2\times2\times3=12$次です。

3次方程式のガロア群の位数は6ですから，3次方程式の解は$\boldsymbol{Q}$の6次の拡大体に含まれているはずです。一見，矛盾しているように思います。

上では拡大体の作り方の1例を示しただけです。うまい作り方をすれば，6次の累ベキ根拡大体で解を含むようなものが作れるのでしょうか。実は作ることができないことが証明できます。

12次と6次，この2倍の違いは何でしょうか。

実は，$\boldsymbol{Q}\left(\omega,\ \sqrt{\frac{q^2}{4}+\frac{p^3}{27}},\ \sqrt[3]{-\frac{q}{2}+\sqrt{\frac{q^2}{4}+\frac{p^3}{27}}}\right)$の中には，一般の3次方程式の最小分解体$\boldsymbol{Q}(\alpha,\ \beta,\ \gamma)$から見ると余計なものが含まれているのです。それは$\omega$です。

異なる3つの実数解を持つ方程式を考えてみましょう。

例えば$f(x)=x^3-4x+1=0$は，$y=f(x)$のグラフがx軸と3点で交わるので異なる3つの実数解を持ちます。しかし，整数係数の範囲で因数分解できませんから有理数解を持ちません。

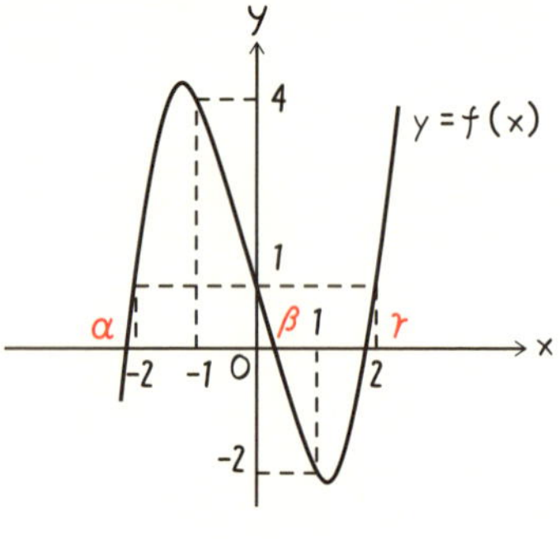

この方程式の解をα, β, γとすれば，最小分解体$\boldsymbol{Q}(\alpha,\ \beta,\ \gamma)$には，複素数すら出てきません。$\omega$が出てくる余地はないのです。これは，$\alpha$, β, γが無理数の場合であっても同じです。α, β, γの中にωがあればいざ知らず，一般の$\boldsymbol{Q}(\alpha,\ \beta,\ \gamma)$は$\omega$を含んでいないのです。それでも，解の公式に$\omega$が見えていることを不思議に思うかもしれません。

ωについてはこう考えたらよいでしょう。ωは，黒子として働いているのです。α, β, γの相互関係を規定してはいますが，最小分解体を見るだけでは表には出てこないのです。

これはどういうことかといえば，$\boldsymbol{Q}(\alpha, \beta, \gamma)$は，

$$\boldsymbol{Q} \subset \boldsymbol{Q}((\alpha-\beta)(\beta-\gamma)(\gamma-\alpha)) \subset \boldsymbol{Q}(\alpha, \beta, \gamma)$$

という列で拡大していきます。$\boldsymbol{Q}$から$\boldsymbol{Q}((\alpha-\beta)(\beta-\gamma)(\gamma-\alpha))$の拡大こそベキ根拡大でしたが，最後の拡大のときに用いられる方程式はもとの方程式$x^3+px+q=0$の解αを用いた拡大なので，ベキ根拡大ではありません。ですから，ωが出てこなくともよかったのです。

こうもいえます。

「ベキ根拡大だけで解を含む体を作ろうとしたら，ωを使わざるを得なかった」

$x^2-a=0$や$x^3-a=0$の解しか使うことができないベキ根拡大は，$x^3+px+q=0$の解を使う拡大よりも使い勝手が悪いわけです。

ベキ根だけを用いて3次方程式の解を表すことは，鍋でご飯を炊くことに似ています。電子釜であれば，炊飯のボタンを押すだけで美味しいご飯を炊くことができますが，鍋で同じ美味しさのご飯を炊く場合は，火加減を調節したり，圧力を調節するためにフタをずらしたりと細かい手間がかかります。鍋でご飯を炊こうとすると1手間余計にかかってしまうわけです。その可動性の悪さを補うためにωを予め用意しておかなければならない。そう考えるとよいでしょう。

ある本では，p.431に示した拡大の様子が，3次方程式に解の公式がある事実を説明していると解説されていました。これでは説明が不十分です。

3次方程式の解が，2次拡大，3次拡大と連続で拡大した拡大体の元であることと，3次方程式の解がベキ根で表すことができることには，ギャップがあります。3次方程式の解が，2次拡大，3次拡大と連続で拡大した拡大体の元であるから，すぐに3次方程式の解がベキ根で表すことができるとはならないのです。

このギャップを理解しておくことが，ピークの定理の証明で，なぜ1のn乗根を予め$\boldsymbol{Q}$に加えておくのかということの理解にもつながっていきます。

4 4次方程式をベキ根で解こう

4次方程式の解の公式

一般の4次方程式を解くときにつながる解法で，具体的な4次方程式を解いてみましょう。

まずは簡単な式の展開の問題を解いてみましょう。

問6.9 $(x-s-t-u)(x+s+t-u)(x+s-t+u)(x-s+t+u)$**を展開せよ。**

$$(x-s-t-u)(x+s+t-u)(x+s-t+u)(x-s+t+u)$$
$$=\{(x-u)^2-(s+t)^2\}\{(x+u)^2-(s-t)^2\}$$
$$=(x^2-2ux+u^2-s^2-2st-t^2)(x^2+2ux+u^2-s^2+2st-t^2)$$
$$=(x^2+u^2-s^2-t^2)^2-4(ux+st)^2$$
$$=x^4+\{2(u^2-s^2-t^2)-4u^2\}x^2-8stux+(u^2-s^2-t^2)^2-4s^2t^2$$
$$=x^4-2(s^2+t^2+u^2)x^2-8stux+s^4+t^4+u^4-2s^2t^2-2t^2u^2-2u^2s^2$$

これを用いて4次方程式を解いてみます。

問6.10 $x^4+8x+12=0$**を解け。**

4次方程式を解くには，次の因数分解を用いるのが見やすいです。

$$x^4-2(s^2+t^2+u^2)x^2-8stux+s^4+t^4+u^4-2s^2t^2-2t^2u^2-2u^2s^2$$
$$=(x-s-t-u)(x+s+t-u)(x+s-t+u)(x-s+t+u)$$

これを用いると，

$$x^4-2(s^2+t^2+u^2)x^2-8stux+s^4+t^4+u^4-2s^2t^2-2t^2u^2-2u^2s^2=0 \quad \cdots\cdots①$$

の解は，

$$x=s+t+u,\ -s-t+u,\ -s+t-u,\ s-t-u \quad \cdots\cdots②$$

となります。

①の式の左辺と$x^4+8x+12$の係数を比べます。

$$☆\begin{cases} 0 = -2(s^2+t^2+u^2) \\ 8 = -8stu \\ 12 = s^4+t^4+u^4-2s^2t^2-2t^2u^2-2u^2s^2 \end{cases}$$

これらを満たすs，t，uを求め，②に代入することで，$x^4+8x+12=0$を解くことができます。

そこで，☆からs^2，t^2，u^2を解に持つ3次方程式を作りましょう。

$$s^2+t^2+u^2=0$$

$$\begin{aligned} &s^2t^2+t^2u^2+u^2s^2 \\ &\quad=\frac{1}{4}\{(s^2+t^2+u^2)^2-(s^4+t^4+u^4-2s^2t^2-2t^2u^2-2u^2s^2)\} \\ &\quad=\frac{1}{4}\{0^2-12\}=-3 \end{aligned}$$

$$s^2t^2u^2=(-1)^2=1$$

これを用いて，s^2，t^2，u^2を解に持つ3次方程式を作ると，

$$\begin{aligned} &(y-s^2)(y-t^2)(y-u^2) \\ &=y^3-(s^2+t^2+u^2)y^2+(s^2t^2+t^2u^2+u^2s^2)y-s^2t^2u^2 \\ &=y^3-3y-1 \end{aligned}$$

より，$y^3-3y-1=0$です。

この方程式は，**問5.9**と同様に解くことができます。

3倍角の公式
$\cos 3\theta = 4\cos^3\theta - 3\cos\theta$

$y=2\cos\theta$とおくと，

$$(2\cos\theta)^3-3(2\cos\theta)-1=0 \qquad \therefore\ 2(4\cos^3\theta-3\cos\theta)=1$$

$$\therefore\ \cos 3\theta=\frac{1}{2} \qquad \therefore\ 3\theta=\pm 60^\circ+360^\circ k\ (k\text{は整数})$$

$$\therefore\ \theta=\pm 20^\circ+120^\circ k\ (k\text{は整数})$$

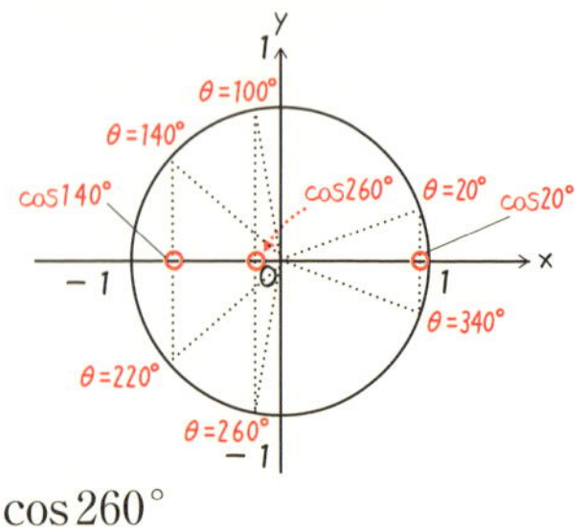

これより，$y^3-3y-1=0$の3つの解は，

$$y=2\cos 20^\circ,\ 2\cos 140^\circ,\ 2\cos 260^\circ$$

です。ですから，

$$s^2=2\cos 20^\circ,\ t^2=2\cos 140^\circ,\ u^2=2\cos 260^\circ$$

とおきましょう。s，t，uは，それぞれ候補の値が2個ずつありますが，

$stu=-1$を満たすようにとります。$2\cos 140^\circ$, $2\cos 260^\circ$は負ですから,

$$s=\sqrt{2\cos 20^\circ},\ t=i\sqrt{-2\cos 140^\circ},\ u=i\sqrt{-2\cos 260^\circ} \quad \cdots\cdots③$$

とします。このとき,

$$\begin{aligned} stu &= \sqrt{2\cos 20^\circ}\ i\sqrt{-2\cos 140^\circ}\ i\sqrt{-2\cos 260^\circ} \\ &= i^2\underbrace{\sqrt{8\cos 20^\circ \cos 140^\circ \cos 260^\circ}}_{1} \\ &= -1 \end{aligned}$$

$y^3-3y-1=0$の解と係数の関係より
$(2\cos 20^\circ)(2\cos 140^\circ)(2\cos 260^\circ)=1$

となっています。

方程式$x^4+8x+12=0$の解は,②に③を代入して

$$\begin{aligned} x=&\sqrt{2\cos 20^\circ}+i\sqrt{-2\cos 140^\circ}+i\sqrt{-2\cos 260^\circ}, \\ &-\sqrt{2\cos 20^\circ}-i\sqrt{-2\cos 140^\circ}+i\sqrt{-2\cos 260^\circ}, \\ &-\sqrt{2\cos 20^\circ}+i\sqrt{-2\cos 140^\circ}-i\sqrt{-2\cos 260^\circ}, \\ &\sqrt{2\cos 20^\circ}-i\sqrt{-2\cos 140^\circ}-i\sqrt{-2\cos 260^\circ} \end{aligned}$$

となります。

一般の4次方程式$x^4+ax^3+bx^2+cx+d=0$を解くには,$x=X-\dfrac{a}{4}$とおきます。これを代入すると,

$$\left(X-\frac{a}{4}\right)^4+a\left(X-\frac{a}{4}\right)^3+b\left(X-\frac{a}{4}\right)^2+c\left(X-\frac{a}{4}\right)+d=0$$

となりますが,この式の左辺のX^3の項を求めると,

$$-4\cdot\frac{a}{4}X^3+aX^3=0$$

となります。そこで,初めからx^3のない形で4次方程式の解き方を考えましょう。

問6.11 $x^4+px^2+qx+r=0$ (p, q, rは有理数)を解け。

前問の具体例のときと同じように,

$$\begin{aligned} &x^4-2(s^2+t^2+u^2)x^2-8stux+s^4+t^4+u^4-2s^2t^2-2t^2u^2-2u^2s^2 \\ &=(x-s-t-u)(x+s+t-u)(x+s-t+u)(x-s+t+u) \end{aligned}$$

の左辺とx^4+px^2+qx+rの係数比較をします。

$$\begin{cases} p=-2(s^2+t^2+u^2) \\ q=-8stu \\ r=s^4+t^4+u^4-2s^2t^2-2t^2u^2-2u^2s^2 \end{cases}$$

これから,

$$s^2+t^2+u^2=-\frac{p}{2}$$

$$s^2t^2+t^2u^2+u^2s^2$$

$$=\frac{1}{4}\{(s^2+t^2+u^2)^2-(s^4+t^4+u^4-2s^2t^2-2t^2u^2-2u^2s^2)\}$$

$$=\frac{1}{4}\left\{\left(-\frac{p}{2}\right)^2-r\right\}=\frac{p^2}{16}-\frac{r}{4}$$

$$s^2t^2u^2=\left(-\frac{q}{8}\right)^2=\frac{q^2}{64}$$

s^2, t^2, u^2を解に持つ3次方程式は,

$$(y-s^2)(y-t^2)(y-u^2)$$

$$=y^3-(s^2+t^2+u^2)y^2+(s^2t^2+t^2u^2+u^2s^2)y-s^2t^2u^2$$

$$=y^3+\frac{p}{2}y^2+\left(\frac{p^2}{16}-\frac{r}{4}\right)y-\frac{q^2}{64}$$

より, $y^3+\frac{p}{2}y^2+\left(\frac{p^2}{16}-\frac{r}{4}\right)y-\frac{q^2}{64}=0$となります。

この方程式は**分解方程式**と呼ばれています。

4次方程式を解くには, 分解方程式を解いてs^2, t^2, u^2を求め, それらの平方根をとってs, t, uとします。このとき, $stu=-\frac{q}{8}$となるように符号を選び,

$$x=s+t+u,\ -s-t+u,\ -s+t-u,\ s-t-u$$

とすればよいのです。

5　4次方程式のガロア対応を調べよう

累巡回拡大体

$x^4+px^2+qx+r=0$のガロア群を調べましょう。分解方程式のガロア群が対称群S_3であり，s，t，uが$\boldsymbol{Q}(s^2, t^2, u^2)$に含まれないものとします。

問6.12　$x^4+px^2+qx+r=0$（p，q，rは有理数）の最小分解体は$\boldsymbol{Q}(s, t, u)$であること示せ。

$x^4+px^2+qx+r=0$の解をx_1，x_2，x_3，x_4として，

$$x_1=s+t+u,\ x_2=-s-t+u,\ x_3=-s+t-u,\ x_4=s-t-u$$

とおきます。

最小分解体は，$\boldsymbol{Q}(x_1, x_2, x_3, x_4)$です。

$\boldsymbol{Q}(x_1, x_2, x_3, x_4)\subset\boldsymbol{Q}(s, t, u)$は明らかです。

一方，$s=\dfrac{1}{2}(x_1+x_4)$，$t=\dfrac{1}{2}(x_1+x_3)$，$u=\dfrac{1}{2}(x_1+x_2)$ですから，

$$\boldsymbol{Q}(x_1, x_2, x_3, x_4)\supset\boldsymbol{Q}(s, t, u)$$

となります。

よって，$\boldsymbol{Q}(x_1, x_2, x_3, x_4)=\boldsymbol{Q}(s, t, u)$です。　（問6.12　終わり）

s，t，uに対する作用で，ガロア群の元を決めていきましょう。

ちょっと天下り的ですが，$\boldsymbol{Q}(s, t, u)$に作用する同型写像α，β，γ，σ，τを次のように定めます。

$\alpha(s)=-s$,	$\alpha(t)=-t$,	$\alpha(u)=u$
$\beta(s)=-s$,	$\beta(t)=t$,	$\beta(u)=-u$
$\gamma(s)=s$,	$\gamma(t)=-t$,	$\gamma(u)=-u$
$\sigma(s)=t$,	$\sigma(t)=u$,	$\sigma(u)=s$
$\tau(s)=t$,	$\tau(t)=s$,	$\tau(u)=u$

α，β，γはs，t，uの符号を変えるだけ
σ，τは，s，t，uの入れ替え

と定めます。これらの同型写像が方程式の解x_1，x_2，x_3，x_4に作用する様子を調べましょう。例えば，

$$\beta(x_2)=\beta(-s-t+u)=\beta(-s)+\beta(-t)+\beta(u)=s-t-u=x_4$$

と計算していきます。符号の反転と入れ替えだけですから，簡単な計算です。この結果をまとめると次のようになります。

	$s+t+u=x_1$	$-s-t+u=x_2$	$-s+t-u=x_3$	$s-t-u=x_4$
α	$-s-t+u=x_2$	$s+t+u=x_1$	$s-t-u=x_4$	$-s+t-u=x_3$
β	$-s+t-u=x_3$	$s-t-u=x_4$	$s+t+u=x_1$	$-s-t+u=x_2$
γ	$s-t-u=x_4$	$-s+t-u=x_3$	$-s-t+u=x_2$	$s+t+u=x_1$
σ	$s+t+u=x_1$	$s-t-u=x_4$	$-s-t+u=x_2$	$-s+t-u=x_3$
τ	$s+t+u=x_1$	$-s-t+u=x_2$	$s-t-u=x_4$	$-s+t-u=x_3$

同型写像α，β，γ，σ，τが方程式の解x_1，x_2，x_3，x_4に作用して，x_1，x_2，x_3，x_4のどれかに変換する様子は，置換として見ることができます。例えば，βはx_1，x_2，x_3，x_4をそれぞれx_3，x_4，x_1，x_2に変換しますから，添え字に注目して置換$\begin{pmatrix}1&2&3&4\\3&4&1&2\end{pmatrix}$に対応させます。

こうしてα，β，γ，σ，τをS_4の元と見て，それを$S(P_6)$の元と対応付けると次のようになります。S_4は“変換”の群，$S(P_6)$はあみだくじと同じく“入れ替え”の群であることに注意してください。σのところはあみだくじでいえば，カッコの中に書いたような“入れ替え”を表しています。これをさかさまに読んでσの置換を作ります。

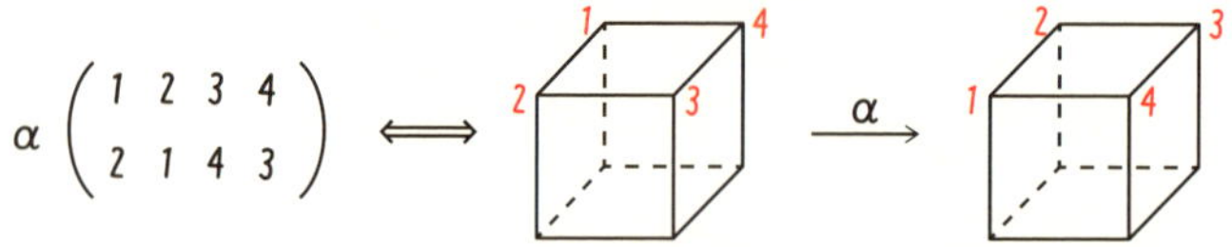

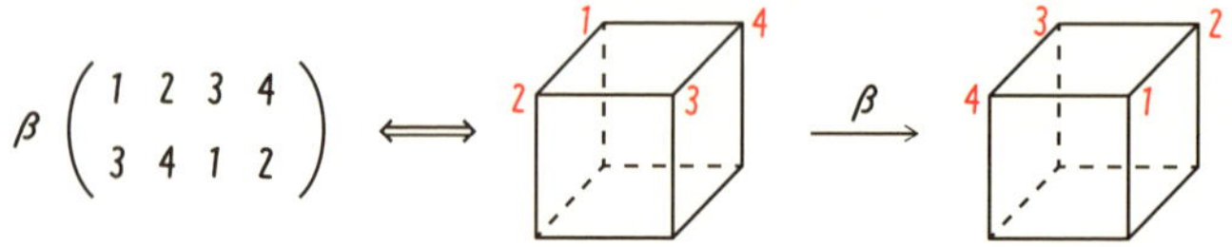

$$\gamma\begin{pmatrix}1&2&3&4\\4&3&2&1\end{pmatrix}\iff$$

$$\sigma\begin{pmatrix}1&2&3&4\\1&4&2&3\end{pmatrix}\iff$$

$$\tau\begin{pmatrix}1&2&3&4\\1&2&4&3\end{pmatrix}\iff$$

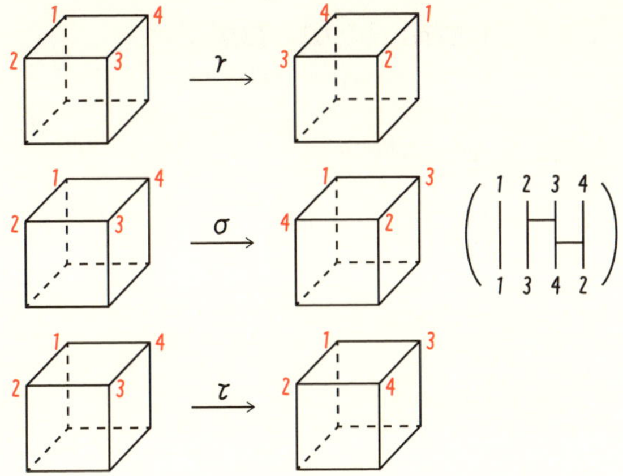

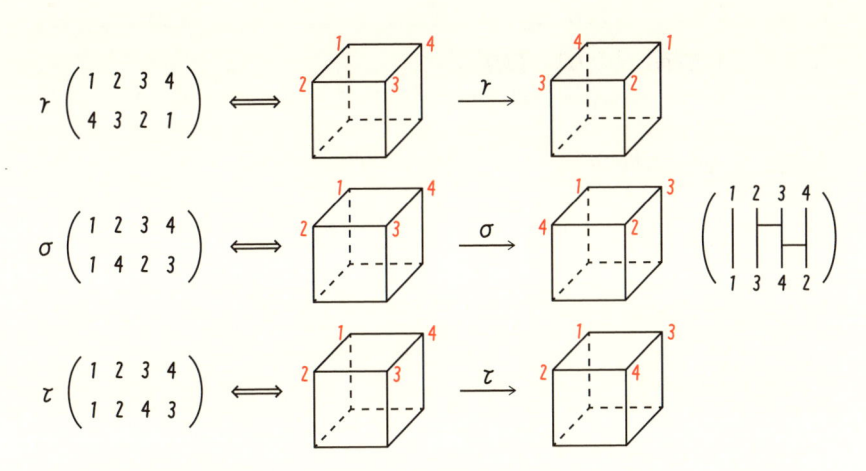

$S(P_6)$の元24個はα，β，γ，σ，τから作られましたから，置換でもα，β，γ，σ，τからS_4の24個の元が作られます。

定理5.8（解のシャッフル）より，同型写像は解x_1，x_2，x_3，x_4を入れ替えますから，$\boldsymbol{Q}(x_1, x_2, x_3, x_4)=\boldsymbol{Q}(s, t, u)$の自己同型写像は$\alpha$，$\beta$，$\gamma$，$\sigma$，$\tau$から生成される24個ですべてです。

$$\underline{\mathrm{Gal}(\boldsymbol{Q}(s, t, u)/\boldsymbol{Q})=\langle\alpha, \beta, \gamma, \sigma, \tau\rangle}$$

となり，これはS_4に同型です。

$\mathrm{Gal}(\boldsymbol{Q}(s, t, u)/\boldsymbol{Q})$を$S_4$と同一視して，$S_4$と書いてしまうことにします。

同様にして，$S(P_6)$のときの考察より，

$$V=\langle\alpha, \beta, \gamma\rangle=\{e, \alpha, \beta, \gamma\}$$

$$A_4=\langle\alpha, \beta, \gamma, \sigma\rangle=V\cup\sigma V\cup\sigma^2 V$$

と置きます。

対称群S_4は可解群でしたから，可解群であることを示す，

$$S_4\underset{2}{\supset}A_4\underset{3}{\supset}V\underset{2}{\supset}\langle\alpha\rangle\underset{2}{\supset}\{e\}$$

という可解列がありました。ガロア対応でこれに対応する$\boldsymbol{Q}(s, t, u)$の中間体を求めましょう。

問6.13　4次方程式のガロア対応

$$S_4 \underset{2}{\supset} A_4 \underset{3}{\supset} V \underset{2}{\supset} \langle\alpha\rangle \underset{2}{\supset} \{e\}$$

に対応する中間体の列は，

$$\boldsymbol{Q} \underset{2}{\subset} \boldsymbol{Q}((s^2-t^2)(t^2-u^2)(u^2-s^2)) \underset{3}{\subset} \boldsymbol{Q}(s^2,\ t^2,\ u^2)$$
$$\underset{2}{\subset} \boldsymbol{Q}(s^2,\ t^2,\ u) \underset{2}{\subset} \boldsymbol{Q}(s,\ t,\ u)$$

であることを示せ。

Vの固定体を求めましょう。

Vの元α, β, γは，s，t，uの符号を変えるだけですから，s^2, t^2, u^2に作用するときは不変です。Vの固定体を$\boldsymbol{M}$とすれば，

$$\boldsymbol{Q}(s^2,\ t^2,\ u^2) \subset \boldsymbol{M} \quad \cdots\cdots①$$

分解方程式の解はs^2, t^2, u^2なので，分解方程式のガロア群がS_3に同型であるという仮定より，

$$|\mathrm{Gal}(\boldsymbol{Q}(s^2,\ t^2,\ u^2)/\boldsymbol{Q})| = 6 \xrightarrow{\text{定理5.28}} [\boldsymbol{Q}(s^2,\ t^2,\ u^2) : \boldsymbol{Q}] = 6 \quad \cdots\cdots②$$

定理5.36より，$\mathrm{Gal}(\boldsymbol{M}/\boldsymbol{Q}) \cong S_4/V$であり，

$$|\mathrm{Gal}(\boldsymbol{M}/\boldsymbol{Q})| = |S_4/V| = 6 \xrightarrow{\text{定理5.28}} [\boldsymbol{M} : \boldsymbol{Q}] = 6 \quad \cdots\cdots③$$

①，②，③に**定理5.16**を用いて，$\boldsymbol{M} = \boldsymbol{Q}(s^2,\ t^2,\ u^2)$となります。

Vの固定体は$\boldsymbol{Q}(s^2,\ t^2,\ u^2)$です。

A_4の固定体を求めましょう。

A_4を生成する元はα，β，γ，σです。

σはs，t，uを$s \to t \to u \to s \cdots$と巡回させるので，

$$\sigma((s^2-t^2)(t^2-u^2)(u^2-s^2)) = (t^2-u^2)(u^2-s^2)(s^2-t^2)$$

となり，$(s^2-t^2)(t^2-u^2)(u^2-s^2)$に作用して不変です。

α, β, γはs，t，uの符号を変えるだけなので，s^2, t^2, u^2に作用して不変です。したがって，A_4の元は，$(s^2-t^2)(t^2-u^2)(u^2-s^2)$に作用して不変です。$A_4$の固定体を$\boldsymbol{M}$とすれば，

$\boldsymbol{Q}((s^2-t^2)(t^2-u^2)(u^2-s^2))\subset\boldsymbol{M}$ ……④

p.429～p.431の考察より，$[\boldsymbol{Q}((s^2-t^2)(t^2-u^2)(u^2-s^2)):\boldsymbol{Q}]$は2または1です。ここでは分解方程式のガロア群が$S_3$に同型であるという仮定より，

$[\boldsymbol{Q}((s^2-t^2)(t^2-u^2)(u^2-s^2)):\boldsymbol{Q}]=2$ ……⑤

定理5.36より，$\mathrm{Gal}(\boldsymbol{M}/\boldsymbol{Q})\cong S_4/A_4$であり，

$|\mathrm{Gal}(\boldsymbol{M}/\boldsymbol{Q})|=|S_4/A_4|=2\xrightarrow{\text{定理5.28}}[\boldsymbol{M}:\boldsymbol{Q}]=2$ ……⑥

④，⑤，⑥に**定理5.16**を用いて，$\boldsymbol{M}=\boldsymbol{Q}((s^2-t^2)(t^2-u^2)(u^2-s^2))$

A_4の固定体は$\boldsymbol{Q}((s^2-t^2)(t^2-u^2)(u^2-s^2))$です。

αは，s^2, t^2, uに作用させて不変なので，$\langle\alpha\rangle$の固定体を$\boldsymbol{M}$とすると，

$\boldsymbol{Q}(s^2, t^2, u)\subset\boldsymbol{M}$ ……⑦

定理5.31，**定理5.34**より，$[\boldsymbol{Q}(s,t,u):\boldsymbol{M}]=|\mathrm{Gal}(\boldsymbol{Q}(s,t,u)/\boldsymbol{M}|=|\langle\alpha\rangle|=2$

定理5.28より，$[\boldsymbol{Q}(s, t, u):\boldsymbol{Q}]=|S_4|=24$　また，**定理5.32**より

$[\boldsymbol{Q}(s, t, u):\boldsymbol{M}][\boldsymbol{M}:\boldsymbol{Q}]=[\boldsymbol{Q}(s, t, u):\boldsymbol{Q}]=24$なので，$[\boldsymbol{M}:\boldsymbol{Q}]=12$……⑧

$\boldsymbol{Q}(s^2, t^2, u)$は，$\boldsymbol{Q}(s^2, t^2, u^2)$上の2次方程式$x^2-u^2=0$の方程式の解$u$を加えてできた拡大体なので，

$$[\boldsymbol{Q}(s^2, t^2, u):\boldsymbol{Q}]=[\boldsymbol{Q}(s^2, t^2, u):\boldsymbol{Q}(s^2, t^2, u^2)][\boldsymbol{Q}(s^2, t^2, u^2):\boldsymbol{Q}] \quad \cdots\cdots⑨$$

$$=2\times6=12$$

⑦，⑧，⑨に**定理5.16**を用いて，$\boldsymbol{M}=\boldsymbol{Q}(s^2, t^2, u)$

$\langle\alpha\rangle$の固定体は$\boldsymbol{Q}(s^2, t^2, u)$です。

$\boldsymbol{Q}(s^2, t^2, u)$から$\boldsymbol{Q}(s, t, u)$への拡大次数も確認してみましょう。

$[\boldsymbol{Q}(s, t, u):\boldsymbol{Q}(s^2, t^2, u)][\boldsymbol{Q}(s^2, t^2, u):\boldsymbol{Q}]=[\boldsymbol{Q}(s, t, u):\boldsymbol{Q}]=24$

より，$[\boldsymbol{Q}(s, t, u):\boldsymbol{Q}(s^2, t^2, u)]=2$です。

$\boldsymbol{Q}(s, t, u)$は，$\boldsymbol{Q}(s^2, t^2, u)$上の2次方程式$x^2-t^2=0$の最小分解体にな

っています。なぜなら，$\boldsymbol{Q}(s^2,\ t^2,\ u)$に$t$を加えると，$8stu=-q$という関係から，$s$も含むことになり，$\boldsymbol{Q}(s,\ t,\ u)$になるからです。

さて，ここで確認しておきたいことがあります。

4次方程式のガロア群が可解群であることを示す

$$S_4 \supset A_4 \supset V \supset \langle \alpha \rangle \supset \{e\}$$

に対応する中間体の列，

$$\boldsymbol{Q} \subset \boldsymbol{Q}((s^2-t^2)(t^2-u^2)(u^2-s^2)) \subset \boldsymbol{Q}(s^2,\ t^2,\ u^2)$$
$$\subset \boldsymbol{Q}(s^2,\ t^2,\ u) \subset \boldsymbol{Q}(s,\ t,\ u)$$

についての性質です。

例えば，$\boldsymbol{Q}(s^2,\ t^2,\ u)$と$\boldsymbol{Q}(s^2,\ t^2,\ u^2)$というように並んでいる中間体で考えてみましょう。$\boldsymbol{Q}(s,\ t,\ u)$も$\boldsymbol{Q}(s^2,\ t^2,\ u)$も$\boldsymbol{Q}(s^2,\ t^2,\ u^2)$をベースにした拡大体であると見ます。

$$V \quad \supset \quad \langle \alpha \rangle \quad \supset \quad \{e\}$$

ガロア拡大

$$\boldsymbol{Q}(s^2,\ t^2,\ u^2) \quad \subset \quad \boldsymbol{Q}(s^2,\ t^2,\ u) \quad \subset \quad \boldsymbol{Q}(s,\ t,\ u)$$

ガロア拡大

$\boldsymbol{Q}(s,\ t,\ u)/\boldsymbol{Q}$がガロア拡大ですから，**定理5.31**より，

$\boldsymbol{Q}(s,\ t,\ u)/\boldsymbol{Q}(s^2,\ t^2,\ u)$と$\boldsymbol{Q}(s,\ t,\ u)/\boldsymbol{Q}(s^2,\ t^2,\ u^2)$はガロア拡大です。

$$\mathrm{Gal}(\boldsymbol{Q}(s,\ t,\ u)/\boldsymbol{Q}(s^2,\ t^2,\ u)) = \langle \alpha \rangle$$

$$\mathrm{Gal}(\boldsymbol{Q}(s,\ t,\ u)/\boldsymbol{Q}(s^2,\ t^2,\ u^2)) = V$$

です。**定理5.36**の$\boldsymbol{Q}$を$\boldsymbol{Q}(s^2,\ t^2,\ u^2)$として読み換えれば，$\langle \alpha \rangle$は$V$の正規部分群になっていますから，

$\boldsymbol{Q}(s^2,\ t^2,\ u)/\boldsymbol{Q}(s^2,\ t^2,\ u^2)$はガロア拡大で，

$$\mathrm{Gal}(\boldsymbol{Q}(s^2,\ t^2,\ u)/\boldsymbol{Q}(s^2,\ t^2,\ u^2)) \cong V/\langle \alpha \rangle$$

であることが分かります。

これと同様の議論で，

$$\mathrm{Gal}(\boldsymbol{Q}(s^2,\ t^2,\ u^2)/\boldsymbol{Q}((s^2-t^2)(t^2-u^2)(u^2-s^2)))\cong A_4/V$$

$$\mathrm{Gal}(\boldsymbol{Q}((s^2-t^2)(t^2-u^2)(u^2-s^2)/\boldsymbol{Q}))\cong S_4/A_4$$

となります。

ここでS_4/A_4, A_4/V, $V/\langle\alpha\rangle$, $\langle\alpha\rangle$は可解群の定義から巡回群になっています。

一般に，$\boldsymbol{K}$が$\boldsymbol{F}$のガロア拡大体で，$\mathrm{Gal}(\boldsymbol{K}/\boldsymbol{F})$が巡回群のとき，$\boldsymbol{K}$は$\boldsymbol{F}$の**巡回拡大体**である，$\boldsymbol{K}/\boldsymbol{F}$は**巡回拡大**であるといいます。

$\boldsymbol{Q}$から$\boldsymbol{Q}(s,\ t,\ u)$の拡大列において，各拡大のステップは巡回拡大になっています。

また，$\boldsymbol{Q}(s,\ t,\ u)$のように各拡大のステップが巡回拡大になっている拡大体を**累巡回拡大体**といいます。$\boldsymbol{Q}(s,\ t,\ u)/\boldsymbol{Q}$は累巡回拡大です。

一般的に，次のようにいえます。

定理6.2 可解群と累巡回拡大の対応

$\boldsymbol{Q}$のガロア拡大体$\boldsymbol{K}$のガロア群をGとする。

Gが可解群である　⇔　$\boldsymbol{K}/\boldsymbol{Q}$は累巡回拡大である

証明　⇒を示しましょう。

Gが可解群であることを示す部分群の列と，それにガロア対応をなす$\boldsymbol{Q}$の拡大体の列を，

$$G=H_0\supset H_1\supset H_2\supset\cdots\supset H_{s-1}\supset H_s=\{e\}$$

$$\boldsymbol{Q}=\boldsymbol{F}_0\subset\boldsymbol{F}_1\subset\boldsymbol{F}_2\subset\cdots\subset\boldsymbol{F}_{s-1}\subset\boldsymbol{F}_s=\boldsymbol{K}$$

とします。

G, H_k, H_{k-1}を取り出して考えます。

Gが可解群なので，H_kはH_{k-1}の正規部分群で，H_{k-1}/H_kは巡回群になっています。

$\boldsymbol{K}/\boldsymbol{Q}$がガロア拡大なので，**定理5.31**より，$\boldsymbol{K}$の中間体$\boldsymbol{F}_k$, $\boldsymbol{F}_{k-1}$について，$\boldsymbol{K}/\boldsymbol{F}_k$, $\boldsymbol{K}/\boldsymbol{F}_{k-1}$もガロア拡大になり，

$$\mathrm{Gal}(\boldsymbol{K}/\boldsymbol{F}_k)=H_k,\ \mathrm{Gal}(\boldsymbol{K}/\boldsymbol{F}_{k-1})=H_{k-1}$$

$$H_{k-1} \supset H_k \supset \{e\}$$

ガロア拡大

$$\boldsymbol{F}_{k-1} \subset \boldsymbol{F}_k \subset \boldsymbol{K}$$

ガロア拡大

となります。H_kはH_{k-1}の正規部分群ですから，**定理5.36**で$\boldsymbol{Q}$を$\boldsymbol{F}_{k-1}$に読み換えて適用すると，$\boldsymbol{F}_k/\boldsymbol{F}_{k-1}$もガロア拡大であり，

$$\mathrm{Gal}(\boldsymbol{F}_k/\boldsymbol{F}_{k-1})\cong H_{k-1}/H_k$$

です。H_{k-1}/H_kは巡回群ですから，$\boldsymbol{F}_k/\boldsymbol{F}_{k-1}$は巡回拡大です。

$\boldsymbol{K}$は累巡回拡大体になります。

⇐を示しましょう。

$\boldsymbol{K}$が$\boldsymbol{Q}$の累巡回拡大体であることを示す中間体の列と，それにガロア対応をなすGの部分群の列を，

$$\boldsymbol{Q}=\boldsymbol{F}_0\subset\boldsymbol{F}_1\subset\boldsymbol{F}_2\subset\cdots\subset\boldsymbol{F}_{s-1}\subset\boldsymbol{F}_s=\boldsymbol{K}$$

$$G=H_0\supset H_1\supset H_2\supset\cdots\supset H_{s-1}\supset H_s=\{e\}$$

とします。ここで，$\boldsymbol{F}_k/\boldsymbol{F}_{k-1}$は巡回拡大です。

$\boldsymbol{K}/\boldsymbol{Q}$がガロア拡大なので，**定理5.31**より，$\boldsymbol{K}$の中間体$\boldsymbol{F}_k$，$\boldsymbol{F}_{k-1}$について，$\boldsymbol{K}/\boldsymbol{F}_k$，$\boldsymbol{K}/\boldsymbol{F}_{k-1}$もガロア拡大になり，

$$\mathrm{Gal}(\boldsymbol{K}/\boldsymbol{F}_k)=H_k,\ \mathrm{Gal}(\boldsymbol{K}/\boldsymbol{F}_{k-1})=H_{k-1}$$

$$H_{k-1} \supset H_k \supset \{e\}$$

ガロア拡大

$$\boldsymbol{F}_{k-1} \subset \boldsymbol{F}_k \subset \boldsymbol{K}$$

ガロア拡大

ここで$\boldsymbol{F}_k/\boldsymbol{F}_{k-1}$がガロア拡大なので，**定理5.36**で$\boldsymbol{Q}$を$\boldsymbol{F}_{k-1}$に読み換えて適用すると，$H_k$は$H_{k-1}$の正規部分群であり，

$$\mathrm{Gal}(\boldsymbol{F}_k/\boldsymbol{F}_{k-1})\cong H_{k-1}/H_k$$

ここで，$\boldsymbol{F}_k/\boldsymbol{F}_{k-1}$が巡回拡大ですから，$H_{k-1}/H_k$は巡回群です。$G$は可解群になります。　（証明終わり）

4次方程式は解が4個あります。**定理5.8**より，4次方程式の解に対する同型写像は4個の解の置換ですから，4次方程式の最小分解体の自己同型群，つまりガロア群の位数は最高で$4!=24$個までありえます。上で示した例は，4次方程式が一番大きなガロア群の位数を持つ場合なのです。係数によっては，24個の同型写像の中に同じものが含まれることになり，ガロア群の位数が24よりも小さくなる場合があります。実際，今まで出てきた4次方程式のガロア群の位数は24ではありませんでした。どうして24になっていないのか仕組みを解明してみましょう。

［$x^4-10x^2+1=0$の場合］

$x^4+px^2+qx+r=0$で，$p=-10$，$q=0$，$r=1$ですから，

分解方程式$y^3+\dfrac{p}{2}y^2+\left(\dfrac{p^2}{16}-\dfrac{r}{4}\right)y-\dfrac{q^2}{64}$は，

$$y^3-5y^2+6y=0 \qquad \therefore \quad y(y-2)(y-3)=0$$

ですから，$s=0$，$t=\sqrt{2}$，$u=\sqrt{3}$とします。

$$\underline{\boldsymbol{Q}\subset\boldsymbol{Q}((s^2-t^2)(t^2-u^2)(u^2-s^2))\subset\boldsymbol{Q}(s^2,\ t^2,\ u^2)}$$
$$\subset\boldsymbol{Q}(s^2,\ t^2,\ u)\subset\boldsymbol{Q}(s,\ t,\ u)$$

にあてはめると，

$$\boldsymbol{Q}=\boldsymbol{Q}(6)=\boldsymbol{Q}(0,\ 2,\ 3)\underset{2}{\subset}\boldsymbol{Q}(0,\ 2,\ \sqrt{3})\underset{2}{\subset}\boldsymbol{Q}(0,\ \sqrt{2},\ \sqrt{3})$$

となります。一般論ではイロ線の6次になっているところが，縮退して$\boldsymbol{Q}$になってしまうわけです。残りは4次です。

この部分は一般論ではVに対応する部分でしたから，$\mathrm{Gal}(\boldsymbol{Q}(\sqrt{2},\ \sqrt{3})/\boldsymbol{Q})$は，$V$になります。最小分解体$\boldsymbol{Q}(\sqrt{2},\ \sqrt{3})$は$\boldsymbol{Q}$の4次拡大であることが分かります。

［$x^4-4x^2+2=0$の場合］

$x^4+px^2+qx+r=0$で，$p=-4$，$q=0$，$r=2$ですから，

分解方程式$y^3+\dfrac{p}{2}y^2+\left(\dfrac{p^2}{16}-\dfrac{r}{4}\right)y-\dfrac{q^2}{64}$は，

$$y^3-2y^2+\frac{1}{2}y=0 \qquad \therefore \quad y\left(y^2-2y+\frac{1}{2}\right)=0$$

$$\therefore \quad y=0,\ \frac{2-\sqrt{2}}{2},\ \frac{2+\sqrt{2}}{2}$$

ですから，$s=0$，$t=\sqrt{\dfrac{2-\sqrt{2}}{2}}$，$u=\sqrt{\dfrac{2+\sqrt{2}}{2}}$とします。

$$\boldsymbol{Q}\subset\boldsymbol{Q}((s^2-t^2)(t^2-u^2)(u^2-s^2))\subset\boldsymbol{Q}(s^2,\ t^2,\ u^2)$$
$$\subset\boldsymbol{Q}(s^2,\ t^2,\ u)\subset\boldsymbol{Q}(s,\ t,\ u)$$

にあてはめると，

$$\boldsymbol{Q}\subsetneq\boldsymbol{Q}\left(\frac{\sqrt{2}}{2}\right)=\boldsymbol{Q}\left(0,\ \frac{2-\sqrt{2}}{2},\ \frac{2+\sqrt{2}}{2}\right)\subsetneq\boldsymbol{Q}\left(0,\ \frac{2-\sqrt{2}}{2},\ \sqrt{\frac{2+\sqrt{2}}{2}}\right)$$
$$=\boldsymbol{Q}\left(0,\ \sqrt{\frac{2-\sqrt{2}}{2}},\ \sqrt{\frac{2+\sqrt{2}}{2}}\right)$$

最後のイコールは，$\sqrt{\dfrac{2-\sqrt{2}}{2}}\sqrt{\dfrac{2+\sqrt{2}}{2}}=\dfrac{\sqrt{2}}{2}$から分かります。

これから最小分解体$\boldsymbol{Q}\left(\sqrt{\dfrac{2+\sqrt{2}}{2}}\right)$は$\boldsymbol{Q}$の4次拡大であることが分かります。

［$x^4-2=0$の場合］

$x^4+px^2+qx+r=0$で，$p=0$，$q=0$，$r=-2$ですから，

分解方程式$y^3+\dfrac{p}{2}y^2+\left(\dfrac{p^2}{16}-\dfrac{r}{4}\right)y-\dfrac{q^2}{64}$は，

$$y^3+\frac{1}{2}y=0 \quad \therefore \quad y\left(y^2+\frac{1}{2}\right)=0 \qquad \therefore \quad y=0,\ \frac{1}{\sqrt{2}}i,\ -\frac{1}{\sqrt{2}}i$$

ですから，$s=0$，$t^2=\dfrac{1}{\sqrt{2}}i$，$u^2=-\dfrac{1}{\sqrt{2}}i$とします。

$\dfrac{1}{\sqrt{2}}i=2^{-\frac{1}{2}}(\cos 90^\circ+i\sin 90^\circ)$ですから，これの平方根の1つは，

$$\left(2^{-\frac{1}{2}}\right)^{\frac{1}{2}}(\cos 45^\circ+i\sin 45^\circ)=2^{-\frac{1}{4}}\left(\frac{1}{\sqrt{2}}+\frac{1}{\sqrt{2}}i\right)=2^{-\frac{3}{4}}(1+i)$$

これより，$t=2^{-\frac{3}{4}}(1+i)$とおきます。同様に$u=2^{-\frac{3}{4}}(1-i)$とおきます。

$$\boldsymbol{Q}\subset\boldsymbol{Q}((s^2-t^2)(t^2-u^2)(u^2-s^2))\subset\boldsymbol{Q}(s^2,\ t^2,\ u^2)$$
$$\subset\boldsymbol{Q}(s^2,\ t^2,\ u)\subset\boldsymbol{Q}(s,\ t,\ u)$$

にあてはめると，

$$\boldsymbol{Q}\underset{2}{\subset}\boldsymbol{Q}\left(-\frac{\sqrt{2}}{2}i\right)=\boldsymbol{Q}\left(0,\ \frac{1}{\sqrt{2}}i,\ -\frac{1}{\sqrt{2}}i\right)\subset\boldsymbol{Q}\left(0,\ \frac{1}{\sqrt{2}}i,\ 2^{-\frac{3}{4}}(1-i)\right)$$
$$\subset\boldsymbol{Q}\left(0,\ 2^{-\frac{3}{4}}(1+i),\ 2^{-\frac{3}{4}}(1-i)\right)$$

書き換えると，

$$\boldsymbol{Q}\underset{2}{\subset}\boldsymbol{Q}(\sqrt{2}\,i)\underset{2}{\subset}\boldsymbol{Q}(\sqrt[4]{2}(1-i))\underset{2}{\subset}\boldsymbol{Q}(\sqrt[4]{2},\ i)$$ (p.403の一番右の系列)

になり，最小分解体$\boldsymbol{Q}(\sqrt[4]{2},\ i)$は$\boldsymbol{Q}$の8次拡大体です。

[$x^4+8x+12=0$の場合]

$x^4+px^2+qx+r=0$で，$p=0$，$q=8$，$r=12$ですから，

$$\text{分解方程式}\quad y^3+\frac{p}{2}y^2+\left(\frac{p^2}{16}-\frac{r}{4}\right)y-\frac{q^2}{64}$$

は，$y^3-3y-1=0$で，

$$s^2=2\cos 20^\circ,\ t^2=2\cos 140^\circ,\ u^2=2\cos 260^\circ$$

です（p.438）。

問3.1より，$z^3+pz+q=0$の解をα，β，γとしたとき，

$(\alpha-\beta)^2(\beta-\gamma)^2(\gamma-\alpha)^2=-27q^2-4p^3$でしたから，

$$\{(s^2-t^2)(t^2-u^2)(u^2-s^2)\}^2=-27(-1)^2-4(-3)^3=81$$

ですから，

$$\boldsymbol{Q} \subset \boldsymbol{Q}((s^2-t^2)(t^2-u^2)(u^2-s^2)) \subset \boldsymbol{Q}(s^2,\ t^2,\ u^2)$$
$$\subset \boldsymbol{Q}(s^2,\ t^2,\ u) \subset \boldsymbol{Q}(s,\ t,\ u)$$

にあてはめて，

$$\boldsymbol{Q} = \boldsymbol{Q}(9) \subset \boldsymbol{Q}(2\cos 20^\circ,\ 2\cos 140^\circ,\ 2\cos 260^\circ)$$
$$\underset{ア}{\subset} \boldsymbol{Q}\left(2\cos 20^\circ,\ 2\cos 140^\circ,\ \sqrt{-2\cos 260^\circ}\, i\right)$$
$$\underset{イ}{\subset} \boldsymbol{Q}\left(\sqrt{2\cos 20^\circ},\ \sqrt{-2\cos 140^\circ}\, i,\ \sqrt{-2\cos 260^\circ}\, i\right)$$
$$\underset{ウ}{}$$

アは3次方程式$y^3-3y-1=0$の拡大なので，**問5.9**と同じようにして3次拡大になります。

イは$x^2-2\cos 260^\circ=0$による拡大なので2次。

ウは$x^2-2\cos 140^\circ=0$による拡大なので2次。

$\boldsymbol{Q}\left(\sqrt{2\cos 20^\circ},\ \sqrt{-2\cos 140^\circ}\, i,\ \sqrt{-2\cos 260^\circ}\, i\right)$は$\boldsymbol{Q}$の$3\times 2\times 2=12$次拡大です。

4次方程式の拡大にもいろいろあるものですね。

次から5次以上の方程式も調べていきましょう。

6 1のベキ根の作る体

円分体とガロア群

ベキ根拡大の性質を調べる上で，$x^n-a=0$という方程式のガロア群を調べて，その特徴をつかんでおきましょう。

まずは，$a=1$の場合から。$a=1$のときの$x^n-1=0$の解，すなわち1の原始n乗根を加えるベキ根拡大を**円分拡大**といいます。

問6.14 $x^5-1=0$のガロア群を求めよ。

この方程式の解は，1の原始5乗根の1つを$\zeta=\cos 72^\circ+i\sin 72^\circ$とおくと$x^5-1=0$の解は，1，$\zeta$，$\zeta^2$，$\zeta^3$，$\zeta^4$の5つになります。

$x^5-1=0$の最小分解体は$\boldsymbol{Q}(\zeta, \zeta^2, \zeta^3, \zeta^4)=\boldsymbol{Q}(\zeta)$です。

このように1のn乗根を求める方程式$x^n-1=0$の最小分解体を**n次円分体**といいます。$\boldsymbol{Q}(\zeta)$は5次円分体です。

$\Phi_5(x)=x^4+x^3+x^2+x+1$とすると，$\Phi_5(\zeta)=0$ですから，$\zeta$の最小多項式は$x^4+x^3+x^2+x+1$です。**問3.3**より，$x^4+x^3+x^2+x+1$は既約多項式ですから，**定理5.3**より，$[\boldsymbol{Q}(\zeta):\boldsymbol{Q}]=4$。

定理5.28より，ガロア群$\mathrm{Gal}(\boldsymbol{Q}(\zeta)/\boldsymbol{Q})$の位数も4です。

$\boldsymbol{Q}(\zeta)$に作用する同型写像は**定理5.10**より4個あり，$\sigma(\zeta)$の移り先は，$x^4+x^3+x^2+x+1=0$の解であるζ，ζ^2，ζ^3，ζ^4の4つです。

同型写像σ_1，σ_2，σ_3，σ_4を

$$\sigma_i(\zeta)=\zeta^i \qquad (i=1, 2, 3, 4)$$

と定めます。すると移り先はすべて$\boldsymbol{Q}(\zeta)$の元ですから，**定理5.17**より，σ_1,σ_2，σ_3，σ_4は，$\boldsymbol{Q}(\zeta)$の自己同型写像です。

$$\mathrm{Gal}(\boldsymbol{Q}(\zeta)/\boldsymbol{Q})=\{\sigma_1, \sigma_2, \sigma_3, \sigma_4\}$$

となります。積はどうなるでしょうか。例えば，

$$(\sigma_2\sigma_4)(\zeta)=\sigma_2(\sigma_4(\zeta))=\sigma_2(\zeta^4)=(\sigma_2(\zeta))^4$$
$$=(\zeta^2)^4=\zeta^{2\times4}=\zeta^8=\zeta^3=\sigma_3(\zeta)$$

となりますから，$\sigma_2\sigma_4=\sigma_3$となりますが，イロ線部の指数のところで，$2\times4=8\equiv3 \pmod 5$という計算をしています。

$\sigma_i\sigma_j$であれば，

$$(\sigma_i\sigma_j)(\zeta)=(\sigma_i(\sigma_j(\zeta)))=(\sigma_i(\zeta^j))=(\sigma_i(\zeta))^j=(\zeta^i)^j=\zeta^{ij}$$

となり，ijをmod5で見ればよいのです。ですから，このガロア群の積は，

$$\sigma_i\sigma_j=\sigma_{ij}$$

となります。ただし，添え字はmod5で見るわけです。

1，2，3，4は$(\boldsymbol{Z}/5\boldsymbol{Z})^*$の元ですから，積も$(\boldsymbol{Z}/5\boldsymbol{Z})^*$の元となり，$\mathrm{Gal}(\boldsymbol{Q}(\zeta)/\boldsymbol{Q})$は$(\boldsymbol{Z}/5\boldsymbol{Z})^*$に同型であることが分かります。

実際，$\mathrm{Gal}(\boldsymbol{Q}(\zeta)/\boldsymbol{Q})$から$(\boldsymbol{Z}/5\boldsymbol{Z})^*$への写像$\eta$を

$$\eta : \mathrm{Gal}(\boldsymbol{Q}(\zeta)/\boldsymbol{Q}) \longrightarrow (\boldsymbol{Z}/5\boldsymbol{Z})^*$$
$$\sigma_i \longmapsto \bar{i}$$

とすれば，

$$\eta(\sigma_i\sigma_j)=\eta(\sigma_{ij})=\overline{ij},\ \eta(\sigma_i)\eta(\sigma_j)=\bar{i}\times\bar{j}=\overline{ij}$$

より，$\eta(\sigma_i\sigma_j)=\eta(\sigma_i)\eta(\sigma_j)$が成り立ちますから，$\eta$は群の同型写像になっています。$\mathrm{Gal}(\boldsymbol{Q}(\zeta)/\boldsymbol{Q})\cong(\boldsymbol{Z}/5\boldsymbol{Z})^*$であることが分かりました。

ここで，$\sigma(\zeta)=\zeta^2$としましょう。

$$\sigma^2(\zeta)=\sigma(\sigma(\zeta))=\sigma(\zeta^2)=(\sigma(\zeta))^2=(\zeta^2)^2=\zeta^4$$
$$\sigma^3(\zeta)=\sigma(\sigma^2(\zeta))=\sigma(\zeta^4)=(\sigma(\zeta))^4=(\zeta^2)^4=\zeta^8=\zeta^3$$
$$\sigma^4(\zeta)=\sigma(\sigma^3(\zeta))=\sigma(\zeta^8)=(\sigma(\zeta))^8=(\zeta^2)^8=\zeta^{16}=\zeta$$

と，σはζの指数を，$1\to2\to4\to3\to1\to\cdots$と巡回させます。

$\zeta^{2\wedge i}$は$\zeta^{(2^i)}$のことです

$$\sigma^i(\zeta)=\zeta^{2\wedge i}(i=0,\ 1,\ 2,\ 3)$$（ただし，指数はmod5で見る）

とまとまります。

$\sigma^4=e$であり，4つの移り先のζ，ζ^2，ζ^3，ζ^4がすべて出てきたので，

ガロア群はσを用いて,

$$\mathrm{Gal}(\boldsymbol{Q}(\zeta)/\boldsymbol{Q})=\{e,\ \sigma,\ \sigma^2,\ \sigma^3\}$$

となります。ガロア群は巡回群C_4と同型になります。

これは，mod5の原始根2を用いて$(\boldsymbol{Z}/5\boldsymbol{Z})^*$の元を原始根のベキで表現することに相当します。

今度は，5（素数）を15（合成数）にして考えてみましょう。

問6.15　ζを1の原始15乗根$\zeta=\cos 24^\circ+i\sin 24^\circ$とするとき，$\mathrm{Gal}(\boldsymbol{Q}(\zeta)/\boldsymbol{Q})$を求めよ。

ζは，1の原始15乗根です。$\boldsymbol{Q}(\zeta)$は，$x^{15}-1=0$の最小分解体となっています。$\boldsymbol{Q}(\zeta)$は15次円分体です。

15次円分多項式は,

$$\Phi_{15}(x)=\frac{(x^{15}-1)(x-1)}{(x^5-1)(x^3-1)}=x^8-x^7+x^5-x^4+x^3-x+1$$

と8次式になります。次数だけを求めたいのであれば，p.251のイロ線部と**定義1.7**より，$\varphi(15)=(3-1)(5-1)=8$と計算できます。$\Phi_{15}(\zeta)=0$であり，**定理4.19**より円分多項式は既約ですから，$\Phi_{15}(x)$はζの最小多項式です。**定理5.3**より,

$$\underline{[\boldsymbol{Q}(\zeta):\boldsymbol{Q}]=\varphi(15)=8}$$

と表されることが分かります。

$x^8-x^7+x^5-x^4+x^3-x+1=0$の解は，1の原始15乗根,

$$\zeta,\ \zeta^2,\ \zeta^4,\ \zeta^7,\ \zeta^8,\ \zeta^{11},\ \zeta^{13},\ \zeta^{14}$$

です。指数に現われている数は，15と互いに素な数で，既約剰余類群$(\boldsymbol{Z}/15\boldsymbol{Z})^*$の元です。

$\boldsymbol{Q}(\zeta)$に作用する同型写像によるζの移り先は，1の原始15乗根ζ, ζ^2,

ζ^4, ζ^7, ζ^8, ζ^{11}, ζ^{13}, ζ^{14}の8個です。

$\boldsymbol{Q}(\zeta)$の同型写像としてσ_1, σ_2, σ_4, …, σ_{14}を,

$$\sigma_i(\zeta)=\zeta^i \quad (i=1,\ 2,\ 4,\ 7,\ 8,\ 11,\ 13,\ 14)$$

と定めます。移り先はすべて$\boldsymbol{Q}(\zeta)$の元ですから，**定理5.17**よりσ_iはすべて$\boldsymbol{Q}(\zeta)$の自己同型写像になっています。

$$(\sigma_i\sigma_j)(\zeta)=\sigma_i(\sigma_j(\zeta))=\sigma_i(\zeta^j)=(\sigma_i(\zeta))^j=(\zeta^i)^j=\zeta^{ij}$$

ですから，σ_iとσ_jの積を$\sigma_i\sigma_j=\sigma_{ij}$と定めましょう。すると，$i$, jが15の既約剰余類の元なので，ijもmod 15で見れば既約剰余類の元となり，σ_{ij}は，σ_1, σ_2, σ_4, …, σ_{14}のうちのどれかになります。ζの計算では指数をmod 15で見ますが，σの下の添字もmod 15で見るわけです。

15の既約剰余類$(\boldsymbol{Z}/15\boldsymbol{Z})^*$が乗法に関して群になっていることから，$\sigma_1$, σ_2, σ_4, …, σ_{14}が上で定めた積に関して群になっていることが分かります。念のため，写像を作っておきましょう。

$\mathrm{Gal}(\boldsymbol{Q}(\zeta)/\boldsymbol{Q})$から$(\boldsymbol{Z}/15\boldsymbol{Z})^*$への写像$\eta$を,

$$\begin{array}{rccc}\eta: & \mathrm{Gal}(\boldsymbol{Q}(\zeta)/\boldsymbol{Q}) & \longrightarrow & (\boldsymbol{Z}/15\boldsymbol{Z})^* \\ & \sigma_i & \longmapsto & \overline{i}\end{array}$$

とします。

$$\eta(\sigma_i\sigma_j)=\eta(\sigma_{ij})=\overline{ij},\ \eta(\sigma_i)\eta(\sigma_j)=\overline{i}\times\overline{j}=\overline{ij}$$

より，$\eta(\sigma_i\sigma_j)=\eta(\sigma_i)\eta(\sigma_j)$が成り立ちますから，$\eta$は群の同型写像になっています。

$\underline{\mathrm{Gal}(\boldsymbol{Q}(\zeta)/\boldsymbol{Q})\cong(\boldsymbol{Z}/15\boldsymbol{Z})^*}$であることが確かめられました。

$n=5$, 15の例で，円分体$\boldsymbol{Q}(\zeta)$の拡大次数，ガロア群の様子が分かったことと思います。

定理6.3 円分体のガロア群

1の原始n乗根をζとするとき,

$$[\boldsymbol{Q}(\zeta):\boldsymbol{Q}]=\varphi(n),\quad \mathrm{Gal}(\boldsymbol{Q}(\zeta)/\boldsymbol{Q})\cong(\boldsymbol{Z}/n\boldsymbol{Z})^*$$

$\mathrm{Gal}(\boldsymbol{Q}(\zeta)/\boldsymbol{Q})$は可解群であり,$\boldsymbol{Q}(\zeta)/\boldsymbol{Q}$は累巡回拡大である。

証明 **定理1.20**より,$(\boldsymbol{Z}/n\boldsymbol{Z})^*$は巡回群の直積に同型です。また,**定理2.25**より,巡回群の直積は可解群ですから,$\mathrm{Gal}(\boldsymbol{Q}(\zeta)/\boldsymbol{Q})$は可解群です。**定理6.2**より$\boldsymbol{Q}(\zeta)/\boldsymbol{Q}$は累巡回拡大です。（証明終わり）

円分拡大$\boldsymbol{Q}(\zeta)/\boldsymbol{Q}$が累巡回拡大になっていることは,上の定理から一般的に成り立っていますが,各拡大のステップが巡回拡大になっている拡大列を作って確認してみましょう。

まず,nが奇素数のベキの場合

問6.16 ζを1の原始27乗根であるとする。$\boldsymbol{Q}(\zeta)/\boldsymbol{Q}$が累巡回拡大であることを示せ。

$\Phi_{27}(x)$を27次円分多項式とすると,$\boldsymbol{Q}(\zeta)$は$\Phi_{27}(x)=0$の最小分解体で,

$$\mathrm{Gal}(\boldsymbol{Q}(\zeta)/\boldsymbol{Q})\cong(\boldsymbol{Z}/27\boldsymbol{Z})^*$$

$$|\mathrm{Gal}(\boldsymbol{Q}(\zeta)/\boldsymbol{Q})|=[\boldsymbol{Q}(\zeta):\boldsymbol{Q}]=\varphi(27)=3^2(3-1)=18$$

ここで,$\Phi_{27}(x)=0$の解は1の原始27乗根のζ, ζ^2, ζ^4, ζ^5, ζ^7, $\cdots$, ζ^{26}です。$(\boldsymbol{Z}/27\boldsymbol{Z})^*$には原始根2がありますから,

$$\sigma(\zeta)=\zeta^2$$

と定めれば,

$$\sigma^2(\zeta)=\sigma(\sigma(\zeta))=\sigma(\zeta^2)=(\sigma(\zeta))^2=(\zeta^2)^2=\zeta^{2\wedge 2}$$

$\zeta^{2\wedge i}$で$\zeta^{(2^i)}$を表す

$$\sigma^3(\zeta)=\sigma(\sigma^2(\zeta))=\sigma(\zeta^{2\wedge 2})=(\sigma(\zeta))^{2\wedge 2}=(\zeta^2)^{2\wedge 2}=\zeta^{2\wedge 3}$$

$$\cdots\cdots$$

ですから，$\sigma^i(\zeta)=\zeta^{2\wedge i}$となります。$i$に1から18までを代入すると，$\zeta$のベキ数は

2，4，8，16，5，10，20，13，26，

25，23，19，11，22，17，7，14，1（mod27で見ている）

となり，$(\boldsymbol{Z}/27\boldsymbol{Z})^*$の元がすべて出てきて巡回します。

$\sigma^{18}(\zeta)=\zeta$であり，$\sigma^{18}=e$です。

$\mathrm{Gal}(\boldsymbol{Q}(\zeta)/\boldsymbol{Q})$は位数18ですから，ちょうど$\sigma$を生成元とする巡回群になっています。$\boldsymbol{Q}(\zeta)/\boldsymbol{Q}$は累巡回拡大です。

次に，nが2のベキの場合。

問6.17　ζを1の原始16乗根であるとする。$\boldsymbol{Q}(\zeta)/\boldsymbol{Q}$が累巡回拡大であることを示せ。

$\Phi_{16}(x)$を16次円分多項式とすると，$\boldsymbol{Q}(\zeta)$は$\Phi_{16}(x)=0$の最小分解体であり，

定理1.18
↓

$$\mathrm{Gal}(\boldsymbol{Q}(\zeta)/\boldsymbol{Q})\cong(\boldsymbol{Z}/16\boldsymbol{Z})^*\cong(\boldsymbol{Z}/4\boldsymbol{Z})\times(\boldsymbol{Z}/2\boldsymbol{Z})$$

$$|\mathrm{Gal}(\boldsymbol{Q}(\zeta)/\boldsymbol{Q})|=[\boldsymbol{Q}(\zeta):\boldsymbol{Q}]=\varphi(16)=2^3(2-1)=8$$

$\Phi_{16}(x)=0$の解は，

$$\zeta,\ \zeta^3,\ \zeta^5,\ \zeta^7,\ \zeta^9,\ \zeta^{11},\ \zeta^{13},\ \zeta^{15}$$

です。ここで，写像σを$\sigma(\zeta)=\zeta^5$と定めると，$\mathrm{Gal}(\boldsymbol{Q}(\zeta)/\boldsymbol{Q})$の元になります。5というのは，**定理1.18**で同型写像を作ったときの数です。5のベキ数にはmod16で見て4で割って1余る奇数がすべて出てくるうまい数でした。

$\sigma^j(\zeta)=\zeta^{5\wedge j}$です。$j$に1から4までを代入すると，

$$\sigma(\zeta)=\zeta^5,\ \sigma^2(\zeta)=\zeta^{5\wedge 2}=\zeta^9,\ \sigma^3(\zeta)=\zeta^{5\wedge 3}=\zeta^{13},\ \sigma^4(\zeta)=\zeta^{5\wedge 4}=\zeta$$

となりますから，$\sigma^4=e$です。$\langle\sigma\rangle$は$\mathrm{Gal}(\boldsymbol{Q}(\zeta)/\boldsymbol{Q})$の部分群になります。

$\langle\sigma\rangle$の固定体$\boldsymbol{F}$を考えましょう。

$$\sigma(i)=\sigma(\zeta^4)=(\sigma(\zeta))^4=(\zeta^5)^4=\zeta^{20}=\zeta^4=i$$

で不変ですから，$\boldsymbol{F}$はiを含み，$[\boldsymbol{F}:\boldsymbol{Q}]\geqq 2$です。

$$\begin{array}{ccccc} \mathrm{Gal}(\boldsymbol{Q}(\zeta)/\boldsymbol{Q}) & \underset{2}{\supset} & \langle\sigma\rangle & \underset{4}{\supset} & \{e\} \\ \\ \boldsymbol{Q} & \subset & \boldsymbol{F} & \subset & \boldsymbol{Q}(\zeta) \end{array}$$

定理5.34より，$\mathrm{Gal}(\boldsymbol{Q}(\zeta)/\boldsymbol{F})=\langle\sigma\rangle$であり，$\langle\sigma\rangle$は巡回群ですから，$\boldsymbol{Q}(\zeta)/\boldsymbol{F}$は巡回拡大です。

また，$[\boldsymbol{Q}(\zeta):\boldsymbol{F}]=|\langle\sigma\rangle|=4$ですから，$[\boldsymbol{Q}(\zeta):\boldsymbol{F}][\boldsymbol{F}:\boldsymbol{Q}]=[\boldsymbol{Q}(\zeta):\boldsymbol{Q}]=8$より，$[\boldsymbol{F}:\boldsymbol{Q}]=2$となり，次元を考えて$\boldsymbol{F}$は$\boldsymbol{Q}(i)$になります。

$\boldsymbol{Q}(\zeta)/\boldsymbol{Q}(i)$も，$\boldsymbol{Q}(i)/\boldsymbol{Q}$も巡回拡大ですから，$\boldsymbol{Q}(\zeta)/\boldsymbol{Q}$は累巡回拡大です。

このように2ベキの場合の円分体は，中間体$\boldsymbol{Q}(i)$を考えることで，累巡回拡大体であることを示すことができます。

問6.18　ζを1の原始180乗根であるとする。$\boldsymbol{Q}(\zeta)/\boldsymbol{Q}$が累巡回拡大であることを示せ。

$180=2^2\cdot 3^2\cdot 5$でした。**定理1.9**より，

$$\mathrm{Gal}(\boldsymbol{Q}(\zeta)/\boldsymbol{Q})\cong(\boldsymbol{Z}/180\boldsymbol{Z})^*\cong(\boldsymbol{Z}/4\boldsymbol{Z})^*\times(\boldsymbol{Z}/9\boldsymbol{Z})^*\times(\boldsymbol{Z}/5\boldsymbol{Z})^*$$

となります。

$\boldsymbol{Q}$に，1の原始4乗根$i(=\zeta^{45})$，1の原始9乗根ζ^{20}，1の原始5乗根ζ^{36}を加えて$\boldsymbol{Q}(\zeta)$を作るというあらすじです。

$\boldsymbol{Q}(\zeta^{45},\ \zeta^{20},\ \zeta^{36})=\boldsymbol{Q}(\zeta)$，$\boldsymbol{Q}(\zeta^{45},\ \zeta^{20})=\boldsymbol{Q}(\zeta^5)$を示せ。

$\boldsymbol{Q}(\zeta^{45},\ \zeta^{20},\ \zeta^{36})\subset\boldsymbol{Q}(\zeta)$です。

逆を示すには，

$$45a+20b+36c=1$$

となる整数a，b，cを見つけましょう。

45，20，36の最大公約数が1なので，**定理1.3**より，これを満たすa，b，

cが存在します。45，20，36には作り方から共通な素因数がないことを味わいましょう。一般論につながります。

実際に，$a=1$，$b=5$，$c=-4$が式を満たします。1の原始180乗根ζは，

$$\zeta=\zeta^{45}(\zeta^{20})^5(\zeta^{36})^{-4}$$

と表されます。$\boldsymbol{Q}(\zeta^{45},\ \zeta^{20},\ \zeta^{36})\supset\boldsymbol{Q}(\zeta)$ですから，

$$\underline{\boldsymbol{Q}(\zeta^{45},\ \zeta^{20},\ \zeta^{36})=\boldsymbol{Q}(\zeta)}$$

同様に考えて，$\boldsymbol{Q}(\zeta^{45},\ \zeta^{20})=\boldsymbol{Q}(\zeta^5)$です。

次のようにしてもよいでしょう。

$\boldsymbol{Q}(\zeta^{45},\ \zeta^{20})$の元の$\zeta$のベキ数を考えましょう。

x，yを整数として，$(\zeta^{45})^x(\zeta^{20})^y=\zeta^{45x+20y}$です。**定理1.3**の証明より，

$$5\boldsymbol{Z}=\{45x+20y \mid x,\ y\text{は整数}\}$$

ですから，$\underline{\boldsymbol{Q}(\zeta^{45},\ \zeta^{20})=\boldsymbol{Q}(\zeta^5)}$です。

$\boldsymbol{Q}$に順に1の原始4乗根$i(=\zeta^{45})$，1の原始9乗根ζ^{20}，1の原始5乗根ζ^{36}を加えていく拡大列

$$\boldsymbol{Q}\subset\boldsymbol{Q}(\zeta^{45})\subset\boldsymbol{Q}(\zeta^{45},\ \zeta^{20})\subset\boldsymbol{Q}(\zeta^{45},\ \zeta^{20},\ \zeta^{36})$$

は，簡単にすると，

$$\underline{\boldsymbol{Q}\subset\boldsymbol{Q}(\zeta^{45})\subset\boldsymbol{Q}(\zeta^5)\subset\boldsymbol{Q}(\zeta)}$$

$\boldsymbol{Q}(\zeta)$が累巡回拡大体であることを示す拡大例

となります。

[$\boldsymbol{Q}(\zeta^{45})/\boldsymbol{Q}$について]

$\sigma(i)=-i$とすれば，$\mathrm{Gal}(\boldsymbol{Q}(\zeta^{45})/\boldsymbol{Q})=\{e,\ \sigma\}$ですから，

$\boldsymbol{Q}(\zeta^{45})/\boldsymbol{Q}$は巡回拡大です。

[$\boldsymbol{Q}(\zeta^5)/\boldsymbol{Q}(\zeta^{45})$について]

$\sigma(\zeta)=\zeta^5$とします。$\sigma(\zeta^5)=(\zeta^5)^5=\zeta^{25}$と、1の原始36乗根$\zeta^5$を1の原始36乗根$\zeta^{25}$に移しますから、$\sigma$は$\boldsymbol{Q}(\zeta^5)$の自己同型写像になっています。

なお、σは$\boldsymbol{Q}(\zeta)$の同型写像ではありません。

$\sigma(\zeta^5)$, $\sigma^2(\zeta^5)$, $\sigma^3(\zeta^5)$, $\sigma^4(\zeta^5)$, $\sigma^5(\zeta^5)$, $\sigma^6(\zeta^5)$のζの指数を書くと,

5^2　5^3　5^4　5^5　5^6　5^7

25, 125, 85, 65, 145, 5 [mod 180で見ている]

となるので, $\sigma^6 = e$です。

また, $\sigma(\zeta^{45}) = (\sigma(\zeta))^{45} = (\zeta^5)^{45} = \zeta^{5\times 45} = \zeta^{225} = \zeta^{45}$ですから, σは$\boldsymbol{Q}(\zeta^{45})$の元を不変にします。$\langle\sigma\rangle$は$\boldsymbol{Q}(\zeta^{45})$の元を不変にする$\boldsymbol{Q}(\zeta^5)$の自己同型群であり, 位数6の巡回群です。

一方, ζ^5は1の原始36乗根ですから,

$36 = 2^2 \cdot 3^2$

$$[\boldsymbol{Q}(\zeta^5) : \boldsymbol{Q}] = \varphi(36) = 2\cdot(2-1)\cdot 3\cdot(3-1) = 12$$

これと, $[\boldsymbol{Q}(\zeta^{45}) : \boldsymbol{Q}] = 2$より, $[\boldsymbol{Q}(\zeta^5) : \boldsymbol{Q}(\zeta^{45})] = 12 \div 2 = 6$なので, $\boldsymbol{Q}(\zeta^{45})$の元を不変にする$\boldsymbol{Q}(\zeta^5)$の同型写像は最大で6です。

自己同型写像はすでに6個見つかっていますから, 同型写像はすべて自己同型写像になっています。

よって, $\boldsymbol{Q}(\zeta^5)/\boldsymbol{Q}(\zeta^{45})$はガロア拡大で, $\mathrm{Gal}(\boldsymbol{Q}(\zeta^5)/\boldsymbol{Q}(\zeta^{45}))$は, σを生成元とする位数6の巡回群になります。

$\boldsymbol{Q}(\zeta^5)/\boldsymbol{Q}(\zeta^{45})$は巡回拡大です。

5乗する自己同型写像$\sigma(\zeta) = \zeta^5$は次のようにして求めました。

$\sigma(\zeta) = \zeta^x$であるとします。

9の原始根は2 or 5なので, 2ベキ, 5ベキは,

$$2,\ 4,\ 8,\ 7,\ 5,\ 1 \quad \text{or} \quad 5,\ 7,\ 8,\ 4,\ 2,\ 1 \quad (\mathrm{mod}\ 9)$$

×2 ×2 ×2 ×2 ×2　　×5 ×5 ×5 ×5 ×5

となりますが, これを5倍して,

$$10,\ 20,\ 40,\ 35,\ 25,\ 5 \quad \text{or} \quad 25,\ 35,\ 40,\ 20,\ 10,\ 5\ (\mathrm{mod}\ 45)$$

としたいわけです。$\sigma(\zeta^5) = \zeta^{5x}$ですから,

$$5x \equiv 10 \pmod{45} \quad \text{or} \quad 5x \equiv 25 \pmod{45}$$

$$\therefore \quad x \equiv 2 \pmod 9 \quad \text{or} \quad x \equiv 5 \pmod 9 \quad \cdots\cdots①$$

を満たすものを探します。

また，ζ^{45}を不変にするので，$\zeta^{45x}=\zeta^{45}$より，

$$45x \equiv 45 \pmod{180} \qquad \therefore \quad x \equiv 1 \pmod{4} \cdots\cdots ②$$

定理1.7（中国剰余定理）より，①，②を満たすxが存在します。

上では①、②を満たすものとして$x=5$をとりましたが、$x=29$をとり、$\sigma(\zeta)=\zeta^{29}$とすれば、σは$\boldsymbol{Q}(\zeta)$の自己同型写像にもなります。ただ29のべき数の計算が目で追えないので、$x=5$で説明しました。

4，9にあたるものは一般論でも互いに素になることを味わいましょう。

［$\boldsymbol{Q}(\zeta)/\boldsymbol{Q}(\zeta^5)$について］

$$[\boldsymbol{Q}(\zeta):\boldsymbol{Q}]=\varphi(180)=2\cdot(2-1)\cdot3\cdot(3-1)\cdot(5-1)=48$$

$180=2^2\cdot3^2\cdot5$

よって，$[\boldsymbol{Q}(\zeta):\boldsymbol{Q}(\zeta^5)]=48\div12=4$

ガロア群の位数も4になります。

$\boldsymbol{Q}(\zeta)$に作用する同型写像を$\sigma(\zeta)=\zeta^{37}$とします。$\sigma(\zeta)$，$\sigma^2(\zeta)$，$\sigma^3(\zeta)$，$\sigma^4(\zeta)$のζの指数を書くと，

37^2　37^3　37^4

37，109，73，1［mod 180で見ている］

となります。また，$\sigma(\zeta^5)=(\sigma(\zeta))^5=(\zeta^{37})^5=\zeta^{37\times5}=\zeta^{185}=\zeta^5$ですから，$\boldsymbol{Q}(\zeta^5)$の元を不変にします。同型写像の個数と次数を考えて，$\boldsymbol{Q}(\zeta)/\boldsymbol{Q}(\zeta^5)$はガロア拡大になり，

$$\mathrm{Gal}(\boldsymbol{Q}(\zeta)/\boldsymbol{Q}(\zeta^5))=\{e,\ \sigma,\ \cdots,\ \sigma^3\}$$

と巡回群になります。$\boldsymbol{Q}(\zeta)/\boldsymbol{Q}(\zeta^5)$は巡回拡大です。

$\boldsymbol{Q}(\zeta)$が$\boldsymbol{Q}$の累巡回拡大体であることを示すことができました。

なお，37は$x\equiv2 \pmod{5}$と$x\equiv1 \pmod{36}$から見つけました。

7 $x^n-a=0$の作る拡大体

クンマー拡大

前節で$x^n-1=0$の最小分解体であるn次円分体$\boldsymbol{Q}(\zeta)$，$\mathrm{Gal}(\boldsymbol{Q}(\zeta)/\boldsymbol{Q})$のことはよく分かりました。これを踏まえて，$x^n-a=0$ $(a\neq 1)$のガロア群について調べてみましょう。ζを含む体Kに$x^n-a=0$ $(a\neq 1)$の1つの解$\sqrt[n]{a}$を加えてできる拡大$K(\sqrt[n]{a})/K$を**クンマー拡大**といいます。

問6.19　$x^5-2=0$のガロア群を調べよ。

$\zeta=\cos 72^\circ+i\sin 72^\circ$とおくと，**定理4.8**より，

$$x=\sqrt[5]{2},\ \sqrt[5]{2}\,\zeta,\ \sqrt[5]{2}\,\zeta^2,\ \sqrt[5]{2}\,\zeta^3,\ \sqrt[5]{2}\,\zeta^4$$

です。最小分解体は，

$$\boldsymbol{Q}(\sqrt[5]{2},\ \sqrt[5]{2}\,\zeta,\ \sqrt[5]{2}\,\zeta^2,\ \sqrt[5]{2}\,\zeta^3,\ \sqrt[5]{2}\,\zeta^4)=\boldsymbol{Q}(\sqrt[5]{2},\ \zeta)$$

となります。

$\boldsymbol{Q}$に4次方程式$x^4+x^3+x^2+x+1=0$の解ζを加えて$\boldsymbol{Q}(\zeta)$を作り，これに$\boldsymbol{Q}(\zeta)$上の既約多項式x^5-2による5次方程式$x^5-2=0$の解$\sqrt[5]{2}$を加えて作った拡大体が$\boldsymbol{Q}(\sqrt[5]{2},\ \zeta)$です。　次の問題で説明

問6.20　x^5-2は$\boldsymbol{Q}(\zeta)$上の既約多項式であることを示せ。

まず，$\sqrt[5]{2}$が$\boldsymbol{Q}(\zeta)$に含まれないことを示しましょう。

定理3.4（Eisensteinの判定条件）を$p=2$の場合に適用すると，最高次以外の係数は2で割り切れ，定数項は4で割り切れないので，x^5-2は$\boldsymbol{Z}$上の既約多項式であり，**定理3.3**より$\boldsymbol{Q}$上の既約多項式です。

$\sqrt[5]{2}$が$\boldsymbol{Q}(\zeta)$に含まれると仮定します。

$[\boldsymbol{Q}(\zeta):\boldsymbol{Q}]=4$ですから，$\boldsymbol{Q}(\zeta)$の5つの元$(\sqrt[5]{2})^4$, $(\sqrt[5]{2})^3$, $(\sqrt[5]{2})^2$, $(\sqrt[5]{2})$, 1は1次従属になり，

$$a_4(\sqrt[5]{2})^4+a_3(\sqrt[5]{2})^3+a_2(\sqrt[5]{2})^2+a_1(\sqrt[5]{2})+a_0=0$$

を満たす少なくとも1つは0でない有理数a_4，a_3，a_2，a_1，a_0が存在することになりますが，これは$\boldsymbol{Q}$上の既約多項式x^5-2から作る体$\boldsymbol{Q}(\sqrt[5]{2})$の元ですから，$a_4$，$a_3$，$a_2$，$a_1$，$a_0$はすべて0でなければならず，矛盾します。

よって，$\sqrt[5]{2}$は$\boldsymbol{Q}(\zeta)$に含まれません。

もしも$\boldsymbol{Q}(\zeta)$上でx^5-2が因数分解できたと仮定します。

$\boldsymbol{C}$上では，

$$x^5-2=(x-\sqrt[5]{2})(x-\sqrt[5]{2}\,\zeta)(x-\sqrt[5]{2}\,\zeta^2)(x-\sqrt[5]{2}\,\zeta^3)(x-\sqrt[5]{2}\,\zeta^4)$$

と因数分解できますから，例えばこれを，$(x-\sqrt[5]{2})(x-\sqrt[5]{2}\,\zeta)(x-\sqrt[5]{2}\,\zeta^2)$と$(x-\sqrt[5]{2}\,\zeta^3)(x-\sqrt[5]{2}\,\zeta^4)$に分けて因数分解できたとしましょう。すると，これらを展開した多項式の定数項は$-(\sqrt[5]{2})^3\zeta^3$と$(\sqrt[5]{2})^2\zeta^2$になります。

どのように2つにまとめ直しても定数項には$(\sqrt[5]{2})^t\zeta^i$の形が出てきてしまいます。ζ^iは$\boldsymbol{Q}(\zeta)$の元ですから，$(\sqrt[5]{2})^t$が$\boldsymbol{Q}(\zeta)$の元であることになります。ここで，

$$2^x(\sqrt[5]{2})^{ty}=(\sqrt[5]{2})^{5x}(\sqrt[5]{2})^{ty}=(\sqrt[5]{2})^{5x+ty}$$

という式を考えましょう。2，$(\sqrt[5]{2})^t$が$\boldsymbol{Q}(\zeta)$の元ですから，$(\sqrt[5]{2})^{5x+ty}$も$\boldsymbol{Q}(\zeta)$の元になりますが，**定理1.2**より，x，yをうまく選ぶと$5x+ty=1$とすることができ，$\sqrt[5]{2}$が$\boldsymbol{Q}(\zeta)$に含まれることになり，矛盾します。

したがって，x^5-2は$\boldsymbol{Q}(\zeta)$上の既約多項式です。　（問6.20　終わり）

定理5.20より，$\boldsymbol{Q}(\sqrt[5]{2},\ \zeta)$の$\boldsymbol{Q}$上の基底は，

$$(\sqrt[5]{2})^i(\zeta)^j\quad(i=0\sim4,\ j=0\sim3)$$

ですが，**問5.7**により，jを$0\sim3$ではなく，$1\sim4$にとって構いませんから，$\boldsymbol{Q}(\sqrt[5]{2},\ \zeta)$の基底として，

$$(\sqrt[5]{2})^i(\zeta)^j\quad(i=0\sim4,\ j=1\sim4)$$

をとります。基底の個数は$5\times4=20$個ですから，$[\boldsymbol{Q}(\sqrt[5]{2},\ \zeta):\boldsymbol{Q}]=20$です。

$\boldsymbol{Q}(\sqrt[5]{2}, \zeta)$は$x^5 - 2 = 0$の最小分解体ですから，$\boldsymbol{Q}(\sqrt[5]{2}, \zeta)/\boldsymbol{Q}$はガロア拡大であり，**定理5.28**より，$\underline{\mathrm{Gal}(\boldsymbol{Q}(\sqrt[5]{2}, \zeta)/\boldsymbol{Q})}$の位数も$\underline{20}$です。

$\mathrm{Gal}(\boldsymbol{Q}(\sqrt[5]{2}, \zeta)/\boldsymbol{Q})$を調べていきます。

$\sqrt[5]{2}$は$x^5 - 2 = 0$の解ですから，同型写像による$\sqrt[5]{2}$の移り先は，$\sqrt[5]{2}$，$\sqrt[5]{2}\,\zeta$, $\sqrt[5]{2}\,\zeta^2$, $\sqrt[5]{2}\,\zeta^3$, $\sqrt[5]{2}\,\zeta^4$のどれかです。

そこで，$\boldsymbol{Q}(\sqrt[5]{2}, \zeta)$に作用する同型写像$\sigma$で

$$\underline{\sigma(\sqrt[5]{2}) = \sqrt[5]{2}\,\zeta, \qquad \sigma(\zeta) = \zeta}$$

を満たすものを考えます。**定理5.21**より，このような同型写像は確かに存在し，$\boldsymbol{Q}(\sqrt[5]{2}, \zeta)/\boldsymbol{Q}$はガロア拡大ですから，$\sigma$は自己同型写像になります。

ここで，σ^2, σ^3, σ^4, σ^5の作用を考えます。ζの方は不変ですから，$\sqrt[5]{2}$の移り先だけを調べます。

$$\sigma^2(\sqrt[5]{2}) = \sigma(\sigma(\sqrt[5]{2})) = \sigma(\sqrt[5]{2}\,\zeta) = \sigma(\sqrt[5]{2})\sigma(\zeta) = \sqrt[5]{2}\,\zeta \cdot \zeta = \sqrt[5]{2}\,\zeta^2$$

$$\sigma^3(\sqrt[5]{2}) = \sigma(\sigma^2(\sqrt[5]{2})) = \sigma(\sqrt[5]{2}\,\zeta^2) = \sigma(\sqrt[5]{2})\sigma(\zeta^2) = \sqrt[5]{2}\,\zeta \cdot \zeta^2 = \sqrt[5]{2}\,\zeta^3$$

同様に，$\sigma^4(\sqrt[5]{2}) = \sqrt[5]{2}\,\zeta^4$, $\sigma^5(\sqrt[5]{2}) = \sqrt[5]{2}\,\zeta^5 = \sqrt[5]{2}$となります。$\sigma^5 = e$ですから, $\underline{\langle\sigma\rangle}$<u>は位数5の巡回群</u>になります。

$\langle\sigma\rangle$の固定体，すなわち$\langle\sigma\rangle$に対応する中間体を求めてみましょう。

$\langle\sigma\rangle$の固定体を$\boldsymbol{M}$とします。σはζを不変にしますから，

$$\boldsymbol{Q}(\zeta) \subset \boldsymbol{M} \cdots\cdots ①$$

定理5.34より，$\mathrm{Gal}(\boldsymbol{Q}(\sqrt[5]{2}, \zeta)/\boldsymbol{M}) = \langle\sigma\rangle$ですから，

定理5.31を用いて$[\boldsymbol{Q}(\sqrt[5]{2}, \zeta) : \boldsymbol{M}] = |\mathrm{Gal}(\boldsymbol{Q}(\sqrt[5]{2}, \zeta)/\boldsymbol{M})| = |\langle\sigma\rangle| = 5$

$[\boldsymbol{Q}(\sqrt[5]{2}, \zeta) : \boldsymbol{M}][\boldsymbol{M} : \boldsymbol{Q}] = [\boldsymbol{Q}(\sqrt[5]{2}, \zeta) : \boldsymbol{Q}] = 20$より，

$$[\boldsymbol{M} : \boldsymbol{Q}] = 4 \cdots\cdots ②$$

$[\boldsymbol{Q}(\zeta) : \boldsymbol{Q}] = 4$と①，②より，$\boldsymbol{M} = \boldsymbol{Q}(\zeta)$となります。

$\langle\sigma\rangle$の固定体を直接求めるには次のようにします。

$\boldsymbol{Q}(\sqrt[5]{2}, \zeta)$の元は，基底を用いて，

$$
\begin{aligned}
&a_{01}\zeta \quad +a_{02}\zeta^2 \quad +a_{03}\zeta^3 \quad +a_{04}\zeta^4 \\
&\underline{+a_{11}(\sqrt[5]{2})\zeta + a_{12}(\sqrt[5]{2})\zeta^2 + a_{13}(\sqrt[5]{2})\zeta^3 + a_{14}(\sqrt[5]{2})\zeta^4} \quad \cdots\cdots ① \\
&+a_{21}(\sqrt[5]{2})^2\zeta + a_{22}(\sqrt[5]{2})^2\zeta^2 + a_{23}(\sqrt[5]{2})^2\zeta^3 + a_{24}(\sqrt[5]{2})^2\zeta^4 \\
&+a_{31}(\sqrt[5]{2})^3\zeta + a_{32}(\sqrt[5]{2})^3\zeta^2 + a_{33}(\sqrt[5]{2})^3\zeta^3 + a_{34}(\sqrt[5]{2})^3\zeta^4 \\
&+a_{41}(\sqrt[5]{2})^4\zeta + a_{42}(\sqrt[5]{2})^4\zeta^2 + a_{43}(\sqrt[5]{2})^4\zeta^3 + a_{44}(\sqrt[5]{2})^4\zeta^4
\end{aligned}
$$

となります。これにσを施すと，

$$\sigma((\sqrt[5]{2})^i) = (\sigma(\sqrt[5]{2}))^i = (\sqrt[5]{2}\,\zeta)^i = (\sqrt[5]{2})^i\zeta^i$$

を用いて，

$$
\begin{aligned}
&a_{01}\zeta \quad +a_{02}\zeta^2 \quad +a_{03}\zeta^3 \quad +a_{04}\zeta^4 \\
&\underline{+a_{11}(\sqrt[5]{2})\zeta^2 + a_{12}(\sqrt[5]{2})\zeta^3 + a_{13}(\sqrt[5]{2})\zeta^4 + a_{14}(\sqrt[5]{2})} \quad \cdots\cdots ② \\
&+a_{21}(\sqrt[5]{2})^2\zeta^3 + a_{22}(\sqrt[5]{2})^2\zeta^4 + a_{23}(\sqrt[5]{2})^2 \quad + a_{24}(\sqrt[5]{2})^2\zeta \\
&+a_{31}(\sqrt[5]{2})^3\zeta^4 + a_{32}(\sqrt[5]{2})^3 \quad + a_{33}(\sqrt[5]{2})^3\zeta + a_{34}(\sqrt[5]{2})^3\zeta^2 \\
&+a_{41}(\sqrt[5]{2})^4 \quad + a_{42}(\sqrt[5]{2})^4\zeta + a_{43}(\sqrt[5]{2})^4\zeta^2 + a_{44}(\sqrt[5]{2})^4\zeta^3
\end{aligned}
$$

②だけを見ていきましょう。

$(\sqrt[5]{2})$は基底には含まれていないので，$1 = -\zeta^4 - \zeta^3 - \zeta^2 - \zeta$を用いて，基底による表現に直します。

$$
\begin{aligned}
&a_{11}(\sqrt[5]{2})\zeta^2 + a_{12}(\sqrt[5]{2})\zeta^3 + a_{13}(\sqrt[5]{2})\zeta^4 + a_{14}(\sqrt[5]{2}) \\
&= a_{11}(\sqrt[5]{2})\zeta^2 + a_{12}(\sqrt[5]{2})\zeta^3 + a_{13}(\sqrt[5]{2})\zeta^4 \\
&\qquad\qquad + a_{14}(-\zeta^4 - \zeta^3 - \zeta^2 - \zeta)(\sqrt[5]{2}) \\
&= \underline{-a_{14}(\sqrt[5]{2})\zeta + (a_{11} - a_{14})(\sqrt[5]{2})\zeta^2 + (a_{12} - a_{14})(\sqrt[5]{2})\zeta^3} \\
&\qquad\qquad + \underline{(a_{13} - a_{14})(\sqrt[5]{2})\zeta^4} \quad \cdots ③
\end{aligned}
$$

σを施して不変ということは，①と③の係数を比較して

$$a_{11} = -a_{14},\ a_{12} = a_{11} - a_{14},\ a_{13} = a_{12} - a_{14},\ a_{14} = a_{13} - a_{14}$$

ということです。これを解いて，$a_{11} = 0$, $a_{12} = 0$, $a_{13} = 0$, $a_{14} = 0$

他，$(\sqrt[5]{2})^2$, $(\sqrt[5]{2})^3$, $(\sqrt[5]{2})^4$がかかっている項も同様に考えて，σを施して不変という条件から，a_{21}からa_{44}までのすべての係数が0になります。

つまり，$\mathbf{Q}(\sqrt[5]{2}, \zeta)$の元で$\sigma$を施して不変な元は，

$$a_{01}\zeta+a_{02}\zeta^2+a_{03}\zeta^3+a_{04}\zeta^4$$

の形で表されます。$\boldsymbol{Q}(\sqrt[5]{2},\ \zeta)$の$\langle\sigma\rangle$による固定体は$\boldsymbol{Q}(\zeta)$であることが直接計算で求まりました。

$G=\mathrm{Gal}(\boldsymbol{Q}(\sqrt[5]{2},\ \zeta)/\boldsymbol{Q})$とおいて，ガロア対応を書くと，

$$G \supset \langle\sigma\rangle \supset \{e\}$$
$$\boldsymbol{Q} \subset \boldsymbol{Q}(\zeta) \subset \boldsymbol{Q}(\sqrt[5]{2},\ \zeta)$$

ここで，$\mathrm{Gal}(\boldsymbol{Q}(\sqrt[5]{2},\ \zeta)/\boldsymbol{Q}(\zeta))=\langle\sigma\rangle$であり，$\langle\sigma\rangle$は巡回群ですから，$\boldsymbol{Q}(\sqrt[5]{2},\ \zeta)/\boldsymbol{Q}(\zeta)$は巡回拡大です。

うまい具合に巡回拡大になる理由は，$\boldsymbol{Q}(\zeta)$から$\boldsymbol{Q}(\sqrt[5]{2},\ \zeta)$への拡大では，あらかじめ$\boldsymbol{Q}(\zeta)$に$\zeta$が含まれているからです。

同型写像は，$\sqrt[5]{2}$を，$\sqrt[5]{2}$の共役な元$\sqrt[5]{2}\zeta$, $\sqrt[5]{2}\zeta^2$, $\sqrt[5]{2}\zeta^3$, $\sqrt[5]{2}\zeta^4$のどれかに移す可能性がありますが，もともとの体を$\boldsymbol{Q}(\zeta)$にしておけば，$\sqrt[5]{2}$を加えただけで，共役な元$\sqrt[5]{2}\zeta$, $\sqrt[5]{2}\zeta^2$, $\sqrt[5]{2}\zeta^3$, $\sqrt[5]{2}\zeta^4$を作ることができますから，$\sqrt[5]{2}$の移り先を確保することができるわけです。

もしも，ζを加える拡大を後に回して，$\boldsymbol{Q}$から$\boldsymbol{Q}(\sqrt[5]{2})$への拡大を先にすれば，$\boldsymbol{Q}(\sqrt[5]{2})$は共役$\sqrt[5]{2}\zeta$, $\sqrt[5]{2}\zeta^2$, $\sqrt[5]{2}\zeta^3$, $\sqrt[5]{2}\zeta^4$を含んでいませんから，同型写像による$\sqrt[5]{2}$の移り先が$\boldsymbol{Q}(\sqrt[5]{2})$の中にはなく，同型写像は自己同型写像にはなりえません。つまり，$\boldsymbol{Q}(\sqrt[5]{2},\ \zeta)/\boldsymbol{Q}(\zeta)$が巡回拡大になるのも，$\zeta$があらかじめ体に仕込んであるところがポイントなのです。

これは，一般的に次のようにまとまります。

定理6.4　ベキ根拡大から巡回拡大を作る

ζを1の原始n乗根とおく。体$\boldsymbol{K}$にはζが含まれているものとする。$a\neq 1, a\in\boldsymbol{K}$について，$\boldsymbol{K}$上の方程式$x^n-a=0$の解の1つを$\sqrt[n]{a}\notin\boldsymbol{K}$とする。このとき，$\mathrm{Gal}(\boldsymbol{K}(\sqrt[n]{a})/\boldsymbol{K})$は巡回群であり，位数は$n$の約数である。$\boldsymbol{K}(\sqrt[n]{a})/\boldsymbol{K}$は巡回拡大である。

この定理は，

「$\boldsymbol{K}$が1の原始n乗根ζを含むとき，

ベキ根拡大$\boldsymbol{K}(\sqrt[n]{a})/\boldsymbol{K}$は巡回拡大である」

とまとめることができます。

証明

$\boldsymbol{K}$に$\sqrt[n]{a}$を加えただけであっても，もともと$\boldsymbol{K}$にζが含まれていますから，同型写像による$\sqrt[n]{a}$の移り先の候補である$\sqrt[n]{a}$，$\sqrt[n]{a}\,\zeta$，…，$\sqrt[n]{a}\,\zeta^{n-1}$がすべて$\boldsymbol{K}(\sqrt[n]{a})$の中に含まれています。

よって，$\boldsymbol{K}(\sqrt[n]{a})/\boldsymbol{K}$はガロア拡大です。

ただし，x^n-aが既約多項式とは限らないので，$\sqrt[n]{a}\,\zeta$，…，$\sqrt[n]{a}\,\zeta^{n-1}$のうちすべての値をとるとは限りません。$\sqrt[n]{a}$の$\boldsymbol{K}$上での最小多項式$f(x)$を考えます。$x^n-a=0$は$\boldsymbol{K}$上の方程式で$\sqrt[n]{a}$を持ちますから，**定理3.6（3）**よりx^n-aは$f(x)$で割り切れます。

$f(x)=0$の解は，$\sqrt[n]{a}$，$\sqrt[n]{a}\,\zeta$，…，$\sqrt[n]{a}\,\zeta^{n-1}$の一部です。$f(x)=0$の解のうち，$\sqrt[n]{a}\,\zeta^t$のtが最小となる正の数をdとし，

$\mathrm{Gal}(\boldsymbol{K}(\sqrt[n]{a})/\boldsymbol{K})$の元$\sigma$を

$$\sigma(\sqrt[n]{a})=\sqrt[n]{a}\,\zeta^d$$

とおきます。

$$\sigma^2(\sqrt[n]{a})=\sigma(\sigma(\sqrt[n]{a}))=\sigma(\sqrt[n]{a}\,\zeta^d)=\sigma(\sqrt[n]{a})\zeta^d=\sqrt[n]{a}\,\zeta^d\cdot\zeta^d=\sqrt[n]{a}\,\zeta^{2d}$$

$$\sigma^3(\sqrt[n]{a})=\sigma(\sigma^2(\sqrt[n]{a}))=\sigma(\sqrt[n]{a}\,\zeta^{2d})=\sigma(\sqrt[n]{a})\zeta^{2d}=\sqrt[n]{a}\,\zeta^d\cdot\zeta^{2d}=\sqrt[n]{a}\,\zeta^{3d}$$

$$\cdots,\ \sigma^i(\sqrt[n]{a})=\sqrt[n]{a}\,\zeta^{id}$$

$\sigma^n(\sqrt[n]{a})=\sqrt[n]{a}\,\zeta^{nd}=\sqrt[n]{a}$ですから，$\sigma^n=e$となり，$\mathrm{Gal}(\boldsymbol{K}(\sqrt[n]{a})/\boldsymbol{K})$は巡回群です。

dがnの約数でないものと仮定します。nをdで割って，商をq，余りをrとすると，$n=qd+r\ (1\leqq r\leqq d-1)$

$$\sigma^{-q}(\sqrt[n]{a})=\sqrt[n]{a}\,\zeta^{-qd}=\sqrt[n]{a}\,\zeta^{n-qd}=\sqrt[n]{a}\,\zeta^r$$

となり，dの最小性に反します。よって，dはnの約数です。

$n = sd$であるとすれば，$\mathrm{Gal}(\boldsymbol{K}(\sqrt[n]{a})/\boldsymbol{K})$の元による$\sqrt[n]{a}$の移り先は，

$$\sqrt[n]{a},\ \sqrt[n]{a}\,\zeta^d,\ \sqrt[n]{a}\,\zeta^{2d},\ \cdots,\ \sqrt[n]{a}\,\zeta^{(s-1)d}$$

のs個です。$\mathrm{Gal}(\boldsymbol{K}(\sqrt[n]{a})/\boldsymbol{K})$の位数は$s$であり，$n$の約数です。

（証明終わり）

この定理で，nが素数pであれば，$x^p - a = 0$の解の1つを$\sqrt[p]{a} \notin \boldsymbol{K}$とするとき，$\mathrm{Gal}\left(\boldsymbol{K}\left(\sqrt[p]{a}\right)/\boldsymbol{K}\right)$は$p$次の巡回群になります。このとき，$x^p - a$は$\boldsymbol{K}$上で既約です。

ですから，$x^5 - 2$が$\boldsymbol{Q}(\zeta)$上で既約であることを示すには，$\sqrt[5]{2} \notin \boldsymbol{Q}(\zeta)$であることを示せばよいのです。実際，**問6.20**で示した$x^5 - 2$が$\boldsymbol{Q}(\zeta)$上既約であることの証明は，前半で$\sqrt[5]{2} \notin \boldsymbol{Q}(\zeta)$であることを示していました。後半は**定理6.4**にしても構いません。

また，$x^5 - 2$のガロア群の話に戻りましょう。

$\boldsymbol{Q}(\sqrt[5]{2},\ \zeta)$に作用する同型写像$\tau$を$\sqrt[5]{2}$を不変にして，

$$\underline{\tau(\zeta) = \zeta^2,\quad \tau(\sqrt[5]{2}) = \sqrt[5]{2}}$$

を満たすものとすると，**定理5.21**よりτは確かに存在し，$\boldsymbol{Q}(\sqrt[5]{2},\ \zeta)$がガロア拡大なので$\tau$は自己同型写像になります。

ここで，τ^2, τ^3, τ^4の作用を考えます。$\sqrt[5]{2}$の方は不変ですから，ζの移り先だけを調べます。

$$\tau^2(\zeta) = \tau(\tau(\zeta)) = \tau(\zeta^2) = \tau(\zeta)^2 = (\zeta^2)^2 = \zeta^{2\wedge 2}$$

$$\tau^3(\zeta) = \tau(\tau^2(\zeta)) = \tau(\zeta^{2\wedge 2}) = \tau(\zeta)^{2\wedge 2} = (\zeta^2)^{2\wedge 2} = \zeta^{2\wedge 3}$$

$$\tau^4(\zeta) = \tau(\tau^3(\zeta)) = \tau(\zeta^{2\wedge 3}) = \tau(\zeta)^{2\wedge 3} = (\zeta^2)^{2\wedge 3} = \zeta^{2\wedge 4} = \zeta$$

よって，τはζの指数を$1 \to 2 \to 4 \to 3 \to 1 \to \cdots$と巡回させます。

$\tau^4 = e$です。$\tau^0 = e$とすれば，

$$\tau^i(\zeta) = \zeta^{2\wedge i},\ \tau(\sqrt[5]{2}) = \sqrt[5]{2}\quad (i = 0,\ 1,\ 2,\ 3)$$

となります。

問6.21　$\mathrm{Gal}(\boldsymbol{Q}(\sqrt[5]{2},\ \zeta)/\boldsymbol{Q})=\langle\sigma,\ \tau\rangle$**を示せ。**

$\langle\sigma,\ \tau\rangle$には，$\{\sigma^i\tau^j \mid i=0\sim4,\ j=0\sim3\}$の20個が含まれます。この中に同じものがないことを直接確かめてみましょう。

$$\sigma^i\tau^j(\sqrt[5]{2})=\sigma^i(\sqrt[5]{2})=\sqrt[5]{2}\,\zeta^i$$

$$\sigma^i\tau^j(\zeta)=\sigma^i(\zeta^{2\wedge j})=\zeta^{2\wedge j}$$

となりますから，$\{\sigma^i\tau^j \mid i=0\sim4,\ j=0\sim3\}$の20個は，$\sqrt[5]{2}$，$\zeta$の組に対して異なる作用を持ちます。

$\mathrm{Gal}(\boldsymbol{Q}(\sqrt[5]{2},\ \zeta)/\boldsymbol{Q})$の位数は20ですから，ちょうど

$$\underline{\mathrm{Gal}(\boldsymbol{Q}(\sqrt[5]{2},\ \zeta)/\boldsymbol{Q})=\langle\sigma,\ \tau\rangle}$$

となります。

問6.22　$\mathrm{Gal}(\boldsymbol{Q}(\sqrt[5]{2},\ \zeta)/\boldsymbol{Q})$**は可解群であることを示せ。**

$G=\mathrm{Gal}(\boldsymbol{Q}(\sqrt[5]{2},\ \zeta)/\boldsymbol{Q})$とおくと，

$$G \supset \langle\sigma\rangle \supset \{e\}$$

$$\boldsymbol{Q} \subset \boldsymbol{Q}(\zeta) \subset \boldsymbol{Q}(\sqrt[5]{2},\ \zeta)$$

の拡大列で，$\boldsymbol{Q}(\sqrt[5]{2},\ \zeta)/\boldsymbol{Q}$がガロア拡大であり，もともと$\boldsymbol{Q}(\zeta)/\boldsymbol{Q}$もガロア拡大なので，**定理5.36**より$\langle\sigma\rangle$は$G$の正規部分群になります。よって，剰余群$G/\langle\sigma\rangle$を作ることができます。

右剰余類を考えると$G/\langle\sigma\rangle$の元は，

$$\langle\sigma\rangle\tau^j=\{\tau^j,\ \sigma\tau^j,\ \sigma^2\tau^j,\ \sigma^3\tau^j,\ \sigma^4\tau^j\}\quad (j=0,\ 1,\ 2,\ 3)$$

ですから，

$$G=\langle\sigma\rangle\cup\langle\sigma\rangle\tau\cup\langle\sigma\rangle\tau^2\cup\langle\sigma\rangle\tau^3$$

です。$G/\langle\sigma\rangle$は巡回群になります。$\langle\sigma\rangle$はもともと巡回群ですから，Gは可解群になります。

$\langle\sigma\rangle$がGの正規部分群であることは直接確かめてもよいでしょう。

$$\begin{cases} \sigma^i\tau^j(\sqrt[5]{2}) = \sigma^i(\sqrt[5]{2}) = \sqrt[5]{2}\,\zeta^i \\ \sigma^i\tau^j(\zeta) = \sigma^i(\zeta^{2\wedge j}) = \zeta^{2\wedge j} \end{cases}$$

$$\begin{cases} \tau^j\sigma^k(\sqrt[5]{2}) = \tau^j(\sqrt[5]{2}\,\zeta^k) = \tau^j(\sqrt[5]{2})\tau^j(\zeta^k) = \sqrt[5]{2}\,(\tau^j(\zeta))^k = \sqrt[5]{2}\,(\zeta^{2\wedge j})^k = \sqrt[5]{2}\,\zeta^{(2\wedge j)\cdot k} \\ \tau^j\sigma^k(\zeta) = \tau^j(\zeta) = \zeta^{2\wedge j} \end{cases}$$

なので，$\sigma^i\tau^j = \tau^j\sigma^k$であるためには，それぞれの$i, j$に対して，$i \equiv 2^j k \pmod 5$を満たすように$k$を選べばよいのです。これによって，

$$\langle\sigma\rangle\tau^j = \tau^j\langle\sigma\rangle$$

が成り立つことが分かります。

$x^n - a = 0$のガロア群が可解群になること，
最小分解体が累巡回拡大体になることは，
定理6.2より同値

最小分解体の元をベキ根で表せるか否かを考えるときの基本になります。あとは拡大列が長くなっていくだけで，本質は変わらないといえます。

この拡大列は，初め円分拡大，次に1でないベキ根拡大（クンマー拡大）と続きます。この順序は逆ではいけません。

なお，注意しておくと$\boldsymbol{Q}(\sqrt[5]{2}, \zeta)$の中間体は$\boldsymbol{Q}(\zeta)$だけではありません。重要なものを取り出してみせただけのことです。

8　巡回拡大は$x^n-a=0$で作れる

巡回拡大からベキ根拡大へ

前の節の定理で，n次円分体$\boldsymbol{Q}(\zeta)$から，$x^n-a=0$の1つの解$\sqrt[n]{a}$を加えた$\boldsymbol{Q}(\sqrt[n]{a},\ \zeta)$への拡大では，$\mathrm{Gal}(\boldsymbol{Q}(\sqrt[n]{a},\ \zeta)/\boldsymbol{Q}(\zeta))$が位数$n$の巡回群になりました。実は，この定理の逆がいえるのです。

つまり，$\mathrm{Gal}(\boldsymbol{L}/\boldsymbol{Q}(\zeta))$が位数$n$の巡回群になるような$\boldsymbol{Q}(\zeta)$の拡大体$\boldsymbol{L}$は，$\boldsymbol{Q}(\zeta)$のある元$b$についての$x^n-b=0$の解$\sqrt[n]{b}$を$\boldsymbol{Q}(\zeta)$に加えて作ることができるということです。

これは驚くべき定理だと思います。方程式からガロア群を求めるのであれば求まりそうな気もしますが，ガロア群から方程式の形が決まってしまうというのは不思議です。どうしてそういうことになるのか，ちょっと想像がつきません。

例えば，**問5.9**で例に出した，$x^3-3x+1=0$の最小分解体で考えてみます。この方程式の解は，$\alpha=2\cos 40°$，$\beta=2\cos 80°$，$\gamma=2\cos 160°$と表されました。最小分解体は$\boldsymbol{Q}(\alpha)$でした。

$\boldsymbol{Q}(\alpha)$に作用するσを$\sigma(\alpha)=\beta$とすると，ガロア群は，

$\mathrm{Gal}(\boldsymbol{Q}(\alpha)/\boldsymbol{Q})=\{e,\ \sigma,\ \sigma^2\}$と巡回群になっていました。

このとき$\boldsymbol{Q}(\alpha)/\boldsymbol{Q}$の拡大に1の原始3乗根$\omega$を加え，$\boldsymbol{Q}(\alpha,\ \omega)/\boldsymbol{Q}(\omega)$とすると，この拡大は$x^3-a=0$の型の方程式の解を用いて実現できるというのです。拡大を実現する方程式は無数にありますが，その中で$x^3-a=0$の型の方程式をとることができると主張しているわけです。

このような方程式を作るためには，$b=\alpha+\omega^2\beta+\omega\gamma$という式を持ち出すところがポイントです。

$$
\begin{aligned}
b^2&=(\alpha+\omega^2\beta+\omega\gamma)^2\\
&=\underline{\alpha^2+2\beta\gamma}+\omega^2(\gamma^2+2\alpha\beta)+\omega(\beta^2+2\gamma\alpha)
\end{aligned}
$$

p.324
$\beta=\alpha^2-2$
$\gamma=\beta^2-2$

ここで，

$$\alpha^2+2\beta\gamma=\beta+2+2\beta(\beta^2-2)=2\beta^3-3\beta+2$$
$$=2(\underbrace{\beta^3-3\beta+1}_{=0})+3\beta=3\beta$$

ですから，

$$b^2=3(\beta+\omega^2\alpha+\omega\gamma)$$
$$b^3=b^2\cdot b=3(\beta+\omega^2\alpha+\omega\gamma)(\alpha+\omega^2\beta+\omega\gamma)$$
$$=3\{\alpha\beta+\beta\gamma+\gamma\alpha+\omega^2(\alpha^2+\beta^2+\gamma^2)+\omega(\alpha\beta+\beta\gamma+\gamma\alpha)\}$$

［解と係数の関係より，
$\alpha\beta+\beta\gamma+\gamma\alpha=-3$,
$\alpha^2+\beta^2+\gamma^2=(\alpha+\beta+\gamma)^2-2(\alpha\beta+\beta\gamma+\gamma\alpha)=0^2-2(-3)=6$］

$$=3\{-3+6\omega^2-3\omega\}=3\{-3(\underbrace{1+\omega+\omega^2}_{=0})+9\omega^2\}=27\omega^2$$

となり，$b^3=27\omega^2$ですから，bは$\boldsymbol{Q}(\omega)$上の方程式$x^3-27\omega^2=0$の解になります。また，

$$3b+\omega b^2=3\{(\alpha+\omega^2\beta+\omega\gamma)+\omega(\beta+\omega^2\alpha+\omega\gamma)\}$$
$$=3\{2\alpha+(\omega^2+\omega)\beta+(\omega^2+\omega)\gamma\}=3(2\alpha-\beta-\gamma)$$
$$=3\{3\alpha-(\underbrace{\alpha+\beta+\gamma}_{=0})\}=9\alpha\in\boldsymbol{Q}(b,\ \omega)$$

となり，$\boldsymbol{Q}(\alpha,\ \omega)\subset\boldsymbol{Q}(b,\ \omega)$です。もともと，$b\in\boldsymbol{Q}(\alpha,\ \omega)$ですから，$\boldsymbol{Q}(\alpha,\ \omega)\supset\boldsymbol{Q}(b,\ \omega)$。よって，$\boldsymbol{Q}(\alpha,\ \omega)=\boldsymbol{Q}(b,\ \omega)$となります。

つまり，$\boldsymbol{Q}(\alpha,\ \omega)$は$\boldsymbol{Q}(\omega)$上の方程式$x^3-27\omega^2=0$の解$b$を用いたベキ根拡大体になっています。

一般の場合を次で示しましょう。一般で示す方が計算が楽ですからご安心を。

定理6.5　巡回拡大からベキ根拡大を作る

$\boldsymbol{K}$が1の原始n乗根ζを含む体，$\boldsymbol{L}/\boldsymbol{K}$はガロア拡大とする。

Gal$(\boldsymbol{L}/\boldsymbol{K})$が巡回群であるとき，$\boldsymbol{K}$の元$a$があって，$\boldsymbol{L}$は$x^n-a=0$の最小分解体となる。

この定理は言葉で短くいうと，

「$\boldsymbol{K}$が1の原始n乗根ζを含むとき，

巡回拡大$\boldsymbol{L}/\boldsymbol{K}$はベキ根拡大である。」

となります。

証明

Gal$(\boldsymbol{L}/\boldsymbol{K})$は$\sigma$で生成される位数$n$の巡回群であるとします。

$$\mathrm{Gal}(\boldsymbol{L}/\boldsymbol{K})=\{e,\ \sigma,\ \sigma^2,\ \cdots,\ \sigma^{n-1}\}$$

$\boldsymbol{L}$の元cに対して，

$$\alpha=c+\zeta^{n-1}\sigma(c)+\zeta^{n-2}\sigma^2(c)+\cdots+\zeta\sigma^{n-1}(c)$$

と定めます。このとき，$\alpha\neq0$となるようにcをとることができます。なぜそのようにとることができるかは，あとで証明します。

σは$\boldsymbol{K}$の元ζを不変にしますから，$\sigma(\zeta^{n-i}\sigma^i(c))=\zeta^{n-i}\sigma^{i+1}(c)$です。

αにσを施すと，

$$\begin{aligned}\sigma(\alpha)&=\sigma(c)+\zeta^{n-1}\sigma^2(c)+\zeta^{n-2}\sigma^3(c)+\\&\qquad\cdots+\zeta^2\sigma^{n-1}(c)+\zeta\sigma^n(c)\\&=\zeta(\zeta^{n-1}\sigma(c)+\zeta^{n-2}\sigma^2(c)+\cdots+\zeta\sigma^{n-1}(c)+c)\\&=\zeta\alpha\end{aligned}$$

$\zeta^n=1$

αはσで不変ではないので$\boldsymbol{L}$の元です。

$$\sigma^2(\alpha)=\sigma(\sigma(\alpha))=\sigma(\zeta\alpha)=\zeta\sigma(\alpha)=\zeta\cdot\zeta\alpha=\zeta^2\alpha$$

$$\sigma^3(\alpha)=\sigma(\sigma^2(\alpha))=\sigma(\zeta^2\alpha)=\zeta^2\sigma(\alpha)=\zeta^2\cdot\zeta\alpha=\zeta^3\alpha$$

……

ですから，$\sigma^i(\alpha)=\zeta^i\alpha$となります。また，

$$\sigma(\alpha^n)=\{\sigma(\alpha)\}^n=(\zeta\alpha)^n=\zeta^n\alpha^n=\alpha^n$$

となり，α^nはσを施して不変ですから，$\boldsymbol{K}$の元です。$\alpha^n=a$とおきます。

$x^n-a=0$の解は，$\alpha,\ \zeta\alpha,\ \zeta^2\alpha,\ \cdots,\ \zeta^{n-1}\alpha$であり，

$x^n-a=0$の$\boldsymbol{K}$上の最小分解体は，

ζがKに含まれているので

$$\boldsymbol{K}(\alpha,\ \zeta\alpha,\ \zeta^2\alpha,\ \cdots,\ \zeta^{n-1}\alpha)=\boldsymbol{K}(\alpha,\ \zeta)=\boldsymbol{K}(\alpha)$$

αの同型写像による移り先，α, $\zeta\alpha$, $\cdots$, $\zeta^{n-1}\alpha$はすべて$\boldsymbol{K}(\alpha)$に含まれますから，σ^iはすべて$\boldsymbol{K}(\alpha)$の自己同型写像であり，$\boldsymbol{K}(\alpha)/\boldsymbol{K}$のガロア群は，

$$\mathrm{Gal}(\boldsymbol{K}(\alpha)/\boldsymbol{K})=\{e,\ \sigma,\ \cdots,\ \sigma^{n-1}\}$$

です，これは，$\mathrm{Gal}(\boldsymbol{L}/\boldsymbol{K})$に一致します。**定理5.28**より，

$$[\boldsymbol{L}:\boldsymbol{K}]=[\boldsymbol{K}(\alpha):\boldsymbol{K}]$$

です。ここで，αは$\boldsymbol{L}$の元であり，$\boldsymbol{K}(\alpha)\subset\boldsymbol{L}$です。

次元を考えて，**定理5.16**より，$\boldsymbol{K}(\alpha)=\boldsymbol{L}$になります。

（証明　とりあえず終わり）

αの作り方が見事でした。これはp.418でも出てきた式に似ています。実は，この手の式はラグランジュの分解式と呼ばれるものです。これは，方程式を具体的に解くための手法で，歴史的にはガロア理論より古いものです。ガロア理論の啓蒙書の中では，これについて多くのページを割いているものもあります。具体的な計算を追いかけることができるので，分かりやすいところが特長です。このラグランジュの分解式を使って，ピークの定理の結果を説明しようとするものも見られますが，少々無理があります。というのも，ラグランジュの分解式以外で方程式を解く手段があるかもしれないからです。方程式を解く手法がラグランジュの分解式以外にないと仮定すれば，これによる5次方程式に解の公式がないことの説明も1つの説明としては認められます。

それにしても，ラグランジュの分解式の威力を感じざるを得ません。

上の証明中

$$c+\zeta^{n-1}\sigma(c)+\zeta^{n-2}\sigma^2(c)+\cdots+\zeta\sigma^{n-1}(c)\neq 0$$

となるような$\boldsymbol{L}$の元cをとることができることの証明が残っていました。

そのためには，主張を少し一般的にした次を証明します。

定理6.6 **デデキントの補題**

LをKのガロア拡大として，$\mathrm{Gal}(L/K)$をσで生成される位数nの巡回群とする。このときLのすべての元xについて，

$$x+a_1\sigma(x)+a_2\sigma^2(x)+\cdots+a_{n-1}\sigma^{n-1}(x)=0$$

となるような，Lの元a_1，…，a_{n-1}は存在しない。

この**定理6.6**を示せば，条件を満たすLの元cの存在が示されます。

もしも，

$$c+\zeta^{n-1}\sigma(c)+\zeta^{n-2}\sigma^2(c)+\cdots+\zeta\sigma^{n-1}(c)\neq 0$$

となるようなLの元cが存在しなければ，Lのすべての元xについて，

$$x+\zeta^{n-1}\sigma(x)+\zeta^{n-2}\sigma^2(x)+\cdots+\zeta\sigma^{n-1}(x)=0$$

が成り立つことになり，上の**定理6.6**に矛盾するからです。

証明

Lが，K上の既約多項式$f(x)$による方程式$f(x)=0$の解θを用いて$L=K(\theta)$と表されているとします。すると，θに$\mathrm{Gal}(L/K)$の元$\{e, \sigma, \cdots, \sigma^{n-1}\}$を施した，$\theta$, $\sigma(\theta)$, $\sigma^2(\theta)$, …, $\sigma^{n-1}(\theta)$は$f(x)=0$の解になり，すべて異なることに注意しておきましょう。

背理法で証明しましょう。Lのすべての元xについて，

$$x+a_1\sigma(x)+a_2\sigma^2(x)+\cdots+a_{n-1}\sigma^{n-1}(x)=0 \quad \cdots①$$

となるようなLの元a_1，…，a_{n-1}が存在するとします。

①の式のxにθxを代入します。すると，

$$\theta x+a_1\sigma(\theta x)+a_2\sigma^2(\theta x)+\cdots+a_{n-1}\sigma^{n-1}(\theta x)=0$$

$$\theta x+a_1\sigma(\theta)\sigma(x)+a_2\sigma^2(\theta)\sigma^2(x)+\cdots$$
$$+a_{n-1}\sigma^{n-1}(\theta)\sigma^{n-1}(x)=0 \quad \cdots②$$

となります。①に$\sigma^{n-1}(\theta)$を掛けて，

$$\sigma^{n-1}(\theta)x+a_1\sigma^{n-1}(\theta)\sigma(x)+a_2\sigma^{n-1}(\theta)\sigma^2(x)+\cdots$$
$$+a_{n-1}\sigma^{n-1}(\theta)\sigma^{n-1}(x)=0 \quad \cdots③$$

③−②を計算すると，

$$\{\sigma^{n-1}(\theta)-\theta\}x+a_1\{\sigma^{n-1}(\theta)-\sigma(\theta)\}\sigma(x)$$
$$+a_2\{\sigma^{n-1}(\theta)-\sigma^2(\theta)\}\sigma^2(x)+\cdots$$
$$+a_{n-2}\{\sigma^{n-1}(\theta)-\sigma^{n-2}(\theta)\}\sigma^{n-2}(x)=0$$

となります。ここで，$\sigma^{n-1}(\theta)-\theta$は0ではありませんから，この式を$\sigma^{n-1}(\theta)-\theta$で割ります。$\sigma(x)$, $\sigma^2(x)$, …, $\sigma^{n-2}(x)$の係数を新たにa_1', a'_2，…，a'_{n-2}とおくと，

$$x+a'_1\sigma(x)+a'_2\sigma^2(x)+\cdots+a'_{n-2}\sigma^{n-2}(x)=0 \quad \cdots④$$

となります。$\boldsymbol{L}$のすべての元xについて，④が成り立ちます。

①は$\sigma(x)$から$\sigma^{n-1}(x)$まで$n-1$個の項がありますが，④は$\sigma(x)$から$\sigma^{n-2}(x)$まで$n-2$個の項で，$\sigma^{n-1}(x)$の項が消去された形になっています。④は，①の式に比べて項が1つ少なくなった形になっています。上と同様な計算を繰り返すと，最後には，

$$x=0$$

となってしまいます。$\boldsymbol{L}$のすべての元xが0に等しいことになり矛盾します。

（証明終わり）

他の本でも学ばれる方のためにコメントすれば，この定理はデデキントの補題の特別な場合です。デデキントの補題は抽象的すぎてつかみどころがない感じがすると思い，少し具体的な形にして述べてみました。

定理6.6で存在まで証明はできましたが，具体的にはcをどのようにとればよいのかまだ示されていません。しかし，次の定理でその具体的なとり方を示しましょう。

$\boldsymbol{L}$がn次方程式$f(x)=0$の解θを用いて$\boldsymbol{L}=\boldsymbol{K}(\theta)$と表されているとすると，$c$は$\theta$, θ^2, …, θ^{n-1}の中から選ぶことができます。

定理6.7 **ベキ根拡大を作るベキ根の存在**

ζを1の原始n乗根とする。$\boldsymbol{L}$はn次方程式$f(x)=0$の解θを用いて，$\boldsymbol{L}=\boldsymbol{K}(\theta)$と表されているものとする。また，$\boldsymbol{L}$を$\boldsymbol{K}$のガロア拡大体として，$\mathrm{Gal}(\boldsymbol{L}/\boldsymbol{K})$が$\sigma$で生成される位数$n$の巡回群であるものとする。

$$g(x)=x+\zeta^{n-1}\sigma(x)+\zeta^{n-2}\sigma^2(x)+\cdots+\zeta\sigma^{n-1}(x)$$

とおくとき，$g(\theta)$, $g(\theta^2)$, …, $g(\theta^{n-1})$のうち，少なくとも1つは0でない。

証明　背理法で証明します。

$g(1)$, $g(\theta)$, $g(\theta^2)$, …, $g(\theta^{n-1})$がすべて0であるとします。

$\boldsymbol{L}$の任意の元xは，θを用いて，

$$x=a_0+a_1\theta+a_2\theta^2+\cdots+a_{n-1}\theta^{n-1} \qquad (a_i\in\boldsymbol{K})$$

と書くことができます。

$$\begin{aligned}\sigma^i(x)&=\sigma^i(a_0+a_1\theta+a_2\theta^2+\cdots+a_{n-1}\theta^{n-1})\\&=a_0+a_1\sigma^i(\theta)+a_2\sigma^i(\theta^2)+\cdots+a_{n-1}\sigma^i(\theta^{n-1})\end{aligned}$$

ですから，

$$\begin{aligned}g(x)&=g(a_0+a_1\theta+a_2\theta^2+\cdots+a_{n-1}\theta^{n-1})\\&=a_0+a_1\theta+a_2\theta^2+\cdots+a_{n-1}\theta^{n-1}\\&\qquad+\zeta^{n-1}\sigma(a_0+a_1\theta+a_2\theta^2+\cdots+a_{n-1}\theta^{n-1})\\&\qquad+\cdots\\&\qquad+\zeta\sigma^{n-1}(a_0+a_1\theta+a_2\theta^2+\cdots+a_{n-1}\theta^{n-1})\\&=a_0+a_1\theta+a_2\theta^2+\cdots+a_{n-1}\theta^{n-1}\\&\qquad+\zeta^{n-1}a_0+a_1\zeta^{n-1}\sigma(\theta)+a_2\zeta^{n-1}\sigma(\theta^2)+\cdots+a_{n-1}\zeta^{n-1}\sigma(\theta^{n-1})\\&\qquad+\cdots\\&\qquad+\zeta a_0+a_1\zeta\sigma^{n-1}(\theta)+a_2\zeta\sigma^{n-1}(\theta^2)+\cdots+a_{n-1}\zeta\sigma^{n-1}(\theta^{n-1})\\&=a_0g(1)+a_1g(\theta)+a_2g(\theta^2)+\cdots+a_{n-1}g(\theta^{n-1})=0\end{aligned}$$

$g(\theta)$　　$g(\theta^{n-1})$

となり，$\boldsymbol{L}$のすべての元xについて$g(x)=0$となり，**定理6.6**に矛盾します。

$g(1)=0$ですから，$g(1)$を除く$g(\theta)$, $g(\theta^2)$, $\cdots$, $g(\theta^{n-1})$の中には0でないものが存在します。

（証明終わり）

$c+\zeta^{n-1}\sigma(c)+\zeta^{n-2}\sigma^2(c)+\cdots+\zeta\sigma^{n-1}(c)\neq 0$を満たす$c$が存在することの証明は，連立一次方程式やファンデルモンドの行列式を用いるともっとあざやかにできますが，線形代数の準備が必要ですから，ここでは泥臭い方法で説明してみました。

定理6.4と**定理6.5**をまとめると，

「$\boldsymbol{K}$が1のn乗根ζを含んでいるとき，$\boldsymbol{L}$をその拡大体とすると，

$\boldsymbol{L}/\boldsymbol{K}$が巡回拡大　⇔　$\boldsymbol{L}/\boldsymbol{K}$がベキ根拡大」

であるとまとまります。

定理6.2では，$\boldsymbol{K}/\boldsymbol{Q}$がガロア拡大のとき，

$\mathrm{Gal}(\boldsymbol{K}/\boldsymbol{Q})$が可解群　⇔　$\boldsymbol{K}/\boldsymbol{Q}$が累巡回拡大

となりました。ということは，

$\mathrm{Gal}(\boldsymbol{K}/\boldsymbol{Q})$が可解群　⇔　$\boldsymbol{K}(\zeta)/\boldsymbol{Q}(\zeta)$が累ベキ根拡大

が成り立ちそうですね。頂上が見えてきました。

9 ピークの定理に立とう！

ベキ根で解ける方程式の条件

いよいよ，この節でピークの定理を証明していきましょう。

ピークの定理

$\boldsymbol{Q}$上の方程式$f(x)=0$の解がベキ根で表される。

$\Leftrightarrow$　$f(x)=0$のガロア群が可解群である。

$\Leftarrow$の方の証明はあっさりといきます。

定理6.8　可解群のとき解はベキ根で表される

$\boldsymbol{Q}$上の方程式$f(x)=0$の解がベキ根で表される。

$\Leftarrow$　$f(x)=0$のガロア群が可解群である。

証明　$f(x)=0$の最小分解体を$\boldsymbol{L}$，ガロア群をGとします。Gが可解群であることを示す部分群の列とそれにガロア対応する中間体の列があり，

$$G=H_0\supset H_1\supset H_2\supset\cdots\supset H_{s-1}\supset H_s=\{e\}$$

$$\boldsymbol{Q}=\boldsymbol{F}_0\subset\boldsymbol{F}_1\subset\boldsymbol{F}_2\subset\cdots\subset\boldsymbol{F}_{s-1}\subset\boldsymbol{F}_s=\boldsymbol{L}$$

ここで$\boldsymbol{F}_i/\boldsymbol{F}_{i-1}$は巡回拡大です。

$\boldsymbol{F}_i/\boldsymbol{F}_{i-1}$の拡大次数を$[\boldsymbol{F}_i:\boldsymbol{F}_{i-1}]=n_i$とおきます。

n_1，n_2，…，n_sの最小公倍数をnとして，1の原始n乗根ζを拡大列に加えます。

$$\boldsymbol{Q}(\zeta)=\boldsymbol{F}_0(\zeta)\subset\boldsymbol{F}_1(\zeta)\subset\boldsymbol{F}_2(\zeta)\subset\cdots\subset\boldsymbol{F}_{s-1}(\zeta)\subset\boldsymbol{F}_s(\zeta)=\boldsymbol{L}(\zeta)$$

すると，$\boldsymbol{F}_i(\zeta)/\boldsymbol{F}_{i-1}(\zeta)$の拡大では，$\boldsymbol{F}_{i-1}(\zeta)$に1の原始$n_i$乗根が含まれていますから，**定理6.5**より，$\boldsymbol{F}_i(\zeta)/\boldsymbol{F}_{i-1}(\zeta)$はベキ根拡大になります。

つまり，$\boldsymbol{F}_i(\zeta)$は$\boldsymbol{F}_{i-1}(\zeta)$に$x^{n_i}-a_i=0$の1つの解$\sqrt[n_i]{a_i}$を加えて，$\boldsymbol{F}_i(\zeta)=\boldsymbol{F}_{i-1}(\sqrt[n_i]{a_i},\ \zeta)$と表されています。

$L(\zeta)$は，$Q(\zeta)$から次々とベキ根を加えてできた拡大体です。

$$L(\zeta)=F_{s-1}(\sqrt[n_s]{a_s},\ \zeta)=F_{s-2}(\sqrt[n_s]{a_s},\ \sqrt[n_{s-1}]{a_{s-1}},\ \zeta)=\cdots$$
$$=Q(\sqrt[n_s]{a_s},\ \cdots,\ \sqrt[n_1]{a_1},\ \zeta)$$

また，**定理6.1**より，1のn乗根ζはベキ根で表されています。

$f(x)=0$の解は$L(\zeta)=Q(\sqrt[n_s]{a_s},\ \cdots,\ \sqrt[n_1]{a_1},\ \zeta)$に含まれますから，ベキ根で表されています。

（証明終わり）

⇒の向きの証明には下ごしらえが要ります。

定理6.9 累ベキ根拡大体のガロア閉包

αがベキ根で表されているとき，

E/Qが累巡回拡大かつガロア拡大

となるαを含むQの拡大体Eが存在する。

例えば，

$$\alpha=\sqrt[12]{\sqrt[9]{\sqrt[15]{3}+1}+\sqrt[10]{2}}+\sqrt[2]{2}$$

と表されたとします。見た目にベキ根で表されていますね。この数には，Qから始めてどのような体の拡大を行なえばたどり着けるのでしょうか。この数を含むような体になるまでQを拡大していきましょう。

まず，Qに，$x^{10}-2=0$の解$\sqrt[10]{2}$を付け加えて，$Q(\sqrt[10]{2})$とします。

これに，$x^{15}-3=0$の解$\sqrt[15]{3}$を付け加えて，$Q(\sqrt[10]{2},\ \sqrt[15]{3})$

次に，$x^9-\sqrt[15]{3}-1=0$の解$\sqrt[9]{\sqrt[15]{3}+1}$を付け加えて，

$Q(\sqrt[10]{2},\ \sqrt[15]{3},\ \sqrt[9]{\sqrt[15]{3}+1})$

さらに，$x^{12}-(\sqrt[9]{\sqrt[15]{3}+1}+\sqrt[10]{2})=0$の解$\sqrt[12]{\sqrt[9]{\sqrt[15]{3}+1}+\sqrt[10]{2}}$を付け加えると$\alpha=\sqrt[12]{\sqrt[9]{\sqrt[15]{3}+1}+\sqrt[10]{2}}+\sqrt[2]{2}$を含む拡大体ができました。$\sqrt[2]{2}$は，$\sqrt[2]{2}=(\sqrt[10]{2})^5$と表すことができるので，すでに含まれています。

$$\sqrt[12]{\sqrt[9]{\sqrt[15]{3}+1}+\sqrt[10]{2}}+\sqrt[2]{2}\in Q\left(\sqrt[10]{2},\ \sqrt[15]{3},\ \sqrt[9]{\sqrt[15]{3}+1},\ \sqrt[12]{\sqrt[9]{\sqrt[15]{3}+1}+\sqrt[10]{2}}\right)$$

このように，$x^n-a=0$の形の方程式の解を加え続けることでαを含む拡大体を作ることができます。

$$\boldsymbol{Q}\subset\boldsymbol{Q}(\sqrt[10]{2})\subset\boldsymbol{Q}(\sqrt[10]{2},\ \sqrt[15]{3})\subset\boldsymbol{Q}\left(\sqrt[10]{2},\ \sqrt[15]{3},\ \sqrt[9]{\sqrt[15]{3}+1}\right)$$

$$\subset\underline{\boldsymbol{Q}\left(\sqrt[10]{2},\ \sqrt[15]{3},\ \sqrt[9]{\sqrt[15]{3}+1},\ \sqrt[12]{\sqrt[9]{\sqrt[15]{3}+1}+\sqrt[10]{2}}\right)}$$

①

ここで，ベキ根の数を作るx^n-aが既約多項式であるか否かは今のところ分かりません。ただ，ベキ根には無駄がないものとします。

$\boldsymbol{Q}(\sqrt[10]{2})$に$\sqrt[15]{3}$を付け加えていますが,

$$(\sqrt[15]{3})^t\in\boldsymbol{Q}(\sqrt[10]{2}),\ (1\leqq t\leqq 14)$$

を満たすtはないものとします（実際，ありません）。

もしも$t=3$で成り立つとすれば，$(\sqrt[15]{3})^3=\sqrt[5]{3}$が$\boldsymbol{Q}(\sqrt[10]{2})$に含まれますから，$\boldsymbol{Q}(\sqrt[10]{2})$上の方程式$x^3-\sqrt[5]{3}=0$の解$\sqrt[3]{\sqrt[5]{3}}\,(=\sqrt[15]{3})$を$\boldsymbol{Q}(\sqrt[10]{2})$に加えたと考えるわけです。15乗根ではなく3乗根で表現します。

①の拡大体は累巡回拡大体でもガロア拡大体でもありません。$\boldsymbol{Q}$の累ベキ根拡大体であるだけです。まず，累巡回拡大体から作っていきましょう。累巡回拡大体を作るには，10，15，9，12の最小公倍数が180ですから，1の原始180乗根$\zeta=\cos 2^\circ+i\sin 2^\circ$を各拡大体に加えます。

ζを加えた体には，1の原始10乗根ζ^{18}，原始15乗根ζ^{12}，原始9乗根ζ^{20}，原始12乗根ζ^{15}が含まれます。**定理6.4**により，

$$\boldsymbol{Q}(\zeta)\subset\boldsymbol{Q}(\sqrt[10]{2},\ \zeta)\subset\boldsymbol{Q}(\sqrt[10]{2},\ \sqrt[15]{3},\ \zeta)\subset\boldsymbol{Q}\left(\sqrt[10]{2},\ \sqrt[15]{3},\ \sqrt[9]{\sqrt[15]{3}+1},\ \zeta\right)$$

$$\subset\boldsymbol{Q}\left(\sqrt[10]{2},\ \sqrt[15]{3},\ \sqrt[9]{\sqrt[15]{3}+1},\ \sqrt[12]{\sqrt[9]{\sqrt[15]{3}+1}+\sqrt[10]{2}},\ \zeta\right)$$

の各拡大のステップは巡回拡大になります。

これにガロア拡大を付け加えて，$\boldsymbol{Q}$のガロア拡大体となるような累巡回拡大体$\boldsymbol{E}$を作りましょう。

その前に作り方のポイントを説明しましょう。

$x^3-2=0$の最小分解体は，$\boldsymbol{Q}(\sqrt[3]{2},\ \omega)$でした。$\boldsymbol{Q}(\sqrt[3]{2},\ \omega)$はガロア拡大体ですが，$\boldsymbol{Q}(\sqrt[3]{2})$はガロア拡大体ではありませんでした。これは，体の同型写像σによる$\sqrt[3]{2}$の移り先$\sigma(\sqrt[3]{2})=\sqrt[3]{2}\,\omega$が，$\boldsymbol{Q}(\sqrt[3]{2})$に含まれていないからです。移り先が$\boldsymbol{Q}(\sqrt[3]{2})$からはみ出してしまっているわけです。

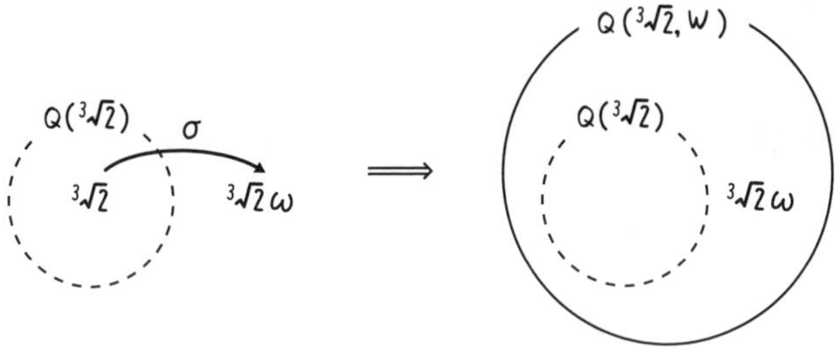

ガロア拡大体を作るには，はみ出してしまった移り先を次から次へと体の中にとり込んでいけばいいのです。そうすれば，はみ出すものがなくなり，最後にはつじつまがあってガロア拡大体になるという寸法です。いわば，ちょっとでも縁がある人は家族に引きずり込んで，一族郎党で大家族を作るような感じです。$\boldsymbol{Q}(\sqrt[3]{2})$の場合には，$\sqrt[3]{2}\,\omega$，$\sqrt[3]{2}\,\omega^2$を加えて，ガロア拡大体$\boldsymbol{Q}(\sqrt[3]{2},\ \omega)$になります。

$\boldsymbol{Q}(\zeta)$は，$x^{180}-1=0$の最小分解体ですから，$\boldsymbol{Q}$のガロア拡大体です。

$\boldsymbol{Q}\left(\zeta,\ \sqrt[10]{2}\right)$は，$(x^{180}-1)(x^{10}-2)=0$の最小分解体ですから，$\boldsymbol{Q}$のガロア拡大体です。

$\boldsymbol{Q}\left(\zeta,\ \sqrt[10]{2},\ \sqrt[15]{3}\right)$は，$(x^{180}-1)(x^{10}-2)(x^{15}-3)=0$の最小分解体ですから，$\boldsymbol{Q}$のガロア拡大体です。

問題は次です。

$x^9-\left(\sqrt[15]{3}+1\right)=0$という方程式は，$\boldsymbol{Q}$上の方程式になっていません。ですから，$(x^{180}-1)(x^{10}-2)(x^{15}-3)=0$に，このまま$\left(x^9-\left(\sqrt[15]{3}+1\right)\right)$を掛けても，$\boldsymbol{Q}$上の方程式になりません。

$\sqrt[9]{\sqrt[15]{3}+1}$を解に持つような$\boldsymbol{Q}$上の方程式を作るには一工夫必要です。$\boldsymbol{Q}(\zeta, \sqrt[10]{2}, \sqrt[15]{3})/\boldsymbol{Q}$のガロア群の元を$\sigma_1=e, \sigma_2, \cdots, \sigma_m$とします。これを用いて，

$$\prod_{i=1}^{m}\left(x^9-\sigma_i(\sqrt[15]{3}+1)\right)=0$$

という方程式を立てるのです。すると，$\sigma_1, \sigma_2, \cdots, \sigma_m$の中には単位元$e$がありますから$\sqrt[9]{\sqrt[15]{3}+1}$を解に持ちます。

また，係数は，$\sigma_i(\sqrt[15]{3}+1)(i=1, 2, \cdots, m)$の対称式になりますから，任意の$\sigma_j$を施しても不変です。つまり$\prod_{i=1}^{m}\left(x^9-\sigma_i(\sqrt[15]{3}+1)\right)$は$\boldsymbol{Q}$上の多項式になっています。

定理5.34の証明参照

そこで，$\boldsymbol{Q}(\zeta, \sqrt[10]{2}, \sqrt[15]{3})$に，$\sqrt[9]{\sigma_1(\sqrt[15]{3}+1)}$，$\sqrt[9]{\sigma_2(\sqrt[15]{3}+1)}$，…，$\sqrt[9]{\sigma_m(\sqrt[15]{3}+1)}$を順に加えていくわけです。この中に同じものがあるときは間引きます。

$\boldsymbol{Q}(\zeta, \sqrt[10]{2}, \sqrt[15]{3})$に1の原始9乗根$\zeta^{20}$が含まれていますから，各拡大は巡回拡大になります。

$$\boldsymbol{Q}\left(\zeta, \sqrt[10]{2}, \sqrt[15]{3}, \sqrt[9]{\sigma_1(\sqrt[15]{3}+1)}, \cdots, \sqrt[9]{\sigma_m(\sqrt[15]{3}+1)}\right)$$

は，$\boldsymbol{Q}$上の方程式，

$$(x^{180}-1)(x^{10}-2)(x^{15}-3)\prod_{i=1}^{m}\left(x^9-\sigma_i(\sqrt[15]{3}+1)\right)=0$$

の最小分解体ですからガロア拡大体になります。

$\sqrt[12]{\sqrt[9]{\sqrt[15]{3}+1}+\sqrt[10]{2}}$を加えるときも同様です。

$$\boldsymbol{Q}\left(\zeta, \sqrt[10]{2}, \sqrt[15]{3}, \sqrt[9]{\sigma_1(\sqrt[15]{3}+1)}, \cdots, \sqrt[9]{\sigma_m(\sqrt[15]{3}+1)}\right)/\boldsymbol{Q}$$

のガロア群の元を$\tau_1, \tau_2, \cdots, \tau_n$とし，

$$\sqrt[12]{\tau_1\left(\sqrt[9]{\sqrt[15]{3}+1}+\sqrt[10]{2}\right)},\ \sqrt[12]{\tau_2\left(\sqrt[9]{\sqrt[15]{3}+1}+\sqrt[10]{2}\right)},\ \cdots,\ \sqrt[12]{\tau_n\left(\sqrt[9]{\sqrt[15]{3}+1}+\sqrt[10]{2}\right)}$$

を順に加えていきます。

$\prod_{i=1}^{n}\left(x^{12}-\tau_i\left(\sqrt[9]{\sqrt[15]{3}+1}+\sqrt[10]{2}\right)\right)=0$ は$\boldsymbol{Q}$上の多項式になりますから，こうしてできた拡大体は，$\boldsymbol{Q}$上の方程式

$$(x^{180}-1)(x^{10}-2)(x^{15}-3)\prod_{i=1}^{m}\left(x^9-\sigma_i\left(\sqrt[15]{3}+1\right)\right)$$
$$\prod_{i=1}^{n}\left(x^{12}-\tau_i\left(\sqrt[9]{\sqrt[15]{3}+1}+\sqrt[10]{2}\right)\right)=0$$

の最小分解体になっています。

180次円分体$\boldsymbol{Q}(\zeta)$は累巡回拡大体で，**問題6.18**より，

$$\boldsymbol{Q}\subset\boldsymbol{Q}(\zeta^{45})\subset\boldsymbol{Q}(\zeta^5)\subset\boldsymbol{Q}(\zeta)$$

という各拡大のステップが巡回拡大になる列がありますから，これを加えて，初めからまとめるとこうなります。

$$\boldsymbol{Q}\subset\boldsymbol{Q}(\zeta^{45})\subset\boldsymbol{Q}(\zeta^5)\subset\boldsymbol{Q}(\zeta)\subset\boldsymbol{Q}\left(\zeta,\ \sqrt[10]{2}\right)$$
$$\subset\boldsymbol{Q}\left(\zeta,\ \sqrt[10]{2},\ \sqrt[15]{3}\right)\subset\boldsymbol{Q}\left(\zeta,\ \sqrt[10]{2},\ \sqrt[15]{3},\ \sqrt[9]{\sqrt[15]{3}+1}\right)$$
$$\subset\boldsymbol{Q}\left(\zeta,\ \sqrt[10]{2},\ \sqrt[15]{3},\ \sqrt[9]{\sqrt[15]{3}+1},\ \sqrt[9]{\sigma_2\left(\sqrt[15]{3}+1\right)}\right)$$
$$\cdots\cdots$$
$$\subset\boldsymbol{Q}\left(\zeta,\ \sqrt[10]{2},\ \sqrt[15]{3},\ \sqrt[9]{\sqrt[15]{3}+1},\ \cdots,\ \sqrt[9]{\sigma_m\left(\sqrt[15]{3}+1\right)}\right)$$
$$\subset\boldsymbol{Q}\left(\zeta,\ \sqrt[10]{2},\ \sqrt[15]{3},\ \sqrt[9]{\sqrt[15]{3}+1},\ \cdots,\ \sqrt[12]{\sqrt[9]{\sqrt[15]{3}+1}+\sqrt[10]{2}}\right)$$
$$\cdots\cdots$$
$$\subset\boldsymbol{Q}\left(\zeta,\ \sqrt[10]{2},\ \sqrt[15]{3},\ \sqrt[9]{\sqrt[15]{3}+1},\ \cdots,\ \sqrt[9]{\sigma_m\left(\sqrt[15]{3}+1\right)},\right.$$
$$\left.\sqrt[12]{\sqrt[9]{\sqrt[15]{3}+1}+\sqrt[10]{2}},\ \cdots,\ \sqrt[12]{\tau_n\left(\sqrt[9]{\sqrt[15]{3}+1}+\sqrt[10]{2}\right)}\right)$$

という拡大列は，各拡大は巡回拡大で，しかも最後の体は，

$$(x^{180}-1)(x^{10}-2)(x^{15}-3)$$
$$\prod_{i=1}^{m}\left(x^9-\sigma_i\left(\sqrt[15]{3}+1\right)\right)\prod_{i=1}^{n}\left(x^{12}-\tau_i\left(\sqrt[9]{\sqrt[15]{3}+1}+\sqrt[10]{2}\right)\right)=0$$

の最小分解体ですから，$\boldsymbol{Q}$のガロア拡大になっています。

このようにして，$\boldsymbol{Q}$の累巡回拡大体でありかつガロア拡大になる拡大体でαを含む拡大体$\boldsymbol{E}$を作ることができます。

作り方のポイントは，

1. 予め十分な1の原始n乗根を仕込んでおくこと
2. 途中，$\boldsymbol{K}$の元aに対して，$\sqrt[n]{a}$を加えるときは，これだけでなく，

$$\mathrm{Gal}(\boldsymbol{K}/\boldsymbol{Q})=\{\sigma_1=e,\ \sigma_2,\ \cdots,\ \sigma_m\}$$

であれば，$\sqrt[n]{a}$，$\sqrt[n]{\sigma_2(a)}$，…，$\sqrt[n]{\sigma_m(a)}$も一緒に加える。

ピークの定理の⇒を証明しましょう。

定理6.10　解がベキ根で表されるときは可解群

$\boldsymbol{Q}$上の方程式$f(x)=0$の1つの解がベキ根で表される。

⇒　$f(x)=0$のガロア群は可解群である。

証明　$f(x)=0$の1つの解をα，最小分解体を$\boldsymbol{L}$としましょう。

定理6.9より，

$$\boldsymbol{Q}=\boldsymbol{F}_1\subset\boldsymbol{F}_2\subset\boldsymbol{F}_3\subset\cdots\subset\boldsymbol{F}_{k-1}\subset\boldsymbol{F}_k=\boldsymbol{E}$$

$\boldsymbol{F}_i/\boldsymbol{F}_{i-1}$は巡回拡大，$\boldsymbol{E}/\boldsymbol{Q}$はガロア拡大

となる$\boldsymbol{E}$でαを含む$\boldsymbol{Q}$の拡大体$\boldsymbol{E}$が存在します。

$\boldsymbol{E}/\boldsymbol{Q}$がガロア拡大ですから，同型写像による$\alpha$の移り先，すなわち$f(x)=0$の解$\alpha_1=\alpha$，$\alpha_2$，…，$\alpha_n$はすべて$\boldsymbol{E}$に含まれます。よって$\boldsymbol{E}$は最小分解体$\boldsymbol{L}$を含みます。

$\boldsymbol{E}/\boldsymbol{Q}$がガロア拡大ですから，**定理5.31**より，$\boldsymbol{E}/\boldsymbol{L}$もガロア拡大です。$\mathrm{Gal}(\boldsymbol{E}/\boldsymbol{Q})$を$G$，$\mathrm{Gal}(\boldsymbol{E}/\boldsymbol{L})$を$H$とおきます。

$$G\supset H\supset\{e\}$$

$$\boldsymbol{Q}\subset\boldsymbol{L}\subset\boldsymbol{E}$$

$\boldsymbol{L}$は最小分解体であり，$\boldsymbol{L}/\boldsymbol{Q}$はガロア拡大ですから，**定理5.36**より，

$$\mathrm{Gal}(\boldsymbol{L}/\boldsymbol{Q})\cong G/H$$

です。$\boldsymbol{E}/\boldsymbol{Q}$が累巡回拡大ですから，**定理6.2**より，$G$は可解群です。$G$が

可解群なので，**定理2.30**よりその剰余群であるG/Hも可解群です。

（証明終わり）

この定理の仮定では，$f(x)=0$の解の1つ，αがベキ根で表されるとなっています。$f(x)=0$の他の解α_2，…，α_nも$\boldsymbol{E}$に含まれますから，α_2，…，α_nはベキ根で表されます。つまり，方程式の1つの解がベキ根で表されれば，$f(x)$が既約多項式という条件のもとで，他の解もベキ根で表されるわけです。

10　5次方程式の解の公式はない

ガロア群が可解群でない方程式

定理6.10で，

「解がベキ根で表されるとき，

$f(x)=0$のガロア群が可解群である」

ことが示されました。これの対偶をとると，

「$f(x)=0$のガロア群が可解群でないとき，

解はベキ根で表されない」

となります。

さっそく，ガロア群が可解群でないような具体的な方程式を紹介しましょう。

準備として，コーシーの定理を証明しておきます。

Gが巡回群のとき，Gの位数の約数をdとすると，**定理1.5**より位数dとなる部分群が存在しました。Gが巡回群であるという条件が外れた場合でも，似たような定理が成り立ちます。

定理6.11　位数pの元の存在―コーシーの定理

群Gの位数が素数pを約数に持つとき，$g^p=e$，$g\neq e$となる元gが存在する。

積が単位元になるようなGのp個の元の組の集合，

$$S=\{(x_1,\ x_2,\ \cdots,\ x_p)\mid x_i\in G,\ x_1x_2\cdots x_p=e\}$$

を考えます。

$|S|$を求めておきましょう。Sの元は，初めの$p-1$個の成分x_1，x_2，$\cdots$，x_{p-1}を勝手に選ぶことができます。p番目の成分は$x_p=(x_1x_2\cdots x_{p-1})^{-1}$と

選べばよいのです。実際，

$$x_1x_2\cdots x_{p-1}x_p = x_1x_2\cdots x_{p-1}(x_1x_2\cdots x_{p-1})^{-1} = e$$

となります。ですから，Sの元の個数は，$|G|^{p-1}$個です。

Sに$(a_1,\ a_2,\ \cdots,\ a_p)$が含まれていると，後ろの成分を前に持ってきた，$(a_p,\ a_1,\ \cdots,\ a_{p-1})$も$S$に含まれています。つまり，組の成分を巡回しても$S$の元になっているというのです。これは，

$$a_1a_2\cdots a_p = e$$

$$\therefore\ a_pa_1a_2\cdots a_{p-1}\underbrace{a_pa_p^{-1}}_{e} = a_pea_p^{-1}$$

（両辺に，左からa_p，右からa_p^{-1}を掛けた）

$$\therefore\ a_pa_1a_2\cdots a_{p-1} = e$$

となるからです。

このことを用いると，例えば，$p=5$のとき，Sの元として，(1, 4, 2, 4, 3) という元があったとすると，

(3, 1, 4, 2, 4) → (4, 3, 1, 4, 2) → (2, 4, 3, 1, 4) → (4, 2, 4, 3, 1)

もSの元になっていることが分かります。ちょっと唐突ですが，1，2，3，4はGの元だと思ってください。

ここで，Sの元を分類しましょう。

巡回して同じになるものを1つのグループとして見るのです。

つまり，

(1, 4, 2, 4, 3), (3, 1, 4, 2, 4), (4, 3, 1, 4, 2),

(2, 4, 3, 1, 4), (4, 2, 4, 3, 1)

の5個を1つのグループにします。

他方，(2, 2, 2, 2, 2)は，巡回しても同じですから，これだけで1つのグループになります。

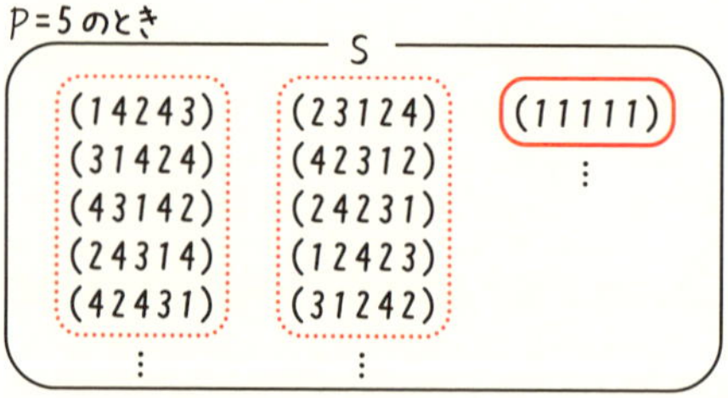

するとSには，5個の元からなるグループ（図のイロ破線で囲んだものを1グループと数える）と1個の元からなるグループ（図のイロ実線で囲んだものを1グループと数える）ができます。

他の個数の元でグループになることはあるでしょうか。5が素数なので，そういうことは起こらないのです。もしも，5でなくて6であれば，

(2, 3, 2, 3, 2, 3)→(3, 2, 3, 2, 3, 2)の2個でグループ

(2, 3, 4, 2, 3, 4)→(4, 2, 3, 4, 2, 3)→(3, 4, 2, 3, 4, 2)の3個でグループ

などということが起こりえます。

素数であることが効いているのです。

Sの元を巡回して同じになるものどうしでグループを作ると，p個の元からなるグループと1個の元からなるグループに分かれます。p個の元からなるグループの個数がq個であるとすれば，p個の元からなるグループに含まれるSの元の個数はpq個です。

1個でグループを作るような元は$|S|-pq$個です。

$|G|$はpの倍数なので，

$$|S|-pq=|G|^{p-1}-pq\equiv 0 \pmod{p}$$

1個でグループを作るような元の個数はpの倍数です。

$(e, e, \cdots, e)$は1個の元でグループを作りますから1個でグループを作る元の個数は1以上のpの倍数であり，p個以上です。1個でグループを作る元には，$(e, e, \cdots, e)$以外に，$(g, g, \cdots, g)$ $(g\neq e)$があることになります。

$g^p=e$ $(g\neq e)$となる元が見つかりました。gの位数はpの約数ですが，

pが素数なので，1またはpです。$g \neq e$なので，gの位数はpです。gが生成する巡回群$\langle g \rangle$は，Gの部分群であり，位数はpです。　（証明終わり）

この本では，次の問題で使うために必要な最小限の定理として「コーシーの定理」を用意しましたが，群論の一般論に踏み込んだ形で論じていくのであれば，ここは「シローの定理」の証明を用意しておくべきところです。シローの定理とは，

「有限群Gがある。その位数の素因数分解の式にp^eがあれば，位数がp^eであるようなGの部分群が存在する。これをp-シロー部分群という」

という定理です。このシローの定理を用いれば，p-シロー部分群の元のから，すぐに位数pの元を探すことができます。位数p^eの部分群の中の単位元以外の元をgとすると，$\langle g \rangle$はp-シロー部分群の部分群ですから，gの位数はpのベキ数$p^f\,(f<e)$です。$g^{p\wedge(f-1)}$が位数pの元となります。

シローの定理は，ラグランジュの定理とともに，有限群論ならではの美しい定理の1つですが，証明にかなりの準備を必要とするので，割愛しました。有限群のことを詳しく書いてある群論の本で，堪能してほしいと思います。

問6.23　$x^5-6x+3=0$の解はベキ根で表すことができないことを示せ。

$x^5-6x+3=0$のガロア群がS_5と同型であることを証明しましょう。

S_5は**定理2.28**より可解群ではありませんから，ガロア群がS_5と同型であることを証明すれば，**定理6.10**の対偶より$x^5-6x+3=0$の解がベキ根では表されないことになります。

初めに，**定理3.4**（Eisensteinの判定法）により，x^5-6x+3は$\boldsymbol{Z}$上の既約多項式であることを確認しましょう。$p=3$としましょう。すると，

(i)　定数項の3は3で割り切れて，9で割り切れない。

(ii)　他の係数0，-6は3で割り切れる。

(iii)　最高次の係数1は3で割り切れない。

となりますから，x^5-6x+3 は $\boldsymbol{Z}$ 上の既約多項式です。**定理3.3**より，x^5-6x+3 は $\boldsymbol{Q}$ 上の既約多項式です。

次に，$x^5-6x+3=0$ は，実数解を3個，虚数解を2個持つことを示しましょう。

そのためには，$y=x^5-6x+3$ のグラフを描き，x 軸との交点が3個であることを確認します。

$y'=5x^4-6$ となるので，$y'=0$ となる x は，$\pm\sqrt[4]{\dfrac{6}{5}}$

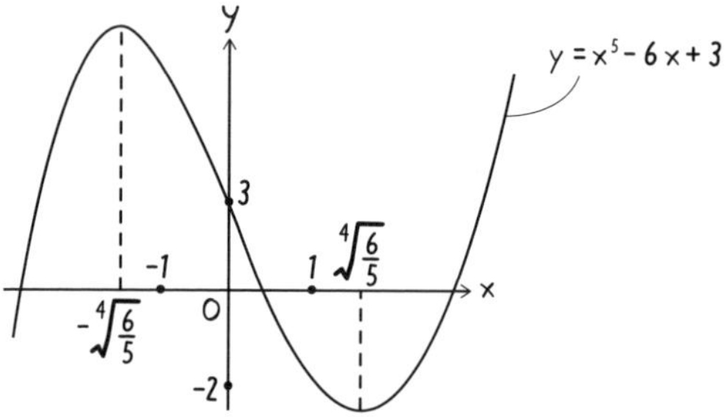

虚数解を α_1，α_2，実数解を α_3，α_4，α_5 とします。

ガロア群 G の元が，α_1，α_2，α_3，α_4，α_5 に作用すると α_1，α_2，α_3，α_4，α_5 の置換を引き起こすので，G の元を S_5 の元として捉えましょう。G は S_5 の部分群になります。

α_1 と α_2 は共役複素数の関係にありますから，**定理4.3**より，G の元には，複素数 $a+bi$ に対して，複素数 $a-bi$ を対応させる自己同型写像があります。これを τ としましょう。すると，

$$\tau(\alpha_1)=\alpha_2,\ \tau(\alpha_2)=\alpha_1,\ \tau(\alpha_3)=\alpha_3,\ \tau(\alpha_4)=\alpha_4,\ \tau(\alpha_5)=\alpha_5$$

τ に対応する S_5 の元は互換（12）です。

次に，拡大列

$$\boldsymbol{Q}\subset\boldsymbol{Q}(\alpha_1)\subset\boldsymbol{Q}(\alpha_1,\ \alpha_2,\ \alpha_3,\ \alpha_4,\ \alpha_5)$$

を考えます。ここで，α_1 は5次の既約多項式を方程式とした解なので，$[\boldsymbol{Q}(\alpha_1):\boldsymbol{Q}]=5$ です。

$$[\boldsymbol{Q}(\alpha_1,\ \alpha_2,\ \alpha_3,\ \alpha_4,\ \alpha_5):\boldsymbol{Q}]$$
$$=[\boldsymbol{Q}(\alpha_1,\ \alpha_2,\ \alpha_3,\ \alpha_4,\ \alpha_5):\boldsymbol{Q}(\alpha_1)][\boldsymbol{Q}(\alpha_1):\boldsymbol{Q}]$$

より，$[\boldsymbol{Q}(\alpha_1,\ \alpha_2,\ \alpha_3,\ \alpha_4,\ \alpha_5):\boldsymbol{Q}]$は5で割り切れます。**定理5.28**より，$[\boldsymbol{Q}(\alpha_1,\ \alpha_2,\ \alpha_3,\ \alpha_4,\ \alpha_5):\boldsymbol{Q}]=|G|$ですから，ガロア群$G$の位数も5で割り切れます。したがって，**定理6.11**（コーシーの定理）より，Gは位数5の元を持ちます。これをσとすると，$\sigma^5=e$です。GがS_5の部分群であることを考えると，σは長さ5の巡回置換になります。これを例えば，

$\sigma=\begin{pmatrix}1&2&3&4&5\\5&1&2&3&4\end{pmatrix}$としましょう。

次に$S_5=\langle\tau,\ \sigma\rangle$を示しましょう。

$$\sigma^{-1}\tau\sigma=(23),\ \sigma^{-2}\tau\sigma^2=(34)$$
$$\sigma^{-3}\tau\sigma^3=(45),\ \sigma^{-4}\tau\sigma^4=(15)$$

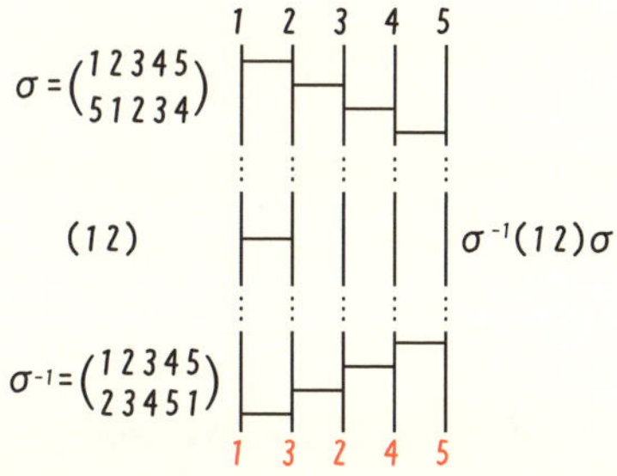

5本のあみだくじの隣どうしの横棒を結ぶ互換がGに含まれることが分かりました。これらの互換から，S_5のすべての元を作ることができ，

$$S_5=\langle(12),\ (23),\ (34),\ (45),\ (15)\rangle$$
$$\subset\langle\sigma,\ \tau\rangle\subset G$$

GはS_5の部分群でしたから，$G=S_5$です。

上では，位数5の巡回置換として$\sigma=\begin{pmatrix}1&2&3&4&5\\5&1&2&3&4\end{pmatrix}$をとりましたが，

$\sigma=\begin{pmatrix}1&2&3&4&5\\4&3&5&2&1\end{pmatrix}$であっても構いません。

この場合は，

$$\tau=(12),\sigma^{-1}\tau\sigma=(54),\sigma^{-2}\tau\sigma^2=(31),\sigma^{-3}\tau\sigma^3=(25),\sigma^{-4}\tau\sigma^4=(43)$$

となります，互換に表れる2数の選び方は，

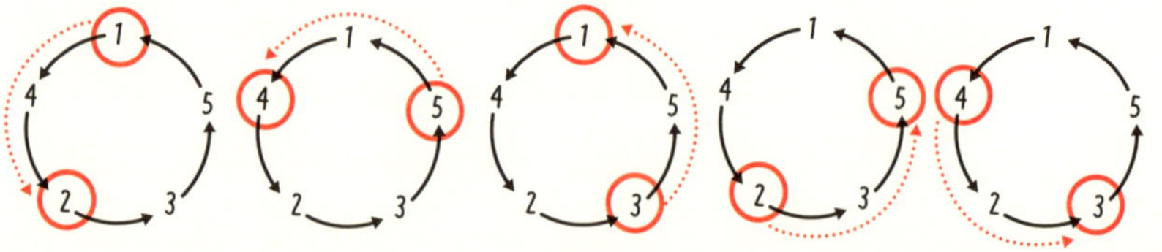

となっています。このように同じ間隔で2数をとると，順列12543から隣り合う2数をとることになります。σが他の巡回置換（長さ5）であっても，5が素数なので，2数のとり方が

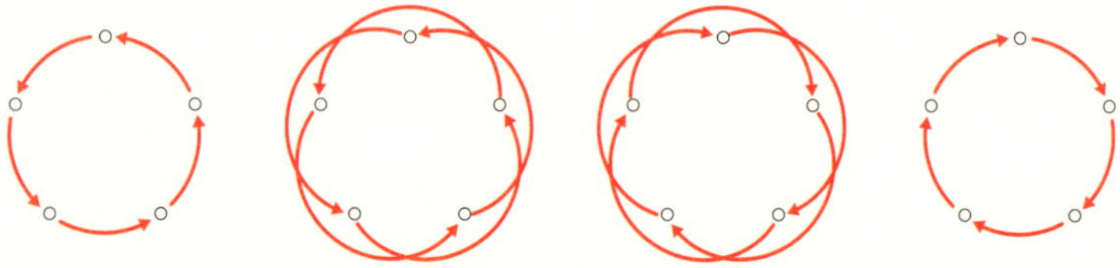

のいずれかになり，1～5のある順列$abcde$からab，bc，cd，de，eaの隣り合う2数をとることになります。互換(ab)，(bc)，(cd)，(de)は，あみだくじのたて棒の名前をa，b，c，d，eとすると隣り合うたて棒を結ぶ互換を表していますから，(ab)，(bc)，(cd)，(de)はS_5を生成します。

要は，Gが互換1個と長さ5の巡回置換を持つとき，その2つからS_5が生成されるということです。

ガロア群$G=S_5$は**定理2.28**より可解群ではありませんから，この方程式の解は**定理6.10**の対偶よりベキ根を用いて表すことができません。

問6.23の方程式をもとに作った、

$$(x^5-6x+3)(x-1)^k=0$$

という$(5+k)$次方程式は、べき根で表すことができない解を持ちます。

この例によって，

5次以上の一般の方程式にベキ根による解の公式がない

ことが分かります。あるとすればこの例が反例になっているわけです。

これで内容の解説はすべて終わりです。完読おめでとうございます。

ガロア理論の美しさを十分に堪能していただけたでしょうか。

一度読むだけでは分からないので，何度も繰り返して読んだという方もいらっしゃるでしょう。定理を引用するたびに，前のページを読まなければならないので，本の端が手垢で真っ黒になってしまったかもしれません。

まだうろ分かりのところがあるから，もう一度読むつもりだという方もいらっしゃることでしょう。そのようにして，本書と向き合っていただいたのであれば，本の書き手としてこれ以上の喜びはありません。

途中で投げ出さず，よくぞこのページまでたどり着いていただきました。本当にお疲れ様でした。

おわりに

○ 執筆のきっかけは突然に

平成24年の5月中旬のことです。大人のための数学教室「和」で授業を終えたぼくは，新橋駅近くの「アーキテクトカフェ」で遅めのランチをとり，長居をして『ガロワと方程式（すうがくぶっくす)』(草場公邦著，朝倉書店）を読んでいました。ガロア理論は難しいところもあるけれど面白いなあと，その美しさに酔いしれていると，うとうとしてきてそのまま机に突っ伏して眠ってしまいました。

20分ほど経った頃でしょうか，居眠りから目覚めたとき，ぼくは突然，「ガロア理論の本を書かなければ！」という強い思いに打たれたのでした。それは，「書きたい」というレベルのものではありませんでした。その瞬間，アプリオリに「ぼくに課せられた仕事である」と確信したのです。こんなことは初めての経験でした。

それからです。ぼくは憑かれたように第5章の真ん中からこの本を書き始めてしまいました。この時点では，まだ出版の予定などありませんでした。ただ，もう書かずにはいられなかった。頭の中がガロア理論の説明でいっぱいになってあふれてきてしまうんです。そんな日が3日間ぐらい続きました。ガロア理論のことが頭から離れず，おかげで大事な約束をすっぽかしてしまうことさえありました。

第2章分を書き上げた頃，ベレ出版の担当の方にお会いして，ガロア理論の本を書きたいとの旨をお話ししたら，企画会議にかけていただけることになりました。

売れ行きを心配するぼくに対して,「売れ行きのことはいいんです。よい本が作れればいいんです」と担当氏はおっしゃってくれました。ああ,ぼくも編集者として,いつかこんな言葉を吐いてみたい,と思ったものです。

ガロア理論は,数学をかじったことのある人にとってはあこがれの理論の1つであると思います。そのガロア理論についての本を書く機会を賜り,数学ライターとしてこれ以上の喜びはありません。

受験生に向けて問題の解法を教える本や,ビジネスマンに向けて実務に必要な統計学のエッセンスを伝える本を書いて,読者の方々に役立ったと言ってもらえる。それも確かに本を書く者にとってのやりがいのひとつです。

しかし,受験生やビジネスマンは,数学的な興味とは別に,必要に迫られて本を手にしている方々です。

一方,この本を手に取っていただいた方は,ガロア理論に興味を持ち,「5次方程式の解の公式がない」のはなぜなのかを知りたいと思われた方です。そのような読者の純粋な知的好奇心に応える本を書くことができ,やりがい以上のものを感じています。何よりも,読者のみなさんと数学の美しさを共有することができることがうれしい。

ページ数もたっぷりあり,しかも2色刷り。おそらくガロア理論の本で2色刷りの本は和書では初めてではないでしょうか。これだけの好条件が与えられたのですから,必ずや,読者のみなさんにガロア理論を完璧に納得してもらえるような本を作らなくてはいけないと気を引き締めて執筆しました。

「この本を読んで初めてガロア理論を掌握できた気がする」

そんな感想を持ってくださる方がひとりでも多くいますように。

○ 内容について

具体例を多く提示して，なんとか理解してもらうように書きましたが，いかがだったでしょうか。

ガロア理論の啓蒙書で扱うことが定番となっている話題で触れられなかったものとしては，作図の問題があります。いわゆる作図の3大問題（ア　円の面積と等しい正方形を作る，イ　一般の角の3等分，ウ　ある立方体の2倍の体積の立方体を作る）や正十七角形の作図などの話題です。アからウが作図不可能であることを正確に丁寧に書いてある啓蒙書はないので，ぜひとも書いてみたかったところですが，ページ数の関係で割愛しました。しっかりした証明は，『ガロア理論（数学のかんどころ14）』（木村俊一著，共立出版）で読むことができます。

なお，正十七角形の作図（1辺が与えられたとき正十七角形を作図する）については，第6章の問6.1と同じようにして1の17乗根を平方根で表すことができることから可能であることが分かります。1，aの長さが与えられたとき，平方根$\sqrt{a}$を作図することができるので，1の17乗根を作図することができるわけです。

また，有限体（$\boldsymbol{F}_p$）の拡大体についての理論は，ややこしくなるので割愛したところです。有限体（$\boldsymbol{F}_p$）の拡大体は$\boldsymbol{Q}$の拡大体と異なる構造があるので，ここを複線化して解説してしまうと初学者にとっては混乱のもとになるであろうと判断したからです。実は，有限体（$\boldsymbol{F}_p$）の拡大体は元をすべて具体的に書き下すことができるので，初学者にとっても分かりやすくて大変面白い素材なのです。なにしろ，有限ですから。有限体（$\boldsymbol{F}_p$）の拡大体は，体の性質を持っているので四則演算ができ，1つの演算しか許されない群よりも精緻な構造があります。その演算表を見ていると，ジオラマを見ているような気分に浸ることができ，個人的には$\boldsymbol{Q}$の拡大体よりも好きです。機会があれば，どこかで解説したいと思います。

本書で触れられなかったことについて触れてきましたが，ここで，内容について少しだけ宣伝させてください。

もしもこの本が他の本より分かりやすく書かれているとすれば，具体例が豊富であることもさることながら，代数拡大体を単拡大 $\boldsymbol{Q}(\alpha)$ として具体的に捉えてガロア理論に乗せているところだと思います。これによって，拡大体に作用する同型写像を実感することができ，抽象的な議論をするときのモヤモヤ感を少しは取り除くことができているはずです。この方針は，前述の『ガロワと方程式』によるところが大きいです。他書でもこの方針をとっているものがあるでしょう。

この本で工夫した点は，第5章11節の2段拡大の理論です。単拡大を2つ具体的につなげることで，単拡大のときと同様に同型写像を全部書き下してしまうところです。これをガロア対応の証明で用いることにより，中間体とそれに対応する固定群がずいぶんと捉えやすくなっていると思います。従来，空中で折り紙を折るようにして行なわれていたガロア対応の難解な証明が，机の上で折り紙を折るように理解しやすくなっていると思いますが，いかがでしょう。このように説明している日本語の解説書はぼくの知る限りではありません。

○ 最後に

今回も，ベレ出版の坂東氏には，企画段階から校閲・校正の手配，進行まで一方ならぬお世話になりました。そして，『ガロア理論の頂(いただき)を踏む』という，聞くだけで奮い立つような書名をいただきました。本当にありがとうございます。

初稿段階ではずいぶんと甘いところもあったのですが，加田修氏，池田和正氏，小山拓輝氏の3人に校閲をしていただいたおかげで，数学的に精密で，それでいて分かりやすい稿に仕上がっていきました。特に，小山氏には最後の校正までしていただいて，多くの間違いを潰していただきました。改めてお礼申し上げます。

ベレ出版とめぐり合わせていただいた，大人のための数学教室「和」の堀口智之代表，また，執筆活動を温かく見守ってくださった東京出版社主・黒木美左雄氏に深謝いたします。

一見，世の中とは無関係に思えるガロア理論ですが，ぼくはガロア閉包（**定理6.9**）に人類と世界のあるべき姿を見ています。

ガロア閉包に同型写像が作用する様子に，世界の人々がお互いの国や地域を行き来し交流している様子を重ね合わせています。たしかに，ガロア閉包になる以前の拡大体は，ガロア拡大体ではないかもしれません。同型写像を施してもはみ出し者が出てしまい収まりがつきません。しかし，そういうはみ出し者を拡大体に取り込むことで，拡大体はガロア閉包になります。ガロア閉包に作用する同型写像は，自己同型写像になるのです。ガロア閉包は調和のとれた世界です。ここに現在の国家や社会が平和で調和のとれた世界になるカギが隠されているように思うのです。民族や人種の違いを乗り越えて，世界の人々が「地球人」という1つの概念でまとまることができたなら，どんなにかすばらしい世の中になるだろうと日々思います。

世界平和を祈念して

石井 俊全 拝

参考文献

服部昭『初等ガロア理論』，宝文館出版（1975）

草場公邦『ガロワと方程式』，朝倉書店（1989）

彌永昌吉，有馬哲，浅枝陽『詳解　代数入門』，東京図書（1990）

中島匠一『代数方程式とガロア理論』，共立出版（2006）

Ian Stewart 著，永尾汎 監訳，新関章三 訳『ガロアの理論』，共立出版（1979）

藤崎源二郎『体とガロア理論』，岩波書店（1997）

原田耕一郎『群の発見』，岩波出版（2001）

足立恒雄『ガロア理論講義［増補版］』，日本評論社（2003）

Jean-Pierre Tignol 著，新妻弘 訳『代数方程式のガロアの理論』，共立出版（2005）

Benjamin Fine，Gerhard Rosenberger 著，新妻弘，木村哲三 訳『代数学の基本定理』，共立出版（2002）

索 引

著者略歴

石井 俊全（いしい・としあき）
1965年、東京生まれ。東京大学建築学科卒、東京工業大学数学科修士課程卒。大人のための数学教室「和」講師。書籍編集の傍ら、中学受験算数、大学受験数学、数検受験数学から、多変量解析のための線形代数、アクチュアリー数学、確率・統計、金融工学（ブラックショールズの公式）に至るまで、幅広い分野を算数・数学が苦手な人に向けて講義している。
著書
『中学入試 計算名人免許皆伝』
『中学入試 カードで鍛える 図形の必勝手筋』
『数学を決める論証力―大学への数学』（いずれも東京出版）
『まずはこの一冊から意味がわかる線形代数』
『まずはこの一冊から意味がわかる統計学』
『まずはこの一冊から意味がわかる多変量解析』
『算数だけで統計学！』（いずれもベレ出版）

ガロア理論の頂を踏む（りろん いただき ふ）

2013年8月25日	初版発行
2023年9月 7日	第9刷発行
著者	石井 俊全（いしい としあき）
カバーデザイン	福田 和雄（FUKUDA DESIGN）
図版・DTP	あおく企画

発行者	内田 眞吾
発行・発売	ベレ出版 〒162-0832　東京都新宿区岩戸町12 レベッカビル TEL.03-5225-4790 FAX.03-5225-4795 ホームページ　http://www.beret.co.jp/ 振替 00180-7-104058
印刷	モリモト印刷株式会社
製本	根本製本株式会社

ISBN 978-4-86064-363-8 C0041　　編集担当　坂東一郎